网络构建与运维管理——从学到用完美实践

阮晓龙　许成刚　编著

内 容 提 要

本书共 9 章，全面介绍了网络建设及运维管理技术体系。在内容组织上，包含园区网构建与 Internet 接入、网络基础服务建设、网络安全管理、网络运行监控、网络分析 5 个方面的内容，与实际网络工程实践高度融合。其中，第 1～3 章重点介绍园区网构建与 Internet 接入；第 4、5 章讲解了网络中最基础的 DHCP 和 DNS 两种服务的实现；第 6、7 章属于网络安全管理的内容，介绍防火墙和 VPN 的实现；第 8 章介绍如何通过 SNMP 实现网络运行监控；第 9 章介绍网络分析的内容，通过原理讲解及案例分析，让读者掌握网络分析系统的应用。

本书的实践内容全部在 Windows 及 UNIX/Linux 系统平台上实现，并且基于 GNS 3 网络仿真和 VirtualBox 虚拟化环境，涉及的软件全部采用开源、免费或者试用版本，有效解决了读者在学习时由于实践环境限制只能“纸上谈兵”的状况。

本书可作为从事或即将从事网络运维工作的专业技术人员的技术培训或工作参考用书，也可作为高校计算机相关专业、特别是网络工程、网络运维专业有关课程的教学用书。

本书的网络支撑平台为 http://ethernet.book.51xueweb.cn，读者可从中获得相关资源。

图书在版编目（ＣＩＰ）数据

网络构建与运维管理 ： 从学到用完美实践 / 阮晓龙，许成刚编著. -- 北京 ： 中国水利水电出版社，2016.2（2020.1 重印）
ISBN 978-7-5170-4089-7

Ⅰ. ①网… Ⅱ. ①阮… ②许… Ⅲ. ①计算机网络管理 Ⅳ. ①TP393.07

中国版本图书馆CIP数据核字(2016)第025696号

策划编辑：周春元　责任编辑：陈　洁　加工编辑：高双春　封面设计：李　佳

书　　名	网络构建与运维管理——从学到用完美实践
作　　者	阮晓龙　许成刚　编著
出版发行	中国水利水电出版社 （北京市海淀区玉渊潭南路 1 号 D 座　100038） 网址：www.waterpub.com.cn E-mail：mchannel@263.net（万水） sales@waterpub.com.cn 电话：（010）68367658（发行部）、82562819（万水）
经　　售	北京科水图书销售中心（零售） 电话：（010）88383994、63202643、68545874 全国各地新华书店和相关出版物销售网点
排　　版	北京万水电子信息有限公司
印　　刷	三河市铭浩彩色印装有限公司
规　　格	184mm×240mm　16 开本　29.25 印张　771 千字
版　　次	2016 年 2 月第 1 版　2020 年 1 月第 3 次印刷
印　　数	5001—6000 册
定　　价	68.00 元（赠 1DVD）

凡购买我社图书，如有缺页、倒页、脱页的，本社发行部负责调换

版权所有・侵权必究

I 前言

作者的话

1. 引子

这本书，我们写了四个月，却用了十二年去做准备。

2003 年，我进入高校工作。由于我所在部门和工作岗位的特殊性，使我同时具有了两个身份：一是计算机课程的教师，二是负责全校计算机网络运行管理的技术人员。也就是在那一年，我第一次真正接触计算机网络：负责单位的两台 IBM 服务器的运维工作。从那时起的十二年间，除了课堂教学之外，网络建设与安全、服务器运维、各种网络应用服务与管理服务的研发工作，就成了我生活中的关键词。

2. 为什么写这本书

写这本书的一个直接起因，是因为 2015 年的选教材工作：我想给我的学生们选取一本计算机网络管理与运维方面的参考书。但是，在一番查阅和选择之后，竟然发现没有一本书能够让我们满意的。市面上该方向的书籍鱼龙混杂，普遍存在以下问题。

（1）内容结构板块单一

网络运维通常融合了网络构建技术、基础服务构建技术、网络安全技术、网络监控技术、网络分析技术五大板块，但目前市面上该类书籍通常只能包含其中一个方面，或虽有涉猎但浅尝辄止，且知识结构较为混乱，不利于学习者形成系统的知识体系。

（2）内容支撑平台单一

相关书籍多以单一系统（Windows）为基础，但服务器通常以 UNIX/Linux 系统架构，从而造成学习者知识面偏窄，不利于后期在多场景的实际工作中应用。同时，单一系统缺乏应用对比，不利于学习者的思维扩展。

（3）内容与实际工作过程脱轨

网络运维与管理是一项系统工程，有其自身特定的工作过程，但目前相关书籍多以理论阐述为主，即使搭配一些实验，也与实际的工程应用距离较远；不仅如此，这些书籍通常对传统技术或理论有较为详尽的阐述，但缺乏行业应用的前沿性和实际性。这都造成学习者在学完后无法实现从“学习”到“应用”的本质转变，即通常所说的“无法落地”。

（4）学习成本较高

相关书籍中，各种网络运维服务的实现通常是基于一定的实际硬件环境的，这也就要求学习者在学习过程中必须要有实际工作环境或实验硬件环境做支撑，从而极大提高学习成本。因为一旦失去这种环境支撑，学习者很可能无法正常开展学习过程，从而不得不中断学习。

3．编写本书的过程

于是，我们就在想：既然找不到合适的书，为什么不结合着我们实际的工作经验和技术储备，自己编写一本呢？

从 2015 年 7 月份起，在炎炎夏日中，我们开始了本书的编写过程。制定全书结构、明确内容板块、搭建工程环境、选取仿真平台、论证三级目录、实现实验验证……每天都要花费十几个小时用来进行讨论、编写和实验。就这样用了两个月完成了本书的初稿，又用了两个月进行全书通稿和修改润色。从骄阳似火到皑皑白雪，经过整整 4 个月的“苦行僧”式的编写生活，这本书终于完成了！

4．本书的内容

本书共 9 章，从内容结构上来看，包含园区网构建与 Internet 接入、网络基础服务建设、网络安全管理、网络运行监控、网络分析，共计 5 个方面的内容。

第 1～3 章属于园区网构建与 Internet 接入的内容。第 1 章“从建设局域网开始”主要介绍局域网的特点与分类、构建局域网的一般流程，并通过一个企业网构建案例加深读者对园区网建设的理解，从而为后续学习打下基础；第 2 章“越来越重要的无线局域网”主要讲解无线局域网的基本概念、常用标准等内容，并通过具体案例介绍如何构建家庭无线局域网和企业无线网，让读者对园区网构建有一个更为全面的认识；第 3 章“接入 Internet”主要讲解接入 Internet 的方式和常见接入技术，并通过案例介绍家庭网络、企业网络接入 Internet 方式和具体实现方法。通过第 1～3 章的学习，完成了一个园区网络从构建到接入 Internet 使用的全部过程。

第 4、5 章属于网络基础服务建设的内容。为了让读者更好地把握重点，我们选取了所有网络建设和管理中都必须要用到的 IP 地址管理和域名解析服务。第 4 章“使用 DHCP 管理 IP 地址”主要介绍 DHCP 的基本概念、工作原理，并通过案例帮助读者掌握 DHCP 服务的具体实现与管理过程；第 5 章“构建 DNS”主要介绍了 DNS 的工作原理、基本功能和高级功能的实现，以及 DNS 安全和 DNS 测试等方面内容，并通过案例帮助读者掌握 DNS 服务的具体实现与管理过程。

第 6、7 章属于网络安全管理的内容。第 6 章“通过防火墙实现网络安全管理”主要从防火墙的分类、功能、安全策略、关键技术、相关标准来学习防火墙的基础知识，并通过两个案例让读者掌握企业级防火墙构建与应用；第 7 章“通过 VPN 实现远程安全接入”主要介绍 VPN 的相关协议技术及各种应用模式，并通过实践与案例帮助读者掌握构建 PPTP VPN、L2TP VPN 及 VPN 客户端的实现方法。

第 8 章“通过 SNMP 实现网络运维监控”属于网络监控管理的内容。主要对 SNMP 基础概念、安全机制、代理配置以及基于 SNMP 协议的各种网络监控系统进行介绍，并通过两个案例，让读者掌握构建网络监控服务的实现与应用。

第 9 章“学会网络分析”属于网络分析的内容。主要从网络流数据的采集、分析的原理进行讲解，并通过两个案例让读者掌握网络分析系统的应用。

本书的实践内容基于 GNS 3 仿真环境及 VirtualBox 虚拟化技术，所采用的软件和工具全部为开源、免费或试用版本，相关资源可从本书的网络支撑平台 http://ethernet.book.51xueweb.cn 获得。

5. 本书的读者对象

本书适用于以下三类读者。

一是从事网络管理，特别是网络运维工作的专业技术人员，本书可帮助他们进行深入、系统的学习，从而更好地提高工作成效。

二是准备从事网络管理和运维工作的入门者，本书可帮助他们全面理解网络建设与运维管理的技术框架，快速掌握相应的工程实现方法，为后续工作打下扎实基础。

三是高等院校中计算机相关专业、特别是网络工程、网络运维、信息管理等专业的，具有一定计算机网络原理知识基础的在校学生，本书可帮助他们加深对网络原理的理解、解决原来似是而非的理论问题、提升实践操作的综合能力，真正做到“学以致用”。

6. 本书的特点

（1）本书的内容体系以“园区网构建”→“Internet 接入”→“网络服务”→“网络监控与管理”→“网络分析”为主线，与实际网络工程实践高度融合，弥补了同类书籍知识结构体系单一的不足，有利于读者全面理解并掌握网络建设与运维管理的整体技术框架，并形成完整的知识能力体系。

（2）本书在讲解理论的同时，非常注重对学习者工程实践能力的培养。不仅如此，本书改进了同类书籍基于单一系统平台进行实践的不足，在具体的案例实现上，除了讲解在 Windows 平台实现方法之外，还着重讲解了在 UNIX/Linux 平台上的实现，拓展了读者的技术视野、满足了行业的实际工程需求。

（3）本书的实践内容基于 GNS 3 仿真环境及 VirtualBox 虚拟化技术，有效解决了读者在学习时由于实践环境的限制只能“纸上谈兵”的状况，帮助读者在一台笔记本电脑上即可轻松构建复杂网络并进行相应的管理和分析，极大降低了学习成本，保证了学习过程的顺利开展。

（4）本书中所使用的案例，均来自于作者具体的工作实践，并经过了长期具体应用的锤炼，具有很强的实用性和严谨性。不仅如此，所有案例的编写，均结合实际工作场景，通过“需求分析”→“规划设计”→“技术论证”→“部署实施”→“总结分析”的步骤来逐步实现，从而帮助学习者以工程的思维方式解决实际工作中的应用技术问题。

（5）本书在编写中充分注重互联网技术发展迅猛的特点，在内容上注入了行业前沿应用技术，具有一定的前瞻性。

7．感谢

没有家人们的默默支持，我们不可能全身心地投入到本书的编写中，这本书也不可能在短短 4 个月内“一气呵成”，对于他们，除了感谢还有发自内心的一丝愧疚。

在本书内容框架的制定过程中，我的恩师、河南中医学院的程万里教授给予了许多颇具建设性的指导，使得本书的技术体系更加科学合理。在本书的具体编写过程中，河南中医学院信息技术开放科研创新平台的陈凯杰、杨明、路景鑫等同学参与了本书的资料收集、整理、技术研讨、实验测试及文字撰写工作，为本书的成书付出了辛勤劳动。

本书编写完成后，中国水利水电出版社万水分社的雷顺加主编、周春元副总经理对于本书的出版给予了中肯的指导和积极的帮助，使得本书得以顺利出版，在此一并表示深深的谢意！

由于我们的水平有限，疏漏及不足之处在所难免，敬请广大读者朋友批评指正。

本书作者

2015 年 11 月于河南中医学院天一湖畔

II

配套光盘使用说明

一、配套光盘有什么？

本书中配套光盘由两部分组成，具体内容为：

1．本书配套使用的多媒体教学课件，主要包含.pptx 和.pdf 两种格式，方便读者在不同的环境下浏览多媒体教学课件。

2．本光盘中所提供的软件资源，主要为本书内容中所使用的软件，方便读者直接对本书中的案例与实训进行学习。

二、为什么为本书配备光盘？

为本书增加配套光盘，是从以下几方面考虑：

1．总结、提炼书籍内容，并以多媒体课件的形式展示出来，方便读者了解本书的知识架构与体系，对书籍内容有一个更为宏观的认识。

2．提供大量真实可用软件资源，方便读者随时进行实验验证与学习，更为直观地了解书中的知识点。虽然软件均可以通过互联网下载，但是考虑到软件版本不断变化的实际情况和部分软件的文件很大，下载需要时间较长，为了方便读者能够快速进行实践，将本书中所用的软件资源统一用光盘收录。

3．提供本书撰写过程中使用的同一版本的软件资源，方便读者以更为接近本书实验环境的方式进行实验，方便读者对书籍中知识点的学习与理解。

4．本光盘提供的软件资源具有免费、开源的特点，既体现出本书的特色，又可以降低读者的学习成本，使读者轻松学习，收获更多知识。

III

目录

前言
配套光盘使用说明
第 1 章　从建设局域网开始 ………… 1
1.1　认识局域网 ………… 1
1.1.1　下个定义 ………… 1
1.1.2　局域网有什么特点 ………… 1
1.1.3　局域网能干什么 ………… 2
1.1.4　五花八门的局域网 ………… 3
1.2　构建局域网的主要设备 ………… 7
1.2.1　网络终端设备 ………… 7
1.2.2　网络传输设备 ………… 8
1.2.3　传输媒介 ………… 10
1.3　建设局域网的过程 ………… 15
1.3.1　建设局域网有哪些主要步骤 ………… 15
1.3.2　进行需求分析时重点考虑哪些问题 ………… 16
1.3.3　如何制定项目预算和项目实施计划 ………… 16
1.3.4　项目实施需要哪些准备工作 ………… 17
1.3.5　按照计划实施 ………… 20
1.3.6　测试与验收 ………… 22
1.4　实践：基于 GNS3 构建局域网 ………… 22
1.4.1　GNS3 是什么 ………… 22
1.4.2　把 GNS3 安装在电脑上 ………… 23
1.4.3　在 GNS3 中创建局域网 ………… 26
1.5　案例：一个企业网的实现 ………… 35
1.5.1　案例概述 ………… 35
1.5.2　项目调查与分析 ………… 35
1.5.3　项目实施 ………… 38
1.5.4　网络测试 ………… 49
1.5.5　项目验收与移交 ………… 49
第 2 章　越来越重要的无线局域网 ………… 51
2.1　认识无线局域网 ………… 51
2.1.1　为什么需要 WLAN ………… 51
2.1.2　无线局域网的优点 ………… 51
2.1.3　无线局域网的组成 ………… 52
2.1.4　无线局域网拓扑结构 ………… 53
2.1.5　无线局域网服务 ………… 55
2.2　无线局域网的各种标准 ………… 56
2.2.1　802.11a ………… 56
2.2.2　802.11b/g/n ………… 58
2.2.3　802.11ac ………… 60
2.2.4　WLAN MAC 帧格式 ………… 62
2.3　无线局域网的接入认证 ………… 64
2.3.1　PPPoE 接入认证 ………… 64
2.3.2　Web 接入认证 ………… 65
2.3.3　802.1x 接入认证 ………… 66
2.4　无线通信加密 ………… 67
2.4.1　WEP 加密 ………… 67
2.4.2　WPA/WPA2 加密认证 ………… 69

2.4.3 无线局域网的安全管理 ……………… 73
2.5 案例 1：家庭无线局域网的实现………… 74
2.5.1 需求分析 ……………………………… 74
2.5.2 方案设计 ……………………………… 75
2.5.3 部署实施 ……………………………… 76
2.5.4 应用测试 ……………………………… 78
2.6 案例 2：无线企业网的实现……………… 79
2.6.1 需求分析 ……………………………… 79
2.6.2 方案设计 ……………………………… 79
2.6.3 部署实施 ……………………………… 82
2.6.4 无线漫游 ……………………………… 84
2.6.5 应用测试 ……………………………… 84
第 3 章 接入 Internet ……………………………… 86
3.1 Internet 接入的一些基本概念…………… 86
3.1.1 什么是 Internet 接入 ………………… 86
3.1.2 接入方式 ……………………………… 86
3.1.3 以太网的宽带网接入技术 …………… 90
3.2 案例 1：家庭局域网接入 Internet ……… 92
3.2.1 需求分析 ……………………………… 92
3.2.2 方案设计 ……………………………… 92
3.2.3 部署实施 ……………………………… 93
3.2.4 应用测试 ……………………………… 97
3.3 案例 2：基于 OPNsense 实现企业网接入· 98
3.3.1 需求分析 ……………………………… 99
3.3.2 构建局域网 …………………………… 99
3.3.3 部署实施 ……………………………… 101
3.3.4 应用测试 ……………………………… 105
3.4 案例 3：通过 OPNsense 实现双链路负载接入 ……………………………… 106
3.4.1 需求分析 ……………………………… 106
3.4.2 构建局域网 …………………………… 106
3.4.3 部署实施 ……………………………… 108
3.4.4 应用测试 ……………………………… 112
第 4 章 使用 DHCP 管理 IP 地址 ………………… 114
4.1 认识 DHCP ……………………………… 114
4.1.1 什么是 DHCP ………………………… 114
4.1.2 DHCP 主要功能及应用环境 ………… 114
4.1.3 DHCP 作用域 ………………………… 115
4.2 DHCP 的工作原理………………………… 116
4.2.1 认识 DHCP 的报文 …………………… 116
4.2.2 了解 DHCP 工作流程 ………………… 118
4.2.3 IP 租约的更新与续租 ………………… 120
4.2.4 为什么需要 DHCP 中继代理 ………… 120
4.3 实践 1：在 Windows Server 上实现 DHCP 服务……………………………… 123
4.3.1 安装 DHCP 服务 ……………………… 123
4.3.2 添加作用域…………………………… 125
4.3.3 设置保留 IP 地址……………………… 127
4.3.4 使用 DHCP 筛选器 …………………… 127
4.3.5 添加超级作用域……………………… 128
4.4 实践 2：在 Linux 上实现 DHCP 服务 … 129
4.4.1 安装 DHCP 服务 ……………………… 129
4.4.2 DHCP 配置文件 ……………………… 130
4.4.3 配置作用域…………………………… 133
4.4.4 配置租约期限………………………… 133
4.4.5 配置保留 IP 地址……………………… 134
4.4.6 配置超级作用域……………………… 134
4.4.7 配置多个作用域……………………… 134
4.5 实践 3：DHCP 客户端的配置 ………… 136
4.5.1 在 Windows 上配置 DHCP 客户端 ‥ 136
4.5.2 在 Linux 上配置 DHCP 客户端…… 137
4.5.3 在 Android 上配置 DHCP 客户端 … 138
4.5.4 在 IOS 上配置 DHCP 客户端 ……… 138
4.6 DHCP 的安全管理………………………… 139
4.6.1 什么是 DHCP 欺骗 …………………… 139
4.6.2 为什么需要 DHCP 强制 ……………… 140
4.6.3 一次 DHCP 欺骗的案例分析 ………… 140
4.7 案例：基于 GNS3 在局域网中构建 DHCP 服务……………………………… 143
4.7.1 IP 地址的规划 ………………………… 143

4.7.2 具体实施 …… 144

第 5 章 构建 DNS …… 147

5.1 认识 DNS …… 147

5.1.1 为什么需要 DNS …… 147

5.1.2 DNS 能干什么 …… 148

5.1.3 DNS 的分级结构 …… 148

5.1.4 DNS 的基本术语 …… 150

5.1.5 DNS 的记录类型 …… 151

5.1.6 DNS 数据库文件 …… 153

5.1.7 DNS 服务器种类 …… 153

5.2 DNS 的工作原理 …… 154

5.2.1 DNS 递归解析原理 …… 154

5.2.2 DNS 迭代解析原理 …… 155

5.2.3 DNS 报文格式 …… 156

5.3 实践 1：在 Windows Server 上实现 DNS …… 160

5.3.1 安装 DNS 服务 …… 160

5.3.2 DNS 的基本配置 …… 162

5.4 实践 2：在 Linux 上实现 DNS …… 166

5.4.1 安装 BIND …… 166

5.4.2 BIND 配置文件 …… 167

5.4.3 DNS 的基本配置 …… 174

5.5 实践 3：基于 QS-DNS 实现 DNS …… 178

5.6 DNS 高级功能 …… 181

5.6.1 ACL …… 181

5.6.2 区域传送 …… 182

5.6.3 DNS 转发 …… 186

5.6.4 DNS 多链路智能解析 …… 188

5.7 DNS 安全 …… 190

5.7.1 DNS 的安全隐患 …… 190

5.7.2 DNS 安全措施 …… 191

5.7.3 DNS 安全性评估 …… 193

5.8 DNS 测试 …… 194

5.8.1 DNS 测试内容 …… 194

5.8.2 DNS 测试工具 …… 194

5.8.3 如何通过 DNS 测试选择最优服务 …… 201

第 6 章 通过防火墙实现网络安全管理 …… 204

6.1 认识防火墙 …… 204

6.1.1 下个定义 …… 204

6.1.2 防火墙的分类 …… 205

6.1.3 防火墙的功能 …… 207

6.1.4 防火墙的安全策略 …… 210

6.1.5 防火墙的优缺点 …… 213

6.1.6 下一代防火墙 …… 215

6.2 防火墙的关键技术 …… 217

6.2.1 包过滤技术 …… 217

6.2.2 状态检测技术 …… 220

6.2.3 网络地址转换技术（NAT） …… 222

6.2.4 代理技术 …… 227

6.3 防火墙的技术标准 …… 229

6.3.1 防火墙功能要求标准 …… 229

6.3.2 防火墙性能要求标准 …… 232

6.3.3 防火墙安全要求标准 …… 233

6.3.4 防火墙保证要求标准 …… 234

6.4 防火墙的应用模式 …… 238

6.4.1 家庭网络防火墙应用 …… 238

6.4.2 中小企业防火墙应用 …… 239

6.4.3 政府机构防火墙应用 …… 240

6.4.4 跨国企业防火墙应用 …… 242

6.5 实践：个人防火墙的实现与应用 …… 243

6.5.1 Windows 系统防火墙的实现 …… 243

6.5.2 Windows 上通过第三方软件实现防火墙 …… 250

6.5.3 通过 IPTables 实现 Linux 防火墙 …… 255

6.5.4 MAC OS X 上防火墙实现 …… 260

6.6 案例 1：基于 OPNsense 实现企业级防火墙 …… 263

6.6.1 方案设计 …… 263

6.6.2 部署实施 …… 263

6.6.3 应用测试 …… 267

6.6.4 总结分析 …… 268
6.7 案例 2：基于 CheckPoint 实现企业级防火墙 …… 268
6.7.1 方案设计 …… 268
6.7.2 部署实施 …… 269
6.7.3 应用测试 …… 278
6.7.4 总结分析 …… 278
第 7 章 通过 VPN 实现远程安全接入 …… 280
7.1 认识 VPN …… 280
7.1.1 VPN 有什么用 …… 280
7.1.2 VPN 的分类 …… 281
7.1.3 VPN 的特点与优势 …… 283
7.1.4 VPN 的安全机制 …… 284
7.2 VPN 关键通信技术 …… 287
7.2.1 L2TP 协议 …… 287
7.2.2 IPSec 协议 …… 289
7.2.3 MPLS 协议 …… 293
7.2.4 SSL 协议 …… 295
7.2.5 协议对比 …… 299
7.2.6 报文分析 …… 299
7.3 VPN 的应用模式与方案 …… 313
7.3.1 中小企业的 VPN 应用 …… 313
7.3.2 跨国企业的 VPN 应用 …… 315
7.3.3 政府机构的 VPN 应用 …… 316
7.3.4 销售企业的 VPN 应用 …… 318
7.4 案例 1：在 Linux 上实现 L2TP 协议的 VPN 服务 …… 319
7.4.1 方案设计 …… 319
7.4.2 部署实施 …… 320
7.4.3 应用测试 …… 323
7.4.4 总结分析 …… 324
7.5 案例 2：基于 OPNsense 实现 PPTP 协议的 VPN 服务 …… 325
7.5.1 方案设计 …… 325
7.5.2 部署实施 …… 325
7.5.3 应用测试 …… 328
7.5.4 总结分析 …… 328
7.6 实践：VPN 客户端的配置 …… 329
7.6.1 在 Windows 上配置 VPN 客户端 …… 329
7.6.2 在 Linux 上配置 VPN 客户端 …… 332
7.6.3 在 Android 上配置 VPN 客户端 …… 335
7.6.4 在 IOS 上配置 VPN 客户端 …… 335
第 8 章 通过 SNMP 实现网络运维监控 …… 338
8.1 认识 SNMP …… 338
8.1.1 什么是 SNMP …… 338
8.1.2 SMI …… 341
8.1.3 MIB …… 342
8.1.4 SNMP 的工作原理 …… 345
8.1.5 SNMP 的报文格式 …… 347
8.2 SNMP 的安全机制 …… 353
8.2.1 SNMPv1 的安全机制 …… 353
8.2.2 SNMPv2 的安全机制 …… 354
8.2.3 SNMPv3 的安全机制 …… 356
8.2.4 SNMPv1、SNMPv2 和 SNMPv3 的对比 …… 358
8.3 实践：SNMP 代理配置 …… 359
8.3.1 在 Windows 上开启 SNMP 代理服务 …… 359
8.3.2 在 Linux 上开启 SNMP 代理服务 …… 364
8.4 基于 SNMP 协议的监控软件 …… 366
8.4.1 常用的 SNMP 测试工具 …… 366
8.4.2 基于 SNMP 的网络监控系统 …… 376
8.5 案例 1：使用 Cacti 构架网络监控服务 …… 379
8.5.1 方案设计 …… 379
8.5.2 安装实施过程 …… 380
8.5.3 添加对 Linux 系统的监控 …… 383
8.5.4 添加对 Windows 系统的监控 …… 386
8.5.5 添加对交换机和路由器的监控 …… 388
8.6 案例 2：使用 QS-NSM 构建网络流量监控与性能分析服务 …… 389

8.6.1 QS-NSM 简介 ………… 389
8.6.2 实施方案 ………… 390
8.6.3 安装实施过程 ………… 390
8.6.4 添加对 Linux 系统的监控 ………… 393
8.6.5 添加对 Windows 系统的监控 ………… 394
8.6.6 添加对交换机和路由器的监控 ………… 396
8.6.7 监控点详解 ………… 396
第 9 章 学会网络分析 ………… 404
9.1 认识网络分析 ………… 404
9.1.1 给网络分析下个定义 ………… 404
9.1.2 网络分析的意义 ………… 404
9.1.3 什么是网络分析系统 ………… 405
9.2 流数据采集 ………… 406
9.2.1 通过 NetFlow 实现流数据采集 ………… 406
9.2.2 通过 sFlow 实现流数据采集 ………… 409
9.2.3 NetFlow 与 sFlow 对比分析 ………… 412
9.2.4 通过端口镜像实现流数据采集 ………… 412
9.3 网络流量分析 ………… 413
9.3.1 网络流量监测的意义 ………… 413
9.3.2 异常流量的分析和处理 ………… 414
9.4 网络用户行为分析 ………… 418
9.4.1 什么是网络用户行为分析 ………… 419
9.4.2 网络用户行为分析的意义 ………… 419
9.4.3 网络用户行为分析的内容 ………… 419
9.5 案例 1：使用科来网络分析系统进行用户行为分析 ………… 421
9.5.1 科来网络分析系统简介 ………… 421
9.5.2 系统架构与工作原理 ………… 421
9.5.3 安装与部署 ………… 422
9.5.4 系统功能 ………… 425
9.5.5 统计分析 ………… 429
9.5.6 网络分析 ………… 430
9.6 案例 2：使用 OSSIM 实现云数据中心网络分析 ………… 437
9.6.1 OSSIM 简介 ………… 437
9.6.2 OSSIM 系统架构与工作原理 ………… 437
9.6.3 OSSIM 安装与部署 ………… 443
9.6.4 熟悉 OSSIM 系统 ………… 446
9.6.5 NetFlow 配置 ………… 448
9.6.6 网络分析 ………… 448
参考图书文献 ………… 456
参考论文文献 ………… 456

1 从建设局域网开始

本书的学习与实践，就从局域网的建设开始。

局域网技术是计算机网络研究和应用的一个热点，也是目前计算机网络技术发展最快的领域之一，在企业、机关、学校等各种单位中得到了广泛的应用。局域网是封闭型的，可以由办公室内的两台计算机组成，也可以由一个园区内的上千台计算机组成，不仅如此，局域网也是建立互联网络的基础。

本章着重介绍局域网的特点与分类、局域网的主要设备、构建局域网的一般流程，并通过一个企业网构建实例，加深读者的理解。

1.1 认识局域网

1.1.1 下个定义

20 世纪 70 年代中期，由于大规模集成电路和超大规模集成电路的发展，计算机的功能大大增强、成本不断降低，为计算机的普及奠定了基础。但是，当时一台计算机处理能力还是非常有限，为了实现资源共享和方便交流，就在较小范围内进行了计算机互联，因此出现了计算机网络研究的新领域，这就是计算机局域网。

局部区域网络（Local Area Network，LAN），简称局域网或 LAN，它既有计算机网络的特点，又有自己独有的特征。它是在一个局部的地理范围内（如一个学校、工厂和机关单位），将各种计算机、外部设备和数据库等互相联接起来组成的计算机通信网。它可以通过数据通信网或专用数据电路，与远方的局域网、数据库或处理中心相连接，构成一个大范围的信息处理系统。

1.1.2 局域网有什么特点

局域网与广域网不同，它的覆盖范围一般限制在一定距离区域内。正因为如此，使局域网具有以下几个主要特点。

（1）通信速率高

由于距离较近，且结构相对简单，因此局域网的数据传输速率比较高，以以太网为例，从早期的10Mb/s到后来的100Mb/s、1000Mb/s，目前已达到10Gb/s。随着局域网技术的进一步发展，数据传输目前正在向着更高的速度发展。

（2）通信质量好，传输误码率低

局域网具有较低的延迟和误码率。这是因为局域网通常采用短距离传输，可以使用高质量的传输介质，从而提高传输质量。

误码率（Bit Error Rate，BER），又称位错率，指在一段时间内，传输错误的比特占所传输比特的比率。局域网的传输质量很高，它的传输误码率通常低于 10^{-7}，即平均每传送 10^{7} 个比特才会出现一个比特的错误。

（3）通常属于某一部门、单位或企业所有

局域网的经营权和管理权通常属于某个单位所有，这一点与广域网通常由服务提供商运营不同。由于局域网的范围一般在0.1～2.5km之内，分布简单和高速传输使它适用于一个企业、一个部门的管理，所有权可归某一单位，在设计、安装、操作使用时由单位统一考虑、全面规划，不受公用网络当局的限制。

（4）支持多种通信传输介质

根据网络本身的性能要求，局域网中可使用多种通信介质，例如电缆（细缆、粗缆、双绞线）、光纤及无线传输等。

（5）成本低，安装、扩充及维护方便

局域网是在一个局部地区范围内，把各种计算机、外围设备、数据库等相互连接起来组成的计算机通信网。相对广域网而言，局域网安装简单，可扩充性好，尤其在目前大量采用以交换机为中心的星形网络结构的局域网中，扩充服务器、工作站等十分方便，若某站点出现故障时整个网络仍可以正常工作。

（6）宽带局域网，可以实现数据、语音和图像的综合传输

宽带局域网（Broadband LAN）是一种对数据进行编码、复用以及通过载波调制来实现数据传输的局域网，使用宽带局域网可以使数据、语音和图像进行综合传输。目前宽带局域网已经成为局域网的主流，已经出现了实际应用中的万兆宽带局域网。

1.1.3 局域网能干什么

局域网最主要的功能是提供资源共享和相互通信，它可提供以下几项主要服务。

（1）资源共享

它包括硬件资源共享、软件资源共享及信息数据共享。在局域网上每个用户可共享安装的硬件资源，如大型外部存储器、绘图仪、激光打印机、图文扫描仪等特殊外设；用户可共享网络上系统软件与应用软件，避免重复投资及重复劳动；网络技术可使大量分散的数据迅速集中、分析和处理，分散在网内的计算机用户可以共享网内的大型数据库而不必重新设计这些数据库。

（2）数据传送和电子邮件

数据和文件的传输是网络的基本功能，主要完成计算机在局域网中传送文件、数据信息、声音、图像和视频等。

局域网站点之间可提供电子邮件服务，某网络用户输入信件并传送给另一用户，收信人可打开“邮箱”阅读信件后，写回信发回源用户电子邮件，既节省纸张又快捷方便。

（3）分布式处理

利用网络技术能将多台计算机连成具有高性能的计算机系统，采用适当的算法，将大型的综合性问题分给不同的计算机去完成，在网络上可建立分布式数据库系统，使整个计算机系统的性能大大提高。同时，局域网中的计算机可以互为备份系统，当一台计算机出现故障时，可以调用其他计算机代替实施任务，从而提高了系统的安全可靠性。

（4）文件共享

一个局域网内主机如果想使用别的主机上的文件，可通过文件共享服务进行获取，文件共享后同一局域网内的主机都可以访问与使用，无需复杂地使用 U 盘进行拷贝获取文件。

1.1.4 五花八门的局域网

局域网有许多不同的分类方法，如按拓扑结构分类、按传输介质分类、按介质访问控制方法分类等。

（1）按拓扑结构分类

局域网拓扑结构通常可分为：总线型拓扑结构、星型拓扑结构、环型拓扑结构、树型拓扑结构和网状型拓扑结构。

1）总线型拓扑结构。

总线型拓扑结构采用一条称为总线的中央主电缆，所有网上计算机都通过相应的硬件接口直接连在总线上（见图 1-1）。由于其信息向四周传播，类似于广播电台，故总线网络也被称为广播网络。

优点：结构简单灵活，非常便于扩充；可靠性高，网络响应速度快；设备量少，价格低，安装使用方便；共享资源能力强，便于广播式工作。

缺点：一点失效会引起多点失效，故障定位困难，任何时刻只能有一个节点发送数据，电缆连接设备有限。

总线型拓扑结构曾经是使用最广泛的结构，也是相对传统的一种主流网络结构，适合于信息管理系统、办公自动化系统等应用领域。

2）星型拓扑结构。

这种结构是目前在局域网中应用得较为普遍的一种。它是因网络中的各工作站（主机）通过一个网络集中设备（如集线器或者交换机）连接在一起，呈星状分布而得名（见图 1-2）。这类网络目前用得最多的传输介质是双绞线或光纤。

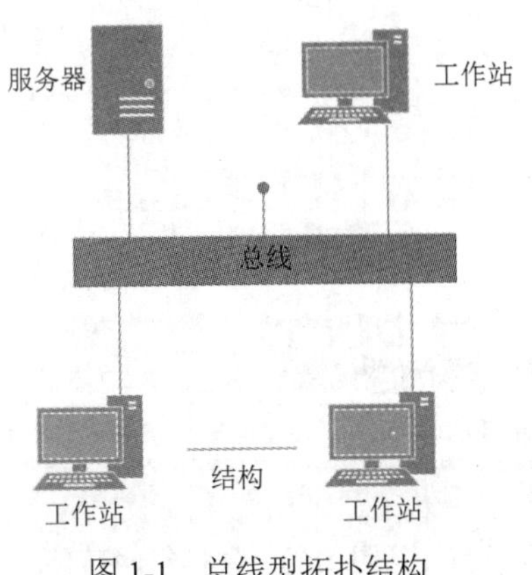

图 1-1 总线型拓扑结构

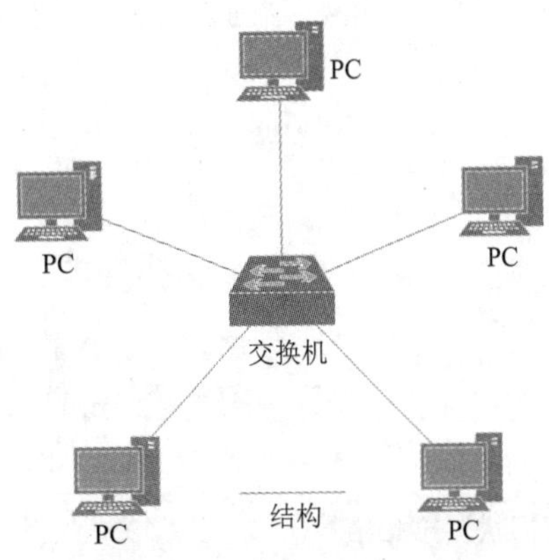

图 1-2 星型拓扑结构

优点：易于维护，安全；组网简单，易于集中控制，误码率低。

缺点：网络共享能力差，通信线路利用率低，中央节点负载过重。

3）环型拓扑结构。

环型拓扑结构中各节点通过环路接口连在一条首尾相连的闭合环形通信线路中。环路上任何节点均可以请求发送信息，也可以接收环路上的任何信息。环中维持一个“令牌”，“令牌”在环型连接中依次传递，谁获得令牌就可以进行信息发送，通常把这种拓扑结构的网络称之为“令牌环网”。图 1-3 所示为环型拓扑结构。

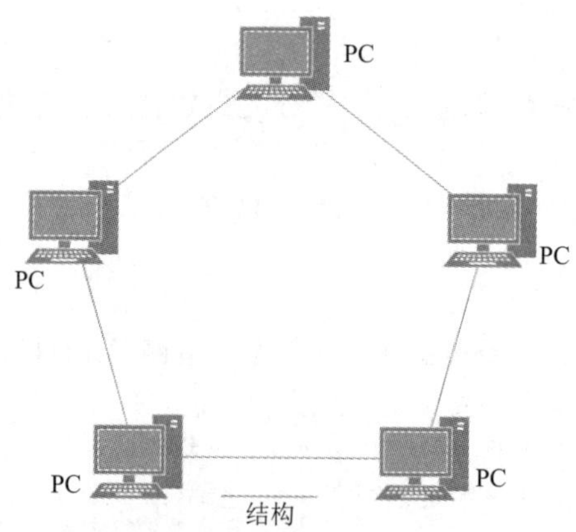

图 1-3　环型拓扑结构

优点：路由选择简单，可靠性高，时间延迟确定。

缺点：环路封闭，扩充不方便；节点过多，传输率低。

4）树型拓扑结构。

树状网络也称为多级星型网络，通常是由多个层次的星型结构连接而成的（见图 1-4）。树的每个节点一般是网络互连设备，如交换机或路由器等。一般来说，越靠近树的根部，节点设备的性能就越好。与单一星型网络相比，树状网络的规模更大，而且扩展方便，但是结构也较为复杂。在一些实际的局域网建设中（例如校园网、企业网等），采用的多是树状结构网络。

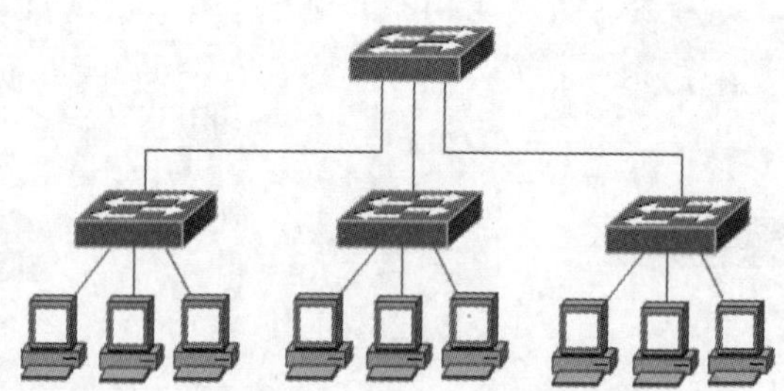

图 1-4　树型拓扑结构

5）网状型拓扑结构。

网状型拓扑结构是将多个子网或多个局域网连接起来构成的（见图 1-5）。根据组网硬件不同，主要有 3 种网状拓扑结构：网状网、主干网和星型连接网。

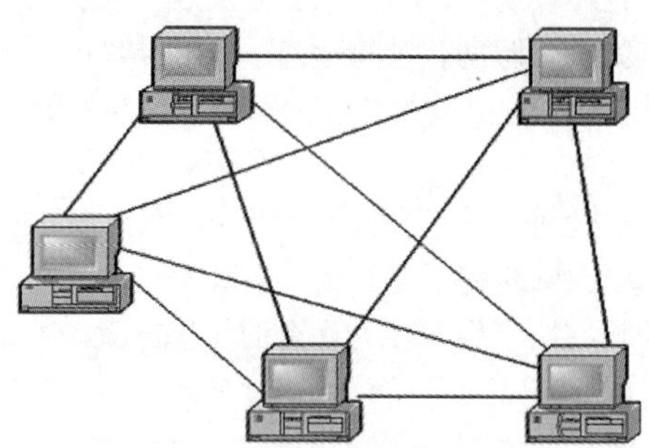

图 1-5 网状形拓扑结构

（2）按传输介质分类

局域网使用的主要传输介质有双绞线、细同轴电缆、光缆等。以连接到用户终端的介质可分为双绞线网、细缆网、光缆网。

（3）按介质访问控制方法分类

介质访问控制提供了传输介质上网络数据传输控制机制。按不同的介质访问控制方式局域网可分为以太网（Ethernet）、令牌环网（Token Ring）等。

（4）按网络使用的技术分类

网络使用的常见技术有 ATM、FDDI 等，因此可将局域网分成以太网（Ethernet）、异步传输模式（ATM）、光纤分布式数据接口（FDDI）等。简单对以太网（Ethernet）、光纤分布式数据接口（FDDI）、异步传输模式（ATM）进行介绍。

1）以太网（Ethernet）。

Ethernet 是 Xerox、Digital Equipment 和 Intel 三家公司开发的局域网组网规范，并于 20 世纪 80 年代初首次出版，称为 DIX1.0。1982 年修改后的版本为 DIX2.0。这三家公司将此规范提交给 IEEE（电子电气工程师协会）802 委员会，经过 IEEE 成员的修改并通过，变成了 IEEE 的正式标准，并编号为 IEEE 802.3。Ethernet 和 IEEE 802.3 虽然有很多规定不同，但术语 Ethernet 通常认为与 802.3 是兼容的。IEEE 将 802.3 标准提交国际标准化组织（ISO）第一联合技术委员会（JTC1），再次经过修订变成了国际标准 ISO 8802.3。

早期局域网技术的关键是解决连接在同一总线上的多个网络节点如何有秩序地共享一个信道的问题，而以太网络正是利用载波监听多路访问/碰撞检测（CSMA/CD）技术成功地提高了局域网络共享信道的传输利用率，从而得以发展和流行的。交换式快速以太网及千兆以太网是之后发展起来的先进的网络技术，使以太网络成为当今局域网应用较为广泛的主流技术之一。

随着电子邮件数量的不断增加，以及网络数据库管理系统和多媒体应用的不断普及，迫切需要高速高带宽的网络技术。交换式快速以太网技术便应运而生。快速以太网及千兆以太网从根本上讲还是以太网，只是速度更快。它基于现有的标准和技术（IEEE 802.3 标准，CSMA/CD 介质存取协议，总线型或星型拓扑结构，支持细缆、UTP、光纤介质，支持全双工传输），可以使用现有的电缆和软件，因此它是一种简单、经济、安全的选择。

然而，以太网络在发展早期所提出的共享带宽、信道争用机制极大地限制了网络后来的发展，即使是近几年发展起来的链路层交换技术（即交换式以太网技术）和提高收发时钟频率（即快速以太网技术）也不能从根本上解决这一问题，具体表现在：①以太网提供是一种所谓“无连接”的网络服务，网络本身对所传输的信息包无法进行诸如交付时间、包间延迟、占用带宽等关于服务质量的控制，因此没有服务质量（Quality of Service）保证；②对信道的共享及争用机制导致信道的实际利用带宽远低于物理提供的带宽，因此带宽利用率低。

除以上两点以外，以太网传输机制所固有的对网络半径、冗余拓扑和负载平衡能力的限制以及网络的附加服务能力薄弱等，也都是以太网络的不足之处。但以太网以成熟的技术、广泛的用户基础和较高的性能价格比，仍是传统数据传输网络应用中较为优秀的解决方案。

2）光纤分布式数据接口（FDDI）。

光纤分布数据接口（FDDI）是成熟的 LAN 技术中传输速率较高的一种。这种传输速率高达 100Mb/s 的网络技术所依据的标准是 ANSIX3T9.5。该网络具有定时令牌协议的特性，支持多种拓扑结构，传输媒体为光纤。

光纤分布式数据接口（FDDI）是一种使用光纤作为传输介质的、高速的、通用的环形网络。它能以 100Mb/s 的速率跨越长达 100km 的距离，连接多达 500 个设备，既可用于城域网络也可用于小范围局域网。FDDI 采用令牌传递的方式解决共享信道冲突问题，与共享式以太网的 CSMA/CD 的效率相比在理论上要稍高一点（但仍远比不上交换式以太网），采用双环结构的 FDDI 还具有链路连接的冗余能力，非常适于做多个局域网络的主干。然而 FDDI 与以太网一样，其本质仍是介质共享、无连接的网络，这就意味着仍然不能提供服务质量保证和更高的带宽利用率。在少量站点通讯的网络环境中，它可达到比共享以太网稍高的通讯效率，但随着站点的增多，效率会急剧下降，这时候无论从性能和价格都无法与交换式以太网、ATM 网相比。

交换式 FDDI 会提高介质共享效率，但同交换式以太网一样，这一提高也是有限的，不能解决本质问题。另外，FDDI 有两个突出的问题极大地影响了这一技术的进一步推广：一是其居高不下的建设成本，特别是交换式 FDDI 的价格甚至会高出某些 ATM 交换机；二是其停滞不前的组网技术，由于网络半径和令牌长度的制约，现有条件下 FDDI 将不可能出现高出 100M 的带宽。面对不断降低成本同时在技术上不断发展创新的 ATM 和交换以太网技术的激烈竞争，FDDI 的市场占有率逐年缩减。（据相关部门统计，现在各大型院校、教学院所、政府职能机关建立局域或城域网络的设计倾向较为集中在以太网技术上，原先建立较早的 FDDI 网络，也在向星型、交换式的其他网络技术过渡。）

3）异步传输模式（ATM）。

随着人们对集话音、图像和数据为一体的多媒体通信需求的日益增加，特别是为了适应今后信息高速公路建设的需要，人们又提出了宽带综合业务数字网（B-ISDN）这种全新的通信网络，而 B-ISDN 的实现需要一种全新的传输模式，即异步传输模式（ATM）。在 1990 年，国际电报电话咨询委员会（CCITT）正式建议将 ATM 作为实现 B-ISDN 的一项技术基础，这样，以 ATM 为机制的信息传输和交换模式也就成为电信和计算机网络操作的基础和通信的主体之一。

ATM 采用基于信元的异步传输模式和虚电路结构，根本上解决了多媒体的实时性及带宽问题。实现面向虚链路的点到点传输，它通常提供 155Mb/s 的带宽。它既汲取了话务通讯中电路交换的“有连接”服务和服务质量保证，又保持了以太网、FDDI 等传统网络中带宽可变、适于突发性传输的灵活性，从而成为适用范围广、技术先进、传输效果理想的网络互联手段。

ATM 技术具有如下特点：实现网络传输有连接服务、实现服务质量保证（QoS）、交换吞吐量大、带宽利用率高、具有灵活的组网拓扑结构和负载平衡能力，伸缩性、可靠性高。ATM 是可同时应用于局域网、广域网两种网络应用领域的网络技术。

（5）按网络的通讯方式分类

根据采用的通讯方式不同，局域网可以分为对等网、客户机/服务器网络和无盘工作站网络。

1）对等网。

对等网络采用非结构化的方式访问网络资源。对等网络中的每一台设备可以同时是客户机和服务器。网络中的所有设备可直接访问数据、软件和其他网络资源，它们没有层次的划分。

对等网主要适用小型办公场所，因为它不需要服务器，所以对等网成本低。

2）客户机/服务器网络。

基于服务器的网络称为客户机/服务器网络。网络中的计算机划分为服务器和客户机。这种网络引进了层次结构化模型，它是为了使网络规模增大所需的各种支持功能而设计的。

客户机/服务器网络应用于大中型企业，利用它可以实现数据共享，对财务、人事等工作进行网络化管理，并可以进行网络会议。它还提供强大的 Internet 信息服务，如 FTP、Web 等。

3）无盘工作站网络。

无盘工作站，顾名思义就是没有硬盘的计算机，是基于服务器网络的一种结构。无盘工作站利用网卡上的启动芯片与服务器连接，使用服务器的硬盘空间进行资源共享。

无盘工作站网络可以实现客户机/服务器网络的所有功能。在它的工作站上，没有磁盘驱动器，但因为每台工作站都需要从“远程服务器”启动，所以对服务器、工作站以及网络组件的需求较高。由于其出色的稳定性、安全性，一些对安全系数要求较高的企业常常采用这种结构。

无盘工作站之所以能够启动，是由硬件（工作站端）和软件（服务器端）共同配合的结果。软件上，就是服务器上的远程启动相关服务和无盘系统软件；硬件上，则是工作站网卡上的 BootROM 芯片。

1.2　构建局域网的主要设备

1.2.1　网络终端设备

组建局域网的主要目的是为了在不同的计算机之间实现资源共享。局域网中的计算机根据其功能和作用的不同被分为两大类，一类主要是为其他计算机提供服务，称为服务器（Server）；而另一类则使用服务器所提供的服务，称为工作站（Workstation）或客户机（Client）。

（1）服务器

网络服务器（Server）是网络的服务中心，一般由高档的微机或专用服务器来担任。局域网中至少应有一台服务器，也可配置多台服务器。按服务器所提供的应用服务可分为文件下载服务器、应用程序服务器、通信服务器、数据库服务器、Web 服务器等。局域网建设中如何配置、选择网络服务器是很关键的问题。

通常，服务器应满足以下性能和配置要求。

1）响应多用户的请求：网络服务器必须同时为多个用户提供服务，当多个用户的客户程序同时发出服务请求时，服务器要能及时响应每个客户程序的请求，且能够对它们分别进行互不干扰的处理。

2）处理速度快：为了及时响应多个用户的服务请求，服务器要有很强的数据处理和计算能力，从而对服务器的 CPU 性能提出了较高的要求，甚至要求在服务器中采用多 CPU 来提高其处理能力和速度。

3）存储容量大：网络服务器应能提供尽可能多的共享资源，为满足多用户同时请求的需要，服务器要配置足够的内存和外存。在许多服务器上，采用硬盘阵列来增加服务器的硬盘容量。

4）安全性高：服务器要能够对用户身份的合法性进行验证，并能根据用户权限为用户提供授权的服务。此外，还要应用一些必要的硬件和软件手段，保证服务器上资源的完整性和一致性。

5）可靠性高：作为网络服务的中心，要求提供一定的冗余措施和容错性。

（2）工作站

工作站（Workstation）是连接到局域网上的一台个人计算机（PC）。每个工作站仍保持个人计算机原有的功能，它既能作为独立的个人计算机使用，同时也能让局域网上的用户工作站来访问服务器，共享网络资源，在客户机/服务器体系中工作站作为客户机（Client）出现在网络中。

工作站可以是带软盘、硬盘的一台微机，也可以是不配磁盘驱动器的“无盘工作站”。对于工作站或客户机而言，在性能和配置上的要求通常没有服务器那么高。根据个人实际需要的不同可以用配置较为简单的无盘工作站，也可以用配置很高的工程工作站或个人 PC。

网络终端设备还包括网络打印机、绘图仪等。

1.2.2 网络传输设备

（1）交换机

交换机是一种基于 MAC 地址识别，能完成封装转发数据包功能的网络设备。交换机可以“学习”MAC 地址，并把其存放在内部地址表中，在数据帧的始发者和目标接收者之间建立临时的交换路径，使数据帧直接由源地址到达目的地址，完成信息交换功能。如图 1-6 所示为华为 S1720-28GFR-4TP 交换机。

图 1-6 华为 S1720-28GFR-4TP 交换机

作为局域网的主要连接设备，以太网交换机成为应用普及最快的网络设备之一。使用交换机的目的就是尽可能地减少和过滤网络中的数据流量。交换机的主要功能包括物理编址、网络拓扑结构、错误校验、帧序列以及流控。目前交换机还具备了一些新的功能，如对 VLAN（虚拟局域网）的支持、对链路汇聚的支持，甚至有的还具有防火墙功能。

交换机的工作过程包含以下 3 个方面。

1）学习：以太网交换机了解每一台端口相连接设备的 MAC 地址，并将地址同相应的端口映射起来存放在交换机缓存中的 MAC 地址表中。

2）转发/过滤：当一个数据帧的目的地址在 MAC 地址表中有映射时，被转发到连接目的节点的端口而不是所有端口（如该数据帧为广播/组播帧则转发至所有端口）。

3）消除回路：当交换机包括一个冗余回路时，以太网交换机通过生成树协议避免回路的产生，同时允许存在后备路径。

（2）路由交换机

路由交换机就是具有部分路由器功能的交换机，也叫三层交换机。三层交换机最重要目的是加快大型局域网内部的数据交换，所具有的路由功能也是为了此目的服务的，能够做到一次路由，多次转发。如图 1-7 所示为华为 S5700-24TP-SI-AC 24 口全千兆路由交换机。

路由交换机工作原理：假设 PC_A 与 PC_B 的 IP 地址处于不同子网，PC_A 往 PC_B 发送数据，中间经过一台三层交换机。PC_A 向 PC_B 发送一个数据包必须要经过三层交换机中的路由表进行路由。三层交换机就会记住目的 MAC 地址和目的 IP 地址并将其存在路由缓存中，以便下次通信。当第二次通信时，三层交换机就会使用 MAC 地址直接进行转发数据包到目的地，这样就是实现了数据包的高速转发。

图 1-7　华为 S5700-24TP-SI-AC 路由交换机

（3）路由器

路由器（Router）用于在网络层实现网络互连设备，如图 1-8 所示为华为 AR1220 企业级千兆 VPN 路由器。路由器可分为本地路由器和远程路由器，远程路由器是用来连接远程传输介质，并要求相应的设备，如电话线要配调制解调器，无线要通过无线接收机、发射机，本地路由器是用来连接网络传输介质的，如光纤、同轴电缆、双绞线。路由器除具有网桥的全部功能之外，还增加了路由选择功能，可以用来互联多个及多种类型的网络。当两个以上的网络互连时，必须使用路由器。

图 1-8　华为 AR1220 企业级千兆 VPN 路由器

1）路由器的主要功能。

路径选择：提供最佳转发路径选择，均衡网络负载。

过滤功能：具有判断需要转发的数据分组的功能，可根据 LAN 网络地址、协议类型、网间地址、主机地址、数据类型等判断数据组是否应该转发。对于不该转发的数据信息予以滤除。既有较强的隔离作用，又可提高网络的安全保密性。

分割子网：可以根据用户业务范围把一个大网分割成若干个子网。

2）路由器的优、缺点。

优点：路由器安全性高、节省局域网的频宽、支持复杂的网络拓扑结构，负载共享和最优路径、适用于大规模的网络、减少主机负担、隔离不需要的通信量、能更好地处理多媒体。

缺点：路由器安装复杂、价格高、且不支持非路由协议。

1.2.3 传输媒介

计算机网络中使用各种传输介质来组成物理信道，这些物理信道的特性不同，因而使用的网络技术不同，应用的场合也不同。下面简要介绍局域网中常用的传输媒介。

（1）双绞线

双绞线是综合布线工程中最常用的一种传输介质。80 年代后期，双绞线以太网的发明使人们能够构造更可靠的星型连接的网络系统。这种网络系统更容易安装和管理，排除故障更容易。双绞线的使用是以太网技术的重大变革，大大促进了以太网的发展。

在我国，建筑物内的网络综合布线系统的结构主要采用无屏蔽双绞线与光缆混合使用的方法，采用星形拓扑结构，使用标准插座进行端接。光纤主要用于高质量信息传输及主干连接，使用 100Ω 无屏蔽双绞线连接到桌面计算机系统。

1）双绞线的结构特点。

双绞线一般由两根 22～26 号绝缘铜导线相互缠绕而成（见图 1-9），把两根绝缘的铜导线按一定密度互相绞在一起，可以降低信号干扰的程度，每一根导线在传输中辐射的电波会被另一根线上发出的电波抵消。实际使用时，双绞线是由多对双绞线一起包在一个绝缘电缆套管里的。典型的双绞线有四对的，也有更多对双绞线放在一个电缆套管里的，又被称作双绞线电缆。不仅如此，在双绞线电缆内，不同线对也具有不同的扭绞长度，一般扭线越密其抗干扰能力就越强。

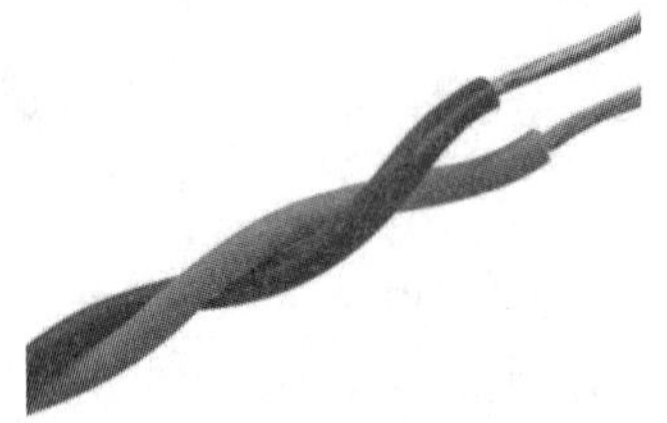

图 1-9　双绞线

双绞线在传输期间，信号的衰减比较大，容易产生波形畸变，因此双绞线的传输距离受到限制，在大多数应用下，最大布线长度为 100m。虽然双绞线与其他传输介质相比，在传输距离、信道宽度和数据传输速度等方面均受到一定的限制，但价格较为低廉，且其不良限制在一般快速以太网中影响甚微，所以目前双绞线仍是企业局域网中首选的传输介质。

2）屏蔽双绞线和非屏蔽双绞线。

双绞线可分为非屏蔽双绞线（Unshielded Twisted Pair，UTP）和屏蔽双绞线（Shielded Twisted Pair，STP）两种。

屏蔽双绞线：屏蔽双绞线电缆的外层由铝铂包裹，以减小辐射，在铝箔外面再包裹一层绝缘外皮（见图 1-10），因此屏蔽双绞线在线径上要明显粗于非屏蔽双绞线所以具有较好的屏蔽性能，也具有较好的电气性能。但屏蔽双绞线的价格比非屏蔽双绞线贵。

非屏蔽双绞线：非屏蔽双绞线电缆的外层直接包裹一层绝缘外皮，没有包裹铝箔（见图 1-11）。虽然非屏蔽双绞线的屏蔽性能不如屏蔽双绞线，但由于屏蔽双绞线价格相对较高，安装时要比非屏蔽双绞线电缆困难，且非屏蔽双绞线的性能对于普通的企业局域网来说影响不大，甚至说很难察觉，所以在企业局域网组建中所采用的通常是非屏蔽双绞线。

3）双绞线的发展。

随着网络技术的发展和应用需求的提高，双绞线这种传输介质标准也得到了一步步的发展与提高。从最初的一、二类线，发展到今天最高的七类线。在这些不同的标准中，它们的传输带宽和速率也得到了相应提高，七类线已达到 600 MHz，甚至 1.2 GHz 的带宽和 10 Gb/s 的传输速率，支持万兆位以太网的传输。

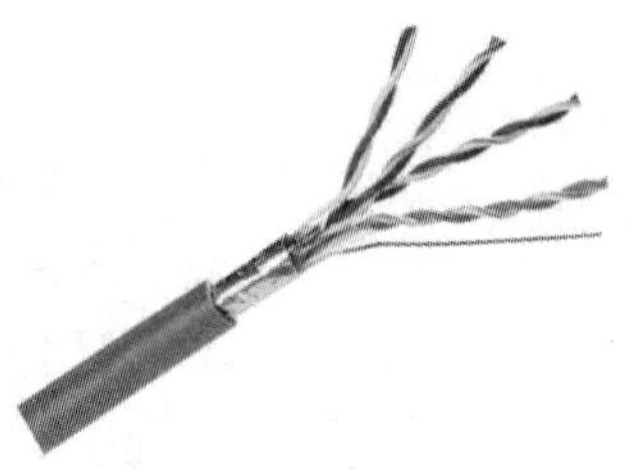

图 1-10 屏蔽双绞线

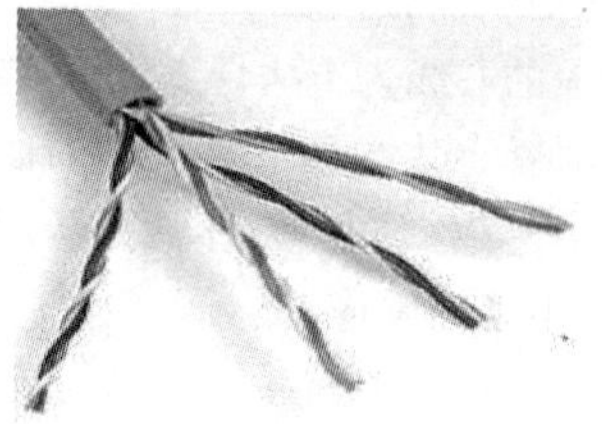

图 1-11 非屏蔽双绞线

这些不同类型的双绞线标注方法是这样规定的，如果是标准类型则按 CATx 方式标注，如常用的五类线和六类线，则在线的外包皮上标注为 CAT5、CAT6。如果是改进版，就按 xe 方式标注，如超五类线就标注为 CAT5e。

从双绞线的发展过程来看，双绞线的类别及其标识方法如下：

一类线（CAT1）：线缆最高频率带宽是 750kHz，用于报警系统，或只适用于语音传输（一类标准主要用于八十年代初之前的电话线缆），不同于数据传输。

二类线（CAT2）：线缆最高频率带宽是 1MHz，用于语音传输和最高传输速率 4Mbps 的数据传输，常见于使用 4Mb/s 规范令牌传递协议的旧的令牌网。

三类线（CAT3）：指目前在 ANSI 和 EIA/TIA568 标准中指定的电缆，该电缆的传输频率 16MHz，最高传输速率为 10Mb/s（10Mbit/s），主要应用于语音、10Mb/s 以太网（10BASE-T）和 4Mb/s 令牌环，最大网段长度为 100m，采用 RJ 形式的连接器，目前已淡出市场。

四类线（CAT4）：该类电缆的传输频率为 20MHz，用于语音传输和最高传输速率 16Mb/s（指的是 16Mb/s 令牌环）的数据传输，主要用于基于令牌的局域网和 10BASE-T/100BASE-T。最大网段长为 100m，采用 RJ 形式的连接器，未被广泛采用。

五类线（CAT5）：该类电缆增加了绕线密度，外套一种高质量的绝缘材料，线缆最高频率带宽为 100MHz，最高传输率为 100Mb/s。主要用于 100BASE-T 和 1000BASE-T 网络，最大网段长为 100m，采用 RJ 形式的连接器。

超五类线（CAT5e）：超 5 类具有衰减小，串扰少，并且具有更高的衰减与串扰的比值（ACR）和信噪比（Structural Return Loss）、更小的时延误差，性能得到很大提高。超 5 类线主要用于千兆位以太网（1000Mb/s）。

六类线（CAT6）：该类电缆的传输频率为 1MHz～250MHz，六类布线系统在 200MHz 时综合衰减串扰比（PS-ACR）应该有较大的余量，它提供 2 倍于超五类的带宽。六类布线的传输性能远远高于超五类标准，最适用于传输速率高于 1Gb/s 的应用。六类与超五类的一个重要的不同点在于：改善了在串扰以及回波损耗方面的性能，对于新一代全双工的高速网络应用而言，优良的回波损耗性能是极重要的。六类标准中取消了基本链路模型，布线标准采用星形的拓扑结构，要求的布线距离为：永久链路的长度不能超过 90m，信道长度不能超过 100m。

七类线（CAT7）：它主要为了适应万兆位以太网技术的应用和发展。但它不再是一种非屏蔽双绞线了，而是一种屏蔽双绞线，所以它的传输频率至少可达 500MHz，是六类线的 2 倍以上，传输速率可达 10Gb/s。

目前，在局域网（以太网）综合布线中，被广泛使用的是 CAT5e 和 CAT6 类非屏蔽双绞线。

（2）同轴电缆

同轴电缆的芯线为铜质导线，第二层为绝缘材料，第三层是由铜丝组成的网状导体，最外面一层为塑料保护膜，芯线与网状导体同轴（见图 1-12）。这种结构使其具有高带宽和极好的噪声抑制性。

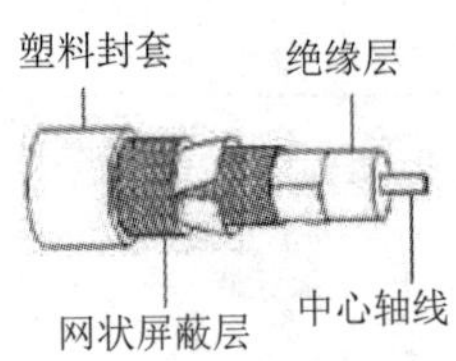

图 1-12　同轴电缆结构图

1）同轴电缆的用途。

有线电视、闭路监控系统、电信企业的传输部门。

2）同轴电缆的类型。

局域网中有两种同轴电缆，一种是基带同轴电缆，它的特征阻抗为 50Ω，如 RG-8（细缆）、RG-58（粗缆）。利用这种同轴电缆来传输基带信号，其距离可达 1km，传输速率为 10Mb/s。基带同轴被用于早期的计算机网络 10Base-2 和 10Base-5 中。目前这两种电缆已不再用于计算机网络，已逐渐被双绞线和光纤所替代。

另一种是宽带同轴电缆，它的特征阻抗为 75Ω，如 RG-59。这种电缆主要用于视频和有线电视（CATV）的数据传输，传输的是频分复用宽带信号。宽带同轴电缆用于传输模拟信号时，其信号频率可高达 300～100MHz，传输距离达到 500m。

3）同轴电缆的优、缺点。

对于基带传输系统：

优点：安装简单、成本低廉。

缺点：由于在传输过程中基带信号容易发生畸变和衰减，所以传输距离受限，一般在 1km 以内，典型的数据速率是 10Mb/s。

对于宽带系列：

优点：传输距离远，可达数十千米，而且可以同时提供多个信道。

缺点：技术更复杂，接口设备也更昂贵。

（3）光纤与光缆

1）光的全反射。

光在不同物质中的传播速度是不同的，所以光从一种物质射向另一种物质时，在两种物质的交界面处会产生折射和反射，而且，折射光的角度会随入射光的角度变化而变化。当入射光的角度达到或超过某一角度时，折射光会消失，入射光全部被反射回来，这就是光的全反射（见图 1-13）。光纤通信就是基于以上原理而实现的。

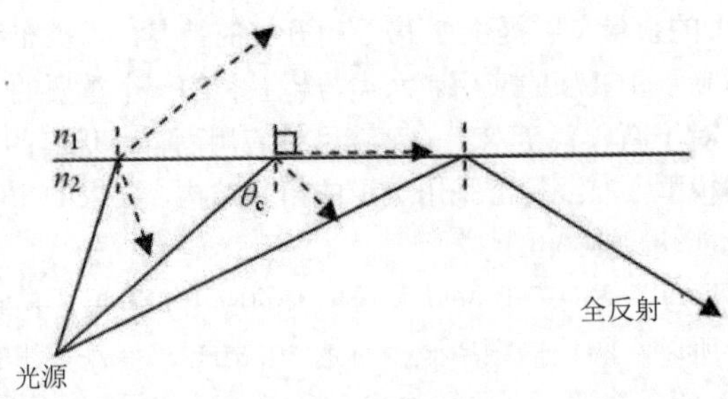

图 1-13　光的全反射

2）光纤通信。

光纤是光导纤维的简称，是一种利用光在玻璃或塑料制成的纤维中的全反射原理而制成的光传导工具，用于光的传输。微细的光纤封装在塑料护套中，使得它能够弯曲而不至于断裂。通常，光纤一端的发射装置使用发光二极管（Light Emitting Diode，LED）或激光源将光脉冲传送至光纤，光纤另一端的接收装置使用光敏元件检测脉冲。由于光在光导纤维中的传输损耗比电在电线传导的损耗低得多，因此光纤被用作长距离的信息传递。

由于光纤过于纤细，不利于室外或野外应用。因此，在实际使用中，通常将一定数量（偶数）的光纤按照一定方式组成缆芯，外部包覆硬材质护套（通常为黑色）和加强芯（见图 1-14），从而形成便于在室外进行长距离光信号传输的光缆（见图 1-15）。

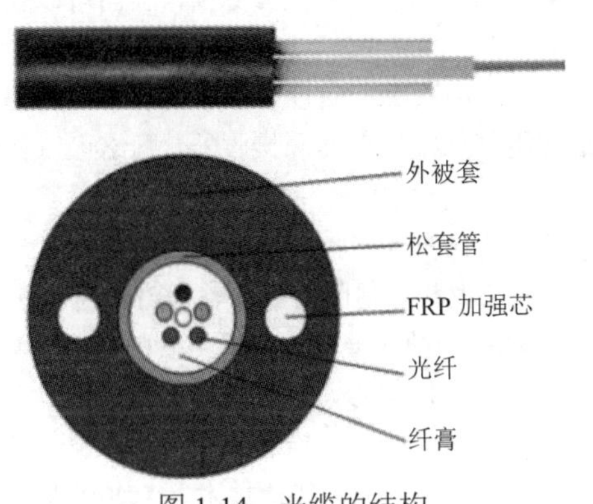

图 1-14　光缆的结构

图 1-15　适合室外工作的光缆

3）单模与多模。

光纤有单模光纤和多模光纤两种。

单模光纤采用激光光源，波长 1550nm 的激光，接近石英的最小衰减波长 1550nm。单模光纤只传输主模，即光线只沿着光纤的轴心传输，完全避免了色散和光能量的浪费。单模光纤传输距离可达到 100 公里以上。

多模光纤采用 LED 作为光源，波长 850nm，短波。整个光纤内有以多个角度射入的光，即多模，光线沿着光纤的边缘壁不断反射，色散大且造成光能量的浪费。多模光纤传输距离通常在 1 公里以内。

4）光缆的优、缺点。

光导纤维作为传输介质，具有以下优点：具有极高的数据传输速率、极宽的频带、低误码率和低延迟；光传输不受电磁干扰，抗干扰能力强。误码率比同轴电缆低两个数量级，只有 10^{-9}；很难偷听到，安全和保密性好；光纤重量轻、体积小、铺设容易。

缺点是接口设备比较贵，安装和配置技术比较复杂。

随着科学技术的发展，光纤通信在计算机网络中将得到更加广泛的应用。

（4）无线传输

1）无线信道的种类。

无线信道包括微波、激光、红外线、射频、蓝牙技术和短波信道。

2）无线信道的用途及使用环境。

微波通信：微波通信系统可分为地面微波系统和卫星微波系统，两者功能相似，但通信能力有很大差别。地面微波系统由视野范围内的两个互相对准方向的抛物面天线组成，长距离通信则需要多个中继站组成微波中继链路。

卫星微波系统（通信卫星）可看作是悬在太空中的微波中继站。卫星上的转发器将其波束对准地球上的一定区域，在此区域中的卫星地面站之间就可以互相通信。地面站以一定的频率段向卫星发送信息（上行频段），卫星上的转发器将接收到的信号放大并变换到另一个频段（下行频段）上，发回地面接收站。这样的卫星通信系统就可以在一定的区域内组成广播式通信网络，适合于海上、空中、矿山、油田等经常移动的通信环境。

激光通信：在空间传播的激光束可以调制成光脉冲以传输数据。和地面微波一样，可以在视野范围内安装了两个彼此相对的激光发射器和接收端进行通信。由于激光的频率比微波更高，因而可以获得更高的带宽。

红外传输：红外光也可以用作网络通信的介质。红外线可以沿着单方向也可以沿所有方向传播，用LED来传输，用光电二极管来接收。电视机的遥控器就是使用红外线发射器和接收器。网络可以使用两种类型的红外传输：直接红外传输和间接红外传输。

射频：射频（RF）传输是指信号通过特定的频率点传输，传输方式与收音机或电视广播相同。在某些频率点，RF 能穿透墙壁，从而对于必须穿过或绕过墙、天花板和其他障碍物传输数据的网络来说，RF是一种最好的无线解决方案。其中有两种最通用的RF技术：一种是窄带，它将主要的RF能量聚集到单个频点上；另一种是广谱，它使用同时分布在几个频点上的低级信号，这使得广谱RF非常安全。这两种类型的RF都提供中等的吞吐量，约为10Mb/s。

蓝牙：蓝牙（Bluetooth）是一种支持设备短距离通信（一般10m内）的无线电技术。移动电话、PDA、无线耳机、笔记本电脑等设备通常都支持蓝牙通信。蓝牙通信采用分散式网络结构以及快跳频和短包技术，支持点对点及点对多点通信，工作在全球通用的2.4GHz ISM（即工业、科学、医学）频段。其数据速率为1Mb/s，采用时分双工传输方案实现全双工传输。

无线电短波通信：无线电短波通信技术早已应用在计算机网络中。无线通信局域网使用了特高频（30MHz～300MHz）和超高频（300MHz～3000MHz）的电视广播频段，这个频段的电磁波是以直线方式在视距范围内传播的，适用于局部地区的通信。

3）无线信道的优、缺点（见表1-1）。

表1-1　无线信道的优、缺点一览表

无线信道类型	优点	缺点
微波	容量大，一条微波线路可以开通达千条、万路的电话	微波束的方向性不好，易受电磁干扰
激光	激光束的方向性比微波束更好，也不受电磁干扰的影响，不怕偷听	激光穿越大气时会衰减，特别是在空气污染、下雨、下雾等能见度差的情况下，可能会使通信中断。激光束的传输距离不会很远，只能在短距离通信中使用
红外	设备相对便宜，可获得较高的带宽	传输距离有限，而且受室内空间状态的影响

续表

无线信道类型	优点	缺点
射频	传输距离远、抗干扰能力强、障碍物穿透能力强	产品成本高、光线波长短
蓝牙	能够有效地简化移动通信终端设备之间的通信，也能够成功地简化设备与因特网之间的通信，从而使数据传输变得更加迅速高效，为无线通信拓宽道路	传输距离短
无线电短波	短波通信设备比较便宜，便于移动，没有方向性，通过中继站可以传送很远的距离	容易受到电磁干扰和地形、地貌的影响，而且通信带宽比微波通信更小

1.3 建设局域网的过程

1.3.1 建设局域网有哪些主要步骤

组建局域网一般可以分为以下五个步骤（见图 1-16）。

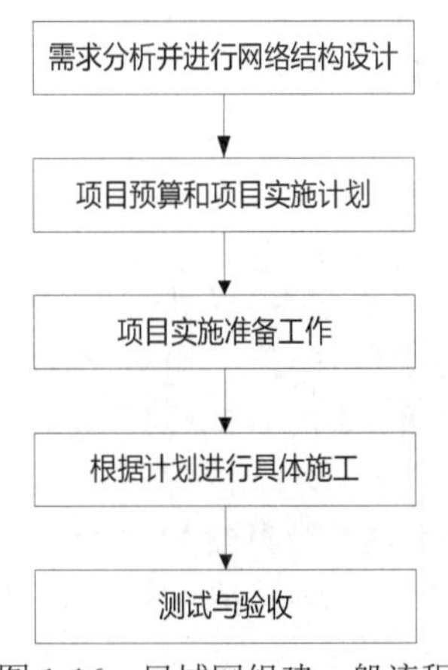

图 1-16 局域网组建一般流程

（1）需求分析

第一步，根据局域网所在的物理环境进行需求分析，并据此进行网络拓扑结构的设计。需要充分考虑到建筑物的物理结构、网络的安全性、网络的后期扩展等情况，并要充分考虑到所组建的网络的规模以及所提供的服务。

（2）项目预算

第二步，对所组建的局域网进行项目预算，并制定项目实施的计划。在这一步要依据实际的需求及经济条件，同时要考虑到后期的管理成本等情况综合进行项目预算，并制定详细的局域网建设计划。

（3）实施准备

第三步，进行项目实施准备工作。在该步中主要依据前期所作的规划进行原材料的准备、设备购买等工作。

（4）项目施工

第四步，进入项目具体的施工阶段。在这一步骤中需要严格依据前期所制定的项目建设规划进行项目的具体施工，如果局域网的结构有所改变要及时更新结构图。

（5）测试验收

第五步，项目的测试与验收阶段，在这一阶段主要对所组建的局域网进行安全性、可用性以及性能等方面的全面测试。

1.3.2 进行需求分析时重点考虑哪些问题

在进行局域网组建之前，首先需要进行网络结构的设计。在进行网络结构设计之前需要分析并评估潜在的需求，在进行需求评估时一般需要考虑以下问题。

1）网络中将会有多少用户。

2）计划使用多少台服务器。

3）所构建的网络将主要用来提供哪些服务。

4）需要构建对等网络还是基于服务器的网络。

5）对网络的容错性有怎样的要求。

6）如何解决网络的安全性问题。

7）建筑物的物理体系结构是怎样的。

8）构建该网络的预算有多少。

在以上问题考虑成熟之后，接下来开始规划网络布局。要有效地规划网络布局，必须依据实际环境中建筑物的物理布局，并且标记所有计划的网络资源位置（例如服务器、计算机、打印机等），这样所有用户才可以访问他们所需要的资源。通过为网络规划草图，可以解决有关网络拓扑结构的很多问题。

在基本的布局确定了之后，使用网络设计软件绘制网络结构。

网络结构图在绘制的过程中应包括足够多的细节，这样其他人才能够理解网络结构。有必要绘制多张图，除了绘制出网络拓扑的整体结构之外，办公室布局、线缆数量等详细示意图也需要绘制出来，这样在解决网络故障的时候才能够很方便地进行故障排查。网络结构如果有所更改，也需要及时更新网络图，如果只对实际的网络进行修改，而不更新网络结构图，那么网络图就会变得没有价值。

1.3.3 如何制定项目预算和项目实施计划

在这一个过程中，需要根据最初的需求和实际情况考虑各项成本，进行统筹安排。

（1）项目成本预算

1）设备及原材料成本。这一部分的成本主要是在组建网络之前所进行的设备购买以及原材料采购等工作所使用的成本。

2）施工成本。这一部分的成本包括施工过程中工人的施工费用。

3）人员使用。这一部分主要是指在进行网络组建、运行、维护过程中所需要的人力消耗。

4）后期扩展。在组建局域网并连接入 Internet 时，应考虑到网络的后期扩展。一个良好的网络设计会使后期网络的扩展成本降到很低，而一个设计不好的网络结构可能会给后期的网络扩展带来很多的麻烦。

5）运行成本。运行成本主要包括网络在运行时所使用的人力、电力、占用的空间、硬件的使用损耗等。

6）管理成本。良好的网络管理方式可以节省很多的资源。网络的管理成本主要包括网络管理者对网络运行的监控、网络故障的维修、设备及软件的更新成本以及网络管理员自身的工作成本等。

（2）项目实施计划

在制定项目实施计划的时候，一般需要考虑以下几个方面。

1）项目概述。项目概述主要从整体上对所要进行的项目进行介绍，一般需要包括以下方面：项目名称、项目的承担单位以及负责人、项目的起止日期、项目的主管部门、项目的简要内容以及实施目标（总体目标、经济目标、技术质量指标、阶段目标等）。

2）项目的内容及目标。主要包括：本项目的具体实施内容（模块），以及每部分内容所预期达到的目标。

3）设备选型以及系统报价。主要包括：根据项目的实施内容和目标，计划选择的设备类型和具体型号，以及各种设备的价格。

4）项目的技术可行性。主要包括：可供选择的技术方案的比较、最佳方案及论证、系统的硬件设计方案、系统的软件设计方案。

5）项目实施计划。主要包括：项目实施计划时间表和实施项目保证措施。

6）投资预算与资金筹措。主要包括：投资预算、资金的筹措、资金的来源组成等。

7）经济和效益分析。主要包括：成本分析依据和预期经济效益分析。

1.3.4 项目实施需要哪些准备工作

（1）工具的准备

一般在制作网线接头、连接设备时常用的工具有双绞线压线钳、同轴电缆压线钳、双绞线/同轴电缆测试仪和万用表等。

1）双绞线压线钳。双绞线压线钳用于压接RJ-45接头，此工具是制作双绞线网线接头的必备工具。通常压线钳根据压脚的多少分为4P、6P、8P等型号，网络双绞线必须使用8P的压线钳。

2）同轴电缆压线钳。同轴电缆压线钳用于压紧同轴电缆的BNC接头和网线，与双绞线压线钳无法通用。同轴电缆压线钳有两种，其中一种必须完全压紧后才能松开，使用它做出的网线比较标准，建议使用这一种。

3）双绞线/同轴电缆测试仪。双绞线/同轴电缆测试仪可以通过使用不同的接口和不同的指示灯来检测双绞线和同轴电缆。测试仪有两个可以分开的主体，方便连接不在同一房间或者距离较远的网线的两端。

4）万用表。由于连通的网线电阻几乎为零，因此可以通过使用万用表测量电阻来判断网线是否联通。

（2）网线的制作

组建局域网时常用的网线是双绞线和同轴电缆。制作网线的材料有：双绞线、水晶头、细同轴电缆线、BNC接头、BNCT型接头、BNC桶型接头、金属套头、铜制针头金属套环和50Ω的终端电阻。工具有：剥线钳，压线钳、斜口钳、尖嘴钳、三用电表、烙铁和焊锡等。

1）双绞网线的制作。

剪断：利用压线钳的剪线刀口剪取适当长度的双绞线。

剥皮：将双绞线的一端放入压线钳剥线刀口，然后稍微握紧压线钳慢慢旋转，让刀口划开双绞线的保护胶皮，拔下胶皮（注意：剥开与大拇指一样长就行了）。

排序：剥除外包皮后即可见到双绞线网线的 4 对 8 条芯线，并且可以看到每对的颜色都不同。每对缠绕的两根芯线是由一种染有相应颜色的芯线加上一条只染有少许相应颜色的白色相间芯线组成。四条全色芯线的颜色为：棕色、橙色、绿色、蓝色。每对线都是相互缠绕在一起的，制作网线时必须将 4 个线对的 8 条细导线一一拆开、理顺、捋直，按照规定的线序排列整齐。然后用压线钳的剪线刀口将 8 根导线平齐剪断，只剩约 1.5cm 的长度。

目前，最常使用的布线标准有两个，即 EIA/TIA-568A 标准和 EIA/TIA-568B 标准。EIA/TIA-568A 标准描述的线序从左到右依次为：1-白绿、2-绿、3-白橙、4-蓝、5-白蓝、6-橙、7-白棕、8-棕。EIA/TIA-568B 标准描述的线序从左到右依次为：1-白橙、2-橙、3-白绿、4-蓝、5-白蓝、6-绿、7-白棕、8-棕。在网络施工中，建议使用 EIA/TIA-568B 标准。当然，对于一般的布线系统工程，EIA/TIA-568A 也同样适用。

插线：把水晶头正面（有铜片的一面）朝向自己，将修剪好的 8 根导线水平插进水晶头的尾端，用力推排线，直到导线的前端接触到水晶头的末端。此处要认真检查，看看导线顺序是否正确，导线的前端是否已到达水晶头的末端。

压线：在确认一切都正确后，将插好导线的水晶头插入压线钳的挤压水晶头的槽口内，用手紧握压线钳的手柄，用力压紧。注意，在这一步完成后，水晶头中 8 个铜片的尖端就会刺破铜导线的绝缘皮，和铜导线紧密连接在一起。

2）同轴网线的制作。

将 BNC 接头的金属套环套到电缆线上。

利用剥线钳将同轴电缆的黑色外皮剥下一段，长度稍小于 BNC 接头的长度，注意不要切断金属皮下的金属丝网。

将金属丝拨开，露出绝缘体。

用剥线钳将绝缘体剥下一小段，长度稍小于 BNC 接头中铜制针头后段较粗的部分。

将铜制针头套到同轴电缆最里边的导体芯上，为避免松动，用烙铁将铜制针头与导体芯焊牢。

将铜制针头插入 BNC 接头的金属套头中。

将步骤 1 中套到电缆上的金属套环向 BNC 接头方向推到底，金属丝网太长时，要加以修剪，以不露出金属套环为宜。

用三用电表测试铜制针头与 BNC 接头的外壳是否短路。如果短路，要重新制作，直到正常为止。

用压线钳将金属环套夹紧在金属套环上，再执行上一步骤以确认无短路现象，制作其他 BNC 接头的方法与此相同。

（3）布线的准备

布线系统的准备工作涉及负载评估和规划、目标生命周期和技术指标等因素。

1）负载评估和规划。

对网络和电缆类型的选择主要是由需要连接的设备类型、它们的位置和使用方式来决定的。在开始规划以前，给出关于网络潜在的负载说明是非常必要的。当一个网络需要为多个系统服务时，应对它们的混合数据流量的峰值进行仔细的考虑。

2）目标生命周期。

布线系统的平均目标生命周期为 15 年，它与主要建筑物的整修周期是一致的。在这段时间内，系统的计算机硬件、软件和使用方式都将发生重大的变化。网络的吞吐量、可靠性和安全性的要求也都要增加。

3）技术指标的制定。

它包括使用方法、用户的数量和可能的增长、用户的位置及他们之间的最长距离；用户位置发生变化的可能性、与当前和今后计算机及软件的连接、电缆布线的可用空间、网络拥有者的总投资、法规及安全性要求、防止服务丢失和数据泄密的重要性等。

（4）专业人员的到位

组建局域网需要对其中的每一个过程都进行严格的监督并指派专业人员对其进行指导。

1）网络结构设计阶段。

在组建局域网之前首先要根据物理环境对网络的拓扑结构进行充分的分析，一方面采用最优的网络结构，同时对于局域网的后期扩展做好充分的准备。在这个阶段需要专业人员来进行网络拓扑结构的设计，重点解决采用何种网络结构进行网络的组建、网络扩展性问题；不同设备之间兼容性问题、如何使原材料及设备费用最低等一系列问题。在这一阶段，专业人员的精心规划以及良好的设计、原始材料的保存可以为网络的运行及后期扩展带来很多的方便。

2）原材料及设备采购阶段。

网络拓扑结构确定之后，需要进行原材料及设备的采购，在采购时需要指派专业人员对所需的设备和原材料进行采购。因为组建局域网所使用的原材料和设备很多都是专用设备，所以在物品采购时指派专业人员很有必要。在该阶段专业人员需了解各种网络耗材的性能判定原则、网络设备的各种运行参数、网络设备的质量保证等问题，并能够根据所组建局域网的规模选用合适的设备及材料，达到最优的性价比。

3）施工过程。

在组建局域网具体的施工阶段，需要指派专业人员进行施工。很多网络设备的安装和调试都需要专业的精通网络知识及网络设备使用的人员进行安装和调试。此外，设备的互联、强电、弱电的施工、网络综合布线等等都需要专业的施工人员来进行。

4）网络测试阶段。

在局域网组建完成之后需要对局域网进行测试，在该阶段主要是发现网络中所存在的一些问题以及不合理的地方。在这一阶段专业人员需要对网络的运行进行测试来了解网络运行原理及易发故障点，以发现网络中存在的问题。

5）后期维护阶段。

在局域网正式投入运行之后，需要定期安排专业人员对网络的节点以及主要网络设备进行维护和检修，由于网络设备不同于其他的设备，这都需要专业人员进行网络维护。

（5）耗材的准备

在进行网络搭建时，许多耗材需要在组建局域网之前进行准备。

1）主要线缆材料。

在这一部分需要准备组建网络时需要使用到的电线、网线等材料，以及制作网线需要用到的水晶头，线缆连接用到的转接头等材料。

2）线缆、设备固定材料。

局域网在组建时，主要网络设备出于安全等考虑需要对其进行固定，这需要用到配线架、螺钉等材料；对线缆的固定可能需要用到 PVC 管、线扎等材料。

3）线缆标识材料。

较长距离的线缆需对其进行一定的标识，这需要线标等材料。

1.3.5 按照计划实施

在完成了网络结构的设计、成本预算、实施计划、前期准备等工作之后，就开始进入具体的施工阶段，在该阶段，应主要从以下几方面进行。

（1）局域网的布线与连接

布线是任何网络系统的关键步骤之一，对高质量的布线和网络设计方面的投资是物有所值的。

1）布线选择。

连接在网络中的设备类型及电缆上所承载的通信负载是选择电缆的关键因素。在布线系统中应首先确定是使用屏蔽双绞线电缆、非屏蔽双绞线电缆、光缆，还是将它们结合在一起使用。

非屏蔽双绞线（UTP）可以在 622Mb/s 或更高的传输速率上传输数据。相对于屏蔽型电缆，这种电缆价格更低、体积更小。

屏蔽双绞线（STP）中由于存在屏蔽，它的平衡特性差，因此良好的屏蔽完整性和良好的接地对屏蔽电缆来说是非常重要的。高质量的 UTP 电缆则可以在不需要接地或整个电路不需要屏蔽的情况下实现良好的平衡电路特性。

在传输速率要求超过 155Mb/s 和需要更长传输距离的应用中，光纤通常是最佳选择。由于光纤通过光波传输信号，因此它不受任何形式的电磁屏蔽影响。此外，光纤具有体积小、耐用等优点，但它的成本要比其他类型的电缆要高。在大多数网络中，一般都采用光缆作为干线，而使用 UTP 电缆来充当水平连接线。对那些由于受安装时间、空间或其他限制而不易安装电缆的系统来说，无线局域网可以作为一种可替代的方案。

2）布线规划。

大多数电缆厂商为产品规定了 15 年的保质期。在这段时间内，网络变化是不可避免的，同时也是无法准确预测的。唯一的解决方法是设计网络时为满足网络变化和增长的要求而进行相应的规划。规划包括以下内容。

①未来的投资保护。

在正常使用条件下，新型网络不应该在 15 年建筑物整修周期内限制系统的升级。经过精心设计的布线系统可以承受超过大多数局域网传输速率 10～15 倍的数据流量。这将允许在不改变布线系统的情况下使用新型网络技术。

②通用布线系统。

通用布线系统的主要优点是，用户可以利用它将不同厂商的设备接入网络。同时，它也允许用户在同一个布线网络上运行几个独立的系统。比方说，用户可以在一个布线系统上建立电话、计算机和环境控制等系统。

③布线的结构。

通用布线和海量布线是结构化布线的核心内容，以朗讯科技（前身为 AT&T）和它的 SYSTIMAXSCS 解决方案为例，它使用一种开放式结构平台，支持所有的主要专用网络和非专用网络的标准和协议。

SYSTIMAXSCS 使用 UTP 电缆和光缆作为传输媒介，采用星型拓扑结构，使用标准插座进行端接。SYSTIMAXSCS 使用的电缆类型简单，组成的网络模块化，在不影响用户使用的情况下可以很容易地对网络进行扩展或改变。

④网络部件。

位于每个建筑或建筑群内的配线架是用来实现计算机、外设、网络集线器和其他设备快速接入或撤出网络的部件。这对于结构和布局不断进行调整的公司，可以节约大量的成本。

3）网线与设备的连接。

网线与设备的连接就是根据网络的拓扑结构，用网线将计算机以及其他设备连接起来。

（2）客户机安装部署

1）网卡的安装。

安装网卡与安装其他接口卡（如声卡、显卡）一样，将主机箱打开，然后将网卡插入一个空的 PCI 插槽即可。

2）驱动的安装。

网卡安装完成后，添加网卡驱动程序，使其正常工作。

3）客户端软件的安装部署。

不同的局域网内，根据具体情况的不同，通常需要安装一些特定的客户端软件，例如用户认证客户端等。

（3）服务器部署

常用的服务器有数据库服务器、Web 服务器、DNS 服务器、电子邮件服务器、FTP 服务器、文件服务器、流媒体服务器等等，局域网中至少应有一台服务器，也可配置多台服务器，服务器的作用主要有以下几个方面。

1）安装、运行网络操作系统。这是服务器最主要的功能，通过网络操作系统控制、协调和处理各工作站提出的网络服务请求。

2）存储和管理网络中的共享资源和软件系统。各种共享的数据库、系统软件、应用程序等软件资源可存储在服务器中，由网络操作系统对这些资源统一管理，供各工作站共享使用。网络中的大容量硬盘、打印机、绘图仪及其他贵重设备等硬件资源也可由网络服务器统一管理。

3）网络管理员在服务器上通过网络操作系统对网络上的数据通信进行控制、管理。包括工作站与服务器、工作站与工作站之间通信等。

4）在客户机/服务器模式中，服务器主要起文件服务器的作用。随着客户机/服务器体系结构的发展，网络服务器不仅充当文件服务器，还具备为各网络工作站（客户机）的应用程序提供服务的功能。

（4）接入上层网络

在局域网组建完成之后，需要将其与其他的局域网或 Internet 相连，实现网络资源的共享和信息传递。在选择将局域网与其他的局域网或 Internet 相连的时候要充分考虑到使用需求。常用的方法是通过路由器和通过代理服务器两种方式访问 Internet 资源。

通过路由的方式来上网其好处是无需配备代理服务器，减少投资，还可以节约合法 IP 地址，并提高了内部网络的安全性。

利用代理服务器方式访问 Internet 资源，优点是可以利用代理服务器提供的 Cache 服务来提高 Internet 的访问速度和效率，比较适合工作站较多的单位使用。缺点是需要专门配备一台计算机作为代理服务器，增加了投资成本。

同时，在选择接入方式的时候，也应考虑到局域网的安全性问题，根据不同的安全性需求可以选择是否使用防火墙、入侵检测等设备。

所以，在接入 Internet 时应根据具体的情况选择不同的接入方式。

1.3.6 测试与验收

（1）服务器的测试

服务器的测试主要是指对网络中提供特殊网络服务的服务器进行服务情况的测试。例如对 Web 服务器的测试，可以通过测试服务器的响应时间来了解服务器的工作情况；对于文件服务器可以通过测试其网络传输的稳定性来了解服务器的性能；对于流媒体服务器，可以通过测试和观察其解码率来了解流媒体服务器的工作性能等等。

（2）故障测试

故障测试包括的内容比较全面，前期可以对网络进行小范围的排查，一一解决所存在的问题。对于一些隐含的故障可以采用一些大流量传输、多用户访问等方式来对网络进行测试，使网络的问题放大，进而解决一些难以发现的隐含问题。

（3）安全性测试

安全性测试包括硬件的安全和软件的安全。

硬件的安全主要是对网络设备的物理环境进行隐患排除，保证服务器具有良好的通风、温度、湿度以及防盗等条件。对于软件的安全测试主要是指网络中的服务器以及客户机对于一些常见的网络攻击手段、病毒、木马、僵尸网络等的防御功能。

1.4 实践：基于 GNS3 构建局域网

1.4.1 GNS3 是什么

GNS3 即 Graphical Network Simulator，图形化网络模拟器。Jeremy Grossmann 是 GNS3 项目的发起人。GNS3 可以模拟复杂的网络，例如它能够完整地模拟整个校园网络或企业网络。不仅如此，GNS3 还是一个跨平台的软件，可以同时在 Windows、Linux 或者 Mac OS X 上进行部署。

（1）GNS3 组成元素

GNS3 是由多个组件集合而成的，包含了 Dynamips、Qemu、Wireshark 等程序。Dynamips 是一个基于虚拟化技术的模拟器，本身就能够模拟路由器和交换机，但 Dynamips 是命令行界面，没有图形化，所以 GNS3 在 Dynamips 的基础上，加上了一个非常友好的图形化操作界面；Qemu 可以允许在 GNS3 上面模拟防火墙、入侵检测系统、Juniper 路由器等；Wireshark 则可以抓取网络设备之间的数据流并进行底层分析。

（2）GNS3 功能

目前，在众多网络模拟器中，GNS3 是功能最全、用户体验最佳的模拟器。由于 GNS3 模拟的是路由器和交换机等网络设备，所以需要调用网络操作系统镜像如思科的 IOS 系统镜像，而且调用的是真实的网络操作系统，所以当通过 GNS3 搭建模拟环境时，输入的命令和输出的内容与真机没有任何区别，而其他模拟器会经常出现命令不支持或者调试失败等情况。此外，GNS3 还是开源免费的。

GNS3 的核心功能主要有支持路由交换、网络安全技术、数据抓包、网络桥接等。

1.4.2 把 GNS3 安装在电脑上

（1）下载 GNS3

首先需要到 GNS3 官网（http://www.gns3.net/）下载 GNS3。目前最新版本为 GNS3 1.3.7，根据操作系统进行相应版本的下载，或在本课程教学网站（http://network.xg.hactcm.edu.cn）中进入“学习资源”——“软件资源”栏目进行下载（见图 1-17）。

GNS3

作者:管理员 发布时间：2014/10/29 18:06:39 来源：佚名

GNS3是一款具有图形化界面可以运行在多平台（包括Windows, Linux, and MacOS等）的网络虚拟软件。Cisco网络设备管理员或是想要通过CCNA,CCNF,CCIE等Cisco认证考试的相关人士可以通过它来完成相关的实验模拟操作。同时它也可以用于虚拟体验Cisco网际操作系统IOS或者是检验将要在真实的路由器上部署实施的相关配置。

点击下载：

GNS3 0.8.3.1 All in One
GNS3 0.8.3.1 Standalone 32bit
GNS3 0.8.3.1 Standalone 64bit

图 1-17 下载 GNS3

（2）安装 GNS3

双击下载的 GNS3 安装文件，进入如图 1-18 所示的 GNS3 安装界面。根据安装程序的提示进行安装，在安装过程中，会提示用户选择 Winpcap、Wireshark 等组件程序进行安装（见图 1-19）。

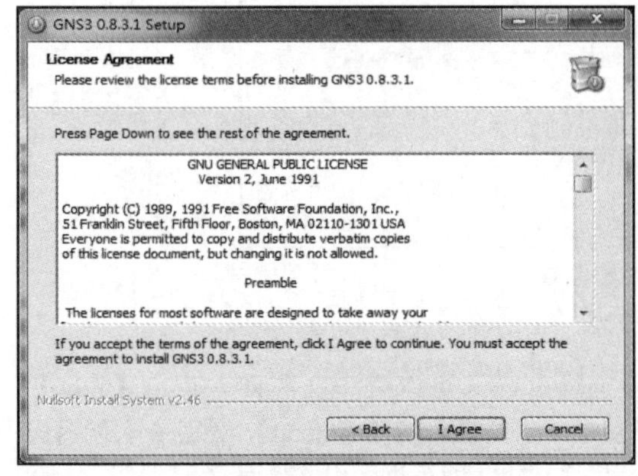

图 1-18 安装界面

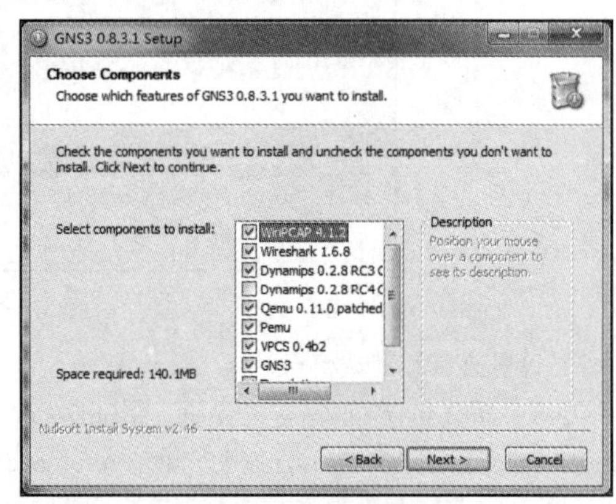

图 1-19 选择组件

用户可以使用默认的 GNS3 安装目录，也可以自行修改默认路径（见图 1-20）。安装完成后，系统会给出如图 1-21 所示的界面。

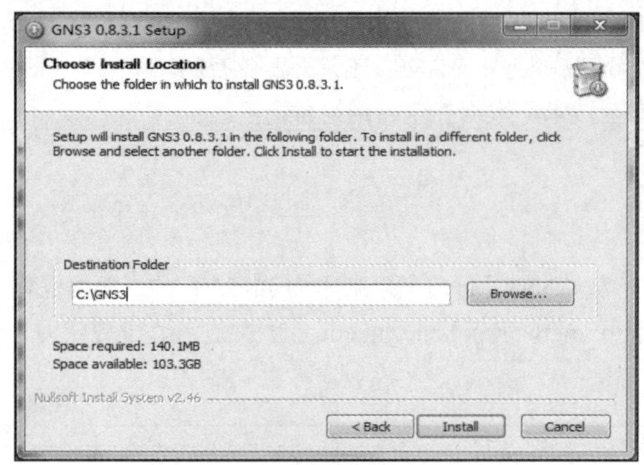

图 1-20 选择路径

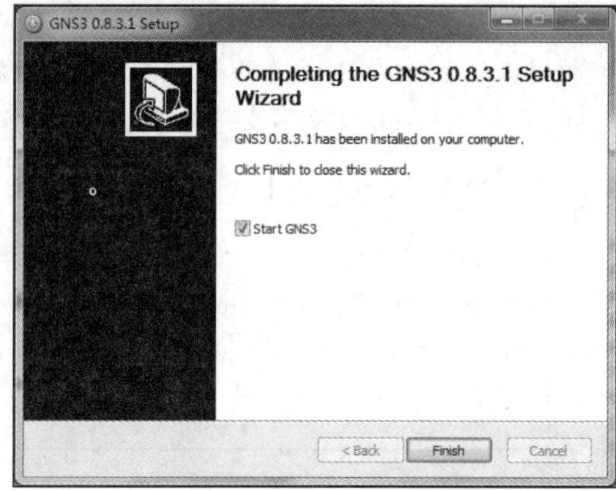

图 1-21 完成安装

（3）配置 GNS3

1）设置向导。

安装完成后初次启动 GNS3，屏幕上会出现设置向导提示（见图 1-22），包括【检查 Dynamips 工作是否正常】【设置 IOS 镜像文件路径】【设定 IOS 对应的 IDLE-PC 值】。

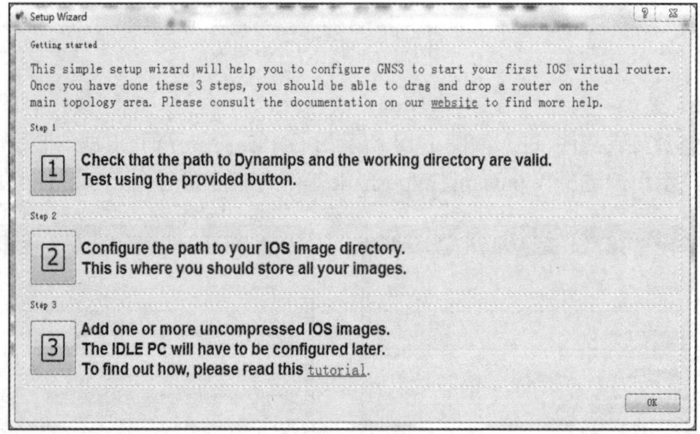

图 1-22 设置向导

2）设置语言和默认目录。

GNS3 默认的界面是英文界面，也可以通过设置语言将其更改为中文界面。点击【Edit】→【Preferences】（见图 1-23），在打开的 Preferences 窗口中，点击左侧的【General】，然后在右侧窗口中 Language（语言）列表中选择中文语言（见图 1-24），重启 GNS3 即可进入中文界面。

在语言设置选项的下面是【Paths】选项，可进行基本目录设置。第一个【Projects directory】为工程目录，此目录用来存放拓扑文件和配置信息；第二个为【OS images directory】，此目录用来存放各种系统镜像文件。这两个目录都可以自行设定，也可以选用系统默认设置。本书使用系统默认的目录（见图 1-25）。

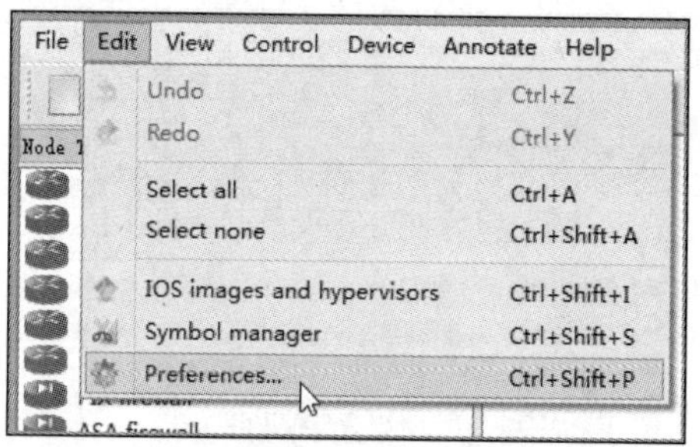

图 1-23　进入参数设置界面

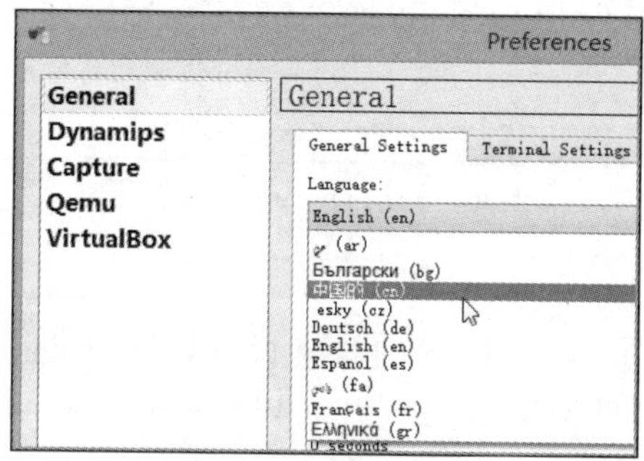

图 1-24　设置语言

Language:
English (en)
☑ Launch the project dialog at startup
☑ Use relative path for projects
☑ Automatically check for update
Delay between each device start when starting all devices:
1 seconds
Autosave:
0 seconds
Paths
Project directory:
C:\Users\xuchenggang\GNS3\Projects
OS image (IOS, Qemu, PIX etc.) directory:
C:\Users\xuchenggang\GNS3\Images

图 1-25　基本目录设置

3）测试模拟器是否正常。

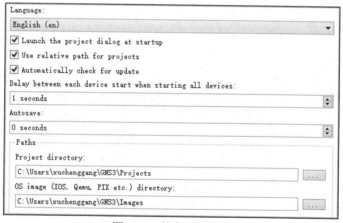

GNS3 是基于 Dynampis 工作的，所以需要设置 Dynamips.exe 程序的运行路径。单击图 1-24 左侧的【Dynamips】选项，然后在右侧窗口中【Exectable path to Dynamips】选项中填上 Dynamips.exe 的路径即可。最后，为了测试 GNS3 能否正确找到 dynamips，可单击下部的【Test Setting】按钮来测试，如正常则在【Test Setting】按钮右侧出现如图 1-26 所示的提示，如失败则需要检查上面的【Exectable path to Dynamips】路径是否正确。

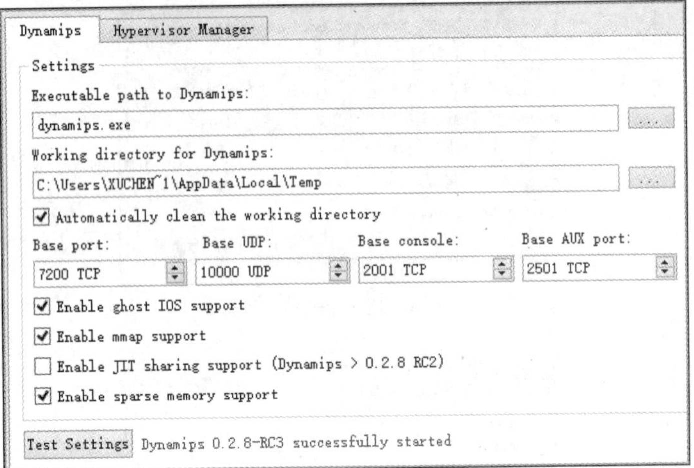

图 1-26　测试 Dynamips 是否正常

4）设置抓包命令参数。

点击图 1-24 中的【Capture】选项，然后在右侧窗口中勾选“Automatically start the command when capturing”（见图 1-27），表示抓数据包时，自动开始 Wireshark 命令。调试好后，单击【ok】按钮，会提示是否创建 project 和 images 目录，单击【Yes】确认。

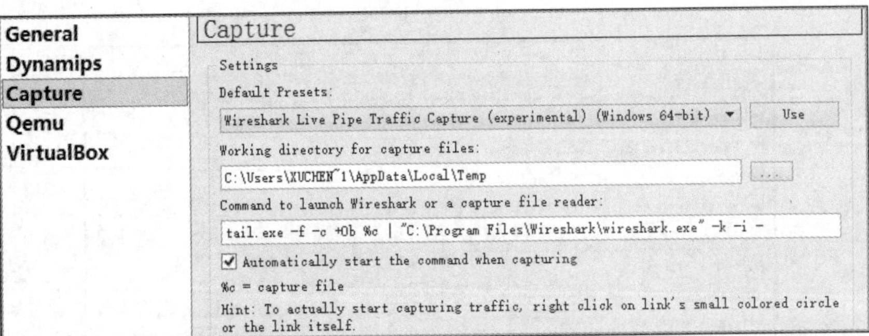

图 1-27　设置抓包命令参数

1.4.3　在 GNS3 中创建局域网

以下操作使用中文界面。

（1）安装 IOS 镜像文件

在 GNS3 中需要使用 Cisco IOS 镜像文件来模拟路由器和交换机。目前支持的 IOS 平台包括 CISCO1700、2600、2691、3600、3700 和 7200 系列，firewall 系列（PIX firewall、ASA firewall）IOS。

1）下载 IOS 镜像文件。

本书使用的 GNS3 软件中并不包含 IOS 镜像文件，因此需要另行通过网络下载。此处下载的是 CISCO3600 系列的 IOS。

2）设置 IOS 镜像文件。

单击主界面菜单栏中的【Edit】→【IOS image and hypervisors】（见图 1-28）。在弹出的对话框中选择【IOS images】标签界面，然后在【Settings】板块中单击【Image file】选项框后面的...按钮，这里可以添加已下载好的 IOS 镜像文件（见图 1-29）。

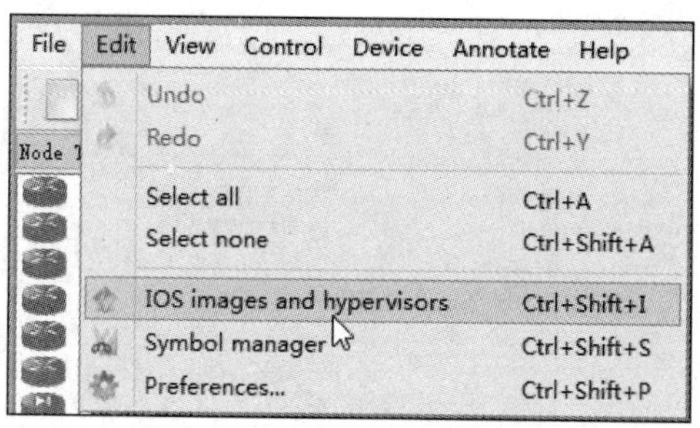

图 1-28 设置 IOS 镜像文件

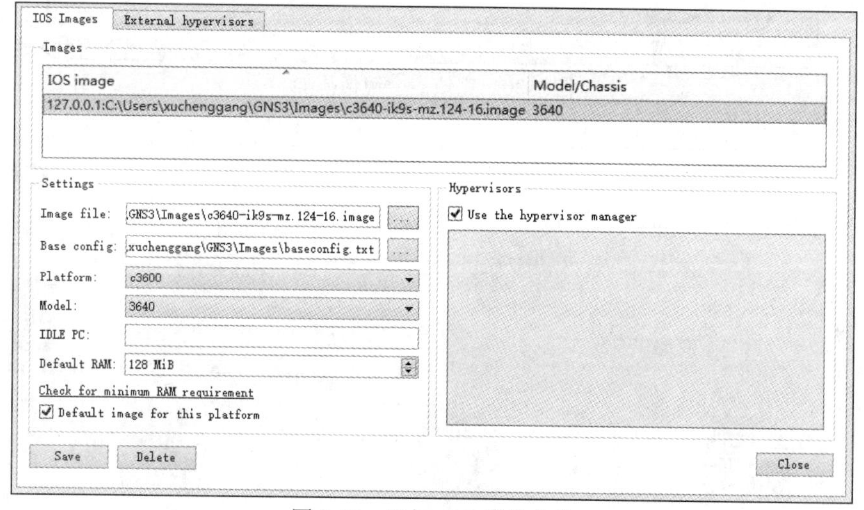

图 1-29 添加 IOS 镜像文件

3）选择设备平台和型号。

根据所选择的 IOS 镜像文件对应的设备类型和型号，在图 1-29 的【Settings】板块中，设置【Platform】和【Model】选项的值，由于此处选用的 IOS 是 CISCO3600 系列的 3640，因此将【Platform】和【Model】的值分别设置为 c3600 和 3640。其他设置选择默认，然后单击下面的【Save】按钮，即可完成操作系统的安装和配置，如图 1-22 所示。

注：重复上述步骤，可以添加多个 IOS 镜像文件（见图 1-30）。

（2）网络拓扑设计

网络拓扑结构设计如图 1-31 所示。

IOS和Hypervisors

IOS　外部Hypervisors

IOS

IOS	模块/底板
127.0.0.1:C:\gns IOS\c1700-advipservicesk9-mz.124-25d.image	3640
127.0.0.1:C:\gns IOS\c2691-advsecurityk9-mz[1].124-11.T2.bin	2691
127.0.0.1:C:\gns IOS\c3640-jk9s-mz.124-16.image	3640
127.0.0.1:C:\gns IOS\c3745-a3jk9s-mz.123-4.T2.image	3745
127.0.0.1:C:\gns IOS\c7200p-adventerprisek9-mz.124-20.T(支持NPE-G2).image	7200

设置

镜像文件：C:\gns IOS\c3640-jk9s-mz.124-16.image

基本配置：C:\Users\ckj\GNS3\Images\baseconfig.txt

平台：c3600

型号：3640

IDLE PC：0x604f3e14

默认内存：128 MiB

Check for minimum RAM requirement

设置为该平台默认IOS

Hypervisors

使用Hypervisor管理

保存(S)　删除(D)　Close

图 1-30　完成多个镜像添加

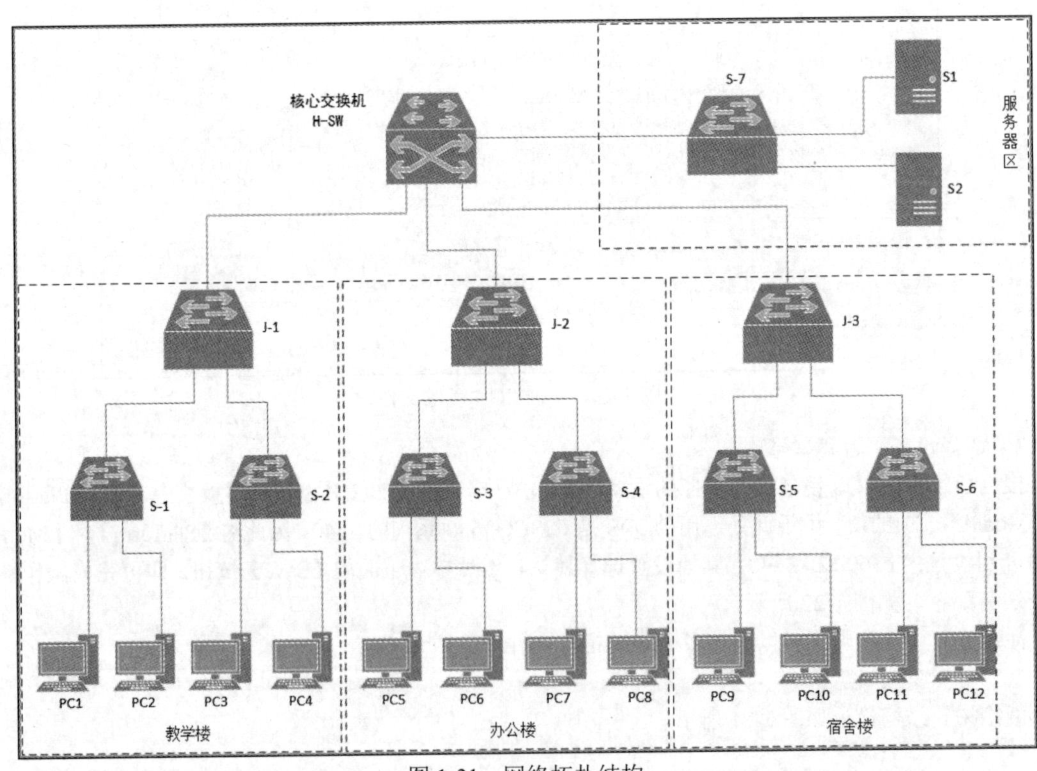

图 1-31　网络拓扑结构

（3）IP 地址设计

网络地址规划如表 1-2 所示。

表 1-2　IP 地址规划

序号	区域	主机名称	网络配置	网关	接入位置
1	教学楼	PC1	192.168.2.1/255.255.255.0	192.168.2.254	S-1 0/1
2		PC2	192.168.2.2/255.255.255.0	192.168.2.254	S-1 0/2
3		PC3	172.16.150.1/255.255.255.0	172.16.150.254	S-2 0/1
4		PC4	172.16.150.2/255.255.255.0	172.16.150.254	S-2 0/2
5	办公楼	PC5	192.168.2.3/255.255.255.0	192.168.2.254	S-3 0/1
6		PC6	192.168.2.4/255.255.255.0	192.168.2.254	S-3 0/2
7		PC7	172.16.150.3/255.255.255.0	172.16.150.254	S-4 0/1
8		PC8	172.16.150.4/255.255.255.0	172.16.150.254	S-4 0/2
9	宿舍楼	PC9	192.168.2.5/255.255.255.0	192.168.2.254	S-5 0/1
10		PC10	192.168.2.6/255.255.255.0	192.168.2.254	S-5 0/2
11		PC11	172.16.150.5/255.255.255.0	172.16.150.254	S-6 0/1
12		PC12	172.16.150.6/255.255.255.0	172.16.150.254	S-6 0/2
13	服务器区	S1	192.168.2.7/255.255.255.0		S-7 0/1
14		S2	172.16.150.7/255.255.255.0		S-7 0/2

设计 VLAN，具体的 VLAN 规划表如表 1-3 所示。

表 1-3　VLAN 规划表

序号	VLANID	VLAN name	交换机
1	10	VLAN-10	H-SW
2	20	VLAN-20	H-SW

（4）创建网络设备和终端

创建网络设备和终端一览表如表 1-4 所示。

表 1-4　网络设备和终端

序号	设备类型	设备名称	数量	用途
1	16 口交换模块	S-1～S-7 交换机	7	用于接入主机
2	16 口交换模块	J-1 交换机	3	用来汇聚接入交换机
3	16 口交换模块	H-SW 交换机	1	用来进行路由转发
4	1 个快速以太网口	PC	12	能够局域网内主机通信

（5）交换机配置

交换机配置如下。

1）依据图中拓扑，在 H-SW 和 J-1 之间部署 Trunk 链路，配置如下所示。

```
H-SW(config)#int f0/1
//Trunk 有两种封装协议标准，一种是 Cisco 私有的 ISL，一种是行业标准 802.1q，一般采用 802.1q 实现封装
H-SW(config-if)#switchport trunk encapsulation dot1q
//将接口模式定义为 Trunk 模式，交换机相连的接口一般采用 Trunk 模式，用于承载不同 VLAN 的流量
H-SW(config-if)#switchport mode trunk
H-SW(config-if)#exit
J-1(config)#int f0/0
J-1(config-if)#switchport trunk encapsulation dot1q
J-1(config-if)#switchport trunk mode trunk
J-1(config-if)#exit
```

部署 VTP 技术，H-SW 为 Server，J-1 为 Client，实现 VLAN 同步，如下所示。

```
H-SW#vlan database
//定义 VTP 模式，全局模式方式
H-SW(vlan)#vtp server
//定义 VTP 管理域，与全局模式配置方法一致
H-SW(vlan)#vtp domain CCNA
//定义 VTP 密码，实现 VTP 安全，与全局模式配置方法一致

//域名和密码需要一致
H-SW(vlan)#vtp password Cisco
H-SW(vlan)#vlan 10
H-SW(vlan)#vlan 20
H-SW(vlan)#exit

J-1#vlan database
J-1(vlan)#vtp client
J-1(vlan)#vtp domain CCNA
J-1(vlan)#vtp password Cisco
J-1(vlan)#exit
```

在 J-1 创建 VLAN 信息与查看 VTP 信息同步并将接口放入相应 VLAN，配置如下。

```
J-1#vlan database
J-1(vlan)#vlan 10 name VLAN-10
J-1(vlan)#vlan 20 name VLAN-20
J-1(vlan)#exit
//查看该交换机 VLAN 的主要信息
J-1#show vlan-switch brief
VLAN Name         Status     Ports
1    default      active Fa0/1,Fa0/2,Fa0/3,Fa0/4,Fa0/5,Fa0/6
                         Fa0/7,Fa0/8,Fa0/9,Fa0/10
                         Fa0/11,Fa0/12,Fa0/13,Fa0/14
                         Fa0/15
//VLAN-10 和 VLAN-20 均被成功添加
10   VLAN-10                    active
20   VLAN-20                    active
1002 fddi-default               active
1003 token-ring-default         active
1004 fddinet-default            active
```

```
1005   trnet-default                   active
```

可以看出，J-1 已经接到 VLAN10 和 VLAN20，将接口划入，配置如下。

```
J-1(config)#int f0/1
//将接口模式修改为接入模式
J-1(config-if)#switchport mode access
//将接口放入 VLAN 10
J-1(config-if)#switchport access vlan 10
J-1(config-if)#int f0/2
J-1(config-if)#switchport mode access
J-1(config-if)#switchport access vlan 20
J-1(config-if)#exit
```

2）依据图中拓扑，在 H-SW 和 J-2 之间部署 Trunk 链路，配置如下所示。

```
H-SW(config)#int f0/2
H-SW(config-if)#switchport trunk encapsulation dot1q
H-SW(config-if)#switchport mode trunk
H-SW(config-if)#exit
J-2(config)#int f0/0
J-2(config-if)#switchport trunk encapsulation dot1q
J-2(config-if)#switchport trunk mode trunk
J-2(config-if)#exit
```

部署 VTP 技术，H-SW 为 Server，J-2 为 Client，实现 VLAN 同步，如下所示。

```
J-2#vlan database
J-2(vlan)#vlan 10 name VLAN-10
J-2(vlan)#vlan 20 name VLAN-20
J-2(vlan)#exit

J-2#show vlan-switch brief
VLAN Name          Status    Ports
1    default       active Fa0/1,Fa0/2,Fa0/3,Fa0/4,Fa0/5,Fa0/6
                          Fa0/7,Fa0/8,Fa0/9,Fa0/10
                          Fa0/11,Fa0/12,Fa0/13,Fa0/14
                          Fa0/15
//VLAN-10 和 VLAN-20 均被成功添加
10   VLAN-10               active
20   VLAN-20               active
1002 fddi-default          active
1003 token-ring-default    active
1004 fddinet-default       active
1005 trnet-default         active
```

可以看出，J-2 已经接到 VLAN10 和 VLAN20，将接口划入，配置如下。

```
J-2(config)#int f0/1
J-2(config-if)#switchport mode access
J-2(config-if)#switchport access vlan 10
J-2(config-if)#int f0/2
J-2(config-if)#switchport mode access
J-2(config-if)#switchport access vlan 20
J-2(config-if)#exit
```

3）依据图中拓扑，在 H-SW 和 J-3 之间部署 Trunk 链路，配置如下所示。

```
H-SW(config)#int f0/3
H-SW(config-if)#switchport trunk encapsulation dot1q
```

```
H-SW(config-if)#switchport mode trunk
H-SW(config-if)#exit
J-3(config)#int f0/0
J-3(config-if)#switchport trunk encapsulation dot1q
J-3(config-if)#switchport trunk mode trunk
J-3(config-if)#exit
```

部署 VTP 技术，H-SW 为 Server，J-3 为 Client，实现 VLAN 同步，如下所示。

```
J-3#vlan database
J-3(vlan)#vlan 10 name VLAN-10
J-3(vlan)#vlan 20 name VLAN-20
J-3(vlan)#exit

J-3#show vlan-switch brief
VLAN Name          Status       Ports
1      default       active Fa0/1,Fa0/2,Fa0/3,Fa0/4,Fa0/5,Fa0/6
                          Fa0/7,Fa0/8,Fa0/9,Fa0/10
                          Fa0/11,Fa0/12,Fa0/13,Fa0/14
                          Fa0/15
//VLAN-10 和 VLAN-20 均被成功添加
10     VLAN-10                  active
20     VLAN-20                  active
1002   fddi-default             active
1003   token-ring-default       active
1004   fddinet-default          active
1005   trnet-default            active
```

可以看出，J-3 已经接到 VLAN10 和 VLAN20，将接口划入，配置如下。

```
J-3(config)#int f0/1
J-3(config-if)#switchport mode access
J-3(config-if)#switchport access vlan 10
J-3(config-if)#int f0/2
J-3(config-if)#switchport mode access
J-3(config-if)#switchport access vlan 20
J-3(config-if)#exit
```

4）依据图中拓扑，在 H-SW 和 S-7 之间部署 Trunk 链路，配置如下所示。

```
H-SW(config)#int f0/4
H-SW(config-if)#switchport trunk encapsulation dot1q
H-SW(config-if)#switchport mode trunk
H-SW(config-if)#exit
S-7(config)#int f0/0
S-7 (config-if)#switchport trunk encapsulation dot1q
S-7 (config-if)#switchport trunk mode trunk
S-7 (config-if)#exit
```

部署 VTP 技术，H-SW 为 Server，S-7 为 Client，实现 VLAN 同步，如下所示。

```
S-7#vlan database
S-7 (vlan)#vlan 10 name VLAN-10
S-7 (vlan)#vlan 20 name VLAN-20
S-7 (vlan)#exit

S-7#show vlan-switch brief
VLAN Name          Status       Ports
1      default       active Fa0/1,Fa0/2,Fa0/3,Fa0/4,Fa0/5,Fa0/6
```

```
                    Fa0/7,Fa0/8,Fa0/9,Fa0/10
                    Fa0/11,Fa0/12,Fa0/13,Fa0/14
                    Fa0/15
//VLAN0-10 和 VLAN-20 均被成功添加
10      VLAN-10                 active
20      VLAN-20                 active
1002    fddi-default            active
1003    token-ring-default      active
1004    fddinet-default         active
1005    trnet-default           active
```

可以看出，S-7 已经接到 VLAN10 和 VLAN20，将接口划入，配置如下。

```
S-7 (config)#int f0/1
S-7 (config-if)#switchport mode access
S-7 (config-if)#switchport access vlan 10
S-7 (config-if)#int f0/2
S-7 (config-if)#switchport mode access
S-7 (config-if)#switchport access vlan 20
S-7 (config-if)#exit
```

5）依据图中拓扑，H-SW 核心交换配置如下。

```
//开启三层路由功能，默认情况下，三层交换机关闭路由功能，若要实现 VLAN 间通信需要开启 255
H-SW(config)#ip routing
//进入到 VLAN 10 的接口模式
H-SW(config)#int vlan 10
//为 VLAN 10 配置 IP 地址，我们将配置了 IP 地址的 VLAN 叫做 SVI 接口，即 Switching Virtual Interface，虚拟交换接口，它是一种三层逻辑口。一般在 VLAN 上面配置 IP 网关，然后主机 IP 地址指向三层交换机，三层交换机通过多个 SVI 接口实现 VLAN 间通信
H-SW(config-if)#ip address 192.168.2.254 255.255.255.0
H-SW(config-if)#exit
H-SW(config)#int vlan 20
H-SW(config-if)#ip address 172.16.150.254 255.255.255.0
H-SW(config-if)#exit
//开启 RIP 协议
H-SW(config)#router rip
//RIP 版本信息
H-SW(config-router)#version 2
//此命令用于关闭自动汇总特性
H-SW(config-router)#no auto-summary
//宣告主类网络号
H-SW(config-router)#network 192.0.0.0
H-SW(config-router)#network 172.0.0.0
H-SW(config-router)#exit
```

（6）PC 机配置

根据拓扑为不同 PC1 配置 IP 地址信息，配置如下（PC2、PC5、PC6、PC9、PC10 配置参考 PC1 配置模式）。

```
//关闭三层交换机，模拟主机
PC1(config)#no ip routing
PC1(config)#int f0/0
PC1(config-if)#no shutdown
PC1(config-if)#ip address 192.168.2.1 255.255.255.0
PC1(config-if)#exit
```

```
//定义默认网关
PC1(config)#ip default-gateway 192.168.2.254
```

根据拓扑为不同 PC3 配置 IP 地址信息，配置如下（PC4、PC7、PC8、PC11、PC12 配置参考 PC1 配置模式）。

```
//关闭三层交换机，模拟主机
PC3(config)#no ip routing
PC3(config)#int f0/0
PC3(config-if)#no shutdown
PC3(config-if)#ip address 172.16.150.1 255.255.255.0
PC3(config-if)#exit
//定义默认网关
PC3(config)#ip default-gateway 172.16.150.254
```

（7）连通性测试

测试不同网段的连通性，结果如表 1-5 所示。

表 1-5 通过交换机实现网间通信的测试结果（连通性测试）

序号	请求主机	接入位置	响应主机	接入位置	Ping 测试结果
1	PC1	S-1 0/1	PC2	S-1 0/2	√
2	PC1	S-1 0/1	PC3	S-2 0/1	√
3	PC1	S-1 0/1	PC4	S-2 0/2	√
4	PC1	S-1 0/1	PC5	S-3 0/1	√
5	PC1	S-1 0/1	PC6	S-3 0/2	√
6	PC1	S-1 0/1	PC7	S-4 0/1	√
7	PC1	S-1 0/1	PC8	S-4 0/2	√
8	PC1	S-1 0/1	PC9	S-5 0/1	√
9	PC1	S-1 0/1	PC10	S-5 0/2	√
10	PC1	S-1 0/1	PC11	S-6 0/1	√
11	PC1	S-1 0/1	PC12	S-6 0/2	√
12	PC1	S-1 0/1	S1	S-7 0/1	√
13	PC1	S-1 0/1	S2	S-7 0/2	√
. . .	. . .	. . .	. . .	. . .	. . .
228	S2	S-7 0/2	PC1	S-1 0/1	√
229	S2	S-7 0/2	PC2	S-1 0/2	√
230	S2	S-7 0/2	PC3	S-2 0/1	√
231	S2	S-7 0/2	PC4	S-2 0/2	√
232	S2	S-7 0/2	PC5	S-3 0/1	√
233	S2	S-7 0/2	PC6	S-3 0/2	√

续表

序号	请求主机	接入位置	响应主机	接入位置	Ping 测试结果
234	S2	S-7 0/2	PC7	S-4 0/1	√
235	S2	S-7 0/2	PC8	S-4 0/2	√
236	S2	S-7 0/2	PC9	S-5 0/1	√
237	S2	S-7 0/2	PC10	S-5 0/2	√
238	S2	S-7 0/2	PC11	S-6 0/1	√
239	S2	S-7 0/2	PC12	S-6 0/2	√
240	S2	S-7 0/2	S1	S-7 0/1	√

1.5 案例：一个企业网的实现

1.5.1 案例概述

（1）项目内容

为某软件公司搭建企业局域网。企业从 ISP 服务商处租用了两个 C 类 IP 地址 202.0.0.3/24 和 202.0.0.4/24，由于 IP 地址紧缺，企业网内部使用私有 IP 地址 192.168.0.0/24，要求企业内部主机和部分局域网用户能同时上 Internet，并要求财务部和研发部只有总经理有权访问，其他部门可以相互访问，企划部和人事部上班时间不能访问外网，各部门均有流量限制，楼内有 OA 办公系统、财务管理系统、FTP 服务器、DNS 服务器、Web 服务器。网络要求有可扩展性。

（2）项目流程

网络项目施工一般可以分成三个阶段：项目调查与分析、项目实施、项目验收。对不同类型的网络项目施工，这三个阶段的具体内容可能会有所不同。制定项目计划时，要针对网络项目施工类型制定完整、准确的项目流程，为后续工作做好充分的准备。本项目包括 IP 地址、交换机和路由器配置，项目流程图如图 1-32 所示。

本项目是针对企业局域网的项目，首先，要对工程项目进行总体目标分析，再根据项目实施原则，对项目进行具体的调查与分析，画出网络拓扑结构图。然后，对设备命名与用途进行规范，并列出设备清单，可根据本项目的特点，进行 IP 地址的分配、交换机的配置、路由器的配置和系统扩展、优化，最后，对设备正常与否方面进行验收，对网络整体性能进行验收。

1.5.2 项目调查与分析

（1）总体目标

因为本项目是企业局域网，要求企业内部主机和部分局域网用户能同时上 Internet，并要求财务部和研发部只有总经理有权访问，其他部门可以相互访问，企划部和人事部上班时间不能访问外网，各部门均有流量限制，楼内有 OA 办公系统、财务管理系统、FTP 服务器、DNS 服务器、Web 服务器，故要有路由、防火墙、核心交换、二层交换、服务器等。

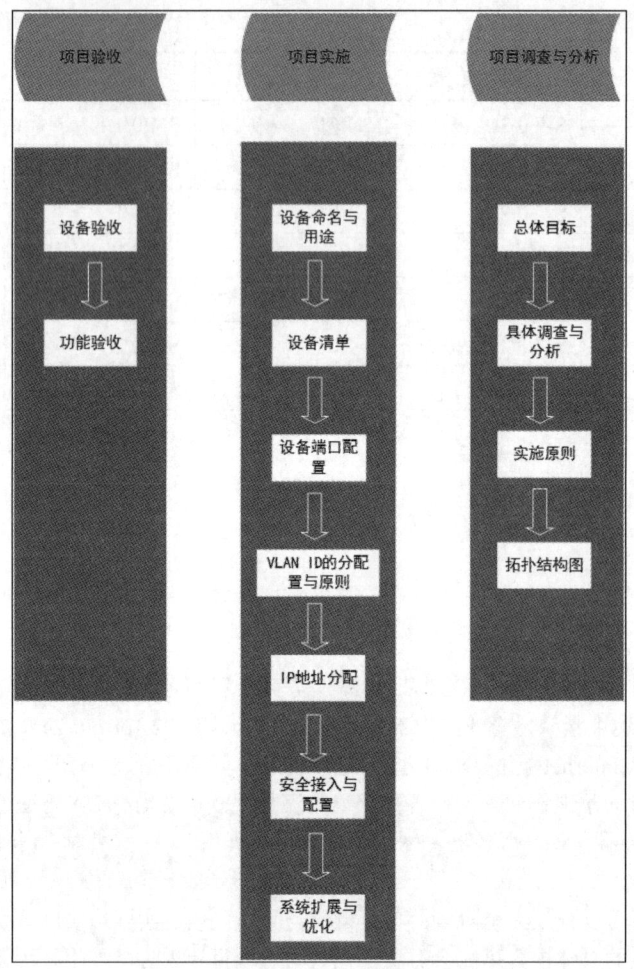

图 1-32　项目流程图

（2）具体调查与分析

公司办公大楼有两层，为了方便用户接入和扩展，路由、三层、汇聚层设备都安置在网络中心，接入层设备安置在办公室。为了使网络通信时安全可以使用划分 VLAN 并在三层交换上做访问控制列表以使不同 VLAN 之间不能互相访问，为了做到上网时间的控制，在三层交换上会使用到访问控制列表。实景环境平面图如 1-33 所示。

（3）实施原则

系统要有可扩展性和可升级性，随着业务的增长和应用水平的提高，网络中的数据和信息流将按指数增长，需要网络有很好的可扩展性，并能随着技术的发展不断升级。易扩展不仅仅指设备端口的扩展，还指网络结构的易扩展性：即只有在网络结构设计合理的情况下，新的网络节点才能方便地加入已有网络；网络协议的易扩展：无论是选择第三层网络路由协议，还是规划第二层虚拟网的划分，都应注意其扩展能力。

1）C 类私有地址的容量可以满足今后的扩容需求，可以满足整个企业 IP 配置需要。

2）交换机留有空余接口，可供未来扩充之用。

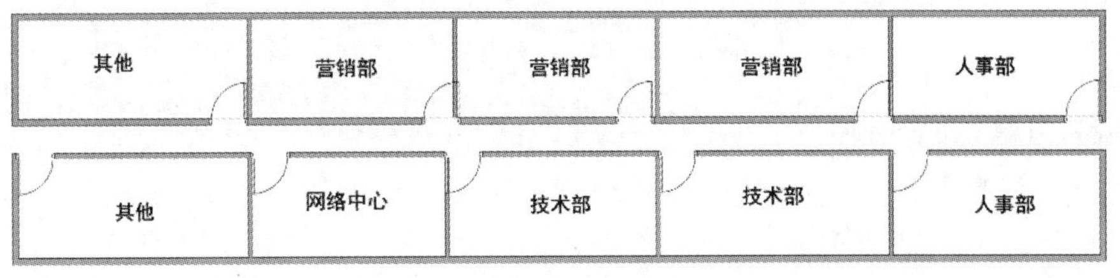

办公楼一层

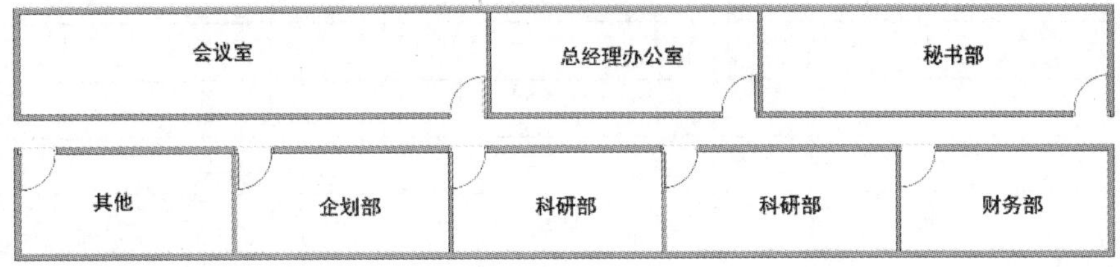

办公楼二层

图 1-33　建网环境

（4）网络拓扑图

为了使网络管理更加方便，划分 VLAN，设置访问控制列表，将一个部门分为一个 VLAN，总经理分为一个 VLAN。如图 1-34 所示。

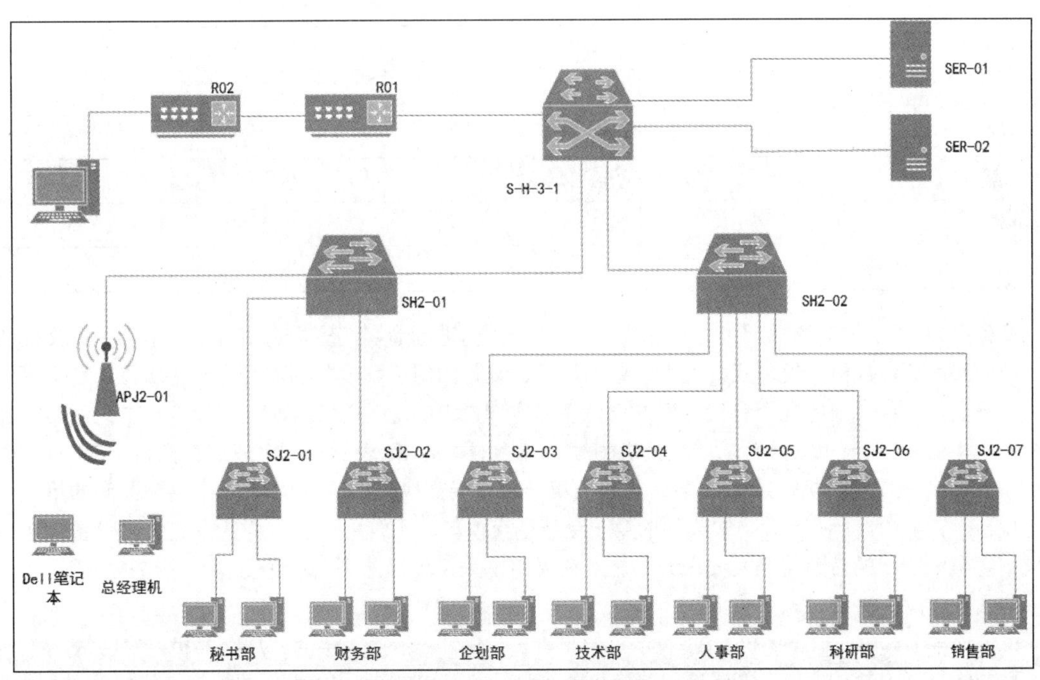

图 1-34　企业网拓扑图

1.5.3 项目实施

（1）设备用途与命名规则

1）设备安装位置代码。

设备安装位置代码如表 1-6 所示。

表 1-6 设备安装位置代码

安装地点	地点名称	备注
营销部	101	办公室
营销部	102	办公室
营销部	103	办公室
人事部	104	办公室
人事部	105	办公室
技术部	106	办公室
技术部	107	办公室
网络中心	108	办公室
会议室	201	办公室
会议室	202	办公室
总经理办公室	203	办公室
秘书部	204	办公室
财务部	205	办公室
科研部	206	办公室
科研部	207	办公室
企划部	208	办公室

设备命名并没有绝对的标准，一般都是按照工程惯例进行命名，应本着明确、简洁、无歧义性的原则。一般采用英文加数字的形式，根据设备的种类、设备的用途、设备的序号、设备所在的房间等进行命名。下面是工程实践中几个有代表性的设备命名实例：R-02 表示第二台路由器，S2-05 表示第五台二层交换机，S2-05-1 表示第五台二层交换机的第一号插槽，S3-01 表示第一台三层交换机；S-H-3-1 表示 H3C 的第一台三层交换机，S-C-2-1 表示思科的第一台二层交换机；S2-1003 表示十层配线间的第三台二层交换机，S3-1201 表示十二层配线间的第一台三层交换机。不管采取什么样的方式命名设备，在一个项目中要采用统一的命名规则，要在开始施工前确定下来，这样才不会在项目进行中造成混乱。

本项目交换机的命名规则如下。

设备型号中，S 表示交换机、S3 表示三层交机机，SJ2 表示接入层的二层交换机，SH2 表示汇聚层的二层交换机，SJ2-01-1 代表二层接入交换机的 1 号插槽，SH2-01-1 代表二层汇聚交换机的 1 号插槽。

设备型号中，SER 代表服务器，01 表示第一台服务器，依此类推。

设备序号中，01 代表第一台，02 代表第二台，依此类推。

2）设备名称及用途（见表 1-7）。

表 1-7　设备名称及用途

设备类型	设备名称	用途
路由	R01	与外网相连
S5510-24P	S-H-3-1	核心交换机
S3100-8T-SI	SH2-01	楼层一汇聚层交换
S3100-8T-SI	SH2-02	楼层二汇聚层交换
S2126-SI	SJ2-01	楼层 1 接入层交换
S2126-SI	SJ2-02	楼层 1 接入层交换
S2126-SI	SJ2-03	楼层 1 接入层交换
S2126-SI	SJ2-04	楼层 2 接入层交换
S2126-SI	SJ2-05	楼层 2 接入层交换
S2126-SI	SJ2-06	楼层 2 接入层交换
S2126-SI	SJ2-07	楼层 2 接入层交换
TL-WA501G+	APJ2-01	总经理无线接入 AP
DELL 服务器	SER-01	DNS，WEB 服务器
SELL 服务器	SER-02	OA，FTP 服务器

（2）设备清单

设备清单如表 1-8 所示。

表 1-8　设备清单

序号	设备分项名称	型号规格	生产商	数量（台）
1	路由	AR28-30	H3C	1
2	三层核心交换机	S5510-24P	H3C	1
3	24 口接入层交换机	S31000-26T-SI	H3C	5
4	16 口接入层交换机	S3100-16T-SI	H3C	2
5	8 口汇聚层交换机	S3100-8T-SI	H3C	2
6	无线接入 AP	TL-WA501G+	TP-LINK	1
7	DNS，WEB 服务器	DELL	DELLL	1
8	OA，FTP 服务器	DELL	DELL	1
9	DELL 笔记本	DELL	DELL	1
10	打印机	HP2400	HP	7
11	职员用机	方正	方正	95

（3）设备端口配置

依据组网需要为了实现网络的安全性，本实例中需要划分 8 个 VLAN，其中每部门各划分一个 VLAN，总经理自为一个 VLAN，这样就需要为每个 VLAN 划分不同的 IP 地址，

路由 R01 端口配置如表 1-9 所示。

表 1-9　路由 R01 端口配置

端口号	对端设备		状况	备注
	设备名	对端端口		
1	R02	S0/0	正常连接	接入外网
2	S-H-3-1	E1/0/1	正常连接	将路由与核心层互连

核心三层交换机设备（S-H-3-1）的端口划分清单如表 1-10 所示。

表 1-10　核心三层交换机设备（S-H-3-1）的端口划分清单

端口	对端设备		状况	备注
	设备名	对端端口		
1	R01	E0/0	正常连接	接入路由设备
2	SER-01	网卡	正常连接	DNS，WEB 服务器
3	SER-02	网卡	正常连接	OA，FTP 服务器
4	SH2-01	E1/0/1	正常连接	接入汇聚层
5	SH2-01	E1/0/2	正常连接	接入汇聚层
6	SH2-02	E1/0/1	正常连接	接入汇聚层
7	SH2-02	E1/0/2	正常连接	接入汇聚层

汇聚层交换机设备（SH2-01）的端口划分清单如表 1-11 所示。

表 1-11　汇聚层交换机设备（SH2-01）的端口划分清单

端口号	对端设备		状况	备注
	设备名	对端端口		
1	S-H-3-1	E1/0/4	正常连接	接入到核心层
2	S-H-3-1	E1/0/5	正常连接	接入到核心层
3	无线 AP		正常连接	总经理办公室
4	方正主机	网卡	正常连接	总经理办公室
5	SJ2-01	E1/0/1	正常连接	秘书部
6	SJ2-02	E1/0/1	正常连接	财务部

汇聚层交换机设备（SH2-02）的端口划分清单如表 1-12 所示。

表 1-12　汇聚层交换机设备（SH2-02）的端口划分清单

端口号	对端设备		状况	备注
	设备名	对端端口		
1	S-H-3-1	E1/0/6	正常连接	接入汇聚层
2	S-H-3-1	E1/0/7	正常连接	接入汇聚层
3	SJ2-03	E1/0/1	正常连接	接入汇聚层
4	SJ2-04	E1/0/1	正常连接	接入汇聚层
5	SJ2-05	E1/0/1	正常连接	接入汇聚层
6	SJ2-06	E1/0/1	正常连接	接入汇聚层
7	SJ2-07	E1/0/1	正常连接	接入汇聚层

接入层交换设备（SJ2-01）的端口划分清单如表 1-13 所示。

表 1-13　接入层交换设备（SJ2-01）的端口划分清单

端口号	连接位置	状况	备注
1	SH2-01-5	正常连接	接入汇聚层交换设备
2	打印机	正常连接	办公室
3-8	秘书部	正常连接	办公室

接入层交换设备（SJ2-02）的端口划分清单如表 1-14 所示。

表 1-14　接入层交换设备（SJ2-02）的端口划分清单

端口号	连接位置	状况	备注
1	SH2-01-6	正常连接	接入汇聚层交换设备
2	打印机	正常连接	办公室
3-8	财务部	正常连接	办公室

接入层交换设备（SJ2-03）的端口划分清单如表 1-15 所示。

表 1-15　接入层交换设备（SJ2-03）的端口划分清单

端口号	连接位置	状况	备注
1	SH2-01-3	正常连接	接入汇聚层交换设备
2	打印机	正常连接	办公室
3-12	企划部	正常连接	办公室

接入层交换设备（SJ2-04）的端口划分清单如表 1-16 所示。

表 1-16　接入层交换设备（SJ2-04）的端口划分清单

端口号	连接位置	状况	备注
1	SH2-01-4	正常连接	接入汇聚层交换设备
2	打印机	正常连接	办公室
3-22	技术部	正常连接	办公室

接入层交换设备（SJ2-05）的端口划分清单如表 1-17 所示。

表 1-17　接入层交换设备（SJ2-05）的端口划分清单

端口号	连接位置	状况	备注
1	SH2-01-5	正常连接	接入汇聚层交换设备
2	打印机	正常连接	办公室
3-17	人事部	正常连接	办公室

接入层交换设备（SJ2-07）的端口划分清单如表 1-18 所示。

表 1-18　接入层交换设备（SJ2-07）的端口划分清单

端口号	连接位置	状况	备注
1	SH2-01-7	正常连接	接入汇聚层交换设备
2	打印机	正常连接	办公室
3-24	科研部	正常连接	办公室

无线 APJ2-01 设备如表 1-19 所示。

表 1-19　无线 APJ2-01 设备

端口号	连接位置	状况	备注
1	SH2-01-3	正常连接	接入汇聚层交换设备
2	笔记本	正常连接	总经理办公室

（4）VLAN ID 的规划与规则

根据实际需要共划分出 8 个 VLAN，分别是总经理办公室使用 VLAN 10，秘书部使用 VLAN 11，财务部使用 VLAN 12，企划部使用 VLAN 13，技术部使用 VLAN 14，人事部使用 VLAN 15，科研部使用 VLAN 16，营销部使用 VLAN 17。

（5）IP 地址的分配

1）本方案为一期工程，为了便于扩展，所以使用 C 类 IP，每个 VLAN 分配一个 192.168 的网段。

2）为了便于管理，IP 地址按 VLAN 划分的顺序分配使用，每个 VLAN 中有一定的预留，以备今后扩充网络使用，如表 1-20 所示。

表 1-20 IP 地址划分表

序号	VLAN ID	网段	IP 地址段范围	子网掩码	三层接口地址（留作备用）
1	VLAN 10	192.168.10.0	192.168.10.1-192.168.10.253	255.255.255.0	192.168.10.254
2	VLAN 11	192.168.11.0	192.168.11.1-192.168.10.253	255.255.255.0	192.168.11.254
3	VLAN 12	192.168.12.0	192.168.12.1-192.168.10.253	255.255.255.0	192.168.12.254
4	VLAN 13	192.168.13.0	192.168.13.1-192.168.10.253	255.255.255.0	192.168.13.254
5	VLAN 14	192.168.14.0	192.168.14.1-192.168.10.253	255.255.255.0	192.168.14.254
6	VLAN 15	192.168.15.0	192.168.15.1-192.168.10.253	255.255.255.0	192.168.15.254
7	VLAN 16	192.168.16.0	192.168.16.1-192.168.10.253	255.255.255.0	192.168.16.254
8	VLAN 17	192.168.17.0	192.168.17.1-192.168.10.253	255.255.255.0	192.168.17.254

（6）设备配置

总经理办公室：vlan10（1）。

IP 地址：192.168.10.0/24 网关：192.168.10.1 掩码：255.255.255.0。

秘书部：vlan11（15）。

IP 地址：192.168.11.0/24 网关：192.168.11.1 掩码：255.255.255.0。

财务部：vlan12（15）。

IP 地址：192.168.12.0/24 网关：192.168.12.1 掩码：255.255.255.0。

营销部：vlan13（15）。

IP 地址：192.168.13.0/24 网关：192.168.13.1 掩码：255.255.255.0。

企划部：vlan14（15）。

IP 地址：192.168.14.0/24 网关：192.168.14.1 掩码：255.255.255.0。

技术部：vlan15（15）。

IP 地址：192.168.15.0/24 网关：192.168.15.1 掩码：255.255.255.0。

人事部：vlan16（15）。

IP 地址：192.168.16.0/24 网关：192.168.16.1 掩码：255.255.255.0。

科研部：vlan17（15）。

IP 地址：192.168.17.0/24 网关：192.168.17.1 掩码：255.255.255.0。

路由 R02 配置信息如下。

```
<H3C>sys
[H3C]sysname R02
[R02]int e0/0
[R02-ethernet0/0]ip add 172.20.1.1 255.255.255.0
[R02-ethernet0/0]qui
[R02]int s0/0
[R02-S0/0]link-protocol ppp
[R02-S0/0]ip add 202.0.0.2 255.255.255.0
[R02-S0/0]qui
[R02]int tunnel0
```

```
[R02-Tunnel0]link-protocol tunnel
[R02-Tunnel0]ip add 1.1.1.2 255.255.255.0
[R02-Tunnel0]source 202.0.0.3
[R02-Tunnel0]qui
[R02]ip route-static 202.0.0.0 255.255.255.0 serial 0/0 preference 60
[R02]ip route-static 192.168.1.0 255.255.255.0 tunnel0 preference 60
```

路由 R01 配置信息如下。

```
<H3C>sys
[H3C]sysname R01
[R01]int e0/0
[R01-ethernet0/0]ip add 192.168.1.1 255.255.255.0
[R01-ethernet0/0]qui
[R01]int s0/0
[R01-s0/0]link-protocol ppp
[R01-s0/0]ip add 20.0.0.3 255.255.255.0
[R01-s0/0]qui
[R01]int tunnel0
[R01-Tunnel0]link-protocol tunnel
[R01-Tunnel0]ip add 1.1.1.1 255.255.255.0
[R01-Tunnel0]source 202.0.0.3
[R01-Tunnel0]destination 202.0.0.2
[R01-Tunnel0]qui
[R01]ip route-static 202.0.0.0 255.255.255.0 serial 0/0 preference 60
[R01]ip route-static 172.20.1.0 255.255.255.0 tunnel 0 preference 60
[R01]ip route 0.0.0.0 0.0.0.0 202.0.0.2
[R01]ip route 192.168.0.0 255.255.0.0 192.168.1.2
//配置 NAT 转换
[R01]nat address-group 202.0.0.3 202.0.0.5 pool 1
[R01]acl 2000
[R01-acl-2000]rule permit source 192.168.0.0 0.0.255.255
[R01-acl-2000]rule deny source any
[R01-acl-2000]qui
[R01]int s0/0
[R01-serial0/0]nat outbound 2000 address-group pool 1
[R01-serial0/0]nat server global 202.0.0.3 inside 192.168.2.2 www tcp
[R01-serial0/0]nat server global 202.0.0.4 inside 192.168.3.2 smtp udp
[R01-serial0/0]qui
//配置高级 acl
[R01]firewall enable
[R01]firewall default permit
[R01]acl number 3000 match-order auto
[R01-acl-adv-3000]rule deny ip source any destination any
[R01-acl-adv-3000]rule permit ip source 192.168.10.0 0.0.0.255 destination any
[R01-acl-adv-3000]rule permit ip source 192.168.11.0 0.0.0.255 destination any
[R01-acl-adv-3000]rule permit ip source 192.168.12.0 0.0.0.255 destination any
[R01-acl-adv-3000]rule permit ip source 192.168.13.0 0.0.0.255 destination any
[R01-acl-adv-3000]rule permit ip source 192.168.14.0 0.0.0.255 destination any
[R01-acl-adv-3000]rule permit ip source 192.168.15.0 0.0.0.255 destination any
[R01-acl-adv-3000]rule permit ip source 192.168.16.0 0.0.0.255 destination any
[R01-acl-adv-3000]rule permit ip source 192.168.17.0 0.0.0.255 destination any
[R01]acl number 3001
[R01-acl-adv-3000]rule deny ip source any destination any
```

```
[R01-acl-adv-3000]rule permit tcp source any destination 202.0.0.3 0 destination-port eq 80
[R01-acl-adv-3000]rule permit udp source any destination 202.0.0.4 0 destination-port eq 25
[R01-acl-adv-3000]qui
[R01]int e0/0
[R01-ethernet0/0]firewall packet-filter 3000 in bound
[R01-ethernet0/0]qui
[R01]int s0/0
[R01-serial0/0]firewall packet-filter 3001 in bound
[R01-serial0/0]qui
<R01>sav
```

汇聚层配置信息如下。

SH2-01 配置：配置 STP 并划分 VLAN。

```
<H3C>sys
[H3C]sysname SH2-01
[SH2-01]vlan 10
[SH2-01-VLAN10]port e1/0/3 to e1/0/4
[SH2-01-VLAN10]qui
[SH2-01]vlan 11
[SH2-01-VLAN11]port e1/0/5
[SH2-01-VLAN11]qui
[SH2-01]vlan 12
[SH2-01-VLAN12]port e1/0/6
[SH2-01-VLAN12]qui
[SH2-01]stp enable
[SH2-01]int e1/0/3
[SH2-01-ethernet0/3]stp disable
[SH2-01-ethernet0/3]int e1/0/4
[SH2-01-ethernet0/4]stp disable
[SH2-01-ethernet0/4]int e1/0/5
[SH2-01-ethernet0/5]stp disable
[SH2-01-ethernet0/5]int e1/0/6
[SH2-01-ethernet0/6]stp disable
[SH2-01-ethernet0/6]qui
[SH2-01]qui
<SH2-01>sav
```

SH2-02 配置：配置链路聚合并划分 VALN。

```
<H3C>sys
[H3C]sysname SH2-02
[SH2-02]vlan 13
[SH2-02-VLAN13]port e1/0/3
[SH2-02-VLAN13]qui
[SH2-02]vlan 14
[SH2-02-VLAN14]port e1/0/4
[SH2-02-VLAN14]qui
[SH2-02]vlan 15
[SH2-02-VLAN15]port e1/0/5
[SH2-02-VLAN15]qui
[SH2-02]vlan 16
[SH2-02-VLAN16]port e1/0/6
[SH2-02-VLAN16]qui
[SH2-02]vlan 17
```

```
[SH2-02-VLAN17]port e1/0/7
[SH2-02-VLAN17]qui
[SH2-02]int e1/0/1
[SH2-02-ethernet1/0/1]duplex full
[SH2-02-ethernet1/0/1]speed 100
[SH2-02-ethernet1/0/1]int e0/2
[SH2-02-ethernet1/0/2]duplex full
[SH2-02-ethernet1/0/2]speed 100
[SH2-02-ethernet1/0/2]qui
[SH2-02]link-aggregation e1/0/1 to e1/0/2 both
[SH2-02]qui
<SH2-02>sav
```

核心层配置信息如下。

S-H-3-1 配置：

```
<H3C>sys
[H3C]sysname S-H-3-1
[S-H-3-1]int e1/0/1
[S-H-3-1-ethernet1/0/1]ip add 192.168.1.2 255.255.255.0
[S-H-3-1-ethernet1/0/1]no sh
[S-H-3-1-ethernet1/0/1]int e1/0/2
[S-H-3-1-ethernet1/0/2]ip add 192.168.2.1 255.255.255.0
[S-H-3-1-ethernet1/0/2]no sh
[S-H-3-1-ethernet1/0/2]int e1/0/3
[S-H-3-1-ethernet1/0/3]ip add 192.168.3.1 255.255.255.0
[S-H-3-1-ethernet1/0/3]no sh
[S-H-3-1-ethernet1/0/3]qui
[S-H-3-1]ip route 202.0.0.0 255.255.255.0 192.168.1.1
[S-H-3-1]default-rout 192.168.1.2
//配置 STP
[S-H-3-1]stp enable
[S-H-3-1]int e1/0/1
[S-H-3-1-ethernet1/0/1]stp disable
[S-H-3-1-ethernet1/0/1]int e1/0/2
[S-H-3-1-ethernet1/0/2]stp disable
[S-H-3-1-ethernet1/0/2]int e1/0/3
[S-H-3-1-ethernet1/0/3]stp disable
[S-H-3-1-ethernet1/0/3]int e1/0/6
[S-H-3-1-ethernet1/0/6]stp disable
[S-H-3-1-ethernet1/0/6]int e1/0/7
[S-H-3-1-ethernet1/0/7]stp disable
[S-H-3-1-ethernet1/0/7]qui
//配置链路手工汇聚
[S-H-3-1]int e1/0/6
[S-H-3-1-ethernet1/0/6]duplex full
[S-H-3-1-ethernet1/0/6]speed 100
[S-H-3-1-ethernet1/0/6]int e1/0/7
[S-H-3-1-ethernet1/0/7]duplex full
[S-H-3-1-ethernet1/0/7]speed 100
[S-H-3-1-ethernet1/0/7]qui
[S-H-3-1]link-aggregation e1/0/6 to e1/0/7 both
```

```
//配置 VLAN 的 IP 地址
[S-H-3-1]vlan 10
[S-H-3-1-vlan10]qui
[S-H-3-1]int vlan-interface 10
[S-H-3-1-vlan-interface10]ip add 192.168.10.1 255.255.255.0
[S-H-3-1-vlan-interface10]qui
[S-H-3-1]vlan 11
[S-H-3-1-vlan11]qui
[S-H-3-1]int vlan-interface 11
[S-H-3-1-vlan-interface11]ip add 192.168.11.1 255.255.255.0
[S-H-3-1-vlan-interface11]qui
[S-H-3-1]vlan 12
[S-H-3-1-vlan12]qui
[S-H-3-1]int vlan-interface 12
[S-H-3-1-vlan-interface12]ip add 192.168.12.1 255.255.255.0
[S-H-3-1-vlan-interface12]qui
[S-H-3-1]vlan 13
[S-H-3-1-vlan 13]qui
[S-H-3-1]int vlan-interface 13
[S-H-3-1-vlan-interface13]ip add 192.168.13.1 255.255.255.0
[S-H-3-1-vlan-interface13]qui
[S-H-3-1]vlan 14
[S-H-3-1-vlan 14]qui
[S-H-3-1]int vlan-interface 14
[S-H-3-1-vlan-interface14]ip add 192.168.14.1 255.255.255.0
[S-H-3-1-vlan-interface14]qui
[S-H-3-1]vlan 15
[S-H-3-1-vlan 15]qui
[S-H-3-1]int vlan-interface 15
[S-H-3-1-vlan-interface15]ip add 192.168.15.1 255.255.255.0
[S-H-3-1-vlan-interface15]qui
[S-H-3-1]vlan 16
[S-H-3-1-vlan 16]qui
[S-H-3-1]int vlan-interface 16
[S-H-3-1-vlan-interface16]ip add 192.168.16.1 255.255.255.0
[S-H-3-1-vlan-interface16]qui
[S-H-3-1]vlan 17
[S-H-3-1-vlan 17]qui
[S-H-3-1]int vlan-interface 17
[S-H-3-1-vlan-interface17]ip add 192.168.17.1 255.255.255.0
[S-H-3-1-vlan-interface17]qui
//acl 配置
[S-H-3-1]time-range huawei 8:00 to 18:00 working-day
[S-H-3-1]firewall enable
[S-H-3-1]firewall default permit
[S-H-3-1]acl number 3000
[S-H-3-1-acl-adv-3000]rule permit ip source 192.168.2.2 0 destination any time-range huawei
[S-H-3-1-acl-adv-3000]rule permit ip source 192.168.3.2 0 destination any time-range huawei
[S-H-3-1-acl-adv-3000]rule permit ip source 192.168.9.0 0.0.0.255 destination any time-range huawei
[S-H-3-1-acl-adv-3000]rule permit ip source 192.168.10.0 0.0.0.255 destination any time-range huawei
```

```
[S-H-3-1-acl-adv-3000]rule deny ip source any destination any time-range huawei
[S-H-3-1-acl-adv-3000]qui
[S-H-3-1]int e1/0/2
[S-H-3-1-ethernet1/0/2]firewall packet-filter 3000 outbound
[S-H-3-1-ethernet1/0/2]qui
[S-H-3-1]qui
<S-H-3-1>sav
```

接入层配置信息如下。

SJ2-01 配置：

```
<H3C>sys
[H3C]sysname SJ2-01
[SJ2-01]int e1/0/1
[SJ2-01-ethernet1/0/1]line-rate outbound 30
[SJ2-01-ethernet1/0/1]line-rate inbound 16
```

SJ2-02 配置：

```
<H3C>sys
[H3C]sysname SJ2-02
[SJ2-02]int e1/0/1
[SJ2-02-ethernet1/0/1]line-rate outbound 30
[SJ2-02-ethernet1/0/1]line-rate inbound 16
[SJ2-02-ethernet1/0/1]qui
[SJ2-02]firewall enable
[SJ2-02]firewall default permit
[SJ2-02]acl number 3000
[SJ2-02-acl-adv-3000]rule permit source 192.168.10.2 0 destination 192.168.12.0 0.0.0.255
[SJ2-02-acl-adv-3000]rule deny source any    destination 192.168.16.0 0.0.0.255
[SJ2-02-acl-adv-3000]qui
[SJ2-02]int e0/1
[SJ2-02-ethernet0/1]firewall packet-filter 2000 inbound
[SJ2-02-ethernet0/1]ctrl^z
<SJ2-02>sav
```

SJ2-03 配置：

```
<H3C>sys
[H3C]sysname SJ2-03
[SJ2-03]int e1/0/1
[SJ2-03-ethernet1/0/1]line-rate outbound 30
[SJ2-03-ethernet1/0/1]line-rate inbound 16
```

SJ2-04 配置：

```
<H3C>sys
[H3C]sysname SJ2-04
[SJ2-04]int e1/0/1
[SJ2-04-ethernet1/0/1]line-rate outbound 30
[SJ2-04-ethernet1/0/1]line-rate inbound 16
```

SJ2-05 配置：

```
<H3C>sys
[H3C]sysname SJ2-05
[SJ2-05]int e1/0/1
[SJ2-05-ethernet1/0/1]line-rate outbound 30
[SJ2-05-ethernet1/0/1]line-rate inbound 16
```

SJ2-06 配置：

```
<H3C>sys
[H3C]sysname SJ2-06
[SJ2-06]int e1/0/1
[SJ2-06-ethernet1/0/1]line-rate outbound 30
[SJ2-06-ethernet1/0/1]line-rate inbound 16
[SJ2-06-ethernet1/0/1]qui
[SJ2-02]firewall enable
[SJ2-02]firewall default permit
[SJ2-06]acl number 3000
[SJ2-06-acl-adv-3000]rule permit source 192.168.10.2 0 destination 192.168.16.0 0.0.0.255
[SJ2-06-acl-adv-3000]rule permit source 192.168.15.2 0 destination 192.168.16.0 0.0.0.255
[SJ2-06-acl-adv-3000]qui
[SJ2-06]int e0/1
[SJ2-06-ethernet0/1]firewall packet-filter 2000 inbound
[SJ2-06-ethernet0/1]ctrl^z
<SJ2-06>sav
```

1.5.4　网络测试

网络测量大致可以从五个方面进行。

（1）检查交换机和网卡工作是否正常（观察交换机和网卡的做工作指示灯情况）。

（2）使用 Ping 命令网络中的其他计算机。

（3）在网上邻居中寻找其他计算机。

（4）试着访问网络中的其他计算机。

（5）如果要进行设备共享，还要调试设备，观察设备是否工作正常。

1.5.5　项目验收与移交

（1）验收

验收是工程的最后一个重要环节，验收的结果是否合格标志着该项目是否完成。验收工作主要包括以下几个方面。

1）用户与集成商共同组建工程验收小组。

2）确定验收标准。

3）系统验收。

4）文档验收。

（2）移交单

构建企业局域网设备移交清单，如表 1-21 所示。

表 1-21　移交清单

序号	设备	产品型号	数量	提交部门
1	路由	H3C AR28-30	×	采购部

续表

序号	设备	产品型号	数量	提交部门

移交人：×××　　　　　　接收人：×××　　　　　　　　　　　　移交接收时间：　　年　月　日

2

越来越重要的无线局域网

现在，恐怕没有人会质疑无线局域网（WLAN）的重要性。通过智能手机、平板电脑上网已经成为越来越多人（尤其是年轻人）的一种生活习惯。许多商场、店铺、饭店把提供 WLAN 当做招揽顾客的一项基本服务。家庭中的无线局域网也在大行其道，就连我八岁的儿子到了旁人的家中，第一句话也通常是："这里有无线吗？"

本章重点讲解无线局域网的基本概念、常用标准、拓扑结构等内容，并通过具体案例介绍如何构建家庭无线局域网和企业无线网。

2.1　认识无线局域网

2.1.1　为什么需要 WLAN

传统的有线局域网会受到布线的限制，如果建筑物中没有预留的线路，布线以及调试的工程量将非常大，而且线路容易损坏，给维护和扩容等工作带来不便，网络中各节点的搬迁和移动也非常麻烦。因此高效快捷、组网灵活的无线局域网便应运而生。

无线局域网的英文全称是 Wireless Local Area Networks（简称 WLAN），是一种利用射频（Radio Frequency，RF）技术进行数据传输的系统。通俗地说，它是一种无线形式的局域网。WLAN 的出现并不是用来取代有线局域网络，而是用来弥补有线局域网络的不足，以达到网络延伸的目的。

2.1.2　无线局域网的优点

无线局域网与生俱来的很多优越性决定了它的迅速崛起。与有线网络相比，无线局域网具有以下特点。

（1）安装便捷

一般在网络建设中，施工周期最长、对周围环境影响最大的，就是网络布线施工工程。在施工过程中，往往需要破墙掘地、穿线架管。无线局域网免去大量的布线工作，只需要安装一个或多个无线接入点（Access Point，AP）就可实现覆盖整个建筑的局域网络。

（2）使用灵活

在有线网络中，网络设备的安放位置受网络信息点位置的限制。而无线局域网建成后，在无线网络的信号覆盖区域内任何一个位置都可以接入网络。在无线局域网中，各节点可随意移动，不受地理位置的限制。

（3）易于扩展

无线局域网有多种配置方式，能够根据需要灵活选择。无线局域网每个 AP 可支持 100 多个用户的接入，只需在现有无线局域网基础上增加 AP，就可以将几个用户的小型网络扩展为几千用户的大型网络。

（4）经济节约

由于有线网络缺少灵活性，这就要求网络规划者尽可能地考虑未来发展的需要，这就往往意味着需要预设大量利用率较低的信息点。而一旦网络的发展超出了设计规划，又要花费较多费用进行网络改造。使用无线局域网可以减少或避免以上情况的发生。

（5）安全保密

无线网络相对来说比较安全，通信以空气为介质，传输信号可以跨越很宽的频段，而且与自然背景噪音十分相似，这样一来，就使得窃听者用普通的方式难以偷听到数据。“加密”也是无线网络必备的一环，能有效提高其安全性。所有无线网络都可加设安全密码，窃听者即使千方百计地接收到数据，若无密码，亦无法窃取信息。

2.1.3 无线局域网的组成

无线局域网的组成，由站（Station，STA）、无线介质（Wireless Medium，WM）、基站（Base Station，BS）或接入点（Access Point，AP）和分布式系统（Distribution System，DS）等几部分组成。

（1）站

站又称点、主机（Host）和终端（Terminal），是无线局域网的最基本组成单元，实际上可以说无线局域网的通信就是站间的数据传输。站在无线局域网中通常用作客户端，它是具有无线网络接口的计算设备，包括终端用户设备、无线网络接口和网络软件三部分。

无线局域网中的站是可以移动的，因此又可称为移动主机或移动终端。根据移动性又可分为固定站、半移动站和移动站。

（2）无线介质

无线介质是无线局域网中站与站之间、站与接入点之间通信的传输介质。

（3）无线接入点 AP

无线接入点类似蜂窝结构中的基站，是无线局域网的重要组成单元。无线接入点是一种特殊的站，它通常处于基本服务区（BSA）的中心，固定不动。其基本功能如下。

1）作为接入点，完成其他非 AP 的站对分布式系统的接入访问和同一基本服务区（BSS）中的不同站间的通信连接。

2）作为无线网络和分布式系统的桥接点完成无线局域网与分布式系统间的桥接功能。

3）作为 BSS 的控制中心完成对其他非 AP 站的控制和管理。

无线接入点是具有无线网络接口的网络设备，它主要包括以下几部分。

1）与分布式系统的接口（至少一个）。

2）无线网络接口（至少一个）和相关软件。

3）桥接软件、接入控制软件、管理软件等 AP 软件和网络软件。

无线接入点也可以作为普通站使用，称为 AP Client。

（4）分布式系统 DS（Distribution System）

为了覆盖更大的区域，需要把多个 BSA 通过分布式系统连接起来，形成一个扩展业务区（Extended Service Area，ESA），而通过 DS 互相连接的属于同一个 ESA 的所有主机组成一个扩展业务组（Extended Service Set，ESS）。

分布式系统是用来连接不同 BSA 的通信信道，称为分布式系统信道（DSM）。DSM 可以是有线信道，也可以是频段多变的无线信道。在多数情况下，有线 DS 系统与骨干网都采用有线局域网，而无线分布式系统（Wireless Distribution System，WDS）可通过 AP 间的无线通信（通常为无线网桥）取代有线电缆来实现不同 BSS 连接。

2.1.4 无线局域网拓扑结构

（1）点对点模式 Ad-hoc/对等模式

无中心拓扑结构，由无线工作站组成，用于一台无线工作站和另外一台或多台其他无线工作站的直接通讯，该网络无法接入到有线网络中，只能独立使用。网络内无需 AP，安全由各个客户端自行维护。如图 2-1 所示。

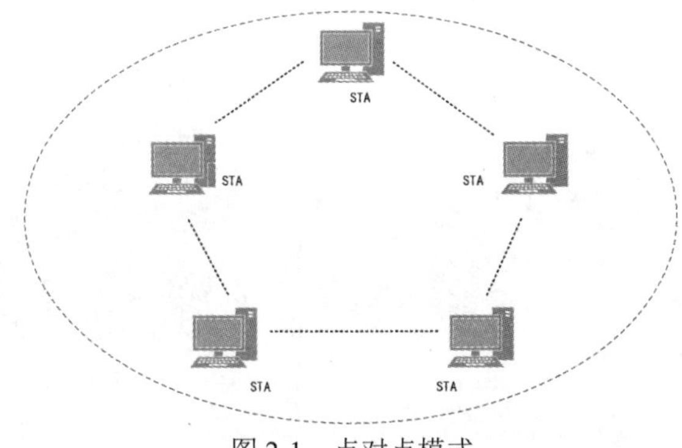

图 2-1 点对点模式

点对点模式中的一个节点必须能同时“看”到网络中的其他节点，否则就认为网络中断，因此对等网络只能用于少数用户的组网环境。

（2）基础架构模式

基础架构模式由无线接入点 AP、无线工作站 STA 以及分布式系统 DSS 构成，覆盖区域称基本服务区 BSS。无线接入点 AP 用于在无线工作站 STA 和有线网络之间接收、缓存和转发数据，所有无线通讯都经过 AP 完成，是有中心拓扑结构。AP 通常能覆盖几十至几百用户，覆盖半径达上百米。AP 可连接有线网络，实现无线网络和有线网络的互联。如图 2-2 所示。

（3）多 AP 模式

多 AP 模式指由多个 AP 以及连接它们的分布式系统 DSS 组成的基础架构模式网络，也称为扩展服务区 ESS。扩展服务区内的每个 AP 都是一个独立的无线网络基本服务区 BSS，所有 AP 共享同一个扩展服务区标示符 ESSID。分布式系统 DSS 在 802.11 标准中并没有定义，但是目前大都是指以太网。相同 ESSID 的无线网络间可以进行漫游，不同 ESSID 的无线网络形成逻辑子网。

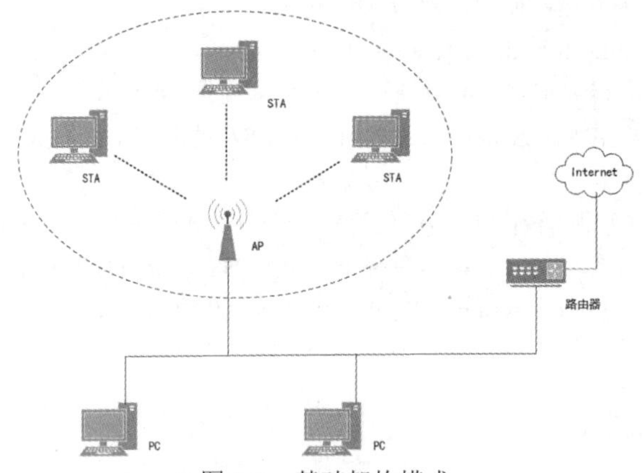

图 2-2 基础架构模式

多 AP 模式也称为“多蜂窝结构”。各个蜂窝之间建议有 15%的重叠范围，便于无线工作站的漫游，漫游时必须进行不同 AP 接入点之间的切换。切换可以通过交换机以集中的方式控制，也可以通过移动节点、监测节点的信号强度来控制（非集中控制方式）。在有线不能到达的环境，可以采用多蜂窝无线中继结构，但这种结构中要求蜂窝之间要有 50%的信号重叠，同时客户端的使用效率会下降 50%。如图 2-3 所示。

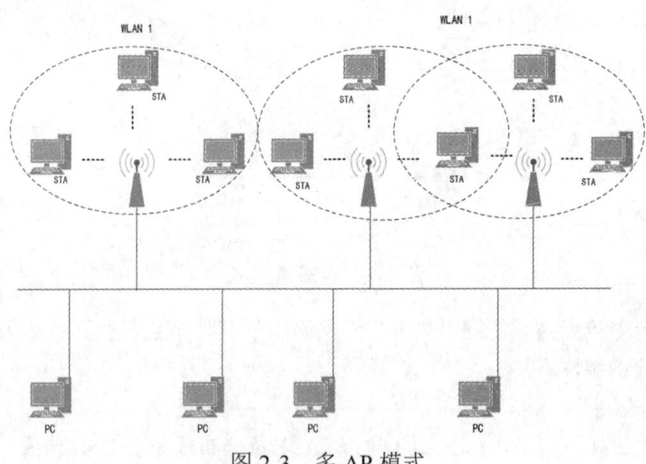

图 2-3 多 AP 模式

（4）无线网桥模式

利用一对无线网桥连接两个有线或者无线局域网网段。如图 2-4 所示。

（5）无线中继器模式

无线中继器用来在通讯路径中间转发数据，从而延伸系统的覆盖范围。如图 2-5 所示。

（6）客户端模式

AP Client 客户端模式，也俗称“主从模式”，在此模式下工作的 AP 会被主 AP（中心 AP）看做是一台无线客户端，其地位就和无线网卡等同。

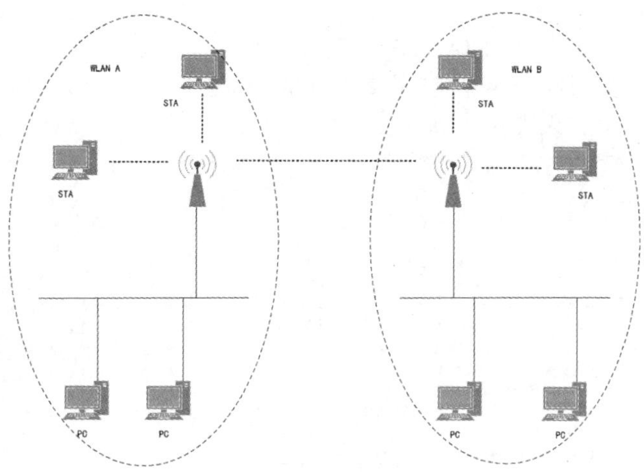

图 2-4　无线网桥模式

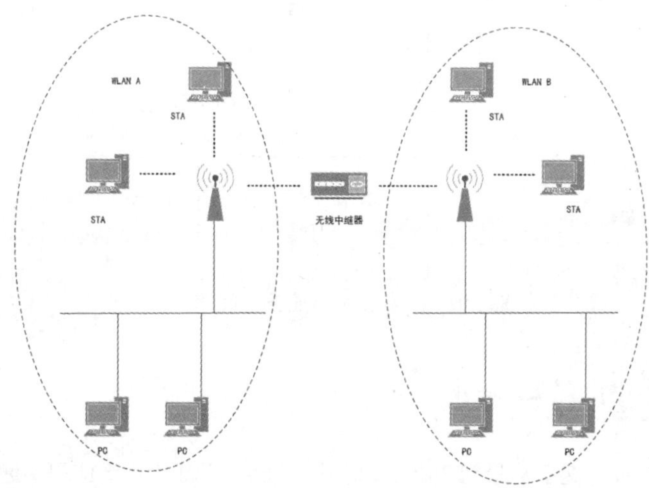

图 2-5　无线中继器模式

2.1.5　无线局域网服务

与 WLAN 体系结构和工作原理密切相关的服务主要有两种类型：STA 服务（SS）和分布式系统服务（DSS），这两种服务均在 MAC 层使用。

IEEE802.11 标准中定义了 9 种服务，三种用于移动数据，其余六种是管理操作。

（1）STA 服务（SS）

由 STA 提供的服务被称为 STA 服务，它存在于每个 STA 和 AP 中。SS 包括：认证、解除认证、保密。

（2）分布式系统服务（DSS）

由 DS 提供的服务被称为分布式系统服务。在 WLAN 中，DSS 通常由 AP 提供，包括：联结、重新联结、解除联结、分布、集成。

（3）服务之间的关系

对于通过 WM 进行直接通信的 STA 均有认证状态（值为未被认证和已认证）和联结状态（值为未联结和已联结）两个状态变量。这两个变量为每个远端 STA 建立了三种本地状态。如图 2-6 所示。

状态 1：初始启动状态，未认证，未联结；

状态 2：已认证，未联结；

状态 3：已认证，已联结。

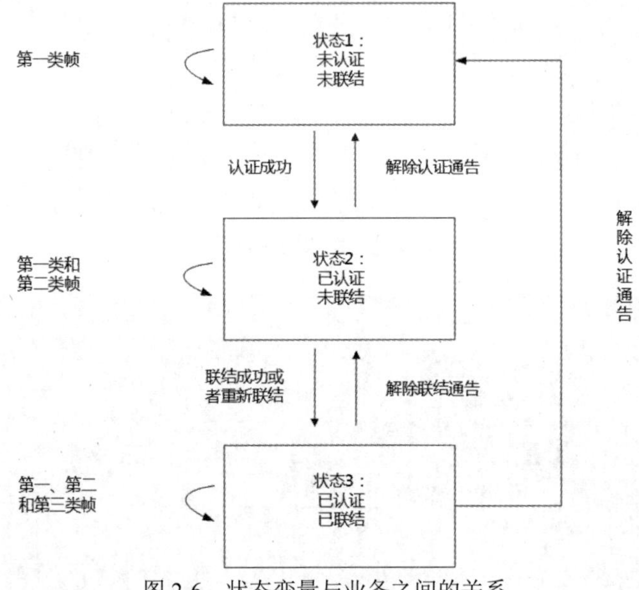

图 2-6　状态变量与业务之间的关系

2.2　无线局域网的各种标准

近十年时间，WLAN 的速率从最初 2Mb/s 到现在 3Gb/s，并成为广泛应用的通信技术。本节主要介绍 WLAN 中最常用的技术标准，主要有 IEEE 802.11a、IEEE 802.11b/g/n、IEEE 802.11ac 等。

2.2.1　802.11a

IEEE 802.11a 是美国电气和电子工程师协会（IEEE）为了改进其最初推出的无线标准 IEEE 802.11 而推出的无线局域网络协议标准，是 IEEE 802.11 的有益补充。

IEEE 802.11a 规范的主要特性如下。

（1）工作频段

IEEE 802.11a 规范工作频段为商业的 5GHz 频段（不是采用 IEEE 802.11b 规范中的 2.4GHz 免费频

段，所以不与 IEEE 802.11b 设备兼容），室内有效传输距离 35m，室外有效传输距离 120m。

（2）传输速率

IEEE 802.11a 规范的最高数据传输速率为 54Mb/s，根据实际网络环境，还可调整为 6Mb/s、9Mb/s、12Mb/s、18Mb/s、36Mb/s、48Mb/s。

（3）信道划分

IEEE 802.11a 规范的每个信道的带宽有两种选择：20MHz 或 40MHz，如果为 20MHz 带宽，则共有 24 个不相互重叠的信道，如果是 40MHz 带宽，则共有 12 个不相互重叠的信道。如表 2-1 列出了可用的 24 个信道及所适用的环境。

表 2-1　IEEE 802.11a 规范中的信道划分

信道 ID	信道中心频率/MHz	适用环境
36	5180	室内
40	5200	室内
44	5220	室内
48	5240	室内
52	5260	室内或室外
56	5580	室内或室外
60	5300	室内或室外
64	5320	室内或室外
100	5500	室内或室外
104	5520	室内或室外
108	5540	室内或室外
112	5560	室内或室外
116	5580	室内或室外
120	5600	室内或室外
124	5620	室内或室外
128	5640	室内或室外
132	5660	室内或室外
136	5680	室内或室外
140	5700	室内或室外
149	5745	主要用于室外
153	5765	主要用于室外
157	5785	主要用于室外
161	5805	主要用于室外
165	5825	主要用于室外

（4）调制方法

IEEE 802.11a 规范采用 52 个 OFDM（Orthogonal Frequency Division Multiplexing，正交频分复用）调制扩频技术，可提高信道的利用率。在 52 个 OFDM 中的 52 个载波中，48 个用于传输数据，4 个是引示载波（pilot carrier，即载波里面没有携带任何数据），每一个带宽为 0.3125MHz（20MHz/64），可以应用 BPSK（二相移相键控）、QPSK（四相移相键控）、16-QAM 或者 64-QAM 调制技术。OFDM 技术将信道分成若干正交子信道，将高速数据信号转换成并行的低速子数据流，再调制到每个子信道上进行传输。正交信号可以通过在接收端采用相关技术来分开，这样可以减少子信道之间的相互干扰。

（5）主要安全技术

IEEE 802.11a 规范在安全方面一开始主要使用 WEP 加密技术和 SSID。2003 年以后生产的 IEEE 802.11a 规范的 WLAN 一般还支持 WPA 和 IEEE 802.1x 安全技术，但这通常是在同时支持 IEEE 802.11a 和 IEEE 802.11g 两种规范的设备中提供，单独的 IEEE 802.11a 设备不支持。

2.2.2 802.11b/g/n

（1）802.11b

在 WLAN 的发展史中，影响最大的 WLAN 标准是 1999 年 9 月正式发布的 IEEE 802.11b。该规范的主要特性如下。

1）工作频段。

IEEE 802.11b 规范工作频段为免费的 2.4GHz 频段，室内有效传输距离为 35m，室外有效传输距离为 140m。

2）传输速率。

IEEE 802.11b 规范最高传输速率为 11Mb/s，可根据实际网络环境调整为 1Mb/s、2Mb/s 和 5.5Mb/s。

3）调制方法。

IEEE 802.11b 规范可根据不同接入速率采用不同的调制技术：传输速率为 1Mb/s 和 2Mb/s 时，采用原来 IEEE 802.11 规范中的 DSSS（Direct Sequence Spread Spectrum，直接序列扩展）、DBPSK（Differential Binary Phase Shift Keying，差分二相位键控）、DQPSK（Differential Quadrature Phase Shift Keying，差分四相位键控）等数字调制方法；传输速率为 5.5Mb/s 和 11Mb/s 时，采用 CCK（Complementary Code Keying，互补编码键控）调制方法。

4）信道划分。

IEEE 802.11b 规范全球使用的是同一无线电模式，共有 11 个信道，每个信道带宽为 22MHz，但相邻信道间只有 5MHz 带宽不重叠（也就是会重叠 17MHz 带宽），如图 2-7 所示。因为每两个相邻信道都会有大部分的频段重叠，所以在 IEEE 802.11b 规范的整个频段中，真正完全不重叠的信道只有 3 个。

IEEE 802.11b 和 IEEE 802.11g 规范中的信道划分如表 2-2 所示。

5）主要安全技术。

IEEE 802.11b 规范主要采用的安全技术包括：SSID（Service Set Identifier，服务集标识符）和 WEP（Wired Equivalent Privacy，有线等效保密）链路加密。在 2003 年以后生产的 IEEE 802.11b 规范的 WLAN 一般还支持 WPA 和 IEEE 802.1x 安全技术，但这通常是在同时支持 IEEE 802.11b 和 IEEE 802.11g 两种规范的设备中提供，单独的 IEEE 802.11b 设备不支持。

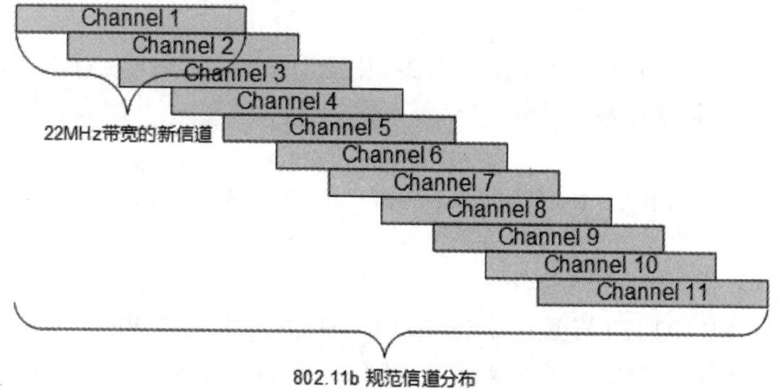

图 2-7　IEEE 802.11b 信道分布

表 2-2　IEEE 802.11b 和 IEEE 802.11g 规范中的信道划分

信道 ID	IEEE802.11b 信道中心频率（单位：GHz）	IEEE 802.11g 信道中心频率（单位：GHz）
1	2.412	2.412
2	2.417	2.417
3	2.422	2.422
4	2.427	2.427
5	2.432	2.432
6	2.437	2.437
7	2.442	2.442
8	2.447	2.447
9	2.452	2.452
10	2.457（法国仅允许使用的频道）	2.457（法国仅允许使用的频道）
11	2.462（法国仅允许使用的频道）	2.462（法国仅允许使用的频道）
12	——	2.467（法国仅允许使用的频道）
13	——	2.472（法国仅允许使用的频道）

（2）802.11g

为了进一步提升 IEEE 802.11b 规范的最大速率，2003 年 6 月 IEEE 推出 IEEE 802.11g 规范。

IEEE 802.11g 规范的主要特性如下。

1）工作频段。

IEEE 802.11g 规范工作频率为免费的 2.4GHz 频段，与 IEEE 802.11b 兼容，但不与 IEEE 802.11a 兼容。室内有效传输距离 38m，室外有效传输距离 140m。

2）传输速率。

IEEE 802.11g 规范最大传输速率为 54Mb/s，总带宽为 20MHz。可根据实际网络环境调整为 48Mb/s、36Mb/s、24Mb/s、18Mb/s、12Mb/s、19Mb/s、6Mb/s。

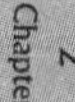

3）信道划分。

IEEE 802.11g 规范共划分了 13 个信道，从表 2-2 中可以得出，IEEE 802.11g 比 IEEE 802.11b 多两个可用信道，但完全不重叠的信道最多只有 3 个。

4）调制方法。

IEEE 802.11g 规范同时采用了 IEEE 802.11a 标准中的 OFDM 与 IEEE 802.11b 中的 DSSS、CCK 等多种调制技术。

5）主要安全技术。

在安全性方面，IEEE 802.11g 规范全面支持 IEEE 802.11i 标准中的 WPA、WPA2、EAP（Extensible Authentication Authentication，可扩展身份认证）、AES（Advanced Encryption Standard，高级加密标准）加密，以及用于访问控制的 IEEE 802.1x 标准。

（3）IEEE 802.11n

IEEE 802.11n，是 2009 年 9 月正式发布的 IEEE 新的 802.11 规范，也是目前最主要应用的 WLAN 接入规范。其主要特性如下。

1）工作频段。

IEEE 802.11n 规范工作频段为 2.4GHz 和 5GHz 两个频段，所以可以全面向下兼容以前发布的 IEEE 802.11b/a/g 三个规范。

2）传输速率。

IEEE 802.11n 规范在标准带宽（20MHz）单倍 MIMO 上支持的速率有 7.2Mb/s、14.4Mb/s、21.7Mb/s、28.9Mb/s、43.3Mb/s、57.8Mb/s、65Mb/s、72.2Mb/s，使用标准带宽和 4 倍 MIMO 时，最高速率为 300Mb/s；在 2 倍带宽（40MHz）和 4 倍 MIMO 时，最高速率为 600Mb/s。

3）信道划分。

IEEE 802.11n 规范共有 15 个不相互重叠的信道，其中在 2.4GHz 频段有 3 个不相互重叠的信道，在 5GHz 频段有 12 个不相互重叠的信道。另外，通过将两个相邻的 20MHz 带宽捆绑在一起组成一个 40MHz 通信带宽，在实际工作时可以作为两个 20MHz 的带宽使用，收发数据时既能以 40MHz 带宽工作，也能以单个 20MHz 带宽工作，可将速率提高一倍。

4）调制方法。

IEEE 802.11n 规范采用 IEEE 802.11g 规范中相同的 OFDM 调制技术，只是选择的正交载波数更多。OFDM 可将信道分成许多进行窄带调制信道和传输正交子信道，并使每个子信道上的信号带宽小于信道的相关带宽，用以减少各个载波之间的相互干扰，同时提高频谱的利用率。MIMO（Multiple-Input and Multiple-Output，多进多出）与 OFDM 技术的结合，就产生了 MIMO OFDM 技术，通过在 OFDM 传输系统中采用阵列天线实现空间分集，提高了信号质量，并增加多径的容限，使无线网络有效传输速率得到提升。

5）主要安全技术。

IEEE 802.11n 规范与 IEEE 802.11g 规范所使用的安全技术类似，主要是 IEEE 802.11i 所引入的 WPA、WPA2 和 AES 加密，以及 IEEE 802.1x 访问控制技术。

2.2.3 802.11ac

（1）802.11ac 简介

IEEE 802.11ac 是 802.11 无线局域网通信标准。802.11ac 作为 IEEE 无线技术的新标准，借鉴了 802.11n

的各种优点并进一步优化，除了高吞吐的特点外，还提升了多项技术。

（2）802.11ac 标准的新特性

802.11 标准包括物理层和介质访问控制（MAC）协议。自首次发布以来物理层做了大量重要补充和修改，而大部分 MAC 基本功能保持不变。802.11ac 标准在物理层上的变化如下。

1）更宽的通道带宽。

802.11ac 支持 80MHz 频宽，可选择使用连续的 160MHz 频带，或者不连续的 80+80 频带。频带的提升带来了可用数据子载波的增加。80MHz 可用的子载波数量达 234 个，而 40MHz 只有 108 个，这样 80MHz 就可以带来 2.16 倍的增速。不足之处在于需要将相同的传输功率分隔到更多子载波上，从而造成信号覆盖范围有所减少。

2）更多的空间流。

802.11ac 最多支持 8 路空间流，支持多个空间流是可选的，但空间流数量的增加与 802.11ac 多用户多进多出（MU-MIMO）的新功能结合最为有效。802.11ac 技术在单用户和多用户 MIMO 模式下，支持最多 8 路空间流、最多 4 个用户；并且在用户模式下，每个无线终端不超过 4 路空间流。

3）更高阶的调制。

802.11ac 使用了正交频分复用（OFDM）技术来调制数据比特在无线介质上传输。802.11ac 可视情况选用 256QAM，256QAM 增加了每个子载波的数据比特数量从 6 个到 8 个，从而使吞吐量增加了 33%，其中 256QAM 只适用于高信噪比的环境。

（3）802.11ac 技术改进

1）选择 5GHz 频带。

802.11ac 性能大幅提升最重要的原因是采用了 5GHz 频段。蓝牙耳机、监视器、甚至微波炉等工作频率同样为 2.4GHz 频段，802.11b/g/n 规范就不可避免地需要和这些设备争抢信道，使得传输速度慢且容易受到干扰。802.11ac 工作在 5GHz 频段上，争用带宽的无线设备较少，速度和稳定性就更有保障。802.11ac 标准具有向下兼容性，确保 802.11ac 设备可用于现有 WiFi 网络。

2）支持 MIMO 技术。

MIMO 技术要求系统使用多个发射和接收天线同时同频地发射和接收数据。MIMO 系统的重要特性就是通过空分复用、发射分集技术以及波束成形技术来提高数据传输率。

空分复用是在接收端和发射端使用多副天线，充分利用空间传播中的多经分量，在同一频带上使用多个数据通道发射信号，从而使得容量随着天线数量的增加而增加。这种信道容量的增加不需要占用额外的带宽，也不需要消耗额外的发射功率，因此是提高信道系统容量的一种非常有效的手段。

3）增强载波侦听技术。

802.11ac 标准应用许多 MAC 层增强技术来进一步加强高性能的射频和多用户多进多出（MU-MIMO）特性。在 802.11ac 中，由于 80MHz 使用更多信道，因此需要提升 RTS/CTS 的机制来处理辅助信道上的通信冲突问题，改进后 RTS/CTS 同时支持“动态频宽”模式。

在 MAC 层，802.11n 设备依靠发送“请求发送/清除发送（RTS/CTS）”帧来宣告传输的意向。这些帧让附近的 802.11a/g 设备感知到信道正在使用中，从而避免冲突。

4）增强报文聚合。

在 802.11ac 的基本 MAC 协议中，为了确保各个站都能公平地取得媒质的使用机会并尽量避免冲突，使用了一系列控制机制。这些机制在提高系统性能的同时也带来了固定开销，而开销则限制了系统吞吐量的提高。增加聚合的 MAC 协议数据单元（A-MPDU）的大小，降低通信的开销，802.11ac 引入了两种帧聚合的方法：MAC 服务数据单元（MSDU）聚合和信息协议数据单元（MPDU）聚合。两种帧聚合方法降低了每个聚合帧传输时的单路射频前导码的开销。

（4）802.11 规范对比

对 802.11 的各规范进行对比，如表 2-3 所示。

表 2-3　802.11 标准对比表

标准	IEEE 802.11a	IEEE 802.11b	IEEE 802.11g	IEEE 802.11n	IEEE 802.11ac
发布时间	1999 年 9 月	1999 年 9 月	2003 年 6 月	2009 年 9 月	2012 年 2 月
工作频段	5GHz	2.4GHz	2.4GHz	2.4/5GHz	5GHz
非重叠信道数	12 或 24	3	3	15	8
最高接入速率	54Mb/s	11Mb/s	54Mb/s	600Mb/s	3.2Gb/s
频段	20MHz	20MHz	20MHz	20MHz/40MHz	20/40/80/160MHz
调制方式	OFDM	CCK/DSSS	CCK/DSSS/OFDM	4*4MIMO-OFDM/DSSS/CKK	8*8MIMO-OFDM/16~256QAM
兼容性	802.11a	802.11b	802.11b/g	802.11a/b/g/n	802.11a/b/g/n

2.2.4　WLAN MAC 帧格式

在 WLAN 体系结构中，MAC 子层虽然有分布式协调功能（DCF）和点协调功能（PCF）两种工作方式，但 MAC 子层帧结构是一致的，具体结构如图 2-8 所示。

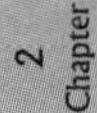

2	2	6	6	6	2	6	0-2312	4字节
Frame Control	Duratior ID	Address 1	Address 2	Address 3	Sequence Contorl	Address 4	Data	Frame Check Sum

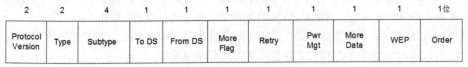

图 2-8　WLAN/RM 中的 MAC 帧结构

下面对图 2-8 所示各字段进行具体介绍。

（1）Frame Control（FC，帧控制）字段

FC 字段占 2 个字节，用于控制 MAC 子层帧信息和行为。在这个字段的 2 个字中又分为多位，具体结构如图 2-9 所示。

2	2	4	1	1	1	1	1	1	1	1位
Protocol Version	Type	Subtype	To DS	From DS	More Flag	Retry	Pwr Mgt	More Data	WEP	Order

图 2-9　FC 字段结构

● Protocol Version：协议版式本字段，占 2 位。表示 IEEE 802.11 规范版本。

- Type：帧类型字段，占2位。帧类型包括管理、控制和数据三种类型。
- Subtype：帧子类型字段，占4位。帧子类型包括认证帧（Authentication Frame）、解除认证帧（Deauthentication Frame）、连接请求帧（Association Request Frame）、连接响应帧（Association Response Frame）、重新连接请求帧（Reassociation Request Frame）、重新连接响应帧（Reassociation Response Frame）、解除连接帧（Disassociation Frame）、信标帧（Beacon Frame）、Probe帧（Probe Frame）、Probe请求帧（Probe Request Frame）和Probe响应帧（Probe Response Frame）。
- To DS：到分布式系统的帧字段，占1位。当帧时发送给Distribution System（DS）时，该值设置为1。
- From DS：来自分布式系统的帧字段。当帧是从DS处接收到时，该值设置为1。
- More Flag：更多分片字段，占1位。表示当前帧后面还有更多分段属于相同帧时，该帧设置为1，否则设为0。
- Retry：重传字段，占1位。如是重传帧则用1表示，否则用0表示。
- Pwr Mgt：Power Management，电源管理字段，占1位。表示在帧传输后，站点所采用的电源管理模式。1表示采用节能模式，0表示活动模式。
- More Data：更多数据字段，占1位。1表示在AP缓存中还有从分布式系统到节能模式站点的帧，0表示没有。
- WEP：加密字段，占1位。1表示采用WEP（Wired Equivalent Privacy）算法对帧数据进行加密，0表示不加密。
- Order：顺序字段，占1位。1表示按顺序发送帧或者分段，0表示不按顺序发送。

（2）Duration/ID

Duration/ID为持续时间字段，占2字节。

当第15位为0时，用于设置NAV（Network Allocation Vector，网络分配向量），NAV等于在当前传输中介质忙的时间（以毫秒计）长。这样所有站点就会监控接收到的帧，并更新NAV。

在IEEE 802.11WLAN网络内，所有接收到RTS（Request to Send，请求发送）与CTS（Clear to Send，清理后发送）信号的无线设备，都将采用虚拟介质检测（Virtual Carrier Sense，VCS）机制设置NAV，并使用在RTS和CTS中包含的Duration/ID字段信息来设置MAC参数。NAV指针打开时，设备将认为此时的物理介质正被其他设备所占有而停止发送与接收数据。NAV的值随着时间推移不断减小，在NAV值减到零之前，主机不会发起传输尝试。VCS机制设置使其他主机预先知道信道正在进行的传输情况，从而有效提高了数据帧成功传输的概率。但是VCS机制增加了RTS和CTS的开销，降低了有效数据传输速率。NAV的设计有助于解决无线局域网内隐藏节点的问题。

在没有冲突发生时，第14位为0，第15位为1，所有其他位为0。这样得出的NAV值为32768，所有站点会在无冲突期间更新NAV值，以免发生冲突。

（3）Address

Address为地址列表字段，包括上图2-8中的地址（Address 1、Address 2、Address 3、Address 4）字段，它们依次对应：接收者MAC地址、发送者MAC地址、源MAC地址和目标MAC地址。每个地址字段占6字节（48位）。这4个字段对于所有MAC帧来说并不是都需要的，是否需要取决于帧类型。

当第1位为0时，表示该地址为单一站点所用的单播地址；当第1位为1时，表示该地址对应一组站点的组播地址；如果所有位均为1，则表示该帧为广播帧。

（4）Sequence Control

Sequence Control 为序列控制字段，占 2 字节。由分段号和序列号两部分组成，用于表示同一帧中不同分段的顺序，并用于识别数据包副本。其中高 4 位表示分段号，从 0 开始计数，步长为 1，后 12 位是序列号（也就是优先级号）。用于决定以模为 4096 的传输帧计数器，也是从 0 开始的，步长为 1，同一帧的分段、序列号是一样的。

（5）Data

Data 为数据字段，即发送或接收的信息。最大帧为 2312 字节，其中包括 8 字节的 802.11 LLC 头，加上 2296 字节的净负荷和 WEP 开销。如果此字段为空，则表示该帧为控制和管理帧。

（6）Frame Check Sum

Frame Check Sum 为帧校验序列，即 CRC（Cyclic Redundancy Check，循环冗余校验），占 4 字节。用于校验帧的完整性，校验时必须对除 FCS 字段的其他字段一起进行计算。

2.3 无线局域网的接入认证

认证提供了关于用户的身份保证，这意味着当用户声称具有一个特别的身份时，认证将提供某种方法来证实这一声明是否是正确的。用户在访问无线局域网之前，首先需要经过认证验证身份以决定其是否具有相关权限，再对用户进行授权，允许用户接入网络，访问权限内的资源。

尽管不同的认证方式决定用户身份验证的具体流程不同，但认证所应实现的基本功能是一致的。目前无线局域网中主要采用的认证方式 PPPoE、WEB、802.1x、WPA/WPA2 等。

2.3.1 PPPoE 接入认证

（1）PPPoE 简介

PPPoE（Point-to-Point Protocol over Ethernet），即以太网上的点对点协议，它可以使以太网上的主机通过一个简单接入设备连到 Internet 上，并对接入的用户进行控制、计费管理。

PPPoE 协议采用 Client/Server（客户端/服务器）方式，它将 PPP 报文封装在以太网帧内，在以太网上提供点对点的连接。

（2）PPPoE 连接

PPPoE 拨号连接包括 Discovery（发现）和 Session（PPP 会话）两个阶段。下面将分别介绍这两个阶段。

1）Discovery 阶段。

此阶段用来建立连接，当用户主机开始创建一个 PPPoE 会话时，首先必须进行发现阶段以识别 PPPoE Server 的以太网 MAC 地址，并建立一个 PPPoE 会话标识（Session ID）。

如图 2-10 所示，Discovery 阶段由四个步骤组成，下面将介绍它的基本工作流程。

- PADI：如果要建立 PPPoE 连接，首先 PPPoE 客户端就要以广播的方式发送一个 PADI（PPPoE Active Discovery Initiation）数据包，PADI 数据包包括客户端请求的服务。
- PADO：当 PPPoE 服务器（BRAS）收到一个 PADI 包之后，它会判断自己是否能够提供服务，如果能够提供服务的话，就会向客户端发送 PADO（PPPoE Active Discovery Offer）数据包来进行回应。PADO 数据包包括 PPPoE 服务器名称和与 PADI 数据包中相同的服务名。如果 PPPoE

服务器不能为 PADI 提供服务，则不允许用 PADO 数据包响应。

- PADR：由于 PADI 是以广播的形式发送出去的，PPPoE 客户端可能收到不止一个 PADO 数据包，它将审查所有接收到的 PADO 数据包并根据其中的服务器名或所提供的服务选择一个 PPPoE 服务器，并向选中的服务器发送 PADR（PPPoE Active Discovery Request）数据包。PADR 数据包包括客户端所请求的服务。
- PADS：当 PPPoE 服务器收到客户端发送的 PADR 包时，就准备开始一个 PPPoE 会话。首先为 PPPoE 会话创建一个唯一的 PPPoE 会话 ID，并向客户端发送 PADS（PPPoE Active Discovery Session-confirmation）包作为响应。

当发现阶段正常结束后，通信的两端都获得会话标识（Session ID）和对方的 MAC 地址，两端共同定义唯一一个 PPPoE 会话。

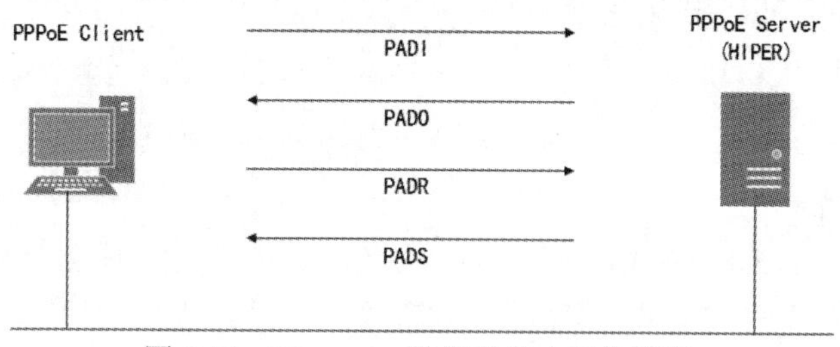

图 2-10 Discovery 阶段的基本工作流程

2）PPPoE 会话阶段。

当 PPPoE 进入 PPP 会话阶段后，客户端和服务器将进行标准的 PPP 协商，PPP 协商通过后，数据通过 PPP 封装发送。PPP 报文作为 PPPoE 帧的数据部分被封装在以太网帧内，发送到 PPPoE 链路的对端。Session ID 必须是 Discovery 阶段确定的 ID，且在会话过程中保持不变，MAC 地址必须是对端的 MAC 地址。

（3）PPPoE 连接断开

在会话阶段的任意时刻，PPPoE 服务器和客户端都可向对方发送 PADT（PPPoE Active Discovery Terminate）包通知对方结束本会话。当收到 PADT 以后，就不允许再使用该会话发送 PPP 流量了。在发送或接收到 PADT 数据包后，即使是常规的 PPP 结束数据包也不允许发送。

一般情况下，PPP 通信双方使用 PPP 协议自身来结束 PPPoE 会话，但在无法使用 PPP 时可以使用 PADT 来结束会话。

2.3.2 Web 接入认证

Web 认证不需要安装客户端软件，使用方便。这种认证方式与业务密切相关，可以灵活开展增值业务。这种认证方式比较适用于实验室、酒店、校园等特殊网络环境。目前这种认证方式还没有形成国际标准，各厂商都可以根据自己的业务需要来开发此种认证方式相关的产品。

通常情况下，Web 认证方式和 DHCP 服务器结合使用。在此认证方式下，用户通过 Web 页面进行认证，不存在跨越 IP 层和组播协议的限制问题。这种认证方式最大的优势在于客户端不需要安装任何拨号软件，认证完全依靠浏览器完成。Web 认证服务器不需要与客户端认证建立 PPP 连接，因而不会成为系统瓶颈。

Web 认证的主要过程如下。

1）客户机开机之后，DHCP 服务器通过 DHCP 协议为客户机分配动态 IP 地址。

2）客户机获得动态 IP 地址后，如果系统有重定向功能，没有通过认证的客户机登录任何网页都会被重定向到认证页面，否则需要输入认证页面的 URL。客户机在认证页面中输入用户名和密码等认证信息，提交认证请求。

3）认证服务器提取客户机认证请求信息，访问后台数据库进行用户信息核对。如果通过认证，客户机则可以访问外部资源；否则，系统要求客户机重新认证。

4）客户机认证通过后，认证页面将会向认证服务器发送计费请求，认证服务器收到请求后将会对此用户计费。

由于没有PPP这种成熟的协议作为基础，Web认证技术需要对异常情况另外采用多种办法进行容错，以确保用户的正常使用。

2.3.3 802.1x 接入认证

（1）802.1x 协议简介

802.1x 协议是基于 Client/Server 的访问控制和认证协议。它可以限制未经授权的用户/设备通过接入端口（Access Port）访问 LAN/WLAN。在获得交换机或 LAN 提供的各种业务之前，802.1x 对连接到交换机端口上的用户/设备进行认证。在认证通过之前，802.1x 只允许 EAPoL（基于局域网的扩展认证协议）数据通过连接的交换机端口，认证通过后，数据可通过以太网端口。

（2）802.1x 协议的主要特点

1）实现简单。IEEE 802.1x 协议为二层协议，不需要到达三层，对设备的整体性能要求不高，可以有效降低建设成本。

2）认证和业务数据分离。IEEE 802.1x 的认证体系结构中采用了“受控端口”和“非受控端口”的逻辑功能，从而可以实现业务与认证的分离。用户通过认证后，业务流和认证流实现分离，对后续的数据包处理没有特殊要求，业务可以很灵活，尤其在开展宽带组播等方面的业务有很大的优势，所有业务都不受认证方式限制。

（3）802.1x 认证过程

整个 802.1x 的认证过程如图 2-11 所示。认证各阶段的工作如下所述。

1）Client 向接入设备发送一个 EAPoL 报文，开始 802.1x 认证接入。

2）接入设备向 Client 发送 EAP-Request/Identity 报文，要求 Client 提交用户名信息。

3）Client 回应 EAP-Response/Identity 给接入设备请求，其中包括用户名信息。

4）接入设备将 EAP-Response/Identity 报文封装到 RADIUS Access-Request 报文中，发送到认证服务器。

5）认证服务器产生一个 Challenge，通过接入设备将 RADIUS Access-Challenge 报文发送给客户端，其中包含有 EAP-Request/MD5-Challenge。

6）接入设备通过 EAP-Request/MD5-Challenge 发送给客户端，要求客户端进行认证。

7）客户端收到 EAP-Request/MD5-Challenge 报文后，将密码和 Challenge 做 MD5 算法计算后的 Challenged-Pass-word，再通过 EAP-Response/MD5-Challenge 回应给接入设备。

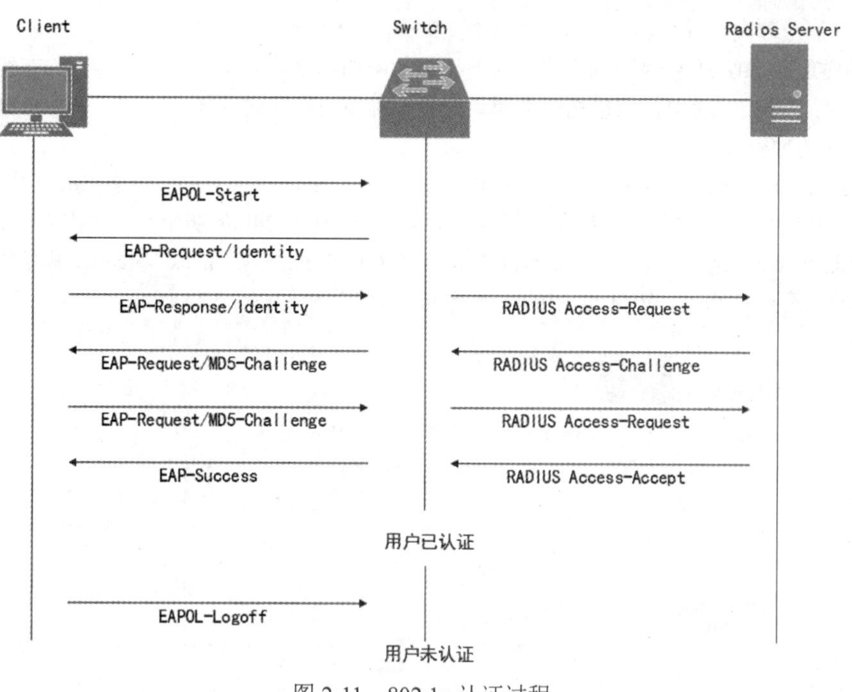

图 2-11　802.1x 认证过程

8）接入设备将 Challenge，Challenged Password 和用户名信息一并提交到 RADIUS 服务器，由 RADIUS 服务器进行认证。

9）RADIUS 服务器对用户信息进行 MD5 算法计算后，判断用户是否合法，然后回应认证成功/失败报文到接入设备。如果成功，携带协商参数，以及用户的相关业务属性给用户授权。如果认证失败，则认证流程结束。

10）如果认证通过，用户通过标准的 DHCP 协议（支持 DHCP Relay），通过接入设备获取规划的 IP 地址；并且，接入设备发起计费开始请求给 RADIUS 用户认证服务器。

11）RADIUS 用户认证服务器回应计费开始请求报文，用户认证流程结束。

802.1x 认证和 Web 认证一样，没有 PPP 协议可以借用，在使用的过程中同样需要对异常情况作多种容错，以确保用户的正常使用。

2.4　无线通信加密

无线局域网已经成为日常生活中不可或缺的内容，加密是无线使用必须进行设置的内容。无线通信常见的加密技术有 WEP、AES、WPA-PSK/WPA2PSK 等。

2.4.1　WEP 加密

（1）WEP 简介

WEP（Wired Equivalent Privacy）叫做有线等效加密，是一种可选的链路层安全机制，用来提供访问控制、数据加密和安全性检验等功能，是无线领域第一个安全协议。

WEP 的实现在 802.11 中是可选项，是目前无线加密的基础，其本意是为了达到与有线等价的安全程度。WEP 的设计相对简单，它包括一个简单的基于挑战与应答的认证协议和一个加密协议，这两者都是使用 RC4 的加密算法。

WEP 的密钥在 802.11（1999）以前的版本中规定为 64bits，包括 40bits 静态 Key 和 24bits 的初始向量（IV）。后来有些厂家将静态共享 Key 拓展到 104bits，再加上 24bits 初始向量便构成 128bits 的 WEP 密钥。WEP 还包括一个使用 32 位 CRC 的校验机制叫 ICV（Integrity Check Value），其目的是用来保护信息不在传输过程中被修改。WEP 加密的验证及加密详细过程如图 2-12 所示。

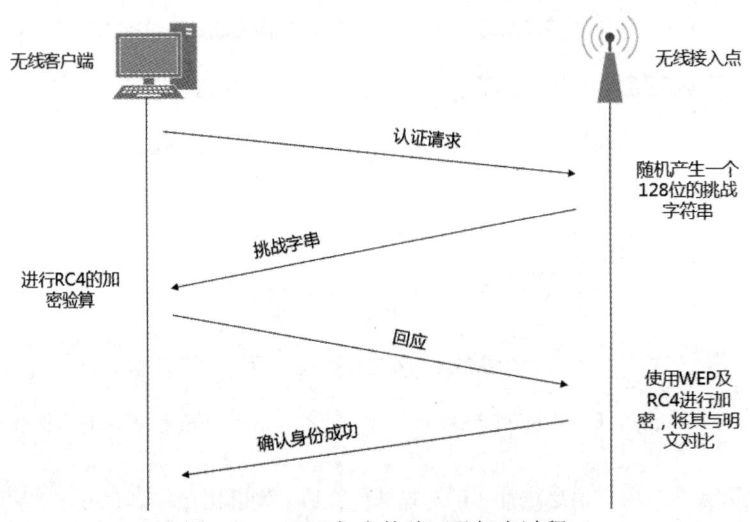

图 2-12　WEP 加密的验证及加密过程

WEP 加密网络上传输的数据，只让预定接收对象访问。WEP 用“密钥”给数据编码再通过无线电波发送出去。密钥越长，加密性越强，任何接收设备只有知道相同的密钥才能解密数据。一般来说，对于 64 位 WEP 密钥是 5 个 ASCII 码或 10 个十六进制字符串；对于 128 位 WEP 密钥则是 13 个 ASCII 码或 26 个十六进制字符串；152 位 WEP 密钥则为 16 个 ASCII 码或 32 个十六进制字符串。

（2）WEP 漏洞

WEP 推出以后，很快就被安全人员及黑客发现很多漏洞，并多次被公开在 Black Hat 全球黑客大会、RECON 安全会议及其他安全技术研究会议上，主要有以下几个方面，如表 2-4 所示。

表 2-4　WEP 漏洞一览表

存在漏洞	相关描述
漏洞 1	认证机制过于简单，很容易通过异或的方式破解，而且一旦破解，由于使用的与加密用的密钥是同一个，所以还会危及以后的加密部分
漏洞 2	认证是单向的，AP 能认证客户端，但客户端没法认证 AP
漏洞 3	初始向量（IV）太短，重用很快，为攻击者提供很大的方便

续表

存在漏洞	相关描述
漏洞 4	RC4 算法被发现有“弱密钥”（Weak Key）的问题，WEP 在使用 RC4 的时候没有采用避免措施
漏洞 5	WEP 没有办法应对所谓的“重传攻击（Replay Attack）”
漏洞 6	ICV 被发现有弱点，有可能传输数据被修改而不被检测到
漏洞 7	没有密钥管理、更新、分发机制，完全要手工配置，因为不方便，用户往往常年不会去更改

尽管 WEP 有上面列出的众多缺点，但其从被宣称破解到今天，仍被人们广泛使用，其主要原因除了它简单易行、速度快、对硬件要求低等特点以外，主要是由于很多人认为在家庭、宾馆及公司等范围，WEP 已提供足够保护，所以目前无线产品大多依然支持 WEP，对相对高级的 WPA 支持性并不好。

（3）WEP 的改进

由于 WEP 强大的生存能力和广泛的市场应用程度，许多厂商对 WEP 进行了改进，以期能够提升 WEP 的安全性。对 WEP 的改进主要有两种思路：高位 WEP 和动态 WEP。

1）高位 WEP。

无线产品供应商现在普遍提供一种用 104 位密钥的 WEP（加上 24 位 IV，共 128 位），还有部分产品能够提供 152 位、256 位甚至 512 位密钥来改进 WEP 加密的脆弱性，对 WEP 的安全性实现了轻微改进。

2）动态 WEP。

为了加强 WEP 的安全性，一些供应商提出了动态密钥的 WEP 方案。WEP 的密钥不再是静态不变的，而是能定期动态更新。例如，思科（Cisco）提供的 LEAP（Lightweight Extensible Authentication Protocol）就是动态 WEP，LEAP 同时还提供双向的基于 802.1x 的认证。这些方案在一定程度上缓解了 WEP 的危机，但由于动态 WEP 方案是无线设备供应商的私有方案而非标准，所以离完全解决 WEP 问题还有很大差距，而 LEAP 也已被彻底破解。

2.4.2 WPA/WPA2 加密认证

由于 WEP 加密技术使用静态共享密钥和未加密循环冗余码校验（CRC），无法保证加密数据的完整性，并存在弱密钥等。这使得 WEP 加密技术在安全保护方面存在明显的缺陷，对入侵者而言，往往只需很短时间便可攻破。于是就出现了新的 WLAN 加密技术 WPA（Wi-Fi Protected Access，Wi-Fi 保护访问）和 WPA2。WPA2 技术是 WPA 技术的升级版。从技术角度看，WPA/WPA2 主要解决了 WEP 在共享密钥上的漏洞，添加了数据完整性检查和用户级认证措施。

（1）WPA 加密技术

Wi-Fi 联盟给出的 WPA 定义为：WPA = 802.1x + EAP + TKIP + MIC。其中，802.1x 是指 IEEE 的 802.1x 身份认证标准；EAP（Extensible Authentication Protocol，扩展身份认证协议）是一种扩展身份认证协议。这两者就是新添加的用户级身份认证方案。TKIP（Temporal Key Integrity Protocol，临时密钥完整性协议）是一种密钥管理协议；MIC（Message Integrity Code，消息完整性编码）是用来对消息进行完整性检查的，用来防止攻击者拦截、篡改甚至重发数据封包。由此可见，WPA 已不再是单一的链路加密，还包括了身份认证和完整性检查两个重要方面。

WEP 加密方式中链路加密是采用 RC4 算法的，不同数据封包中的密钥过于相似，甚至可能重复，且未对校验数据加密。WPA 在这方面进行了巨大的改进，不再采用 RC4 算法，而是采用 TKIP 和 MIC 这两个协议全面保障了 WLAN 无线网络数据链路的加密和数据完整性检查功能。

1）TKIP。

TKIP 采用了 802.1x/EAP 的架构，密钥位数最高达 128 位，并且是临时动态的（这也是“临时密钥完整性协议”名称的由来），然后再通过认证服务器分配的多组密钥进行认证，取代了 WEP 的单一静态密钥。

TKIP 的一个重要特性就是它的“动态”性，也就是它变化每个数据包所使用的密钥的特性。密钥通过将多种因素混合在一起生成，包括基本密钥（即配置的 TKIP 临时密钥）、发射站的 MAC 地址以及数据包的序列号。利用 TKIP 传送的每一个数据包都具有独有的 48 位序列号，这个序列号在每次传送新数据包时递增，并被用作初始化向量（IV）和密钥的一部分。将序列号加到密钥中，确保了每个数据包使用不同的密钥，解决了 WEP 加密过程中的“碰撞攻击”安全问题。

TKIP 密钥最重要的部分是基本密钥(Base Key)。如果没有一种生成独特基本密钥的方法，尽管 TKIP 可以解决许多 WEP 存在的问题，但却不能解决所有人都在无线局域网上不断重复使用一个众所周知的预共享密钥的问题。为了解决这个问题，TKIP 生成混合到每个包密钥中的基本密钥，无线站点每次与接入点建立联系时，就生成一个新基本密钥，这就是“临时密钥”的由来。这个基本密钥通过将特定的会话内容与用接入点和无线站点生成的一些随机数，以及接入点和无线站点的 MAC 地址进行散列处理来产生。由于采用 802.1x 认证，这个会话内容是特定的，而且由认证服务器安全地传送给无线站。

认证服务器在接收用户的身份认证信息后，使用 802.1x 来为运算阶段产生一组唯一的配对密钥。TKIP 将这组密钥分配给无线客户端以及无线 AP 或无线路由器，建立密钥层级以及管理系统，然后使用配对密钥来动态产生唯一的数据加密密钥，并以此加密在无线传输阶段所传输的数据封包。

2）MIC。

MIC 是用来防止攻击者拦截、篡改甚至重发数据封包的。MIC 提供了一个强大的计算公式，其中接收端与传送端必须各自计算值，并与 MIC 值比较。如果不符，它便假设数据已遭篡改，而该封包也会被丢弃。除了和传统的 IEEE 802.11 一样继续保留对每个 MPDU（MAC Protocol Data Unit，媒体协议数据单元）进行 CRC 校验外，WPA 为 IEEE 802.11 的每个 MSDU（MAC Service Data Unit，媒体服务数据单元）都增加了一个 8 字节的消息完整性校验值。它采用 Michael 算法，具有很高的安全性。当 MIC 发生错误的时候，数据很可能已经被篡改，系统很可能正在受到攻击。此时，WPA 还会采取一系列的对策，如立刻更换组密钥、暂停活动 60 秒等，来阻止黑客的攻击。

（2）WPA2 加密技术

WPA2 是 WPA 的第二个版本，是对 WPA 在安全方面的改进版本。与第一版的 WPA 相比，主要改进的是所采用的加密标准，从 WPA 的 TKIP/MIC 改为 AES-CCMP。两个版本的对比如表 2-5 所示。所以可以认为：WPA2 = IEEE 802.11i = IEEE 802.1x/EAP +AES-CCMP。

表 2-5　WPA 和 WPA2 比较

应用模式	WPA	WPA2
企业应用模式	身份认证：IEEE 802.1x/EAP	身份认证：IEEE 802.1x/EAP
	加密：TKIP	加密：AES-CCMP
个人应用模式	身份认证：PSK	身份认证：PSK
	加密：TKIP/MIC	加密：AES-CCMP

在 WPA2 中，采用了加密性能更好、安全性更高的加密技术 AES-CCMP（Advanced Encryption Standard - Counter mode with Cipher-block chaining Message authentication code Protocol，高级加密标准一计数器模式密码区块链接消息身份验证代码协议），取代了原 WPA 中的 TKIP/MIC 加密协议。因为 WPA 中的 TKIP 虽然针对 WEP 的弱点作了重大的改进，但保留了 RC4 算法和基本架构，也就是说，TKIP 亦存在着 RC4 本身所隐含的弱点。CCMP 采用的是 AES（Advanced Encryption Standard，高级加密标准）加密模块，AES 既可以实现数据的加密，又可以实现数据的完整性，这是 IEEE 802.11i 标准中指定的用于无线传输隐私保护的一个新方法。AES-CCMP 提供了比 TKIP 更强的加密保障。

AES-CCMP 是民用范围内最高级无线安全协议。总体来说，CCMP 提供了加密、认证、完整性检查和重放保护四重功能。CCMP 使用 128 位 AES 加密算法实现机密性，使用其他 CCMP 协议组件实现其余 3 种服务。CCMP 是基于 CCM（Counter-Mode/CBC-MAC）方式的，该方式使用了 AES 加密算法，所以 AES-CCMP 加密协议也称 AES-CCM 加密协议。从名称可以看出，CCM 配备了两种运算模式，即计数器模式（Counter Mode）和密码区块链信息认证码模式（CBC-MAC Mode），其中计数器模式用于数据流的加密/解密，而密码区块链信息认证码模式用于身份认证及数据完整性校验。CCM 保护 MPDU 数据和 IEEE802.11 MPDU 帧头部分域的完整性。AES 定义在 FIPS PUB 197，所有的在 CCMP 中用到的 AES 处理都使用一个 128 位的密钥和一个 128 位大小的数据块。CCM 方式定义在 RFC 3610，CCM 是一个通用模式，可以用于任意面向块的加密算法。

WPA 和 WPA2 都设计了两种应用模式：WPA/WPA2 个人版和 WPA/WPA2 企业版。WPA/WPA2 企业版需要一台具有 802.1x 功能的 RADIUS 服务器，没有 RADIUS 服务器的用户可以使用 WPA/WPA2 个人版，其口令长度为 20 个以上的随机字符。

（3）WPA/WPA2 中的 IEEE 802.11x 身份认证系统

WPA/WPA2 以 IEEE 802.1x 协议和 EAP 作为其用户身份认证机制的基础。这样，用户在接入无线网络前，需要首先提供相应的身份证明，通过与对应网络上合法的用户数据库进行比对检查来确认是否具有加入权限，任何要登入网络的人都必须通过这样的认证过程。

IEEE 802.1x 是一种为了适应宽带接入不断发展的需要而推出的一种身份认证协议，是基于端口的访问控制协议（Port Based Network Access Control Protocol），但并不是专为 WLAN 设计的。当无线工作站（STA）与无线访问点（AP）关联后，是否可以使用 AP 的服务要取决于 802.1x 的认证结果。如果认证通过，则 AP 为 STA 打开对应逻辑端口，否则不允许用户连接网络。802.1x 协议仅仅关注端口的打开与关闭，当合法用户（根据账号和密码）接入时，该端口打开，而非法用户接入或没有用户接入时，则该端口处于关闭状态。认证结果在于端口状态的改变，而不涉及通常认证技术必须考虑的 IP 地址协商和分配问题，是各种认证技术中最简化的实现方案。

IEEE 802.1x 包括 3 个重要的部分：Supplicant System（应用系统，也就是"客户端"）、Authenticator System（认证系统）、Authentication Server System（认证服务器系统）。整个 802.1x 体系架构如图 2-13 所示。

图 2-13　802.1x 体系结构

应用系统一般为用户终端系统。该终端系统通常要安装一个客户端软件，用户通过启动这个客户端软件发起 IEEE 802.1x 协议的认证过程，是位于局域网端的一个实体，由该链路另一端的设备端对其进行认证。客户端一般为一个用户终端设备，用户可以通过启动客户端软件发起 802.1x 认证。客户端必须支持 EAPOL（Extensible Authentication Protocol over LAN，基于局域网的扩展身份认证协议），以实现基于端口的接入控制。

认证系统通常为支持 IEEE 802.1x 协议的网络设备，是位于局域网端的另一个实体。设备端通常为支持 802.1x 协议的网络设备，它为客户端提供接入局域网的端口，该端口可以是物理端口，也可以是逻辑端口。该设备对应于不同用户的端口有两个逻辑端口：受控端口（Controlled Port）和不受控端口（Uncontrolled Port）。不受控端口始终处于双向连通状态，主要用来传递 EAPOL 协议帧，可保证客户端始终可以发出或接收认证。受控端口只有在认证通过的状态下才打开，用于传递网络资源和服务。受控端口可配置为双向受控、仅输入受控两种方式，以适应不同的应用环境。如果用户未通过认证，受控端口则处于未认证状态，于是用户无法访问认证系统提供的服务。

认证服务器通常为 RADIUS（Remote Authentication Dial In User Service，远程用户拨号认证系统）服务器，是为设备端提供认证服务的实体。RADIUS 用于实现对用户进行认证、授权和计费，并可存储有关用户的信息，如用户所属的 VLAN、优先级、用户的访问控制列表等。当用户通过认证后，认证服务器会把用户的相关信息传递给认证系统，由认证系统构建动态的访问控制列表，用户的后续流量就接受上述参数的监管。认证服务器和 RADIUS 服务器之间通过 EAP 协议进行通信。

802.1x 认证系统使用 EAP（Extensible Authentication Protocol，可扩展认证协议）来实现客户端、设备端和认证服务器之间认证信息的交换。在客户端与设备端之间，EAP 协议报文使用 EAPOL 封装格式，直接承载于 LAN 环境中。在设备端与 RADIUS 服务器之间，可以使用两种方式来交换信息：一种是 EAP 协议报文使用 EAPOR（EAP over RADIUS）封装格式承载于 RADIUS 协议中；另一种是 EAP 协议报文由设备端进行终结，采用包含 PAP（Password Authentication Protocol，密码验证协议）或 CHAP（Challenge Handshake Authentication Protocol，质询握手验证协议）属性的报文与 RADIUS 服务器进行认证交互。

（4）WPA2 相对 WEP 的改进

总体来说，WPA2 针对 WEP 的不足进行了如表 2-6 所示的改进。

表 2-6　WPA2 针对 WEP 的改进

WEP 存在的缺陷	WPA2 的解决方法
初始化向量（IV）太短	在 AES-CCMP 中，IV 被替换为“数据包编号”字段，并且其大小将倍增至 48 位
不能保证数据完整性	采用 WEP 加密的校验和计算已替换为可严格实现数据完整性的 AES CBC-MAC 算法。CBC-MAC 算法算得出一个 128 位的值，然后 WPA2 使用高阶 64 位作为消息完整性代码（MIC）。WPA2 采用 AES 计数器模式加密方式对 MIC 进行加密
适应主密钥而非派生密钥	与 WPA 和“暂时密钥完整性协议”（EKIP）类似，AES-CCMP 使用一组从主密钥和其他值派生的暂时密钥。主密钥是从“可扩展身份验证协议－传输层安全性”（EAP-TLS）或“受保护的 EAP”（PEAP）802.1x 身份验证过程派生而来的
不重新生成密钥	AES-CCMP 自动重新生成密钥以派生新的暂时密钥组
无重播保护	AES-CCMP 使用“数据包编号”字段作为计数器来提供重播保护
无身份认证	采用 IEEE 802.1x 进行身份认证

2.4.3 无线局域网的安全管理

（1）安全风险因素

无线局域网是以无线电波作为传输媒介，因此无线网络存在着难以限制网络资源的物理访问，无线网络信号可以传输到预期的方位以外的地域，这就使得在网络覆盖范围内都成为无线局域网的接入点，给入侵者有机可乘。任何主机都可以在预期范围以外的地方访问无线局域网，窃听网络中的数据，入侵并使用各种攻击手段对无线局域网进行攻击。

在 WLAN 中存在的威胁因素主要是：窃听、截取或者修改传输数据、置信攻击、拒绝服务等等。详细介绍如下。

1）拒绝服务攻击。攻击者使用过量的通信流量使网络设备溢出，从而阻止或严重减慢正常的接入。该方法可以针对多个层次，例如，向 Web 服务器中大量发送页面请求或者向接入点发送大量的链接或者认证请求。

2）人为干扰。是 DoS 的一种形式，攻击者向 RF 波段发送大量的干扰，致使 WLAN 通信停止。在 2.4GHz 频段上，蓝牙设备、一些无线电话或微波炉都可以导致上述干扰。

3）插入攻击。攻击者可以将一个未受权的客户端连接到接入点，这是由于没有进行授权检查或者攻击者伪装成已授权用户。

4）充放攻击。攻击者截取网络通信信息，例如口令，然后用这些信息可以未经授权地接入网络。

5）广播监测。在一个配置欠佳的网络中，如果接入点连接到集线器而不是交换机，那么集线器将会广播数据包到那些并不想接收这些数据包的无线站点，它们可能会被攻击者截取。

6）ARP 欺骗。攻击者通过接入并破坏存有 MAC 和 IP 地址映射的 ARP 的高速缓冲，来欺骗网络使其引导敏感数据到攻击者的无线站点。

7）会话劫持。是 ARP 欺骗攻击的一种应用，攻击者伪装成站点并自动断开站点和接入点的连接，然后再伪装成接入点使站点和攻击者相连接。

8）流氓接入点。攻击者安装未经授权的带有正确 SSID 的接入点。如果该接入点的信号通过放大器或者高增益的天线增强，客户端将会优先和流氓接入点建立连接，敏感数据就会受到威胁。

9）密码分析攻击。攻击者利用理论上的弱点来破译密码系统。例如，RC4 密码的弱点会导致 WEP 易受到攻击。

10）旁信道攻击。攻击者利用功率消耗、定时信息或声音和电磁发射等物理信息来获取密码系统的信息。分析上述信息攻击者可能会直接得到密钥，或者可以计算出密钥的明文信息。

（2）提升无线局域网安全的一般建议

针对无线局域网的常见安全风险，提出一些常规的安全建议如下。

1）采用无线加密协议防止未授权用户接入。

加密就是保护信息不泄露或不暴露给那些未授权掌握这一信息的实体。无线网络现在通常使用 WPA/WPA2 协议来保护无线网络，这种协议运用 AES 算法进行有效的加密。

2）改变 AP 的身份标识符并禁止 SSID 广播。

SSID 是无线接入的身份标识符，用户用它来建立与接入点之间的连接。这个身份标识符是由通信设备制造商设置的，并且每个厂商都用自己的缺省值。知道默认标识符的黑客可以很容易不经过授权就访问无线服务。因此可以为每个无线接入点设置一个唯一并且难以推测的 SSID，同时建议 SSID 为中文字符，因为中文字符的 SSID 在网络嗅探时是乱码信息。如果可能的话，还应该禁止 SSID 向外广播。这样，无线网络就不能够通过广播方式来吸纳更多用户。

3）静态 IP 与 MAC 地址绑定。

无线路由器或 AP 在分配 IP 地址时，通常是默认使用 DHCP 即动态 IP 地址进行分配，这对无线网络来说是有安全隐患的，入侵者只要找到了无线网络，很容易就可以通过 DHCP 而得到一个合法的 IP 地址，由此进入局域网中。因此，关闭 DHCP 服务，为每台电脑分配静态 IP 地址，然后再把 IP 地址与网卡的 MAC 地址进行绑定，这样就能大大提升网络的安全性。入侵者不易得到合法的 IP 地址，即使得到了，也还要验证绑定的 MAC 地址，相当于两重关卡。

4）无线入侵检测系统。

无线入侵检测系统同传统的入侵检测系统类似，但无线入侵检测系统增加了无线局域网的检测和对破坏系统反应的特性。无线入侵检测系统监视分析用户的活动，判断入侵事件的类型，检测非法的网络行为，对异常的网络流量进行报警。无线入侵检测系统不但能找出入侵者，还能加强策略，通过使用强有力的策略，会使无线局域网更安全。无线入侵检测系统还能检测到 MAC 地址欺骗，通过一种顺序分析，找出伪装的无线上网用户。

5）采用身份验证和授权。

当攻击者了解网络的 SSID、网络的 MAC 地址或甚至 WPA/WPA2 密钥等信息时，可以尝试建立与 AP 关联。目前，有 3 种方法在用户建立与无线网络的关联前对他们进行身份验证。开放身份验证通常意味只需要向 AP 提供 SSID 或使用正确的 WPA/WPA2 密钥。开放身份验证的问题在于，如果没有其他的保护或身份验证机制，那么无线网络将是完全开放的。共享机密身份验证机制类似于“口令－响应”身份验证系统，在 STA 与 AP 共享同一个 WEP 密钥时使用这一机制。STA 向 AP 发送申请，然后 AP 发回口令。接着 STA 利用口令和加密的响应进行回复。共享机密身份验证机制的漏洞在于口令通过明文传输给 STA，如果有人能够同时截取口令和响应，那么就可能找到用于加密的密钥。可以使用 802.1x、VPN 或证书对无线网络用户进行身份验证和授权，在无线网络中采用身份验证和授权机制，这样攻击者就几乎无法获得访问权限。

6）其他安全措施

除了以上叙述的安全措施手段以外，还可以采用一些其他的技术，例如设置附加的第三方数据加密方案，即使信号被窃听也难以理解具体内容。加强企业内部管理等的方法来降低无线局域网因人为原因产生的安全风险。

2.5 案例 1：家庭无线局域网的实现

随着网络应用的普及，家庭中的无线网络应用越发普及，越来越多的家庭用户开始组建无线局域网。下面以组建拥有两台电脑和一台移动终端设备的家庭无线局域网为例，介绍建设家庭无线局域网的一般方法和流程。

2.5.1 需求分析

家庭需要搭建一个无线局域网，要求两台电脑和一台移动终端能够通过无线路由器访问 Internet，并且要求在家庭中每个地方都能够连接到无线路由器，所有接入设备能够形成局域网。

2.5.2 方案设计

（1）组网方式

家庭无线局域网的组网方式和有线局域网有一些区别，最简单、最便捷的方式就是选择对等网，即以无线 AP 或无线路由器为中心（传统有线局域网使用 HUB 或交换机），其他计算机通过无线网卡与无线 AP 或无线路由器进行通信。

该组网方式具有安装方便、扩充性强、故障易排除等特点。还有一种对等网组网方式可不通过无线 AP 或无线路由器，直接通过无线网卡来实现数据传输，但计算机之间的距离较短、网络设置要求较高、相对麻烦，故不建议采用此方案。

（2）拓扑设计

为了无线网络使用的方便和实现家庭区域全面覆盖的要求，首先需要根据家庭的实际情况进行网络规划设计。家庭的实景平面图如图 2-14 所示。依据实景图进行无线局域网网络拓扑设计，如图 2-15 所示。

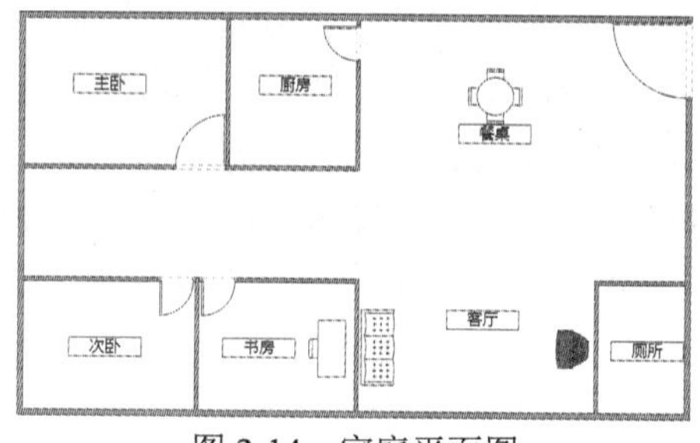

图 2-14 家庭平面图

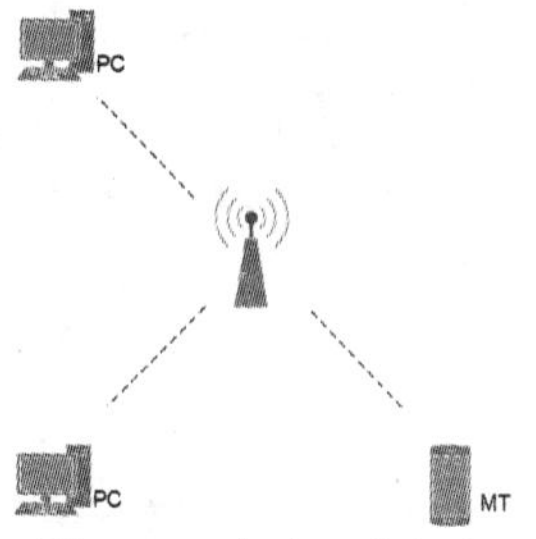

图 2-15 家庭无线拓扑

（3）设备选型

家庭无线局域网的设备需要两台电脑和一台移动设备（如手机），本案例采用的设备型号如表 2-7 所示。

表 2-7 无线局域网所涉及设备型号一览表

序号	设备类别	品牌	型号	数量（台）
1	计算机	联想	H3050	2
2	网卡		NW360 300M USB	2
3	移动终端设备	Apple	Apple iPod touch	1
4	无线路由器	TP-LINK	TL-R20441N	1

（4）网络地址规划

为了每台主机和移动设备都能够正常有效地接入局域网，因此需要给每台主机和移动设备进行网络地址规划，如表 2-8 所示。

表 2-8　网络地址规划表

序号	区域	设备名	IP 地址	子网掩码
1	书房	PC1	192.168.1.101	255.255.255.0
2	卧室	PC2	192.168.1.102	255.255.255.0
3	家庭	MT	192.168.1.103	255.255.255.0
4	家庭	AP	192.168.1.1	255.255.255.0

2.5.3 部署实施

（1）硬件安装

把无线网卡插到主机空闲 USB 口，然后将驱动光盘插入到 CD-ROM 光盘驱动器，可根据无线网卡说明书进行安装。安装网卡驱动后可在网络适配器中进行查看。在成功安装无线网卡之后，在 Windows 系统任务栏中会现一个连接图标（在网络连接窗口中还会增加无线网络连接图标），右击该图标，选择查看可用的无线连接命令，在出现的对话框中会显示搜索到的可用无线网络，选中该网络，点击“连接”按钮即可连接到无线网络中。

在室内客厅靠近书房的墙壁上摆放好无线路由器，连接好接入 Internet 网线，然后将路由器和主机用网线连接，接通电源即可。需要注意无线路由器与计算机之间的距离，因为无线信号会受到距离、穿墙数量等参数影响，距离过长会影响接收信号的效果和数据传输速度，最好保持在 50m 以内。

（2）设置网络环境

安装好硬件后，需要分别给无线 AP 或无线路由器以及对应的无线客户端进行设置。

1）准备工作。

在配置无线路由器之前，首先要认真阅读随产品附送的《用户手册》，从中了解到默认的管理 IP 地址以及密码。例如：本案例选用的无线路由器默认管理 IP 地址为 192.168.1.1，用户名为 admin，密码为 admin。具体步骤如下所示。

选择一台计算机作为无线路由器的管理终端，在 Windows 系统中点击【开始】→【控制面板】→【网络和共享中心】→【更改适配器设置】，右击【本地连接】，选择【属性】命令，如图 2-16 所示。

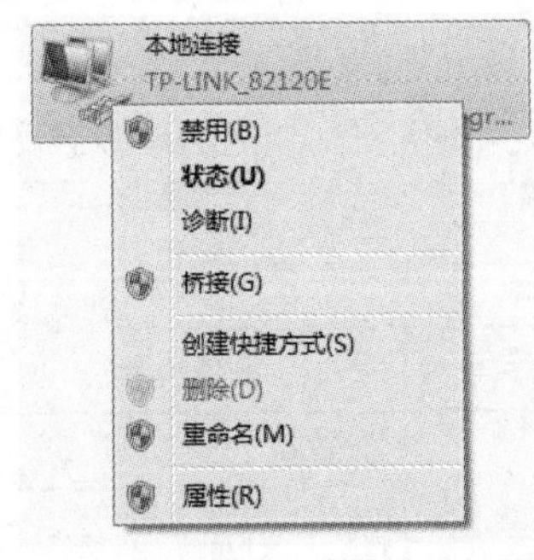

图 2-16　属性

双击【Internet 协议版本 4（TCP/IPv4）】，如图 2-17 所示。

选择【使用下面的 IP 地址】，将 IP 地址修改为：192.168.1.101，子网掩码修改为：255.255.255.0。如图 2-18 所示。

2）设置路由器。

在无线路由器管理终端中，打开 IE 浏览器，在地址框中输入 192.168.1.1，则会弹出输入用户名和密码对话框，然后输入用户名：admin 和密码：admin，如图 2-19 所示。

进入路由器设置界面→【设置向导】，单击【下一步】按钮，如图 2-20 所示。

选择上网方式，图 2-21 中有三种上网方式，如果你不知道你的上网方式，则可选择【让路由器自动选择上网方式（推荐）】单击【下一步】按钮，进入检测网络，如图 2-22 所示。

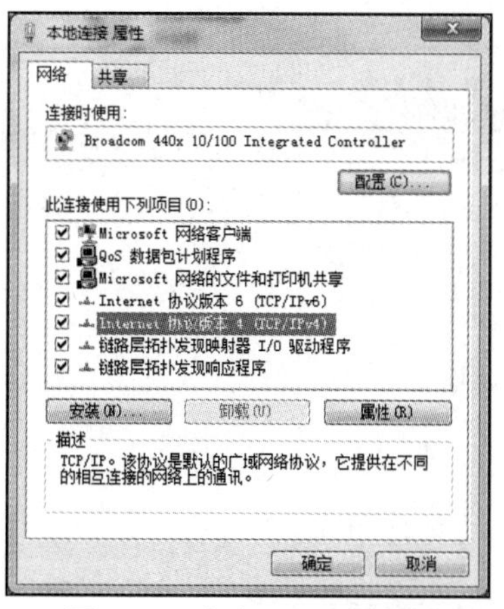

图 2-17　点击 IPv4 项设置

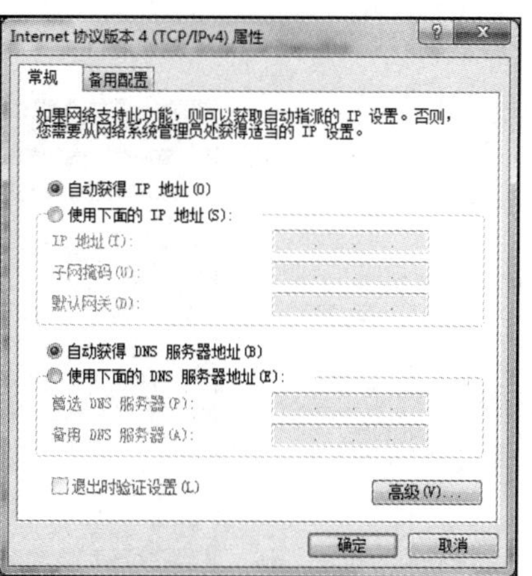

图 2-18　管理终端的网络配置

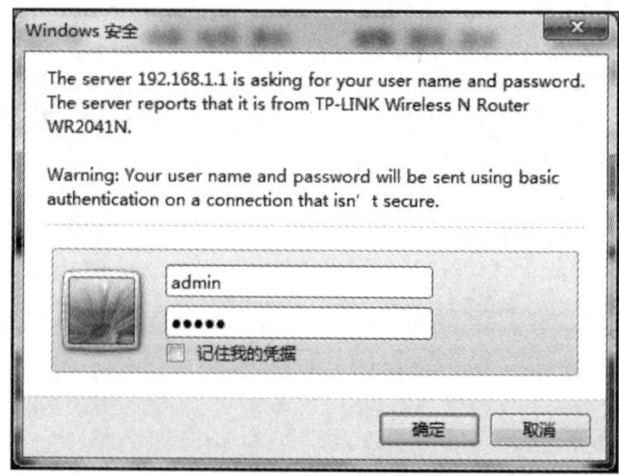

图 2-19　登录框

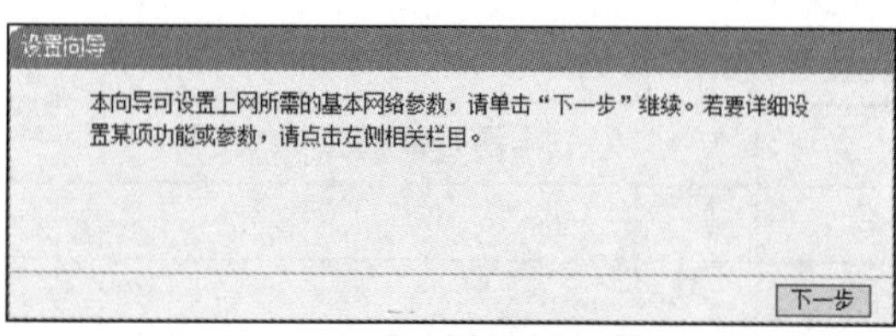

图 2-20　设置向导

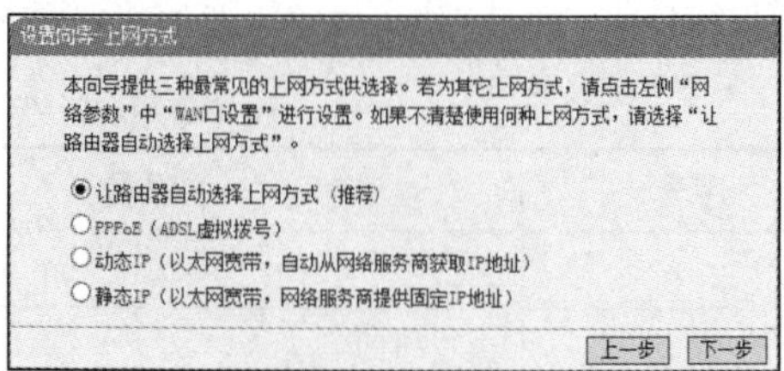

图 2-21　上网方式

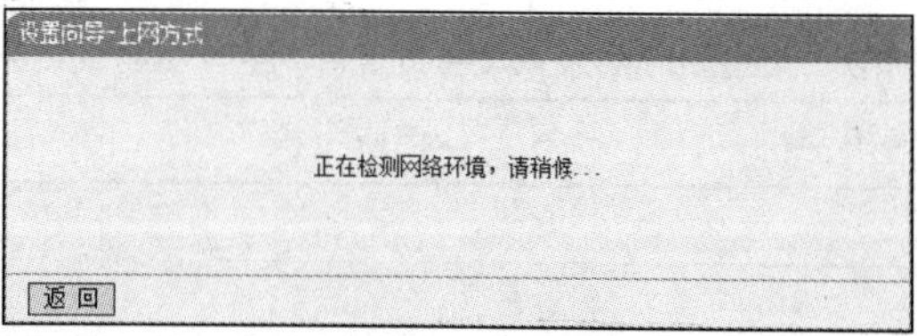

图 2-22　检测网络

设置无线参数，开启无线安全配置，如图 2-23 所示，设置完成后单击【下一步】按钮。

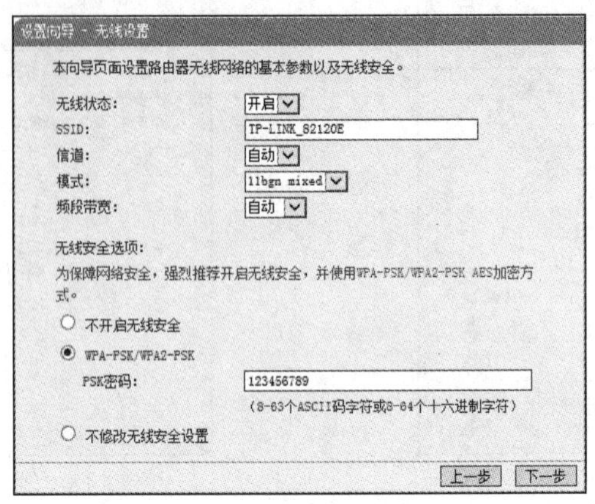

图 2-23　配置无线参数

点击【完成】按钮完成设置，如图 2-24 所示。

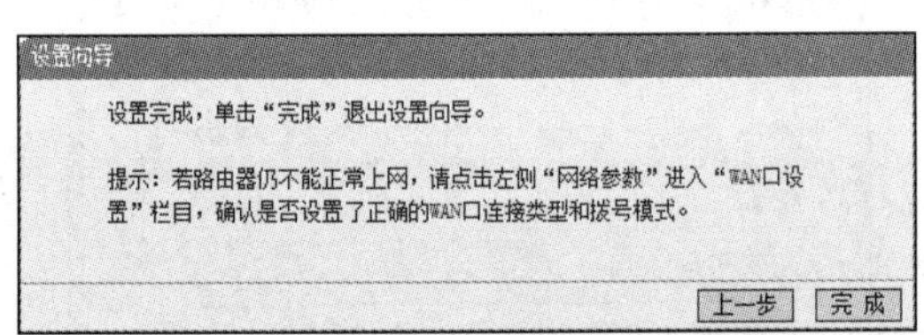

图 2-24　完成配置

2.5.4　应用测试

按照前期的网络规划，完成计算机和移动终端设备的网络地址配置，接入无线网络。在计算机和移动终端设备分别进行连接无线路由器的测试和 Ping 测试，以验证网络连通性，如表 2-9、表 2-10 所示。

表 2-9　设备连接无线路由器测试结果表

序号	设备	是否能连接成功
1	PC1	√
2	PC2	√
3	MT	√

表 2-10　无线局域网接入设备间 Ping 连通性测试结果表

序号	请求主机	相应主机	Ping 测试结果
1	PC1	PC2	√
2	PC1	MT	√
3	PC2	PC1	√

续表

序号	请求主机	相应主机	Ping 测试结果
4	PC2	MT	√
5	MT	PC1	-
6	MT	PC2	-

2.6 案例2：无线企业网的实现

随着笔记本电脑、智能手机、平板电脑的广泛普及，以及公司对员工移动办公的需求越来越高，移动办公的应用越来越常态化，仅仅依靠企业有线网络已经不能够满足日常工作的需要。无线网络作为有线网络的有效补充，凭借着投资小、建设周期短、方便灵活等特点，正在逐步成为企业局域网的基本建设内容。

本案例从企业的实际需求出发，简要阐述无线局域网在企业应用中需要注意的基本事项，并介绍无线企业网的建设流程。

2.6.1 需求分析

某软件企业有员工30人，拥有办公场所4间，分别是研发部1间、会议室1间、办公室1间、会客室1间。公司已经建设了有线网络，随着移动办公的需求日趋强烈，公司计划在全公司范围内建设统一的无线网络，实现无缝覆盖和可漫游。

具体需求有以下五个方面。

1）无线局域网和企业现有有线网络要能够完全融合，使用同一套IP地址管理体系、同一网络接入互联网的出口。

2）无线局域网要能够覆盖到企业的所有位置，员工在企业内随意移动时，要确保网络不中断，使用网络的体验要平滑统一。

3）需要根据人群不同而广播多个SSID，且每个SSID均能够覆盖企业任何位置，每个SSID使用独立的接入验证方式，以满足不同人群的使用。

4）不需要为无线局域网进行独立布线，能够使用现有的布线系统完成无线局域网建设。

5）要支持集中且统一的管理，以提升管理水平，降低维护成本。

2.6.2 方案设计

（1）组网方式

由于企业的区域范围比较大，使用一个AP无法全面覆盖企业区域，需要使用多个AP才能对企业进行全面区域覆盖，因此选用多AP模式，多AP模式也就是多蜂窝结构。

（2）拓扑设计

企业网比家庭无线局域网要使用更多的AP设备，而且企业网中难以布线以及没有电源插座供无线AP使用，因此选用支持PoE供电的交换机和无线AP设备。企业的建筑结构如图2-25所示。根据实际情况规划设计的网络拓扑如图2-26所示。

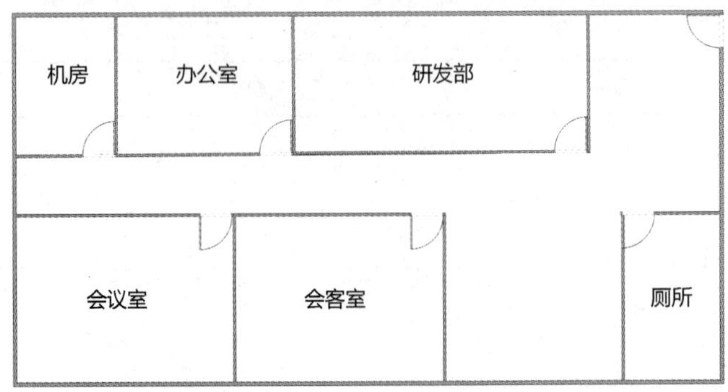

图 2-25　企业建筑结构示意图

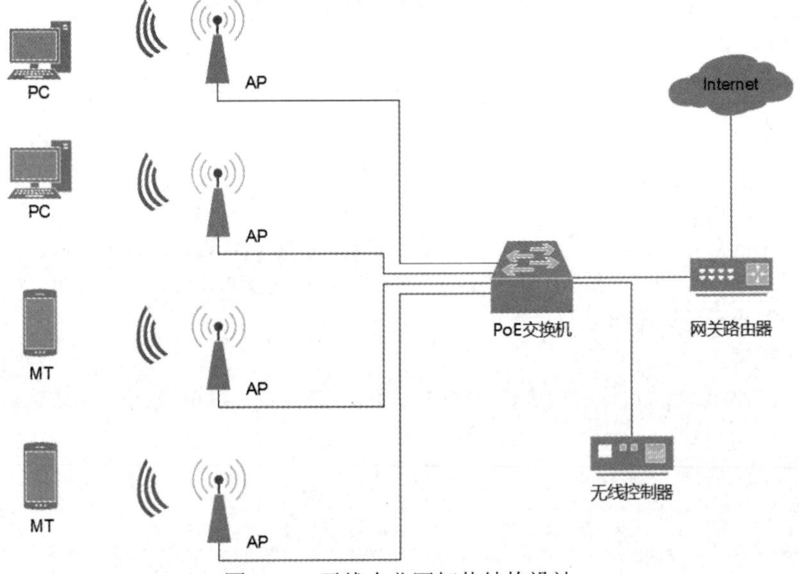

图 2-26　无线企业网拓扑结构设计

（3）设备选型

设备选型是构建企业网重要的环节，既要节约成本又要使用方便。本案例选用的设备类型与购买预算分别如表 2-11、表 2-12 所示。

表 2-11　无线企业网设备选型一览表

序号	品牌	型号	类型	速度	PoE 供电	协议	特性
1	TP-LINK	TL-AC200	无线控制器（AC）				自动发现统一管理吸顶式 AP 与面板式 AP、实时监控 AP 工作状态、统一配置所有 AP、统一升级 AP 软件、无线 MAC 地址白名单、无线网络与 Tag VLAN 绑定，隔离不同无线网络

续表

序号	品牌	型号	类型	速度	PoE 供电	协议	特性
2	TP-LINK	TL-1009P	百兆非网管 PoE 交换机				单端口 PoE 功率达 15.4W，整机最大 PoE 输出功率为 60W、支持 IEEE 802.3x 全双工流控与 Backpressure 半双工流控、支持端口自动翻转（Auto MDI/MDIX）功能、所有端口均具备线速转发能力
3	TP-LINK	TL-AP302C-POE	无线接入点（AP）	300M	支持	802.11n	吸顶/壁挂，802.3af/a 标准 PoE 供电、无线发射功率线性可调、支持 8 个 SSID、内置独立硬件保护电路，可自动恢复工作异常 AP

表 2-12　设备购买预算单

序号	品牌	型号	类型	数量（台）	价格（元）	总价（元）
1	TP-LINK	TL-AC200	无线控制器（AC）	1	479	1555
2	TP-LINK	TL-1009P	PoE 交换机	1	320	
3	TP-LINK	TL-AP302C-POE	无线接入点（AP）	4	189	

（4）网络地址规划

企业无线局域网不同家庭无线局域网，无线企业网要使多台 AP，并广播三套 SSID 以供日常办公人员、研发人员和外来人员使用，不同 SSID 接入的 IP 地址分配段不同。对 IP 规划如表 2-13 所示。无线局域网广播的 SSID 及安全配置如表 2-14 所示。

表 2-13　无线企业网 IP 地址规划表

序号	区域	SSID	网段	IP 地址范围	子网掩码
1	内部	OfficeNetwork	192.168.1.0/24	192.168.1.11~192.168.1.100	255.255.255.0
2	内部	DevNetwork	192.168.1.0/24	192.168.1.101~192.168.1.200	255.255.255.0
3	内部	OpenNetwork	192.168.1.0/24	192.168.1.201~192.168.1.250	255.255.255.0

表 2-14　无线企业网 SSID 规划与安全设计表

序号	SSID	加密方式	密码	访问范围
1	OfficeNetwork	WPA-PSK/WPA2-PSK	12345678	可访问企业办公服务器和 Internet
2	DevNetwork	WPA-PSK/WPA2-PSK	87654321	可访问企业研发服务器和 Internet
3	OpenNetwork			可访问 Internet

2.6.3 部署实施

（1）部署设备

分别把四个 AP 安装在研发部、会议室、办公室和会客室。由于无线 AP 支持 PoE 供电，所以不需要安装单独的供电线路，只需要把双绞线连接在支持 PoE 交换机的端口上。设备接线规划如表 2-15 所示。

表 2-15 无线企业网设备连接规划表

序号	设备名称	安装区域	PoE 交换机端口
1	AP1	办公室	1
2	AP2	研发部	2
3	AP3	会议室	3
4	AP4	会客室	4
5	网管路由器	机房	Uplink
6	AC	机房	8

（2）设备与网络配置

1）选择一台计算机作为管理终端设备，在建设过程中用于设备配置和测试。设置管理终端的 IP 地址为 192.168.1.251，子网掩码为 255.255.255.0。

2）使用管理终端计算机，通过浏览器访问无线控制器，以进行配置。无线控制器的管理采用 Web 界面，访问地址为：http://192.168.1.253。

3）无线控制器的默认管理账号用户名为 admin，密码为 admin，输入默认管理权限后点击【登录】，如图 2-27 所示。建议修改无线控制器的管理权限。

图 2-27 无线控制器登录

4）登录成功后，依次选择【首页】→【AP 概览】→【无线服务】，如图 2-28 所示。

5）在【AP 管理】中的【AP 列表】里可以对接入网络的 AP 进行管理，如图 2-29 所示。

6）根据表 2-14 的规划设计创建无线网络名称（SSID），分别为 OfficeNetwork（办公应用）、OpenNetwork（外来访客）、DevNetwork（研发应用），如图 2-30 所示。

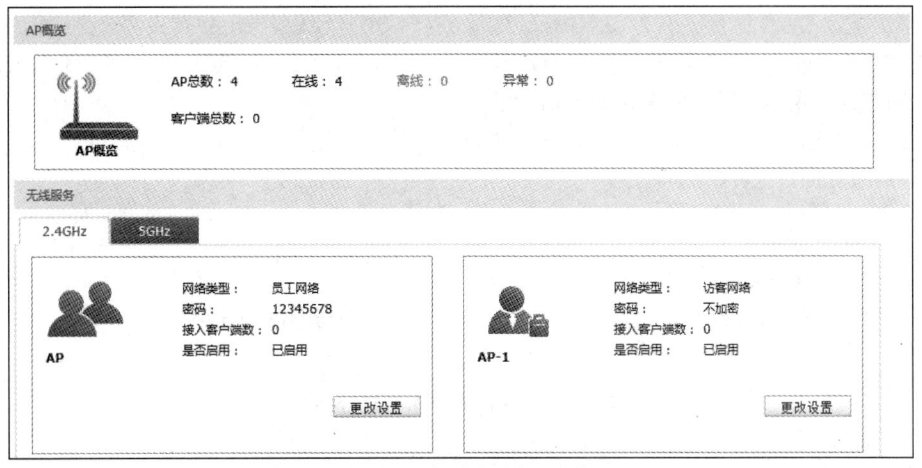

图 2-28　无线控制器总览

AP列表

AP总数：4　在线：4　离线：0　异常：0

备注　搜索　显示全部

□	序号	备注	型号	MAC地址	硬件版本	软件版本	运行状态	2.4GHz频段		5GHz频段		设置
								客户端	信道	客户端	信道	
□	1	AP1	TL-AP302C-PoE	88:25:93:4A:1E:27	2.0	1.0.1	在线	0/100	1(手动)	---	---	
□	2	AP2	TL-AP302C-PoE	88:25:93:4A:1E:54	2.0	1.0.1	在线	0/100	6(手动)	---	---	
□	3	AP3	TL-AP302C-PoE	88:25:93:4A:1D:F2	2.0	1.0.1	在线	0/100	11(手动)	---	---	
□	4	AP4	TL-AP302C-PoE	88:25:93:4A:1E:83	2.0	1.0.1	在线	0/100	13(自动)	---	---	

编辑　重启　删除　打开LED灯　关闭LED灯　刷新　帮助

图 2-29　无线局域网 AP 管理

2.4GHz 无线服务

序号	无线网络名称	网络类型	加密方式	密码	状态	客户端数目	设置
1	OfficeNetwork	员工网络	WPA-PSK/WPA2-PSK	12345678	已启用	1	
2	OpenNetwork	访客网络	不加密	---	已启用	0	
3	DevNetwork	员工网络	WPA-PSK/WPA2-PSK	87654321	已启用	0	
4	Office3_2.4GHz	员工网络	不加密	---	已禁用	0	
5	Office4_2.4GHz	员工网络	不加密	---	已禁用	0	
6	Office5_2.4GHz	员工网络	不加密	---	已禁用	0	
7	Office6_2.4GHz	员工网络	不加密	---	已禁用	0	
8	Office7_2.4GHz	员工网络	不加密	---	已禁用	0	

5GHz 无线服务

序号	无线网络名称	网络类型	加密方式	密码	状态	客户端数目	设置
1	OfficeNetwork	员工网络	WPA-PSK/WPA2-PSK	12345678	已启用	0	
2	OpenNetwork	访客网络	不加密	---	已启用	0	
3	DevNetwork	员工网络	WPA-PSK/WPA2-PSK	87654321	已禁用	0	
4	Office3_5GHz	员工网络	不加密	---	已禁用	0	
5	Office4_5GHz	员工网络	不加密	---	已禁用	0	
6	Office5_5GHz	员工网络	不加密	---	已禁用	0	
7	Office6_5GHz	员工网络	不加密	---	已禁用	0	

图 2-30　无线局域网 SSID 管理

默认情况下，AC 会自动给 AP 在 2.4GHz 无线服务与 5GHz 无线服务上各开启两个无线网络名称（如 Office1_2.4GHz、Guest_2.4GHz 与 Office1_5GHz、Guest_5GHz 等），且 Office1_2.4GHz 与 Office1_5GHz 有加密，如图 2-31 所示。可以将默认的 SSID 删除。

7）对设置的无线 AP 可以接受的 IP 地址范围进行设置，以提高安全性。如图 2-31 所示。

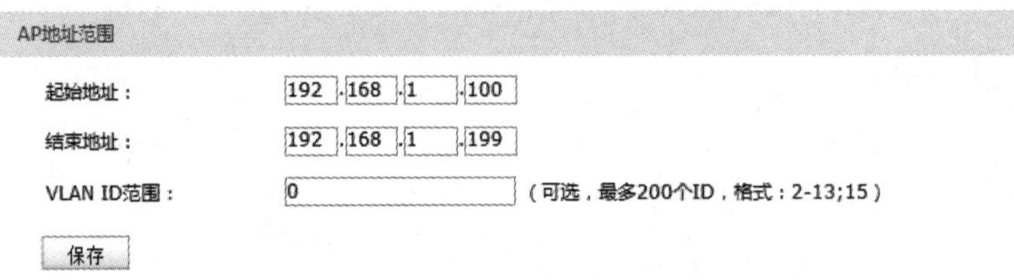

图 2-31　AP 可接受 IP 地址配置

2.6.4　无线漫游

无线客户端使用同一个无线登录账号，可以在多个 AP 之间切换。无线客户端接入无线网络后，不需要任何手动设置，即可实现在多个 AP 间的无线漫游。实现无线漫游必须遵守下面要求。

1）无线路由器 SSID 设置必须相同。

2）无线路由器分配的地址必须属于同一网段，且归属于同一个 VLAN。

3）无线 AP 必须采用相同的加密方式 WPA-PSK /WPA2-PSK，并设置相同验证密码。

4）信号相互覆盖的无线路由器，必须使用不同的信道。AP 之间的信号必须相互覆盖，否则会出现不能上网的盲区。因此无线 AP 之间的距离，应该低于无线 AP 的覆盖范围。由于多个 AP 覆盖区域信号互相交叠，因此这些区域 AP 所占用的信道必须符合一定的规范。相互覆盖的 AP 不能采用相同的信道，不然会造成 AP 信号传输时相互干扰。在可用的 11 个信道中，仅有 3 个信道是完全不覆盖的，分别为 Channel 1、Channel 6、Channel 11，利用这三个信道做多蜂窝覆盖是最合适的。

5）无线局域网内在无线漫游时，客户端配置与接入点网络中的配置完全相同，用户在移动过程中完全感受不到无线 AP 之间的切换操作。

2.6.5　应用测试

使用 Ping 进行网络连通性测试，测试结果如表 2-16 所示。

表 2-16　连接测试表

序号	SSID	请求主机 IP	接入位置	相应主机 IP	接入位置	Ping 测试结果
1	OfficeNetwork	192.168.1.20	办公室	192.168.1.21	会议室	√
2	OfficeNetwork	192.168.1.20	办公室	192.168.1.22	会客室	√
3	OfficeNetwork	192.168.1.20	办公室	192.168.1.23	研发部	√
4	DevNetwork	192.168.1.150	研发部	192.168.1.151	办公室	√
5	DevNetwork	192.168.1.150	研发部	192.168.1.152	会客室	√

续表

序号	SSID	请求主机 IP	接入位置	相应主机 IP	接入位置	Ping 测试结果
6	DevNetwork	192.168.1.150	研发部	192.168.1.153	会议室	√
7	OpenNetwork	192.168.1.210	会客室	192.168.1.211	办公室	√
8	OpenNetwork	192.168.1.210	会客室	192.168.1.212	会议室	√
9	OpenNetwork	192.168.1.210	会客室	192.168.1.213	研发部	√

3 接入 Internet

至此，我们的局域网（含无线局域网）已经建设好，接下来该把它接入到 Internet 中了。

现代通信网按照服务范围、网络拓扑和接入逻辑，可划分为核心网和接入网。核心网是由骨干层和汇聚层组成，接入网则是指从运营商的机房交换机到用户家里的计算机等终端设备之间的连接。接入网是连接电信业务提供商和最终用户的第一桥梁，同时也处于网络的末端，因此业界通常将接入网形象地称为“最后一公里”。

本章将着重讲解接入 Internet 的方式和常见接入技术等内容，并通过案例介绍家庭网络、企业网络接入 Internet 方式和具体实现方法。

3.1 Internet 接入的一些基本概念

3.1.1 什么是 Internet 接入

从信息资源的角度，Internet 是一个集各部门、各领域的信息资源为一体的，供网络用户共享的信息资源网。家庭用户或单位用户要接入 Internet，可通过某种通信线路连接到 ISP，由 ISP 提供 Internet 的入网连接和信息服务。Internet 接入是通过特定的信息采集与共享的传输通道，利用某种传输技术完成用户与 IP 广域网的高带宽、高速度的物理连接。

3.1.2 接入方式

（1）ISDN

1）定义。

综合业务数字网（Intergrated Services Digital Network，ISDN）俗称“一线通”，它是在现有电话网的基础上发展起来的，用单一网络提供不同类型的业务，实现完全开放的系统互连和通信。ISDN 将分组交换能力、电路交换能力及无交换连接能力都包含在其内部，具有业务综合、端到端的数字连接、标准接口特性。用户通过 ISDN 网络既能进行高速数据传输（64Kb/s～622Mb/s）和图像传送，又能进行语音传送，并且比电话网和数据网更为有效、经济和方便。

ISDN 网络有两类通信通道用来传送各种信息，即 B 通道和 D 通道。B 通道是用户通道，用来传送语音、数据等用户信息，传输速率为 64Kb/s，是信息交换的主要通道。D 通道是公共通道，传输速率一般为 16Kb/s，主要有两个用途：首先是传送公共通道的信息，控制同一接口 B 通道上的呼叫；其次当没有通道信息需要传送时，D 通道可以用来传送分组数据或低速的（100b/s）数据。

2）特性。

ISDN 实现的目标是在传统电话网上开展数据、多媒体通信等增值服务。用“多、快、好、省”这四个字来概括 ISDN 的特点是再好不过了。

①多业务服务。ISDN 可提供的业务多，处理的信息种类多，应用的方面多。它不仅囊括了现有电话网的业务，并且还扩充了很多新的业务，如调整数据通信、可视电话、多用户号码三方业务等。它可以处理所有类型的信息，如语音、文本、图像、视频等。客户通过 ISDN 网络可以同时拨打电话和上网，既方便又实用。

②快速建立网络连接。在一条 ISDN 电话线上数据速率最高可达 128Kb/s，ISDN 的通话建立也比模拟电话快得多，模拟 Modem 要协商电话线支持带宽（速率），协商要花 10～30s 或更长时间。由于 ISDN 是全数字化的，这个握手时间消失了，通话几秒钟就可连接好。

③通信的效果好。ISDN 通信的效果好，用户与电信局之间是全数字连接，避免了数字信号与模拟信号间的频繁转换，同时采用了更为先进的纠错编码技术，纠错编码率改善了十倍以上，数据通信中误码率大大降低，同时降低了数据重传的现象。

④网络费用省。如果租用数字数据专线进行数据通信，每月要付出的是一条专线使用一个月的费用，而不管在这一个月中实际使用了多少天。由于 ISDN 是一种需求式的服务，就如同使用普通电话一样，只在需要时进行呼叫连通，并付相应通话费。还可以利用 ISDN 召开电视会议，便于公司异地办公，这对于跨省、跨国公司尤其适宜。

3）优缺点。

优点：提供综合的通信业务，即利用一条用户线路，就可以在上网的同时拨打电话、收发传真；由于采用端到端的数字传输，传输质量明显提高；只需一个入网接口，使用一个统一的号码，就能从网络得到所需要使用的各种业务；用户在这个接口上可以连接多个不同种类的终端，而且有多个终端可以同时通信，上网速率可达 128Kb/s。

缺点：相对于 ADSL 和 LAN 等接入方式来说，速度不够快、长时间在线费用会很高、设备费用不够便宜。

（2）DDN

1）定义。

数字数据网（DDN）是利用数字信道传输数据信号的数据传输网络，它利用数字信道提供半永久性连接电路，主要传输数字信号。DDN 作为计算机数据通信联网传输的基础，提供点对点、点对多点的大容量信息传送通道。数字数据网是作为一种数据业务的承载网络，不仅可以实现用户终端的接入，而且可以实现用户网络的互连，使得信息的交换与应用的范围得到了扩展。

2）优缺点。

优点：采用数字电路，传输质量高，延时小，通信速率可根据需要在 0.24Mb/s～2Mb/s 之间选择；

电路采用全透明传输，并可自动迂回，可靠性高；一线可以多用，可开展传真、接入因特网、会议电视等多种多媒体业务；能够方便地组建虚拟专用网（VPN），建立自己的网管中心，自己管理自己的网络。

缺点：使用 DDN 专线上网，需要租用一条专用通信线路，租用费用太高，绝非一般个人用户所能承受。

3）应用。

DDN 适用于公安、铁路、气象等部门，涉及银行和证券等金融行业。DDN 可以向用户提供多种速率的全透明电路，DDN 用户终端可以有多种，如异步终端、个人计算机或者局域网。

（3）ADSL

1）ADSL 概述。

ADSL（Asymmetric Digital Subscriber Line，不对称数字用户线路）使用世界上用得最多的普通电话线作为传输介质，具有高速且不影响通话的优势。它是 xDSL 系列中比较成熟，使用最为广泛的一种。ADSL 技术为家庭和小型业务提供宽带、高速接入 Internet 的方式。

ADSL 是一种上行和下行速率不对称的技术，其下行速率（可以达到 1.5Mb/s～8Mb/s）要远远高于上行速率（一般为 512b/s～1Mb/s），能够较好满足大多数 Internet 用户的应用需求，目前已成为用户上网的首选接入方式。现在比较成熟的 ADSL 标准有两种：G.DMT 和 G.Lite。G.DMT 是全速的 ADSL 标准，支持 8Mb/s 或 1.5Mb/s 的高速下行/上行速率，但是它要求用户安装价格昂贵的 POTS 分离器，比较适用于小型或家庭办公室（SOHO）。G.Lite 标准速率较低，支持 1.5Mb/s 或 512Kb/s 的下行/上行速率，但省去了 POTS 分离器，成本较低且便于安装，适用于普通家庭。

远端用户模式由用户端 ADSL Modem 和滤波器组成，其中用户端 ADSL Modem 通常被叫做 ADSL 远端传送单元（ATU-R，ADSL Transmission Unit-Remote terminal End），用户计算机、电话等设备通过它们连接公用交换电话网 PSTN。两个模式中的滤波器用于分离承载音频信号的 4kHz 以下的低频带和调制用的高频带，这样 ADSL 可以同时提供电话和高速数据业务，且两者互不干涉。

采用 ADSL 技术接入 Internet 时，用户还需为 ADSL Modem 或 ADSL 路由器选择一种通信方式，常见的通信方式主要有两种：专线接入和虚拟拨号接入。一般普通家庭用户多数选择虚拟拨号入网方式，企业用户更多选择静态 IP 地址的专线入网方式。

①虚拟拨号入网方式：并非是真正的电话拨号，ADSL 接入 Internet 时，需要输入用户名和密码，当通过身份验证时，获得一个动态的 IP，即可连通网络，也可以随时断开与网络的连接。虚拟拨号有 PPPoE（Point to Point Protocol over Ethernet）和 PPPoA（Point to Point Protocol over ATM）两种，PPPoE 是基于 Ethernet 的 PPP 协议，而 PPPoA 是基于 ATM 的 PPP 协议。

②专线入网方式：用户在使用的时候至少分配给用户 1 个 IP 地址，同时，还可以根据用户的需求，给用户不定量地增加 IP 地址，而且可以保证用户二十四小时在线。

虚拟拨号用户与专线用户的物理连接结构都是一样的，不同之处在于虚拟拨号用户每次上网前需要通过账号和密码的验证。专线用户只需要一次设好 IP 地址、子网掩码、网关等即可一直在线。

2）ADSL 接入网方式。

从客户端设备和用户数量来看，可以分为以下两种接入情况。

①单用户 ADSL Modem 直接连接。

该方式多为家庭用户使用，连接时用电话线将滤波器一端接入电话机上，一端接于 ADSL Modem，再用双绞线将 ADSL Modem 和计算机网卡连接即可。

②多用户 ADSL Modem 连接。

如果有多台计算机，其中一台设为服务器，并配以两块网卡。其中一块网卡接 ADSL Modem，另一块网卡接集线器的 uplink 口，其他计算机即可通过此服务器接入 Internet。如果在需要连入 Internet 的计算机数量不多的情况下，也可以采用 ADSL Modem 和宽带路由器来进行连接，所有接入网的计算机都通过宽带路由器接入 Internet。客户端除使用 ADSL Modem 外还可使用 ADSL 路由器，它兼具路由功能和 Modem 功能。

3）ADSL 接入网的特点。

ADSL 的优点：无需改造线路，只需要在现有的电话线上安装一个滤波器，即可使用 ADSL。

ADSL 的缺点：线路问题，由于还是采用现有的电话线路，并且对电话线路的要求较高，当电话线路受干扰时，数据传输的速率将降低。

随着 ADSL 技术在全球范围内的大规模推广以及针对 DSL 技术的应用和服务的不断推广，ADSL 目前已经是国内外应用最广泛的接入技术。

（4）VDSL

1）定义。

VDSL 是一种非对称 DSL 技术，全称 Very High Speed Digital Subscriber Line（超高速数字用户线路）。和 ADSL 技术一样，VDSL 使用双绞线进行语音和数据的传输。VDSL 是利用现有电话线实现的，但只需在用户侧安装 VDSL Modem，无须为宽带上网而重新布设或变动线路。

VDSL 技术采用频分复用原理，数据信号和电话音频信号使用不同的频段，互不干扰，上网的同时可以拨打或接听电话。

从技术角度而言，VDSL 实际上可视作 ADSL 的下一代技术，其平均传输速率可比 ADSL 高出 5 至 10 倍。VDSL 能提供更高的数据传输速率，可以满足更多的业务需求，包括传送高保真音乐和高清晰度电视等，是真正的全业务接入手段。由于 VDSL 传输距离缩短到 1000 米以内，码间干扰小，对数字信号处理要求大为简化，所以设备成本比 ADSL 低。根据市场或用户的实际需求，VDSL 上下行速率可以设置成对称的，也可以设置成不对称的。

2）特点。

高速传输：短距离内的最大下传速率可达 55Mb/s，上传速率可达 19.2Mb/s，甚至更高。目前可提供 10Mb/s 上、下行对称速率。

互不干扰：VDSL 数据信号和电话音频信号以频分复用原理调制于各自频段互不干扰。

（5）Cable Modem

1）定义。

电缆调制解调器（Cable Modem，CM），Cable 是指有线电视网络，Modem 是调制解调器。平常用 Modem 通过电话线连接互联网，而电缆调制解调器是在有线电视网络上用来连接互联网的设备，它是串接在用户家的有线电视电缆插座和上网设备之间的，而通过有线电视网络与之相连的另一端是在有线电视台（称为头端：Head-End）。它把用户要上传的上行数据以 5～65M 的频率以 QPSK 或 16QAM 的调制方式调制之后向上传送，带宽 2～3MHz 左右，速率从 300Kb/s 到 10Mb/s。它把从头端发来的下行数据以 64QAM（Quadrature Amplitude Modulation，正交振幅调制）或 256QAM 解调的方式进行传送，带宽 6MHz～8MHz，速率可达 40Mb/s。

Cable Modem 的基本原理是在有线电缆上对数据进行调制，然后在某个频率范围内传输；接收方在同一个频率范围内，对已调信号解调，解析出数据，再传送给用户。事实上，这种调制解调器在物理层上的传输机理与电话线上的调制解调器没什么不同，同样也是通过调频或调幅对数据进行编码和解码。

2）特点。

Cable Modem 允许用户通过 CATV 网进行高速数据接入（如接入 Internet）。它发挥了 CATV 同轴电缆的带宽优势，利用一条电视信道高速传送数据。其主要特性如下所示。

- 速度快，下行速率可达 36Mb/s，上行速率可达 10Mb/s。
- Cable Modem 只占用了 CATV 系统可用频谱中的一小部分，因而上网时不影响收看电视和使用电话。
- 接入 Internet 的过程可在一瞬间完成，不需要拨号和登录过程。
- 计算机可以每天 24 小时停留在网上，用户可以随意发送和接收数据。不发送或接收数据时不占用任何网络和系统资源。

但是，Cable Modem 带宽通常由几百个用户共享，如果同时很多用户上网就会产生拥塞；或者一个用户下载一个大的图形或视频文件时，将占用相当大的带宽，这就会影响同一区内其他用户的速度。

（6）EPON

1）PON 技术。

PON（Passive Optical Network，无源光纤网络），与传统的有源光纤接入技术相比其有效消除了局端与用户端之间的有源设备，使得网络设备更加容易维护，而且应用可靠性更高、成本更低。当前，几种典型的 PON 技术主要包括 APON、EPON 与 GPON 技术，三者之间的差异主要在于不同的二层技术。APON 技术二层采用的是 ATM 封装与传送技术，使用过程中存在着带宽不足、技术复杂、成本较高的问题。GPON 技术在高速率以及多业务等方面存在明显优势，但是在产品成本以及技术成熟性方面与 EPON 技术还存在一定的差距。因此，目前主要以应用 EPON 技术为主。

2）EPON 技术。

EPON 技术属于技术成熟的无源光纤网络技术，该技术有效地解决了光纤部分在连接过程中的问题，诸如光纤到小区、楼栋、用户时，通过使用 EPON 技术将能够节省大量的光纤、设备等。同时，EPON 技术采用了无源分光器，能够有效地减少网络层级、提高系统可靠性。随着 EPON 技术的不断成熟以及使用成本的进一步降低，该技术得到了更加广泛的应用。

EPON 技术采用了点到点的多点拓扑结构形式，通过使用光纤以及无源光器件等实现了物理层传输，基于以太网协议进行了新的数据链路层协议的开发，实现了多种服务型宽带的接入技术的应用。该项技术通过充分将无源光网络技术以及以太网技术的相关优势结合起来，为中心机房与终端客户端之间宽带接入提供了一种成本低、效率高的方法。

3.1.3 以太网的宽带网接入技术

Internet 应用的迅猛发展，促进了光网络技术的不断突破。目前光传输技术已经从 SONET/SDH 发展到 WDM，并向 DWDM 逐渐过渡。随着光网络技术的广泛应用，采用新的光网络技术的宽带网络正逐步替代传统的 Internet 主干网络，为整个社会的信息传输提供更高的带宽。主干网络带宽的迅速提高，使传输瓶颈发生了变化。传统的采用 MODEM 或 ISDN 的接入方式已经成为了新的传输瓶颈，制约着 Internet 应用的发展。因此，各种适应宽带网络的接入技术应运而生，xDSL、Cable Modem 等技术迅速发展，然而这些技术均面临着一个相同的问题，就是成本高，不易在实际应用中普遍采用。

为了更好地提升网络接入技术的速率，降低网络接入的成本，以以太网技术为基础的宽带网接入技术得到迅速发展。目前，基于以太网技术的宽带接入网一般可以采用三种解决方案:VLAN 方式、VLAN+PPPoE 方式、MUX 方式。

（1）VLAN 方式

VLAN 技术是以一定的方式，将连接在同一物理设备上的站点根据某种规则划分成逻辑上独立的局域网段。VLAN 的划分有多种方式，可基于端口号、MAC 地址或第三层协议进行划分，或者按以上信息进行组合，如端口号加 IP 地址进行划分。

VLAN 方式的接入网络结构如图 3-1 所示。局端设备采用路由器或路由交换机接入到主干网络，用户端设备采用交换机，其中交换机的每个端口均与上联口配置成为一个独立的 VLAN，具有独立的 VLAN 标识。但是，该方法缺乏对用户进行管理的有效手段，难以对用户进行认证、授权。为了加强用户的合法性验证，一种做法是将用户的 IP 地址与该用户所连接端口的 VLAN 标识进行绑定，这样设备就可以通过检查 IP 地址与 VLAN 标识是否匹配来识别用户的合法性。这种方法的局限性是用户的 IP 地址必须采用静态分配方式，而不能采用 DHCP 的动态 IP 地址分配。另一种方法是将 MAC 地址与物理端口绑定，该方法在数据链路层实现绑定，允许系统在网络层进行 IP 地址动态分配。但是用户 MAC 地址需要切换时，必须手动修改，管理成本较高。

（2）VLAN+PPPoE 方式

该方法是在 VLAN 方式实现了各端口 VLAN 隔离的基础上，在接入网的起始端设置宽带接入服务器，通过 PPPoE 协议和 RADIUS 协议实现用户身份的认证和授权以及 IP 地址动态分配。该接入方式如图 3-2 所示。PPPoE 协议是在 PPP 协议的基础上加以改进的面向以太网的协议，它可以支持用户认证、授权和 IP 地址动态分配等功能。该方式有效地解决了用户信息隔离、IP 地址动态分配和认证授权等问题。但由于 PPPoE 是点对点的协议，所以无法支持组播功能。

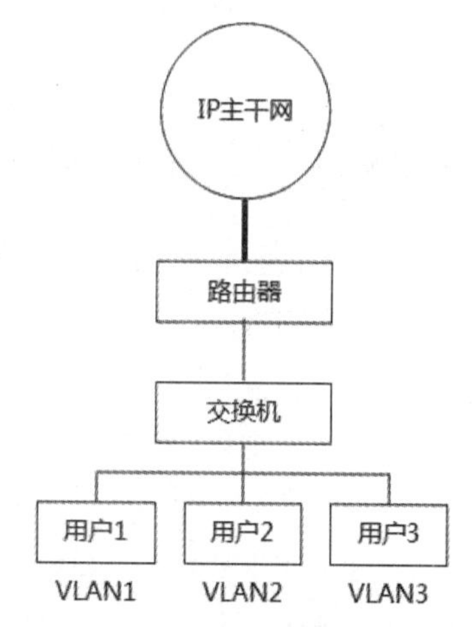

图 3-1　VLAN 方式以太网宽带接入

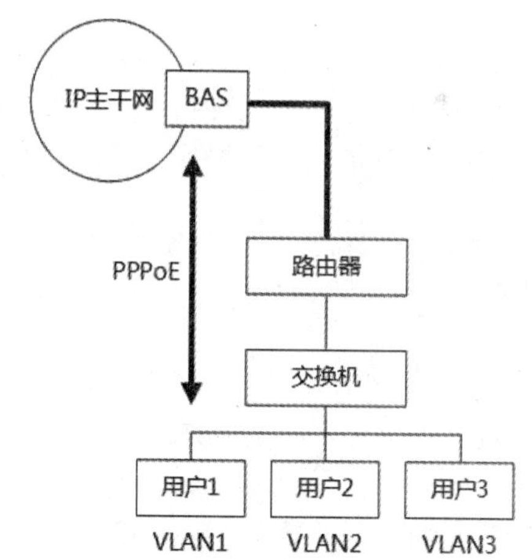

图 3-2　VLAN+PPPoE 方式以太网宽带接入

（3）MUX 方式

上述的两种方式均基于普通的以太网交换机和路由器设备来实现。另一种方法是采用多路复用设备 MUX，该接入方式如图 3-3 所示。MUX 作为用户端设备，仅具备数据链路层的功能，通过以太网帧的时分复用和解复用，使各端口共享上联端口，并实现端口间物理层和数据链路层的信息隔离，保证用户数据传输的安全性。同时，MUX 可以根据局端设备的控制操作或本地控制台操作，动态调整各端口的速率，满足不同业务对 QoS 的要求。另外，MUX 仅根据局端设备的命令进行组播复制，但本身不需要支持组播及其管理功能，如 IGMP 协议和 DVMRP 协议。

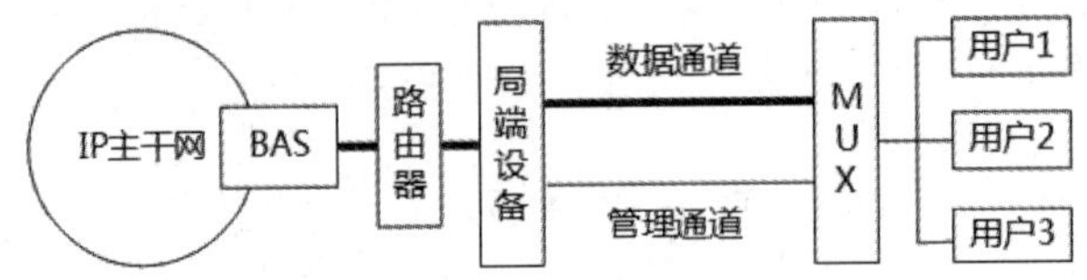

图 3-3　MUX 方式以太网宽带接入

MUX 方式下的局端设备一般为社区或楼宇网络的核心部分。它需要具备路由交换机的功能，应当支持 IGMP 或 DVMRP 等组播协议。对用户的认证、授权、动态 IP 地址分配以及计费等功能可以通过连接在局端设备上的服务器完成，也可以将这些功能放到主干网管理的设备（如 BAS）上实现。为了保证设备的安全性，可以考虑局端设备和 MUX 之间应当采用物理或逻辑上独立的管理通道。局端设备要求支持 SNMP 协议，并可通过 MUX 设备管理代理来实现对 MUX 设备的管理功能，也可以在 MUX 设备上直接支持 SNMP。

MUX 方式有效地解决了用户信息隔离、用户认证与授权、动态 IP 地址分配、计费和组播等功能，可以满足目前宽带接入网络的实际需求。

3.2　案例 1：家庭局域网接入 Internet

3.2.1　需求分析

随着无线局域网的日益增长，越来越多的人认识到无线局域网带来的方便性，因此，无线局域网进入到各家各户。上章已经介绍过无线路由器安装与配置过程，本案例主要介绍无线路由器接入 Internet 及实现。

本案例以一个家庭为例，该家庭需要接入网络的设备有 3 台 PC、1 台笔记本、1 台 iPad 平板电脑和 1 部智能手机。本案例使用一台 TP-LINK TL-WR2041N 450M 无线路由器接入因特网，实现以下这些功能。

1）能够在无线局域网进行相互通信。

2）实现 ARP 绑定，防止 ARP 欺骗。

3）实现流量控制功能，对连接路由器设备进行流量控制。

4）实现 NAT 网络地址转换功能。

5）使用 PPPoE 接入 Internet。

3.2.2　方案设计

根据上述需求，进行拓扑设计，如图 3-4 所示。

想要有效地管理这些设备，那就需要进行网络地址规划，使用静态 IP 地址进行定制管理。网络地址规划如表 3-1 所示。

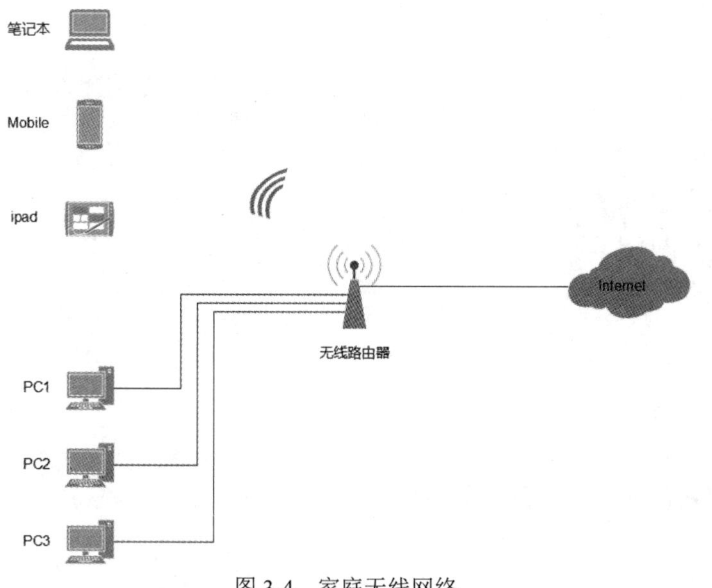

图 3-4 家庭无线网络

表 3-1 网络地址规划

序号	名称	接入位置	静态 IP 地址	子网掩码
1	PC1	LAN1	192.168.1.100/24	255.255.255.0
2	PC2	LAN2	192.168.1.101/24	255.255.255.0
3	PC3	LAN3	192.168.1.102/24	255.255.255.0
4	笔记本电脑	-	192.168.1.103/24	255.255.255.0
5	iPad	-	192.168.1.104/24	255.255.255.0
6	Mobile	-	192.168.1.105/24	255.255.255.0

3.2.3 部署实施

（1）设备连接

使用双绞线进行部署，依据图 3-4 拓扑所示，分别把 PC1、PC2、PC3 连接在 TP-LINK 的 LAN1、LAN2、LAN3 接口，使用笔记本电脑的无线网卡进行无线连接等，当所有设备连接完成后开始配置 TP-LINK 无线路由器。

（2）实现 ARP 绑定

1）首先，关闭 TP-LINK 路由器的 DHCP 功能，然后在管理界面的菜单中选择【IP 与 MAC 绑定】，在如图 3-5 所示的界面中设置 ARP 绑定。

2）打开【静态 ARP 绑定设置】窗口，如图 3-6 所示。

默认情况下 ARP 绑定功能是关闭的，需要选中启用来开启该功能。

3）在添加 IP 与 MAC 地址绑定的时候，可以通过手动来进行条目的添加，也可通过【ARP 映射表】

来查看 IP 与 MAC 地址的对应关系，然后通过导入进行绑定。

图 3-5　IP 与 MAC 绑定

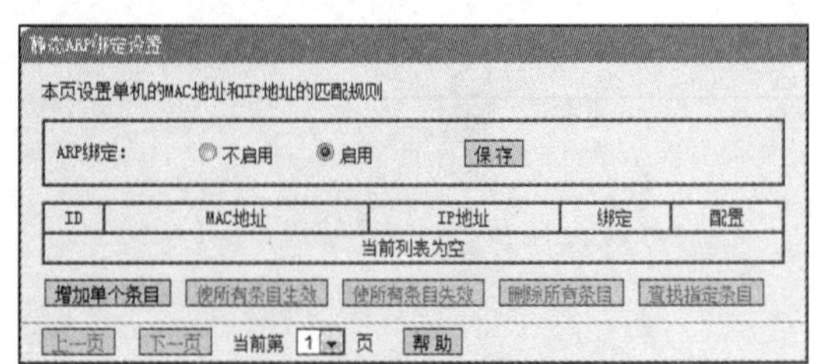

图 3-6　静态 ARP 绑定设置

手动进行添加时可单击【增加单个条目】，添加电脑的 MAC 地址与对应的 IP 地址后单击保存，即可实现 IP 与 MAC 地址绑定，如图 3-7 和图 3-8 所示。

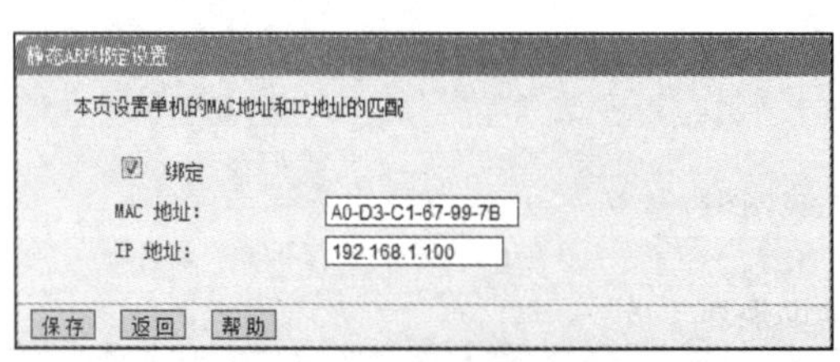

图 3-7　编辑 ARP 绑定设置

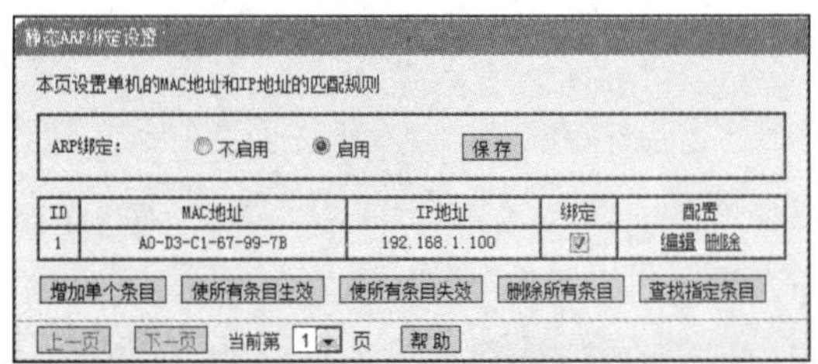

图 3-8　单 ARP 绑定

通过【ARP 映射表】，导入条目进行绑定时，打开【ARP 映射表】可看到无线路由器动态获取到的 ARP 表，可以看到状态这一览显示“未绑定”状态，如图 3-9 所示。

确定这一个动态获取的表正确无误，也就是说网络中不存在 ARP 欺骗，把正确条目全部导入，并且保存为静态表。导入成功以后，即可完成 IP 与 MAC 绑定的设置。在图 3-10 中可看到，IP 地址和 MAC 地址完成绑定，此时无线路由器就已具备防止 ARP 欺骗的功能。

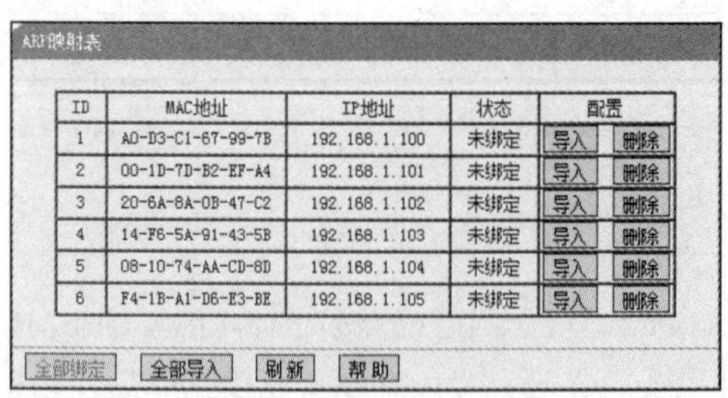

ID	MAC地址	IP地址	状态	配置	
1	A0-D3-C1-67-99-7B	192.168.1.100	未绑定	导入	删除
2	00-1D-7D-B2-EF-A4	192.168.1.101	未绑定	导入	删除
3	20-6A-8A-0B-47-C2	192.168.1.102	未绑定	导入	删除
4	14-F6-5A-91-43-5B	192.168.1.103	未绑定	导入	删除
5	08-10-74-AA-CD-8D	192.168.1.104	未绑定	导入	删除
6	F4-1B-A1-D6-E3-BE	192.168.1.105	未绑定	导入	删除

图 3-9　状态表

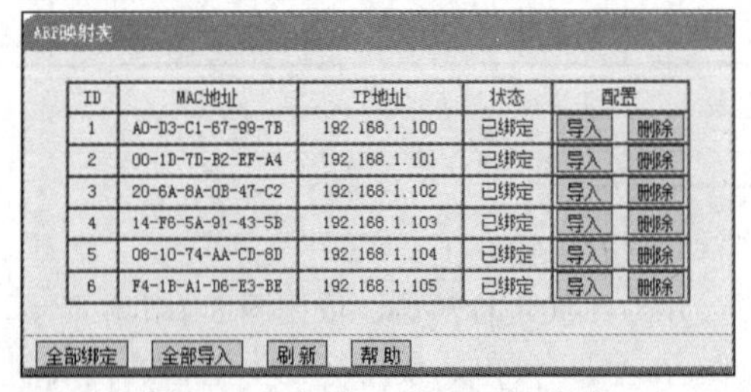

ID	MAC地址	IP地址	状态	配置	
1	A0-D3-C1-67-99-7B	192.168.1.100	已绑定	导入	删除
2	00-1D-7D-B2-EF-A4	192.168.1.101	已绑定	导入	删除
3	20-6A-8A-0B-47-C2	192.168.1.102	已绑定	导入	删除
4	14-F6-5A-91-43-5B	192.168.1.103	已绑定	导入	删除
5	08-10-74-AA-CD-8D	192.168.1.104	已绑定	导入	删除
6	F4-1B-A1-D6-E3-BE	192.168.1.105	已绑定	导入	删除

图 3-10　完成 IP 与 MAC 绑定

4）设置电脑防止 ARP 欺骗。

在设置好 TP-LINK 路由器的防止 ARP 欺骗以后，接下来就要开始设置电脑的 ARP 绑定。操作系统都带有 ARP 管理的命令行程序，所以可以在其命令提示符界面来进行配置。

首先以管理员身份运行命令提示符，输入命令【netsh -c i i show in】查看网络连接的准确名称，然后执行绑定【netsh –c i i add neighbors→“网络连接名称”→“IP 地址”→“MAC 地址”】。整个过程如图 3-11 所示。

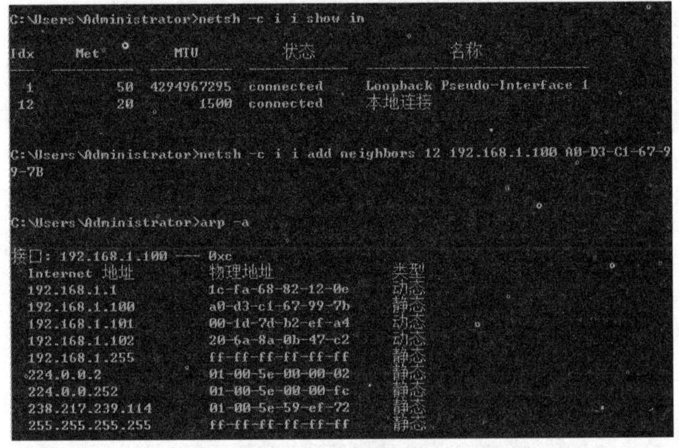

图 3-11　ARP 绑定

（3）流量控制

1）使用流量控制的功能可以按照自定义的方式来为每一台接入设备分配网络带宽。在【IP 带宽控制】选项中找到【控制设置】，先勾选【开启 IP 带宽控制】，然后根据实际情况设置带宽类型，如图 3-12 所示。

上行总带宽：默认是 512Kb/s，这个数值保持默认即可，该数值表示上传的速度。

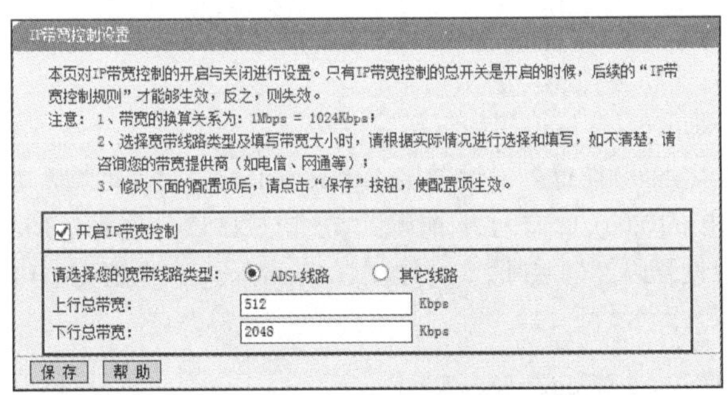

图 3-12　IP 带宽控制设置

下行总带宽：默认是 2048Kb/s，也就是通常所说的 2M 带宽，如果是 4M 带宽就改成 4096Kb/s。

2）设置完成后，切换到【控制规则】，点击【添加新条目】，如图 3-13 所示。

地址段：设置地址范围只包含一个 IP 地址，只需要起始地址与结束地址一样即可。

端口段：最大端口号为 65535，如果选择所有端口就填 1-65535。

协议：ALL 是指包含 TCP 协议和 UDP 协议，默认是 ALL。

上行：最小带宽默认为 0，最大带宽这里设置为上行总带宽的数值，也就是 512Kb/s，因为上行带宽不是带宽控制的重点，所以这里可以设置得更为灵活。

下行：最小带宽默认为 0，最大带宽这里设置为 512Kb/s，也就是说如果开通的是 2M 带宽，则 192.168.1.100 这台主机能占用的最大下载带宽是总带宽的四分之一。

填写完成之后，点击【保存】，一条带宽控制规则就添加完成了，可以按照相同步骤添加若干条控制规则，在【IP 带宽控制规则列表】中可以查看所有添加的规则，如图 3-14 所示。

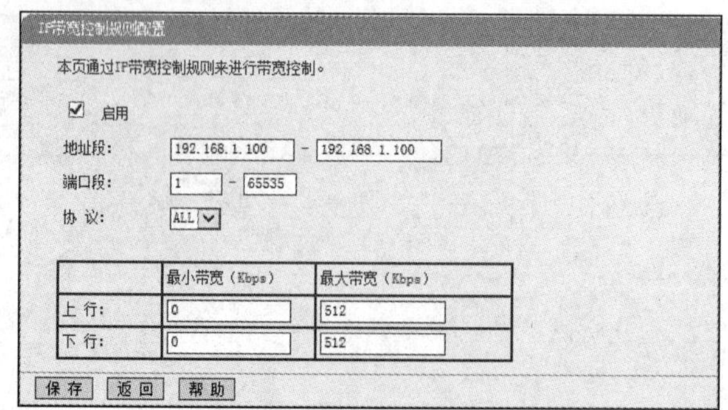

图 3-13　IP 带宽控制规则设置

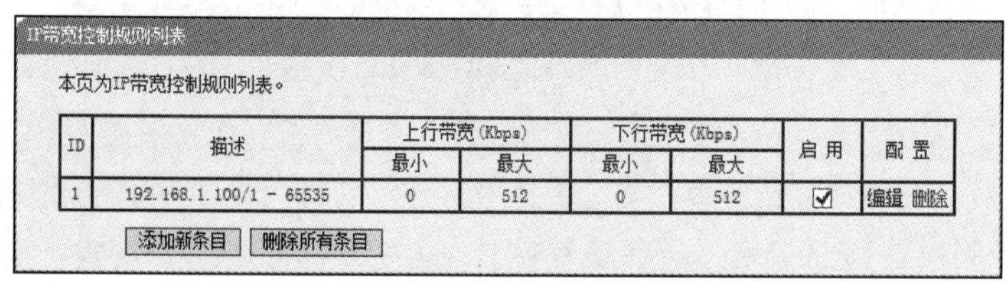

图 3-14　IP 带宽控制规则列表

（4）实现 NAT 网络地址转换

NAT 网络地址转换，是一种将私有（保留）地址转化为合法 IP 值的地址的转换技术，被广泛应用于各种类型 Internet 接入方式和各种类型的网络中。

配置无线路由器 NAT 功能的具体步骤如下所示。

在【网络参数】的【WAN 口设置】中设置接入 Internet 的可接受地址，如图 3-15 所示。本案例所用环境的 IP 地址为静态 IP：10.0.0.215，子网掩码：255.255.255.0，网关：10.0.0.1。

在【LAN 口设置】中设置内部的 IP 地址，如图 3-16 所示。IP 地址为：192.168.1.1（即内部计算机的网关），子网掩码：255.255.255.0。

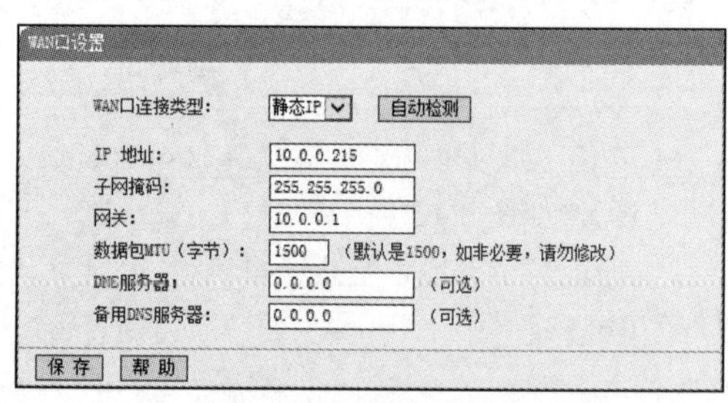

图 3-15　WAN 口设置

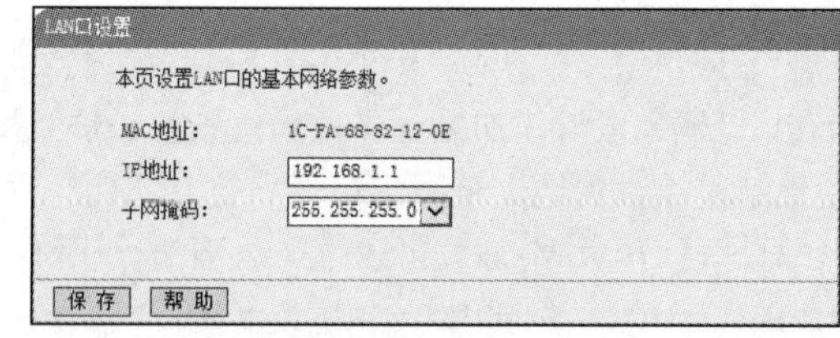

图 3-16　LAN 口设置

（5）PPPoE 接入 Internet

如果上网方式是 PPPoE 拨号，也就是说网络服务商（电信或联通）给您提供了一组用户名和密码，并且需要使用 PPPoE（宽带连接）拨号上网，那么可以按照如下步骤设置。

打开【网络参数】【WAN 口设置】设置选项，然后在右边框中的【WAN 口连接类型】中选择【PPPoE】，如图 3-17 所示。在【上网账号】和【上网口令】中填入宽带账户的用户名和密码，连接模式选择【自动连接】即可登录。

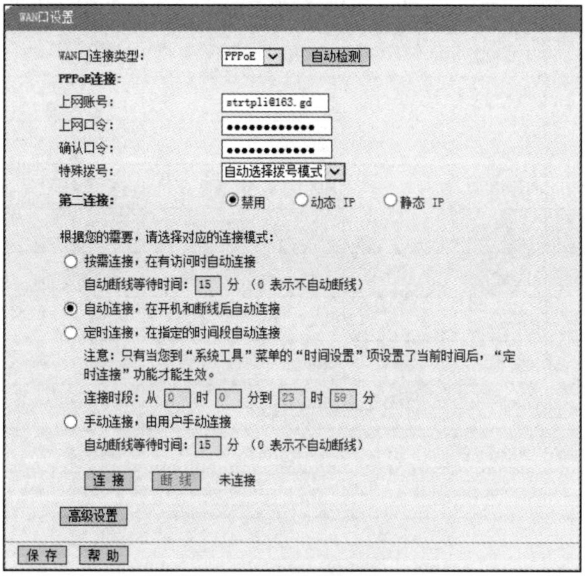

图 3-17　PPPOE 接入 Internet

拨号的连接或断开操作可通过点击管理界面左侧边框中的【运行状态】进行操作，在 WAN 口的状态信息中可以清楚看到 IP 地址、子网掩码、网关、DNS 服务器、上网时间等信息。

3.2.4　应用测试

（1）局域网的连通性

首先测试在无线路由器下组建的局域网能否相互通信，使用 Ping 命令进行连通性测试，测试结果如表 3-2 所示。

表 3-2　局域网的连通性测试

序号	请求设备	接入位置	响应设备	接入位置	Ping 测试结果
1	PC1	LAN1	PC2	LAN2	√
2	PC1	LAN1	PC3	LAN3	√
3	PC1	LAN1	笔记本电脑	家庭	√
4	PC1	LAN1	Mobile	家庭	√
5	PC1	LAN1	iPad	家庭	√
6	PC2	LAN2	PC1	LAN1	√
7	PC2	LAN2	PC3	LAN3	√
8	PC2	LAN2	笔记本电脑	家庭	√
9	PC2	LAN2	Mobile	家庭	√

续表

序号	请求设备	接入位置	响应设备	接入位置	Ping 测试结果
10	PC2	LAN2	iPad	家庭	√
11	PC3	LAN3	PC1	LAN1	√
12	PC3	LAN3	PC2	LAN2	√
13	PC3	LAN3	笔记本电脑	家庭	√
14	PC3	LAN3	Mobile	家庭	√
15	PC3	LAN3	iPad	家庭	√
16	笔记本电脑	家庭	PC1	LAN1	√
17	笔记本电脑	家庭	PC2	LAN2	√
18	笔记本电脑	家庭	PC3	LAN3	√
19	笔记本电脑	家庭	Mobile	家庭	√
20	笔记本电脑	家庭	iPad	家庭	√

（2）Internet 测试

上述连通性测试得出，各设备之间可以相互通信。下面测试设备能否访问 Internet，测试结果如表 3-3 所示，表明家庭局域网成功接入了 Internet。

表 3-3　接入 Internet 测试

序号	设备	IP 地址	连接方式	能否访问 Internet
1	PC1	192.168.1.100	有线	√
2	PC2	192.168.1.101	有线	√
3	PC3	192.168.1.102	有线	√
4	笔记本电脑	192.168.1.103	无线	√
5	Mobile	192.168.1.104	无线	√
6	iPad	192.168.1.105	无线	√

3.3　案例 2：基于 OPNsense 实现企业网接入

OPNsense 是开源易用且易于构建的、基于 FreeBSD 的防火墙和路由平台。包括大多数商业防火墙的特性，并提供功能完整且易用的 GUI 管理界面。

OPNsense 所需最小硬件要求：

- 1GHz dual core CPU（1GHz 双核 CPU）
- 1GB RAM（1GB 内存）
- 40GB SSD（40G 硬盘）

- Serial console or video 支持

OPNsense 所推荐配置：

- 1.5GHz multi core cpu（1.5GHz 多核 CPU）
- 4GB RAM
- 120GB SSD
- Serial console or video 支持

3.3.1　需求分析

本案例基于 OPNsense 15.7 系统，采用 U 盘装载系统。本案例的目的是通过 NAT 实现企业网接入 Internet，案例要达到的预期效果如下所述。

1）构建局域网。

2）实现 NAT 网络地址转换。

3）查看 log 日志。

3.3.2　构建局域网

（1）拓扑设计

本案例需要一台服务器安装部署 OPNsense，该服务器要配置两块网卡，分别用作外网接入和内网接入。本案例的网络规划的拓扑设计，如图 3-18 所示。

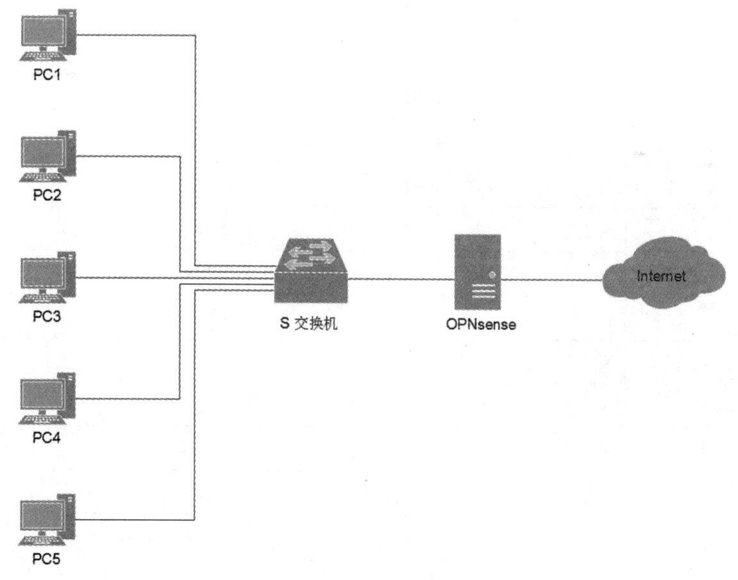

图 3-18　企业网拓扑

（2）网络地址规划

由于本案例需实现 NAT 网络地址转换，内部局域网使用私有地址对主机进行 IP 地址规划，采用静态 IP 地址规划，如表 3-4 所示。

表 3-4　网络地址规划表

序号	主机	IP 段	静态 IP 地址	子网掩码	网关	接入位置
1	PC1	192.168.1.0/24	192.168.1.10	255.255.255.0	192.168.1.1	S 1/1
2	PC2	192.168.1.0/24	192.168.1.20	255.255.255.0	192.168.1.1	S 1/2
3	PC3	192.168.1.0/24	192.168.1.30	255.255.255.0	192.168.1.1	S 1/3
4	PC4	192.168.1.0/24	192.168.1.40	255.255.255.0	192.168.1.1	S 1/4
5	PC5	192.168.1.0/24	192.168.1.50	255.255.255.0	192.168.1.1	S 1/5
6	OPNsense WAN	10.0.0.0/24	10.0.0.230	255.255.255.0	10.0.0.1	Internet
7	OPNsense LAN	192.168.1.0/24	192.168.1.1	255.255.255.0	-	S 1/24

（3）局域网连通性测试

依据图 3-18 进行部署连接，依据表 3-4 进行 IP 设置，使用 Ping 命令进行局域网的连通性测试，如表 3-5 所示。

表 3-5　Ping 连通性测试

序号	请求主机	接入位置	响应主机	接入位置	Ping 测试结果
1	PC1	S 1/1	PC2	S 1/2	√
2	PC1	S 1/1	PC3	S 1/3	√
3	PC1	S 1/1	PC4	S 1/4	√
4	PC1	S 1/1	PC5	S 1/5	√
5	PC2	S 1/2	PC1	S 1/1	√
6	PC2	S 1/2	PC3	S 1/3	√
7	PC2	S 1/2	PC4	S 1/4	√
8	PC2	S 1/2	PC5	S 1/5	√
9	PC3	S 1/3	PC1	S 1/1	√
10	PC3	S 1/3	PC2	S 1/2	√
11	PC3	S 1/3	PC4	S 1/4	√
12	PC3	S 1/3	PC5	S 1/5	√
13	PC4	S 1/4	PC1	S 1/1	√
14	PC4	S 1/4	PC2	S 1/2	√
15	PC4	S 1/4	PC3	S 1/3	√
16	PC4	S 1/4	PC5	S 1/5	√
17	PC5	S 1/5	PC1	S 1/1	√
18	PC5	S 1/5	PC2	S 1/2	√

续表

序号	请求主机	接入位置	响应主机	接入位置	Ping 测试结果
19	PC5	S 1/5	PC3	S 1/3	√
20	PC5	S 1/5	PC4	S 1/4	√

3.3.3 部署实施

（1）配置 NAT

1）使用 ISO 镜像刻录一张系统盘，配置从计算机光驱启动，并将 OPNsense 安装到 U 盘。OPNsense 系统默认用户名为 root，密码为 opnsene。

2）在【set interface(s) IP address】中设置 WAN 端口的 IP 地址，设置为静态 IP，默认情况下，WAN 端口的 IP 地址为自动获取，如图 3-19 所示。

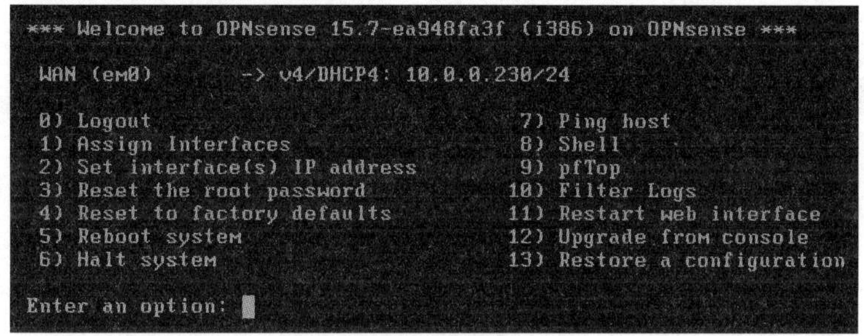

图 3-19　配置 WAN

3）在 IE 浏览器的地址栏中输入 10.0.0.230，在登录界面上输入用户名 root 和密码 opnsense，如图 3-20 所示。

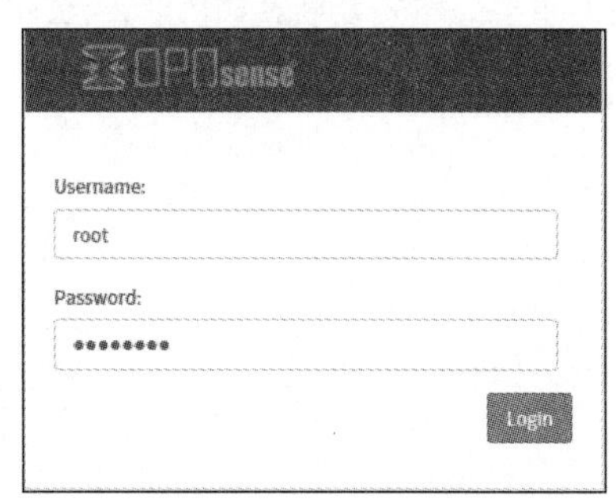

图 3-20　登录界面

4）登录后，显示 OPNsense 的状态，在右侧的【Interface list】可以看出，只显示了 WAN 端口的 IP 地址，如图 3-21 所示。

5）开启 NAT 功能必须要设置 LAN 端口，在网络概括的左侧栏中，【Interfaces】添加内网 LAN 端口，如图 3-22 和图 3-23 所示。

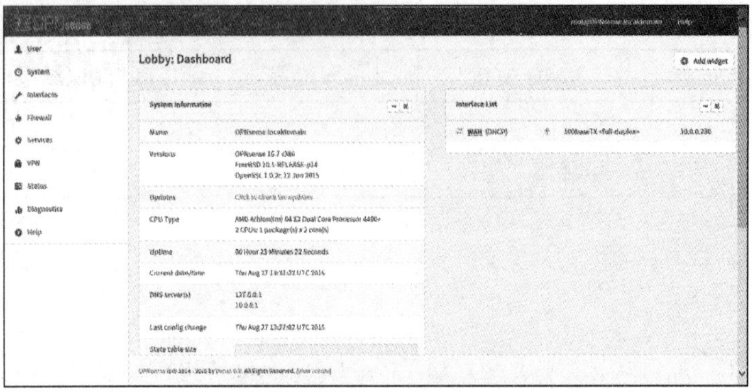

图 3-21　网络概括

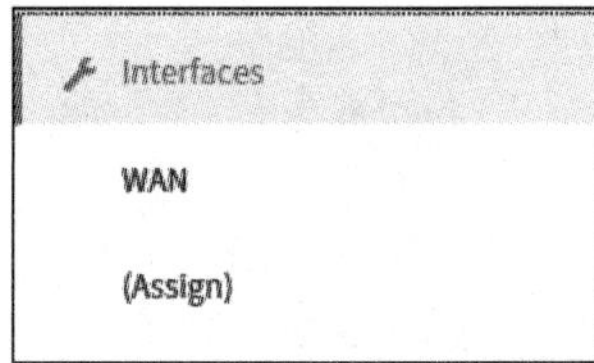

图 3-22　interface

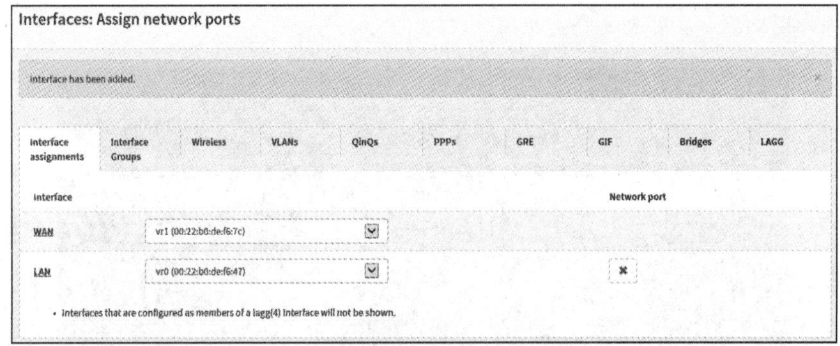

图 3-23　添加 LAN

6）开启 LAN，且配置 LAN 信息，主要配置为：开启【Enable Interface】，设置【IPv4 Configuration Type】为静态 IPv4、设置【MAC address】为 LAN 网卡的 MAC 地址、设置【IPv4 address】为 LAN 的 IPv4 的 IP 地址，此 IP 地址即为内网主机的网关地址。如图 3-24 至图 3-26 所示。

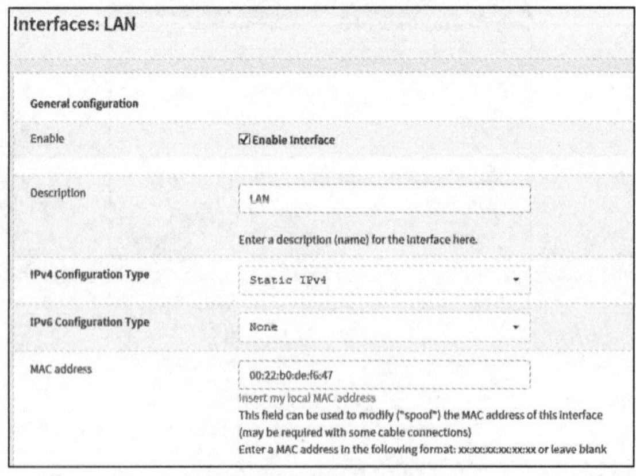

图 3-24　设置 LAN 1

7）点击保存后，会提示是否改变应用更改配置【Apply changes】，如图 3-27 所示。点击应用，然后在【Interface list】中会显示 LAN 端口网络信息，如图 3-28 所示。

MTU　1500
If you leave this field blank, the adapter's default MTU will be used. This is typically 1500 bytes but can vary in some circumstances.
MSS
If you enter a value in this field, then MSS clamping for TCP connections to the value entered above minus 40 (TCP/IP header size) will be in effect.
Speed and duplex　Advanced - Show advanced option
Static IPv4 configuration
IPv4 address　192.168.1.1 / 24
IPv4 Upstream Gateway　None　-or add a new one.
If this interface is an Internet connection, select an existing Gateway from the list or add a new one using the link above.
On local LANs the upstream gateway should be "none".

图 3-25　设置 LAN 2

Private networks
Block private networks
When set, this option blocks traffic from IP addresses that are reserved for private networks as per RFC 1918 (10/8, 172.16/12, 192.168/16) as well as loopback addresses (127/8). You should generally leave this option turned on, unless your WAN network lies in such a private address space, too.
Block bogon networks
When set, this option blocks traffic from IP addresses that are reserved (but not RFC 1918) or not yet assigned by IANA. Bogons are prefixes that should never appear in the Internet routing table, and obviously should not appear as the source address in any packets you receive.
Note: The update frequency can be changed under System->Advanced Firewall/NAT settings.
Save　Cancel

图 3-26　设置 LAN 3

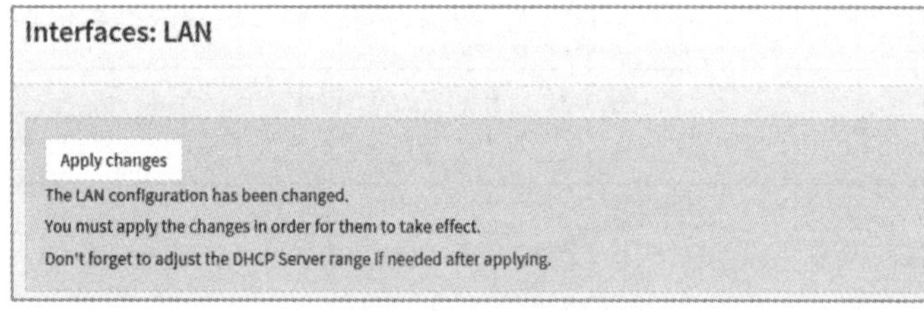
Interfaces: LAN
Apply changes
The LAN configuration has been changed.
You must apply the changes in order for them to take effect.
Don't forget to adjust the DHCP Server range if needed after applying.

图 3-27　改变应用

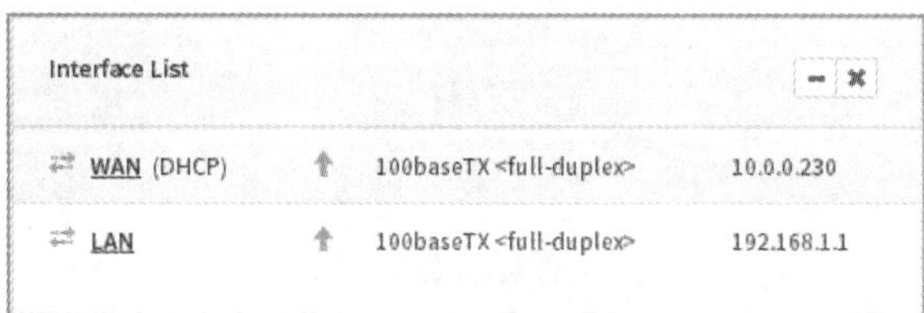
Interface List
WAN (DHCP)　100baseTX <full-duplex>　10.0.0.230
LAN　100baseTX <full-duplex>　192.168.1.1

图 3-28　LAN 查看

（2）日志文件配置

1）在【Firewall】防火墙选项中设置一个 LAN 的规则，来查看 LAN 的日志文件，如图 3-29 所示。

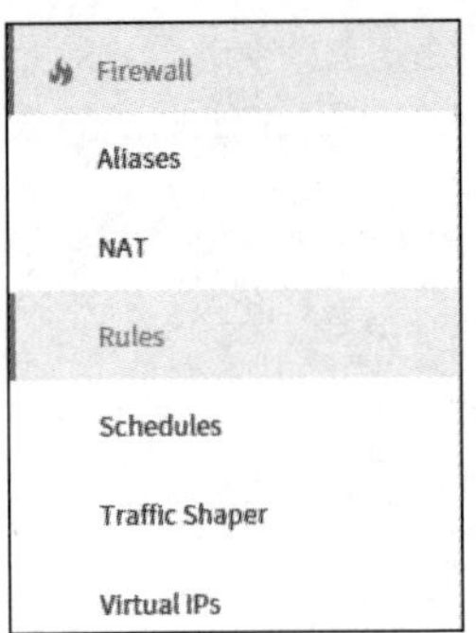

图 3-29　设置规则

2）在防火墙规则中选【LAN】，配置 LAN 端口出入信息，主要配置信息如图 3-30 至图 3-32 所示，配置开启规则【Action】选择【Pass】、网络【Interface】选择 LAN、端口【Protocol】选择【any】和开启日志【Log】，其他选择默认即可。

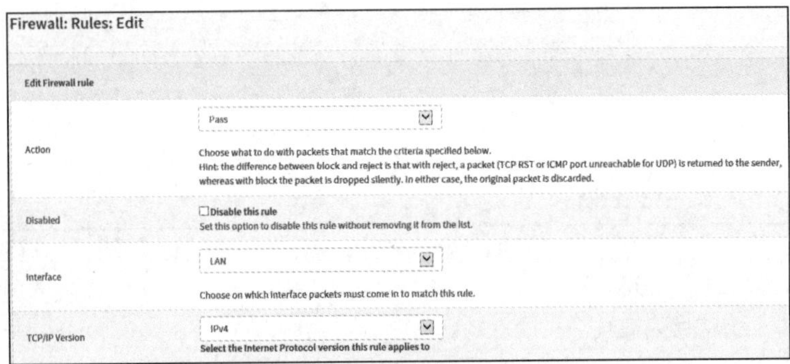

图 3-30　开启 LAN 规则

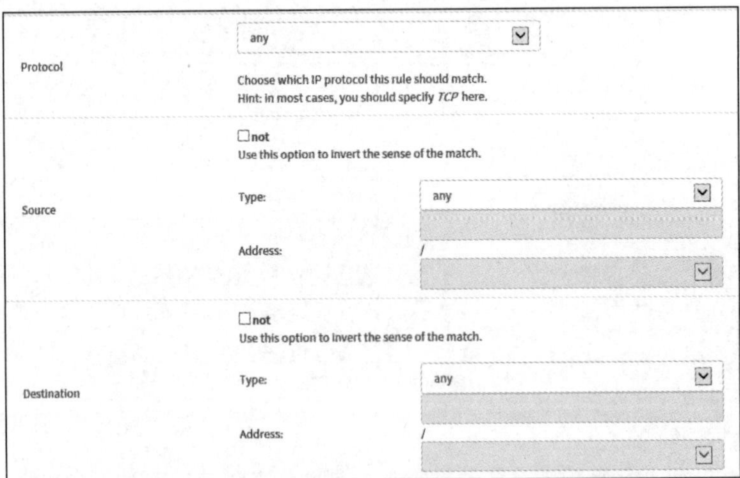

图 3-31　选择任何端口

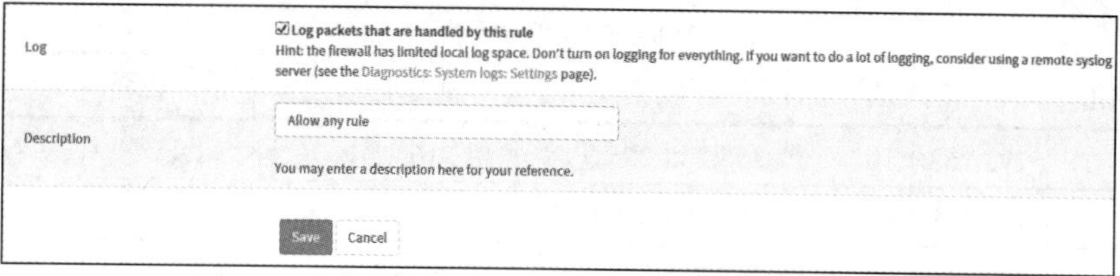

图 3-32　开启日志

3）在【Statue】的【System Logs】中查看系统日志，在【Firewall】可以看出日志分为【Normal View】【Dynamic View】和【Summary View】，如图 3-33 为正常视图，图 3-34 为动态视图。

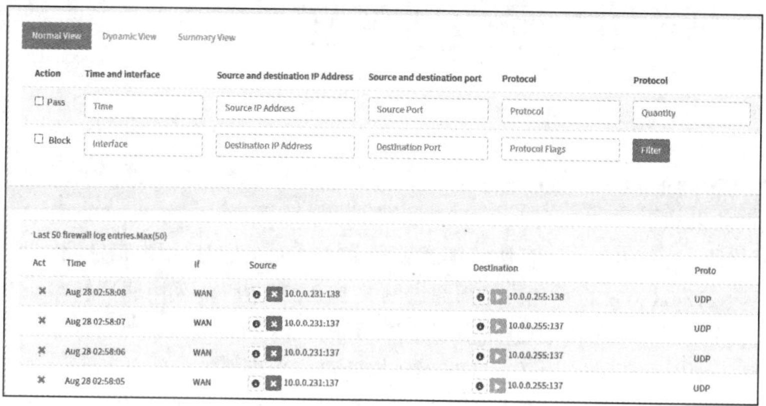

图 3-33　正常视图

Normal View　Dynamic View　Summary View

Last 50 records.　☐Pause

Act	Time	If	Source	Destination	Proto
✖	Aug 28 03:00:03	LAN	192.168.1.10:62898	42.120.219.171:80	TCP:FA
✖	Aug 28 02:59:48	WAN	10.0.0.231:55322	224.0.0.252:5355	UDP
✖	Aug 28 02:59:47	WAN	10.0.0.231:55322	224.0.0.252:5355	UDP
✖	Aug 28 02:59:47	LAN	192.168.1.10:62898	42.120.219.171:80	TCP:A
✖	Aug 28 02:59:37	WAN	10.0.0.254:138	255.255.255.255:138	UDP
✖	Aug 28 02:59:09	WAN	10.0.0.231:137	10.0.0.255:137	UDP
✖	Aug 28 02:59:09	WAN	10.0.0.231:137	10.0.0.255:137	UDP
✖	Aug 28 02:59:08	WAN	10.0.0.231:137	10.0.0.255:137	UDP
✖	Aug 28 02:59:08	WAN	10.0.0.231:54960	224.0.0.252:5355	UDP
✖	Aug 28 02:59:08	WAN	10.0.0.231:54960	224.0.0.252:5355	UDP

图 3-34　动态视图

3.3.4　应用测试

从日志文件中可以看出此时已经有数据传输，下面通过主机查看能否访问 Internet，完成测试工作，测试结果如表 3-6 所示。

表 3-6 访问 Internet 测试

序号	主机	IP 地址	子网掩码	网关	接入位置	访问 Internet
1	PC1	192.168.1.10	255.255.255.0	192.168.1.1	S 1/1	√
2	PC2	192.168.1.20	255.255.255.0	192.168.1.1	S 1/2	√
3	PC3	192.168.1.30	255.255.255.0	192.168.1.1	S 1/3	√
4	PC4	192.168.1.40	255.255.255.0	192.168.1.1	S 1/4	√
5	PC5	192.168.1.50	255.255.255.0	192.168.1.1	S 1/5	√

3.4 案例 3：通过 OPNsense 实现双链路负载接入

3.4.1 需求分析

本案例基于 OPNsense 15.7 系统，采用 U 盘进行装载系统。本案例目的是实现 NAT 接入 Internet，案例要达到的预期效果如下。

1）实现对网络段 61.0.0.0/8 的所有访问都通过网关 61.50.50.1，采用电信链路。

2）实现网络段 218.0.0.0/8 的所有访问都通过网关 218.222.20.1，采用联通链路。

3）实现链路优先原则和保证单一链路出现故障后服务业务不中断。

需要说明的是，本案例所描述的联通链路和电信链路，为模拟的链路。并不具备真实的网络接入，使用联通链路和电信链路的名称，其目的在于让案例更接近真实应用场景。

3.4.2 构建局域网

（1）拓扑设计

本案例需要一台服务器部署 OPNsense，该服务器配置 3 块网卡，分别连接内网、联通链路、电信链路，网络拓扑设计如图 3-35 所示。本案例中列出了两家 ISP 服务商联通与电信。其中分别向联通和电信申请 100Mb/s 链路，在两条链路均正常时，采用链路负载均衡方式来提供接入服务，当单一链路出现故障时，所有接入由另一条链路承载，确保业务不中断。

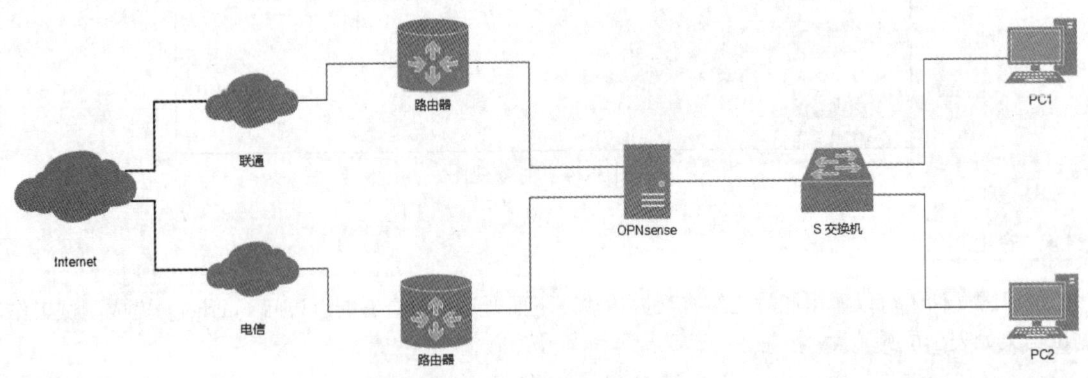

图 3-35 NAT 双链路接入

本案例由于条件所限，在局域网环境下模拟实现相同的预期效果，拓扑结构如图 3-36 所示。

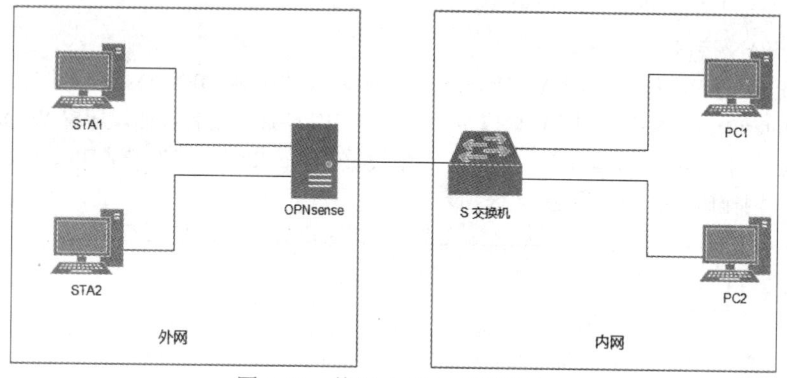

图 3-36　使用 NAT 双链路接入

（2）网络地址规划

依据图 3-36 进行网络地址规划，如表 3-7 和表 3-8 所示。

表 3-7　网络地址规划表

序号	主机	IP 段	IP 地址	子网掩码	网关	接入位置
1	PC1	192.168.0.0/24	192.168.0.101	255.255.255.0	192.168.0.1	S 1/1
2	PC2	192.168.0.0/24	192.168.0.102	255.255.255.0	192.168.0.1	S 1/2
3	OPNsense WAN	218.222.20.0/30	218.222.20.2	255.255.255.252	218.222.20.1	STA1
4	OPNsense OPT 1	61.50.50.0/30	61.50.50.2	255.255.255.252	61.50.50.1	STA2
5	OPNsense LAN	192.168.0.0/24	192.168.0.1	255.255.255.0		S 1/24

表 3-8　外网地址规划表

序号	主机	无线网卡网络配置	本地连接网络配置	接入位置
1	STA1	自动获取	218.222.20.1/255.255.255.252	OPNsense WAN
2	STA2	自动获取	61.50.50.1/255.255.255.252	OPNsense OPT 1

（3）局域网连通性测试

依据图 3-36 进行部署连接，按照表 3-7 进行 IP 设置，使用 Ping 命令进行连通性测试，结果如表 3-9 所示。

表 3-9　连通性测试

序号	请求主机	接入位置	目的主机	接入位置	Ping 测试结果
1	PC1	S 1/1	PC2	S 1/2	√
2	PC2	S 1/2	PC1	S 1/1	√

3.4.3 部署实施

（1）配置 WAN 接口

1）安装 OPNsense 系统，通过 LAN 接口连接 OPNsense 并登录 OPNsense 前台控制界面。

2）点击【interfaces】菜单中的【WAN】选项，进入 WAN 接口配置界面。配置 WAN 主要信息如图 3-37 所示，首先在【IPv4 Configuration Type】项中设置 Static IPv4；其次在【IPv4 address】项中输入 218.222.20.2，子网掩码选择 30，如图 3-38 所示。

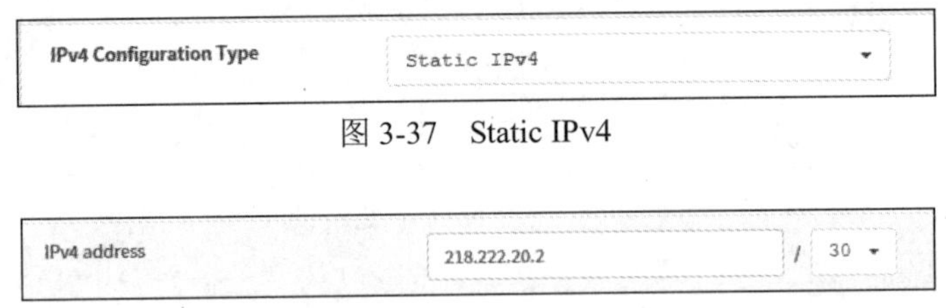

图 3-37 Static IPv4

图 3-38 IPv4 address

在【IPv4 Upstream Gateway】项中点击【add a new one】选项，在弹出的【Add new Gateway】界面中的【Gateway IPv4】项中输入 218.222.20.1，在【Description】项中输入合适的描述，点击【Save Gateway】保存，如图 3-39 所示，其他都选择默认。

提示：本次案例中两条接口都是静态地址，实际应用中需要根据网络参数情况选择 Type，如 PPPoE 或者 DHCP 方式等。OPNsense 支持多条 PPPoE 接口的多 WAN 模式。

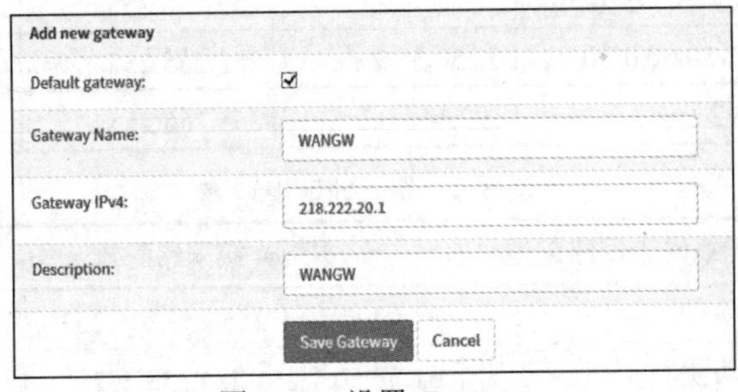

图 3-39 设置 Gateway

（2）配置 OPT1 接口

点击【Interfaces】菜单中的【OPT1】选项，进入 OPT1 接口配置界面。首先启用此网络，在【Enable】项中勾选【Enable Interface】，如图 3-40 所示。

图 3-40 开启 Interface

在【IPv4 Configuration Type】项中选择【Static】，如图 3-41 所示。

在【IPv4 address】项中输入 61.50.50.2，子网掩码选择 30，如图 3-42 所示。

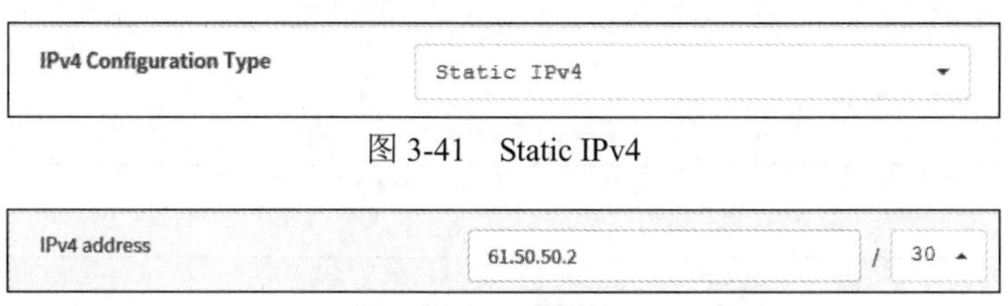

图 3-41　Static IPv4

图 3-42　IPv4 address

在【IPv4 Upstream Gateway】项中点击【add a new one】，在弹出的【Add new Gateway】界面中的【Gateway IPv4】项中输入 61.50.50.1，【Description】项中输入合适的描述，点击【Save Gateway】保存，如图 3-43 所示，其他保持默认，点击保存配置。

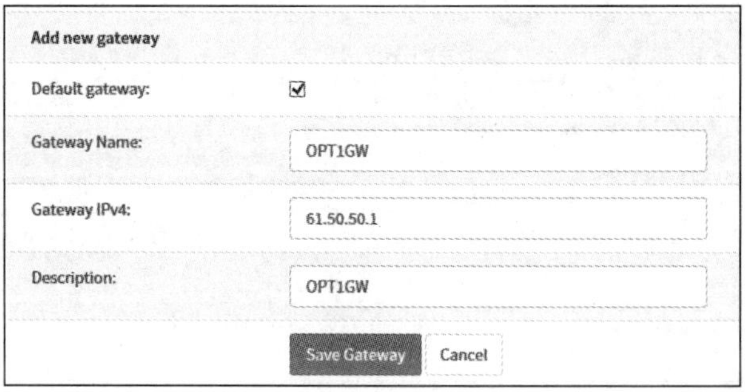

Add new gateway
Default gateway: ☑
Gateway Name: OPT1GW
Gateway IPv4: 61.50.50.1
Description: OPT1GW
Save Gateway　Cancel

图 3-43　设置 Gateway

（3）配置路由

1）添加路由从而实现网络段 61.0.0.0/8 的所有访问都通过网关 61.50.50.1。首先在【System】菜单中的【Routing】选项中添加一条【Routes】，首先配置【Destination network】目的地网络为 61.0.0.0/8，如图 3-44 所示，然后在【Gateway】项中选择【GW_OPT1-61.50.50.1】，如图 3-45 所示。其他保持默认即可，点击保存。

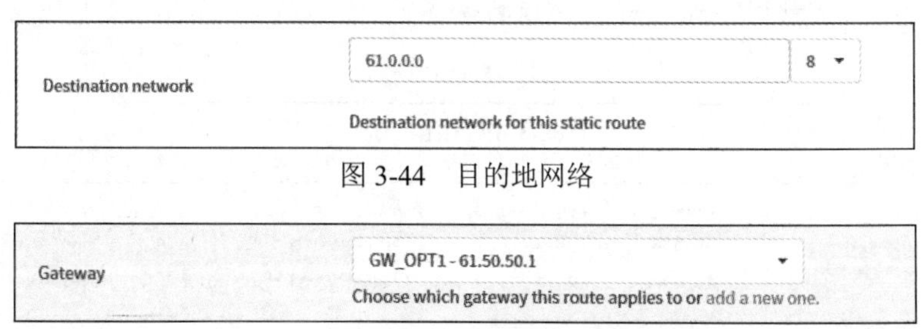

图 3-44　目的地网络

图 3-45　网关

2）添加路由从而实现网络段 218.0.0.0/8 的所有访问都通过网关 218.222.20.1。同上添加一条【Routing】，首先配置【Destination network】目的地网络为 218.0.0.0/8，如图 3-46 所示，然后在【Gateway】项中选择【GW_WAN-218.222.20.1】，如图 3-47 所示。其他保持默认即可，点击保存。

3）添加上述路由后就会在【Routes】上显示两条路由信息，此处的路由信息为静态路由，如图 3-48 所示。

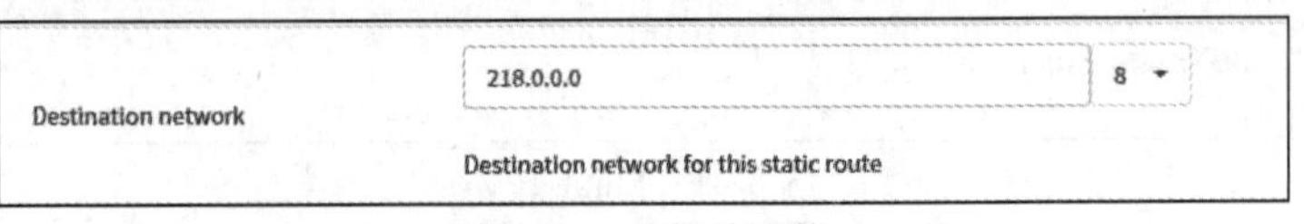

图 3-46　目的地网络

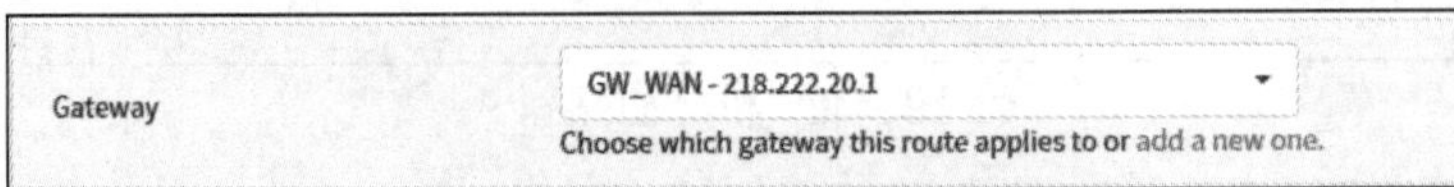

图 3-47　网关

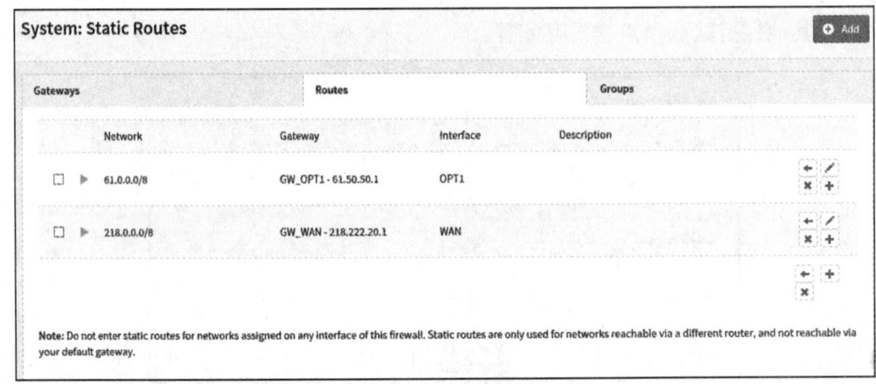

图 3-48　静态路由表

（4）添加网关组

1）实现链路优先原则和保证单一链路出现故障后服务业务不中断。首选配置网关组，点击左侧【System】菜单中的【Routing】选项，添加一条【Groups】，添加【Group Name】组名（如 Multi_WAN），如图 3-49 所示，然后会在【Gateway Priority】界面中显示如图 3-50 所示信息。

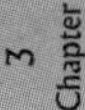

图 3-49　组名称

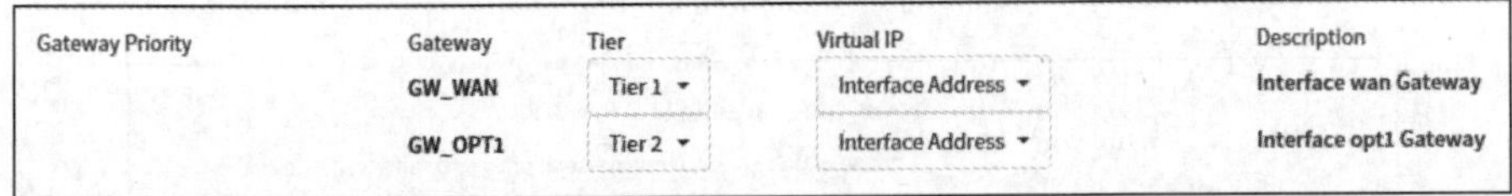

图 3-50　网络优先级

2）网关优先级（Gateway Priority）：在一个网关组中，可以把每一个所要用到的网关指定到一个优先级中。优先级编号越小，其优先级也就高。如果同一网关组中两个网关有着相同的优先级，将被设为负载均衡状态。如果同一网关组中两个网关有着不同的优先级，低优先级的将被作为高优先级线路发生故障时的备份线路。如果优先级被设为【Never】，那么该网关就会被处于禁用状态，策略 NAT 时将不会起作用。

其他保持默认，点击保存配置。

3）添加网关组后，【Groups】界面会显示一条网关信息，如图 3-51 所示。

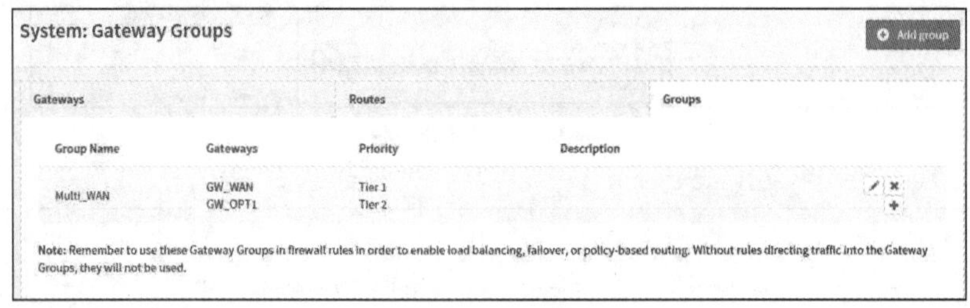

图 3-51　网关组表

（5）配置规则

定义一个网关组只是设定的开始。必须通过指定防火墙规则的所作用网关来达到设置网关优先级目的。

1）点击【Firewall】菜单中的【Rules】选项，选择【LAN】标签页，进入 LAN 接口防火墙规划界面，可以看见默认 LAN 接口防火墙的 IPv4 的 Gateway 为*，如图 3-52 所示，表示目前 Gateway 为默认网关，也就是 WANGW。

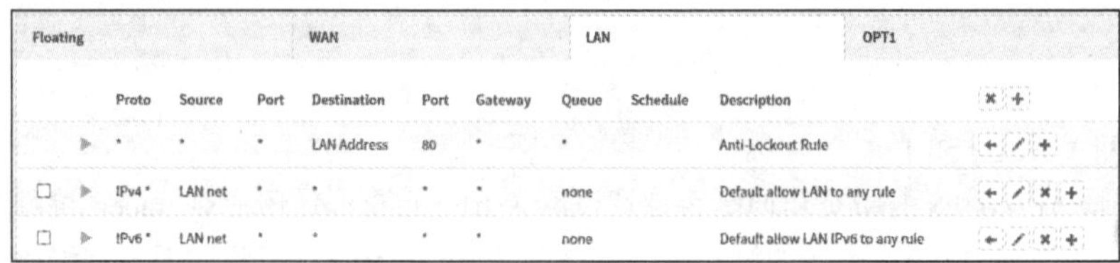

图 3-52　默认网关

2）添加第一条防火墙规则编辑页面，点击【Advanced features】类下的【Gateway】项中的【Advanced】按钮，在下拉菜单中将【default】修改为【Multi_WAN】，如图 3-53 所示。

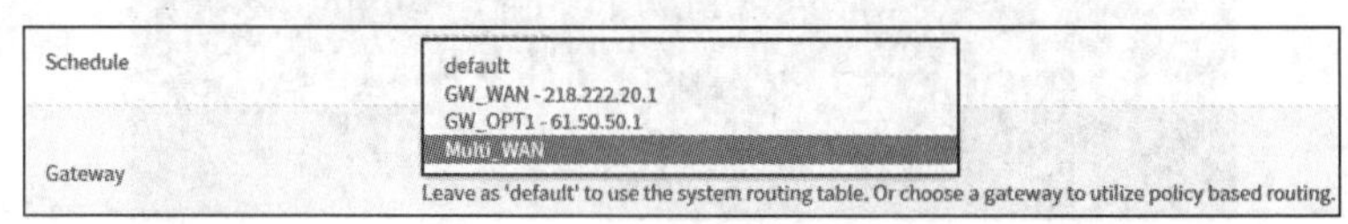

图 3-53　选择网关

3）添加第二条防火墙规则编辑页面，首先需要添加【Destination】，如图 3-54 所示，点击【Advanced features】类下的【Gateway】项中的【Advanced】按钮，在下拉菜单中将【default】修改为【GW_OPT1】，如图 3-55 所示。

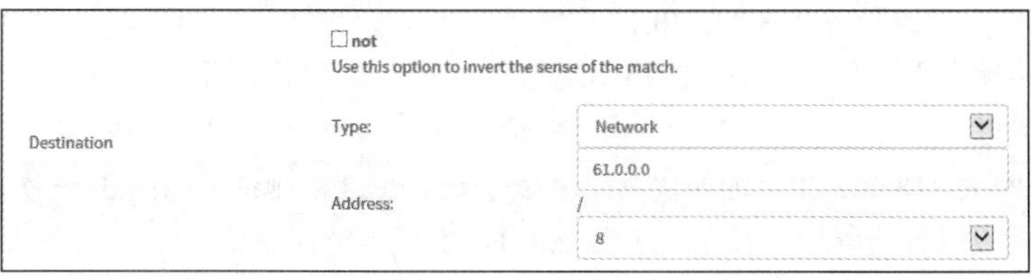

图 3-54　目的地

4）点击页面下端【Save】按钮后，点击【Apply changes】使修改生效，这时就可以看到已经添加规则的网关，如图 3-56 所示。

Gateway
default
GW_WAN - 218.222.20.1
GW_OPT1 - 61.50.50.1
Multi_WAN
a gateway to utilize policy based routing.

图 3-55　选择网关

Floating	WAN	LAN	OPT1					
Proto	Source	Port	Destination	Port	Gateway	Queue	Schedule	Description
*	*	*	LAN Address	80	*	*		Anti-Lockout Rule
IPv4 *	LAN net	*	61.0.0.0/8	*	GW_OPT1	none		Default allow LAN to any rule
IPv4 *	LAN net	*	*	*	Multi_WAN	none		Default allow LAN to any rule
IPv4 *	LAN net	*	*	*	*	none		Default allow LAN to any rule
IPv6 *	LAN net	*	*	*	*	none		Default allow LAN IPv6 to any rule

图 3-56　显示修改网关

提示：规则优先级是从上往下的，当匹配过程只要符合一条规则，匹配过程就会结束。

3.4.4　应用测试

（1）测试网关 61.50.50.1

测试对网络段 61.0.0.0/8 的所有访问是否都通过网关 61.50.50.1。使用命令 tracert 进行测试，如图 3-57 所示。图中可以观察到 61.0.0.1 跳跃的第一个跃点是网关 61.50.50.1，因此实现了网络段 61.0.0.0/8 的所有访问都走网关 61.50.50.1。

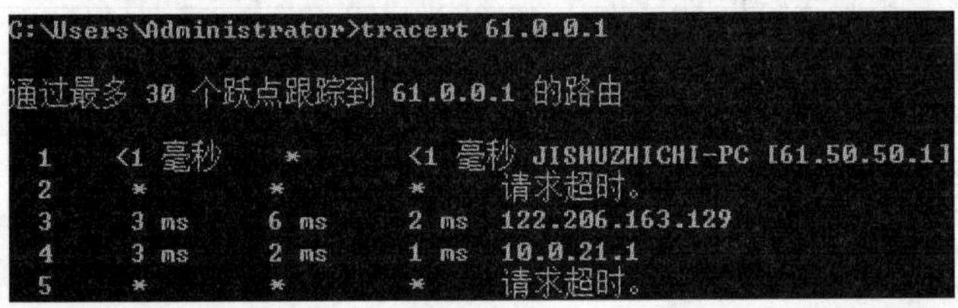
C:\Users\Administrator>tracert 61.0.0.1
通过最多 30 个跃点跟踪到 61.0.0.1 的路由
1 <1 毫秒 * <1 毫秒 JISHUZHICHI-PC [61.50.50.1]
2 * * * 请求超时。
3 3 ms 6 ms 2 ms 122.206.163.129
4 3 ms 2 ms 1 ms 10.0.21.1
5 * * * 请求超时。

图 3-57　测试网关 61.50.50.1

（2）测试网关 218.222.20.1

测试对网络段 218.0.0.0/8 的所有访问是否都通过网关 218.222.20.1。使用命令 tracert 进行测试，如图 3-58 所示。图中可以观察到 218.0.0.1 跳跃的第一个跃点是网关 218.222.20.1，因此实现了网络段 218.0.0.0/8 的所有访问都走网关 218.222.20.1。

（3）实现链路优先原则和保证单一链路出现故障后服务业务不中断

1）实现链路优先。

本案例中实现网关 218.222.20.1 为最优，使用命令 tracert 进行测试，如图 3-59 所示。图中可以观察到除了 61.0.0.0/8 网段以外的网段，都走 218.222.20.1，实现了链路最优。

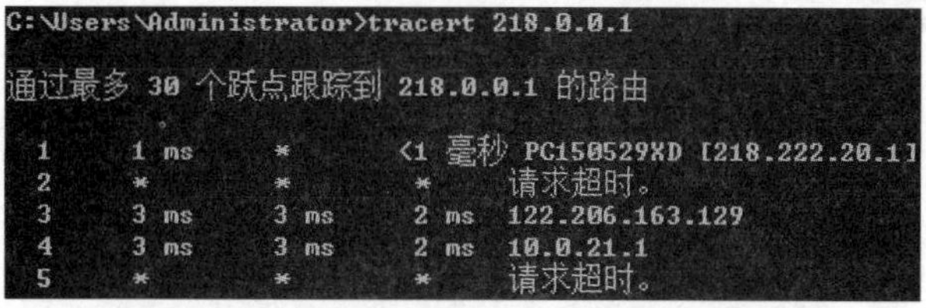

```
C:\Users\Administrator>tracert 218.0.0.1

通过最多 30 个跃点跟踪到 218.0.0.1 的路由

  1     1 ms     *        <1 毫秒 PC150529XD [218.222.20.1]
  2     *        *        *     请求超时。
  3     3 ms     3 ms     2 ms  122.206.163.129
  4     3 ms     3 ms     2 ms  10.0.21.1
  5     *        *        *     请求超时。
```

图 3-58　测试网关 61.50.50.1

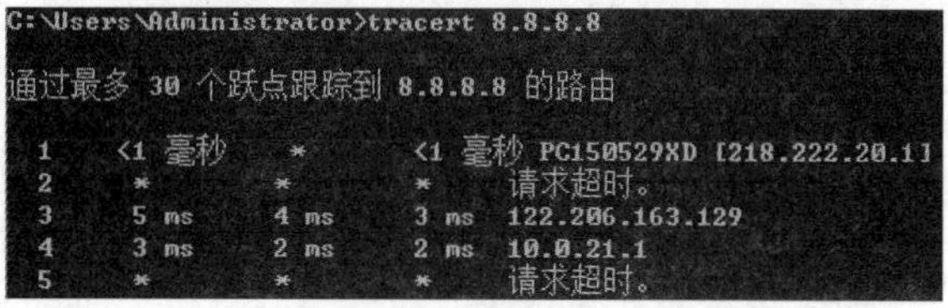

```
C:\Users\Administrator>tracert 8.8.8.8

通过最多 30 个跃点跟踪到 8.8.8.8 的路由

  1    <1 毫秒   *        <1 毫秒 PC150529XD [218.222.20.1]
  2     *        *        *     请求超时。
  3     5 ms     4 ms     3 ms  122.206.163.129
  4     3 ms     2 ms     2 ms  10.0.21.1
  5     *        *        *     请求超时。
```

图 3-59　链路最优

2）保证单一链路出现故障后服务业务不中断。

人为中断联通链路后，通过 tracert 进行测试，如图 3-60 至图 3-62 所示，可以看出所有访问都是通过网关 61.50.50.1，所以实现了单一链路出现故障后保证服务业务不中断配置。

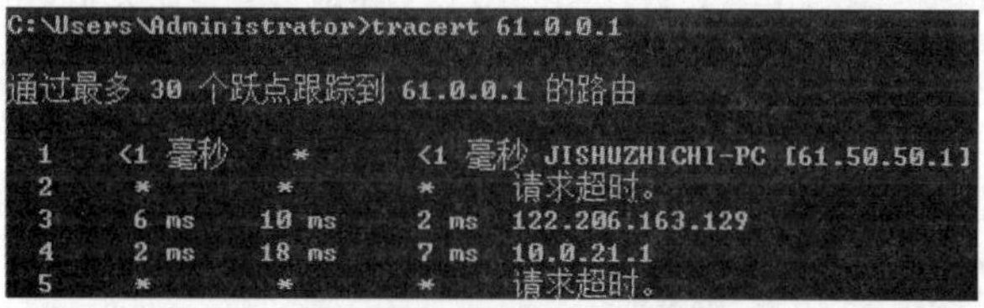

```
C:\Users\Administrator>tracert 61.0.0.1

通过最多 30 个跃点跟踪到 61.0.0.1 的路由

  1    <1 毫秒   *        <1 毫秒 JISHUZHICHI-PC [61.50.50.1]
  2     *        *        *     请求超时。
  3     6 ms    10 ms     2 ms  122.206.163.129
  4     2 ms    18 ms     7 ms  10.0.21.1
  5     *        *        *     请求超时。
```

图 3-60　测试 61 段网络

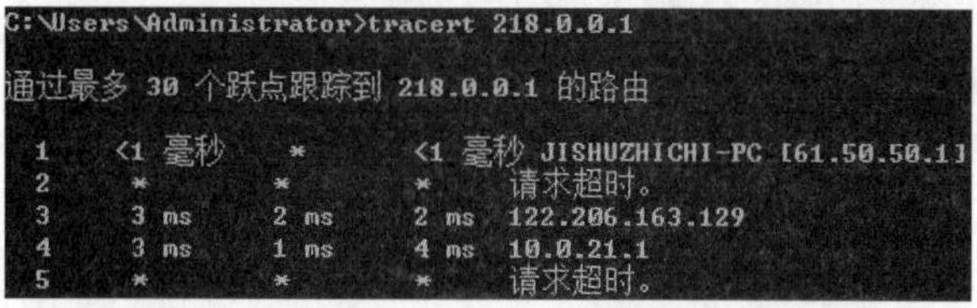

```
C:\Users\Administrator>tracert 218.0.0.1

通过最多 30 个跃点跟踪到 218.0.0.1 的路由

  1    <1 毫秒   *        <1 毫秒 JISHUZHICHI-PC [61.50.50.1]
  2     *        *        *     请求超时。
  3     3 ms     2 ms     2 ms  122.206.163.129
  4     3 ms     1 ms     4 ms  10.0.21.1
  5     *        *        *     请求超时。
```

图 3-61　测试 218 段网络

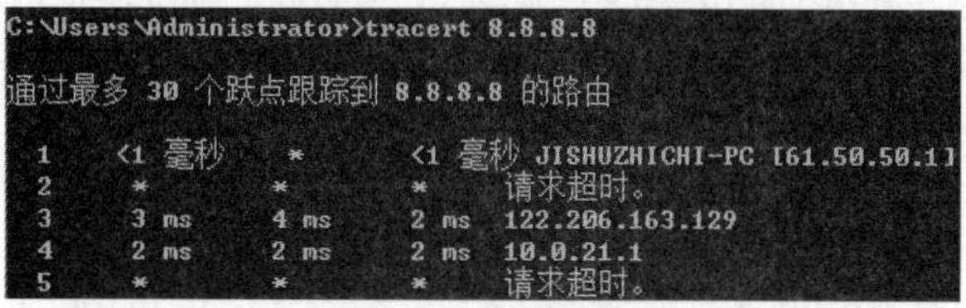

```
C:\Users\Administrator>tracert 8.8.8.8

通过最多 30 个跃点跟踪到 8.8.8.8 的路由

  1    <1 毫秒   *        <1 毫秒 JISHUZHICHI-PC [61.50.50.1]
  2     *        *        *     请求超时。
  3     3 ms     4 ms     2 ms  122.206.163.129
  4     2 ms     2 ms     2 ms  10.0.21.1
  5     *        *        *     请求超时。
```

图 3-62　其他网络

4

使用 DHCP 管理 IP 地址

IP 地址的管理，是一个让网络管理人员头疼，可又不得不高度重视的问题。

在计算机网络中，IP 地址就相当于计算机的门牌号，标识着计算机在网络中的位置，因此每台计算机都需要配置至少一个 IP 地址。当网络中只有少数几台计算机时，只需要通过手动的方式为每台计算机配置 IP 地址。但如果网络中有成千上万台计算机，用手动的方式为每一台计算机配置 IP 地址就非常麻烦，而且很容易出现键入错误，影响网络的正常通信。这时候就需要用到 DHCP 服务，既可以自动为网络中的计算机分配 IP 地址，又易于管理。

本章主要从 DHCP 的基本概念，DHCP 服务的工作原理，DHCP 服务功能的实现与管理，DHCP 与网络安全几个方面具体介绍 DHCP。

4.1 认识 DHCP

4.1.1 什么是 DHCP

DHCP（Dynamic Host Configuration Protocol，动态主机配置协议）是一个局域网的网络协议，使用 UDP 协议工作。DHCP 是一种用于简化主机 IP 配置管理的服务。通过 DHCP 服务，DHCP 服务器可以为网络中安装了 DHCP 客户端程序的计算机自动分配 IP 地址和其他相关配置（DNS、网关等），而不需要管理员对每个主机进行逐一配置，极大地降低了管理成本。

4.1.2 DHCP 主要功能及应用环境

DHCP 主要有两个用途：一是给内部网络或网络服务供应商自动分配 IP 地址；二是给用户或者内部网络管理员提供对所有计算机进行中央管理的手段。尽管使用 DHCP 能够减轻许多管理负担，但并不意味着任何情况下都需要用到 DHCP，本节主要对 DHCP 服务的主要功能和应用环境进行介绍。

（1）DHCP 服务的主要功能

DHCP 服务不仅提供简单的 IP 地址自动分配的功能，还具有以下功能。

1）通过 IP 地址与 MAC 地址绑定，实现静态 IP 地址的分配。

2）可以自动配置客户端的 DNS 服务器、WINS 服务器（仅限于 Windows 操作系统中的 DHCP 服务器）和默认网关。

3）利用 IP 地址排除功能，使静态分配给某一主机的 IP 地址不再分配给另外的 DHCP 客户端。

4）通过 DHCP 中继功能，一个 DHCP 服务器可以为多个网段（或 VLAN）中的 DHCP 客户端分配不同地址池中的 IP 地址，进一步简化了网络中的 IP 地址配置与管理工作。

（2）使用 DHCP 的优缺点

在管理基于 TCP/IP 的网络中，使用 DHCP 有以下好处。

1）减少配置和管理的工作量，提高效率。

使用 DHCP 服务后，安装了 DHCP 客户端程序（几乎所有操作系统中都自带有这一程序）的计算机，选择自动获取功能，就能够自动获取到 IP 地址、子网掩码、网关、DNS 服务器地址等信息。

2）配置更加可靠。

采用 DHCP 服务自动分配 IP 地址信息可以有效地避免配置时由于输入错误而引起的配置错误，还不会造成 IP 地址冲突的现象。

3）便于管理。

当网络使用的 IP 地址段改变时，只需要修改 DHCP 服务器的 IP 地址池即可，不必逐台修改网络内所有计算机的 IP 地址。

4）节约 IP 资源。

使用 DHCP 服务器时，只有当客户端请求时才提供 IP 地址，当关机后会自动释放 IP 地址。通常情况下，网络内的计算机并不都是同时开机，因此，即使 IP 地址数量较少，也能够满足较多计算机的需求。

除了上述优点之外，DHCP 也存在一些缺点。比如，如果 DHCP 服务器设置有误或出现故障，尤其是当网络中只有一台 DHCP 服务器时，就会导致网络中所有 DHCP 客户端无法正常获取 IP 地址，影响网络通信。因此，通常可在一个网络中配置两台以上的 DHCP 服务器，当其中一台 DHCP 服务器失效时，由另一台（或几台）DHCP 服务器提供服务，不影响网络的正常运行。

（3）DHCP 服务的主要应用场景

DHCP 一般情况下用于以下场景中。

1）网络规模较大，手工配置需要很大的工作量，并难以对整个网络进行集中管理，而服务器、网络设备节点等还是需要使用静态 IP 地址的分配，这样才能保证网络畅通，且服务器能够被正常地访问。

2）网络中主机数目大于该网络支持的 IP 地址数量，无法给每个主机分配一个固定的 IP 地址。例如，Internet 接入服务提供商，限制同时接入网络的用户数目，大量用户必须动态获得自己的 IP 地址。

3）网络中只有少数主机需要固定的 IP 地址，大多数主机没有固定 IP 地址的需求。

4.1.3　DHCP 作用域

DHCP 作用域是本地逻辑子网中可以使用的 IP 地址的集合，例如 192.168.1.1～192.168.1.254。DHCP 服务器只能使用作用域中定义的 IP 地址来分配给 DHCP 客户端。

超级作用域是 DHCP 服务中的一种管理功能，可以通过 DHCP 控制台创建和管理超级作用域。使用超级作用域，可以将多个作用域组合为单个管理实体。在多网配置中，可以使用 DHCP 超级作用域来组合并激活网络上使用的 IP 地址的单独作用域范围。通过这种方式，DHCP 服务器计算机可为单个物理网络上的客户端激活并提供来自多个作用域的租约。例如，DHCP 服务器地址为 192.168.1.1，配置将作用域 192.168.1.1～192.168.1.254 和作用域 192.168.2.1～192.168.2.254 合并为超级作用域，那么当 192.168.1.0/24 网段内的 IP 地址分配完之后，DHCP 服务器就会继续分配 192.168.2.0/24 网段内的 IP 地址。

4.2 DHCP 的工作原理

DHCP 服务器上配置了可以向 DHCP 客户端分配的 IP 地址信息，包括 IP 地址段、租约期限，以及 DNS 服务器、路由器等地址。客户端从 DHCP 服务器获取到 IP 地址后会自动配置，并用来连接网络。而当客户端计算机关机或者租约期限到期以后，就会释放掉 IP 地址或重新续租，以保证其他计算机也可以获取 IP 地址。

4.2.1 认识 DHCP 的报文

DHCP 采用 C/S 工作模式，DHCP 客户端和 DHCP 服务器使用 UDP 协议在不同的端口进行数据传输。DHCP 客户端使用 UDP 68 号端口发送请求报文；DHCP 服务器使用 UDP 67 号端口发送应答报文。

（1）DHCP 报文类型

整个 DHCP 服务一共有 8 种类型的报文，分别为 DHCP DISCOVER、DHCP OFFER、DHCP REQUEST、DHCP ACK、DHCP NAK、DHCP RELEASE、DHCP DECLINE、DHCP INFORM。在不使用中继代理的情况下，在第一次请求 IP 地址的过程中，所有报文都是以广播形式发送的，具体的请求过程在后面会详细讲到。

1）DHCP DISCOVER（请求报文）。

DHCP DISCOVER 报文是由 DHCP 客户端以广播的形式发送，用来发现网络中的 DHCP 服务器。

2）DHCP OFFER（应答报文）。

当 DHCP 服务器收到 DHCP DISCOVER 报文后会发送 DHCP OFFER 报文，DHCP OFFER 报文中包含了 IP 地址、租约期限以及其他配置信息，来告知客户端本服务器可以为其提供 IP 地址。

3）DHCP REQUEST（请求报文）。

DHCP 客户端在收到 DHCP OFFER 报文后，会发送 DHCP REQUEST 报文来告知 DHCP 服务器，希望获得分配的 IP 地址。此外，在 IP 地址租期过去 50%或者 87.5%时，DHCP 客户端也会向 DHCP 服务器以单播的形式发送 DHCP REQUEST 报文，请求续租。

4）DHCP ACK（应答报文）。

DHCP 服务器在收到 DHCP REQUEST 报文后，根据 DHCP REQUEST 中携带的客户端 MAC 地址查找有没有想要的租约记录，如果有，则发送 DHCP ACK 应答报文，通知用户可以使用分配的 IP 地址。

5）DHCP NAK（应答报文）。

如果 DHCP 服务器收到 DHCP REQUEST 请求报文后，没有发现有相应的租约记录或由于某种原因无法正常分配 IP 地址，则向 DHCP 客户端发送 DHCP NAK 应答报文，通知客户端无法分配合适的 IP 地址。

6）DHCP RELEASE（请求报文）。

当 DHCP 客户端不再需要使用分配的 IP 地址时，就会主动向 DHCP 服务器发送 DHCP RELEASE 报文，请求释放相应的 IP 地址。

7）DHCP DECLINE（请求报文）。

DHCP 客户端在收到 DHCP 服务器的 DHCP ACK 应答后，发现地址冲突或由于其他原因导致不能使用分配的 IP 地址时，就会向 DHCP 服务器发送 DHCP DECLINE 请求报文，告知服务器分配的 IP 地址不可用，希望获取新的 IP 地址。

8）DHCP INFORM（请求报文）。

DHCP 客户端需要从 DHCP 服务器获取更为详细的配置信息时，则向 DHCP 服务器发送 DHCP INFORM 请求报文。

（2）DHCP 报文格式

DHCP 报文类型虽然多，但每种报文的格式基本相同，只是某些字段的取值不一样。DHCP 报文格式如图 4-1 所示，各字段的说明如下。

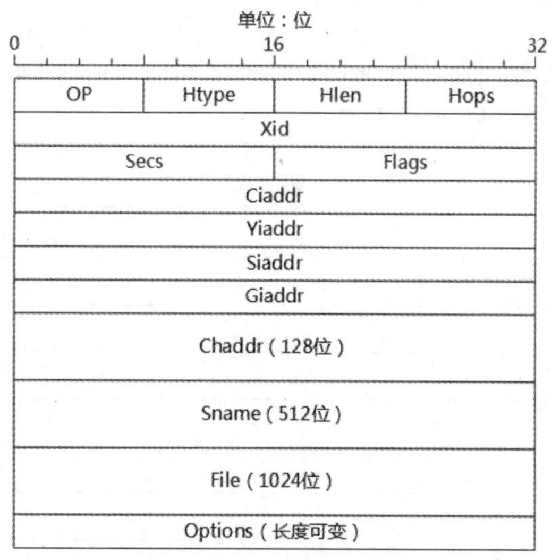

图 4-1　DHCP 报文格式

OP：Operation，指定报文的操作类型，占 8 位。请求报文置 1，应答报文置 2。

Htype、Hlen：分别指定客户端的 MAC 地址类型及长度，各占 8 位。

Hops：DHCP 报文经过的 DHCP 中继的数目，占 8 位。

Xid：客户端通过 DHCP DISCOVER 报文发起一次 IP 地址请求时所选择的随机数，相当于请求标识，占 32 位。

Secs：表示 DHCP 客户端从获取到 IP 地址或续租过程开始到现在所消耗的时间，以秒为单位，占 16 位。没有获取到 IP 地址时，字段值始终为 0。

Flags：标识位，占 16 位，第一位为广播应答标识位，用来标识 DHCP 应答报文是用单播还是广播发送的，置 0 表示单播，置 1 表示广播。其余位保留。

Ciaddr：指示 DHCP 客户端的 IP 地址，占 32 位。仅在 DHCP ACK 报文中有具体数值，其他报文中均为 0。

Yiaddr：指示 DHCP 服务器分配给客户端的 IP 地址，占 32 位。仅在 DHCP OFFER 和 DHCP ACK 报文中有具体数值，其他报文中均为 0。

Siaddr：指示下一个为 DHCP 客户端分配 IP 地址的 DHCP 服务器的 IP 地址。仅在 DHCP OFFER 和 DHCP ACK 报文中有具体数值，其他报文中均为 0。

Giaddr：指示 DHCP 客户端分配的 MAC 地址，占 128 位。

Sname：指示为 DHCP 客户端分配 IP 地址的 DHCP 服务器名称（域名），占 512 位。仅在 DHCP OFFER 和 DHCP ACK 报文中有具体数值，其他报文中均为 0。

File：指示 DHCP 服务器为 DHCP 客户端指定的启动配置文件名称及路径信息，占 1024 位。仅在 DHCP OFFER 报文中有具体数值，其他报文中为空。

Options：字段中包含了 DHCP 客户端自动获取 IP 地址时的具体配置信息，长度可变。

字段值包含的信息有报文类型（代码为 53，占 1 字节）、租约期限（代码为 51，以秒为单位，占 4 字节）、续约时间（代码为 58，占 4 字节）、子网掩码（代码为 1，占 4 字节）、默认网关（代码为 3，长度可变，但必须是 4 的整数倍）、域名称（代码为 15，主 DNS 服务器名称，长度可变）、WINS 服务器（代码为 44，可以是一个 WINS 服务器 IP 地址列表，长度可变，但必须是 4 的整数倍）。

Options 字段中，各报文类型所对应的取值如表 4-1 所示。

表 4-1　报文类型取值

报文类型	取值
DHCP DISCOVER	1
DHCP OFFER	2
DHCP REQUEST	3
DHCP DECLINE	4
DHCP ACK	5
DHCP NAK	6
DHCP RELEASE	7

4.2.2　了解 DHCP 工作流程

当作为 DHCP 客户端的计算机启动时，就会连接 DHCP 服务器，并获取其 TCP/IP 配置信息及租期。租期是指 DHCP 客户端从 DHCP 服务器获得完整的 TCP/IP 配置后，对该 TCP/IP 配置的使用时间。DHCP 客户端从 DHCP 服务器获得 IP 地址信息的整个分配过程需要经历 IP 租用请求、IP 租用提供、IP 租用选择和 IP 租用确认 4 个阶段，如图 4-2 所示。

（1）IP 租用请求

当 DHCP 客户端第一次启动网络组件时，如果客户端发现本机上没有任何 IP 地址等相关参数时，就会向它所处的网络内发出一个 DHCP DISCOVER 数据包。这个数据包的源地址为 0.0.0.0，而目的地址为 255.255.255.255，然后再加上 DHCP DISCOVER 的信息，向整个网络进行广播。

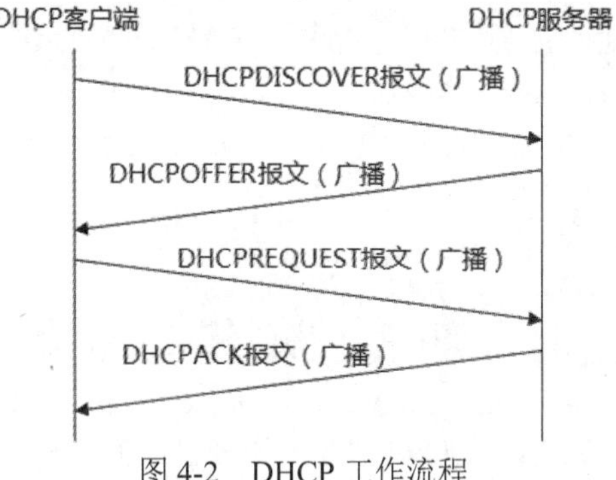

图 4-2　DHCP 工作流程

在默认情况下，DHCP DISCOVER 的等待时间预设为 1s，也就是当客户端将第一个 DHCP DISCOVER 包发送出去之后，在 1 秒内如果没有得到回应，就会进行第二次 DHCP DISCOVER 广播。如果一直得不到回应，客户端将在 16 秒之内广播 4 次 DHCP DISCOVER。如果都没有得到 DHCP 服务器的响应，客户端则会显示错误信息，宣告 DHCP DISCOVER 失败。此时，DHCP 客户端会从 169.254.0.1 至 169.254.255.254 中自动获取一个 IP 地址，并设置子网掩码为 255.255.0.0。以后系统会每 5 分钟尝试与外界的 DHCP 服务器进行联系，重复上述的广播过程。

（2）IP 租用提供

当网络中的任何一个 DHCP 服务器收到客户端发出的 DHCP DISCOVER 广播后，它会从可用地址中选择最前面的 IP，连同其他 TCP/IP 设定（包括子网掩码、网关地址、DNS 地址、WINS 服务器地址等参数），回应给客户端一个 DHCP OFFER 包。

由于客户端在开始时还没有 IP 地址，所在其 DHCP DISCOVER 包内会带有其 MAC 地址信息，并且有一个 XID 编号来辨别该包。DHCP 服务器返回的 DHCP OFFER 数据包则会根据这些资料传递给要求租约的客户。根据服务器端的设定，DHCP OFFER 包会包含一个租约期限的信息。

如果网络中有多台 DHCP 服务器，且这些 DHCP 服务器都收到了 DHCP 客户端的 DHCP 发现信息，并且这些 DHCP 服务器都广播了一个应答信息给该 DHCP 客户端时，DHCP 客户端将从收到应答信息的第一台 DHCP 服务器中获得 IP 地址及其配置。

（3）IP 租用选择

如果客户端收到网络上多台 DHCP 服务器的回应，则会从中选择一个 DHCP OFFER（通常是最先到达的那个），并且会向网络上发送一个 DHCP REQUEST 广播数据包，告诉所有 DHCP 服务器它将指定哪一台服务器提供 IP 地址。

同时，客户端还会向网络上发送一个 ARP（Address Resolution Protocol，地址解析协议）包，查询网络上有没有其他机器使用该 IP 地址；如果发现该 IP 地址已被占用，客户端则会发送出一个 DHCP DECLINE 数据包给 DHCP 服务器，拒绝接受其 DHCP OFFER 包，并重新发送 DHCP DISCOVER 信息。

（4）IP 租用确认

当 DHCP 服务器接收到客户端的 DHCP REQUEST 广播数据包后，会向客户端发出 DHCP ACK 回应，以确认 IP 租约的正式生效，也就结束了一个完整的 DHCP 工作过程。

4.2.3 IP 租约的更新与续租

当 DHCP 客户端租到 IP 地址后，不能长期占用，而是有一个使用期限，即租期。当 IP 地址使用时间到达租期的一半时，将向 DHCP 服务器发送一个新的 DHCP 请求，服务器在接收到该信息后，便会送一个 DHCP 应答信息，以续订并重新开始一个租用周期。该过程就像是续签租凭合同，只是续约时间必须在合同期的一半时进行。

在进行 IP 地址的续租中有以下两种特例。

（1）DHCP 客户端重新启动

不管 IP 地址的租期有没有到期，当客户端重启时就会自动以广播方式，向网络中所有 DHCP 服务器发送 DHCP 请求信息，请求继续使用原来的 IP 地址信息。如果没有 DHCP 服务器对此请求应答，并且原来 DHCP 客户端的租期还没到期，则 DHCP 客户端将继续使用该 IP 地址。

（2）当 IP 地址的租期超过一半时间时

当 IP 地址的租期达到一半时间时，DHCP 客户端就会向 DHCP 发送一个 DHCP 请求信息，以续租该 IP 地址。当续租成功后，DHCP 客户端将开始一个新的租用周期。当续租失败后，DHCP 客户端仍然可以继续使用原来的 IP 地址及其配置，但是该 DHCP 客户端将在租期达到 87.5%时再次利用广播方式发送一个 DHCP 请求信息，以便找到一台可以继续提供租期的 DHCP 服务器。如果仍然续租失败，则该 DHCP 客户端会立即放弃正在使用的 IP 地址，以便重新向 DHCP 服务器获得一个新的 IP 地址。

在以上续租过程中如果续租成功，则 DHCP 服务器会给该 DHCP 客户端发送一个 DHCP ACK 信息，DHCP 客户端在收到该 DHCP ACK 信息后进入一个新的 IP 地址租用期；当续租失败时，DHCP 服务器会给该 DHCP 客户端发送一个 DHCP NACK 信息，DHCP 客户端收到该信息，说明该 IP 地址已经无效或被其他的 DHCP 客户端使用。

为确保在租约过期时客户机从网络上断开，仍能够维持客户租约，一般在租约到期后，会在 DHCP 服务器数据库中保留大约一天的时间。如果用户想中途终止租约，也可以强制删除租约，删除租约与客户租约过期处理方式基本相同，在下一次客户启动时，都必须进入初始化状态并从 DHCP 服务器获得新的 TCP/IP 配置信息。

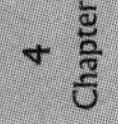

4.2.4 为什么需要 DHCP 中继代理

在 DHCP 客户端初次从 DHCP 服务器获取地址的过程中，所有从 DHCP 客户端发出的请求报文和所有 DHCP 服务器返回的应答报文均是以广播的方式进行发送的，因此，DHCP 服务只适用于 DHCP 客户端和 DHCP 服务器处于同一个子网的情况，因为广播包是不能穿越子网的。

（1）中继代理简介

基于 DHCP 服务的以上限制，如果 DHCP 客户端与 DHCP 服务器之间存在路由器设备，不在同一子网，就不能直接通过这台 DHCP 服务器获取 IP 地址，即使 DHCP 上已配置了对应的地址池。这就意味着，如果想实现多个子网中的主机 IP 地址的自动分配，就需要在网络每个子网中配置一个 DHCP 服务器，这显然建设与管理成本巨大且没有必要。而 DHCP 中继功能很好地解决了这个问题。

有了 DHCP 中继代理服务，与 DHCP 服务器不在同一子网的 DHCP 客户端可以通过 DHCP 中继代理（通常是三层交换机或路由器）与其他网段的 DHCP 服务器通信，使得 DHCP 客户端能够自动获取到 IP 地址，如图 4-3 所示。此时的 DHCP 中继代理位于 DHCP 客户端和 DHCP 服务器之间，负责 DHCP

报文的转发。DHCP 中继代理需要连接在 DHCP 客户端所在的每个子网和 DHCP 服务器所在子网之间。这样，每个子网上的 DHCP 客户端都可以使用来自同一个 DHCP 服务器自动分配的 IP 地址，既节省了成本，又便于集中管理。

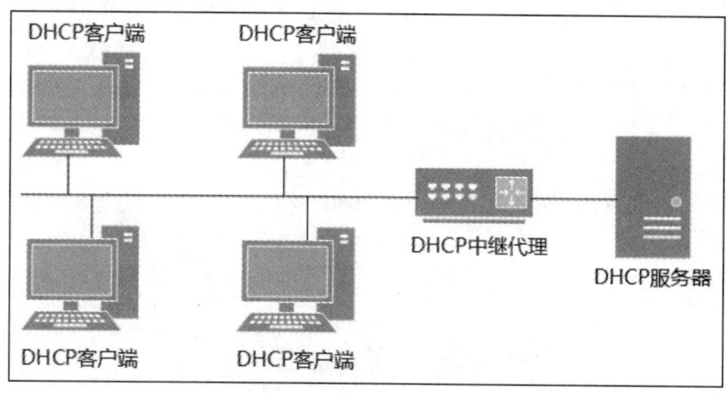

图 4-3　DHCP 中继代理

（2）通过 DHCP 中继代理动态分配 IP 地址的工作原理

DHCP 客户端通过 DHCP 中继代理从 DHCP 服务器自动获取 IP 地址的过程与不通过 DHCP 中继代理从 DHCP 服务器自动获取 IP 地址的过程类似，都需要经历发现、提供、选择和确认四个阶段。其中对应的报文也是 DHCP DISCOVER、DHCP OFFER、DHCP REQUEST、DHCP ACK，而中继代理只是充当一个中介代理的角色，负责转发 DHCP 客户端与 DHCP 服务器之间交互的这些报文。

Option82 是 DHCP 报文中的中继代理信息选项，该选项记录了 DHCP 客户端的位置信息。支持 Option82 选项的 DHCP 服务器可以根据该选项信息制定 IP 地址和其他配置参数的分配策略，提供更加灵活的地址分配方式。

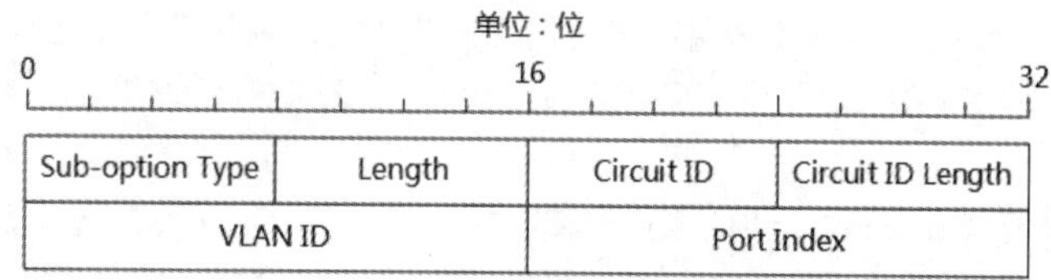

图 4-4　sub-option1 子选项报文

目前设备主要支持两个 Option82 子选项，一个是 sub-option1（电路 ID 子选项），另一个是 sub-option2（远程 ID 子选项）。sub-option1 和 sub-option2 两个子选项的报文格式分别如图 4-4 和图 4-5 所示。sub-option1 子选项中包含了接收到 DHCP 客户端请求报文的端口所示 VLAN 的编号信息（VLAN ID，占 2 个字节）和端口索引信息（Port Index，占 2 个字节），sub-option2 子选项中包含了接收到 DHCP 客户端请求报文的 DHCP 中继设备的 MAC 地址信息（MAC Address，占 6 字节）。

DHCP 中继支持 Option82 时的工作流程如图 4-6 所示。

1）DHCP 客户端以广播方式向本网段发送 DHCP DISCOVER 或 DHCP REQUEST 请求报文。此时只有网络中的 DHCP 中继代理设备会接收该 DHCP 请求报文（假设该网段内没有 DHCP 服务器）。

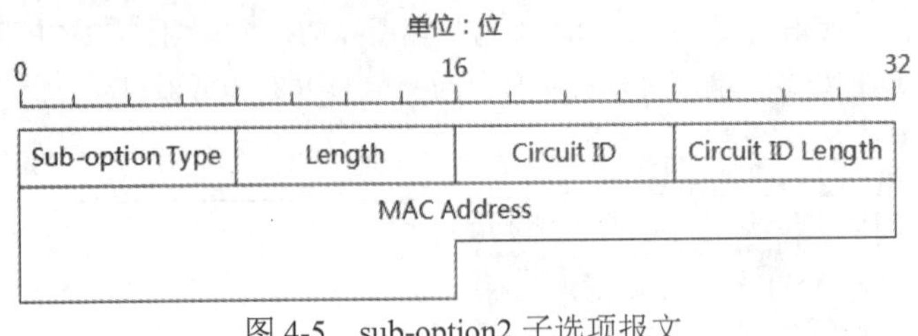

图 4-5 sub-option2 子选项报文

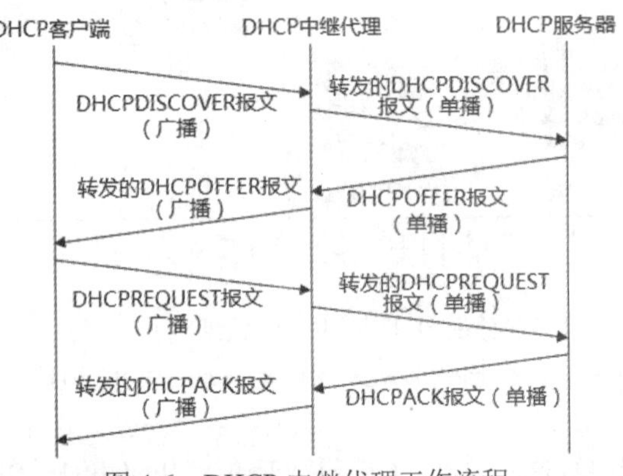

图 4-6 DHCP 中继代理工作流程

2）DHCP 中继代理设备在接收到 DHCP 客户端发来的 DHCP DISCOVER 或 DHCP REQUEST 请求报文后，将检查报文中 Option82 选项。

如果请求报文已有 Option82，则 DHCP 中继代理设备会按照配置的策略进行处理（丢弃或者用中继设备本身的 Option82 选项代替原有的 Option82 选项，或保持原有的 Option82 选项），同时根据 Option82 选项的 sub-option1 子选项中的 VLAN 和端口索引信息，找到对应网段分配的 DHCP 服务器地址，并将报文中的 Giaddr 字段填充为 DHCP 中继代理设备的 IP 地址，然后将请求报文以单播方式转发给 DHCP 服务器。

如果请求报文中没有 Option82 选项，则 DHCP 中继设备将 Option82 选项添加到报文中后，根据 Option82 选项的 sub-option1 子选项中的 VLAN 和端口索引信息，找到对应网段分配的 DHCP 服务器地址，并将报文中的 Giaddr 字段填充为 DHCP 中继代理设备的 IP 地址，然后同样将请求报文以单播方式转发给 DHCP 服务器。

3）DHCP 服务器在收到由 DHCP 中继代理设备转发的 DHCP DISCOVER 或 DHCP REQUEST 请求报文后，根据转发的请求报文中 Giaddr 字段值所对应的中继代理设备 IP 地址，以及 sub-option2 子选项中的中继代理 MAC 地址，以单播方式向 DHCP 中继代理返回对应的 DHCP OFFER 或 DHCP ACK 应答报文。

4）DHCP 中继设备在收到 DHCP 服务器应答报文后，将剥离报文中的 Option82 信息，然后以广播方式将带有 DHCP 配置信息的对应应答报文转发给 DHCP 客户端，完成对客户端的动态配置。

4.3 实践 1：在 Windows Server 上实现 DHCP 服务

本节以 Windows Server 2012 为例，讲解使用 Windows Server 服务器实现 DHCP 服务的具体方法。

4.3.1 安装 DHCP 服务

默认情况下，Windows Server 2012 系统中没有安装 DHCP 服务，所以首先要安装 DHCP 服务。

Step 1 打开服务器管理器，点击【添加角色和功能】，如图 4-7 所示，开始安装服务。

Step 2 在【开始之前】界面中，默认选择【下一步】，如图 4-8 所示，进入【安装类型】选项。选择【基于角色或基于功能的安装】，然后进入下一步，如图 4-9 所示。

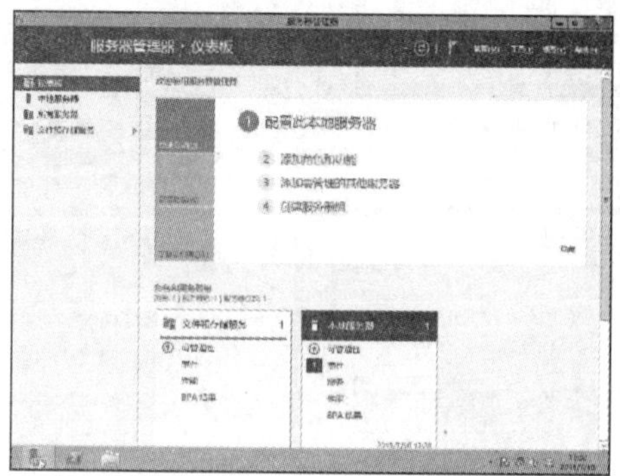

图 4-7　仪表板

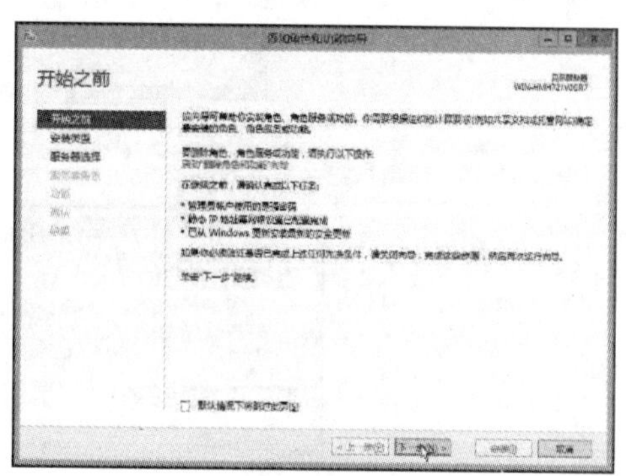

图 4-8　“开始安装”界面

Step 3 选择服务器，选择【下一步】，如图 4-10 所示。

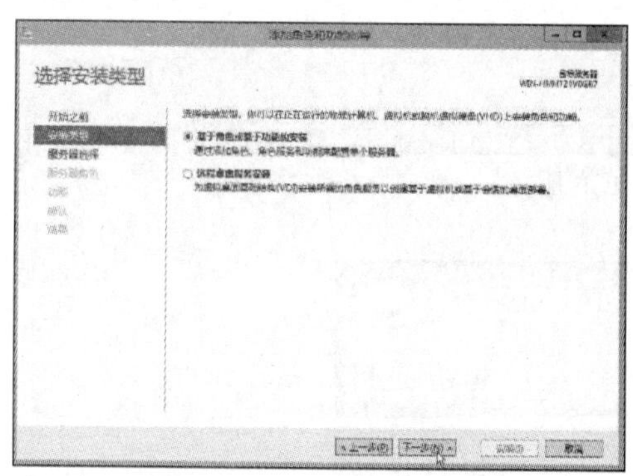

图 4-9　“安装类型”界面

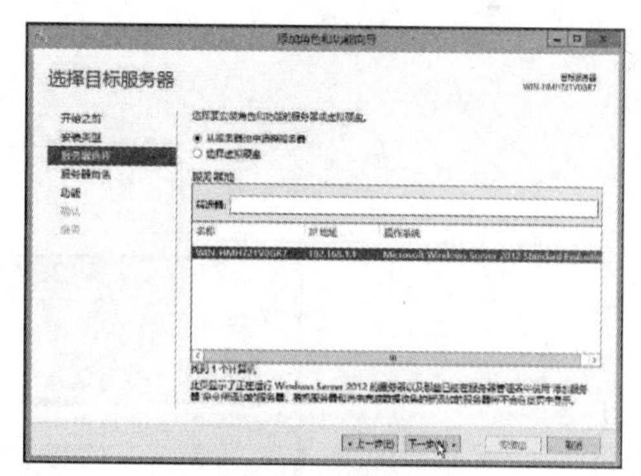

图 4-10　“服务器选择”界面

Step 4 选择服务器角色，点击【DHCP 服务器】选项，弹出选项框，将【包括管理工具】选项勾选上，如图 4-11 所示，并选择【添加功能】，然后进入下一步，如图 4-12 所示。

Step 5 选择安装功能完毕后，点击【下一步】按钮。

Step 6 在【DHCP 服务器】选项中，点击【下一步】按钮，进入到【确认】选项，然后点击【安装】按钮，开始安装 DHCP 服务，等待安装进度条到 100%，安装完成，如图 4-13 所示。

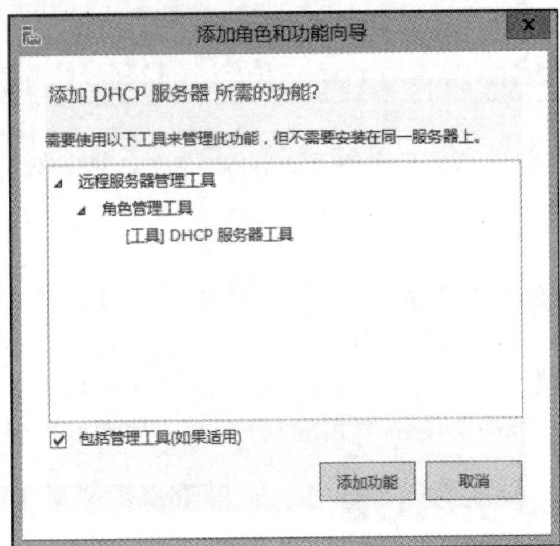

图 4-11　添加 DHCP 服务

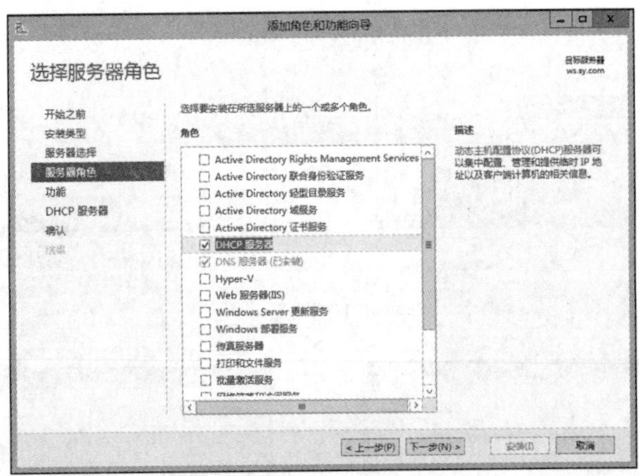

图 4-12　添加 DHCP 服务

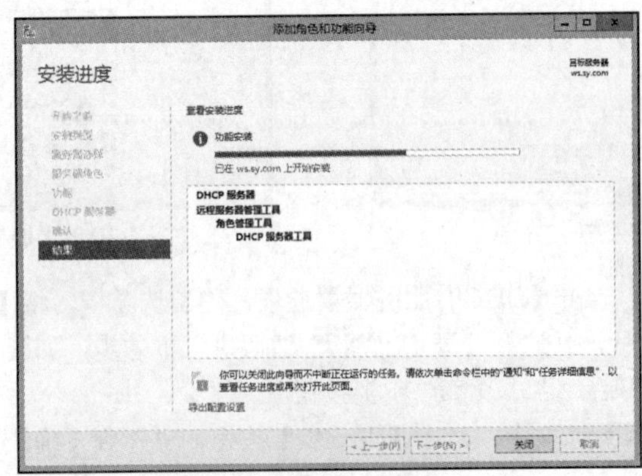

图 4-13　添加 DHCP 服务

4.3.2　添加作用域

DHCP 服务安装完毕后，可在服务器管理器中找到【DHCP】，通过 DHCP 管理器即可开始设置 DHCP 服务。

Step 1　打开本地服务器，右击【IPv4】选项，然后选择【新建作用域】，如图 4-14 所示，进入【新建作用域向导】界面，如图 4-15 所示，默认点击【下一步】按钮。

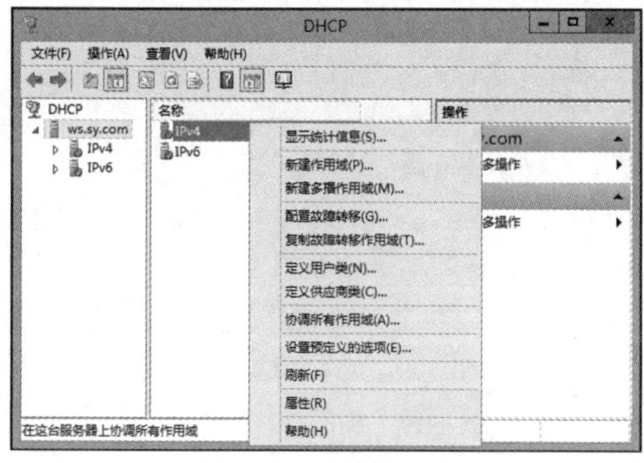

图 4-14　新建作用域

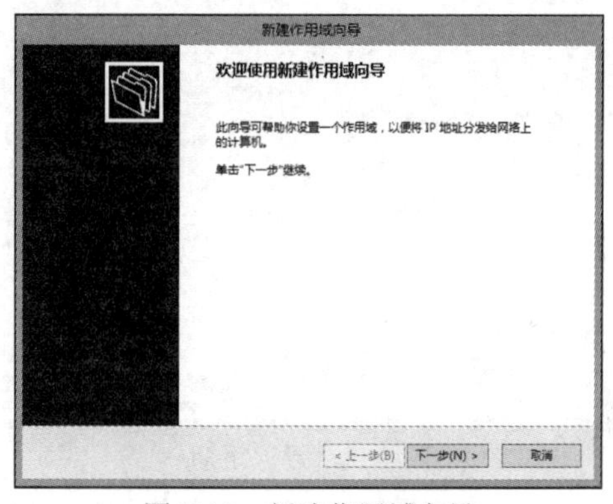

图 4-15　新建作用域向导

Step 2　填写作用域名称和描述。例如，填写作用域名称为“作用域 1”，然后点击【下一步】按钮。

Step 3　设置作用域范围和子网掩码。设置起始 IP 地址为 192.168.1.100，结束 IP 地址为 192.168.1.200，“长度”为 24，子网掩码为 255.255.255.0，如图 4-16 所示，然后点击【下一步】按钮。其中“长度”是指子网掩码中前缀的长度，也就是二进制数“1”的个数。

Step 4　设置排斥地址和延迟。排斥地址是指在作用域内，DHCP 服务器不予分配的 IP 地址。例如，设置排斥地址范围为 192.168.1.100～192.168.1.110，那么 DHCP 服务器能够自动分配 IP 地址的范围就为 192.168.1.111～192.168.1.200，由于本节主要讲解如何实现 DHCP 服务，所以此处不作设置，如图 4-17 所示，点击【下一步】按钮。

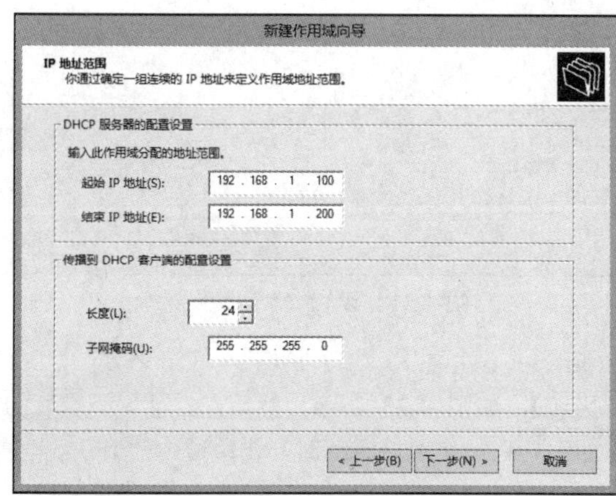

图 4-16　设置作用域范围

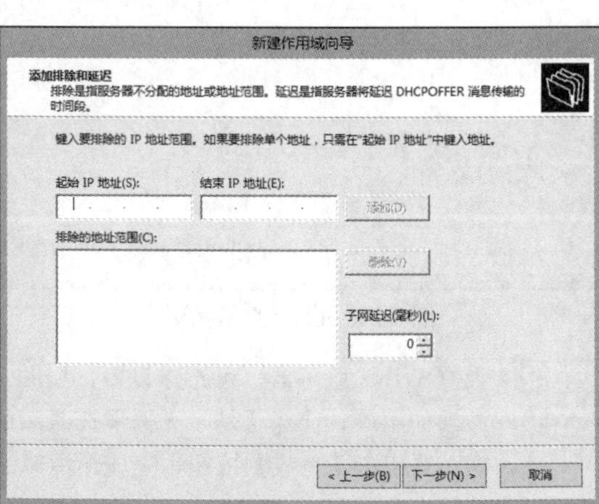

图 4-17　设置排斥地址

4 Chapter

Step 5 设置 IP 地址租用期限，默认值为 8 天，如图 4-18 所示，然后点击【下一步】按钮。

Step 6 配置 DHCP 选项。选择【是，我想现在配置这些选项】，如图 4-19 所示，然后点击【下一步】按钮。

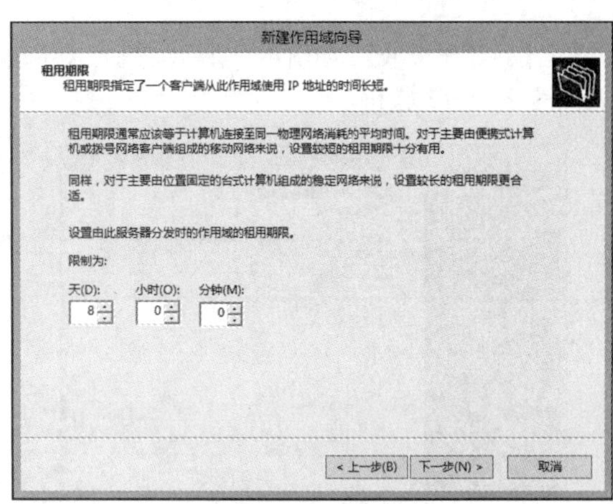

图 4-18 设置租期

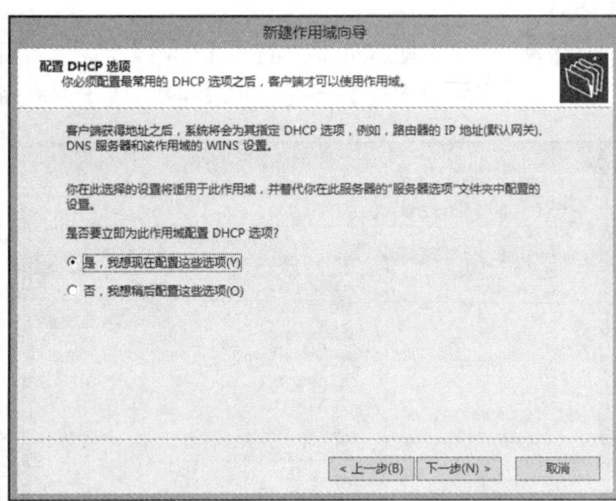

图 4-19 设置 DHCP 选项

Step 7 设置默认网关为 192.168.1.1，如图 4-20 所示，然后点击【下一步】按钮。即当 DHCP 客户端自动获取到 IP 地址时的网关为 192.168.1.1。

Step 8 设置 DNS 服务器为 8.8.8.8（可选），如图 4-21 所示，然后点击【下一步】按钮。即当 DHCP 客户端自动分配到 IP 地址时配置的 DNS 服务器为 8.8.8.8。DNS 服务器也可以不作设置。

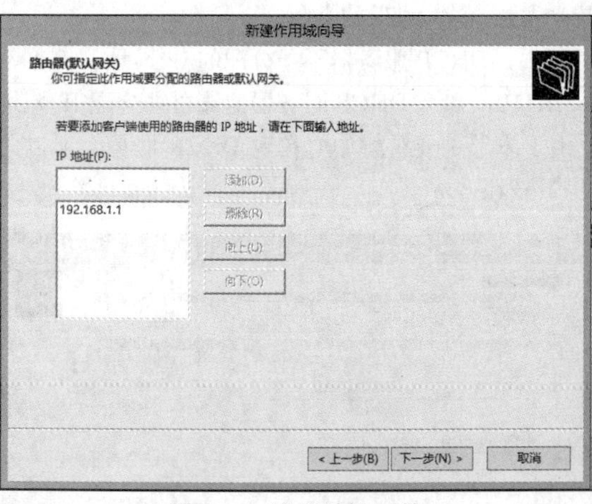

图 4-20 设置默认网关

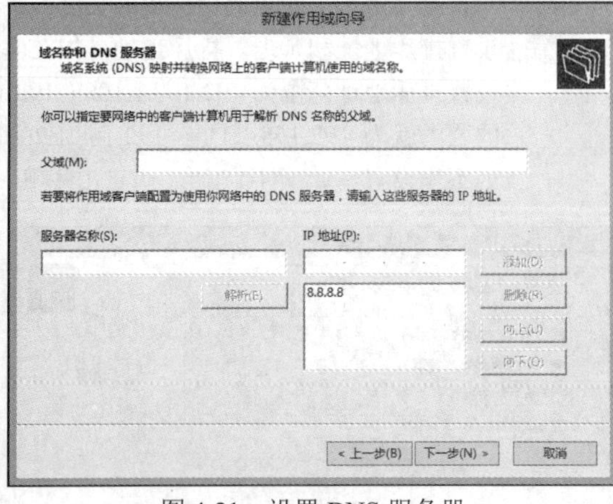

图 4-21 设置 DNS 服务器

Step 9 设置 WINS 服务器，可不作设置，如图 4-22 所示，点击【下一步】按钮。

Step 10 激活作用域。选择【是，无需现在激活此作用域】，如图 4-23 所示，然后点击【下一步】按钮，再点击【完成】按钮，完成作用域的添加。只有当作用域激活时，作用域内的 IP 地址才能够自动分配。

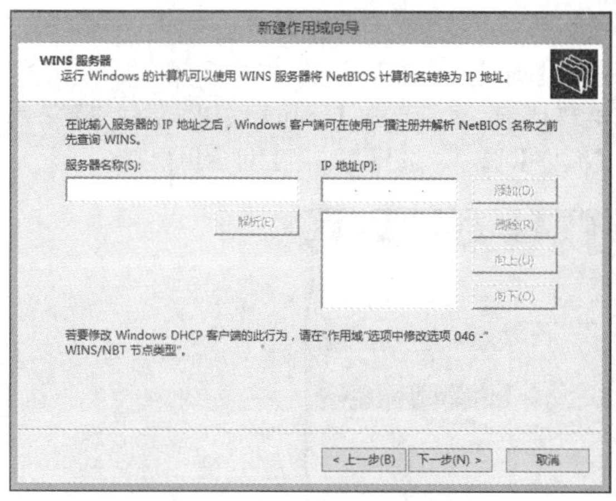

图 4-22　设置 WINS 服务器

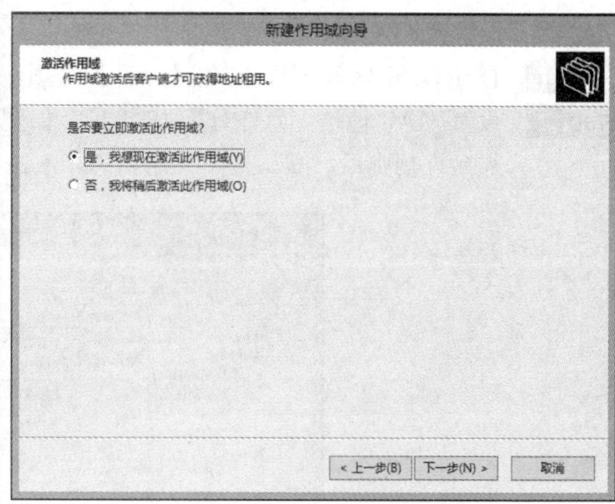

图 4-23　激活作用域

4.3.3　设置保留 IP 地址

在网络中，某些计算机需要每次都获得相同的 IP 地址，就需要用到保留地址。设置保留地址是将一个 IP 与某个 DHCP 客户端网卡的 MAC 地址进行绑定，这样可以确保某 DHCP 客户端每次请求都可以获得同样的 IP 地址，例如给打印服务器分配固定的 IP 地址。

Step 1　打开 DHCP 作用域，右击【保留】选项，选择【新建保留】，如图 4-24 所示。

Step 2　设置保留地址。例如，设置保留名称为“保留 1”，MAC 地址为 08-10-74-AA-CD-8D，IP 地址为 192.168.1.100，如图 4-25 所示。然后点击【添加】按钮，完成设置。

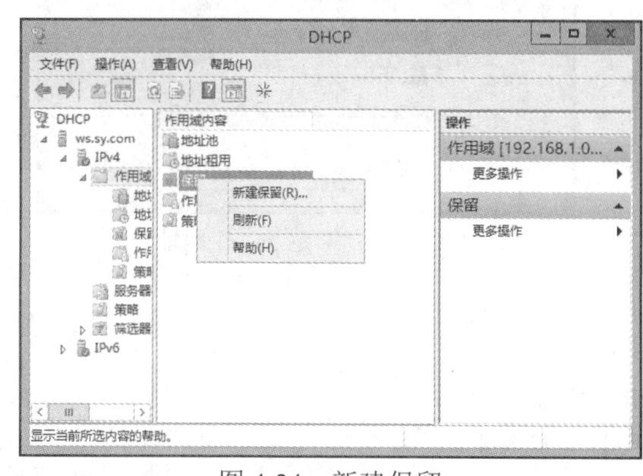

图 4-24　新建保留

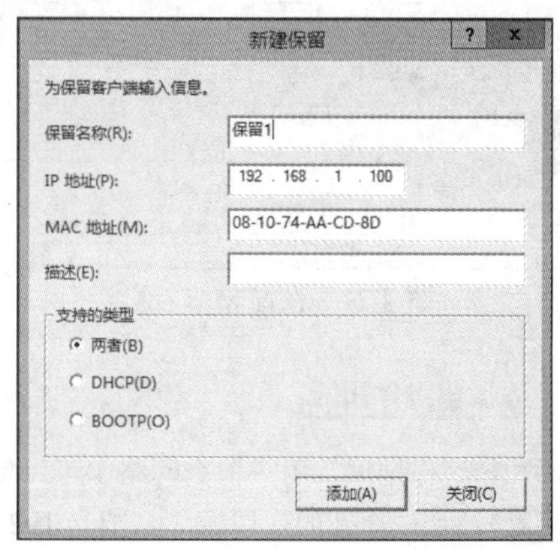

图 4-25　设置保留地址

4.3.4　使用 DHCP 筛选器

利用筛选器，可以设置允许和拒绝规则，从而实现只为网络中特定的计算机分配 IP 地址，或者拒绝为某些计算机分配地址的操作。筛选器也同样是通过 MAC 地址来识别计算机的。

（1）设置允许规则

Step 1 打开 DHCP 筛选器，右击【允许】选项，选择【新建筛选器】，如图 4-26 所示。

Step 2 设置 MAC 地址，允许分配 IP 地址，如图 4-27 所示，然后点击【添加】按钮，完成设置。添加允许规则后，默认处于禁用状态，右击【允许】选项，选择【启用】可启用规则。

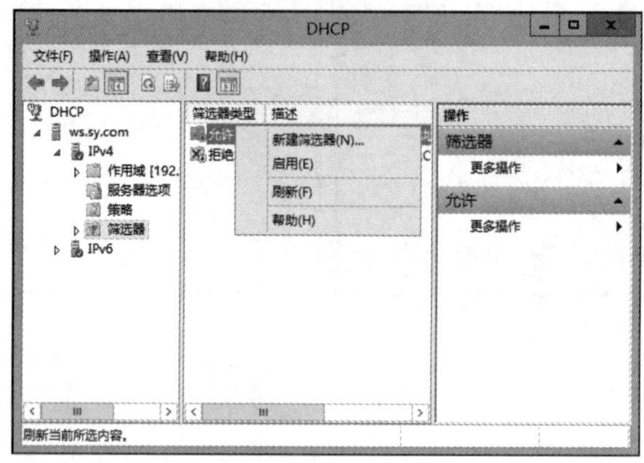

图 4-26 设置允许规则

（2）设置拒绝规则

Step 1 打开 DHCP 筛选器，右击【拒绝】选项，选择【新建筛选器】。

Step 2 设置 MAC 地址，拒绝分配 IP 地址，如图 4-28 所示，然后点击【添加】按钮，完成设置。添加拒绝规则后，默认处于禁用状态，右击【拒绝】选项，选择【启用】可启用规则。

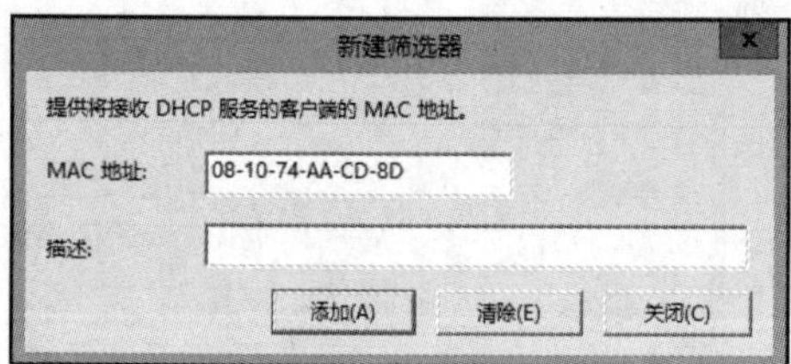

图 4-27 设置 MAC 地址

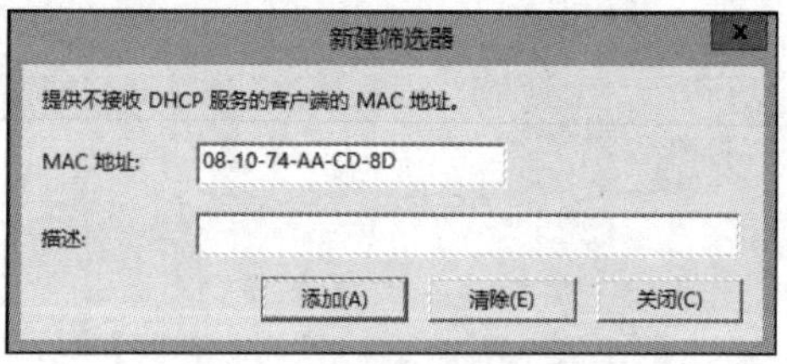

图 4-28 绑定 MAC 地址

4.3.5 添加超级作用域

添加超级作用域，用于扩充网络中可以使用的 IP 地址。

Step 1 添加一个新的作用域，范围为 192.168.2.100～192.168.2.200。

Step 2 打开本地服务器，右击【IPv4】选项，然后选择【新建超级作用域】，如图 4-29 所示，进入【新建超级作用域向导】界面，如图 4-30 所示，点击【下一步】按钮。

Step 3 填写超级作用域名称。例如，填写超级作用域名称为“超级作用域 1”，然后点击【下一步】按钮。

Step 4 选中现有的两个作用域，如图 4-31 所示，然后点击【下一步】按钮，再点击【完成】按钮，完成超级作用域的添加，如图 4-32 所示。

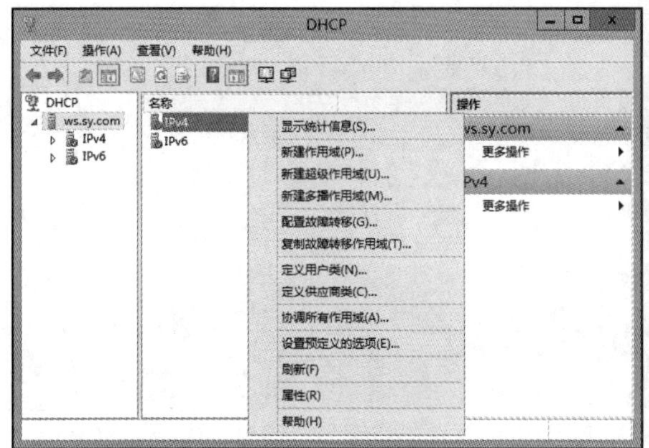

图 4-29　新建超级作用域

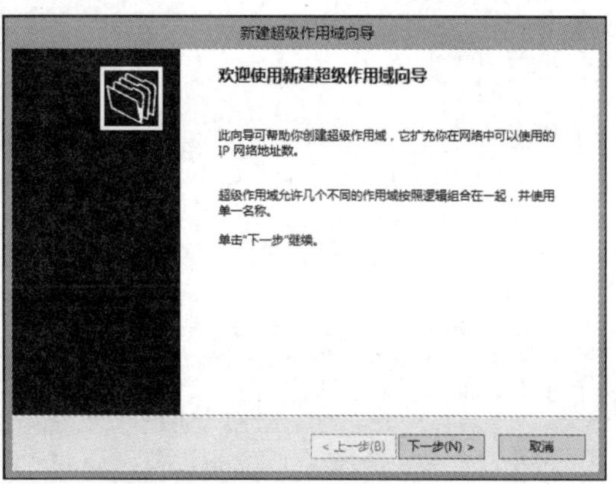

图 4-30　新建超级作用域向导（一）

图 4-31　新建超级作用域向导（二）

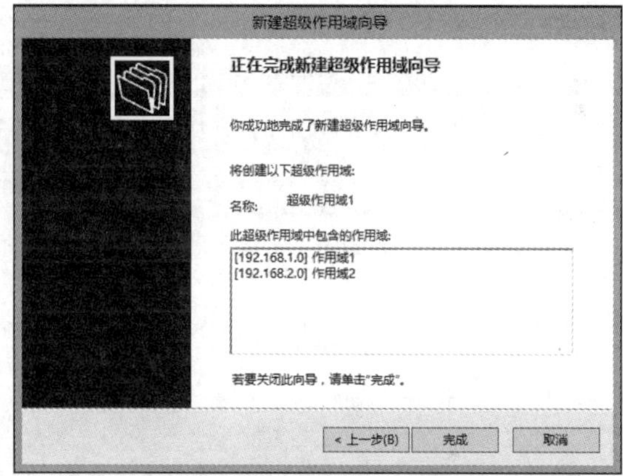

图 4-32　完成创建超级作用域

这样就添加一个范围为 192.168.1.100～192.168.1.200 和 192.168.2.100～192.168.2.200 的超级作用域。

4.4　实践 2：在 Linux 上实现 DHCP 服务

本节以 CentOS 7 操作系统为例，讲解在 Linux 操作系统上实现 DHCP 服务的具体方法。

4.4.1　安装 DHCP 服务

输入以下命令，在线安装 DHCP 服务。

```
# yum –y install dhcp
```

安装完成后，可通过命令 rpm –aq | grep dhcp 验证 DHCP 服务的安装状态及版本。

```
# rpm -aq | grep dhcp
dhcp-libs-4.2.5-36.el7.centos.x86_64
dhcp-4.2.5-36.el7.centos.x86_64
dhcp-common-4.2.5-36.el7.centos.x86_64
```

4.4.2 DHCP 配置文件

安装 DHCP 服务完成后，首先了解一下配置文件。

查看 dhcpd.conf 配置命令如下。

```
# cat /etc/dhcp/dhcpd.conf
```

dhcp.conf 的具体内容如下。

```
#
# DHCP Server Configuration file.
#    see /usr/share/doc/dhcp*/dhcpd.conf.example
#    see dhcpd.conf(5) man page
#
```

根据文件内容的提示，dhcpd.conf.example 文件中有 DHCP 服务配置的参考信息。由于 DHCP 版本号为 dhcp-4.2.5，所以查看 DHCP 服务配置参考信息的方法如下。

```
cat /usr/share/doc/dhcp-4.2.5/dhcpd.conf.example
# dhcpd.conf
#
# Sample configuration file for ISC dhcpd
#

# option definitions common to all supported networks...
option domain-name "example.org";
option domain-name-servers ns1.example.org, ns2.example.org;

default-lease-time 600;  //默认租用期限
max-lease-time 7200;  //最大租用期限

# Use this to enble / disable dynamic dns updates globally.
#ddns-update-style none;

# If this DHCP server is the official DHCP server for the local
# network, the authoritative directive should be uncommented.
#authoritative;

# Use this to send dhcp log messages to a different log file (you also
# have to hack syslog.conf to complete the redirection).
log-facility local7;

# No service will be given on this subnet, but declaring it helps the
# DHCP server to understand the network topology.

subnet 10.152.187.0 netmask 255.255.255.0 {
}

# This is a very basic subnet declaration.

subnet 10.254.239.0 netmask 255.255.255.224 {  //定义作用域
  range 10.254.239.10 10.254.239.20;
  option routers rtr-239-0-1.example.org, rtr-239-0-2.example.org;
}
```

```
# This declaration allows BOOTP clients to get dynamic addresses,
# which we don't really recommend.

subnet 10.254.239.32 netmask 255.255.255.224 {
   range dynamic-bootp 10.254.239.40 10.254.239.60;
   option broadcast-address 10.254.239.31;
   option routers rtr-239-32-1.example.org;
}

# A slightly different configuration for an internal subnet.
subnet 10.5.5.0 netmask 255.255.255.224 {
   range 10.5.5.26 10.5.5.30;
   option domain-name-servers ns1.internal.example.org;
   option domain-name "internal.example.org";
   option routers 10.5.5.1;
   option broadcast-address 10.5.5.31;
   default-lease-time 600;
   max-lease-time 7200;
}

# Hosts which require special configuration options can be listed in
# host statements.    If no address is specified, the address will be
# allocated dynamically (if possible), but the host-specific information
# will still come from the host declaration.

host passacaglia {
   hardware ethernet 0:0:c0:5d:bd:95;
   filename "vmunix.passacaglia";
   server-name "toccata.fugue.com";
}

# Fixed IP addresses can also be specified for hosts.    These addresses
# should not also be listed as being available for dynamic assignment.
# Hosts for which fixed IP addresses have been specified can boot using
# BOOTP or DHCP.    Hosts for which no fixed address is specified can only
# be booted with DHCP, unless there is an address range on the subnet
# to which a BOOTP client is connected which has the dynamic-bootp flag
# set.
host fantasia {    //定义保留地址
   hardware ethernet 08:00:07:26:c0:a5;
   fixed-address fantasia.fugue.com;
}

# You can declare a class of clients and then do address allocation
# based on that.    The example below shows a case where all clients
# in a certain class get addresses on the 10.17.224/24 subnet, and all
# other clients get addresses on the 10.0.29/24 subnet.

class "foo" {
   match if substring (option vendor-class-identifier, 0, 4) = "SUNW";
}
```

```
shared-network 224-29 {   //定义超级作用域
    subnet 10.17.224.0 netmask 255.255.255.0 {
        option routers rtr-224.example.org;
    }
    subnet 10.0.29.0 netmask 255.255.255.0 {
        option routers rtr-29.example.org;
    }
    pool {
        allow members of "foo";
        range 10.17.224.10 10.17.224.250;
    }
    pool {
        deny members of "foo";
        range 10.0.29.10 10.0.29.230;
    }
}
//配置文件中只包含了部分语句的用法
```

dhcp.conf 配置文件中常用的声明及其功能如表 4-2 所示。

表 4-2　dhcpd.conf 配置文件常用的声明及其功能

声明	功能
shared-network　名称　{…}	定义超级作用域
subnet　网络号　netmask　子网掩码　{…}	定义作用域
range　起始 IP 地址　终止 IP 地址	定义作用域范围
host　主机名　{…}	定义保留地址
group　{…}	定义一组参数
ddns-update-style　类型	定义所支持的 DNS 动态更新类型
allow/ignore　client-updates	允许或忽略客户端更新 DNS 记录
default-lease-time　数字	指定默认租约期限，单位为秒
max-lease-time　数字	指定最大租约期限，单位为秒
hardware　硬件类型　MAC 地址	指定网卡接口类型和 MAC 地址
server-name　主机名	定义通知 DHCP 客户端服务器的主机名
fixed-address-servers　IP 地址	指定一个保留 IP 地址
subnet-mask　子网掩码	为客户端指定子网掩码
domain-name　域名	为客户端指定 DNS 域名
domain-name-servers　IP 地址	为客户端指定 DNS 服务器地址
host-named 主机名	为客户端指定主机名
routers　IP 地址	为客户端指定默认网关
broadcast-address　广播地址	为客户端指定广播地址

续表

声明	功能
netbios-name-servers　IP 地址	为客户端指定 WINS 服务器地址
netbios-node-type　节点类型	为客户端指定节点类型
ntp-servers　IP 地址	为客户端指定时间服务器地址
nis-servers　IP 地址	为客户端指定 NIS 域服务器地址
nis-domain　名称	为客户端指定 NIS 域名称
time-offset　偏移差	为客户端指定与格林尼治时间的偏移差

4.4.3 配置作用域

DHCP 作用域是一个 IP 子网中可分配 IP 地址的范围。在 dhcp.conf 文件中，声明一个 DHCP 作用域格式如下所示。

```
subnet　网络号　netmask　子网掩码　{
  range　起始 IP 地址　终止 IP 地址;
//指定可分配 IP 地址的范围
  其他配置参数;
//如子网掩码，默认网关，DNS 服务器地址等
}
```

具体配置示例如下所示。

```
subnet 192.168.1.0 netmask 255.255.255.0 {
//定义一个 192.168.1.0/24 的作用域
 option routers 192.168.1.1;
//指定默认网关为 192.168.1.1
 option subnet-mask 255.255.255.0;
//指定子网掩码为 255.255.255.0
 option domain-name "sy.com";
//指定域名为 sy.com
 option domain-name-servers 192.168.1.1;
//指定 DNS 服务器为 192.168.1.1
 range 192.168.1.100 192.168.1.200;
//配置作用域范围为 192.168.1.100-192.168.1.200，
//若在 range 后加上参数 dynamic-bootp，则表示动态地址范围
range dynamic-bootp 192.168.1.30 192.168.1.80;
//动态分配范围
}
```

其中 option 语句是用来定义 DHCP 客户端的配置参数。需要注意的是定义的作用域所属的网段需要与 DHCP 服务器的 IP 地址所属的网段一致，在定义多个作用域时，至少需要有一个作用域所属的网段与 DHCP 服务器的 IP 地址所属的网段一致。

4.4.4 配置租约期限

租约期限是 DHCP 客户端租用 IP 地址的时间。具体配置如下所示。

```
default-lease-time　21600;
```

```
//定义默认租约期限为 21600 秒
max-lease-time    43200;
//定义最大租约期限为 4320 秒
```

4.4.5 配置保留 IP 地址

配置保留 IP 地址，保留特定的 IP 地址给指定的 DHCP 客户端使用。具体配置如下所示。

```
host hostname {
   hardware ethernet 08:10:74:AA:CD:8D;
//DHCP 客户端网卡 MAC 地址
   fixed-address 192.168.1.100;
//指定分配的 IP 地址
}
```

4.4.6 配置超级作用域

超级作用域的具体配置如下所示。

```
shared-network name {
//定制超级作用域
subnet 192.168.1.0 netmask 255.255.255.0 {
   option routers 192.168.1.1;
   range 192.168.1.100 192.168.1.200;
}
subnet 192.168.2.0 netmask 255.255.255.0 {
   option routers 192.168.2.1;
   range 192.168.2.100 192.168.2.200;
   }
}
```

上述配置文件中，定义了一个超级作用域，作用域范围为 192.168.1.100～192.168.1.200，192.168.2.100～192.168.2.200。

4.4.7 配置多个作用域

多作用域的配置示例如下。

```
//=====================全局配置=====================

default-lease time 86400;
//默认租期为 1 天
max-lease-time 172800;
//最大租期为 2 天
option domain-name-servers 8.8.8.8,114.114.114.114;
//指定 DNS 服务器，最多可指定 3 个，之间用“,”号隔开

//=====================作用域 1 配置==================

subnet 192.168.1.0 netmask 255.255.255.0 {
  range dynamic-bootp 192.168.1.100 192.168.1.200;
//作用域范围，可定义多个范围，每个范围一行
  options routers 192.168.1.1;
//默认网关
broadcast-address 192.168.1.255;
```

```
//广播地址
host hostname {
//定义 IP 地址保留
hardware ethernet 08:10:74:AA:CD:8D;
  fixed-address 192.168.1.200;
}
}

//====================作用域 2 配置=================

subnet 192.168.2.0 netmask 255.255.255.0 {
//定义第 2 个作用域
 range 192.168.2.100 192.168.2.200;
 options routers 192.168.2.1;
}

//====================超级作用域配置================

shared-network name {
//定义超级作用域
subnet 172.16.150.0 netmask 255.255.255.0 {
  option routers 172.16.150.1;
  range 172.16.150.100 172.16.150.200;
}
subnet 172.16.160.0 netmask 255.255.255.0 {
  option routers 172.16.160.1;
  range 172.16.160.100 172.16.160.200;
  }
}
```

上述配置文件中，定义多个作用域和超级作用域的区别在于，定义多个作用域可以通过中继代理为不同网络中的 DHCP 客户端分配 IP 地址，而超级作用域尽管包含了多个作用域范围，但只能算作一个作用域，只不过这个作用域包含了两个网段的 IP 地址，且超级作用域也只能为一个网络内的 DHCP 客户端分配 IP 地址，只有当其中一个网段的 IP 地址分配完毕时，才会分配另一个网络的 IP 地址（未使用 IP 地址保留）。

举例来说明，如图 4-33 所示，PC1 与 DHCP 服务器同属于 VALN 10（DHCP 服务器和 PC1 在同一个网络内），网关为 192.168.1.1，PC2 属于 VLAN 20（DHCP 服务器和 PC2 不在同一个网络内），网关为 172.16.150.1。DHCP 服务器地址为 192.168.1.50，三层交换机开启中继功能。

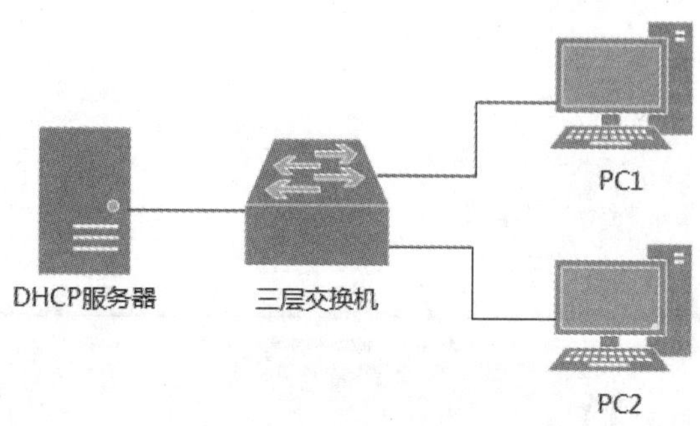

图 4-33　多作用域 IP 地址分配示例

假设 DHCP 服务器配置了两个作用域，作用域 1 的范围为 192.168.1.100～192.168.1.200，作用域 2 的范围为 172.16.150.100～172.16.150.200。那么当 PC1 和 PC2 向 DHCP 服务器发送请求后，若两个作用域内的 IP 地址都未分配完毕，则 PC1 会获取到 192.168.1.0/24 网段的 IP 地址，PC2 会获取到 172.16.150.0/24 网段的 IP 地址。若对应网段的 IP 地址已经分配完毕，则 PC1 和 PC2 通过 DHCP 服务就获取不到 IP 地址。

如果 DHCP 服务器配置的是一个超级作用域，作用域范围为 192.168.1.100～192.168.1.200，172.16.150.100～172.16.150.200。那么当 PC1 和 PC2 向 DHCP 发送请求后，若两个网段的 IP 地址都未分配完毕，则 PC1 会获取到 192.168.1.0/24 网段的 IP 地址，而 PC2 获取不到 IP 地址，因为 PC2（VLAN 20）与 DHCP 服务器（VLAN 10）不在同一个网络内，而超级作用域只能为一个网络分配 IP 地址；若 192.168.1.0/24 网段的 IP 地址已经分配完毕，则 PC1 就会获取到 172.16.150.0/24 网段的 IP 地址，PC2 仍获取不到 IP 地址。

4.5 实践 3：DHCP 客户端的配置

如果在局域网中有 DHCP 服务器，配置 DHCP 客户端自动获取 IP，才能够自动获取到 DHCP 服务器所配置地址池中的 IP 地址。

4.5.1 在 Windows 上配置 DHCP 客户端

以 Windows 7 操作系统为例，在 Windows 上配置 DHCP 客户端的具体操作步骤如下。

Step 1 右击桌面右下角网络图标选择【打开网络共享中心】，打开网络共享中心，如图 4-34 所示。

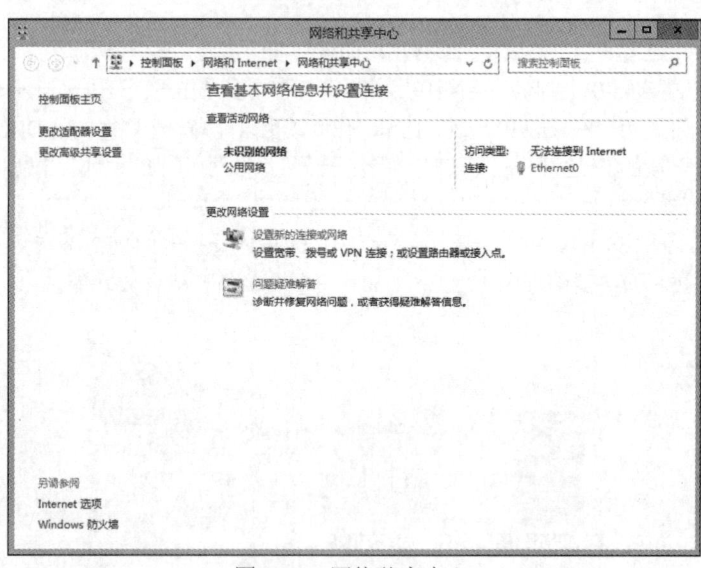

图 4-34 网络共享中心

Step 2 选择【更改网络适配器】。

Step 3 右击本地连接适配器，选择【属性】，如图 4-35 所示。

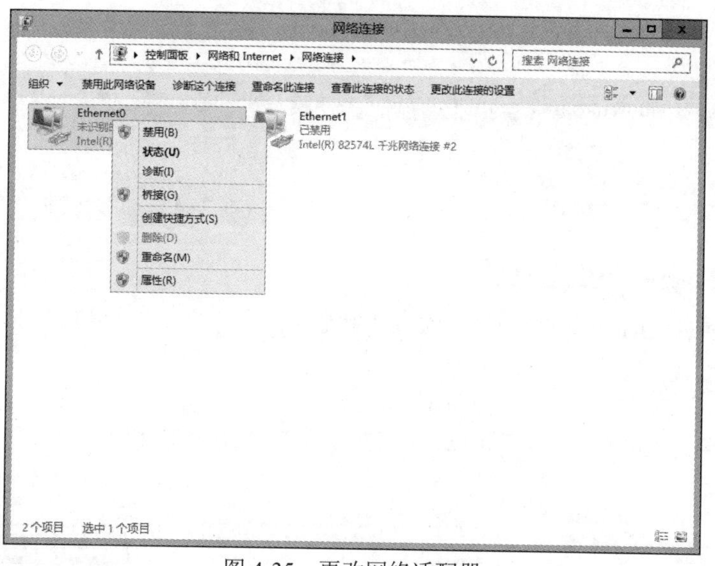

图 4-35　更改网络适配器

Step 4 双击【Internet 协议版本 4（TCP/IP）】，进行网络配置，如图 4-36 所示。

Step 5 选择自动获取 IP 地址和 DNS 服务器，如图 4-37 所示。

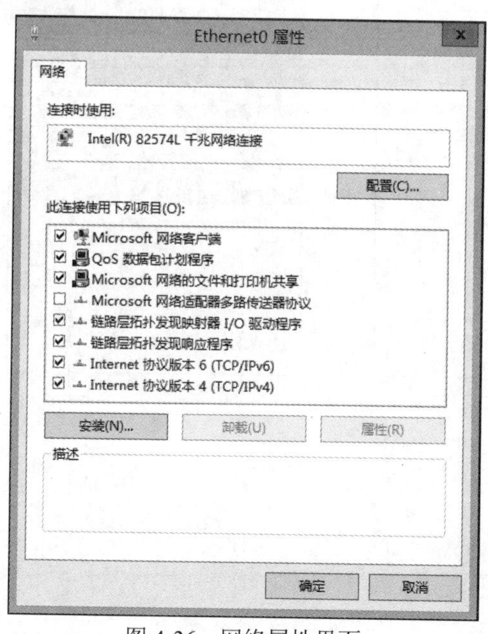

图 4-36　网络属性界面

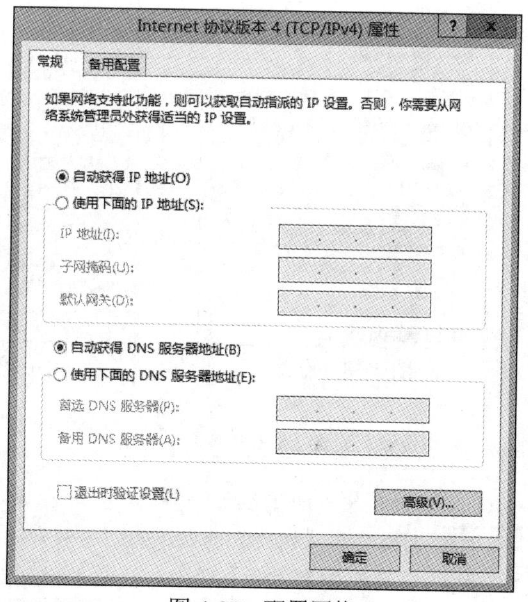

图 4-37　配置网络

4.5.2　在 Linux 上配置 DHCP 客户端

以 CentOS 为例，在 CentOS 上配置 DHCP 客户端具体操作步骤如下。

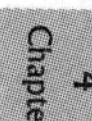

打开网络的配置文件，将 BOOTPROTO 选项改为 dhcp，然后重启网络服务，就可以自动获取到 IP 地址了。

```
# vi /etc/sysconfig/network-scripts/ifcfg-eno16777736
...
BOOTPROTO=dhcp
...
# service network restart
```

4.5.3 在 Android 上配置 DHCP 客户端

在 Android 上配置 DHCP 客户端的具体操作步骤如下。

Step 1 打开【设置】选项，如图 4-38 所示。

Step 2 点击进入【WLAN】选项，如图 4-39 所示。

Step 3 打开已经连上的无线网络，可以找到【IP 设置】，点击打开【IP 设置】，设置为 DHCP，如图 4-40 所示。

图 4-38 设置

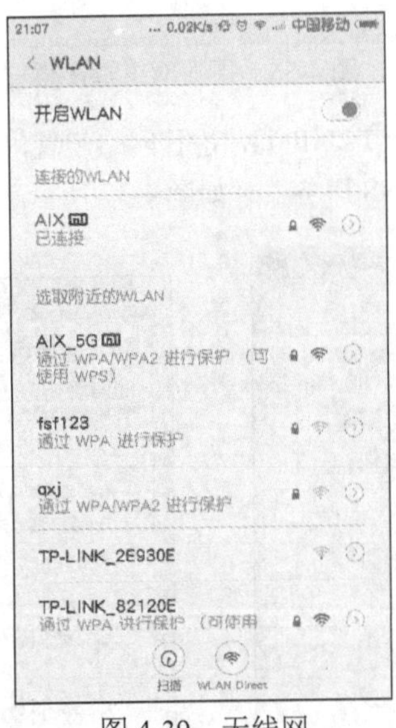

图 4-39 无线网

图 4-40 DHCP

4.5.4 在 IOS 上配置 DHCP 客户端

在 IOS 上配置 DHCP 客户端的具体操作步骤如下。

Step 1 打开手机【设置】选项，如图 4-41 所示。

Step 2 点击进入【Wi-Fi】选项，如图 4-42 所示。

Step 3 打开已经连上的无线网络，选择【DHCP】选项，将自动获取配置 IP 地址，如图 4-43 所示。

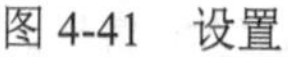
图 4-41　设置

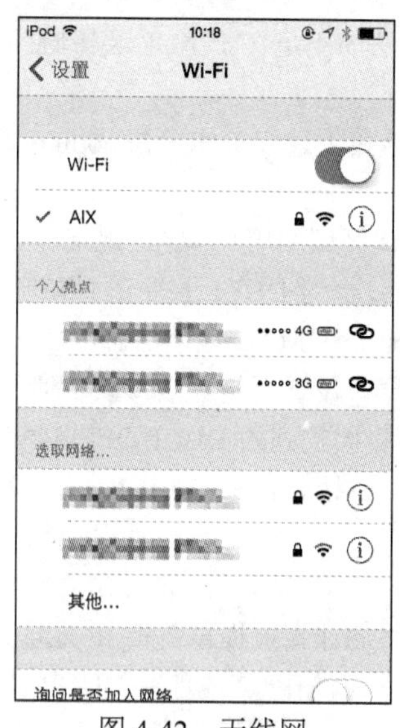

图 4-42　无线网

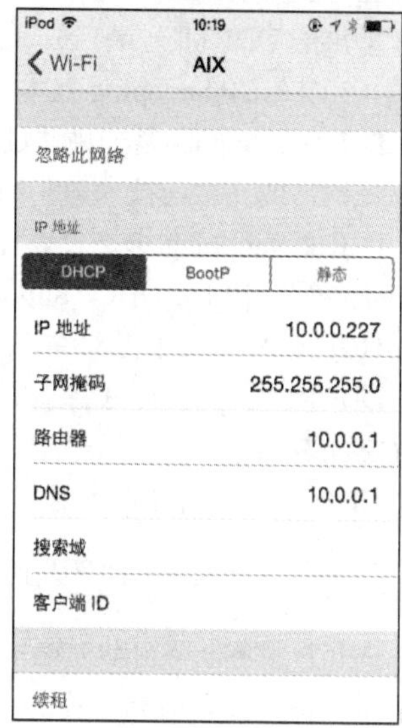

图 4-43　DHCP

4.6　DHCP 的安全管理

DHCP 协议是在 UDP 和 IP 协议的基础上运行的，因此有很多不安全因素。DHCP 服务安全问题分为服务器与客户端两个部分。服务器方面的主要安全问题在于 DHCP 服务器的冒充，即 DHCP 欺骗；客户端方面的主要安全问题在于非法用户采用手动配置，非法入侵到网络中，这时需要用到 DHCP 强制，强制计算机必须使用 DHCP 自动获取的 IP 才能够上网。

4.6.1　什么是 DHCP 欺骗

由 DHCP 工作原理可知，客户机是依据 DHCP 服务器响应的快慢来决定选取为自己服务的 DHCP 服务器的。如果在某个子网内存在一台伪 DHCP 服务器，而这台伪 DHCP 服务器的响应速度要比需要中继代理的真正 DHCP 服务器响应快，那么客户机就会从子网中的伪 DHCP 服务器获取 IP 配置信息。也就是说，使用 DHCP 服务时，无法保证客户机只从管理员所设置的 DHCP 服务器中获取合法的 IP 地址。因此，在网络中存在伪服务器，对网络的危害是巨大的，可导致整个网络的瘫痪，还会造成信息的泄密。

解决 DHCP 欺骗问题的方法有以下几种。

（1）通过域控制器对非法 DHCP 服务器进行过滤

通过将合法的 DHCP 服务器添加到活动目录中，利用网络中加入域的 DHCP 服务器比没有加入域的 DHCP 服务器优先级高的原则，可以有效地防范非法 DHCP 服务器。该方法只适用于非法 DHCP 服务器是 Windows 操作系统的时候，且需要用到域和活动目录，配置较复杂。

（2）通过访问控制列表屏蔽非法 DHCP 服务器

可在路由器或交换机上利用访问控制列表（ACL）来屏蔽合法 DHCP 服务器以外的所有 DHCP 应答

包（即屏蔽 UDP 68 号端口）。这种方法的不足在于 ACL 会影响路由交换设备的性能。

（3）DHCP Snooping 技术

DHCP Snooping 是一种通过在交换机上建立 DHCP Snooping 绑定表，过滤非信任的 DHCP 消息，从而保证网络的安全的技术。

DHCP Snooping 绑定表包含不信任区域的用户 MAC 地址、IP 地址、租用期、VLAN ID 接口等信息。当交换机开启了 DHCP Snooping 后，会对 DHCP 报文进行侦听，并可以从接收到的 DHCP REQUEST 或 DHCP ACK 报文中提取并记录 IP 地址和 MAC 地址信息。

DHCP Snooping 允许将某个物理端口设置为信任端口或不信任端口。信任端口可以正常接收并转发 DHCP OFFER 报文，而不信任端口会将接收到的 DHCP OFFER 报文丢弃。这样，可以完成交换机对假冒 DHCP 服务器的屏蔽作用，确保客户端从合法的 DHCP 服务器获取 IP 地址。

4.6.2 为什么需要 DHCP 强制

DHCP 服务能够自动为连接到网络的计算机提供包括 IP 地址、子网掩码、网关地址以及 DNS 服务器地址在内的多种信息，通过 DHCP 服务分配 IP 地址后 DHCP 客户机可以顺利上网。不过在 DHCP 环境下如果客户机不将网络参数设置为“自动获得地址”方式而是手工指定上述地址信息，且设置得和 DHCP 服务器分配一致并正确的话，客户机依旧可以正常上网。

正因为这种问题的存在造成一些非法入侵者或者并没有权限的用户，会采取手工设置地址的方法来连接到企业内网中。轻者造成 IP 地址冲突问题引起其他机器的上网故障，重者会带来内网不安全问题，出现问题后无法快速定位攻击发动者。当企业内网某计算机被外部网络入侵制作成“肉机”时，这种手工设置地址联网带来的问题将变得更加明显。

为了解决上述问题，需要采用 DHCP 强制，强制客户端计算机必须使用 DHCP 服务才能够顺利上网。

采用 DHCP 强制，需要使用 DHCP Snooping 技术，并在交换机进行配置。众多的网络设备生产厂商都提供了相应的技术来实现 DHCP 强制，进而提升 DHCP 的安全性。下面以 CISCO 交换机为例，介绍其实现 DHCP 强制的方法。

Cisco 的交换机在启用 DHCP Snooping 后，每次客户机通过 DHCP 服务获取 IP 地址都会生成一个 ip-mac-port 绑定表，即 IP 地址、客户机 MAC 地址、交换机端口号对应关系表。经过 ip-mac-port 绑定后，客户机必须使用 ip-mac-port 绑定表中的 IP 地址才能够联网。

如图 4-44 所示，PC1 使用 DHCP 服务方式获取 IP 地址，PC2 为手动设置的 IP 地址，Cisco 交换机启用了 DHCP Snooping。当 PC1 访问外网时，交换机会检测 ip-mac-port 绑定表内是否有 PC1 的相关信息。由于 PC1 是通过 DHCP 方式获取的 IP 地址，ip-mac-port 绑定表内存有其相关信息，于是允许来自 PC1 的数据包通过，使得 PC1 能够联网；而当 PC2 访问外网时，由于 PC2 采用手动方式设置的 IP 地址，交换机检测不到 ip-mac-port 绑定表内有其相关信息，于是就会丢弃来自 PC2 的所有数据包。这样就限制了客户机采取手动设置 IP 地址的方式进行联网，达到 DHCP 强制的目的。

4.6.3 一次 DHCP 欺骗的案例分析

本案例基于 GNS3 来模拟 DHCP 欺骗的过程，以进一步阐述 DHCP 安全管理的内容。

首先在 GNS3 中创建网络，其拓扑结构如图 4-45 所示。其中 PC1 与 PC2 同属于 VLAN 10，DHCP 服务器属于 VLAN 20，三层交换机开启 DHCP 中继功能。PC2 是一个伪装的 DHCP 服务器。

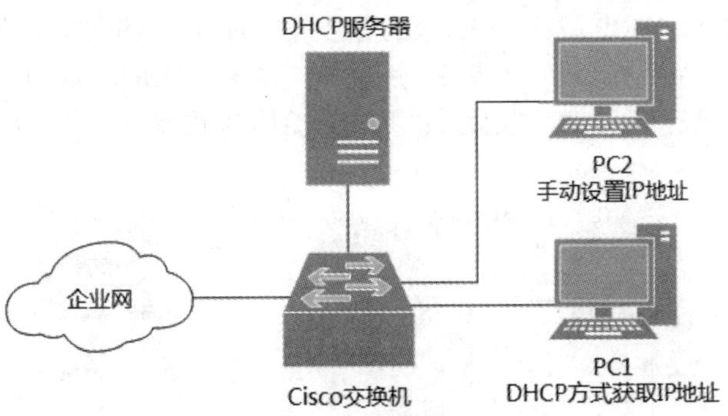

图 4-44　DHCP 强制

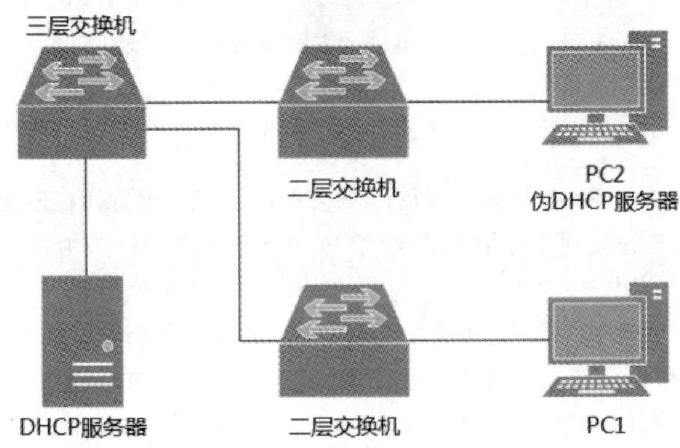

图 4-45　DHCP 欺骗

如图 4-46 所示，PC1 希望通过 DHCP 服务来获取 IP 地址及其他网络配置信息，并接入网络。于是 PC1 就会向它所在的网络发送 DHCP 请求的广播包。正常情况下只有 DHCP 服务器会接收 PC1 发来的 DHCP 请求，并给予回应。但是 PC2 处存在一个伪 DHCP 服务器，也会接收 PC1 发来的 DHCP 请求，并给予回应。

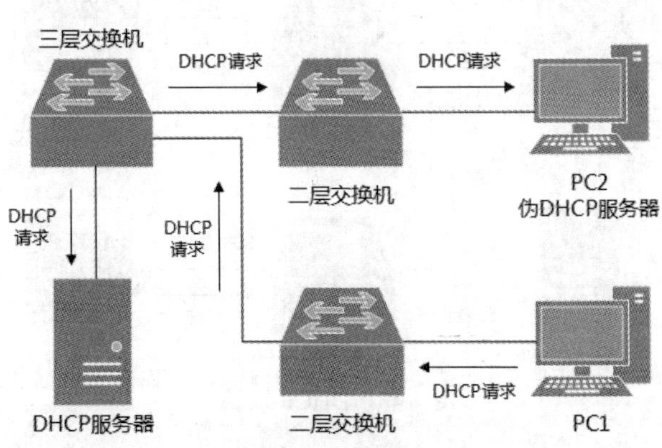

图 4-46　DHCP 欺骗

如图 4-47 所示，PC2 和 DHCP 服务器在接收到 PC1 发来的 DHCP 请求后，都会给予回应。由于 PC2 与 PC1 同属于一个子网，中间未经过路由设备，所以 PC2 给予的 DHCP 欺骗回应要比 DHCP 服务器通过中继代理给予的回应要快，于是 PC1 就会采用 PC2 所给的 IP 配置信息。

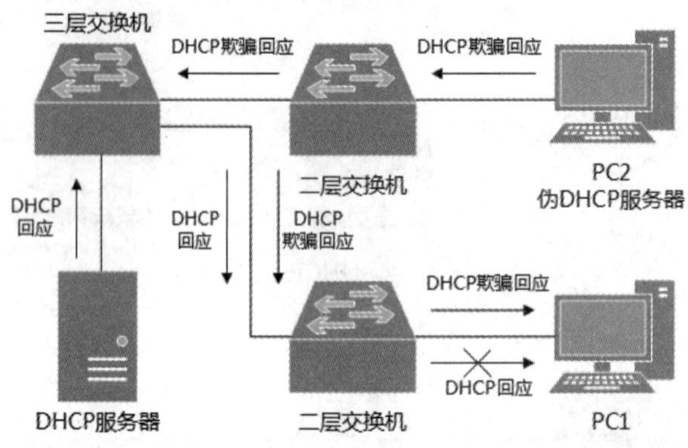

图 4-47　DHCP 欺骗

PC1 接收到 PC2 给予的 DHCP 欺骗回应后，就会使用 PC2 所配置的 IP 配置信息进行联网。这样可能导致 PC1 无法进行正常的联网。如果 PC2 给予 PC1 一个伪造的网关地址，且使用伪造的网关能够正常访问互联网，而 PC1 的用户又难以察觉。这样在伪造的网关处就能够侦听到 PC1 与外界所有的交互过程，造成信息的泄露。或者 PC2 给予 PC1 一个错误的 DNS 服务器地址，一般情况下，只会导致 PC1 无法正常的访问网站。但是也会有人恶意构建一个 DNS 服务器，通过 DHCP 欺骗让 PC1 使用。对于某些特定的网站（银行网站等），将 PC1 引导到与之类似的钓鱼网站，造成信息的严重泄露。

为了解决上述问题，使用 DHCP Snooping 功能。配置交换机，在 VLAN 10 内的所有端口设置为非信任端口。这样，所有的 DHCP 应答报文，在非信任端口都会被过滤掉，PC1 就只会接收到来自 DHCP 服务器的回应，如图 4-48 所示。

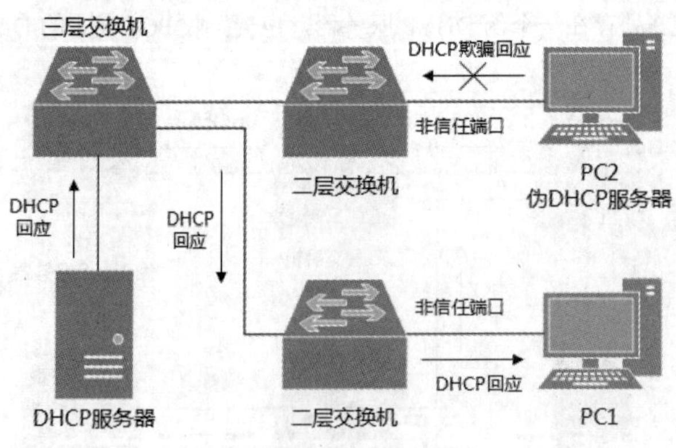

图 4-48　DHCP 欺骗

配置交换机，开启 DHCP Snooping 的具体操作命令如下。

```
ESW(config)# ip dhcp snooping
```

```
        //开启 DHCP Snooping 功能
ESW(config)# ip dhcp snooping vlan 10
        //设置 DHCP Snooping 功能将作用于 VLAN 10
ESW(config)#end
```

4.7　案例：基于 GNS3 在局域网中构建 DHCP 服务

在第一章中，基于 GNS3 已经构建了一个局域网，但是网络的 IP 地址是通过手动方式进行管理和配置的。本案例在第一章所构建的局域网的基础上，通过建设 DHCP 服务器来实现 IP 地址的自动分配和集中管理。

局域网拓扑结构如图 4-49 所示，与第一章有所不同的是，在服务器区构建了一个 DHCP 服务器和一个 DNS 服务器。

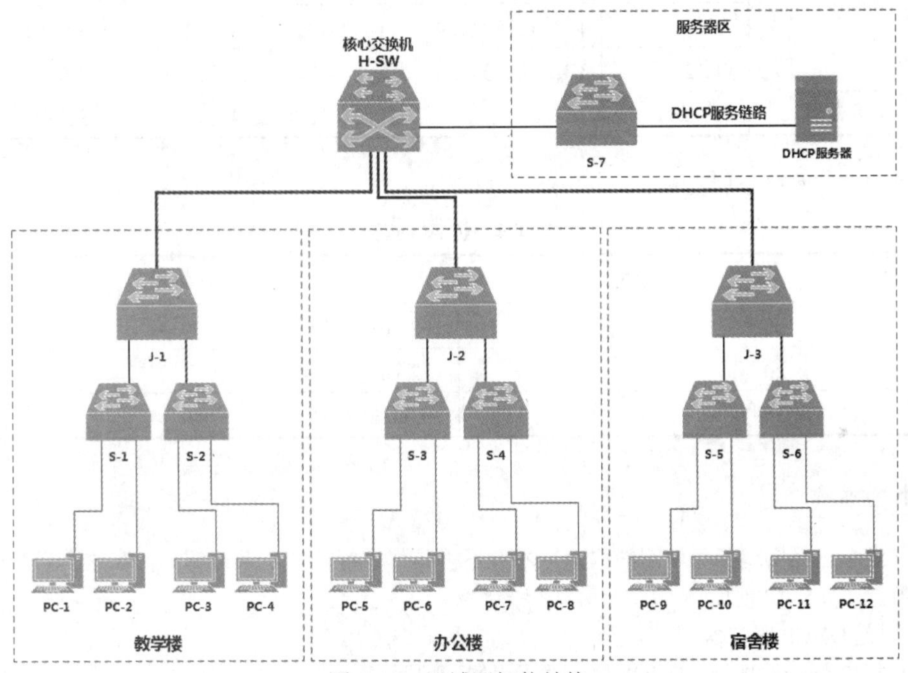

图 4-49　局域网拓扑结构

4.7.1　IP 地址的规划

IP 地址的具体规划如表 4-3 所示。

表 4-3　IP 地址规划

序号	区域	主机名称	网络规划	网关	接入位置
1	教学楼	PC1	192.168.2.0/24	192.168.2.254	S-1 0/1
2		PC2	192.168.2.0/24	192.168.2.254	S-1 0/2

续表

序号	区域	主机名称	网络规划	网关	接入位置
3		PC3	172.16.150.0/24	172.16.150.254	S-2 0/1
4		PC4	172.16.150.0/24	172.16.150.254	S-2 0/2
5	办公楼	PC5	192.168.2.0/24	192.168.2.254	S-3 0/1
6		PC6	192.168.2.0/24	192.168.2.254	S-3 0/2
7		PC7	172.16.150.0/24	172.16.150.254	S-4 0/1
8		PC8	172.16.150.0/24	172.16.150.254	S-4 0/2
9	宿舍楼	PC9	192.168.2.0/24	192.168.2.254	S-5 0/1
10		PC10	192.168.2.0/24	192.168.2.254	S-5 0/2
11		PC11	172.16.150.0/24	172.16.150.254	S-6 0/1
12		PC12	172.16.150.0/24	172.16.150.254	S-6 0/2
13	服务器区	S1（DHCP）	10.0.0.100	10.0.0.254	S-7 0/1

VLAN 的划分如表 4-4 所示。

表 4-4　VLAN 规划

序号	VLAN ID	IP 地址
1	10	192.168.2.254
2	20	172.16.150.254
3	30	10.0.0.254

4.7.2　具体实施

在第一章中已经实现了局域网的构建，本节不再具体讲解。本节只讲解如何在这个局域网中使用 DHCP 服务自动分配 IP 地址。

（1）配置 DHCP 服务器

根据上表 IP 地址的规划，DHCP 服务器采用如下配置。

作用域 1：作用域范围为 192.168.2.100～192.168.2.200，网关为 192.168.2.254，DNS 服务器地址为 10.0.0.200。

作用域 2：作用域范围为 172.16.150.100～172.16.150.200，网关为 172.16.150.254，DNS 服务器地址为 10.0.0.200。

DHCP 服务配置文件的内容如下。

```
subnet 10.0.0.0 netmask 255.255.255.0 {
   option routers 10.0.0.254;
   option domain-name-servers 10.0.0.200;
   range dynamic-bootp 10.0.0.200 10.0.0.250;
}
```

```
subnet 192.168.2.0 netmask 255.255.255.0 {
    option routers 192.168.1.254;
    option domain-name-servers 10.0.0.200;
    range dynamic-bootp 192.168.1.100 192.168.1.200;
}
subnet 172.16.150.0 netmask 255.255.255.0 {
    option routers 172.16.150.254;
    option domain-name-servers 10.0.0.200;
    range dynamic-bootp 172.16.150.100 172.16.1502.200;
}
```

（2）配置 DHCP 中继代理

配置完 DHCP 服务器后，还需要配置 DHCP 中继代理，实现多网段 IP 地址的自动分配。在这个局域网中，让核心交换机来充当中继代理的角色。开启中继功能的具体操作如下。

```
H-SW#configure terminal
H-SW(config)#service dhcp
  //开启 DHCP 服务
H-SW(config)#interface vlan 30
H-SW(config-if)#ip address 10.0.0.254 255.255.0
H-SW(config-if)#exit
H-SW(config)#interface vlan 10
H-SW(config-if)#ip address 192.168.2.254 255.255.255.0
H-SW(config-if)#ip helper-address 10.0.0.100
  //指向 DHCP 服务器（DHCP 转发）
H-SW(config-if)#exit
H-SW(config)#interface vlan 20
H-SW(config-if)#ip address 172.16.150.254 255.255.255.0
H-SW(config-if)#ip helper-address 10.0.0.100
  //指向 DHCP 服务器（DHCP 转发）
H-SW(config-if)#exit
H-SW(config)#ip routing
H-SW(config)#end
  //配置中继代理的关键在于，开启 DHCP 服务与 DHCP 转发
```

（3）启用 DHCP Snooping

为了实现 DHCP 的安全管理，启用 DHCP Snooping 功能，具体操作命令如下。

```
H-SW#configure terminal
H-SW(config)# ip dhcp snooping
  //开启 DHCP Snooping 功能
H-SW(config)# ip dhcp snooping vlan 10
  //设置 DHCP Snooping 功能将作用于 VLAN 10
H-SW(config)# ip dhcp snooping vlan 20
  //设置 DHCP Snooping 功能将作用于 VLAN 20
H-SW(config)#ip dhcp snooping verify mac-address
  //检测非信任端口收到的 DHCP 请求报文的源 MAC 和 CHADDR 字段是否相同,
  //以防止 DHCP 耗竭攻击，该功能默认即为开启
H-SW(config)#end
```

（4）配置多台 DHCP 服务器

为了提高网络的容错率，还可以在该局域网内再添加一个 DHCP 服务器，并分配相同网段的 IP 地址。为了防止两个不同的 DHCP 服务器分配相同的 IP 地址，在 DHCP 作用域内，所有特定地址只归一台 DHCP 服务器所有。

为了提高 DHCP 服务器的工作效率，可以使用 80/20 规则。80/20 规则是在任意一个网络子网中使用两台 DHCP 服务器，且两台 DHCP 服务器作用域所属的网段相同，只不过主 DHCP 配置了 80%的作用域范围，而辅助 DHCP 服务器配置 20%的作用域范围。

当主 DHCP 服务器出现故障后，并不会马上导致整个网络无法通信。这时候只需要将备用 DHCP 服务器的作用域范围扩大，允许分配整个作用域范围的 IP 地址，这样整个网络仍能够正常的运行。

配置两台 DHCP 服务器的拓扑结构如图 4-50 所示。

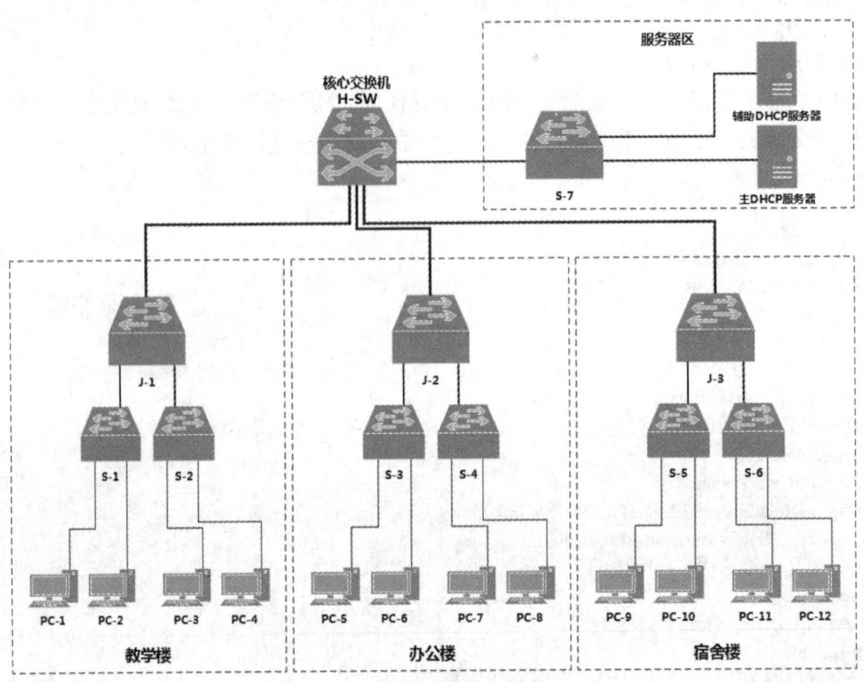

图 4-50　局域网拓扑结构 2

DHCP 服务器的具体配置如下所示。

主 DHCP 服务器配置：

作用域 1：作用域范围为 192.168.2.100～192.168.2.180，网关为 192.168.2.254，DNS 服务器地址为 10.0.0.180。

作用域 2：作用域范围为 172.16.150.100～172.16.150.180，网关为 172.16.150.254，DNS 服务器地址为 10.0.0.180。

辅助 DHCP 服务器配置：

作用域 1：作用域范围为 192.168.2.181～192.168.2.200，网关为 192.168.2.254，DNS 服务器地址为 10.0.0.200。

作用域 2：作用域范围为 172.16.150.181～172.16.150.200，网关为 172.16.150.254，DNS 服务器地址为 10.0.0.200。

5 构建 DNS

当我们在浏览器中输入 www.qq.com，去访问相应的网络资源（即网站内容）时，就使用了 DNS 服务。DNS（Domain Name System）的中文名称是域名系统，它是互联网的一项基本服务，能够把我们通常所用的网址转换成为计算机网络可以识别的 IP 地址，使用户更方便地访问互联网。

本章从 DNS 的概念、工作原理、基本功能和高级功能的实现，以及 DNS 安全和 DNS 测试等几个方面来具体介绍 DNS。不仅如此，本章还包含了在 Windows 和 Linux 平台上构建 DNS 服务的实践环节。

5.1 认识 DNS

5.1.1 为什么需要 DNS

就像生活中写信需要使用地址一样，网络上不同计算机之间的通信也需要使用地址，这就是 IP 地址。但使用 IP 地址作为唯一标识有以下不足。

（1）不方便记忆

由于使用 IP 地址作为标识，难于记忆，后来，在 UNIX 系统中就出现了 HOSTS 对应表，将 IP 地址和主机名字进行对应，用户通过计算机主机名来代替 IP 地址进行通讯；在 Linux 系统中，在/etc 下面就可以找到这个 HOSTS 对应表；在 Windows 系统中，可在 C 盘的“Windows\System32\drivers\etc”目录下找到 HOSTS 对应表。不过这个 HOSTS 对应表是要由管理者手工维护的，最大的问题是无法适用于大型网路，而且更新也是非常麻烦的事情。

（2）不方便地址变更

Web 服务器，特别是互联网上 Web 服务器的 IP 地址可能会因各种原因而变更。如果采用 IP 地址作为标识，那么 IP 地址的每次变更对于这种开放型的互联网服务器来说打击可能是致命的，因为有那么多已知或未知的用户，不可能一一都通知到。但是如果采用的是网站服务器名称来进行标识，那么 IP 地址如何变化都没有影响，只要服务器主机名称不变即可。

（3）不安全

如果直接把网站服务器的 IP 地址对外暴露，很可能被一些别有用心的人利用（窃取公网 IP，盗链接等），这显然不是一个安全的做法。

域名系统（Domain Name System，DNS）就是用来解决上述问题的。域名系统是由 Paul Mochapetris 开发的，他提出了一个分层的可给机器分配用户名字的域名空间，并且把这些名字与 IP 地址关联起来。

5.1.2 DNS 能干什么

（1）主机名与 IP 地址的相互转换

在一个 TCP/IP 架构的网络环境中，DNS 是一个非常重要且有用的系统。主要的功能就是将易于记忆的域名与不容易记忆的 IP 地址作转换，而执行 DNS 服务的这台网络设备，就可以称之为 DNS 服务器。通常我们都认为 DNS 只是将域名转换成 IP 地址，然后再使用所查到的 IP 地址去访问（俗称“正向解析”）。事实上，将 IP 地址转换成域名的功能也是经常使用到的，当登录到一台 UNIX 工作站时，工作站就会去做反查，找出你是从哪个地方连线进来的（俗称“逆向解析”）。

（2）主机别名（Hody Aliasing）

主机别名是一个指向到虚拟主机的域名，具有复杂主机名的主机还可以有一个或多个主机别名。例如，主机名为 it.hactcm.edu.cn 的主机有两个别名：cs.hactcm.edu.cn 和 nic.hactcm.edu.cn。这种情况下，主机名 it.hactcm.edu.cn 称为正规主机名（Canonical Hostname），另外两个主机名则是别名主机名（Alias Hostname）。主机别名往往比正规主机名更便于记忆。

（3）邮件服务器别名（Mail Server Aliasing）

电子邮件地址显然要求具有便于记忆的特点，邮件服务器别名使得邮件地址简单且方便记忆。例如，如果 Bob 有一个 hotmail 账号，那么他的电子邮件地址可能是简单的 bob@hotmail.com。然而 hotmail 邮件服务器的主机名其实要比 hotmail.com 更加复杂且不易记住。

（4）负载均衡（Load Distribution）

DNS 可以在多个复制的服务器之间实现负载均衡。像 baidu.com 那样的繁忙网站，就会把 Web 服务器复制成多个，每个服务器运行在不同的系统上，具有不同的 IP 地址。对于复制成的多个 Web 服务器，与其单个正规主机名相关联的是一组 IP 地址，且 DNS 数据库中保存着这组 IP 地址。客户发出对映射到这一组 IP 地址的某个主机名的 DNS 查询后，服务器会响应整组 IP 地址，不过每次响应的地址顺序是轮转的，这样使得不同的客户端访问不同的服务器，从而达到负载均衡的目的。

5.1.3 DNS 的分级结构

DNS 是一个分层级的分散式名称对应系统，DNS 在最顶端的是一个“root”，然后其下分为几个基本类别名称，如：com、org、edu 等；再下面是组织名称，如：IBM、Microsoft、Intel 等；继而是主机名称，如：www、mail、ftp 等。因为当初 Internet 是从美国发展起的，所以当时并没有国家或者地区的域名称，但随着后来 Internet 的发展，DNS 也加进了如 hk、cn、tw 等国家或者地区的域名称。所以一个完整的域名就是 www.xyz.com.cn 这样的。

在早期的设计下，root 下面只有六个组织类别。

edu：教育学术单位；

org：组织机构；

net：网络通讯单位；

com：公司企业；

gov：政府机关；

mil：军事单位。

自从组织类别名称开放以后，各种各样的名称也相继涌现出来了，但无论如何，取名的规则最好尽量适合网站性质。除了原来的类别资料由美国本土的 NIC（Network Information Center）管理之外，其他在国家域以下的类别分别由该国的 NIC 管理，这样 DNS 的结构如图 5-1 所示。

由地理位置或业务类型而联系起来的一组计算机所构成的集合称之为域（Domain）。域是网络对象的逻辑组织单元，一个域内可以容纳多台主机。在域中，所有主机用域名（Domain Name）来标识，域名由字符或数字组成，用于替代主机的 IP 地址。当 Internet 的规模不断增大时，域或域中所拥有的主机数目也随之增大，管理一个大而经常变化的域名是非常复杂的，为此提出了一种基于分级式的命名机制，并产生了分级结构的域名空间。域名空间的分级结构有点类似于邮政系统中的分级地址结构，如“中国河南省 河南中医学院 网络信息中心 阮晓龙”。

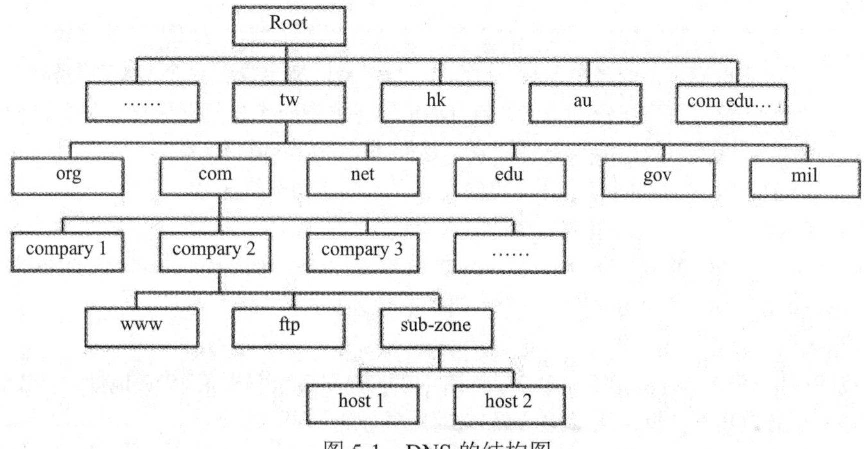

图 5-1　DNS 的结构图

在 Internet 的 DNS 域名空间中，域是其层次结构的基本单位，任何一个域最多只能有一个上级域，但可以有多个或没有下级域。在同一个域下不能有相同的域名或主机名，但在不同的域中则可以有相同的域名或主机名，这便克服了非层次的 NetBIOS 名字空间不足的问题。

（1）根域（Root Domain）

在 DNS 域名空间中，根域只有一个，它没有上级域，以圆点“.”来表示。在 Internet 网址中，根域是默认的，一般都不需要表示出来。全世界的 IP 地址和 DNS 域名空间都是由位于美国的 InterNIC（Internet Network Information Center，因特网信息管理中心）管理的。根域也位于美国，由 InterNIC 管理。在根域中有许多台服务器，称为根域名称服务器（Root Domain Name Server）。

（2）顶级域（Top-Level Domain，TLD）

在根域之下的第一级域便是顶级域，它以根域为上级域，其数目有限且不能轻易变动。顶级域是由 InterNIC 统一管理的，有些顶级域有自己的 DNS 服务器，其他的顶级域则是由根域中的 DNS 服务器管理的。在 Internet 网址中，各级域之间都以圆点“.”分开，顶级域位于最后面。在 Internet 中，现有的顶级域大致分为两类：各种组织的顶级域（如“.net”“.com”）和各个国家地区的顶级域（如“.cn”“.us”）。

（3）子域（Sub Domain）

在 DNS 域名空间中，除了根域和顶级域之外，其他域都称为子域，子域是指有上级域的域，一个域可以有许多层子域。在已经申请成功的域名下，一般都可以按自己的需要来设置一层或多层子域。在 Internet 网址中，除了最右边的顶级域外其余的域都是子域。另外，子域也是相对而言的，指域名中的每一个段，各子域之间用圆点“.”分隔开。如 http://www.hactcm.edu.cn/中的“.edu.cn”是顶级域“.cn”的子域，而“.hactcm.edu.cn”又是“.edu.cn”的子域。

5.1.4 DNS 的基本术语

（1）区域

为了分散 DNS 名称管理工作的负荷，将 DNS 名称空间划分为区域（zone）来进行管理。区域是 DNS 服务器的管辖范围，是由 DNS 名称空间中的单个区域或由具有上下隶属关系紧密相邻的多个子域组成的一个管理单位。因此，DNS 服务器是通过区域来管理名称空间的，而并非以域为单位来管理名称空间，但区域的名称与其管理的 DNS 名称空间的域的名称是一一对应的。

每个区域都是自我管辖的项目。区域中可以有一个或者多个子域，也可以是其父域的一部分。每个区域都有对这些区域负责的一个或多个 DNS 服务器，且每个区域至少有一个 DNS 服务器。每个区域都有它容纳的一系列的记录，被称作资源记录。在 DNS 服务器中必须先建立区域，然后再根据需要在区域中建立子域以及在区域或子域中添加资源记录，这样才能完成其解析工作。

DNS 区域按照解析方式的不同可以分为正向查找区域和逆向查找区域。

1）正向查找区域。

正向查找区域用于域名到 IP 地址的映射，当 DNS 客户端请求解析某个域名时，DNS 服务器在正向查找区域中进行查找，并返回给 DNS 客户端对应的 IP 地址。

2）反向查找区域。

反向查找区域用于 IP 地址到域名的映射，当 DNS 客户端请求解析某个 IP 地址时，DNS 服务器在反向查找区域中进行查找，并返回给 DNS 客户端对应的域名。

按照区域类型的不同又可分为主要区域、辅助区域、存根区域等。

1）主要区域。

第一个区域称为主要区域。这个区域安装在主 DNS 服务器上，并且它是唯一可以写入数据库备份的区域。

主要区域包含相应 DNS 命名空间所有的资源记录，是区域中所包含的所有 DNS 域的权威 DNS 服务器。可以对区域中所有资源记录进行读写，默认情况下区域数据以文本文件的格式存放。可以将主要区域的数据存放在活动目录中并且随着活动目录数据的复制而复制，此时，该区域称为活动目录集成主要区域。在这种情况下，每一个运行在域控制器上的 DNS 服务器都可以对此主要区域进行读写，这样避免了标准主要区域时出现的单点故障。

主要区域最少有两个记录，一个起始授权机构（Start of Authority，SOA）记录，以及一个名称服务器（Name Server，NS）记录。

2）辅助区域。

辅助区域是从主要区域复制出来的副本，同样包含相应 DNS 命名空间所有的资源记录，和主要区域不同之处是 DNS 服务器不能对辅助区域的数据进行任何修改。辅助区域数据只能以文本文件格式存放。

3）存根区域。

存根区域是一个区域副本，是子区域的备份，它只包含标识该区域的权威 DNS 服务器所需的那些资源记录。存根区域用于使主持父区域的 DNS 服务器知道其子区域的权威 DNS 服务器，从而保持 DNS 域名解析的效率。父区域的服务器可以接收来自子区域的更新，这些更新会存储在父区域服务器的高速缓冲存储器中。存根区域中的记录不能更改，目的是把这两个域名空间“粘附”在一起，以保证产生从父区域到子区域的正确引用。

存根区域由委派区域的起始授权机构（SOA）记录、名称服务器（NS）记录和 A 记录组成，其主服务器是对于子区域具有权威性的一个或多个 DNS 服务器。

4）委派。

父区域有一个子区域，父区域的 DNS 服务器将子区域的域名解析授权给另一台 DNS 服务器进行解析就叫做委派。之所以要作委派有许多原因，例如，需要另一个部门来管理单独的管理区域，或者出于负载平衡和容错的需要。子区域对它自己是有权威的，可以创建子区域但并不委派其授权，在这种情况下，权限取决于父区域。

（2）域主机名（Host Name）

在 DNS 域名空间中，位于最下面的一层便是域主机名，简称为主机名，它没有下级子域，也称为叶子。在 Internet 网址中，位于最前面的便是域主机名，在已经申请成功的域名中，域主机名一般都可以按自己的需要来设置。

（3）域名（Domain Name）

域名是由一串用点分隔的名字组成的 Internet 上的某一台计算机或计算机组的名称，用于在数据传输时标识计算机的电子方位；是互联网上企业、个人或机构间相互联络的网络地址。

以一个常见的域名为例说明，百度的网址 www.baidu.com 是由三部分组成，标号“baidu”是这个域名的主体，而最后的标号“com”则是该域名的后缀，代表这是一个 com 国际域名，即顶级域名。而前面的“www”是主机名。

DNS 规定，域名中的标号都由英文字母和数字组成，每一个标号不超过 63 个字符，也不区分大小写字母。标号中除连字符（-）外不能使用其他的标点符号。级别最低的域名写在最左边，而级别最高的域名写在最右边。由多个标号组成的完整域名总共不超过 255 个字符。

（4）域名解析

域名解析是把域名指向网站空间 IP，让人们通过注册的域名可以方便地访问到网站的一种服务。IP 地址是网络上标识站点的数字地址，为了方便记忆，采用域名来代替 IP 地址标识站点地址。域名解析就是域名到 IP 地址的转换过程。在 Internet 中向主机提供域名解析服务的机器被称为域名服务器或名称服务器。

5.1.5 DNS 的记录类型

DNS 中有许多类型的记录，下面是几种常见的记录类型。

（1）主机记录（A）

主机记录（A）在 DNS 区域中通常完成计算机名字到相应 IP 地址的映射，并不是所有的计算机都需要主机记录，除了那些需要在互联网上共享资源的计算机。对于这些计算机，主机记录（A）将它们的名字转换成对应的 IP 地址以进行共享资源时的网络通信。

A 记录往往在一个区域文件中包含多个，一行为一个主机记录。其格式如下。

主机名 IN A IP 地址

例如：

```
www IN A 211.69.32.50
```

（2）AAAA 记录

AAAA 记录类型用来将一个合法域名解析为 IPv6 地址，与 IPv4 所用的 A 记录类型相兼容。之所以给这新资源记录类型取名为 AAAA，是因为 128 位的 IPv6 地址正好是 32 位 IPv4 地址的四倍，下面是一条 AAAA 记录实例。

```
www IN AAAA fe80 : : 29f4 : c3ce : 9997 : e068
```

（3）别名记录（CNAME）

别名记录（CNAME）也被称为规范名称。这种记录允许操作者将多个名称映射到同一台计算机。通常用于同时提供 WWW 和 FTP 服务的计算机。例如，有一台计算机名为“server.hactcm.edu.cn”（A 记录）。它同时提供 WWW 和 FTP 服务，为了便于用户访问服务。可以为该计算机设置两个别名（CNAME）：www 和 ftp。这两个别名的全称就是“www.hactcm.edu.cn”和“ftp.hactcm.edu.cn”。实际上他们都指向“server.hactcm.edu.cn”。

（4）邮件交换记录（MX）

邮件交换记录（MX）用于电子邮件程序发送邮件时，根据收信人的地址后缀来定位邮件服务器。例如，当收件人为“student@hactcm.edu.cn”时，系统将对“hactcm.edu.cn”进行 DNS 中的 MX 记录解析。如果 MX 记录存在，系统就根据 MX 记录的优先级，将邮件转发到与该 MX 相应的邮件服务器上。

（5）NS 记录（Name Server）

NS 记录是域名服务器记录，用于标识解析该域或其他域（例如子域）各种主机记录的域名服务器。NS 记录的格式为：域名 IN NS 域服务器

（6）SOA 记录（Start of Authority）

起始授权机构记录，是用来识别域名中由哪一个域名服务器负责信息授权的记录，在区域数据库文件中，第一项记录必须是 SOA 的设置记录。它配置有服务器的配置参数，例如生存时间（TTL），它负责服务器、NS 服务器名、更新率、用于标记区域改变的序列号以及触发器复制。具体如下：

Serial：为序列号，当名称记录变动时，序列号也跟着增加，用来表示每次变动的序号，这样可以帮助辨认要进行动态更新的机器。一般用日期，加上修改次数来表示。

Refresh：刷新间隔，用于确定加载和维护此区域的其他 DNS 服务器必须尝试更新此区域的频率。默认情况下，每个区域的刷新间隔设置为 1 小时。

Retry：重试间隔，用于确定加载和维护此区域的其他 DNS 服务器在每次刷新间隔发生时重试区域更新请求的频率。默认情况下，每个区域的重试间隔设置为 10 分钟。

Expire：过期间隔，用于加载和维护此区域的其他 DNS 服务器，它决定了区域数据在没有更新情况下何时过期。默认情况下，每个区域的过期间隔设置为 1 天。

Minimum：最小（默认）TTL，用于确定每次域名缓存所停留在名称服务器上的时间。默认值为 1 天。

（7）PTR 记录（Pointer Record）

PTR：指针记录，A 记录是域名解析到 IP 地址，而 PTR 记录是 IP 地址解析到域名，它被视为反向 A 记录。

（8）SRV 记录（服务定位器）

它是 DNS 服务器的数据库中支持的一种资源记录的类型，它记录了哪台计算机提供了哪个服务。一般是在 Microsoft 的活动目录设置时应用。DNS 可以独立于活动目录，但是活动目录必须有 DNS 的帮助才能工作。为了活动目录能够正常地工作，DNS 服务器必须支持服务定位（SRV）资源记录，资源记录把服务名字映射为提供服务的服务器名字。活动目录客户和域控制器使用 SRV 资源记录决定域控制器的 IP 地址。

5.1.6 DNS 数据库文件

在 DNS 数据库文件中，包含着“域名－IP 地址”的对应数据以及其他有关数据，这些数据称为资源记录（Resource Record）。

DNS 的数据库文件包括以下几类。

（1）区域文件（Zone File）

区域文件中保存着 DNS 服务器所管辖区域内的有关资源记录。在 Windows Server 2012 中，当利用“DNS 管理器”新建区域时，区域文件便会自动生成，默认的文件名是“区域名.dns”。而在 BIND 中，区域文件是由管理员配置并定义的。

（2）缓存文件（Cache File）

缓存文件和缓存是不同的两回事，高速缓存中保存的是已查到的数据，以便下次能够快速查询相同的数据。而在缓存文件中保存的是根域中 DNS 服务器的“域名－IP 地址”的对应数据。在网络中，每台 DNS 服务器中的缓存文件都应该是一样的，是 DNS 服务器查询外界 Internet 主机的 IP 地址时用的。

（3）正向、反向查询文件

进行名字解析时，一般是用名字来查询 IP 地址，这称作正向查询，若需要用 IP 地址来查询名字，就称为反向查询。正向查询和反向查询都需要事先建立一个特殊的查询区域和相应的查询文件，分别将这种文件称作正向查询文件和反向查询文件。

（4）引导文件（Boot File）

引导文件是一个文本文件，负责存储 DNS 服务器的启动信息。它使用文本格式的命令和说明来设置一台 DNS 服务器。引导文件只用在美国加州大学柏克莱分校所研制出来的 BIND DNS 服务器上。

5.1.7 DNS 服务器种类

DNS 服务器按照层次结构的不同，可划分为：根 DNS 服务器、顶级 DNS 服务器、权威 DNS 服务器和本地 DNS 服务器。

（1）根 DNS 服务器

根 DNS 服务器是由互联网管理机构配置建立的，是最高层次的 DNS 服务器，负责对互联网上所有顶级 DNS 服务器进行管理，有全部顶级 DNS 服务器的 IP 地址和域名映射。根 DNS 服务器并不直接用于域名解析，仅负责管理顶级 DNS 服务器的相关记录。根 DNS 服务器的作用是当本地的 DNS 服务器解析不了某个顶级域名时，告诉本地 DNS 服务器去找哪个顶级 DNS 服务器。

（2）顶级 DNS 服务器

顶级 DNS 服务器是各顶级域名自己的 DNS 的服务器，负责它们各自所管理的二级域名解析。

（3）权威 DNS 服务器

权威 DNS 服务器是为各区域提供域名解析服务而专门配置、建立的 DNS 服务器，为用户提供最权威的 DNS 域名解析。

（4）本地 DNS 服务器

本地DNS服务器是用户端操作系统所配置的由本地ISP提供的名称服务器（也就是本地DNS服务器）。它是离用户最近的 DNS 服务器。用户发出的 DNS 域名解析请求，首先到达的就是本地 DNS 服务器。

5.2 DNS 的工作原理

5.2.1 DNS 递归解析原理

递归解析是最常见的解析方式，以这种方式解析时，如果客户端配置的本地 DNS 服务器不能解析，则后面的查询全由本地 DNS 服务器代替 DNS 客户端进行查询，直到本地 DNS 服务器从权威 DNS 服务器得到了正确的解析结果，然后由本地 DNS 服务器告诉 DNS 客户端查询的结果。

递归解析是以本地 DNS 服务器为中心进行查询的，DNS 客户端只是发出原始的域名查询请求报文，然后就一直处于等待的状态，直到本地 DNS 服务器发来最终的查询结果。此时的本地 DNS 服务器就相当于中介代理的作用。如考虑本地 DNS 服务器缓存技术的话，则递归解析的基本流程如图 5-2 所示。

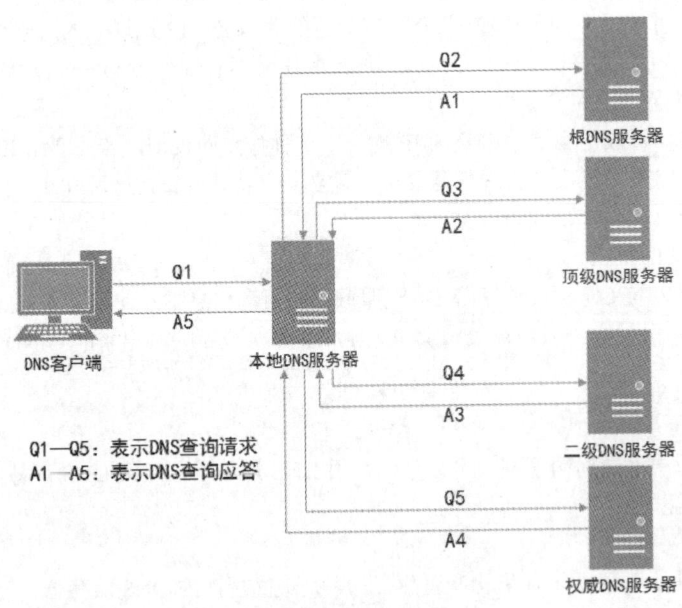

图 5-2　递归解析示例

1）客户端向本机配置的本地 DNS 服务器发出 DNS 域名查询请求，如图 5-2 中的过程 Q1。

2）本地域名服务器收到请求后，先查询本地的缓存，如果有该域名的记录项，则本地 DNS 服务器直接把查询的结果返回给客户端；如果本地缓存中没有该记录，则本地 DNS 服务器再向根 DNS 服务器发送查询请求，如图 5-2 中的过程 Q2。

3）根 DNS 服务器收到 DNS 请求后，把查询到的所请求的 DNS 域名中顶级域名所对应的顶级 DNS 服务器 IP 地址返回给本地 DNS 服务器，如图 5-2 中的过程 A1。

4）本地 DNS 服务器根据根 DNS 服务器返回的顶级 DNS 服务器 IP 地址，向对应的顶级 DNS 服务器发送查询请求，如图 5-2 中的过程 Q3。

5）对应的顶级域名服务器收到 DNS 请求后，先查询本地的缓存，如果有所请求的 DNS 域名的记录项，则先把对应的记录项返回给本地 DNS 服务器，然后再由本地 DNS 服务器返回给 DNS 客户端，否则就向本地 DNS 服务器返回所请求的 DNS 域名中的二级域名所对应的二级 DNS 服务器的 IP 地址，如图 5-2 中的过程 A2。

然后，本地域名服务器如上述过程一次次地向二级、三级 DNS 服务器查询，如图 5-2 中的过程 Q4、A3、Q5，直到最终的对应域名所在区域的权威 DNS 服务器返回最终的记录给本地 DNS 服务器，如图 5-2 中的过程 A4，再由本地 DNS 服务器返回给 DNS 客户端，如图 5-2 中的过程 A5，同时本地 DNS 服务器会缓存本次查询得到的记录项。

5.2.2 DNS 迭代解析原理

上面介绍的 DNS 递归解析中，当所配置的本地 DNS 服务器解析不了时，后面的查询工作是由本地 DNS 服务器替代 DNS 客户端进行的（以"本地 DNS 服务器"为中心），只需要本地 DNS 服务器向客户端返回最终的查询结果即可。而本节介绍的 DNS 迭代解析的所有查询工作全部是由 DNS 客户端自己完成的（以 DNS 客户端自己为中心）。在下列条件之一满足时就会采用迭代解析的方式。

1）在查询本地 DNS 服务器时，客户端的请求报文中没有申请使用递归查询。

2）客户端在 DNS 请求报文中申请使用的是递归查询，但在所配置的本地 DNS 服务器上是禁用递归查询的。

迭代解析的基本流程如图 5-3 所示。

1）客户端向本机配置的本地 DNS 服务器发出 DNS 域名查询请求，如图 5-3 中的过程 Q1。

2）本地 DNS 服务器收到请求后，先查询本地的缓存，如果有该域名的记录项，则本地 DNS 服务器直接把查询的结果返回给客户端；如果本地缓存中没有该域名的记录，则向 DNS 客户端返回一条 DNS 应答报文，报文中会给出一些参考信息，如本地 DNS 服务器上的根 DNS 服务器地址等，如图 5-3 中的过程 A1。

3）DNS 客户端在收到本地 DNS 服务器的应答报文后，会根据其中的根 DNS 服务器地址信息，向对应的根 DNS 服务器发出查询请求，如图 5-3 中的过程 Q2。

4）根 DNS 服务器在收到 DNS 查询请求报文后，通常查询自己的 DNS 数据库得到请求 DNS 域名中顶级域名所对应的顶级 DNS 服务器信息，然后以一条 DNS 应答报文的形式返回给 DNS 客户端，如图 5-2 中的过程 A2。

5)DNS 客户端根据来自根 DNS 服务器应答报文中的对应顶级 DNS 服务器地址信息，向该顶级 DNS 服务器发出查询请求，如图 5-3 中的过程 Q3。

6）顶级 DNS 服务器在收到 DNS 查询请求后，先查询自己的缓存，如果有所请求的 DNS 域名记录项，则把对应的记录项返回给 DNS 客户端，否则通过查询后把对应域名中二级域名所对应的二级 DNS 服务器地址信息以一条 DNS 应答报文的形式返回给 DNS 客户端，如图 5-3 中的过程 A3。

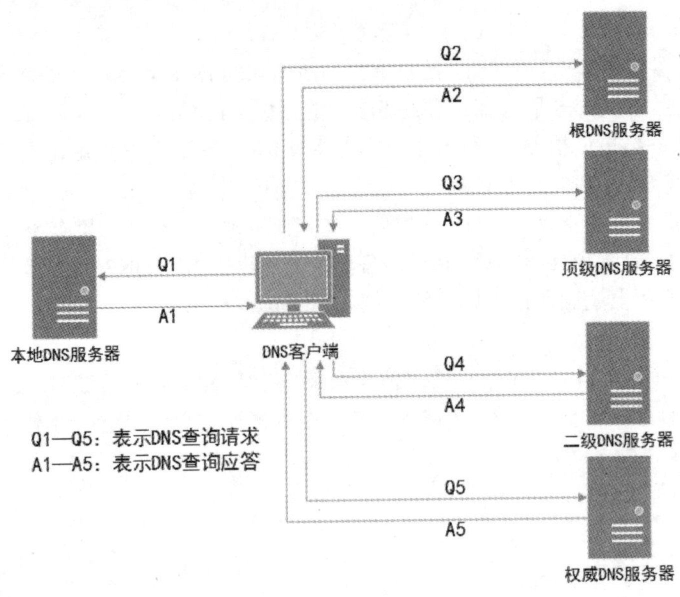

图 5-3　迭代解析示例

然后，DNS 客户端继续如上述过程一次次地向二级、三级 DNS 服务器发送查询请求，如图 5-3 中的 Q4、A4、Q5，直到最终的权威 DNS 服务器返回最终的记录，如图 5-3 中的过程 A5。

5.2.3　DNS 报文格式

DNS 报文格式分为请求报文和应答报文两类，DNS 的请求报文和应答报文的总体格式一致，只是某些参数的值不一样。DNS 报文分为两个部分，一个部分是报头部分，另一个部分是数据部分。报头部分是固定的，有六个字段，共 12 个字节，而数据部分由四大部分组成，且长度可变，如图 5-4 所示。下面主要介绍 DNS 报头部分以及数据部分中的“查询消息”和“应答消息”等内容。

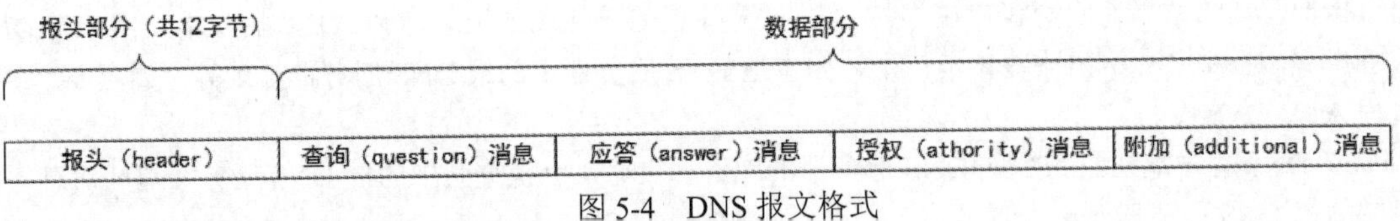

图 5-4　DNS 报文格式

（1）报头部分

DNS 报头部分的格式如图 5-5 所示，下面是各字段的说明。

ID：这是由 DNS 查询程序制定的 16 位请求标识符，也会被随后的应答报文所用，也就是说，应答报文中的标识符与其对应的请求报文中的标识符是一样的。

QR：报文类型标识位，占 1 位，其中请求报文置 0，应答报文置 1。

OPcode：操作码标志位，用于设置查询种类，占 4 位，应答的时候会带相同值。置 0 时表示为标准查询（QUERY）；置 1 时表示为反向查询（IQUERY）；置 2 时表示为服务器状态查询（STATUS）；其他值保留，暂时未使用。

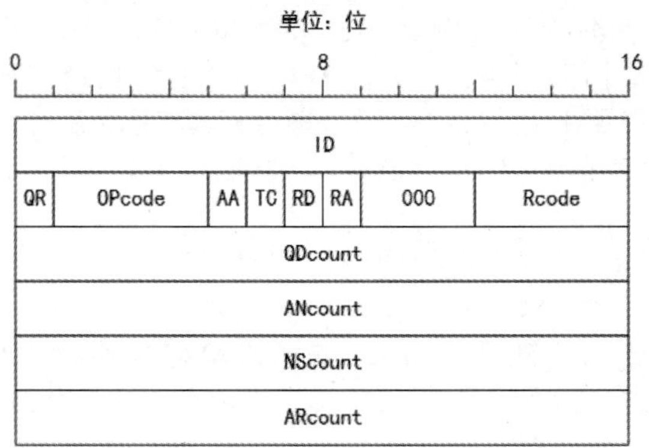

图 5-5　DNS 报头部分格式

AA：授权应答（Authoritative Answer）标志位，占一位，仅在应答报文中有意义。置 1 时表示在应答报文中所给出的域名服务器是所查询域名的权威域名服务器。

TC：截断（Trun Cation）标志位，占 1 位。置 1 时表示该报文已被分段；置 0 时表示未被分段。

RD：期望递归（Recursion Desired）标志位，占 1 位，在请求报文中设置。置 1 时表示建议 DNS 服务器使用递归查询方法，应答的时候使用相同的值返回。

RA：支持递归（Recursion Available）标志位，占一位，在应答报文中设置。置 1 时表示 DNS 服务器支持递归查询，置 0 时表示不支持。后面紧跟的是三个置 0 的位，用于保留使用。

Rcode：应答码（Response Code）标志位，占 4 位，在应答报文中设置。置 0 时表示无错误；置 1 时表示报文格式有错误，DNS 服务器不接受请求的报文；置 2 时表示是由于服务器的原因而导致无法处理解析请求；置 3 时表示解析的域名不存在；置 4 时表示 DNS 服务器不支持所请求的查询类型；置 5 时表示 DNS 服务器由于设置策略而拒绝给出应答。例如，服务器不希望对某些请求者给出应答。其他值保留，暂时未使用。

QDcount：16 位整数，表示在报文后面数据部分“查询消息”字段中的问题条数。

ANcount：16 位整数，表示在报文后面数据部分“应答消息”字段中的资源记录数

NScount：16 位整数，表示在报文后面数据部分“授权应答”字段中的名称服务器资源记录数。

ARcount：16 位整数，表示在报文后面数据部分“附加消息”字段中的资源记录数。

（2）请求消息格式

DNS 请求报文中的具体请求消息是在如图 5-4 所示的报文格式中查询消息部分显示的，包括对应 DNS 域名查询所请求的问题。每条查询消息的格式如图 5-6 所示。

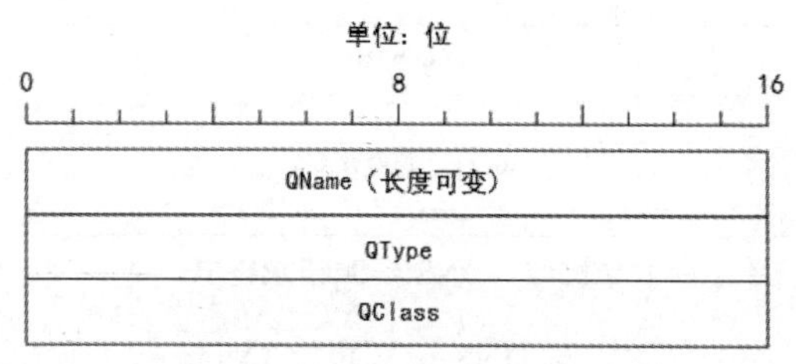

图 5-6　DNS 查询消息格式

QName：表示所请求的域名，不过它显示的是一串 ASCII 编码，长度可变（注意，不是固定的 16 位）。在每个域名的开头以及中间的小圆点（.）部分均为一个十六进制数，表示下一节域名的 ASCII 字符数，后面是每节域名各个符号对应的 ASCII 字符（每个字母和符号均占 1 字节，即两位十六进制数字），在每个域名的最后均以一个字节的 0（00）来表示。但要注意的是，这个字段的长度不是固定的，也可以为奇数个字节，不用填充。

例如，域名 www.baidu.com 的请求编码为 03 77 77 77 05 62 61 69 64 75 03 63 6F 6D 00，其中“03”表示它的下一节域名中包括 3 个 ASCII 字符，即“www”，对应的 ASCII 字符为 77 77 77；“05”表示、它的下一节域名包括 5 个 ASCII 字符，即“baidu”，对应的 ASCLL 字符为 62 61 69 64 75；“03”表示它的下一节域名中包括 3 个 ASCII 字符，即“com”，对应的 ASCLL 字符为 63 6F 6D；最后的“00”表示该域名结束。

QType：表示查询的资源记录类型，占 2 字节，表 5-1 中的 TYPE 类型字段值均是 QType 字段合法的取值（有些通用的 QType 值可以和多条资源记录相匹配），另外，还可以有以下取值。

1）AXFR：Authoritative Transfer（权威转换器），值为 252，代表完整区域的域名解析请求。

2）MAILB：MailBox（邮箱），值为 253，代表与邮箱相关的资源记录，如 MB（邮箱）、MG（邮件组）或者 MR（邮箱名片更改）记录。

3）MAILA：Mail Agent（邮件代理），值为 254，代表邮件代理资源记录，如 MX（邮件交换）记录。

4）*：值为 255，代表所有资源记录的请求。

QClass：表示查询类别，占 2 字节。表 5-2 中的 CLASS 字段值均是 QClass 字段的合法取值。另外，新增了一个*查询类别，取值为 255，代表所有分类。

（3）资源记录格式

在 DNS 应答报文中，会在如图 5-4 所示的“应答消息”“授权应答”和“附加消息”部分显示所应答的资源记录信息。这些资源记录消息格式是一样的，如图 5-7 所示。下面是各字段的说明。

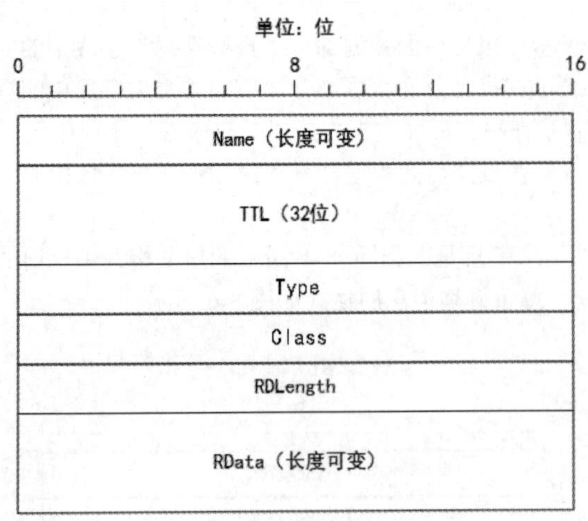

图 5-7　DNS 资源记录格式

Name：表示资源记录对应的域名，与 DNS 请求报文 QName 字段所请求域名一致，该字段长度可变。

TTL：表示该资源记录可以缓存多长时间（以秒为单位），占 4 字节，置 0 时表示只能被传输，不能被缓存。

Type：资源记录类型，占 2 字节。可用的资源记录类型及取值说明如表 5-1 所示。

表 5-1　TYPE 值类型及取值说明

资源记录类型	对应的字段值	说明
A	1	主机记录，给出一个主机 IP 地址。配置了多个 IP 地址的主机就有对应数量的 A 记录
NS	2	域名服务器记录，给出一个权威名称服务器 IP 地址
MD	3	邮件目标记录，给出一个目的邮件地址，已过时，现用 MX 记录替代
MF	4	邮件转发器记录，　给出一个邮件转发器。已过时，现用 MX 记录替代
CNAME	5	规范名记录，给出一个别名的规范名称
SOA	6	起始授权机构记录，给出一个区域的起始授权机构域名服务器 IP 地址
MB	7	邮箱记录，给出一个邮箱域名，仅用于实验
MG	8	邮件组记录，给出一个邮件组成员，仅用于实验
MR	9	邮件更名记录，给出一个邮件重命名后的域名，仅用于实验
NULL	10	空记录，给出一个空资源记录，相当于换行，主要是为了增加整个资源记录的可读性
WKS	11	熟知服务描述记录，给出一个熟知服务（像 HTTP、FTP、SMTP 这类常规服务）的描述
PTR	12	指针记录，给出一个 IP 地址的别名
HINFO	13	主机信息记录，给出主机操作系统和 CPU 信息
MINFO	14	邮箱信息记录，给出一个邮箱或邮件列表信息
MX	15	邮件交换记录，给出邮件交换的优先级，以及希望接受该域电子邮件的主机
TXT	16	文本记录，一个文本字符串

Class：资源记录数据的类别，占 2 字节，可用的数据类别以及取值如表 5-2 所示，通常都是 IN（Internet）的类别。

表 5-2　CLASS 值类别及取值说明

资源记录数据类别	值	说明
IN	1	给出所请求解析域名对应的 IP 地址，是默认的资源记录数据类别
CS	2	CSNET（Computer Science Network，计算机科学网络）类别，现在基本不用
CH	3	Chaos 类别，由以前的 Symbolics Lisp 机器使用，已经被废弃
HS	4	Hesiod 类别，用来查询用户目录，现在也不用了

RDLength：RData（资源数据）字段的长度（以字节为单位），占 2 字节。

RData：表示具体的相关资源记录，长度可变。其取值与 Type、Class 字段值有关。例如，如果 Type 值为 A、Class 值为 IN，那么 RData 就是一个 4 字节的 IP 地址。

5.3 实践 1：在 Windows Server 上实现 DNS

本节以 Windows Server 2012 为例。

5.3.1 安装 DNS 服务

默认情况下 Windows Server 2012 系统中没有安装 DNS 服务器，所以首先要安装 DNS 服务。

Step 1 点击左下角图标打开服务器管理器，进入服务器仪表板界面，如图 5-8 所示。

图 5-8 仪表板

Step 2 点击【添加角色和功能】，开始安装服务。

Step 3 【开始之前】选项中，点击【下一步】按钮，如图 5-9 所示，进入【安装类型】选项。选择【基于角色或基于功能的安装】，进入下一步，如图 5-10 所示。

Step 4 选择服务器，默认点击【下一步】按钮，如图 5-11 所示。

Step 5 选择服务器角色，选择【DNS 服务器】选项中的【DNS 服务器】选项，如图 5-12 所示，并弹出选项框，如图 5-13 所示，将【包括管理工具选项】勾选上，并选择【添加功能】，然后进入下一步。

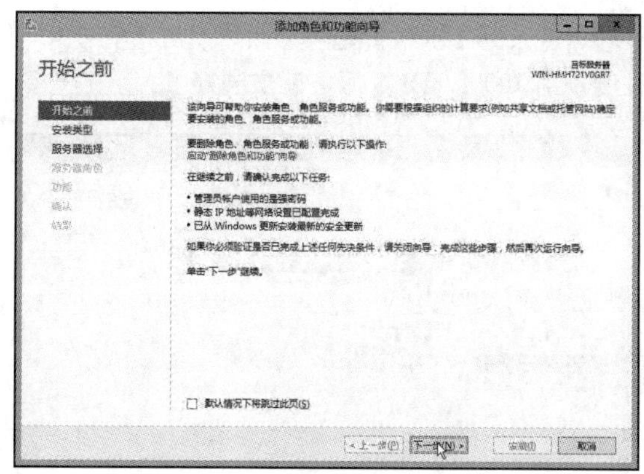

图 5-9 “开始安装”界面

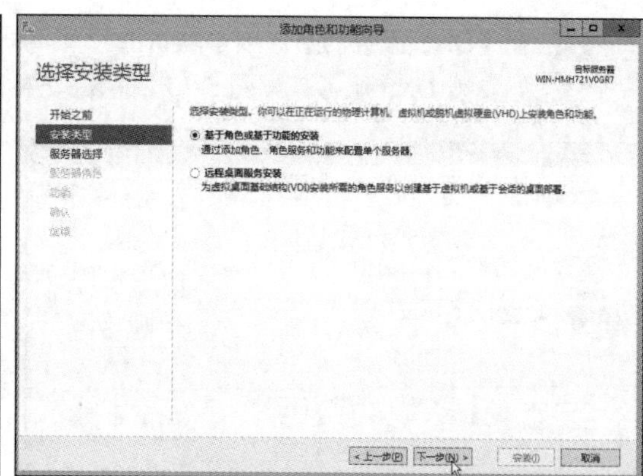

图 5-10 “安装类型”界面

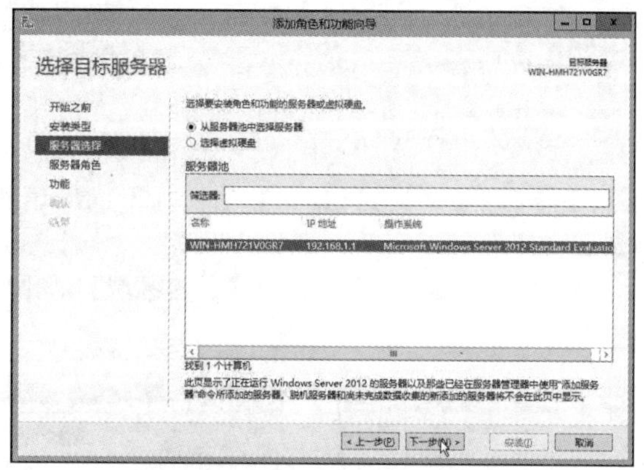

图 5-11 “服务器选择”界面

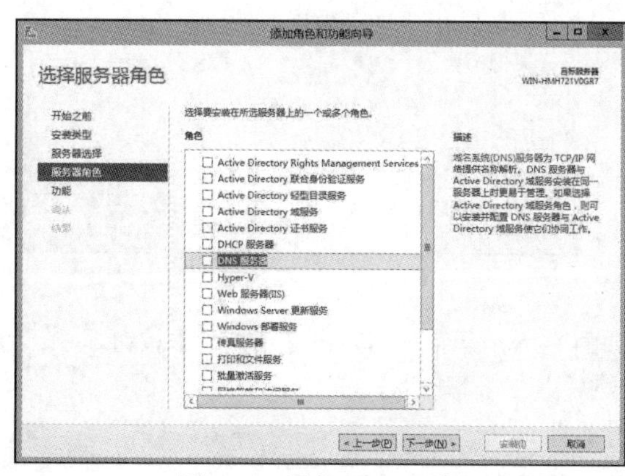

图 5-12 添加 DNS 服务

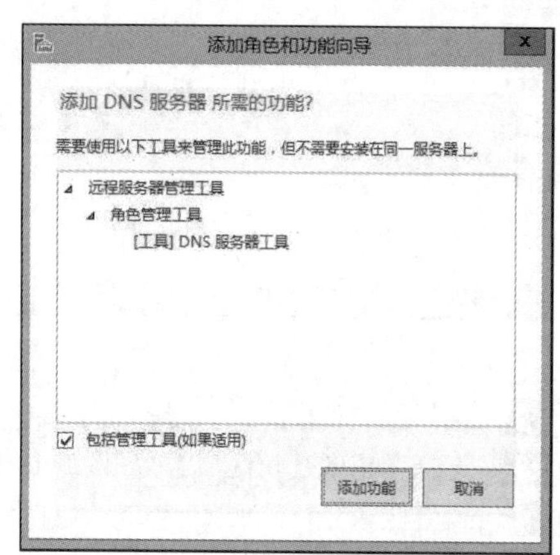

图 5-13 添加 DNS 服务

Step 6 在【功能】选项中选择所需要的功能，默认点击【下一步】按钮，如图 5-14 所示。

Step 7 在【DNS 服务器】选项中默认选择【下一步】，进入到【确认】选项，然后点击【安装】，开始安装 DNS 服务，如图 5-15 所示。安装进度条到 100%，DNS 服务就安装好了。

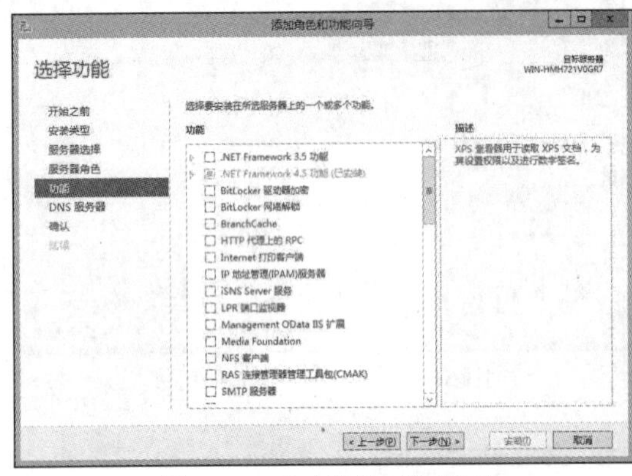

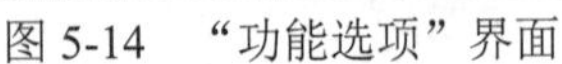
图 5-14 “功能选项”界面

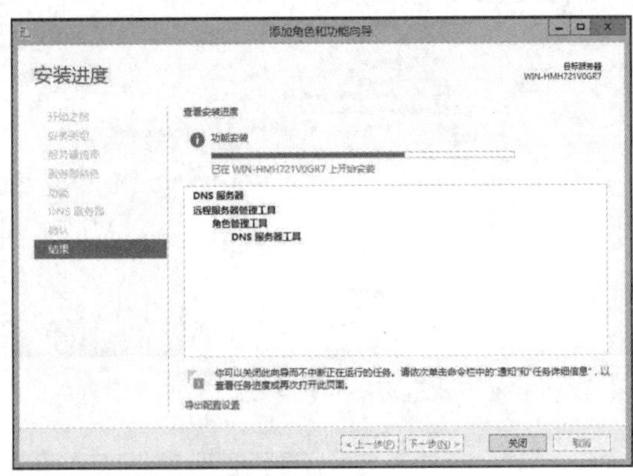

图 5-15 安装 DNS 服务

5.3.2 DNS 的基本配置

安装好 DNS 服务后，在服务器管理器中找到【DNS】，右击打开 DNS 管理器，开始设置 DNS 服务。

（1）创建正向查找区域

Step 1 打开 DNS 管理器，然后右击本地服务器，选择【新建区域】，如图 5-16 所示，进入新建区域向导界面，默认选择【下一步】，如图 5-17 所示。

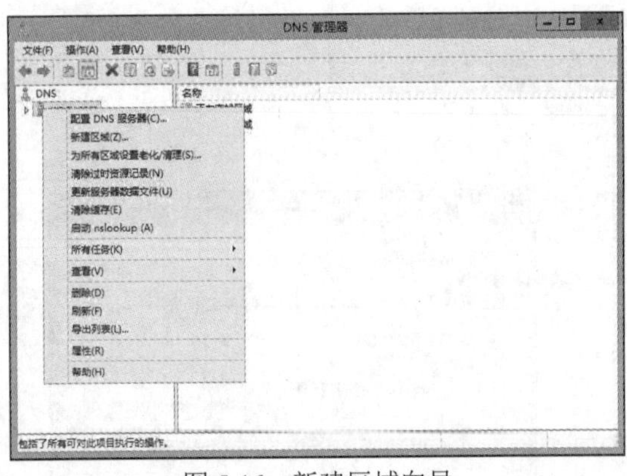

图 5-16 新建区域向导

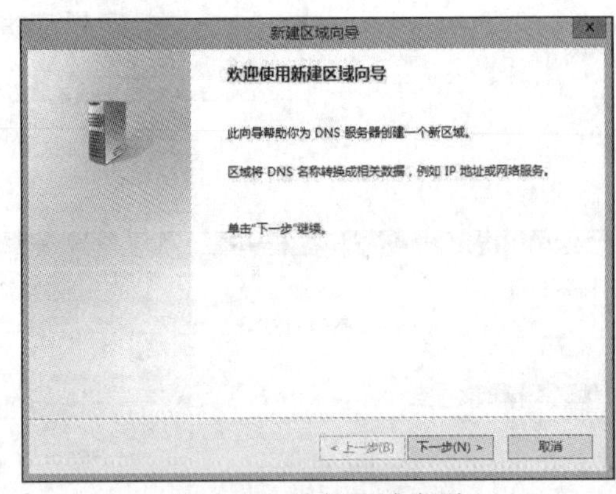

图 5-17 选择区域类型

Step 2 选择区域类型，默认选择【主要区域】，如图 5-18 所示，然后点击【下一步】按钮。

Step 3 选择【正向查找区域】，如图 5-19 所示，然后点击【下一步】按钮。

Step 4 设置区域名称，例如 sy.com，如图 5-20 所示。

Step 5 创建区域文件，默认文件名为 sy.com.dns，如图 5-21 所示，然后点击【下一步】按钮。

Step 6 默认选择【不允许动态更新】，如图 5-22 所示，然后点击【下一步】按钮，完成正向查找区域的创建，如图 5-23 所示。

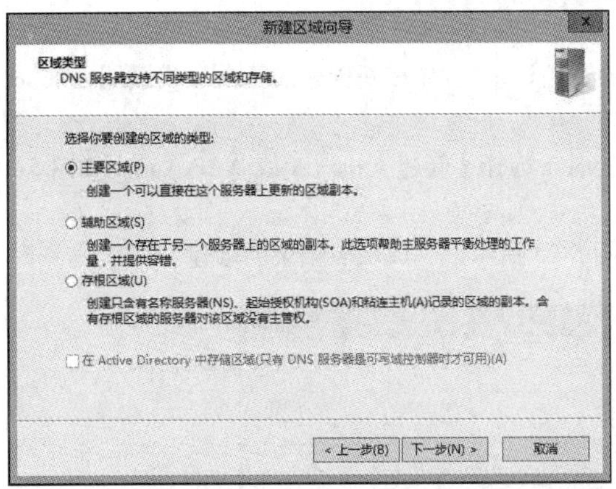

图 5-18　选择区类型

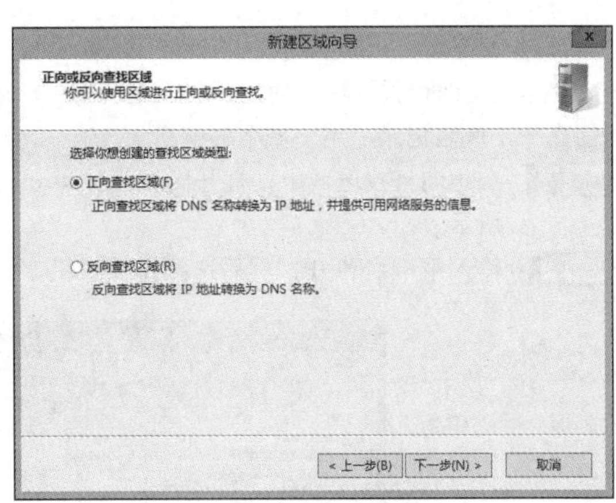

图 5-19　选择区域类型

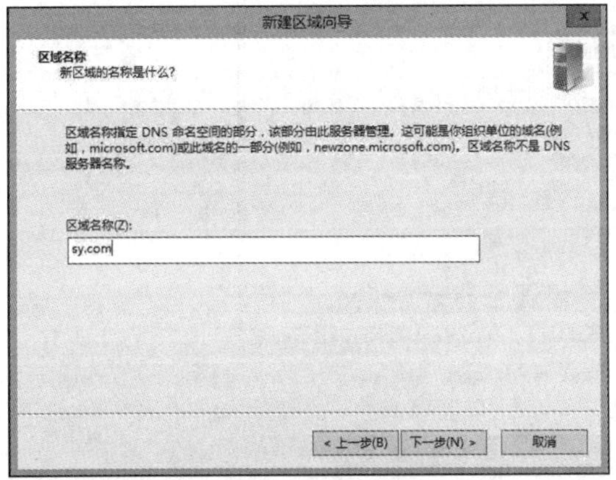

图 5-20　设置区域名称

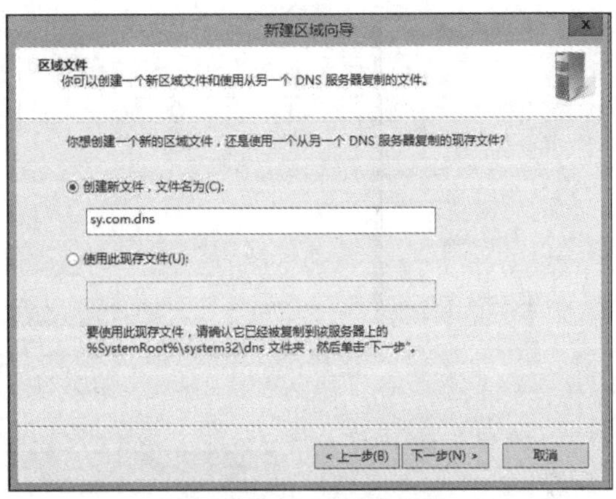

图 5-21　创建区域文件

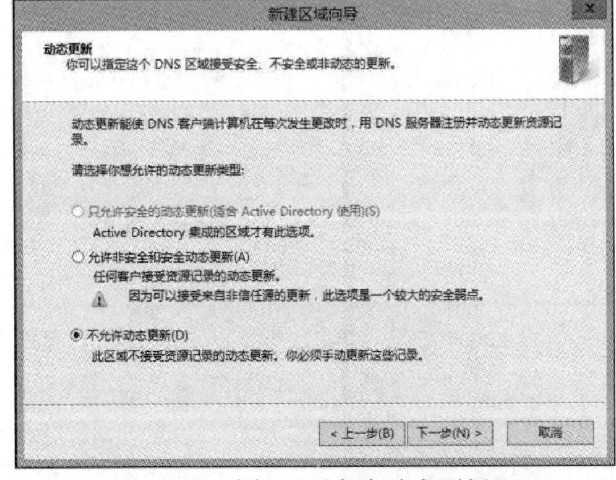

图 5-22　选择“不允许动态更新”

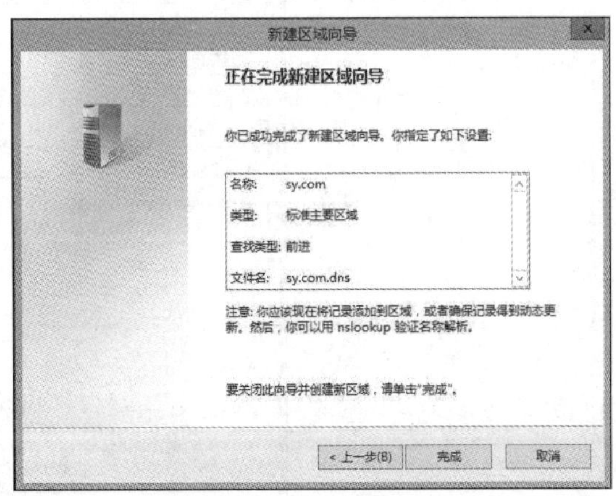

图 5-23　完成区域创建

（2）创建域名记录

创建完正向查找区域之后，接下来就要创建相应的资源记录，首先在新创建的正向查找区域（sy.com）里创建一个域名记录，用于域名的解析。

Step 1 在正向查找区域中，打开区域文件 sy.com，右击选择【新建主机（A 或 AAAA）】，如图 5-24 所示。

Step 2 输入主机名和 IP，然后选择添加主机，如图 5-25 所示，完成域名记录的创建。

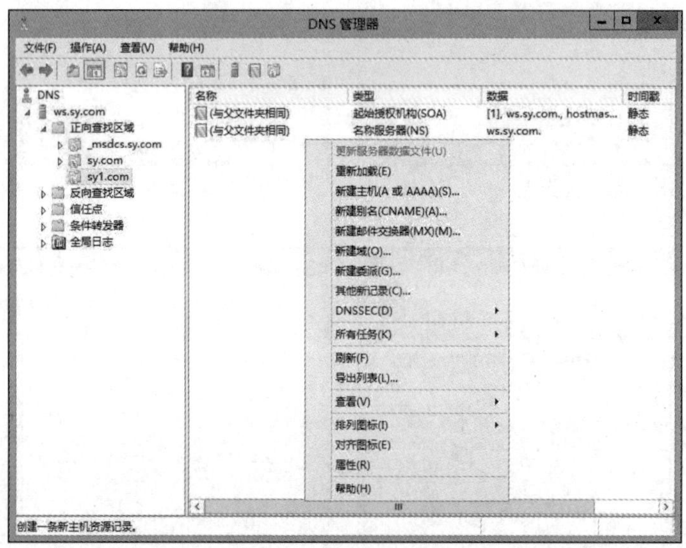

图 5-24　新建 A 记录

图 5-25　填写主机名

5 Chapter

（3）创建反向查找区域

创建反向查找区域的前几步步骤和创建正向查找区域的步骤一样。

Step 1　打开 DNS 管理器，然后右本地服务器，选择【新建区域】，进入新建区域向导界面，选择【下一步】按钮。

Step 2　选择区域类型，默认选择【主要区域】，然后进入下一步。

Step 3　选择创建【反向查找区域】，如图 5-26 所示，进入下一步选择【IPv4 反向查找区域】，如图 5-27 所示。

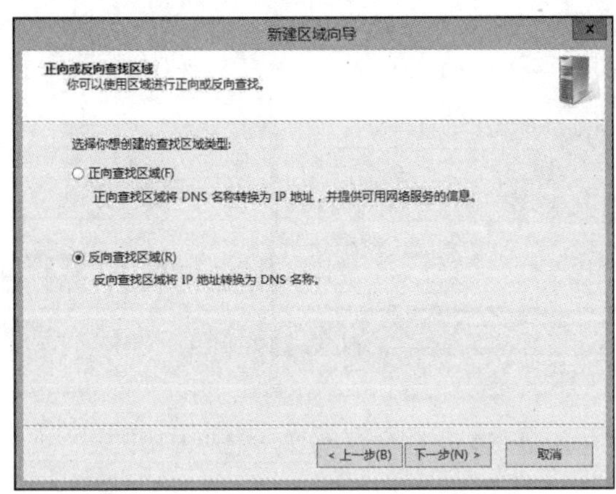

图 5-26　区域类型选择

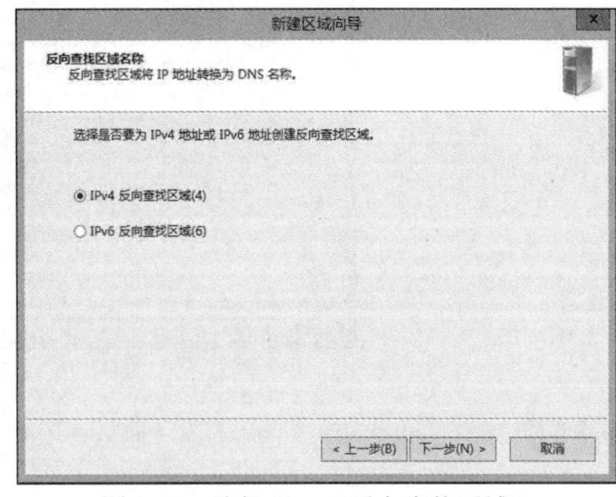

图 5-27　选择“IPv4 反向查找区域”

Step 4　设置反向查找区域的网络 ID，例如“192.168.1.”，如图 5-28 所示。

Step 5　创建反向查找区域的区域文件，默认文件名为“1.168.192.in-addr.arpa.dns”，如图 5-29 所示。

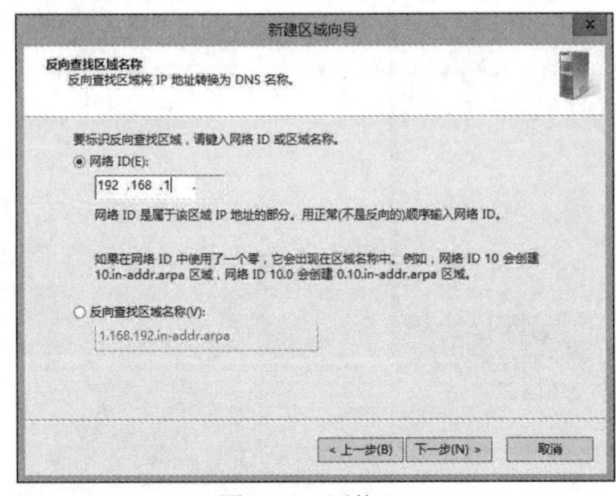

图 5-28　网络 ID

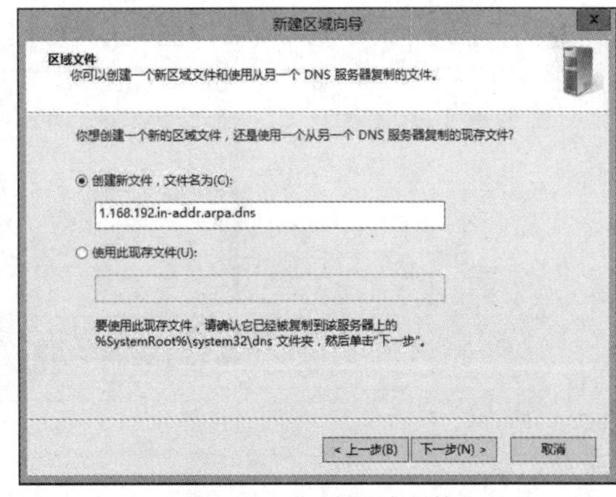

图 5-29　创建区域文件

Step 6　默认选择【不允许动态更新】，然后选择【下一步】，完成反向查找区域的创建。

（4）创建 PTR 记录

在反向查找区域中，创建 PTR 记录，用于逆向解析。

Step 1　在反向查找区域文件中，打开区域文件 1.168.192.in-addr.arpa，右击选择【新建指针（PTR）】，如图 5-30 所示。

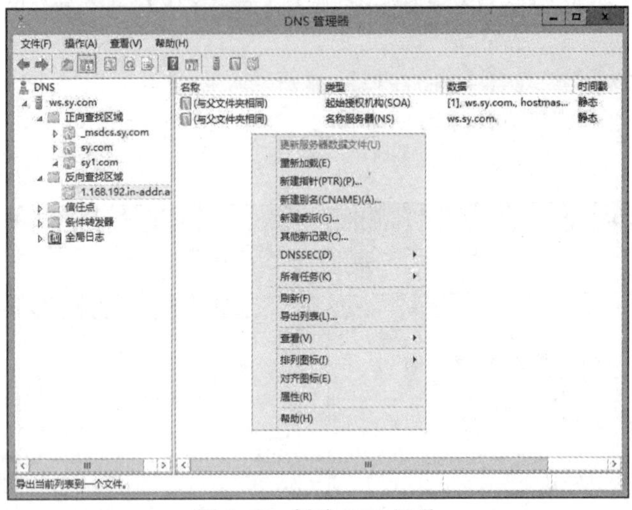

图 5-30　新建 PTR 记录

Step 2　填写主机 IP 和对应的主机名（域名），如图 5-31 所示，点击【确定】按钮，完成 PTR 记录的创建。

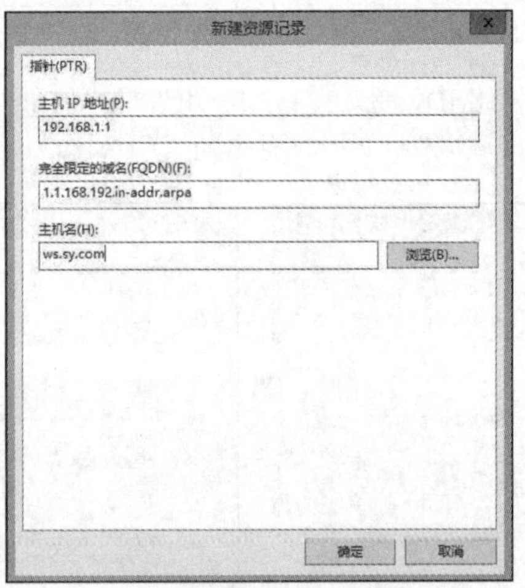

图 5-31　填写主机名

5.4　实践 2：在 Linux 上实现 DNS

5.4.1　安装 BIND

本节介绍了 2 种安装方式：一种是在线安装；另一种是编译安装。编译安装需要依赖众多开发库，这些开发库可以使用 yum 安装。

（1）在线安装 BIND

输入以下命令，安装 BIND 和 BIND 的依赖包。

```
# yum –y install bind bind-utils bind-chroot
```

安装成功生成以下目录和文件：

主配置文件：/etc/named.conf；

区域解析库文件：/etc/named.rfc1912.zones；

服务根目录：/var/named/；

从服务器使用的区域解析库目录：/var/named/slaves。

服务脚本使用的文件：

pid 目录：/var/run/named/，在其下创建 named.pid 文件，使用时创建符号链接到其父目录中，即/var/run/named.pid，由服务脚本产生；

锁文件：/var/lock/subsys/named，由服务脚本产生。

以上这些目录和文件，是在线安装的时候创建的，而且对这些文件和目录的权限做了很好的限定。对于配置文件的配置，下面将逐一进行介绍。

（2）编译安装 BIND

Step 1　下载安装工具和 BIND 依赖包。

```
# yum –y install bind-utils bind-chroot make wget
```

Step 2　下载 BIND 源码。

```
# wget
http:// wget http://ftp.isc.org/isc/bind9/9.10.2/bind-9.10.2.tar.gz
```

Step 3　解压，并编译安装 BIND。

```
# tar –zxvf bind-9.10.2.tar.gz
# cd bind-9.10.2
# ./configure
# make && make install
```

5.4.2　BIND 配置文件

安装完 BIND，首先了解一下 BIND 的配置文件。

查看 named.conf 配置文件，具体方法如下。

```
# cat /etc/named.conf
```

named.conf 配置文件的内容如下所示。

```
//
// named.conf
//
// Provided by Red Hat bind package to configure the ISC BIND named(8) DNS
// server as a caching only nameserver (as a localhost DNS resolver only).
//
// See /usr/share/doc/bind*/sample/ for example named configuration files.
//
options {
listen-on port 53 { 127.0.0.1; }; //端口号为 53，侦听 IP 为 127.0.0.1
listen-on-v6 port 53 { ::1; };
        directory "/var/named"; //服务器配置文件的工作目录
```

```
        dump-file           "/var/named/data/cache_dump.db";
        statistics-file "/var/named/data/named_stats.txt";
        memstatistics-file "/var/named/data/named_mem_stats.txt";
        allow-query         { localhost; }; //只允许本地访问

        /*
         - If you are building an AUTHORITATIVE DNS server, do NOT enable recursion.
         - If you are building a RECURSIVE (caching) DNS server, you need to enable
           recursion.
         - If your recursive DNS server has a public IP address, you MUST enable access
           control to limit queries to your legitimate users. Failing to do so will
           cause your server to become part of large scale DNS amplification
           attacks. Implementing BCP38 within your network would greatly
           reduce such attack surface
        */
        recursion yes; //允许递归查询

        dnssec-enable yes;
        dnssec-validation yes;
        dnssec-lookaside auto;

        /* Path to ISC DLV key */
        bindkeys-file "/etc/named.iscdlv.key";

        managed-keys-directory "/var/named/dynamic";

        pid-file "/run/named/named.pid";
        session-keyfile "/run/named/session.key";
};

logging {
        channel default_debug {
                file "data/named.run";
                severity dynamic;
        };
};

zone "." IN {
        type hint;
        file "named.ca";
}; //设置根区域

include "/etc/named.rfc1912.zones"; //调用文件
include "/etc/named.root.key";
// 以上是 BIND 默认配置文件
```

下面是 BIND 配置文件的详解。

BIND 默认配置文件中只包含了部分语句和功能，而 BIND 配置文件中可以使用以下 10 种语句，如表 5-3 所示。

5 Chapter

表 5-3 BIND 配置文件语句

命令语句	解释说明
acl	定义 IP 地址访问控制列表
controls	宣告 rnde utility 使用的控制通道（channel）
include	包含一个文件
key	设置密钥信息，它应用在通过 TSIG 进行授权和认证配置中
logging	设置日志服务器，和日志信息的发送地
options	控制服务器的全局配置选项和其他语句设置默认值
server	在一个单服务器基础上设置特定的配置选项
trusted-keys	定义信任的 DNSSED 密钥
view	定义一个视图
zone	定义一个域

logging 和 options 语句在配置文件中只出现一次。

（1）ACL 语句

ACL 语句给一个地址匹配表赋予了一个象征名称。它的名字来自于地址匹配列表的最基本功能：访问控制列表（ACLs）。

注意：一个地址表名必须首先在 ACL 中预先定义，然后才能在别处使用；不经定义而提前调用是不允许的。

ACL 语句的定义如下所示。

```
acl acl-name { address_match_list };
```

ACLs 的组成如表 5-4 所示。

表 5-4 ACLs 的组成

ACLs	意义
any	匹配所有主机
none	不匹配任何主机
localhost	匹配主机上所有 IPv4 的网络接口
localnets	匹配所有 IPv4 本地网络的主机

（2）controls 语句

controls 语句的定义如下所示。

```
controls {
inet ( ip_addr | * ) [ port ip_port ] allow { address_match_list }
keys { key_list };
[ inet ...; ]
};
```

controls 语句定义了系统管理员使用的，有关本地域名服务器操作的控制通道。这些控制通道被 rndc

用来发送命令，并从域名服务器中检索非 DNS 的结果。

（3）include 语句

include 语句的定义如下所示。

```
include 文件名;
```

include 语句通过允许对配置文件的读或写，来简化对配置文件的管理。例如，它可以包含多个只能由域名服务器读取的私人密匙（private key）。

（4）key 语句

key 的定义如下所示。

```
key key_id {
algorithm string;
secret string;
};
```

key 语句定义了一个用于 TSIG 的共享密匙。

key_id，也叫做密匙名，是确认一个域名的唯一密匙。可以在一个“server”语句中使用，使得发给这个服务器的请求都会用这个密匙进行加密，也可以用于确认来自于地址匹配列表中的主机的请求，是否已经用这个名字、算法和 secret 的密匙进行了加密。

algorithm_id 是一个标记安全/鉴定的字符串。目前唯一由 TSIG 鉴别支持的算法是 hmac-md5。secret_string 是算法要使用的机密级，是一个 64 位编码的字符串。

（5）logging 语句

logging 语句的定义如下所示。

```
logging {
[ channel channel_name {
( file path name
[ versions ( number | unlimited ) ]
[ size size_spec ]
| syslog syslog_facility
| stderr
| null );
[ severity ( critical | error | warning | notice | info |debug [level ] | dynamic ); ]
[ print-category yes or no; ]
[ print-severity yes or no; ]
[ print-time yes or no; ]
}; ]
[ category category_name {
channel_name ; [ channel_name ; … ]
}; ]
……
};
```

logging 语句为域名服务器设定了一个多样性的 logging 选项，它的 channel 短语对应于输出方式、格式选项和分类级别，它的名称可以与 category 短语一起定义多样的日志信息。

（6）options 语句

options 语句用来设置可以被整个 BIND 使用的全局选项。这个语句在每个配置文件中只有一处。如果出现多个 options 语句，则第一个 options 的配置有效，并且会产生一个警告信息。

如果没有 options 语句，则每个选项使用缺省值。

options 语句的定义如下所示。

```
options {
[ directory path_name; ]
[ dump-file path_name; ]
[ pid-file path_name; ]
[ dialup dialup_option; ]
[ statistics-file path_name; ]
[ recursion yes_or_no; ]
[ forward ( only | first ); ]
[ forwarders { ip_addr [port ip_port] ; [ ip_addr [port ip_port] ; ... ] }; ]
[ allow-query { address_match_list }; ]
[ listen-on [ port ip_port ] { address_match_list }; ]
[ listen-on-v6 [ port ip_port ] { address_match_list }; ]
……
};
```

下面是几个比较常用字段的说明。

directory：服务器的工作目录，大多数服务器的输出文件都默认生成在这个目录下。如果没有设定目录，工作目录默认设置为服务器启动时的目录。指定的目录必须是一个绝对路径。

dump-file：定义服务器存放数据的数据库文件。如果没有指定，默认名字是 named_dump.db。

pid-file：定义进程 ID 文件。如果没有指定，默认为/var/run/named.pid。pid-file 是给那些需要向运行着的服务器发送信号的程序使用的。

port：服务器用来接收和发送 DNS 协议数据的 UDP/TCP 端口号。默认为 53。这个选项主要用于服务器的检测；因为如果不使用 53 端口的话，服务器将不能与其他的 DNS 进行通信。

recursion：如果 recursion 是 yes，并且一个 DNS 询问要求递归，那么服务器将会做所有能够回答查询请求的工作。如果 recursion 是 on，并且服务器不知道答案，它将会返回一个推荐（referral）响应。默认值是 yes。

forward：此选项只有当 forwarders 列表中有内容的时候才有意义。默认情况下，值是 first，服务器会先查询设置的 forwarders，如果它没有得到回答，服务器就会自己寻找答案。如果设定的是 only，服务器就只会把请求转发到其他服务器上去。

forwarders：设定转发使用的 IP 地址。默认的列表是空的（不转发）。转发也可以设置在每个域上，这样全局选项中的转发设置就不会起作用了。用户可以将不同的域转发到服务器上，或者对不同的域实现 forward only 或 first 的不同处理方式，也可以根本就不转发。

allow-notify：设定哪个主机上的辅域（不包括主域）已经进行了修改。allow-notify 也可以在 zone 语句中设定，这样全局 options 中的 allow-notify 选项在这里就不起作用了。但它只对辅域有效。如果没有设定，默认的是只从主域发送 notify 信息。

allow-query：设定哪个主机可以进行普通的查询。allow-query 也能在 zone 语句中设定，这样全局 options 中的 allow-query 选项在这里就不起作用了。默认的是允许所有主机进行查询。

allow-recursion：设定哪台主机可以进行递归查询。如果没有设定，缺省是允许所有主机进行递归查询。注意禁止一台主机的递归查询，并不能阻止这台主机查询已经存在于服务器缓存中的数据。

allow-transfer：设定哪台主机允许和本地服务器进行域传输。allow-transfer 也可以设置在 zone 语句中，这样全局 options 中的 allow-transfer 选项在这里就不起作用了。如果没有设定，默认值是允许和所有主机进行域传输。

listen-on：接口和端口（服务器回答来自于此的询问）可以使用 listen-on 选项来设定。listen-on 设定可选的端口和一个地址匹配列表（address_match_list）。服务器将会监听所有匹配地址列表中所允许的端口。如果没有设定端口，就使用默认的 53。

允许使用多个 listen-on 语句，例如：

```
listen-on { 5.6.7.8; };
listen-on port 1234 { !1.2.3.4; 1.2/16; };
```

将在 5.6.7.8 的 IP 地址上打开 53 端口，在除了 1.2.3.4 的 1.2 网段上打开 1.2.3.4 端口。

如果没有设定 listen-on，服务器将在所有接口上监听端口 53。

listen-on-v6 选项用来设定监听进入服务器的 IPv6 请求的端口。

（7）server 语句

server 语句的定义如下所示。

```
server ip_addr {
[ bogus yes_or_no ; ]
[ provide-ixfr yes_or_no ; ]
[ request-ixfr yes_or_no ; ]
[ edns yes_or_no ; ]
[ transfers number ; ]
[ transfer-format ( one-answer | many-answers ) ; ]]
[ keys { string ; [ string ; [...]] } ; ]
};
```

服务器语句定义了与远程服务器相关的性质，可以出现在配置文件的顶层或者在视图语句的内部。

（8）trusted-keys 语句

trusted-keys 语句的定义如下所示。

```
trusted-keys {
string number number number string ;
[ string number number number string ; [...]]
};
```

trusted-keys 语句用来定义 DNSSEC 安全根。当非授权域的公共键是已知的但是却不能安全地通过 DNS 得到，或者因为 DNS 根域或者它的当前域没有被标记时定义安全根。一旦一个键被设置成信任键，它就被认为是有效和安全的。解答器会在所有存在于安全根次级域中的 DNS 数据上尝试 DNSSEC 有效性。

trusted-keys 语句能包含多重键入口，每个由键的域名、旗帜、协议算法和键数据的 64 进位组成。

（9）view 语句

view 语句的定义如下所示。

```
view view_name [class] {
match-clients { address_match_list } ;
match-destinations { address_match_list } ;
match-recursive-only { yes_or_no } ;
[ view_option; ...]
[ zone-statistics yes_or_no ; ]
[ zone_statement; ...]
……
};
```

视图是 BIND9 强大的新功能，允许 DNS 服务器根据请求来源的不同，有区别地回答 DNS 查询。特别是当运行拆分 DNS 设置而不需要运行多个服务器时特别有用。每个视图定义了一个将会在用户的子集中见到的 DNS 名称空间。

如果在配置文件中没有 view 语句，在 IN 类中就会自动产生一个默认视图匹配于任何用户，任何指定在配置文件的最高级的 zone 语句被看作是此默认视图的一部分。如果存在外部 view 语句，所有的域视图必会在 view 语句内部产生。

具体使用如下所示。

```
view "view_1" {
match-clients { 10.0.0.0/24; };
recursion yes;
zone "example.com" {
type master;
file "example-internal.db";
};
};
view "view_2" {
match-clients { any; };
recursion no;
zone "example.com" {
type master;
file "example-external.db";
};
};
```

（10）zone 语句

zone 语句的定义如下所示。

```
zone zone_name [class] [{
type ( master | slave | hint | stub | forward ) ;
[ allow-notify { address_match_list } ; ]
[ allow-query { address_match_list } ; ]
[ allow-transfer { address_match_list } ; ]
[ allow-update { address_match_list } ; ]
[ update-policy { update_policy_rule [...] } ; ]
[ allow-update-forwarding { address_match_list } ; ]
[ alsonotify
{ ip_addr [port ip_port] ; [ ip_addr [port ip_port] ; ... ] }; ]
[ forward (only|first) ; ]
[ forwarders
{ ip_addr [port ip_port] ; [ ip_addr [port ip_port] ; ... ] }; ]
[ maintain-ixfr-base yes_or_no ; ]
[ masters [port ip_port] { ip_addr [port ip_port] [key key]; [...] } ; ]
[ notify yes_or_no | explicit ; ]
[ pubkey number number number string ; ]
[ transfer-source (ip4_addr | *) [port ip_port] ; ]

……
}];
```

zone 语句用来定义一个区域，用来进行正向或者反向的解析。

下面是几个比较常见字段的说明。

1）区域文件类型。

master：定义一个主要区域。

slave：定义一个辅助区域，辅助区域是主要区域的复制。

stub：子根域，与辅域类似，子域只复制主域的NS记录而不是整个域。根域不是DNS的一个标准部分，它们是BIND运行的特有性质。

forward：定义一个“转发域”。

hint：定义一个根域。

2）zone选项。

allow-notify：定义哪些DNS服务器可以发送区域变更通知。

allow-query：定义哪些主机可以查询这个区域的记录。

allow-transfer：定义允许区域传送到哪些DNS服务器上。

allow-update：设定哪些DNS服务器允许为主DNS服务器提交动态DNS更新。默认不允许动态更新。

allow-update-forwarding：设定哪个DNS服务器能够向辅助DNS服务器的次级域提交动态更新。默认值为{ none; }，意味着不能进行动态更新转发。

database：设定储存域数据的数据库的类型。

forward：只当域有一个转发器列表的时候才是有意义的。当配置为only时，在转发查询失败和得不到结果时会导致查询失败；在配置为first时，则在转发查询失败或没有查到结果时，会在本地发起正常查询。

forwarders：用来代替全局的转发器列表。

5.4.3 DNS的基本配置

为了实现DNS域名解析的功能，首先需要在named.conf中定义区域。在定义区域之前，需要先修改配置文件，使得任何主机可以访问。

打开配置文件的方法如下。

```
# vi /etc/named.conf
```

在配置文件中找到以下内容。

```
listen-on port 53 { 127.0.0.1; };
allow-query       { localhost; };
```

修改为：

```
listen-on port 53 { any; };
allow-query       { any; };
```

（1）定义正向查找区域

在配置文件添加以下内容，定义一个区域名称为sy.com的正向查找区域。

```
zone "sy.com" IN {                //sy.com为区域名称
 type master;                     //区域类型为主要区域
 file "sy.com.zone";              //存放区域记录的文件
};                                //定义sy.com的正向解析声明
```

然后再在/var/named/目录下创建正向查找的区域文件，用来存储正向解析的资源记录，命名为sy.com.zone。

```
# touch /var/named/sy.com.zone
```

（2）配置正向查找区域

定义完正向查找区域，在区域文件内添加资源记录，用于域名的解析。

打开区域文件具体方法如下。

```
# vi /var/named/sy.com.zone
```

对区域文件进行配置的具体步骤如下。

Step 1 定义生存时间。

```
$TTL 1D
```

定义生存时间为一天，即当 DNS 客户端查询到某个主机 IP 地址，这个记录的数据会保存在 DNS 服务器的高速缓存中，数据的有效期为 1 天，默认单位是秒。

Step 2 定义该区域的 SOA 记录。

```
$TTL 1D
@          IN SOA    example.sy.com. root.sy.com. (
                                             0          ; serial
                                             1D         ; refresh
                                             1H         ; retry
                                             1W         ; expire
                                             3H )       ; minimum
//所有的时间单位默认是 s
```

@：@符号是区域名称的简写，即 sy.com 的简写，区域名称是配置文件中所定义的区域名称。正向解析区域中所有的 sy.com 都可以用@替换。

IN：此字段用于定义 class 字段，代表指定的网络类型，通常为“IN”（Internet）。

SOA：记录类型为 SOA 记录，指明该区域的权威。

example.sy.com：声明 DNS 服务器的主机名称，也就是这台 DNS 服务器的完整域名。

root.sy.com：声明 DNS 服务器系统管理员的 E-mail，DNS 数据更新时，会将相关数据发送到指定的 E-mail 邮箱。

serial：定义正向解析区域的序列号，该配置文件中的区域的序列号为 0。

refresh：定义自动刷新间隔时间，用于告诉该区域的其他辅助 DNS 服务器，每隔多久需要刷新自己数据库的数据，保持和主 DNS 服务器的数据同步。该配置文件中定义的自动刷新间隔时间为一天。

retry：定义刷新重试时间，该配置文件中定义的刷新重试时间为 1 小时，即自动刷新失败后，再过一个小时重试刷新。

expire：定义数据的有效期限，该配置文件中定义的数据有效期限为一周，即该区域内其他辅助 DNS 服务器的数据更新不能正常进行的情况下，辅助 DNS 服务器提供域名解析的有效期限为一周。

minimum：定义最小默认的生存时间，该配置文件中定义的最小默认生存时间为 3 小时，即在没有定义生存时间情况下，默认的生存时间为 3 小时。

Step 3 定义 NS 记录和对应 DNS 服务器的 A 记录。

```
$TTL 1D
@          IN SOA    example.sy.com. root.sy.com. (
                                             0          ; serial
                                             1D         ; refresh
                                             1H         ; retry
                                             1W         ; expire
                                             3H )       ; minimum
@          IN     NS     example.sy.com.
example    IN     A      192.168.1.1
```

NS 记录定义了该区域的 DNS 服务器，每个区域至少需要定义一个 NS 记录，可以定义多个 NS 记录，但每个 NS 记录，都需要对应的 A 记录。定义多个 NS 记录如下所示。

```
@           IN    NS    example.sy.com.
@           IN    NS    example2.sy.com.
example     IN    A     192.168.1.1
example2    IN    A     192.168.1.10
```

Step 4 定义其他 A 记录。

```
$TTL 1D
@        IN      SOA     example.sy.com. root.sy.com. (
                                        0       ; serial
                                        1D      ; refresh
                                        1H      ; retry
                                        1W      ; expire
                                        3H )    ; minimum
@           IN    NS    example.sy.com.
example     IN    A     192.168.1.1
www         IN    A     192.168.1.2
mail        IN    A     192.168.1.3
ftp         IN    A     192.168.1.4
```

定义 A 记录，用于域名到 IP 的解析，例如在该配置中，定义的 www、mail、ftp 是主机名，则完整的域名分别是 www.sy.com、mail.sy.com 和 ftp.sy.com，那么域名 www.sy.com 就会被解析到 192.168.1.2 这个 IP 地址，域名 mail.sy.com 就会被解析到 192.168.1.3 这个 IP 地址，域名 ftp.sy.com 就会被解析到 192.168.1.4 这个 IP 地址。

Step 5 定义其他类型的记录。

```
$TTL 1D
@        IN SOA   example.sy.com. root.sy.com. (
                                        0       ; serial
                                        1D      ; refresh
                                        1H      ; retry
                                        1W      ; expire
                                        3H )    ; minimum
@           IN    NS      example.sy.com.
example     IN    A       192.168.1.1
www         IN    A       192.168.1.2
mail        IN    A       192.168.1.3
ftp         IN    A       192.168.1.4
mail2       IN    A       192.168.1.5
@           IN    MX  0   mail.sy.com.
@           IN    MX  1   mail2.sy.com.
exa         IN    CNANE   example
```

MX 记录是邮件交换记录，它指向一个邮件服务器，每个邮件服务器都需要有一个对应的 A 记录，也就是说，mail.sy.com 和 mail2.xy.com 必须是邮件服务器，它们对应的 IP 地址是 192.168.1.3 和 192.168.1.5。0 和 1 是邮件服务器的优先级，每个 MX 记录都需要定义优先级，且数值越小，优先级越高。

CNAME 是别名记录，在该配置文件中，exa 和 example 分别是主机别名和主机名，而完整的域名分别是 exa.sy.com 和 example.sy.com，CNAME 记录的作用就是给域名 example.sy.com 定义了一个别名 exa.sy.com，域名 exa.sy.com 同样会被解析到 192.168.1.1 这个 IP 地址。

（3）定义反向查找区域

在配置文件中添加以下内容，定义一个的反向查找区域。

```
zone "1.168.192.in-addr.arpa" IN { /* 定义一个网络号为 192.168.1.0 的反向查找区域，区域名称为"1.168.192.in-addr.arpa"。*/
    type master;            //区域类型为主要区域
    file "192.168.1.zone";  //存放区域记录的文件
};                          //定义反向解析声明
```

然后再在/var/named/目录下创建反向查找的区域文件，用来存储反向解析的资源记录，命名为 192.168.1.zone。

```
# touch /var/named/192.168.1.zone
```

其中反向查找区域定义的名字格式为倒写的网络号加后缀名，后缀名必须是 in-addr.arpa，例如，如果要定义一个网络号为 172.16.150.0 的反向查找区域，那么反向查找区域名称就为 150.16.172.in-addr.arpa。

（4）配置反向查找区域

打开反向查找区域文件，进行反向查找区域的配置。

```
# vi /var/named/192.168.1.zone
```

Step 1 定义生存时间，SOA 记录和 NS 记录。

```
$TTL 1D
@       IN      SOA     example.sy.com. root.sy.com (
                                        0       ; serial
                                        1D      ; refresh
                                        1H      ; retry
                                        1W      ; expire
                                        3H )    ; minimum
@       IN      NS      example.sy.com.
```

由于 example.sy.com 域名的 A 记录已经在正向查找区域中定义过了，所以在反向查找区域中就不需要再进行定义了。

Step 2 定义 PTR 记录。

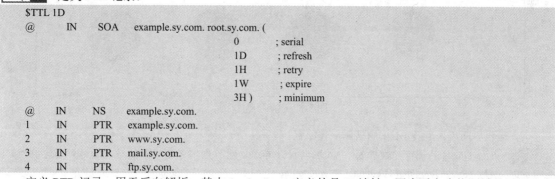

```
$TTL 1D
@       IN      SOA     example.sy.com. root.sy.com. (
                                        0       ; serial
                                        1D      ; refresh
                                        1H      ; retry
                                        1W      ; expire
                                        3H )    ; minimum
@       IN      NS      example.sy.com.
1       IN      PTR     example.sy.com.
2       IN      PTR     www.sy.com.
3       IN      PTR     mail.sy.com.
4       IN      PTR     ftp.sy.com.
```

定义 PTR 记录，用于反向解析，其中 1、2、3、4 定义的是 IP 地址，因为反向查找区域的网络号为 192.168.1.0，所以对应的 IP 地址分别为 192.168.1.1、192.168.1.2、192.168.1.3 和 192.168.1.4，也就是说，IP 地址 192.168.1.1 将被反向解析到域名 example.sy.com，IP 地址 192.168.1.2 将被反向解析到域名 www.sy.com，以此类推。

注意：配置 BIND 时很可能会出错，用以下命令可以检查配置文件和区域配置文件是否出错。

检查 BIND 配置文件是否出错命令格式为：named-checkconf 配置文件名（包含路径），例如：

```
# named-checkconf /etc/named.conf
```

检查区域配置文件是否出错命令格式为：named-checkzone 区域名称 区域文件名称（包含路径），例如：

```
# named-checkzone sy.com /var/named/sy.com.zone
# named-checkzone 1.168.192.in-addr.arpa /var/named/192.168.1.zone
```

5.5 实践 3：基于 QS-DNS 实现 DNS

QS-DNS 是通过 Web 方式管理 DNS 的，初始化 IP 是 192.168.1.1，安装完成后，在浏览器上输入 192.168.1.1 即可进入系统前台页面，如图 5-32 所示，具体的 DNS 配置需要进入系统后台进行，点击【系统管理入口】，输入用户名和密码即可进入后台管理界面，如图 5-33 所示。

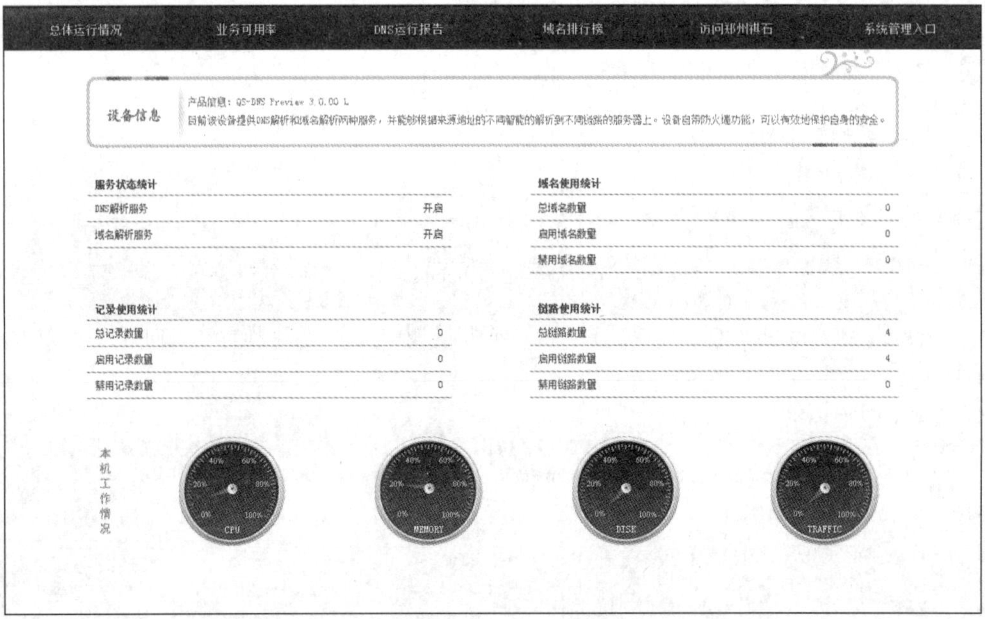

图 5-32　前台界面

进入后台界面后，配置 DNS 的具体步骤如下。

Step 1 点击【域名记录管理维护】，进入域名管理界面，然后点击【添加新的域名】，添加新的区域，例如 sy.com，如图 5-34 所示。

Step 2 点击【开始检测】，配置区域类型为主要区域，NS 记录为 qs.sy.com，管理员邮箱为 info.sy.com，生存时间为 3600s，区域序列号为 201580101，刷新时间、重试时间、过期时间、最小生存时间分别为 7200s、7200s、3600000s、3600s，如图 5-35 所示，然后点击【完成添加】。

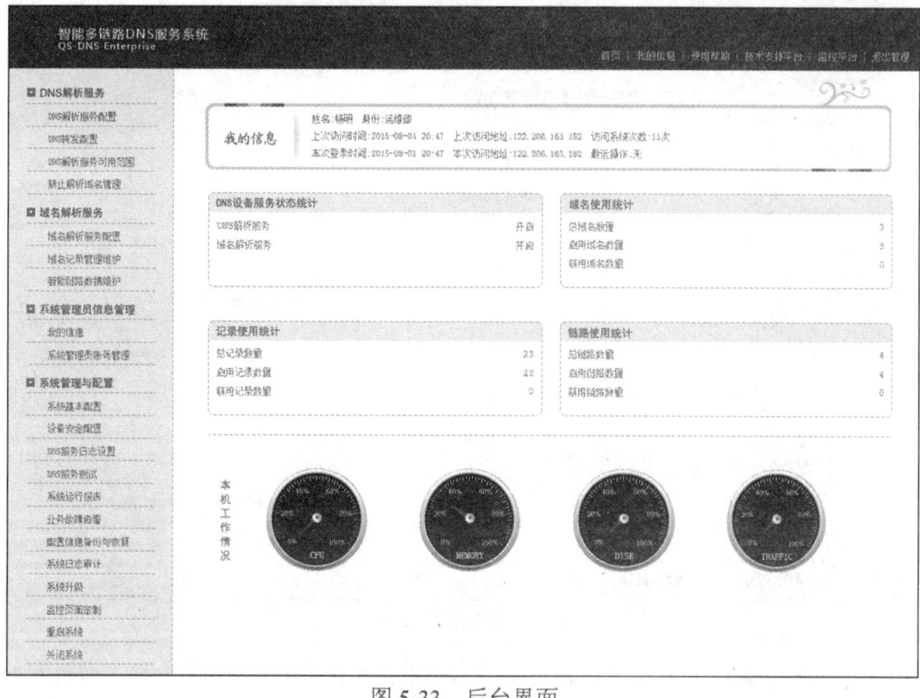

图 5-33　后台界面

图 5-34　添加域名

图 5-35　配置区域

Step 3 点击【添加记录】，选择域名“sy.com”，链路默认选择“中国教育和科研计算机网”，配置主机记录为“www”，可以选择的记录类型有 A 记录、NS 记录、MX 记录、CNAME 记录、PTR 记录和 TXT 记录，这里选择“A”，配置记录值为 192.168.1.2，优先级默认为 10，如图 5-36 所示，然后点击【完成添加】，最后点击【应用配置】使得配置生效。

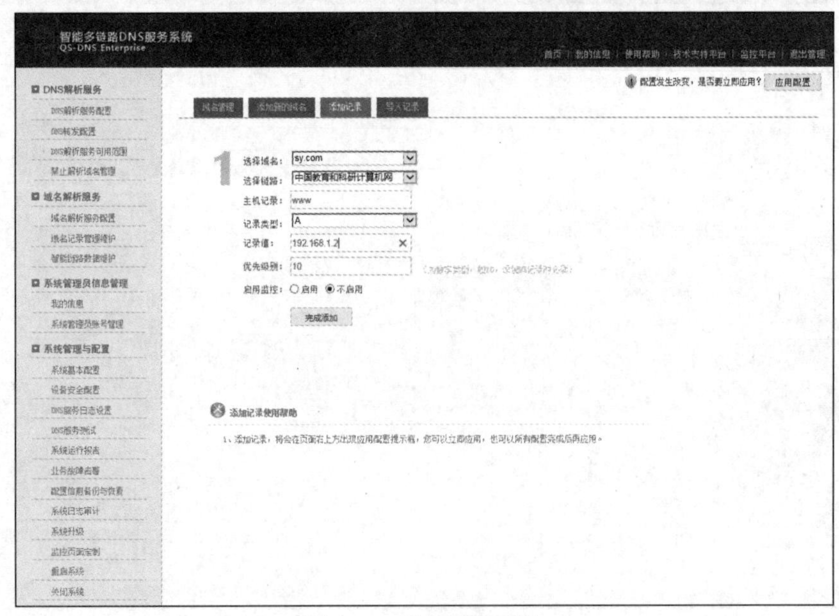

图 5-36　添加资源记录

经过以上三个步骤，就完成了域名 www.sy.com 到 192.168.1.2 的正向解析，若想实现反向解析，只需要将记录类型改成 PTR 记录，就能完成 192.168.1.2 到 www.sy.com 的反向解析。

5.6 DNS 高级功能

5.6.1 ACL

（1）什么是 ACL

ACL 是访问控制列表（Access Control List），在 DNS 中 ACL 是用来进行访问控制的地址匹配列表，其主要用来限制 DNS 服务器的访问和数据的传输，这对 DNS 的安全有一定的保障。

（2）ACL 的实现

在 Windows Server 中，DNS 服务只能够通过控制本地服务器侦听的 IP 地址来限制访问，其他的访问控制是通过 Active Directory 域服务实现的。

在 BIND 中，可使用 acl 语句用来添加匹配的地址列表，用来被其他语句调用。

格式为：

```
acl acl-name { address_match_list };
```

括号里面可以是单个的 IP，如“acl name1 { 192.168.1.1 };”，也可以是一段网络，如 acl name2 “{ 192.168.1.0/24 };”，或者多个 IP 地址和网络，之间用分号隔开。还可以是下面 4 个预定义的已命名地址匹配列表。

none：表示不匹配任何主机。

any：表示匹配所有主机。

localhost：表示匹配本地服务器上的任意 IP 地址。

localnet：表示匹配本地服务器任意网络接口所在网络的所有 IP 地址。

ACL 是 named.conf 中的顶级语句，不能将其嵌入其他的语句。

要使用用户自己定义的访问控制列表，必须在使用之前定义。因为可以在 options 语句里使用访问控制列表，所以定义访问控制列表的 ACL 语句应该位于 options 语句之前。

定义了 ACL 之后，可以在如下的语句中使用。

allow-query：指定哪些主机或网络可以查询本服务器或区。

allow-transfer：指定哪些主机允许和本地服务器进行域传输。

allow-recursion：指定哪些主机可以进行递归查询。

allow-update：指定哪些主机允许为主域名服务器提交动态 DNS 更新。

blackhole：指定不接收来自哪些主机的查询请求和地址解析。

match-clients：指定哪些来源地址，进行匹配。

match-destinations：指定哪些目的地址，进行匹配。

（3）ACL 的应用

1）使用 ACL 语句限制查询。

在不使用 ACL 语句情况下，限制只有 192.168.1.0/24 和 10.0.0.0/24 查询本地服务器的所有区域信息，可以在 options 语句里使用如下的 allow-query 子句。

```
options {
......
allow-query { 192.168.1.0/24; 10.0.0.0/24; };
......
};
```

若使用 ACL 语句，则配置如下。

```
acl name1 {
   192.168.1.0/24;
   10.0.0.0/24;
};
options {
......
allow-query { name1; };
......
};
```

2）使用 ACL 语句限制区域传输。

在不使用 ACL 语句的情况下，限制只有 192.168.1.1 和 10.0.0.1 可以从本地服务器传输“sy.com”的区域信息，可以在 zone 语句里使用如下的 allow-transfer 子句。

```
zone "sy.com" {
     type master;
     file "sy.com.zone";
     allow-transfer { 192.168.1.1; 10.0.0.1; };
};
```

若使用 ACL 语句则配置如下。

```
acl name2 {
   192.168.1.1;
   10.0.0.1;
};
zone "sy.com" {
     type master;
     file "sy.com.zone";
     allow-transfer { name2; };
};
```

5.6.2 区域传送

（1）什么是区域传送

区域传送是指将一个区域文件复制到多个 DNS 服务器的过程，亦被称为区域传输。它是通过从主 DNS 服务器上将区域文件的信息复制到辅助 DNS 服务器来实现的。

辅助 DNS 服务器也可以向客户端提供域名解析功能，但它与主要名称服务器不同的是，它的数据不是直接输入的，而是从其他服务器（主要名称服务器或者其他的辅助名称服务器）中复制过来的，只是一个副本，所以辅助名称服务器中的数据无法被修改。

在一个区域中设置多台辅助名称服务器具有以下优点。

1）提供容错能力。当主要名称服务器发生故障时，由辅助名称服务器提供服务。

2）分担主 DNS 服务器的负担。在 DNS 客户端多的情况下，通过架设辅助 DNS 服务器来完成对客户端的查询服务，可以有效减轻主 DNS 服务器的负担（以辅助 DNS 作为本地 DNS 服务器）。

（2）动态更新，主辅域同步

当 DNS 主要区域的数据发生变化时，使用动态更新，可以使各辅助区域的数据进行自动同步。需要注意的是当更改过主要区域的数据后，需要将区域的序列号值增大，并且确保正向解析区域和反向解析区域的序号一致，这样辅助区域才会自动更新 DNS 数据库。一般情况下，采用日期时间作为区域的序列号。例如，区域序列号为 2015072301，表示 2015 年 7 月 23 日第一版，如果修改了主要区域的数据，因为序列号必须加 1，才能使辅助区域的数据自动更新，所以序列号需要更改为 2015072302。

主要区域中的 refresh 的值决定了其他辅助 DNS 服务器多久刷新自己的数据，因此，在辅助 DNS 服务器检测到并且从主 DNS 服务器传回新的区域数据，需要等待一段间隔时间，对于使用动态更新而言，这种延迟带来的后果是灾难性的。因此，就需要用到 DNS 区域变更通知（DNS Notify），即主 DNS 服务器在处理完重载或更新之后，主动发送区域变更通知，使辅助 DNS 的数据得到更新，而不必等待更新间隔时间的到来。

（3）区域传送的实现

实现 DNS 的区域传送功能，需要构建两台 DNS 服务器，其中一台为主 DNS 服务器，IP 地址为 192.168.1.1，另外一台为辅助 DNS 服务器，IP 地址为 192.168.1.2。在主 DNS 服务器上设置区域名称为 sy.com 的主要区域，在辅助 DNS 服务器上设置区域名称为 sy.com 的辅助区域，如图 5-37 所示。

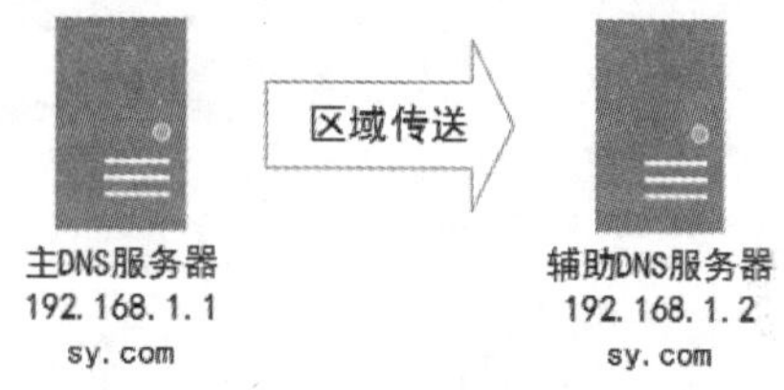

图 5-37　区域传送的实现

1）Windows Server 环境下构建主 DNS 服务器和辅助 DNS 服务器。

Step 1 设置主 DNS 服务器，打开区域 sy.com 的区域文件（区域文件内已添加了用于 DNS 解析的资源记录），在空白处右击，选择属性。

Step 2 点击区域传送的选项卡，进行区域传送的设置。

Step 3 选择【只允许到下列服务器】，IP 地址为 192.168.1.2，如图 5-38 所示。

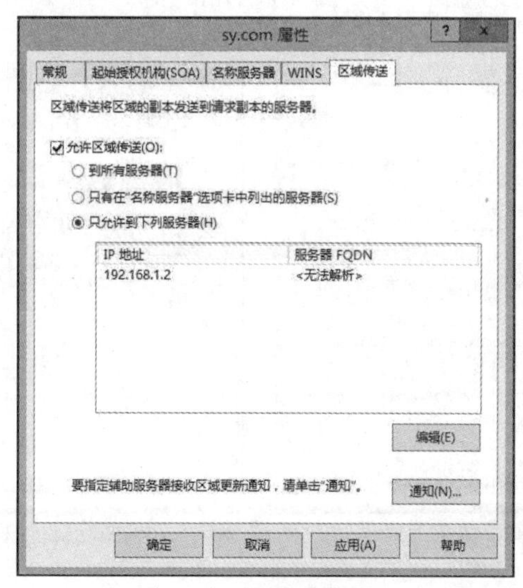

图 5-38　设置区域传送

Step 4 为了实现数据的同步，我们还需要允许区域的动态更新。在【常规】选项卡中，在动态更新栏中选择【非安全】，即允许非安全的动态更新，如图 5-39 所示。

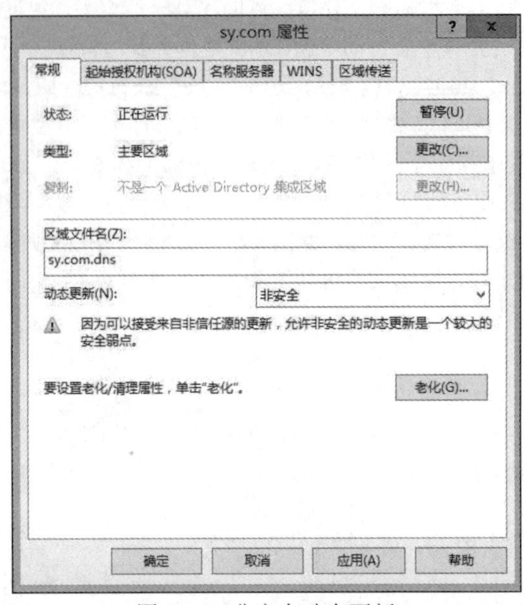

图 5-39　非安全动态更新

Step 5 设置辅助 DNS 服务器，在辅助 DNS 服务器创建一个辅助区域，如图 5-40 所示，区域名为 sy.com，设置主 DNS 服务器为 192.168.1.1，如图 5-41 所示。

设置完成后，主 DNS 服务器中的数据就被复制到辅助 DNS 服务器中，使用辅助 DNS 服务器也能够正常解析。若修改了主 DNS 服务器中的数据，打开 sy.com 区域的 SOA 记录，将序列号增大，如图 5-42 所示，辅助区域的数据就能够自动更新了。

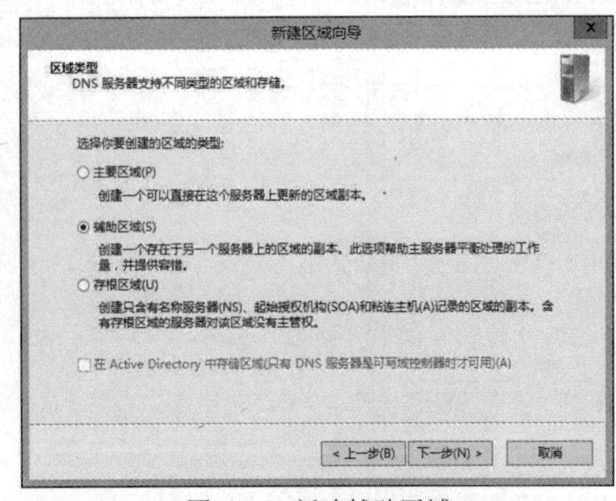

图 5-40　新建辅助区域

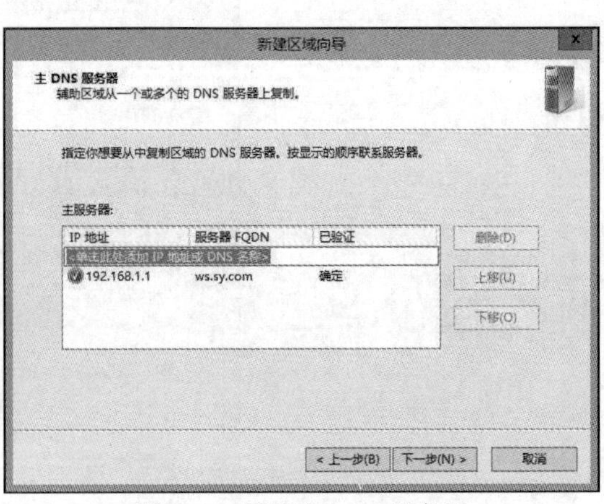

图 5-41　设置主 DNS 服务器

图 5-42　区域序列号

2）使用 BIND 构建主 DNS 服务器和辅助 DNS 服务器。

Step 1 配置主 DNS 服务器，打开配置文件，定义区域名称为 sy.com 的正向查找区域和网络号为 192.168.1.0 的反向查找区域，区域类型都为主要区域，并允许区域传送和动态更新。具体配置如下（正向查找区域文件和反向查找区域文件中已添加了用于 DNS 解析的资源记录）。

```
zone "sy.com" IN {
        type master;
        file "sy.com.zone";
        allow-update { any; }; //允许动态更新
        allow-transfer { 192.168.1.2; }; //允许传送到 192.168.1.2
};

zone "1.168.192.in-addr.arpa" IN {
        type master;
        file "192.168.1.zone";
        allow-update { any; };
        allow-transfer { 192.168.1.2; };
};
```

Step 2 配置辅助 DNS 服务器，打开配置文件，定义区域名称为 sy.com 的正向查找区域和网络号为 192.168.1.0 的反向查找区域，区域类型都为辅助区域，具体配置如下。

```
zone "sy.com" IN {
        type slave; //区域类型为辅助区域
        file "slaves/sy.com.zone";
        masters { 192.168.1.1; }; //定义主 DNS 服务器
};

zone "1.168.192.in-addr.arpa" IN {
        type slave;
        file "slaves/192.168.1.zone";
        masters { 192.168.1.1; };
};
```

同样配置完成之后，主 DNS 服务器中的数据就被复制到了辅助 DNS 服务器中，若修改了主 DNS 服务器中的数据，只需把 sy.com 的区域配置文件中序列号 serial 的值加 1，辅助 DNS 服务器的数据就能够自动更新了。

（4）区域传送的应用

配置辅助 DNS 服务器除了有上述两种好处之外，在特定的情况下，配置辅助 DNS 服务器，还可以加快查询速度。例如，一个公司在远程有个与总公司网络相连的分公司网络，总公司有一台 DNS 服务器，如果分公司使用这台 DNS 服务器作为本地 DNS 服务器，由于广域网的速度较慢，会增大 DNS 解析所用的时间，这时候就可以在分公司网络内设置一台辅助 DNS 服务器，让分公司的 DNS 客户端直接向辅助 DNS 服务器进行查询，如图 5-43 所示，而不需要经过速度较慢的广域网向总公司的 DNS 服务器查询，减少了用于 DNS 查询的外网通信量，加快了查询的速度。

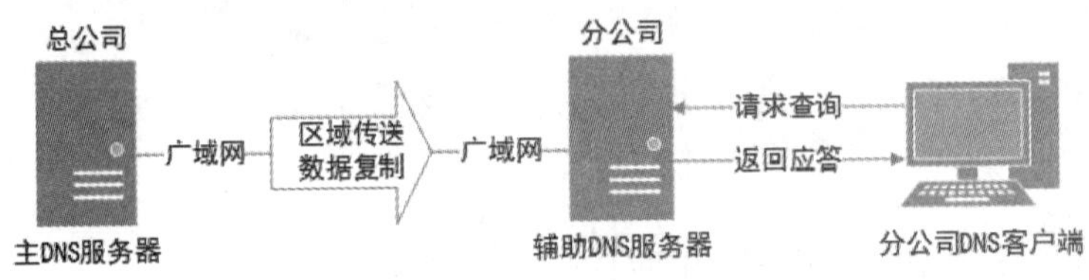

图 5-43　区域传送的应用

当总公司的主 DNS 服务器数据发生变化时，动态更新，可以使分公司的辅助 DNS 服务器的数据自动更新，无需手动更改，提升了整体的 DNS 查询效率。

5.6.3　DNS 转发

（1）什么是 DNS 转发

所谓 DNS 转发就是 DNS 服务器将来自 DNS 客户端或者服务器的 DNS 请求，转发到其他 DNS 服务器进行解析的过程。

当本地的 DNS 服务器无法提供所需要的数据时，可以将 DNS 请求转发到别的 DNS 服务器，然后将查询的结果返回给 DNS 客户端，并保存在缓存中。此外，还有专门的 DNS 转发服务器，它没有自己的域名数据库，而是将所有的查询转发到其他的 DNS 服务器处理。

DNS 转发要避免形成转发链，即 DNS 服务器 A 转发给 DNS 服务器 B，然后 DNS 服务器 B 又转发给 DNS 服务器 C，这样会导致过长的解析延迟，并使得整个 DNS 变得脆弱，因为任何转发服务器出现故障，都会妨碍或中断 DNS 解析。更糟糕的是转发形成环，即上述 DNS 服务器 C 又转发给 DNS 服务器 A。

（2）完全转发与区域转发

完全转发是指 DNS 服务器将所有的查询请求都转发给其他的 DNS 服务器，而区域转发则是将某些特定的区域的查询请求进行转发，而其他区域的查询请求仍使用递归解析或者迭代解析。例如设置 DNS 服务器将区域名称为 baidu.com 的所有查询进行转发，那么向该 DNS 服务器请求解析域名 www.baidu.com 时，就会被转发到其他的 DNS 服务器进行解析，而其他解析请求，例如解析域名 hactcm.edu.cn 则仍然使用递归或者迭代解析。

（3）DNS 转发的实现

实现 DNS 转发，只需要配置 DNS 服务器将查询请求转发到某个特定的 DNS 服务器就行了，例如设置将请求转发给 Google 的 DNS 服务器 8.8.8.8。

如图 5-44 所示，当 DNS 客户端向本地 DNS 服务器发送解析请求，如果本地 DNS 服务器配置了向 DNS 服务器 8.8.8.8 进行转发，那么当在本地的 DNS 服务器的数据库和高速缓存中，找不到需要解析域名的记录项，这样本地 DNS 服务器就会将查询请求转发给 DNS 服务器 8.8.8.8，由 DNS 服务器 8.8.8.8 进行递归解析，或者将请求继续转发给其他的 DNS 服务器。

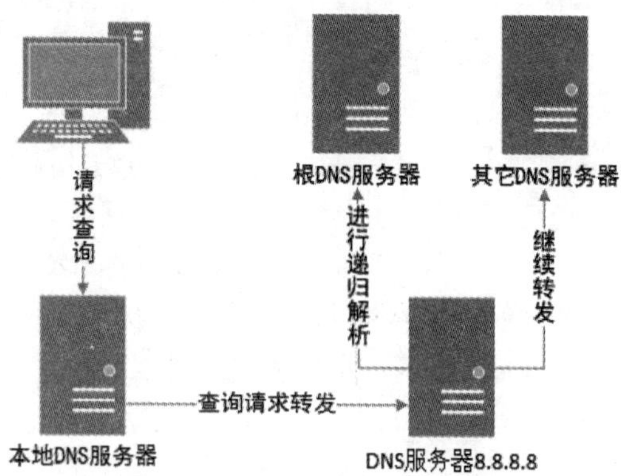

图 5-44　DNS 转发的实现

1）Windows Server 实现 DNS 转发。

在 Windows Server 2012 中，设置 DNS 转发的步骤如下。

Step 1　打开 DNS 管理器，右击本地服务器，选择【属性】。

Step 2　打开转发器窗口，选择【编辑】，如图 5-45 所示。

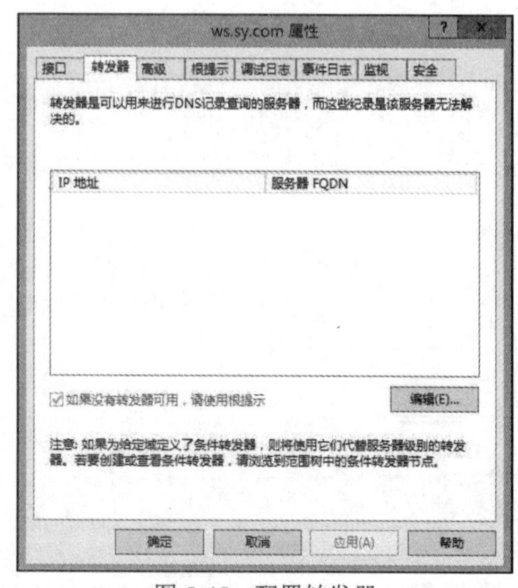

图 5-45　配置转发器

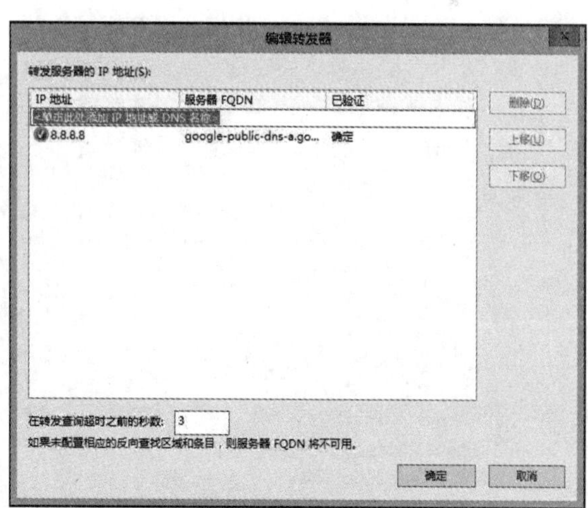

图 5-46　配置转发器

Step 3　填写数据转发的 DNS 服务器 IP 地址，然后点击【确定】按钮，如图 5-46 所示。

2）使用 BIND 实现 DNS 转发。

在 Linux 系统下，配置 DNS 转发，只需要在配置文件 options 语句中添加转发语句 forwarders，并允许递归查询，配置数据转发的服务器，具体配置如下。

```
options{
    ……
    forwarders { 8.8.8.8; };
    recursion yes; //允许递归查询
    ……
};
```

（4）DNS 转发的应用

对应局域网中的 DNS 服务器，在进行递归或者迭代解析时是无法获取查询结果的，这时候就可以使用 DNS 转发，将数据转发给公网中的 DNS 服务器进行解析，就能够获取查询结果，返回给 DNS 客户端，而局域网中的 DNS 还能将数据存入高速缓存中。如图 5-44 所示，本地 DNS 服务器如果是局域网 DNS 服务器，且配置了向 DNS 服务器 8.8.8.8 进行转发，那么向该 DNS 服务器的查询请求就会转发给 DNS 服务器 8.8.8.8 进行处理，并得到最终的查询结果，并返回给本地的 DNS 服务器，再由本地的 DNS 服务器返回给 DNS 客户端。

5.6.4 DNS 多链路智能解析

（1）什么是多链路解析

多链路解析就是让 DNS 服务器根据不同请求的 IP 地址或者所在区域，返回不同的解析结果给 DNS 客户端。例如，有时对于企业内部网络和外部网络希望对同一域名解析到不同的 IP 地址以达到安全目的或者应用目的。使用 DNS 多链路解析具有以下优点。

1）低成本：无需添加任何专用设备，只需通过简单配置即可。

2）灵活性强：可随时增加/删除解析规则。

3）有一定的可扩展能力：如果搭配 Round Robin DNS 可无缝快速地配置简单负载均衡。

（2）DNS 多链路解析的实现

Windows Server 目前不支持 DNS 多链路解析。在 Linux 中，BIND 9 以上版本可以实现多链路解析这一功能，需要使用 view 语句实现，具体配置如下。

```
view "view_1" {
        match-clients { 192.168.1.0/24; }; //请求解析的来源 IP 地址
        include "/etc/named.rfc1912.zones";
        include "/etc/named.root.key";
        zone "." IN {
        type hint;
        file "named.ca";
 };
        zone "sy.com" IN {
        type master;
        file "sy1.com.zone";
 };

        zone "1.168.192.in-addr.arpa" IN {
        type master;
        file "192.168.1.zone";
```

```
    };
};

view "view_2" {
        match-clients { any; };
        include "/etc/named.rfc1912.zones";
        include "/etc/named.root.key";
        zone "." IN {
        type hint;
        file "named.ca";
    };
        zone "sy.com" IN {
        type master;
        file "sy2.com.zone";
    };
        zone "1.168.192.in-addr.arpa" IN {
        type master;
        file "192.168.1.zone1";
    };
};
```

配置文件中，如果来源地址的网络号是 192.168.1.0，那么解析请求将根据区域文件 sy1.com.zone 中所配置的资源记录进行解析，如果来源地址为其他地址，那么解析请求将根据区域文件 sy2.com.zone 中所配置的资源记录进行解析。

若区域文件 sy1.com.zone 中配置的资源记录如下。

```
www    IN    A    192.168.1.10
```

而区域文件 sy2.com.zone 中配置的资源记录如下。

```
www    IN    A    192.168.1.20
```

那么域名 www.sy.com 对于来自网络号为 192.168.1.0 的 IP 地址，将被解析到 192.168.1.10，其他的来源 IP 地址就会被解析到 192.168.1.20，如图 5-47 所示。

需要注意的是，BIND 配置文件中所有的区域定义都需要被包含在 view 语句里面。在定义多个 view 语句时，若来源 IP 地址的划分有冲突，view 语句的优先级默认是从上往下的，且无法自定义优先级。

（3）DNS 多链路解析的应用

目前国内存在着三家主要的电信运营商：中国联通、中国电信、中国移动，大型的互联网服务都会在多个运营商网络上部署镜像服务，而运营商之间的访问存在着很大的速度瓶颈。对于同一个多镜像部署的互联网服务，如果用户使用的是中国联通的接入链路，那么访问中国联通链路上的镜像服务就较快，如果访问中国电信或者中国移动链路上的镜像服务，速度就相对较慢。

使用 DNS 多链路解析可以很好地解决上述问题，把同样的域名记录分别设置指向中国联通和中国电信的镜像 IP，当中国联通的接入用户访问时，智能 DNS 会自动判断访问者来路，并返回中国联通镜像服务器的 IP 地址；当中国电信的接入用户访问时，智能 DNS 会根据来访者的链路信息返回中国电信镜像服务的 IP 地址，如图 5-48 所示。这样就可以避免中国联通的接入用户去访问中国电信镜像服务，很好地解决了用户跨运营商进行业务访问时不流畅的问题。当然也可加入多个 IP，由智能 DNS 自动“选路”；相同地线路的 IP 地址有负载均衡、宕机检测等功能。

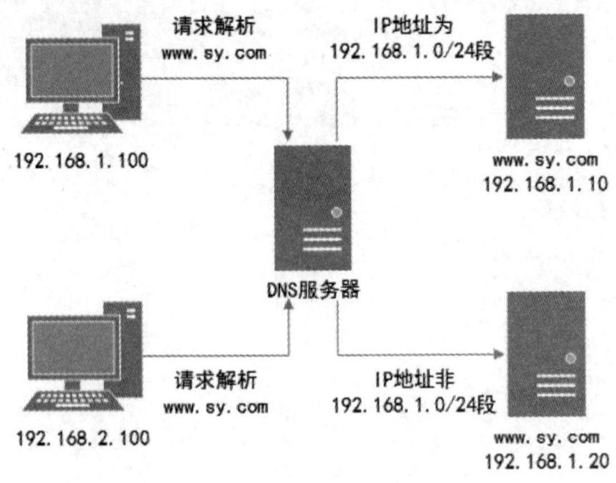

图 5-47 DNS 多链路解析的实现

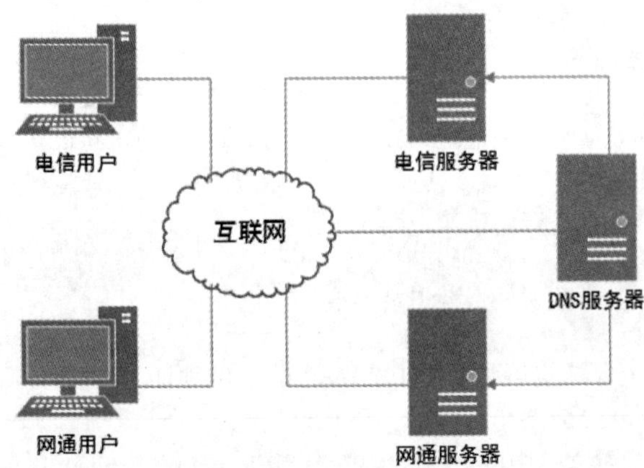

图 5-48 DNS 多链路解析的应用

5.7 DNS 安全

DNS 是 Internet 的重要基础，包括 Web 访问、E-mail 服务在内的众多网络服务都和 DNS 息息相关，DNS 安全直接关系到整个互联网应用能否正常使用。近年来，针对 DNS 的攻击越来越多，影响也越来越大，因此如何保护 DNS 系统的安全就成为了目前互联网安全的首要问题之一。

5.7.1 DNS 的安全隐患

DNS 重要的安全隐患包括：DNS 欺骗、拒绝服务攻击、分布式拒绝服务攻击和缓冲区漏洞溢出攻击。

（1）DNS 欺骗

DNS 欺骗即域名信息欺骗，是最常见的 DNS 安全问题。当一个 DNS 服务器掉入陷阱，使用了来自一个恶意 DNS 服务器的错误信息，那么该 DNS 服务器就被欺骗了。例如，将用户引导到错误的互联网站点，或者发送一个电子邮件到一个未经授权的邮件服务器。网络攻击者通常通过以下方法进行 DNS 欺骗。

1）缓存感染。

网络攻击者会熟练地使用 DNS 请求，将数据放入一个没有设防的 DNS 服务器的缓存当中。这些缓存信息会在客户进行 DNS 访问时返回给客户，从而将客户引导到入侵者所设置的运行木马的 Web 服务器或邮件服务器上，然后黑客从这些服务器上获取用户信息。

2）DNS 信息劫持。

攻击者通过监听客户端和 DNS 服务器的对话，猜测服务器响应给客户端的 DNS 查询 ID。每个 DNS 报文包括一个相关联的 16 位 ID 号，DNS 服务器根据这个 ID 号获取请求源位置。在 DNS 服务器之前将虚假的响应交给用户，从而欺骗客户端去访问恶意的网站。

3）DNS 重定向。

攻击者能够将 DNS 名称查询重定向到恶意 DNS 服务器，这样攻击者可以获得 DNS 服务器的写权限。

（2）拒绝服务攻击

网络攻击者主要利用一些 DNS 软件的漏洞，如 BIND 9 版本（版本 9.2.0 以前的 9 系列），如果有人向运行 BIND 的设备发送特定的 DNS 数据包请求，BIND 就会自动关闭。攻击者只能使 BIND 关闭，而无法在服务器上执行任意命令。

（3）分布式拒绝服务攻击

攻击者通过几十台或几百台计算机攻击一台主机，使得被攻击者难以通过阻塞单一攻击源主机的数据流，来防范拒绝服务攻击。SYN Flood 是针对 DNS 服务器最常见的分布式拒绝服务攻击。SYN Flood 攻击利用的是 IPv4 中 TCP 协议的三次握手（Three-Way Handshake）过程进行攻击。在最常见的 SYN Flood 攻击中，攻击者在短时间内发送大量的 TCP SYN 包给 TCP 服务器。TCP 服务器会为每个 TCP SYN 包分配一个特定的数据区，只要这些 SYN 包具有不同的源地址（这一点对于攻击者来说是很容易伪造的）。这将给 TCP 服务器系统造成很大的系统负担，最终导致系统不能正常工作。

（4）缓冲区漏洞溢出攻击

黑客利用 DNS 服务器软件存在的漏洞，比如对特定的输入没有进行严格检查，那么有可能被攻击者利用，攻击者构造特殊的畸形数据包来对 DNS 服务器进行缓冲区溢出攻击。如果这一攻击成功，就会造成 DNS 服务停止，或者攻击者能够在 DNS 服务器上执行其设定的任意代码。

5.7.2 DNS 安全措施

（1）保证 DNS 部署的安全

设计 DNS 服务器部署方案时，建议采用下列 DNS 安全准则。

1）如果不需要企业网络主机来解析 Internet 上的名称，应取消与 Internet 的 DNS 通信。

2）在防火墙后面的内部 DNS 服务器和防火墙前面的外部 DNS 服务器间分割企业单位的 DNS 名称空间。

在该 DNS 设计中，企业内部 DNS 名称空间是外部 DNS 名称空间的子域。例如，如果企业单位的 Internet DNS 名称空间是 domain.com，企业网络的内部 DNS 名称空间是 corp.domain.com。

在内部 DNS 服务器上部署内部 DNS 名称空间，在暴露给 Internet 的外部 DNS 服务器上部署外部 DNS 服务器。要解析内部主机进行的外部名称查询，内部 DNS 服务器会将外部名称查询转发给外部 DNS

服务器。外部主机只使用外部 DNS 服务器进行 Internet 名称解析。

配置数据包筛选防火墙，以便只允许在外部 DNS 服务器和单一内部 DNS 服务器间进行 UDP 和 TCP 端口 53 通信。这将便于内部和外部 DNS 服务器间的通信，并可防止任何其他外部计算机获取对于内部 DNS 名称空间的访问权。

（2）保护 DNS 服务器服务

要保护企业网络中的 DNS 服务器的安全，建议采用下列准则。

检查并配置影响安全性的默认 DNS 服务器服务，设置 DNS 服务器服务配置选项对于标准和集成了 Active Directory 的 DNS 服务器服务具有安全意义，如表 5-5 所示。

表 5-5　DNS 服务器默认配置

默认设置	描述
接口	默认情况下，在很多计算机上运行的 DNS 服务器被配置为使用其所有 IP 地址来侦听 DNS 查询，将 DNS 服务器服务侦听的 IP 地址限制在其 DNS 客户端用作其首选 DNS 服务的 IP 地址
防止缓存污染	默认情况下，会保护 DNS 服务器服务防止缓存污染，DNS 查询响应包含非授权或者有害数据时会导致缓存污染。"保护缓存防止污染"选项可防止攻击者使用 DNS 服务器未请求的资源记录成功污染 DNS 服务器的缓存，更改该默认设置会降低 DNS 服务器服务提供的响应完整性
禁用递归	默认情况下，不对 DNS 服务器服务禁用递归，这使 DNS 服务器能够代表其 DNS 客户端和向其转发 DNS 客户端查询的服务器执行递归查询。攻击者可使用递归实现拒绝 DNS 服务器服务，如果企业网络中的 DNS 服务器不打算接受递归查询，应被禁用
根提示	如果在 DNS 结构中有内部 DNS 服务器根目录，应将内部 DNS 服务器的根提示配置为只指向主持根域 DNS 服务器，而非主持 Internet 根域的 DNS 服务器。这可防止内部 DNS 服务器在解析名称时通过 Internet 发送私人信息

（3）保护 DNS 区域

DNS 区域配置选项对于标准和集成了 Active Directory 的 DNS 区域具有安全意义。

1）配置安全的动态更新。

默认情况下，"动态更新"设置选项中，设置为"不允许动态更新"。这是最安全的设置，因为它能够防止攻击者更新 DNS 区域，但是，该设置也会阻止操作者利用动态更新所提供的管理优势。要使计算机安全更新 DNS 数据，应将 DNS 区域存储在 Active Directory 中，并使用安全的动态更新功能。安全的动态更新将 DNS 区域更新限制为只更新已验证且已加入 DNS 服务器所在的 Active Directory 域的那些计算机，同时还限制为更新 DNS 区域的 ACL 中定义的特定安全设置。

2）限制区域传输。

默认情况下，DNS 服务器服务只允许将区域信息传送给区域的名称服务器（NS）资源记录中列出的服务器。这是一种安全配置，但为实现更强的安全性，该设置应更改为允许向指定 IP 地址进行区域传输的选项。设置允许向任意服务器进行区域传输会将企业 DNS 数据暴露给试图跟踪企业网络的攻击者。

（4）DNS 区域数据恢复

如果 DNS 数据已经损坏，可从 systemroot/DNS/Backup 文件夹下的备份文件夹还原 DNS 区域文件。

首次创建区域时，区域副本将添加到备份文件夹。要恢复该区域，应将备份文件夹中的原始区域文件复制到 systemroot/DNS 文件夹中。使用“新建区域向导”创建区域时，应将 systemroot/DNS 文件夹中的区域文件指定为新建区域的区域文件。

（5）保护 DNS 资源记录

DNS 资源记录配置选项对于标准和集成了 Active Directory 的 DNS 区域中存储的资源记录具有安全意义，它可以管理 Active Directory 中存储的 DNS 资源记录上的随机访问控制列表（DACL）。DACL 拥有控制对于可能控制 DNS 资源记录的 Active Directory 用户和组的权限。

5.7.3 DNS 安全性评估

下面是 DNS 的三种安全级别，可根据实际情况，选择 DNS 安全配置级别，增加 DNS 安全性。

（1）低级安全性

低级安全性是一种标准的 DNS 部署，不配置任何安全预防措施。只在不关心 DNS 数据的完整性的网络环境或不存在外部连接威胁的专用网络中才部署该级别 DNS 安全性。低级安全性的特征如下：

- DNS 结构完全暴露给 Internet。
- 标准 DNS 解决方案是由网络中的所有 DNS 服务器执行的。
- 所有 DNS 服务器都配置有指向 Internet 根提示的根服务器。
- 所有 DNS 服务器都允许向任何服务器进行区域传输。
- 所有 DNS 服务器都配置为侦听其所有 IP 地址。
- 在所有 DNS 服务器上禁用防止缓存污染。
- 允许对所有 DNS 区域进行动态更新。
- 用户数据报协议（UDP）和传输控制协议/Internet 协议（TCP/IP）端口 53 在网络的源和目标地址的防火墙上处于打开状态。

（2）中级安全性

中级安全性使用可用的 DNS 安全功能，不在域控制器上运行 DNS 服务器，也不在 Active Directory 中存储 DNS 区域。中级安全性的特征如下：

- DNS 结构有限暴露给 Internet。
- 所有 DNS 服务器在本地都无法解析名称时，将其配置为使用转发器指向内部 DNS 服务器的特定列表。
- 所有 DNS 服务器都将区域传输限制为其区域中的名称服务器（NS）资源记录中列出的服务器。
- 配置 DNS 服务器在指定的 IP 地址上侦听。
- 在所有 DNS 服务器上已启用防止缓存污染。
- 不允许对任何 DNS 区域进行动态更新。
- 内部 DNS 服务器通过防火墙与外部 DNS 服务器通信，该防火墙具有所允许的源和目标地址的有限列表。
- 防火墙前方的外部 DNS 服务器都配置有指向 Internet 的根服务器的根提示。
- 所有 Internet 名称解析都使用代理服务器和网关执行。

（3）高级安全性

高级安全性使用与中级安全性相同的配置，DNS 服务器服务在域控制器上运行且 DNS 区域存储在

Active Directory 中时，也使用可用的安全功能。高级安全性还完全取消了与 Internet 的 DNS 通信。这不是通常使用的配置，每当不需要 Internet 连接时，则建议使用该配置。高级安全性的特征如下：

- DNS 结构不通过内部 DNS 服务器与 Internet 通信。
- 企业网络使用内部 DNS 根目录和名称空间，其中对于 DNS 区域的所有权限都是内部的。
- 配置为使用转发器的 DNS 服务器只使用内部 DNS 服务器 IP 地址。
- 所有 DNS 服务器都将区域传输限制为指定的 IP 地址。
- 配置 DNS 服务器在指定的 IP 地址上侦听。
- 在所有 DNS 服务器上已启用防止缓存污染。
- 内部 DNS 服务器都配置有指向内部 DNS 服务器的根提示，这些服务器主持企业内部名称空间的根目录区域。
- 所有 DNS 服务器都在域控制器上运行。DNS 服务器服务上配置有随机访问控制列表（DACL），只允许特定个人在 DNS 服务器上执行管理任务。
- 所有 DNS 区域都存储在 Active Directory 中。DACL 配置为只允许特定个人创建、删除或修改 DNS 区域。
- 为 DNS 区域配置了安全的动态更新，顶级和根目录区域除外，它们根本不允许进行动态更新。

5.8 DNS 测试

DNS 是因特网的一项核心服务，必须要考虑其服务的能力，加之其内部的关键点是分布式数据库系统，需要有完善的测试手段来检验 DNS 真正的服务能力。

5.8.1 DNS 测试内容

（1）DNS 可用性

DNS 解析成功率代表了 DNS 的可用性，解析的成功率越高，说明 DNS 可用性越好，也说明该 DNS 稳定性越好。

（2）DNS 可靠性

DNS 是否能够正确地解析对整个 Internet 的影响很大，只有正确地解析，才能将用户引导到正确的访问地址，DNS 能够完全正确地解析，就说明了这个 DNS 非常可靠。

（3）DNS 性能

DNS 性能的好坏，决定了 DNS 解析的响应时间的长短。DNS 解析的响应时间的长短，也影响到打开一个网页所用的时间。

5.8.2 DNS 测试工具

（1）nslookup

nslookup 是操作系统广泛内置的 DNS 测试工具，Windows 和各版本的 Linux 系统中都默认安装了 nslookup，可以用于 DNS 的查询和排错。

nslookup 可以指定查询的类型，可以查到 DNS 记录的生存时间还可以指定使用哪个 DNS 服务器进行解释。

nslookup 的具体使用方法如下。

1）查询 IP 地址。

nslookup 最简单的用法就是查询域名对应的 IP 地址，包括 A 记录和 CNAME 记录，如果查到的是 CNAME 记录还会返回别名记录的设置情况。其命令格式为：

```
nslookup 域名记录
```

例如：

```
#nslookup www.baidu.com
服务器:        XiaoQiang
Address:       10.0.0.1
非权威应答:
名称:          www.a.shifen.com
Address:       119.75.217.109
               119.75.218.70
Aliases:       www.baidu.com
```

2）查询其他类型的域名。

默认情况下 nslookup 查询的是 A 类型的记录，如果配置了其他类型的记录希望看到解释是否正常，这时候需要在 nslookup 上加上适当的参数。指定查询记录类型的指令格式为：

```
nslookup -qt=类型 目标域名
```

其中 qt 必须小写，类型可以是以下是几个常见的类型，不区分大小写。

A：地址记录（IPv4）；

AAAA：地址记录（IPv6）；

CNAME：别名记录；

MX：邮件交换记录；

NS：名字服务器记录；

PTR：反向记录（从 IP 地址解释域名）；

……

```
# nslookup -qt=cname www.baidu.com
服务器:  XiaoQiang
Address:  10.0.0.1

非权威应答:
www.baidu.com     canonical name = www.a.shifen.com
```

3）指定 DNS 服务器查询。

在默认情况下 nslookup 使用在主机中配置的第一个 DNS 服务器进行查询，但有时候需要指定一个特定的服务器进行查询试验。这时候就不需要更改本机的配置，只要在命令后面加上指定的服务器 IP 或者域名就可以了。这个参数在对一台指定服务器排错的时候是非常必要的，命令格式为：

```
nslookup 目标域名 指定 DNS 服务器的 IP 或域名
```

例如：

```
#nslookup www.baidu.com 8.8.8.8
服务器:          google-public-dns-a.google.com
Address:         8.8.8.8

非权威应答:
名称:    www.a.shifen.com
```

```
Address: 103.235.46.39
Aliases:   www.baidu.com
```

4）查看域名具体信息。

检查域名具体信息需要使用参数：-d，格式为：

```
nslookup  -d  目标域名 [指定的服务器地址]
```

例如：

```
# nslookup –d www.abidu.com 8.8.8.8
------------
Got answer:
    HEADER:
        opcode = QUERY, id = 1, rcode = NOERROR
        header flags:   response, want recursion, recursion avail.
        questions = 1,   answers = 1,   authority records = 0,   additional = 0

    QUESTIONS:
        8.8.8.8.in-addr.arpa, type = PTR, class = IN
    ANSWERS:
    ->  8.8.8.8.in-addr.arpa
        name = google-public-dns-a.google.com
        ttl = 21599 (5 hours 59 mins 59 secs)

------------
服务器:   google-public-dns-a.google.com
Address:   8.8.8.8

------------
Got answer:
    HEADER:
        opcode = QUERY, id = 2, rcode = NOERROR
        header flags:   response, want recursion, recursion avail.
        questions = 1,   answers = 2,   authority records = 0,   additional = 0

    QUESTIONS:
        www.baidu.com, type = A, class = IN
    ANSWERS:
    ->  www.baidu.com
        canonical name = www.a.shifen.com
        ttl = 366 (6 mins 6 secs)
    ->  www.a.shifen.com
        internet address = 103.235.46.39
        ttl = 249 (4 mins 9 secs)

------------
非权威应答:
------------
Got answer:
    HEADER:
        opcode = QUERY, id = 3, rcode = NOERROR
        header flags:   response, want recursion, recursion avail.
        questions = 1,   answers = 1,   authority records = 1,   additional = 0
```

```
QUESTIONS:
      www.baidu.com, type = AAAA, class = IN
ANSWERS:
->    www.baidu.com
      canonical name = www.a.shifen.com
      ttl = 925 (15 mins 25 secs)
AUTHORITY RECORDS:
->    a.shifen.com
      ttl = 491 (8 mins 11 secs)
      primary name server = ns1.a.shifen.com
      responsible mail addr = baidu_dns_master.baidu.com
      serial   = 1507210005
      refresh = 5 (5 secs)
      retry     = 5 (5 secs)
      expire   = 86400 (1 day)
      default TTL = 3600 (1 hour)

------------
名称:     www.a.shifen.com
Address:   103.235.46.39
```

（2）dig

dig 和 nslookup 一样，可以用于 DNS 的查询与排错，但 dig 测试工具是 BIND DNS 默认带有的。

dig（域信息搜索器）命令是一个用于询问 DNS 域名服务器的灵活的工具。它执行 DNS 搜索，显示从受请求的域名服务器返回的答复。多数 DNS 管理员利用 dig 作为 DNS 问题的故障诊断，因为它灵活性好、易用、输出清晰。不同于早期版本，BIND9 的 dig 实现允许从命令行发出多个查询。除非被告知请求特定域名服务器，dig 将尝试 /etc/resolv.conf 中列举的所有服务器。当未指定任何命令行参数或选项时，dig 将对“. ”（根）执行 NS 查询。dig 功能比 nslookup 强很多，使用也很方便。

1）参数。

下面介绍一下 dig 命令各种参数的作用。

-b address：设置所要询问地址的源 IP 地址。

-c class：默认查询类（IN for internet）由选项-c 重设。

-f filename：使 dig 在批处理模式下运行，从文件 filename 读取一系列搜索请求加以处理。

-h：当使用选项-h 时，显示一个简短的命令行参数和选项摘要。

-k filename：要签署由 dig 发送的 DNS 查询以及对它们使用事务签名（TSIG）的响应，用选项-k 指定 TSIG 密钥文件。

-n：默认情况下，使用 IP6.ARPA 域和 RFC2874 定义的二进制标号搜索 IPv6 地址。

-p port：如果需要查询一个非标准的端口号，则使用选项 –p.port#。dig 将发送其查询的端口号，而不是标准的 DNS 端口号 53。该选项可用于测试已在非标准端口号上配置成侦听查询的 DNS 服务器。

-t type：设置查询类型，可以是 BIND9 支持的任意有效查询类型。默认查询类型是 A。

-x addr：逆向查询。

-y name:key：可以通过命令行上的-y 选项指定 TSIG 密钥。name 是 TSIG 密码的名称，key 是实际的密码。

2）基本用法如下。

查询记录。

```
# dig www.baidu.com @8.8.8.8 A

; <<>> DiG 9.9.5 <<>> www.baidu.com @8.8.8.8 a
;; global options: +cmd
;; connection timed out; no servers could be reached
# dig www.baidu.com @8.8.8.8 A

; <<>> DiG 9.9.5 <<>> www.baidu.com @8.8.8.8 A
;; global options: +cmd
;; Got answer:
;; ->>HEADER<<- opcode: QUERY, status: NOERROR, id: 42902
;; flags: qr rd ra; QUERY: 1, ANSWER: 2, AUTHORITY: 0, ADDITIONAL: 1

;; OPT PSEUDOSECTION:
; EDNS: version: 0, flags:; udp: 512
;; QUESTION SECTION:
;www.baidu.com.                IN      A

;; ANSWER SECTION:
www.baidu.com.        240      IN      CNAME    www.a.shifen.com. //记录信息
www.a.shifen.com.     23       IN      A        103.235.46.39 //记录信息

;; Query time: 195 msec
;; SERVER: 8.8.8.8#53(8.8.8.8)
;; WHEN: Mon Jul 27 00:12:40 EDT 2015
;; MSG SIZE  rcvd: 85
```

查看 BIND 版本号。

```
# dig @10.0.0.212 CHAOS TXT version.bind

; <<>> DiG 9.9.5 <<>> @10.0.0.212 CHAOS TXT version.bind
; (1 server found)
;; global options: +cmd
;; Got answer:
;; ->>HEADER<<- opcode: QUERY, status: NOERROR, id: 59780
;; flags: qr aa rd; QUERY: 1, ANSWER: 1, AUTHORITY: 1, ADDITIONAL: 1
;; WARNING: recursion requested but not available

;; OPT PSEUDOSECTION:
; EDNS: version: 0, flags:; udp: 4096
;; QUESTION SECTION:
;version.bind.                 CH      TXT

;; ANSWER SECTION:
version.bind.         0        CH      TXT      "9.9.4-RedHat-9.9.4-18.el7_1.1"   //版本信息

;; AUTHORITY SECTION:
version.bind.         0        CH      NS       version.bind.

;; Query time: 0 msec
```

```
;; SERVER: 10.0.0.212#53(10.0.0.212)
;; WHEN: Mon Jul 27 00:23:13 EDT 2015
;; MSG SIZE  rcvd: 97
```

（3）DNSBench

DNSBench 是一个测试 DNS 速度和稳定性的工具，可以测试出最适合的 DNS，它是由 Gibson Research 开发的测试软件，最新版为 1.2.3925.0 版本。

DNSBench 刚开始执行时会抓取电脑内部所设定的 DNS 地址，以及世界上大部分公开的 DNS 地址；使用者也可以利用 Nameservers 分页下的 Add/Remove 按钮自行添加想要测试的 DNS 地址。等到软件所需要的 DNS 服务器地址获取完毕后，可按下【Run Benchmark】开始测量，如图 5-49、图 5-50 所示。

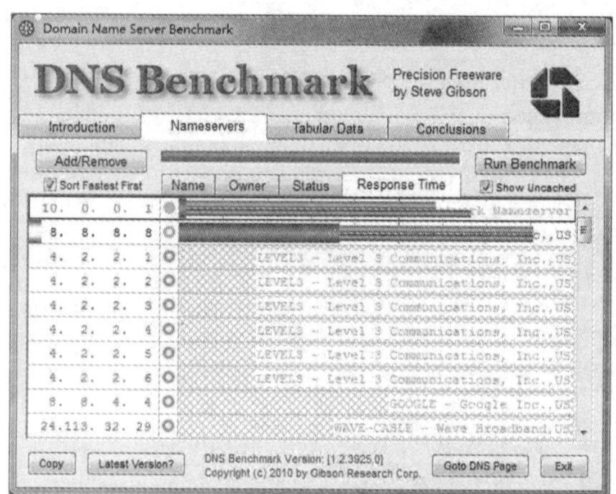

图 5-49　DNSBench 测试记录

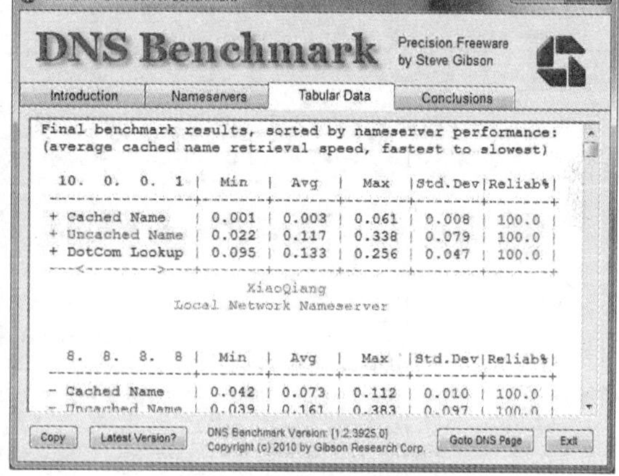

图 5-50　DNSBench 测试记录

软件默认通过 DNS 服务器地址升序排列，会根据测量出来的信息进行自动排名，在 DNS 服务器地址后方可以看到 3 种颜色的长条图，绿色长条代表查询信息存在于 DNS 中的响应时间；蓝色长条代表查询信息不存在 DNS 中，须向更高层级 DNS 进行查询的响应时间；红色长条则为.com 域名的查询时间。检测结束后，可以查看详细的报表数据。

（4）namebench

Google 推出了一款 DNS 测速工具 namebench，由 Google 工程师开发，主要目的是能够帮助用户正确查找出有效 DNS 中最快的一个。目前最新版本为 1.3.1 版本，如图 5-51 所示。

namebench 是一款跨平台的开源测试工具，支持 Windows、Linux 和 Mac 平台，采用图形用户界面，提供命令行接口。使用这个工具，可以轻松地找到最快的 DNS。

namebench 的 Query Data Source 可以导入浏览器的历史纪录，并利用导入的浏览器历史纪录作为测试样本，如图 5-52 所示。

namebench 完成测试后，会自动打开网页格式的测试报告，namebench 会根据测试情况为用户推荐 DNS，并呈现域名解析速度与目前用户设定的 DNS 的对比情况，下方也是按照性能做降序排列，还支持将 DNS 请求和回传的资讯制作成.csv 表单，内容非常详尽。

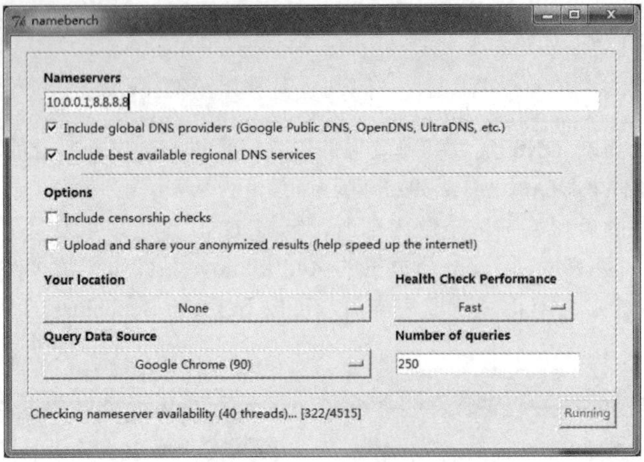

图 5-51　namebench

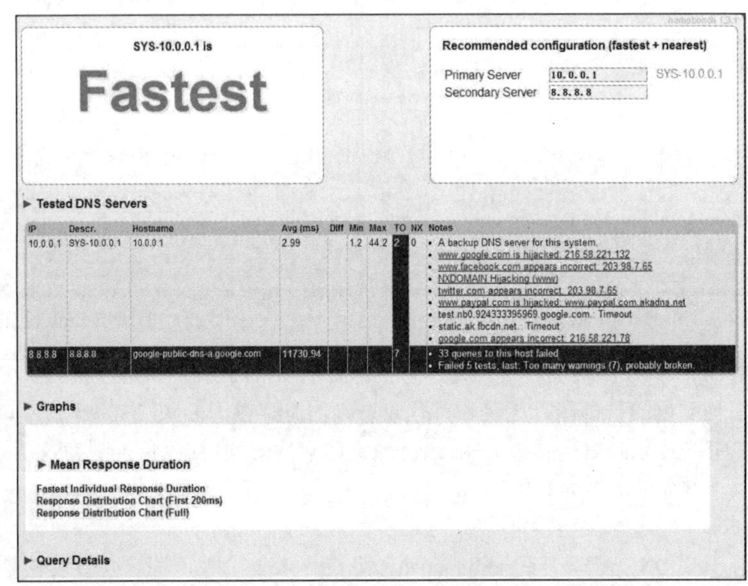

图 5-52　namebench 测试记录

（5）QS-DNSTester

祺石 DNS 测试工具主要为用户提供 DNS 记录测试和 Whois 信息查询两部分的功能。该工具用于帮助用户快捷、简便地测试 DNS 服务情况和查询 Whois 信息。DNS 记录测试如图 5-53 所示，可以指定 DNS 记录，通过本地 DNS 服务器、公共 DNS 服务器和指定的 DNS 服务器进行解析测试。测试结果包含 DNS 记录的解析结果、记录类型和 TTL。可以简便快捷地实现 DNS 记录的解析测试。

Whois 信息查询如图 5-54 所示，可以了解到域名的所属注册商、注册时间、过期时间等公共信息。如域名没有进行 Whois 信息保护，还可查询域名的注册所有人、联系人的姓名、电子邮件、地址等域名所有者的信息。Whois 信息查询的结果取自全世界统一分配的 Whois 服务器，可保证查询结果实时准确。

图 5-53　祺石 DNS 记录测试

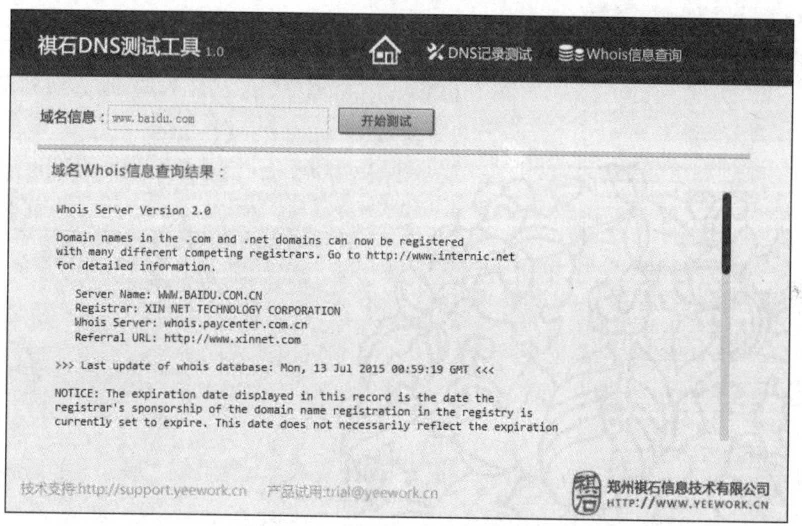

图 5-54　祺石 Whois 信息查询

5.8.3　如何通过 DNS 测试选择最优服务

选择好的 DNS 服务器作为本地 DNS 服务器，能够有效地提高网站的访问速度，本实验使用 DNSBench 测试软件进行测试，被测试的服务器有 10.0.0.212，10.0.0.220 和 8.8.8.8。之所以选择 DNSBench 这款软件，是因为它测试简单方便，容易操作，测试结果清晰易懂，而且 DNSBench 会根据 DNS 服务器测试的结果进行排名，方便用户选择。

Step 1　打开软件，点击【Ignore Test Failure】，如图 5-55 所示，然后再选择【Nameservers】进入到测试界面，如图 5-56 所示。点击【Add/Remove】可以添加或者删除需要测试的 DNS 服务器的

IP 地址，如图 5-57 所示。

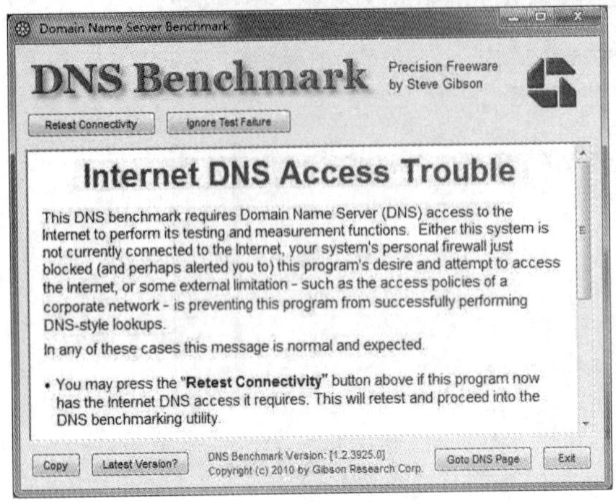

图 5-55　软件打开界面

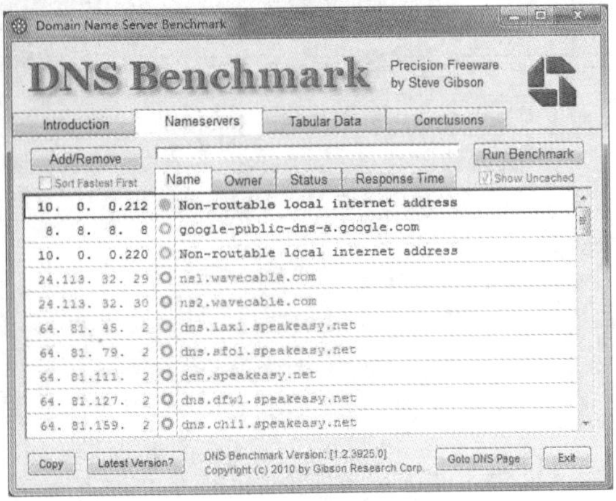

图 5-56　测试界面

图 5-57　添加或删除服务器 IP

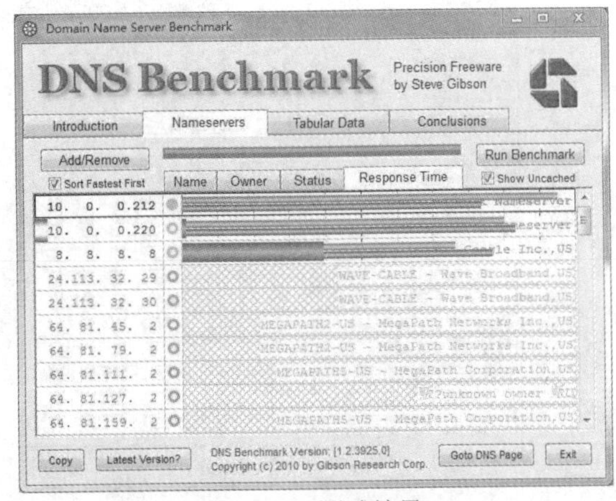

图 5-58　测试结果

Step 2　添加需要测试的 DNS 服务器 IP 地址，然后点击【Run Benchmark】开始测试。

测试完成之后，可以看到 IP 地址为 10.0.0.212 的 DNS 服务器是这三个 DNS 服务器中最好的，如图 5-58 所示。其中绿色长条代表查询资讯存在于 DNS 中的回应时间，蓝色长条代表查询资讯不存在 DNS 中，须向更高层级 DNS 查询的反应时间，红色长条则为.com 域名的查询时间，IP 地址位置的红色长条表示的是解析失败的情况。再点击【Tabular Data】可以看到响应时间和可用率的具体数值，如图 5-59 所示，点击【Conclusions】可以看到软件给出的结论和建议，如图 5-60 所示。

下面是测试结果数据的综合对比，如表 5-6 所示。

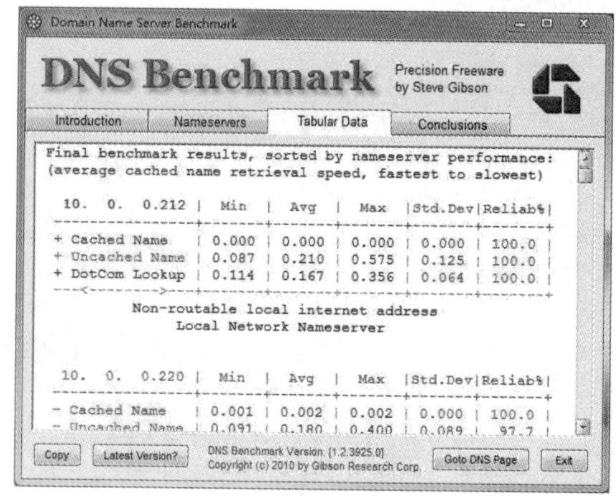

图 5-59　测试数据

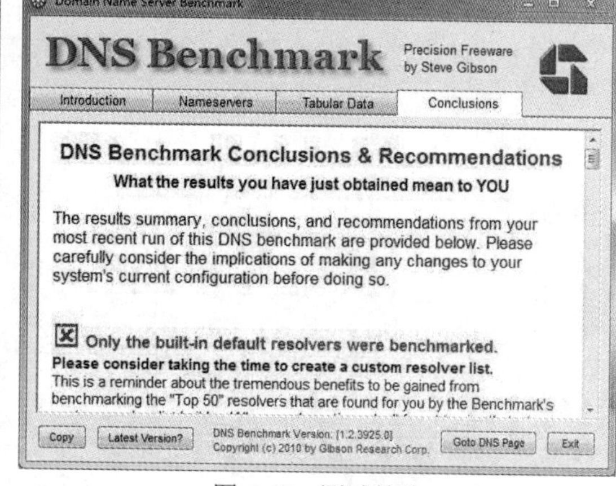

图 5-60　测试结论

表 5-6　DNS 服务器综合对比表（单位：s）

10.0.0.212	最小	平均	最大	偏离	成功率（%）
缓存域名	0.000	0.000	0.000	0.000	100.0
非缓存域名	0.087	0.210	0.575	0.125	100.0
.com 域名	0.114	0.167	0.356	0.064	100.0
10.0.0.220	最小	平均	最大	偏离	成功率（%）
缓存域名	0.001	0.002	0.000	0.000	100.0
非缓存域名	0.091	0.180	0.400	0.089	97.7
.com 域名	0.117	0.186	0.366	0.080	100.0
8.8.8.8	最小	平均	最大	偏离	成功率（%）
缓存域名	0.012	0.079	0.124	0.018	100.0
非缓存域名	0.012	0.152	0.353	0.086	100.0
.com 域名	0.112	0.173	0.356	0.075	100.0

通过表 5-8 的数据，可以看到，IP 地址为 10.0.0.212 的 DNS 服务器解析的响应时间明显小于其他两个 DNS 服务器，解析成功率也达到 100%，所以 IP 地址为 10.0.0.212 的 DNS 服务器是作为本地 DNS 服务器的最佳选择。

6 通过防火墙实现网络安全管理

网络的安全性，是所有网络建设者及管理者必须重视的问题。

随着计算机网络的发展，其开放性、共享性程度的扩大，网络的重要性和对社会的影响也越来越大，因此网络安全问题就显得越来越重要了。计算机系统本身的脆弱性和通信设施的脆弱性共同构成了计算机网络的潜在威胁。计算机内的软件资源和数据信息易受到非法的窃取、复制、篡改和毁坏等攻击，因此构建铜墙铁壁式的网络防御系统是解决网络威胁、实现网络安全运行的唯一途径。

本章从防火墙的分类、功能、安全策略、关键技术、相关标准等方面来学习防火墙的基础知识，并通过两个案例让读者掌握企业级防火墙的构建与应用。

6.1 认识防火墙

6.1.1 下个定义

国家标准 GB/T 20281－2006《信息安全技术 防火墙技术要求和测试评价方法》中给出的防火墙的定义是：设置在不同网络（如可信任的企业内部网络和不可信的公共网络）或网络安全域之间的一系列部件的组合。在逻辑上，防火墙是一个分离器、一个限制器，也是一个分析器，能够有效地监控流经防火墙的数据，保证内部网络和隔离区的安全。

防火墙是在两个网络之间执行访问控制策略的一个或一组系统，包括硬件和软件，其目的是保护网络不被他人侵扰。本质上，防火墙遵循的是一种允许或阻止业务来往的网络通信安全机制，也就是提供可控的过滤网络通信，只允许授权的通信。

防火墙最常用的应用是防止 Internet（或其他外部网络）上的危险（非法访问或攻击等）传播到需要保护的内部网络。通常防火墙就是位于内部网或 Web 站点与互联网之间的一个路由器或一台计算机，图 6-1 为防火墙在网络中的位置。

不管什么种类的防火墙，不论其采用何种技术手段，防火墙都必须具有以下三种基本性质。

1）防火墙是不同网络或网络安全域之间信息的唯一出入口。

2）防火墙能根据网络安全策略控制（允许、拒绝或监测）出入网络的信息流，且自身具有较强的抗攻击能力。

3）防火墙本身不能影响网络信息的流通。

图 6-1　防火墙在网络中的位置

6.1.2　防火墙的分类

根据参照标准不同，防火墙有多种类型划分方式。本章仅对主要划分方式进行详细介绍。

（1）按防火墙采用的主要技术划分

根据采用的主要技术不同，可以将防火墙划分成两种类型，分别为：包过滤型防火墙、代理型防火墙。

1）包过滤型防火墙。

包过滤防火墙工作在 ISO 7 层模型的传输层下，根据数据包头部各个字段进行过滤，包括源地址、端口号及协议类型等。

包过滤（Packet Filter）方式不是针对具体的网络服务，而是针对数据包本身进行过滤，适合用于所有网络服务。目前大多数路由器设备都集成了数据包过滤的功能，具有很高的性价比。

包过滤方式也有明显的缺点：过滤判别条件有限，安全性不高；过滤规则数目的增加会极大地影响防火墙的性能；很难对用户身份进行验证；对安全管理人员素质要求高。

包过滤型防火墙主要包括 3 种类型，分别为静态包过滤防火墙（Packet Filter Firewall）、动态包过滤防火墙（Dynamic Packet Filter Firewall）以及状态检测防火墙（Stateful Inspection Firewall）。

①静态包过滤防火墙：是最传统的包过滤防火墙，根据包头信息，与每条过滤规则进行匹配。包头信息包括源 IP 地址、目的 IP 地址、源端口号、传输协议类型及 ICMP 消息类型等。这种防火墙具有简单、快速、易于使用、成本低廉等优点，但也有维护困难、不能有效防止地址欺骗攻击、不支持深度过滤等缺点。总之，静态包过滤防火墙安全性能低。

②动态包过滤防火墙：可以动态地决定用户可以使用哪些服务及服务的端口范围。只有当符合允许条件的用户请求达到后，防火墙才开启相应端口并在访问结束后关闭端口。该种防火墙采用动态设置包过滤规则的方法，避免了静态包过滤防火墙端口开放的缺陷。在内、外双方实现了端口的最小化设置，减少了受到攻击的危险，同时，动态包过滤防火墙还可以针对每一个连接进行跟踪。

③状态检测防火墙：将网络连接在不同阶段的表现定义为状态，状态的改变表现为连接数据包不同标志位参数的变化。状态检测防火墙不但根据规则表检查数据包，而且根据状态的变化检查数据包之间的关联性。同时，状态检测防火墙不仅仅是进行传统的包过滤检查，还根据会话状态的迁移提供了完整的对传输层的控制能力，此外，状态检测防火墙还采用了多种优化策略，使得防火墙的性能获得大幅度的提高。

2）代理型防火墙。

代理防火墙采用的是与包过滤型防火墙截然不同的技术。代理型防火墙工作在 ISO 7 层模型的应用层。它完全阻断了网络访问的数据流，并为每一种服务都建立了一个代理，内联网络与外联网络之间没有直接的服务相连，都必须通过相应的代理审核后再转发。

代理型防火墙的优点非常突出：它工作在应用层上，可以对网络连接的深度内容进行监控；它事实上阻断了内联网络和外联网络的连接，实现了内外网络的相互屏蔽，避免了数据驱动类型的攻击。

代理型防火墙的缺点也十分明显：代理型防火墙的速度相对较慢，当网关处数据吞吐量较大时，防火墙就会成为瓶颈。

代理型防火墙主要包括三种类型，分别为应用网关防火墙（Application Gateway Firewall）、电路级网关防火墙（Circuit Proxy Firewall）以及自适应代理防火墙（Adaptive Proxy Firewall）。

①应用网关防火墙：是在防火墙上运行的特殊服务器程序，可以解释各种应用服务的协议和命令。它将用户发来的服务请求进行解析，在通过规则过滤与审核后，重新封包成由防火墙发出的、代替用户执行的服务请求数据，再进行转发。当响应返回时，再次执行上面的动作，只不过与上面的过程反向而已，防火墙将代替外部服务器对用户的请求信息作出应答。

②电路级网关防火墙：工作在传输层上，用来在两个通信的端点之间转换数据包。由于该网关不允许用户建立端到端的 TCP 连接，数据需要通过电路级网关转发，所以将电路级网关归入代理型防火墙类型。由于电路级网关实现了独立于操作系统的网络协议栈，所以通常需要用户安装特殊的客户端软件才能使用电路级网关服务。

③自适应代理防火墙：主要由自适应代理服务器与动态包过滤器组成，它可以根据用户的配置信息，决定是使用代理服务从应用层代理请求还是从网络层转发包。为了保证有较高的安全性，开始的安全检查在应用层进行，当明确了会话的细节后，数据包可以直接经过网络层转发。自适应代理防火墙还可以允许正确验证后的设备在发现重要的网络威胁时，根据防火墙管理员事先确定的安全策略，自动“适应”防火墙的级别。

（2）按防火墙部署的位置划分

根据部署的位置不同，可以将防火墙划分成三种类型，分别为单接入点的传统防火墙、混合式防火墙以及分布式防火墙。

1）单接入点的传统防火墙。

单接入点的传统防火墙是防火墙最普通的表现形式，位于内联网络与外联网络相交的边界，独立于其他网络设备，实施网络隔离。

2）混合式防火墙。

混合式防火墙依赖于地址策略，将安全策略分发给各个站点，由各个站点实施这些策略。混合式防火墙将网络流量分担给多个接入点，降低了单一接入点的工作强度，安全性、管理性更强，但网络操作中心是系统的单失效点。

3）分布式防火墙。

分布式防火墙是一种较新的防火墙实现方式。防火墙是在每一台连接到网络的主机上实现的，负责所在主机的安全策略的执行、异常情况的报告，并收集所在主机的通信情况记录和安全信息；同时设置一个网络安全管理中心，按照用户权限的不同向安装在各台主机上的防火墙分发不同的网络安全策略，此外，还要收集、分析、统计各个防火墙的安全信息。

分布式防火墙的优点在于可以使每一台主机得到最合适的保护，安全策略完全符合主机的要求，不依赖于网络的拓扑结构，接入网络完全依赖于密码标识而不是 IP 地址。

分布式防火墙的缺点在于安全数据收集困难、防火墙难于实现以及网络安全中心负荷过重。

（3）按防火墙的形式划分

根据形式的不同，可以将防火墙划分成三种类型，分别为软件防火墙、独立硬件防火墙以及模块化防火墙。

1）软件防火墙。

软件防火墙的产品形式是软件代码，它不依靠具体的硬件设备，而纯粹依靠软件来监控网络信息。软件防火墙虽然有安装灵活、维护简单等优点，但对于安装平台的性能要求较高，安全受限于其支撑的操作系统平台。

2）独立硬件防火墙。

独立硬件防火墙基于特定用途集成电路（Application Specific Integrated Circuit，ASIC）开发，性能优越，但可扩展性、灵活性较差。

3）模块化防火墙。

目前，防火墙大多基于网络处理器（Network Processor，NP）开发，许多路由器都已经集成了防火墙的功能，这种防火墙往往作为路由器的一个可选配的模块存在。模块化防火墙性能较高，也具备一定的可扩展性和灵活性。

（4）按防火墙保护对象划分

根据防火墙保护对象的不同，可以将防火墙划分成两种类型，分别为单机防火墙和网络防火墙。

1）单机防火墙。

单机防火墙的设计目的是为了保护单台主机网络访问操作的安全。单机防火墙一般是以装载到受保护主机硬盘里的软件程序的形式存在的，也有做成网卡形式的单机防火墙存在，但不是很多。受到硬件设备的性能所限，单机防火墙性能通常不会很高。

2）网络防火墙。

网络防火墙的设计目的是为了保护相应网络的安全。网络防火墙一般采用软件与硬件相结合的形式，也有纯软件的网络防火墙存在。网络防火墙位于被保护的内部网络与外部网络连接的节点上，对于网络负载吞吐量、过滤速度、过滤强度等参数的要求比单机防火墙要高，目前大部分的防火墙产品都是网络防火墙。

（5）按防火墙的使用者划分

根据防火墙使用者的不同，可以将防火墙划分成两种类型，分别为企业级防火墙和个人防火墙。

1）企业级防火墙。

企业级防火墙设计的目的是为企业联网提供安全访问控制服务。此外，根据企业的安全要求，企业级防火墙还会提供更多的安全功能。例如，企业为了保障客户访问的效率，第一时间响应客户的请求，一般要求支持千兆线速转发；为了与企业合作伙伴之间安全地交换数据，要求支持VPN；为了维护企业利益，要对进出企业内联网络的数据进行深度过滤等。

2）个人防火墙。

个人防火墙主要用于个人使用计算机的安全防护，实际上与单机防火墙是一样的概念，只是看待问题的出发点不同而已。

6.1.3 防火墙的功能

在网络中的防火墙拥有一些通用特性和功能，如管理和控制网络流量、接入认证、担当中间媒介、保护资源以及记录和报告事件等功能，以下为这些功能的详细介绍。

（1）管理和控制网络流量

防火墙最基础的任务就是管理和控制网络流量访问被保护的网络或主机。典型情况下，防火墙通过检查报文监控已经存在的连接，而后根据报文检查结果和检测到的连接进行过滤以达到该目的。

1）报文检查。

报文检查是一个通过中途截获报文并且处理该报文中的数据，而后根据事先定义好的接入访问策略去决定它是被允许或是被拒绝的一系列处理进程。报文检查的参数主要有源 IP 地址、源端口、目的 IP 地址、目的端口、IP 协议以及报头信息（包括序列号、校验和、数据标记、负载信息等）。

报文检查的核心是过滤，防火墙必须检查每一个端口的每一个方向上的每一个报文，并且使每一个报文都能被访问控制规则所检测。

2）连接和状态。

两个基于 TCP/IP 的主机相互通信时，和对方必须建立某种形式的连接。连接有两个目的。

第一，主机之间可以通过连接去标识它们自己，这样的标识保证了系统不会分发数据给连接中并不存在的主机。防火墙能够用这样的连接信息去决定主机之间什么样的连接是被接入访问控制策略所允许的，从而决定数据是被允许的还是被拒绝的。

第二，连接用来定义两个主机之间通过什么样的方式和对方通信。两个主机在连接的过程中，防火墙能够监控这个连接状态信息，从而决定是允许还是拒绝流量。举例来说，假设网络中有两个主机（主机 A 和主机 B）需要建立会话，则它们通过防火墙连接时，防火墙的具体运行步骤为：当防火墙看到主机 A 发起的第一个连接请求（第一步），它就知道下一个看到的报文应该是从主机 B 过来的连接请求应答报文（第二步），这些将会被记录到一张状态列表中去跟踪所有穿越防火墙的状态。通过监控这些会话状态，防火墙就能够决定穿越的数据是否是主机所期望的，如果是，防火墙就允许这些数据通过；如果穿越的数据不能匹配会话的状态（状态列表所定义的），或者这个数据不在状态列表之中，该数据就会被丢弃。这就是状态化检查的工作进程。

3）状态化报文检查。

如果防火墙结合状态化检查和报文检查的话，那就是状态化报文检查。这样的检查不仅基于报文结构和报文中的数据，还基于主机间所处的会话状态。这样的检查不但允许防火墙根据报文内容过滤，同时还可以根据当前的连接状态过滤，从而提供更具扩展性、更稳定的过滤解决方案。

（2）认证接入

当评价防火墙作用时，通常会错误地认为对报文的源 IP 地址和端口号的检查就是认证。虽然报文检查允许限制哪些主机源可以和被保护的资源通信，但是这并不保证哪些主机源是被允许和被保护资源通信的，例如 IP 地址欺骗使得一台主机看上去完全是另一台主机，从而基于源地址和端口的检查就没有作用。

为了消除上述的风险，防火墙同样需要提供一系列认证接入的方法。

首先防火墙可以要求输入一个用户名和密码（通常被称为扩展认证和 802.1x 认证）。通过 802.1x 认证，尝试初始化一个连接的用户在防火墙允许建立连接之前被提示需要一个用户名和密码，在连接被安全策略认证成功并授权以后，用户就不再会被要求进行认证。

另一种接入认证的方法是通过使用证书和公共密钥实现。使用证书相对于使用 802.1x 认证的好处在于认证过程不会有用户的参与和干涉，主机已经配置恰当的证书，并且防火墙和主机配置了相应的公共密钥。这种机制在大规模的实施中比较有优势。

接入认证还可以通过使用预共享密钥（PSKs）来实现。通过使用 PSKs，主机被预先设置好用来认证的密钥。这样的认证系统的缺点在于 PSK 很少改变，很多组织把同样的密钥用在很多远程主机身上，这样一来，认证进程的安全性就会降低。

通过实施认证，防火墙可以有额外的办法确保连接是否应该被允许，即使报文从基于对状态化连接检查的角度来讲是被允许的，但如果主机不能和防火墙之间认证成功，这个报文仍然会被丢弃。

（3）作为中间媒介

通常认为设备的直接连接会有很大风险，所以通常会采用中间媒介去保护其资源，从而避免直接连接带来的风险。基于同样的想法，防火墙可以通过配置来担当两台主机通信进程中的媒介，这个中间媒介进程通常被认为是一个代理。

代理的职能在于有效地伪装成需要被保护的主机，所有目的指向被保护主机的通信都由代理来处理。代理接收到那些目的地指向被保护主机的报文，剥出相关数据信息，然后重新创建一个新的报文并传给被保护的主机。当被保护主机接收到代理的报文之后，发送响应报文给代理，代理简单地反转这个进程，把这些响应传递给源主机。这样一来，防火墙就充当了一个中间代理媒介，通过确保外部主机不能直接与被保护的主机通信来隔离被保护的主机，以免其遭受威胁。

（4）保护资源

防火墙的一个很重要的功能就是保护资源免受威胁。这种保护是通过使用接入访问控制规则、状态化报文检查、应用代理或是结合以上所有方法去阻止被保护的主机被恶意访问或者被恶意流量感染来实现的。

但是防火墙在保护资源时并非永远不会犯错，所以不能完全依赖防火墙来保护一台设备。例如，一台报文检查防火墙允许 HTTP 流量访问一台 Web 服务器，而这台 Web 服务器存有漏洞，一个怀有恶意的用户可以发起一个基于 HTTP 的攻击去危害 Web 服务器。在这种情况下，这台有漏洞的 Web 服务器的保护设备防火墙根本没用，这是因为防火墙不能区分怀有恶意和无恶意的 HTTP 请求，特别是在防火墙没有执行应用代理的职责时，恶意 HTTP 数据将会很轻松地攻击被保护的主机。

（5）事件记录和报告

由于防火墙不能阻止每一个恶意行为和恶意数据，这就使得网络管理人员不得不时刻准备去处理防火墙所不能阻止的安全事件，因此所有防火墙都需要有一种方法去记录所有的通信（特别是违背接入访问策略的通信），以便管理员可以查看这些记录数据去分析确定发生了什么。

记录防火墙事件有多种方式，但是大多数的防火墙使用其中的两种方法，分别为同步日志或者私有日志。防火墙日志除了有利于分析被记录的事件以外，还可以用于防火墙排错，帮助确定导致问题发生的原因。

除了记录事件日志以外，防火墙也需要在一个策略被违反的时候有一种报警功能。防火墙应该支持以下类型的报警。

1）控制台通知：这是一个简单的把日志通知到控制台的进程。这种报警方式的缺点在于它需要有人时刻监控控制台，这样才可以发现有报警的产生。

2）SNMP 通知：简单网络管理协议可以用来产生日志，并且把日志发送到用来监控防火墙的网络管理系统（NMS）。

3）短信通知：当事件发生时，防火墙可以发送一个短信消息给管理员。

4）电子邮件通知：当事件发生时，防火墙可以向一个预定义的电子邮件地址发送邮件。

通过使用记录和报告事件，防火墙可以针对目前发生的或之前发生的事件提供细节信息，从而使管理员及时分析和解决发生的事件。

6.1.4 防火墙的安全策略

行业不同，安全策略的含义也就不同。一方面，安全策略用于指示系统如何管理以确保资源的安全性；另一方面，安全策略涉及对设备实施的实际配置，如访问控制列表（ACL）等。在防火墙中的安全策略定义了组织机构的安全目标。

（1）防火墙安全层次结构

安全策略的目标是定义什么需要被保护、谁来提供保护以及在某些情况下如何实施保护。最后一个职责通常被分割为独立的文件处理进程，如入站过滤、出站过滤等策略。作为一个坚实的保护层，安全策略应该既简单易懂又言简意赅地概括出那些一定会碰到特定的要求、规则、对象，并为组织机构提供一种可扩展的、可高效使用的安全保障。

为了确保安全策略正常工作，需要考虑到防火墙的安全层次，针对每一个层次的操作都有特定的领域性。如图 6-2 所示，防火墙被分为 4 个不同的层次。

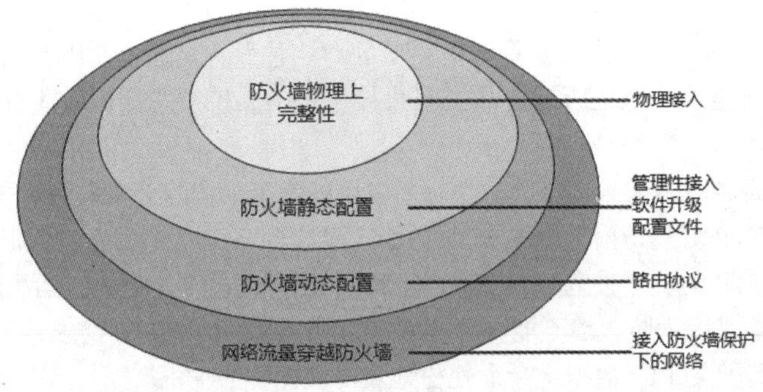

图 6-2 防火墙层次图

防火墙的中心部分被称为防火墙完全物理层，主要用于对防火墙的物理连接。因此，要确保安全策略的实施是和物理上接入设备方式相关的，比如说通过控制台端口硬件进行连接。

第二层称为防火墙的静态配置层，主要是用于一旦防火墙启动起来后，就可以接入访问静态配置软件（比如，PIX 操作系统和启动配置）。在这一层中，安全策略的实施需要重点关注对控制的定义，因此它对接入的管理非常严格，包括执行软件的升级以及对防火墙的配置。

第三层称为防火墙的动态配置层，主要是通过对防火墙使用诸如路由协议、地址解析协议（ARP）命令、接口和设备状态检查、核查日志和避让命令行的技术来进行动态配置，以弥补静态配置的不足。在这一层的安全策略目标是围绕需要允许实施哪些动态配置来定制的。

最后一层在网络流量穿越防火墙时使用，这才是防火墙存在的真正意义——保护资源。这一层主要涉及诸如 ACL 和代理服务信息之类的功能。这一层的安全策略的职责是用来定义相关流量能够穿越防火墙的需求。

（2）安全策略格式

为了达到先前定下的目的，大多数安全策略都遵循使用一种特定的格式或大纲，并共享一些通用的因素。通常来说，大多数安全策略都共享了7个部分的信息，主要内容如下所示。

回顾：简单地解释了该策略是用来干什么的。

目的：解释了为什么要使用该策略。

范围：定义了该策略被应用在什么地方、由谁来负责。

策略：该策略的正文部分。

实施：说明了如何实施该策略，以及如果不执行该策略会产生的后果。

定义：包括了所有在该策略中使用过的术语和概念的定义。

历史修订：提供了被记录下来的对该策略进行修改的文档和过程。

（3）通用安全策略

每一个组织都有特定的安全需求以及独特的安全策略，然而大多数环境都要求一些通用的安全策略，而这些通用的安全策略主要有接入管理策略、过滤策略、路由策略、远程接入/VPN策略、监控/日志策略以及通用应用策略等，这些策略的主要内容如下所示。

1）接入管理策略。

正如名字所阐述的一样，接入管理策略用来规定能够对防火墙进行管理的方法。该策略致力于将防火墙在物理上的完整性与防火墙静态的结构统一到一个安全的层面上。接入管理策略需要判定哪一种草案同时对远程和本地管理都适用，哪一种草案对用户来说能连接到防火墙以及哪些用户将获得何种权限来完成任务。此外，接入管理策略也会对管理协议，比如说网络时间协议（NTP）、系统日志、TFTP、FTP、简单网络管理协议（SNMP）和其他一些可以用来管理与维护设备的协议的各项要求做出规定。

2）过滤策略。

过滤策略是用来定义必须运用的几种过滤类型以及哪些地方真正需要过滤，而不是规定防火墙在实际使用中所需要遵循的一系列的规则。这一策略往往工作在防火墙的静态配置层面，并且允许特定的网络流量穿越防火墙。举例来说，一种好的过滤策略需要在防火墙的出站方向和入站方向都实施良好的过滤，过滤策略也可以用来根据连接的不同安全层面的网络和资源制定出大致相关的规则。例如，DMZ根据流量方向的不同，需要不同的过滤需求，就可通过使用过滤策略实现。

3）路由策略。

路由策略通常不是以防火墙为中心的策略。然而，伴随着内部网络的设计越来越复杂、越来越庞大，以及网络防火墙的大量使用，防火墙已成为常规的路由基础设备。路由策略中的一部分内容应该明确规定路由基础设备包含防火墙设备，并且定义路由通过哪种方式进行工作。路由策略往往存在于防火墙的静态配置层面和动态配置层面。在很多情况下，路由策略应该明确地阻止防火墙和任何外部资源共享内部网络的路由表。路由策略应该规定在特定的环境中使用哪一种动态路由协议或者静态路由比较合适，还需要定义配置一些特定协议的安全机制，比如，使用哈希算法来确保只有认证成功的节点可以传递路由数据。

4）远程接入/VPN策略。

在集中化管理观念中，防火墙与VPN设备的区别已变得越来越模糊。事实上，市场上主流的防火墙产品都可以作为VPN的终端提供相关的服务。远程接入/VPN策略用来定义VPN连接所需要的加密和认证级别。在很多情况下，VPN策略结合组织结构的加密策略来定义整个VPN所使用的方式。该策略往往工作在防火墙静态配置层面和网络流量穿越层面。

远程接入/VPN策略规定所使用的VPN协议，例如对于IPSec来说，远程接入/VPN策略需要定义预共享密钥和扩展认证，如通过证书的使用、一次性密码以及完整的公共密钥架构（PKI）来使得环境更加安全。远程接入/VPN 策略还规定可以使用哪些客户端，如内嵌式微软 VPN 客户端、Cisco 安全 VPN 客户端等。

远程接入/VPN 策略规定何种接入方式和资源可以被远程连接使用，何种远程连接方式可以被允许。

5）监控/日志策略。

确保防火墙提供所希望的安全保护级别的至关重要的因素就是实施防火墙监控系统。监控/日志策略规定监控的方法和深度。当它处于最小时，监控/日志策略就会提供一种机制来自动跟踪当前防火墙实施进程以及当前所有与安全相关的事件和日志条目。该策略往往工作在防火墙的静态配置层面。监控/日志策略同时定义了如何对信息进行收集、维护和报告。

6）通用应用策略。

除了防火墙特定的策略以外，还存在着许多通用策略，虽然不是防火墙专用（通常还适用于其他设备）却仍然能够用于防火墙，这些策略主要包括以下内容。

①密码策略：密码策略不仅用来定义对防火墙接入的管理，也被用来创建预共享的密码、哈希值和团体字符串。

②加密策略：加密策略用来定义任何形式的加密接入，包括超文本传输协议、安全（HTTPS）、加密套接字协议层（SSL）、安全外壳协议（SSH）以及 IPSec VPN 接入等。

③审核策略：审核策略用来定义防火墙的审核需求。

④风险评估策略：定义与防火墙和网络环境有关的系统可能引入的风险关联的标识。

（4）防火墙自身安全策略

防火墙自身安全策略（有时被称为防火墙策略）是为了防火墙特有的安全需求而设计的，防火墙策略能覆盖并且包括任意一个前面提到的安全策略的参数。此外，如果要在防火墙上使用其他的安全策略，这些安全策略都需要参照防火墙策略的文档。

1）防火墙物理上的完整性。

为了保证防火墙策略能够应付物理安全，需要确保在安全策略中包含了以下参数。

- 定义谁被授权来安装、卸载和移动防火墙。
- 定义谁被授权来进行硬件维护和对防火墙物理配置进行修改。
- 定义谁被授权来对防火墙的接入访问进行物理连接，特别是通过控制台端口登录连接。
- 定义当连接到防火墙的物理上的故障和明显的信号干扰问题发生时，所采用的恢复措施。

2）防火墙静态配置。

为了保证防火墙安全策略能完全适用于静态配置安全，需要确保在安全策略中包含以下参数。

- 定义谁被授权来通过任何形式的连接方式（本地或者远程）登录到防火墙。
- 定义恰当的特权级别，以及用户可以使用的特权级别。
- 定义实施配置修改和防火墙升级的过程和步骤。
- 定义防火墙的密码策略。
- 定义远程登录的方式，这包括定义远程登录所允许的网络或者系统。
- 定义当防火墙故障时，所采用的恢复措施。
- 定义防火墙的日志审计策略。
- 定义防火墙的加密需求。

- 定义防火墙的远程管理和监控的方法（如 SNMP、同步日志等）。

3）动态防火墙结构。

为了保证防火墙安全策略能完全适用于动态配置安全，需要确保在安全策略中包含以下参数。

- 定义哪些动态配置进程和服务是允许在防火墙中运行的，以及哪些网络和设备可接入访问到哪些进程和服务。
- 定义允许使用的路由协议，以及要求的安全特性。
- 定义防火墙将如何更新并维护时钟信息（NTP）。
- 定义如何维护一次性密码或者类似的认证，以及动态加密和密钥生成算法。

4）穿越防火墙的网络流量。

要保证防火墙安全策略能够适应穿越防火墙的流量，必须确保防火墙安全策略中包含了以下参数。

- 定义允许和拒绝流量的方法（比如，流量对指定的网络分段来说是被允许的等）。
- 定义防火墙请求修改控制和升级其软件配置的进程。
- 定义被允许或者被拒绝的各类协议、端口和服务。

6.1.5 防火墙的优缺点

只有充分了解和认识到防火墙自身所具有的优缺点，才能正确和更加合理地使用防火墙，并配合其他安全措施来为网络进行更加有效的保护。

（1）防火墙的优点

防火墙之所以得到用户的肯定，得益于防火墙本身具有的明显且无可替代的安全防御功能和性能。综合起来主要表现在如下几个方面。

1）能够强化安全策略。

因为在互联网上每时每刻都有无数个来自不同地方，甚至不同国家的人在收集信息、交换信息，很难保证每个用户进行的都是合法行为，不可避免地会出现违反规则的人可能出于某种非法目的发起某种攻击，此时如果没有防火墙在网络边界把守，其后果是难以想象的。通过防火墙的安全策略配置就可以对非法请求进行过滤，仅仅允许策略中认可的和符合规则的请求通过。这是防火墙最主要的功能。

2）可有效地记录网络上的活动。

因为防火墙通常是作为网络间通信的唯一出入口位于网络间的连接点，所以进出信息都必须通过防火墙，这样就可以非常有效地管理整个网络间的通信，确保受保护网络的安全。防火墙通常有日志功能，会把网络间的所有数据通信以日志的形式记录下来，这对于管理员查看和跟踪网络通信非常有用。

3）可限制暴露用户点。

有些防火墙具有 NAT（网络地址转换）功能，通过这个功能，防火墙能够有效地隔离连接中的两个网络或者两个网段，特别是对内部需要保护的网络起到屏蔽作用，使内部网络用户不被暴露在外部网路中。

4）具有强大的抗攻击能力。

用于安全防护的设备，自身的抗攻击能力相当重要。防火墙设备开发厂商都在自身抗攻击方面采取了各种有力措施，如采用不易攻击的专用系统或采用专用的纯硬件处理器芯片等。

5）具有集中安全性。

若受保护网络的所有或者大部分安全程序集中地放置在防火墙上，而非分散到受保护网络中的各台主机上，则安全监控的范围会更加集中，监控行为更易实现，安全成本也会更加便宜。

6）可增强保密性、强化私有权。

防火墙可以阻断某些提供主机信息的服务（如 DNS 等），使得外部主机无法获取这些有利于攻击的信息，增强了对内部网络信息的保密性。

（2）防火墙的不足

防火墙作为一种访问控制设备，在保护服务器和内网安全中起着非常重要的作用，但大多数熟练的黑客都能够利用防火墙配置和维护上的不足来攻击内网或服务器，从而给服务器和内网安全造成了严重损失。防火墙的典型不足如下所述。

1）防外不防内的策略限制。

目前防火墙的安全控制主要作用于外部对内部或内部对外部。对外可屏蔽内部网络的拓扑结构，封锁外部网络上的用户连接内部网络上的重要站点或某些端口；对内可屏蔽外部危险站点。但很难解决内部网络及内部人员造成的安全问题，即防外不防内。根据 IDC（Internet Data Center，互联网数据中心）等统计表明，网络上的安全攻击事件有 70%以上来自于网络内部，防火墙对这类安全风险不能够很好地防范。

2）不能防范旁路连接。

防火墙在连接中一直强调一切网络连接都要通过防火墙，其中隐含的意思就是防火墙不能控制不通过它的网络连接。例如，内部网络的某个用户在未经允许的情况下，擅自申请了一个外网连接，一般都是向当地的电信服务商申请一个拨号账号。那么机构或组织的防火墙对这个拨号连接无能为力。相反地，外部攻击者很有可能通过这个拨号连接进入到内部网络实施破坏行为，图 6-3 显示了这种极具破坏性的行为。

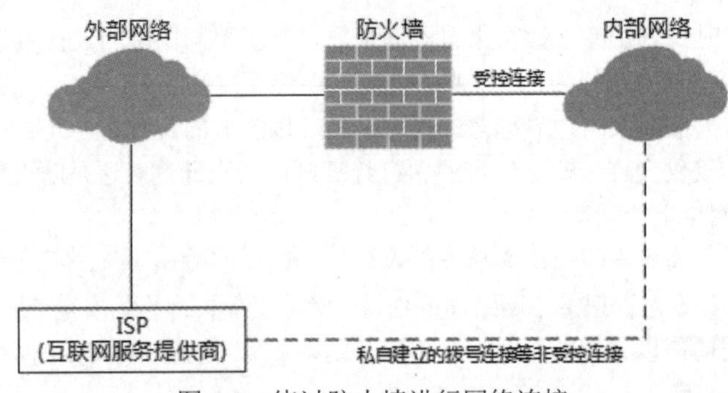

图 6-3 绕过防火墙进行网络连接

3）防范病毒的能力有限。

防火墙不可能限制所有被计算机病毒感染的软件和文件通过，也不可能杀掉通过它的病毒。虽然现在已经有保护内容安全的技术可以对经过防火墙的数据内容进行过滤，但是对病毒做到完全防范却是不现实的，因为病毒类型太多，隐藏的方式也很多，比如利用各种压缩软件等。

4）无法扩展深度检测功能。

基于状态检测的网络防火墙，如果希望只扩展深度检测（Deep Inspection）功能，而没有相应增加网络性能，是不可行的。真正的针对所有网络和应用程序流量的深度检测功能，都需要极大的处理能力，来完成大量的计算任务。这些性能需求包括 SSL 加密/解密功能、完全的双向有效负载检测功能、确保所有合法流量的正常化和广泛的协议性能等。这些任务在标准 PC 硬件上是无法高效运行的，虽然一些网络防火墙供应商采用的是基于 ASIC 的平台，但进一步研究就能发现，旧的基于网络的 ASIC 平台对于新的深度检测功能是不支持的。

5）管理及配置比较复杂。

防火墙的管理及配置较为复杂，易造成安全漏洞。要想成功维护防火墙，就要求防火墙管理员对网络安全攻击的手段及其与系统配置的关系有相当深刻的了解。一般来说，由多个系统（路由器、过滤器、代理服务器、网关和堡垒主机）组成的防火墙，管理上的复杂程序往往使疏漏不可避免。

6）无法防范所有威胁。

总的来说防火墙是一种被动的防御手段，只能对已有的攻击进行有效的防范。虽然许多防火墙拥有了自学功能，但随着网络上系统软件、应用软件技术的不断进步和应用范围的日益广泛，防火墙不可能完全防御随之而来的各种新的攻击行为，所以，不能认为防火墙是万能的。目前，这个问题的解决方法只能靠防火墙管理人员不断地跟踪业界安全技术发展的情况，不断地为防火墙的策略规则作出调整。

7）本身存在漏洞。

防火墙本身也可能存在着一定的漏洞，攻击者首先利用一些专用扫描器对防火墙进行扫描分析，利用防火墙自身可能存在的漏洞或配置错误来攻击防火墙和受保护的主机。

6.1.6 下一代防火墙

随着用户安全需求的不断增加，下一代防火墙必将集成更多的安全特性，以应对攻击行为和业务流程的新变化，以下对下一代防火墙的相关内容进行介绍。

（1）下一代防火墙的概念

著名市场分析咨询机构 Gartner 于 2009 年发布的一份名为《Defining the Next-Generation Firewall》的文档给出了下一代防火墙 NGFW（Next-Generation Firewall）的定义。

NGFW 是一个线速（Wire-speed）网络安全处理平台，定位于宏观意义上的防火墙市场。NGFW 在功能上至少应当具备以下属性。

1）传统防火墙。NGFW 必须拥有传统防火墙所提供的所有功能，如基于连接状态的访问控制、NAT 和 VPN 等。虽然传统防火墙已经不能满足需求，但它仍然是一个无可替代的基础性访问控制手段。

2）支持与防火墙自动联动的集成化 IPS（Intrusion Prevension System，入侵预防系统）。NGFW 内置的防火墙与 IPS 之间应该具有联动的功能，例如 IPS 检测到某个 IP 地址不断发送恶意流量，可以直接告知防火墙并由其来做简单有效的阻止。这个告知与防火墙策略生成的过程应当由 NGFW 自动完成，而不再需要管理员介入，比起传统的防火墙与 IDS 间的联动机制，这一属性将能让管理和安全业务处理变得更简单、高效。

3）应用识别、控制与可视化。NGFW 必须具有与传统的基于端口和 IP 不同的方式进行应用识别的能力，并执行访问策略。例如允许用户使用 QQ 的文本聊天、文件传输功能但不允许进行语音视频聊天，或者允许使用 WebMail 收发邮件但不允许附加文件等。应用识别带来的额外好处是可以合理优化带宽的使用情况，保证业务的畅通。虽然严格意义上来讲应用流量优化不是一个属于安全范畴的特性，但 P2P 下载、在线视频等网络滥用现象确实会导致业务中断等严重安全事件。

4）智能化联动。获取来自“防火墙外面”的信息，做出更合理的访问控制，例如从域控制器上获取用户身份信息，将权限与访问控制策略联系起来，或是来自 URL 过滤判定的恶意地址的流量直接由防火墙去阻挡，而不再浪费 IPS 的资源去判定。

总之，集成传统防火墙、可与之联动的 IPS、应用管理/可视化和智能化联动是 NGFW 要具备的四大基本要素。

（2）下一代防火墙与 UTM 关系

UTM（Unified Threat Management，统一威胁管理）被市场分析咨询机构 IDC 定义为：一类集成了常用安全功能的设备，必须包括传统防火墙、网络入侵检测与防护和网关防病毒功能，并且可能会集成其他一些安全或网络特性，所有这些功能不一定要打开，但是这些功能必须集成在一个硬件中。"所有这些功能不一定要打开"这句话除了说明安全业务要由用户需求决定外，也考虑了硬件平台的实际处理能力。

UTM 和 NGFW 只是针对不同级别用户的需求，对宏观意义上防火墙的功能进行了更有针对性的归纳总结，是互为补充的关系，如图 6-4 所示为两者的对比。无论从产品与技术发展角度还是市场角度看，NGFW 与 IDC 定义的 UTM 是一样的，都是不同情况下对边缘防火墙集成多种安全业务的阶段性描述，其出发点就是用户需求变化。

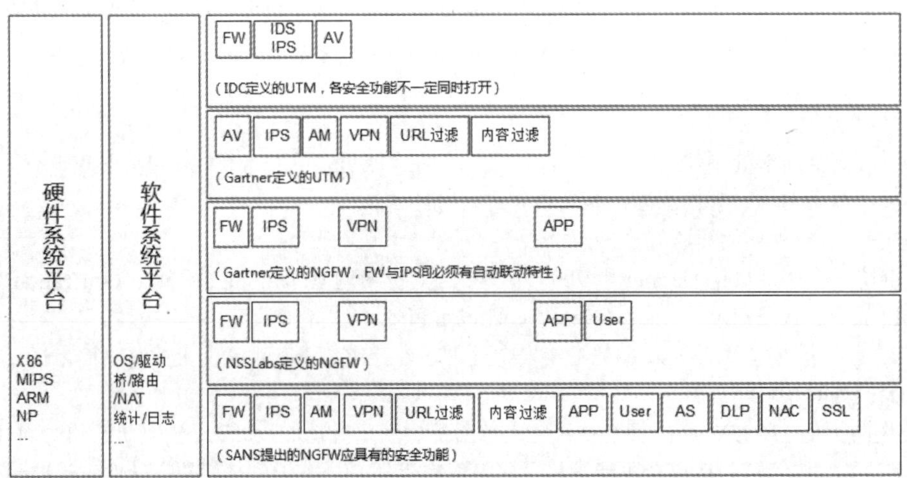

图 6-4　UTM 与 NGFW 集成安全功能对比图

上图中的一些缩略语解释如表 6-1 所示。

表 6-1　缩略语释义表

缩略语	释义	缩略语	释义	缩略语	释义
FW	状态监测防火墙	IDS	网络入侵检测	IPS	网络入侵防御
AV	反病毒	AM	反恶意软件	VPN	虚拟专用网
APP	应用识别、控制与可视化	User	用户/用户组识别、控制	AS	反垃圾邮件
DLP	数据泄露防护	NAC	网络接入控制		

6.2 防火墙的关键技术

防火墙技术的发展经历了一个从简单到复杂，并不断借鉴和融合其他网络技术的过程。防火墙技术是一种综合技术，主要包括包过滤技术、状态检测技术、NAT 网络地址转换技术和代理技术等，这些技术相互配合使用，从而形成了一整套防御系统。

6.2.1 包过滤技术

（1）简介

包过滤技术是最早的也是最基本的访问控制技术，又称为报文过滤技术，防火墙就是从这一技术开始产生发展的。包过滤技术的作用是执行边界访问控制功能，即对网络通信数据进行过滤（Filtering），也称为筛选。过滤就是使符合预先按照组织或机构的网络安全策略制定的安全过滤规则的数据包通过，拒绝那些不符合安全过滤规则的数据包通过，并且根据预先的定义完成记录日志信息、发送报警信息给管理人员。

（2）包过滤的工作原理

包过滤技术的工作对象就是数据包。网络中任意两台计算机如果要进行通信，就会将要传递的数据拆分成一个一个的数据片段，并且按照某种规则发送这些数据片段。为了保证这些片段能够正确地传递到对方并且重新组织成原始数据，在每个片段的前面还会增加一些额外的信息以供中间转换节点和目的节点进行判断。这些添加了额外信息的数据片段称为数据包，增加的额外信息称为数据包包头，数据片断称为包内的数据载荷，而拆分数据、数据包头的格式及传递和接受数据包所要遵循的规则就是网络协议。

对于最常用到的 TCP/IP 协议簇来说，包过滤技术主要是对数据包的包头的各个字节进行操作，包括源 IP 地址、目的 IP 地址、数据载荷类型、IP 选项、源端口、目的端口以及数据包传递的方向等信息，如图 6-5 和图 6-6 中的阴影部分为包过滤技术对 IP 头部和 TCP 头部进行过滤和分析的字段。

安全过滤规则是包过滤技术的核心，是组织或机构的整体安全策略中网络安全策略部分的直接体现。实际上，安全过滤规则集就是访问控制列表，如表 6-2 所示。该表的每一条记录都明确地定义了对符合该记录条件的数据包所要执行的动作（允许通过或者拒绝通过），其中的条件则是对上述数据包包头的各个字段内容的限定。

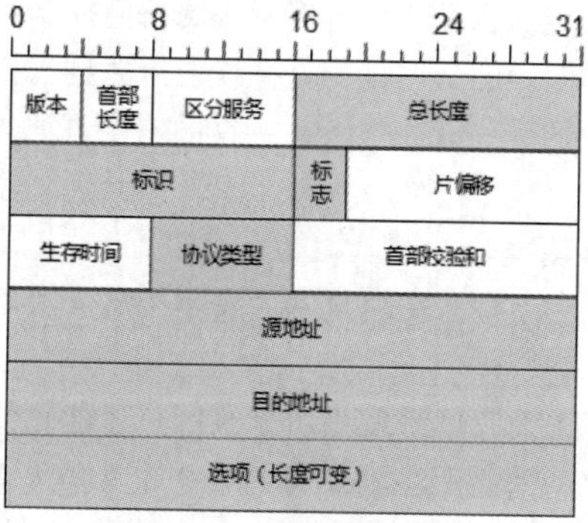

0 8 16 24 31
版本 首部长度 区分服务 总长度
标识 标志 片偏移
生存时间 协议类型 首部校验和
源地址
目的地址
选项（长度可变）

图 6-5　IP 头部结构

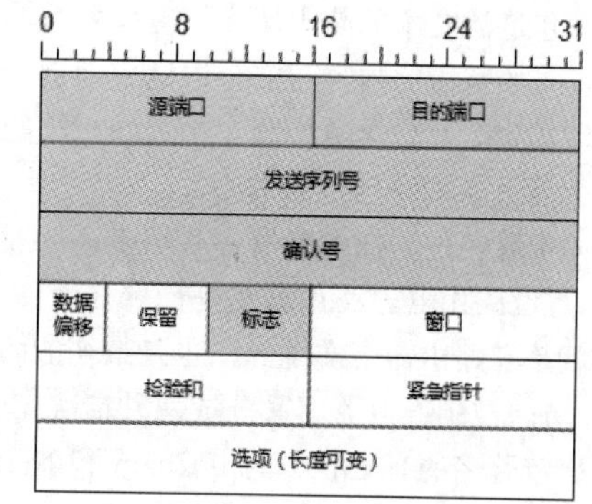

图 6-6　TCP 头部结构

6 Chapter

表 6-2　一个过滤规则样表

序号	源 IP	目的 IP	协议	源端口	目的端口	标志位	操作
1	内部网络地址	外部网络地址	TCP	任意	80	任意	允许
2	外部网络地址	内部网络地址	TCP	80	>1023	ACK	允许
3	所有	所有	所有	所有	所有	所有	拒绝

实现包过滤技术就是参照如上表的过滤规则样表中的规则，进行判断和执行，防火墙中的该技术模块主要的操作过程如图 6-7 所示。

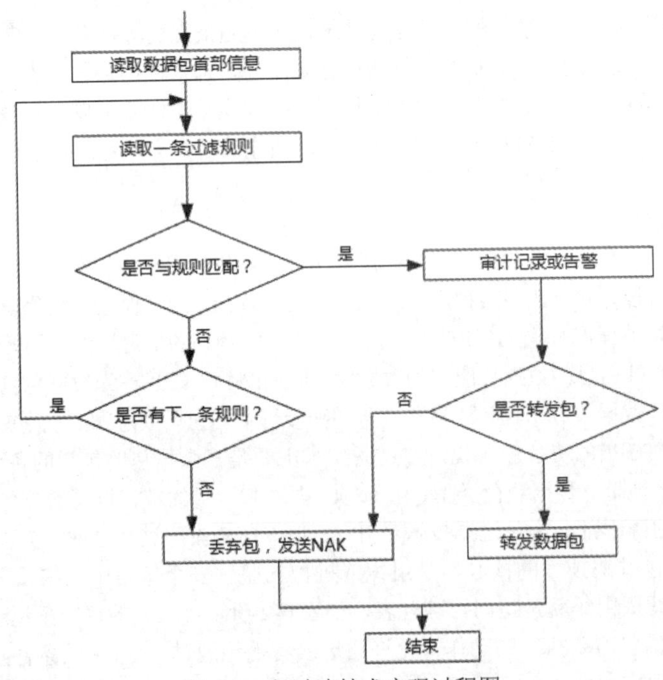

图 6-7　包过滤技术实现过程图

实现包过滤技术的防火墙模块首先要做的是将数据包的包头部分剥离，然后按照访问控制列表的顺序，将包头各字段的内容与安全过滤规则进行逐条地比较判断。这个过程一直持续直至找到一个相符的安全过滤规则为止，接着按照安全过滤规则的定义执行相应的动作。如果没有相符的安全过滤规则，就执行防火墙默认的安全过滤规则。

具体实现包过滤技术的设备有很多，一般来说分成以下两类。

1）过滤路由器。路由器总是部署在受保护网络的边界上，容易实现全网的安全控制。最早的包过滤技术就是在路由器上实现的，也是最初的防火墙方案。

2）访问控制服务器。又分成两种情况：一个指的是一些服务器系统提供了执行包过滤功能的内置程序，比较著名的有 Linux 的 IPChain 和 NetFilter；另一个指的是服务器安装的某些软件防火墙系统，如 CheckPoint 等。

（3）包过滤对象

根据包过滤的工作原理可知，包过滤技术主要通过检查数据包包头的各个字段的内容来决定是否允许该数据包通过。下面就按照不同的过滤对象论述包过滤技术的具体执行特性。

1）针对 IP 的过滤。

针对 IP 的过滤操作时，需查看每一个 IP 数据包的包头，将包头数据与规则集相比较，转发规则集允许的数据包，拒绝规则集不允许的数据包。

针对 IP 的过滤操作还需要注意的问题是关于 IP 数据包的分片问题。分片技术增强了网络的可用性，使得具有不同 MTU 的网络可以实现互连。随着路由器技术的改进，分片技术已经很少用到，但是，攻击者却可以利用这项技术构造特殊的数据包对网络展开攻击。由于只有第一个分片才包含了完整的访问信息，后续的分片很容易通过包过滤器，所以攻击者只要构造一个拥有较大分片号的数据包就可能通过包过滤器访问内部网络。对此应该设定包过滤器要阻止任何分片数据包或者要在防火墙处重组分片数据包的安全策略。后一种策略需要精心地设置，若配置不好会给用户网络带来潜在的危险，如攻击者可以通过碎片攻击的方法，发送大量不完全的数据包片段，耗尽防火墙为重组分片数据包而预留的资源，从而使防火墙崩溃。

2）针对 ICMP 的过滤。

ICMP 负责传递各种控制信息，尤其是在发生错误时。ICMP 对网络的运行和管理是非常有用的。但 ICMP 也是一把双刃剑，在完成网络控制与管理操作的同时也会泄露网络中的一些重要信息，甚至被攻击者利用做攻击用户网络的武器。

最常用的 Ping 和 Traceroute 程序使用了 ICMP 的询问报文。攻击者可利用这样的报文或程序探测用户网络主机和设备的可达性，进而可以勾画出用户网络的拓扑结构与运行态势图。

对于 ICMP 报文包过滤器要精心地进行设置。阻止存在泄露用户网络敏感信息危险的 ICMP 数据包进出网络，同时拒绝所有可能会被攻击者利用、对用户网络进行破坏的 ICMP 数据包。

3）针对 TCP 的过滤。

TCP 是目前互联网络使用的主要协议，针对 TCP 进行控制是所有安全技术的一个重要任务。

针对 TCP 的过滤首先要设定对源端口或者目的端口的过滤，这种过滤方式也称为端口过滤或者协议过滤。通常 HTTP、FTP、SMTP 等应用协议提供的服务都在一些知名端口上实现，如 HTTP 在 80 号端口上提供服务、SMTP 在 25 号端口上提供服务。只要针对这些端口号进行过滤规则的设置，就可以实现针对特定服务的控制规则，如拒绝内部网络到某外部 WWW 服务器的 80 号端口的连接，即可实现禁止内部用户访问该外部网站的目的。

由于 TCP 是面向连接的传输协议，一切基于 TCP 的网络访问数据流都可以按照通信进程的不同划分成一个个的连接会话。因此针对 TCP 的过滤更为常见的是对标志位的过滤，而常用的一般为针对 SYN 和 ACK 的过滤。

4）针对 UDP 的过滤。

UDP 是基于无连接的服务，一个 UDP 用户数据报文中携带了到达目的地所需的全部信息，不需要返回任何确认信息，信息报文之间的关系很难确定，因此很难制定相应的过滤规则。其根本原因是包过滤技术是指静态包过滤技术，只针对包本身进行操作，而不记录通信过程的上下文，也就是说无法从独立的 UDP 用户数据报中得到必要的信息。对于 UDP 协议，只能是要么阻塞某个端口，要么听之任之，多数人倾向于前一种方案，除非有某些特殊的需求要求必须允许进行 UDP 传输。对 UDP 的过滤最有效的解决方法是采用动态包过滤/状态检测技术。

（4）包过滤的优缺点

总的来说，包过滤技术具有以下几个优点。

1）包过滤技术实现简单、快速。经典的解决方案只需要在内部网络与外部网络之间的路由器上安装过滤模块即可。

2）包过滤技术的实现对用户是透明的。用户不需要改变自己的网络访问行为模式，也不需要在主机上安装任何的客户端软件，更不用进行任何的培训。

3）包过滤技术的检查规则相对简单，因此检查操作耗时极短，执行效率非常高，不会给用户网络的性能带来不利的影响。

随着网络攻防技术的发展，包过滤技术的缺点也越来越明显，主要包括以下几点。

1）包过滤技术过滤思想简单，对信息的处理能力有限。只能访问包头中的部分信息，不能理解通信上下文，因此不能提供更安全的网络防护能力。

2）当过滤规则增多时，对于过滤规则的维护是一个非常困难的问题。不但要考虑过滤规则是否能够完成过滤任务，而且还要考虑规则之间的关系，防止冲突的发生。

3）包过滤技术控制层次较低，不能实现用户级控制，特别是不能实现对用户合法身份的认证及对冒用的 IP 地址的确定。

6.2.2 状态检测技术

（1）简介

为了解决静态包过滤技术安全检查措施简单、管理较困难等问题，提出了状态检测技术（Stateful Inspection）的概念。它具有比静态包过滤技术更高的安全性，而且使用和管理也更简单。状态检测技术可以根据实际情况，动态地自动生成或删除安全过滤规则，不需要管理人员手工配置。同时，还可以分析高层协议，能够更有效地对进出内部网络的通信进行监控，并且提出更好的日志和审计分析服务。早期的状态检测技术被称为动态包过滤（Dynamic Packet Filter）技术，是静态包过滤技术在传输层的扩展应用。后期经过进一步的改进，又可以实现传输层协议报文字段细节的过滤，并可实现部分应用层信息的过滤。状态检测不仅仅只是对状态进行检测，还进行包过滤检测，从而提高了防火墙的功能。

（2）状态检测的工作原理

状态检测技术根据连接的“状态”进行检查。当一个连接的初始数据报文到达执行状态检测的防火墙时，需要经过 3 个步骤，具体内容如下所示。

Step 1 当接收到数据包后，首先查看状态表，判断该包是否属于当前合法连接，若是，则接收该包让其通过，否则进入 Step 2。

Step 2 在过滤规则表中遍历，如不允许该数据包通过，则直接丢弃该包，跳回 Step 1 处理后续数据包；若允许该数据包通过，则进入 Step 3。

Step 3 在状态表中加入该新连接条目，并允许数据包通过。跳回 Step 1 处理后续数据包。

状态检测的流程如图 6-8 所示。

（3）状态检测的对象状态

状态这个词在安全领域并没有一个精确的定义，在不同的条件下有不同的表达方式。笼统地说，状态是特定会话在不同的传输阶段所表现出来的形式和状况。下面介绍不同协议下的状态情况。

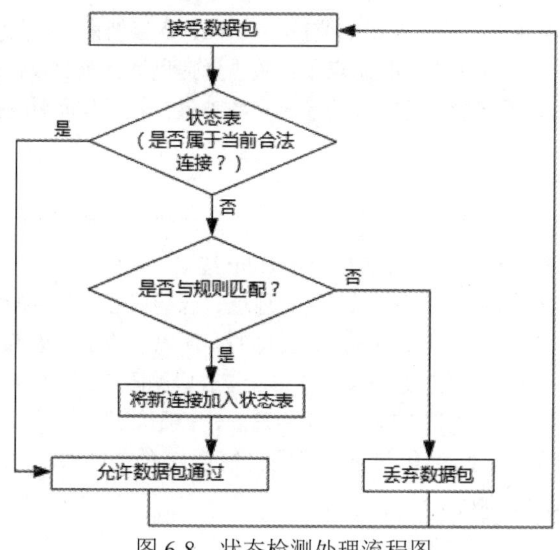

图 6-8　状态检测处理流程图

1）TCP 及状态。

TCP 是一个面向连接的协议，对于通信过程各个阶段的状态都有很明确的定义，并可以通过 TCP 的标志位进行跟踪。TCP 共有 11 种状态，这些状态标识由 RFC793 定义。各状态的具体解释说明如表 6-3 所示。

表 6-3　TCP 状态详情表

状态	状态解释
CLOSED	在连接之前的状态
LISTEN	等待连接请求的状态
SYN-SENT	发出 SYN 报文后等待返回响应时间的状态
SYN-RECEIVED	收到 SYN 报文并返回 SYN-ACK 响应后的状态
ESTABLISHED	建立连接后的状态，即发送方收到 SYN-ACK 后的状态，接收方在收到 3 次握手后的 ACK 报文后的状态
FIN-WAIT-1	关闭连接，发起者发送初始 FIN 报文后的状态
CLOSE-WAIT	关闭连接，接受者收到初始 FIN 并返回 ACK 响应后的状态
FIN-WAIT-2	关闭连接，发起者收到初始 FIN 报文的 ACK 响应后的状态
LAST-ACK	关闭连接，接受者将最后的 FIN 报文发送给关闭连接发起者后的状态
TIME-WAIT	关闭连接，发起者收到最后的 FIN 报文并返回 ACK 响应后的状态
CLOSING	采用非标准同步关闭连接时，在收到初始 FIN 报文并返回 ACK 响应之后，通信双方进入 CLOSING 状态。在收到对方返回的 FIN 报文的 ACK 响应后，通信双方进入 TIME-WAIT 状态

上表中的状态为基础，结合响应的标志位信息，再加上通信双方的 IP 地址和端口号，即可很容易

地建立 TCP 的状态连接表项并进行精确地跟踪监控。当 TCP 连接结束后，应从状态连接表中删除相关表项。为了防止无效表项长期存在于连接状态表中给攻击者提供进行重放攻击的机会，可以将连接建立阶段的超时参数设置得较短，而连接维持阶段的超时参数设置得较长，最后连接释放阶段的超时参数也要设置得较短。

2）UDP 及状态。

UDP 与 TCP 有很大的不同，它是一种无连接的协议，其状态很难进行定义和跟踪。通常的做法是将某个基于 UDP 的会话的所有数据报文看做是一条 UDP 连接，并在这个连接的基础之上定义该会话的伪状态信息。伪状态信息主要由源 IP 地址、目的 IP 地址、源端口号以及目的端口号构成。双向的数据流的源信息和目的信息正好相反。由于 UDP 是无连接的，所以无法定义连接的结束状态，只能是设定一个不长的超时参数，在这个超时到来的时候从状态连接表中删除该 UDP 连接信息。此外，UDP 对于通信中的错误无法进行处理，需要通过 ICMP 报文传递差错控制信息。这就要求状态检测机制必须能够从 ICMP 报文中提取通信地址和端口号等信息来确定它与 UDP 的关联性，判断它到底属于哪一个 UDP 连接，然后再采取相应的过滤措施。

3）ICMP 及状态。

ICMP 与 UDP 一样是无连接协议，ICMP 还具有单向性的特点。在 ICMP 的 13 种类型中，有 4 对类型的报文具有对称的特性，即属于请求/响应形式。这 4 对类型的 ICMP 报文分别是回送请求/回送应答、信息请求/信息应答、时间戳请求/时间戳回复以及地址掩码请求/地址掩码回复。其他类型报文都不是对称的，是由主机或节点设备直接发出的，无法预先确定报文的发送时间和地点。因此，ICMP 的状态和连接的定义要比 UDP 更难。

ICMP 的状态和连接的建立、维护与删除与 UDP 类似。但是，在建立的过程中不是简单地只通过 IP 地址来判断连接属性。ICMP 的状态和连接需要考虑 ICMP 报文的类型和代码字段的含义，甚至还要提取 ICMP 报文的内容来决定其到底与哪一个已有连接相关。其维护和删除的过程是由两个部分完成，分别为：一是通过设定超时计时器来完成；二是按照部分类型的 ICMP 报文的对称性来完成，当属于同一连接的 ICMP 报文完成请求/应答过程之后，即可将其从状态连接表中删除。

（4）状态检测的优缺点

总的来说，状态检测技术具有以下几个优点。

1）安全性比静态包过滤技术高。状态检测机制可以区分连接的发起方与接收方，可以通过状态分析阻断更多复杂攻击行为，可以通过分析打开相应的端口而不是“一刀切”，要么全打开要么全不打开。

2）与静态包过滤技术相比，提升了防火墙的性能。状态检测机制对连接的初始报文进行详细检查，而对后续报文不需要进行相同的动作，只需快速通过即可。

状态检测技术也有一些不足，主要包括以下几点。

1）主要工作在网络层，对报文的数据部分检查很少，安全性不够高。

2）检查内容多，对防火墙性能提出了更高的要求。

6.2.3　网络地址转换技术（NAT）

（1）简介

网络地址转换（Network Address Translation，NAT），也称 IP 地址伪装技术（IP Masquerading）。最初设计 NAT 的目的是允许将私有 IP 地址映射到公网上（合法的因特网 IP 地址），以缓解 IP 地址短缺的问题。

因特网编号分配管理机构（Internet Assigned Number Authority，IANA）保留了以下 IP 地址空间为私有网络地址空间：10.0.0.0～10.255.255.255（A 类）、172.16.0.0～172.31.255.255（B 类）、192.168.0.0～192.168.255.255（C 类）。私有 IP 地址只能作为内部网络号，不能在互联网主干网上使用。NAT 技术通过地址映射保证了使用私有 IP 地址的内部主机或网络能够连接到公用网络。NAT 网关被安放在网络末端区域，即内部网络和外部网络之间的边界点上，并且在源自内部网络的数据包发送到外部网络之前把数据包的源地址转换为唯一的 IP 地址。此外，NAT 技术还具有如下功能。

1）内部主机地址隐藏。可以防止内部网络结构被人掌握，因此从一定程度上降低了内部网络被攻击的可能性，提高了私有网络的安全性。正是内部主机地址隐藏的特性，使 NAT 技术成为了防火墙实现中经常采用的核心技术之一。

2）使用 NAT 技术可以实现网络负载均衡。

3）使用 NAT 技术可以实现网络地址交迭。

（2）NAT 的工作原理

NAT 技术根据实现方法的不同，通常可以分为两种：静态 NAT 和动态 NAT 技术，其中动态 NAT 技术中还包括了端口地址转换 PAT（Port Address Translation）技术。

1）静态 NAT 技术。

静态 NAT 是为了在内网地址和公网地址间建立一对一映射而设计的。静态 NAT 需要内网中的每台主机都拥有一个真实的公网 IP 地址。NAT 网关依赖于指定的内网地址到公网地址之间映射关系来运行，因此称之为静态 NAT 技术。

在静态 NAT 技术的工作中，必须在防火墙上设置每一台主机对应的公网地址，使内网中的每一台主机对应外网中的每一台主机，如图 6-9 所示。

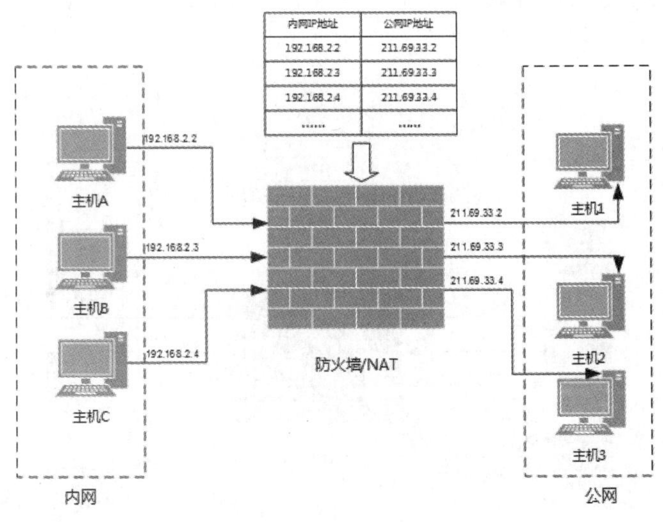

图 6-9　静态 NAT 工作原理图

2）动态 NAT 技术。

采用动态地址池分配，管理员可以事先定义好一组可用的互联网地址（IP POOL），如图 6-10 所示，当用户需要对外访问时，防火墙系统将会从这一组可用的公有 IP 地址中动态分配一个没有使用的 IP 地址给用户（一般先选择一组合法 IP 地址中的第一个空闲地址），使用户得到合法的 IP 地址与外部访问，当用户完成时，系统收回这个 IP 地址，将它分配给另外一个用户使用。

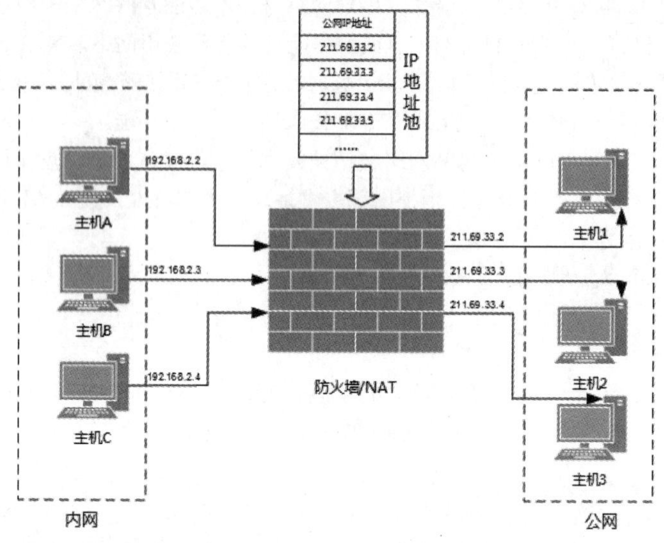

图 6-10　动态 NAT 工作原理图

3）端口地址转换 PAT 技术。

采用端口地址转换，管理员只需要设定一个或多个可以用作端口地址转换的公有 IP 地址，用户的访问将会映射到 IP 地址池中的一个端口上去，这使每个合法的 IP 地址可以映射内部网的许多台主机，这种方法被称为 PAT 技术，其工作原理如图 6-11 所示。

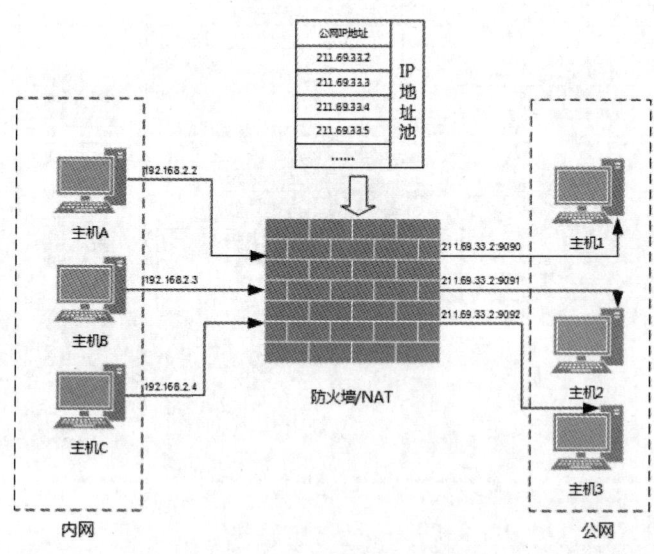

图 6-11　端口 NAT 工作原理图

（3）NAT 技术的报文分析

以静态 NAT 技术为例，当内部网络中某主机需要访问外部某个地址（如 119.75.218.70）时，则过程如图 6-12 所示。

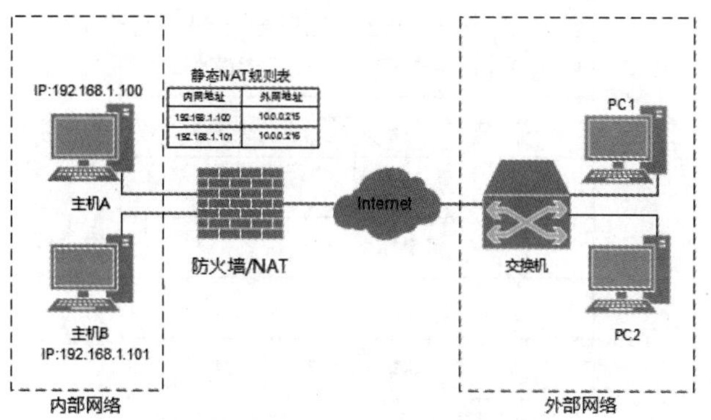

图 6-12　NAT 技术过程图

在内部网络中去访问外部地址时，报文中的地址如图 6-13 所示，通过 Wireshark 进行报文分析的详细结果如图 6-14 所示。

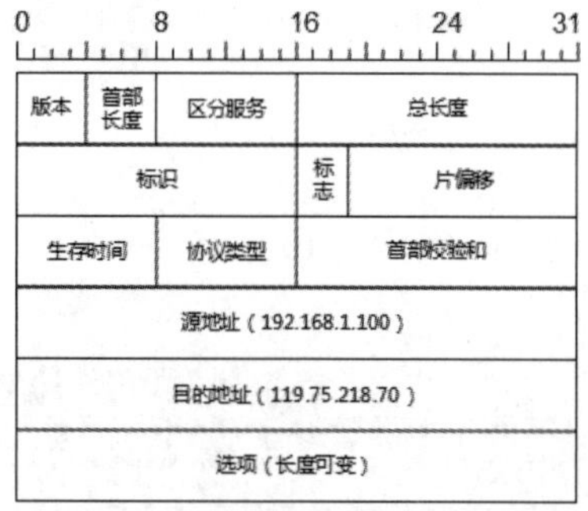

图 6-13　内网访问外部的地址结构图

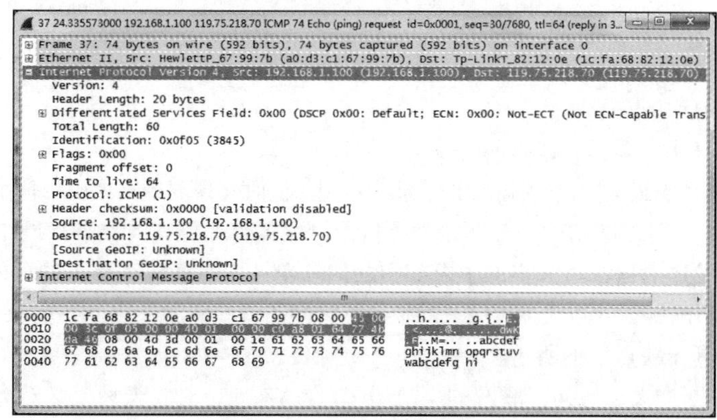

图 6-14　报文格式详细图

当经过防火墙的 NAT 之后，报文中的地址如图 6-15 所示，通过 Wireshark 进行报文分析的详细结果如图 6-16 所示。

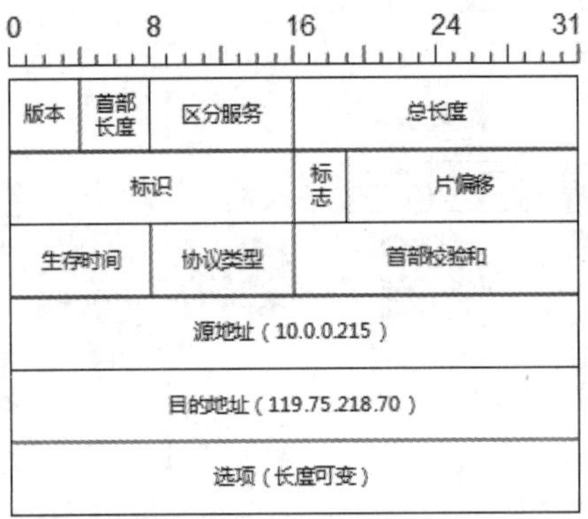

图 6-15　经过防火墙后地址结构图

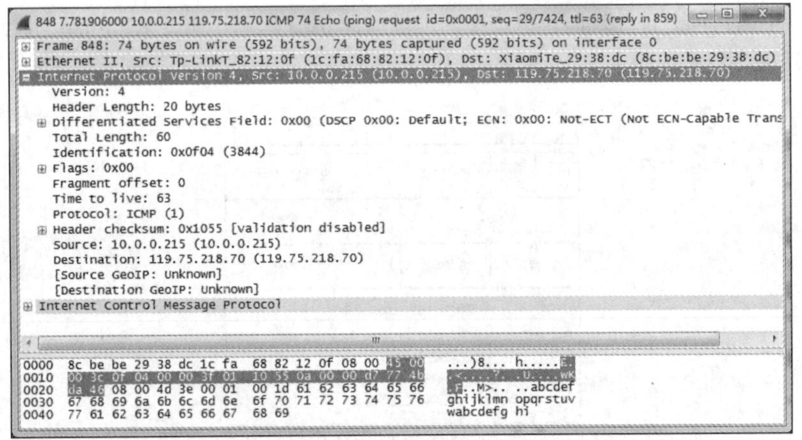

图 6-16　NAT 转换后报文格式图

通过上面报文中地址的转变，可以看出经过 NAT 转换地址，当发送数据的时候，源地址会发生改变，从而实现访问。

（4）NAT 技术的优缺点

总体来说，NAT 技术主要具有以下两个优点。

1）使用 NAT 技术能够最大限度地减少 IP 地址的占用，同时实现局域网内用户自由共享互联网资源。

2）利用 NAT 技术，可以做到对外部网络隐藏内部网络的体系结构，在外部网络中无法知道究竟是哪台内部主机接受或发送数据，大大增加了内部网络的安全性，遭遇黑客攻击的可能性也就大大降低。

随着网络规模的不断扩大，以及 NAT 技术本身依然存在一些问题，因此在防火墙实现 NAT 时，该技术在应用中存在的具体缺点如下所述。

1）随着规模的不断扩大，访问互联网的主机增多，NAT 地址对应表规模必然会越来越大，这将导致效率降低，当然，在大型快速的网络中，这种消耗也许是微不足道的。

2）对内部主机的引诱和攻击。通过动态 NAT 可以使得黑客难以了解网络内部结构，但是无法阻止内部网络主机连接黑客主机。如果内部主机被引诱连接到一个恶意主机上，或连接到一个已被黑客安装木马的外部主机上，内部主机将完全暴露。

3）状态表超时问题。当内部主机向外部主机发送连接请求时，动态 NAT 映射表内容动态生成。NAT 映射表条目有一个生存周期，当连接中断时，映射条目清除，或者经过一个超时值（这个超时值由各个防火墙定义）后自动清除。从理论上讲，在超时发生之前，攻击者得到并利用动态网络地址翻译地址映射的内容有可能。

6.2.4 代理技术

（1）简介

代理（Proxy）技术与前面所述的基于包过滤技术完全不同，是基于另一种思想的完全控制技术。采用代理技术的代理服务器运行在内部网络和外部网路之间，在应用层实现安全控制功能，起到内部网络与外部网络之间应用服务的转接作用。同时，代理防火墙不再围绕数据包，而着重于应用级别，分析经过它们的应用信息，从而决定是传输还是丢弃。

（2）代理技术的工作原理

代理服务一般分为应用层代理与传输层代理两种，两种代理的具体内容如下所述。

1）应用层代理。

应用层代理也称为应用层网关（Application Gateway）技术，它工作在网络体系结构的最高层应用层。应用层代理使得网络管理员能够实现比包过滤更加严格的安全策略。应用层代理不用依靠包过滤工具来管理进出防火墙的数据流，而是通过对每一种应用服务编制专门的代理程序，实现监视和控制应用层信息流的作用。防火墙可以代理 HTTP、FTP、SMTP 和 Telnet 等协议，使得内网用户可以在安全的情况下实现浏览网页、收发邮件和远程登录的应用。

如图 6-17 所示，客户机与代理交互，而代理代表客户机与服务器交互。所有其他应用、客户机或服务器的连接都被丢弃。

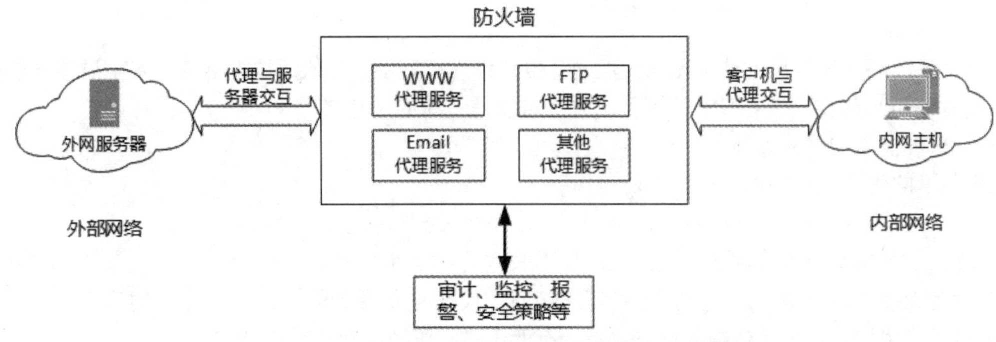

图 6-17　基于代理技术实现防火墙的应用层控制

代理服务通常由两个部分组成：代理服务器端程序和代理客户端程序。代理服务器端程序接受内网用户请求，并按照一个访问规则检查表进行核查，检查表中给出所有请求类型。当证实该请求被允许之后，代理服务器端程序把该请求转发给外部真正的服务程序。一旦会话建立起来，应用层代理程序便作为中转站在内网用户和外部服务器之间转抄数据，因此代理服务器端程序实际上担当着客户机和服务器的双重角色。在客户机和服务器之间传递的所有数据均由应用层代理程序转发，因此它完全控制着会话过程，并可按照需要进行详细记录。为了连接一个应用层代理服务程序，许多应用层网关要求用户在内部网络的主机上运行一个专用的代理客户端程序。

2）传输层代理。

传输层代理（SOCKS）解决了应用层代理的一种代理只能针对一种应用的缺陷。

SOCKS 代理通常也包含两个组件：SOCKS 服务端和 SOCKS 客户端。SOCKS 代理技术以类似于 NAT 的方式对内外的通信连接进行转换，与普通代理不同的是，服务端实现在应用层，客户端实现在应用层和传输层之间。它能够实现 SOCKS 服务端两侧的主机间互访，而无需直接的 IP 连通性做前提。SOCKS 代理对高层应用来说是透明的，即无论何种应用都可以通过 SOCKS 来提供代理。

SOCKS 服务器一般在 1080 端口进行监听，使用 SOCKS 代理的客户端首先要建立一个到 SOCKS 服务器 1080 端口的 TCP 连接，然后进行认证方式协商，并使用选定的方式进行身份认证，一旦认证成功，客户端就可以向 SOCKS 服务器发送应用请求了。它通过特定的“命令”字段来标识请求的方式，可以是对 TCP 的“connect”，也可以是对 UDP 的“UDP Associate”（UDP 穿透）。

（3）代理技术的作用

1）隐藏内部主机。

代理服务器的作用之一就是隐藏内部网络中的主机。由于代理服务器的存在，所以外部主机无法直接连接到内部主机，只能访问到代理服务器，从而保证内部网络中主机免受攻击。

2）过滤内容。

在应用层检查可以扫描数据包的内容。这些内容可能包含敏感的或者被严格禁止流出用户网络的信息，以及一些容易引起安全威胁的数据。其中的一些内容是包过滤技术无法控制的，支持内容的扫描是代理技术与其他安全技术的一个重要区别。

3）阻断 URL。

在代理服务器上可以实现针对网址及服务器的阻断，以阻止内部用户浏览不符合组织或机构安全策略的网站内容。

4）身份验证。

代理技术能够实现包过滤技术无法实现的身份认证功能。将身份认证技术融合进安全过滤功能中能够大幅度提高用户的安全性。身份认证技术方式可以是传统的用户账号/口令等。

（4）代理技术的优缺点

代理技术的优点主要为以下几个方面。

1）禁止内部网络与外部网络直连，减少了内部主机受到直接攻击的危险。

2）提供了各种用户身份认证手段，从而加强服务的安全性。

3）因为连接是基于服务而不是基于物理连接的，代理防火墙不易受 IP 地址欺骗的攻击。

4）位于应用层，提供了详细的日志记录，有助于进行细致的日志分析和审计。

5）代理防火墙的过滤规则比包过滤防火墙的过滤规则更简单。

代理技术的缺点主要为以下几个方面。

1）代理服务程序很多都是专用的，不能够很好地适应网络服务和协议的不断发展。

2）在访问数据流量较大的情况下，代理技术会增加访问的延迟，影响系统的性能。

3）应用层代理还不能够完全支持所有的协议。

4）代理系统对操作系统有明显的依赖性，必须基于某个特定的系统及其协议。

6.3 防火墙的技术标准

防火墙通用技术要求通常分为功能、性能、安全和保证四个大类。功能要求是对防火墙产品应具备的安全功能提出的要求，包括包过滤、应用代理、内容过滤、安全审计和安全管理等；性能要求对防火墙产品应达到的性能指标做出规定，例如吞吐量、延迟、最大并发连接数和最大连接速率等；安全要求是对防火墙自身安全和防护能力提出具体的要求，例如抵御各种网络攻击；保证要求则针对防火墙开发者和防火墙自身提出具体的要求，例如管理配置、交付与操作指南文件等。

根据我国的现状与相关标准对防火墙产品进行安全等级划分。安全等级分为一级、二级和三级三个逐级提高的级别。功能强弱、安全强度和保证要求高低是等级划分的具体依据，而性能高低不做等级划分。以下对这四个方面进行详细介绍。

6.3.1 防火墙功能要求标准

功能要求主要采用增量的描述方法，即二级产品的功能要求应包括一级产品的功能要求，三级产品的功能应该包括一级和二级产品的功能要求。在某些项目，高等级产品的功能要求比低等级产品的功能要求更为严格，则不存在增量的关系。

（1）一级产品功能要求

1）包过滤。

防火墙应具备包过滤功能，具体技术要求如下所示。

- 防火墙的安全策略应使用最小安全原则，即除非明确允许，否则就禁止。
- 防火墙的安全策略应包含基于源 IP 地址、目的 IP 地址、源端口、目的端口以及协议类型的访问控制。

2）应用代理。

应用代理型和符合性防火墙应具备应用代理功能，且应至少支持 HTTP、FTP、TELNET、POP3 和 SMTP 等协议的应用代理。

3）NAT。

包过滤型和复合型防火墙应支持双向 NAT：SNAT 和 DNAT，具体技术要求如下所示。

- SNAT 应至少可实现“多对一”地址转换，使得内部网络主机正常访问外部网络时，其源 IP 地址被转换。
- DNAT 应至少可实现“一对多”地址转换，将 DMZ 的 IP 地址映射为外部网络合法 IP 地址，使外部网络主机通过访问映射地址实现对 DMZ 服务器的访问。

4）流量统计。

防火墙应具备流量统计功能，具体技术要求如下所示。

- 防火墙应能够通过 IP 地址、网络服务、时间和协议类型等参数或它们的组合进行流量统计。
- 防火墙应能够实时或者以报表形式输出流量统计结果。

5）安全审计。

防火墙应具备安全审计功能，具体技术要求如下所示。

- 记录事件类型：被防火墙策略允许的从外部网络访问内部网络、DMZ 和防火墙自身的访问请求；被防火墙策略允许的从内部网络和 DMZ 访问外部网络服务的访问请求；从内部网络、外部网络和 DMZ 发起的试图穿越或到达防火墙的违反安全策略的访问请求；试图登录防火墙管理端口和管理身份鉴别请求。
- 日志内容：数据包发生的时间，日期必须包括年、月、日，时间必须包括时、分、秒；数据包必须包含协议类型、源地址、目标地址和端口目标等。
- 日志管理：防火墙应只允许授权管理员访问日志；防火墙管理员应拥有对日志归档、删除、和清空的权限；防火墙应提供能查阅日志的工具，并且只允许授权管理员使用查阅工具；防火墙应提供对审计事件一定的检索和排序能力，包括对审计事件以时间、日期、主体 ID 和客观 ID 等排序功能。

6）管理。

防火墙应具备管理功能，主要技术要求如下所示。

- 管理安全：支持对授权管理员的口令鉴别方式，且口令设置满足安全要求；防火墙应在所有授权管理员、可信主机、主机和用户请求执行任何操作之前，对每个授权管理员、可信主机、主机和用户进行唯一的身份识别。
- 管理方式：防火墙应支持通过 Console 端口进行本地管理；防火墙应支持通过网络接口进行远程管理。
- 管理能力：防火墙向授权管理员提供设置和修改安全管理相关数据参数的功能；防火墙向授权管理员提供设置、查询和修改各种安全策略的功能；防火墙向授权管理员提供管理审计日志的功能。

（2）二级产品功能要求

二级产品除需满足一级产品的功能外，还需要具备以下的功能要求。

1）包过滤。

防火墙应具备包过滤功能，具体技术要求如下所示。

- 防火墙的安全策略可以包含基于 MAC 地址、基于时间的访问控制。
- 防火墙应支持用户自定义的安全策略，安全策略可以是 MAC 地址、IP 地址、端口、协议类型和时间的部分或全部组合。

2）状态检测。

防火墙应该具备状态检测的功能，并且实现不同协议的状态检测。

3）深度包检测。

防火墙应具备深度检测功能。防火墙的安全策略应包含基于 URL 的访问控制与基于电子邮件中的 Subject、To、From 域等进行的访问控制。

4）应用代理。

应用代理型和复合型防火墙应具备 DNS 协议的应用代理。

5）NAT。

包过滤型和复合型防火墙应具备 NAT 功能，具体技术要求如下所示。

- 防火墙应支持动态 SNAT 技术，实现“多对多”的 SNAT。
- 防火墙应支持动态 DNAT 技术，实现“多对多”的 DNAT。

6）IP/MAC 地址绑定。

防火墙应具备 IP/MAC 地址绑定功能，具体技术要求如下所示。

- 防火墙应支持自动或管理员手工绑定 IP/MAC 地址。
- 防火墙应能够检测 IP 地址盗用，拦截盗用 IP 地址的主机经过防火墙的各种访问。

7）动态开放端口。

防火墙应具备动态开放端口的功能，支持主动模式和被动模式的 FTP。

8）策略路由。

具有多个相同属性网络接口（外部网络接口、内部网络接口或多个 DMZ 网络接口）的防火墙应具备策略路由功能，具体技术要求如下所示。

- 防火墙应能够根据数据包源目的地址、接入接口、传输层接口或数据包负载内容等参数来设置路由策略。
- 防火墙应能够设置多个路由表，且每个路由表能包含多条路由信息。

9）带宽管理。

防火墙应具备带宽管理功能，能够根据安全策略中管理员设定的大小限制客户端占用的带宽。

10）双机热备。

防火墙应具备双机热备功能，具体技术要求如下所示。

- 防火墙应支持物理设备状态检测。当主防火墙自身出现断电或其他故障时，备用防火墙应及时发现并接管主防火墙进行工作。
- 在路由模式下，防火墙可支持 VRRP（虚拟路由器冗余协议）。
- 在透明模式下，防火墙可支持 STP（生成树协议）。

11）负载均衡。

防火墙应具备负载均衡功能，能够根据安全策略将网络流量均衡到多台服务器上。

12）安全审计。

防火墙应具备安全审计功能，具体技术要求如下所示。

- 记录事件类型：每次重新启动，记录包括防火墙系统自身的启动和安全策略的启动；要求所有对防火墙系统时钟的修改为手动操作。
- 日志内容：要求指明在管理端口上的认证请求是成功还是失败，若认证请求失败必须记录失败的原因；要求对日志事件和防火墙采取相应措施进行详细的描述。
- 日志管理：防火墙应支持把日志存储和备份在一个安全的、永久性的地方；防火墙应支持只能使用日志管理工具管理日志；防火墙应支持对日志的统计分析并具有生成报表的功能；防火墙中产生的日志可以发送到日志服务器上集中管理。

13）管理。

防火墙应具备安全管理功能，具体技术要求如下所示。

- 防火墙应支持智能卡、USB 钥匙等身份鉴别信息载体；身份鉴别在经过一个可设定的鉴别失败最大次数后，防火墙应终止可信主机或用户建立会话的过程。
- 防火墙应为每一个规定的授权管理员、可信主机、主机和用户提供一套唯一的为执行安全策略所必需的安全属性。
- 远程管理过程中，管理端与防火墙之间的所有通信应加密确保安全；防火墙向授权管理员提供监控防火墙状态和网络数据流状态的功能。

（3）三级产品功能要求

三级产品除需满足一、二级产品的功能要求外，还需要满足以下功能要求。

1）应用代理。

应用代理型和复合型防火墙应具备透明应用代理功能，支持 HTTP、FTP、TELNET、SMTP、POP3 和 DNS 协议。

2）动态开放端口。

防火墙应具备动态开放端口功能，应支持以 H.323 协议建立视频会议、数据库协议以及 VLAN 协议。

3）带宽管理。

防火墙应具备带宽管理功能，能够根据安全策略和网络流量动态调整客户端占用的带宽。

4）双机热备。

防火墙应具备基于链路状态检测的双机热备功能，当主防火墙直接连接的链路发生故障而无法正常工作时，备用防火墙应及时发现并接管主防火墙进行工作。

5）负载均衡。

防火墙应具备基于集群工作模式的负载均衡功能，使得多台防火墙能够协同工作均衡网络流量。

6）VPN。

防火墙可具备 VPN 功能，具体技术要求如下所示。

- 防火墙应支持以 IPSec 协议为基础构建 VPN。
- 防火墙应支持建立“防火墙至防火墙”和“防火墙至客户机”两种形式的 VPN。
- 防火墙应支持预共享密钥和 X.509 数字证书两种认证方式来进行 VPN 认证。
- 防火墙所使用的加密算法和验证算法应该符合国家密码管理的有关规定。

7）协同联动。

防火墙应具备与其他安全产品的协同联动功能（例如 IDS），具体技术要求如下所示。

- 防火墙应按照一定的安全协议与其他安全产品协同联动，并支持手工与自动方式来配置联动策略。
- 防火墙应在协同联动前对与其联动的安全产品进行身份鉴别。

8）安全审计。

防火墙应具备安全审计功能，具体技术要求如下所示。

- 防火墙应记录协同联动响应行为事件。
- 防火墙日志存储耗尽，防火墙应能采取相应的安全措施，包括向管理员报警、基于策略的最早产生的日志删除和系统工作停止。

9）管理。

防火墙应具备管理功能，具体要求如下所示。

- 防火墙应支持指纹、虹膜等生物特征鉴别方式的管理员身份鉴别。
- 防火墙应支持管理员权限划分，至少需分为两个部分，可将防火墙管理、安全策略管理或审计日志管理权限分割。

6.3.2 防火墙性能要求标准

防火墙的性能要求对防火墙应达到的性能指标作出以下规定。

（1）吞吐量

防火墙的吞吐量在不同速率的防火墙上是不同的，具体指标要求如下。

- 防火墙在只有一条允许规则和不丢包的情况下，应达到的吞吐量指标为：当对 64 字节短包时，十兆和百兆防火墙应不小于线速的 20%，千兆及千兆以上防火墙应不小于线速的 35%；当对 512 字节中长包时，十兆和百兆防火墙应不小于线速的 70%，千兆及千兆以上防火墙应不小于线速的 80%；当对 1518 字节长包时，十兆和百兆防火墙应不小于线速的 90%，千兆及千兆以上防火墙应不小于线速的 95%。
- 当防火墙内添加大量访问控制规则（不同的 200 余条）时，防火墙的吞吐量下降应不大于原吞吐量的 3%。

（2）延迟

防火墙的延迟在不同速率防火墙上是不同的，具体指标要求如下。

- 十兆防火墙的最大延迟不应超过 1ms；百兆防火墙的最大延迟不应超过 500μs；千兆及千兆以上防火墙的最大延迟不应超过 90μs。
- 在添加大数量访问控制规则（不同的 200 余条）的情况下，防火墙的延迟所受的影响应不大于原来的 3%。

（3）最大并发连接数

防火墙的最大并发连接数在不同速率防火墙上是不同的，具体指标要求如下。

十兆防火墙的最大并发连接数应不小于 1000 个；百兆防火墙的最大并发连接数应不小于 10000 个；千兆及千兆以上防火墙的最大并发连接数应不小于 100000 个。

（4）最大连接速率

防火墙的最大连接速率在不同速率防火墙上是不同的，具体技术要求如下。

十兆防火墙的最大连接速率应不小于 500 个/s；百兆防火墙的最大连接速率应不小于 1500 个/s；千兆及千兆以上防火墙的最大连接速率应不小于 5000 个/s。

6.3.3 防火墙安全要求标准

防火墙的安全要求是对防火墙自身安全和防护能力提出具体的要求，以下为不同等级产品的安全要求的具体内容。

（1）一级产品安全要求

1）抗渗透性。

防火墙具有一定的抗攻击渗透能力，能够抵御 SYN Flood、源 IP 地址欺骗、IP 碎片包等基本攻击，能够检测和记录端口扫描行为，保护自身并防止受保护网络受到攻击。

2）恶意代码防御。

防火墙应具备基本恶意代码防御能力，能够拦截典型的木马攻击行为。

3）支撑系统。

防火墙的底层支撑系统应满足如下技术要求。

应确保其支撑系统不提供多余的网络服务；而且，不含任何导致防火墙权限丢失、拒绝服务和敏感信息泄露的安全漏洞。

4）非正常关机。

防火墙非正常条件（如掉电、强行关机）关机再重新启动后，应保证安全策略恢复到原来的状态，防火墙的日志不会丢失，同时，管理员需要重新认证。

（2）二级产品安全要求

二级产品除满足一级产品的安全要求外，还应满足以下具体安全要求。

1）抗渗透性。

防火墙应具备较强的抗攻击渗透能力，具体要求如下。

- 防火墙应能够抵御各种典型的拒绝服务攻击和分布式拒绝服务攻击，保证自身安全并防止受保护网络遭受攻击。
- 防火墙应能够检测和记录漏洞扫描行为，包括受保护网络的扫描。
- 防火墙应能够拦截典型邮件炸弹工具发送的垃圾邮件。

2）恶意代码防御。

防火墙应具备较强的恶意代码防御能力，能够检测并拦截激活的蠕虫、木马和间谍软件等恶意代码的操作行为。

3）支撑系统。

防火墙的支撑系统应构建于安全增强的操作系统之上。

（3）三级产品安全要求

三级产品除需要满足一、二级产品的安全要求外，还需要具备以下具体安全要求。

1）抗渗透性。

防火墙应具备很强的抗攻击渗透能力，防火墙应能够抵御网络扫描行为，不返回扫描信息，同时，也要支持黑名单或特性匹配等方式的垃圾邮件拦截策略配置。

2）恶意代码防御。

防火墙应具备很强的恶意代码防御能力，具体技术要求如下。

- 检测并拦截被 HTTP 网页和电子邮件携带的恶意代码。
- 发现恶意代码后及时向防火墙控制台报警。
- 至少每月升级一次，支持在线和离线升级。

3）支撑系统。

防火墙的支撑系统可构建于安全操作系统之上。

6.3.4 防火墙保证要求标准

防火墙的保证要求是针对防火墙自身提出的具体要求。不同等级产品的保证要求是不同的，下面为不同等级产品保证要求的具体内容。

（1）一级产品保证要求

1）配置管理。

配置管理应满足如下要求。

开发者应为防火墙产品的不同版本提供唯一的标识；开发者应针对不同用户提供唯一的授权标识；配置项应有唯一标识。

2）交付与运行。

交付与运行应满足如下要求。

- 评估者应审查开发者是否提供了文档，说明防火墙的安装、生成、启动和使用的过程。用户能够通过此文档了解安装、生成、启动和使用过程。
- 应保证防火墙运行稳定。
- 对输入的错误参数，不应导致防火墙出现异常，且给出提示。

3）安全功能开发过程。

在功能设计时，应该满足以下要求。

- 功能设计应当使用非形式化风格来描述防火墙安全功能与其外部接口。
- 功能设计应当是内在一致的。
- 功能设计应当描述使用所有外部防火墙安全功能接口的目的与方法，适当的时候，要提供结果影响例外情况和错误信息的细节。
- 功能设计应当完整地表示防火墙的安全功能。

开发者应在防火墙安全功能表示的所有相邻对之间提供对应性分析，具体要求如下。

- 防火墙各种安全功能表示（如防火墙功能设计、高层设计、低层设计、实现表示）之间的对应性是所提供的抽象防火墙安全功能表示要求的精确而完整的实例。
- 防火墙安全功能在功能设计中进行细化，抽象防火墙安全功能表示的所有相关安全功能部分，在具体防火墙安全功能表示中应进行细化。

4）指导性文档。

开发者应提供系统管理员使用的管理员指南，该指南应包括如下内容。

- 防火墙可以使用的管理功能和接口。
- 怎样安全地管理防火墙，并对一致、有效地使用安全功能提供指导。
- 所有对防火墙安全操作有关的用户行为的假设。
- 所有受管理员控制的安全参数，如果有可能，则指明安全值。

开发者应提供系统用户使用的用户指南，该指南应包括如下内容。

- 防火墙的非管理用户可使用的安全功能和接口并提供用法。
- 用户可获取应受安全处理环境控制的所有功能和权限并指明用户所承担的责任。
- 指明与用户有关的 IT 环境的所有安全需求，并提供防火墙的安全功能指导。

5）生命周期支持。

开发者所提供的信息应满足如下要求。

- 开发人员的安全管理：开发人员的安全规章制度，开发人员的安全教育培训制度和记录。
- 开发环境的安全管理：开发环境的温/湿度要求和记录，开发环境中所使用安全产品必须符合国家有关规定并提供相应证明材料。
- 开发设备的安全管理：开发设备的安全管理制度，包括开发主机使用管理和记录，设备的采购、修理、处置的制度和记录，上网管理、计算机病毒管理和记录等。

6）测试。

开发者应提供测试分析结果，且该测试文档中所标识的测试与安全功能设计中所描述的安全功能对应。功能测试应满足如下要求。

- 测试文档应包括测试计划、测试过程、预期的测试结果和实际测试结果。
- 评估测试计划应标识要测试的安全功能，并描述每个安全功能的测试概况。

- 评估期望的测试结果应表明测试成功后的预期输出以及每个被测试的安全功能可以按照规定进行运作。

（2）二级产品保证要求

二级产品除需满足以及产品的保证外，还需要具备以下保证要求。

1）配置管理。

在配置管理方面需要配置三个方面：配置管理能力、范围以及接口。

在配置管理能力方面，开发者应使用配置管理系统并提供配置管理文档，且具备全中文操作界面、易于使用和在线帮助，以及为防火墙产品的不同版本提供唯一标识。

在配置管理范围方面，应将防火墙的实现表示、设计文档、测试文档、用户文档、管理员文档和配置管理员文档等置于配置管理之下，从而保证它们的修改是在一个正确授权的可控方式下进行的。

在管理配置接口方面，防火墙应提供各个管理配置项接口，并包括防火墙使用的外部网络的服务项目。

2）交付与运行。

对防火墙的交付与运行应满足如下要求。

- 开发者应使用一定的交付程序交付防火墙，并使用文档描述交付过程。
- 开发者交付的文档应说明在给用户方交付防火墙的各版本时，为维护安全所必须的所有程序。

3）安全功能开发过程。

开发者所提供的信息应满足如下要求。

- 防火墙高层设计应当描述每一个防火墙安全功能子系统所提供的安全功能，提供了合适的体系结构来实现防火墙安全功能要求，并定义所有子系统之间的相互关系。
- 高层设计应当标识防火墙安全功能要求的任何基础性的硬件、固件或软件，并且通过这些所实现的保护机制，来提供防火墙的安全功能表示。

4）指导性文档。

管理员指南应满足如下要求。

- 对于应控制在安全环境中的功能和特权，管理员指南应有警告。
- 管理员指南应说明两种类型功能之间的差别：一种是允许管理员控制安全参数，二是只允许管理员获得信息。

用户指南应满足以下要求。

- 对于应该控制在安全处理环境中的功能和特权，用户指南应有警告。
- 用户指南应与提交给测试、评估和认证的其他文件一致。

5）测试。

- 评估测试文档中所标识的测试应当完整。
- 开发者提供的测试深度分析应说明测试文档中所标识的对安全功能的测试，以表明该安全功能和高层设计是一致的。

6）脆弱性评定。

开发者提供指南性文档应满足如下要求。

- 指南性文档应确定对防火墙的所有可能的操作方式，确定它们的后果，并确定对于保持安全操作的意义。
- 指南性文档应列出所有目标环境的假设以及所有外部安全措施的要求。

（3）三级产品保证要求

三级产品除需满足一、二级产品的保证外，还需要具备以下的保证要求。

1）配置管理

在配置管理方面需要配置三个方面：配置管理自动化、能力以及范围。

在配置管理自动化时，应确保配置管理系统只有已授权开发人员才能对防火墙产品进行修改，并支持防火墙基本配置项的生成，同时，配置管理计划应描述在配置管理系统中使用的工具软件。

在配置管理范围时，应确保配置管理系统支持防火墙基本配置项的生成，并且配置管理文档应包括接受计划。

在配置管理范围时，开发者提供的配置管理文件应包含问题跟踪配置范围与开发工具配置管理范围。

2）交付与运行。

交付与运行应满足以下要求。

- 开发者交付的文档应包含产品版本变更控制的版本和版次说明、实际产品版本变更控制的版本和版次说明、监控防火墙程序版本修改说明。
- 开发者交付的文档应包含对试图伪装成开发者向用户发送防火墙产品行为的检测方法。

3）安全功能开发过程。

在安全功能开发过程中，除了满足一、二级产品功能外还需要进行低层设计和提供安全策略模型。

低层设计应满足以下要求。

- 低层设计的表示应当是非形式化的、内外一致的。
- 低层设计应当以模块术语描述防火墙安全功能，应当描述每一个模块的目的，应当以提供的安全功能性和对其他模块的依赖性术语定义模块间的相互关系。
- 低层设计应当描述如何将防火墙分离成防火墙安全策略加强模块和其他模块。

安全策略模型中，开发者所提供的信息应该满足以下要求。

- 开发者应提供一个基于防火墙安全策略子集的安全策略模型。
- 开发者应表明功能规范和防火墙安全策略模型之间的对应性。
- 安全策略模型应当是非形式化的。

4）指导性文档。

管理员指南应该满足以下要求。

- 管理员指南应描述各类需要执行管理功能的相关事件，包括在安全功能控制下改变实体的安全特性。
- 管理指南应包括安全功能如何相互作用的指导。

用户指南应满足的以下要求。

- 用户指南应描述用户可见的安全功能之间的相互作用。

5）测试。

功能测试应满足如下要求。

- 实际测试结果应表明每个被测试的安全功能按照规定进行运作。
- 提供防火墙在整个开发周期内各个阶段的测试报告。

6.4 防火墙的应用模式

6.4.1 家庭网络防火墙应用

（1）需求分析

家庭用户接入互联网一般采用 ADSL 拨号接入，而这种网络完全暴露于互联网之中，不安装防火墙无异于将个人信息暴露，因此需要在家庭电脑与互联网之间构建防火墙，从而防止信息的流出以及恶意信息和病毒的流入对个人电脑的危害。

（2）解决方案

为了解决上述存在的问题，可以在个人电脑与接入的网络之间架构一个防火墙，并且在防火墙配置 NAT 技术，从而使家庭网络变成一个受保护的内部网络。在家庭中单独购买一台硬件防火墙或软件防火墙不仅价格昂贵而且防火墙的作用不能全部被利用，从而造成资源浪费，因此需要选择一台设备，即能满足安全需要，可以作为防火墙保护家庭的网络安全，又不会增加过多成本。家用无线路由器就可以很好地解决上述问题，不仅可以使用有线设备还能发射无线信号，为移动设备提供网络，同时无线路由器也可作为防火墙，因为该设备需要设置 NAT，才能够上网，而 NAT 技术就是把外网转换成内网，因此可以保护家庭内部网络的安全。

（3）关键实施方案

在添加家用路由器（防火墙）之后，家庭网络的结构如图 6-18 所示。

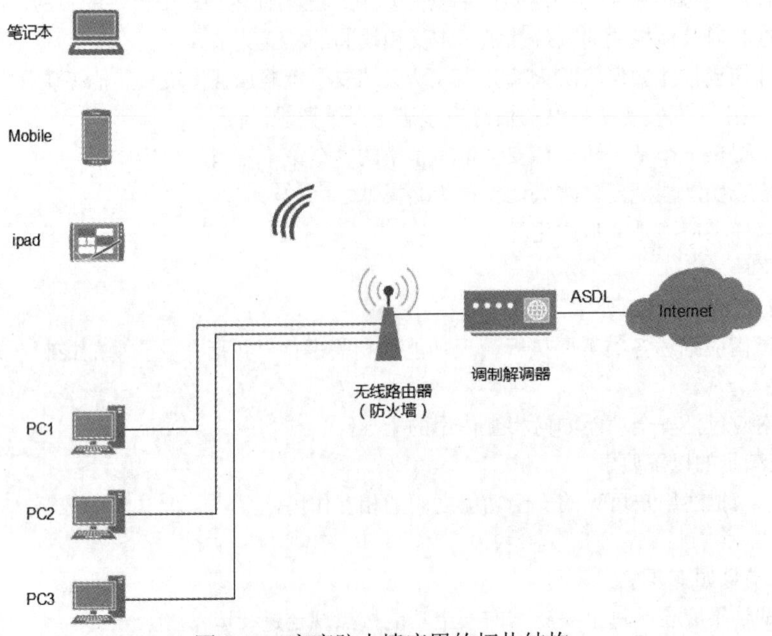

图 6-18　家庭防火墙应用的拓扑结构

当从互联网接入家庭网络中，需要经过调制解调器将信号进行转换，然后连接无线路由器使用 NAT

功能，转换成一段内部网络地址，供家庭上网使用。家庭内的设备通过有线或无线连接到该路由器上，再经过 NAT 功能将转换的内部地址转换成公网地址，从而实现上网功能。

（4）应用优势

家庭使用的路由器设备不仅可以充当防火墙，同时也可以发射无线信号。因此家庭中采用上述结构而实现防火墙应用，主要有以下几个方面的优势。

1）选用无线路由器作为防火墙并实现 NAT 功能，结构简单，具有很高的可迁移性，设备消耗资金少、节约资源。

2）配置较为简单，省去了硬件或软件防火墙麻烦的安装与配置过程。

6.4.2 中小企业防火墙应用

（1）需求分析

各企业不同的物理环境和不同的业务应用将决定各个企业不同的网络拓扑结构、信息系统以及不同方式的数据访问，产生不同的信息资产，具有不同的脆弱性，面临不同的威胁。企业进行网络安全建设，应根据实际情况进行分析，通常考虑以下几点需求。

1）尽可能保证网络不存在漏洞和不安全的系统配置。

2）网络系统能阻止来自外部入侵攻击行为和防止内部员工的违规操作或误操作行为。

3）企业网络与外界网络连接应具有安全边界，保证了良好的安全隔离。

4）企业广域网无论使用哪种方式的互联线路，都应保证数据传输过程的安全，防止重要信息泄露或被修改。

5）保证企业内部重要数据的安全，防止泄密。

6）保证网络安全的可管理性。

（2）解决方案

为了解决上述企业中存在的需求和不安全因素，保证企业内部网络的安全，需要将防火墙本身进行冗余配置，当一个主防火墙被攻陷或者出现故障时，备用防火墙可以检测到主防火墙出现故障，这时备用防火墙就会“接手”主防火墙的所有工作，从而保护网络的安全。

为了防止内部员工或外部人员查看公司内部某些重要资源，可在防火墙上添加包过滤规则，使不同部门允许访问的资源不同，从而保证了公司内部重要资源不被随意查看和篡改。

（3）关键实施方案

在中小企业网络上架构防火墙，主要的拓扑结构如图 6-19 所示。

在中小企业网络上配置冗余防火墙的具体实施过程如下所示。

1）防火墙的架构。该企业需要购买两台防火墙设备，一台作为主防火墙使用，一台作为备用防火墙使用。虽然是备用防火墙，但在该防火墙上的配置与主防火墙的配置相同，这样才能确保在使用备用防火墙时，可根据相同的规则保护内部网络，不会造成网络安全漏洞。

2）防火墙的配置。在配置防火墙规则时，采用防火墙的包过滤技术，如在添加规则时，重要资源信息只能是高层管理员部门地址才可以访问，公司员工不能访问；在公司内部，不允许访问其他部门的重要资源；可根据公司规定，添加能够访问外部网站策略等。

（4）应用优势

1）采用防火墙的冗余配置，从而使防火墙安全保护的可靠性增强，不会因为防火墙故障而造成公司重要资源暴露在互联网上，保障了企业的信息安全。

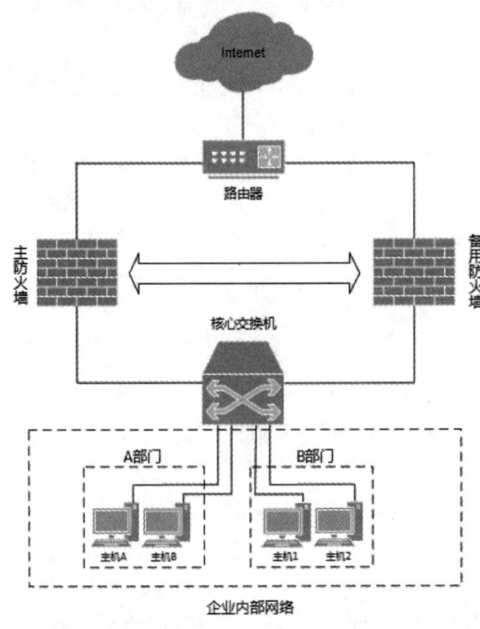

图 6-19　中小企业防火墙的应用

2）通过包过滤技术可以有选择地控制不同网络地址访问某些资源，在配置的过程中也相对简单和方便。

3）在防火墙上使用包过滤技术，检查操作耗时极短、执行效率非常高，不会给企业网络的性能带来不利的影响。

6.4.3　政府机构防火墙应用

（1）需求分析

政府作为国家的职能机关，其信息系统安全跟国家安全紧密结合在一起。信息的可用性、可控性尤为重要。近年随着国内电子政务的蓬勃发展，政务公开、资源共享、网上公文等是政府信息化的必然趋势，这样就不可避免地会涉及信息安全等问题。

政府机构的电子政务外网是一个跨地区、跨部门的综合性网络系统，由国家信息中心同全国省级、副省级、地市级和县级四级政府部门信息中心构成的完整体系。电子政务外网网络面临的最大威胁就是来自互联网的恶意攻击行为，而造成政府机关的信息泄露，因此需要部署安全设备（如防火墙等）来保障政府结构的网络或相关服务的安全性。

（2）解决方案

电子政务外网信息安全规划遵循以下原则：体系化原则、动态化原则、等级化原则、统一管理化原则，基本出发点是整体安全考虑。为了满足国家电子政务外网的业务需求，信息安全运营中心系统与电子政务外网部署的安全设备形成一个完整的安全保障体系，从而实现了高效、全面的网络安全防护、检测和响应。

在政府机构的电子政务网络与互联网之间的链路应该使用高可靠、高安全的配置部署方案，除了增加防火墙等安全设备，还应该保证整体链路的冗余配置，如果单个链路遭到攻击，可以使用备用链路，从而不会使政府机构的网络和业务瘫痪。

（3）关键实施方案

政府机构连接互联网的整体链路冗余配置的拓扑结构，如图 6-20 所示。

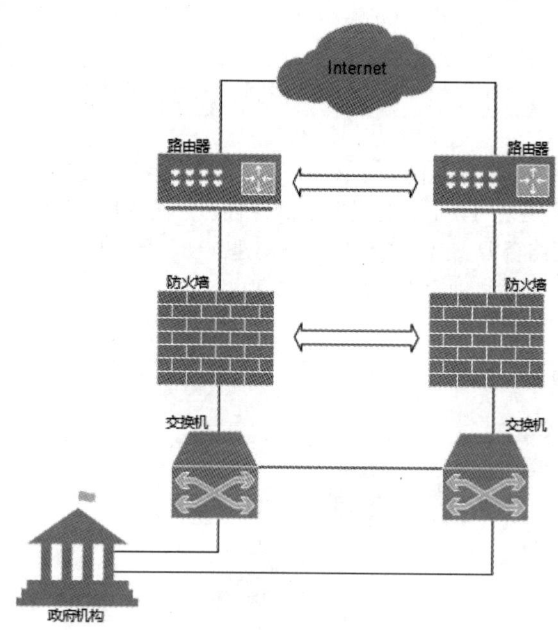

图 6-20　政府机构防火墙应用

政府机构内的电子政务网络可经过两条链路负载连接到互联网，实施内容有以下几个方面。

1）防火墙的架构。在将政府机构内的网络连接到互联网时，需要考虑政府机构的安全需求。因此在连接互联网的链路上应添加防火墙等安全设备，从而在一定程度上保护政府机构的内部网络。

2）配置链路冗余。政府机构里的电子政务网络对安全稳定要求很严格，因此单一链路是完全不能满足要求的。需要部署冗余链路，当原链路中的设备遭到攻击破坏后，可启用冗余链路，从而防止单链路破坏后，造成网络瘫痪现象。

3）配置防火墙。当添加设备完成之后，需要对防火墙的规则进行设定，从而决定哪些网络可以访问。同时在防火墙中也要增加状态检测技术，从而增加对网络中的数据包的过滤程度，提高防火墙的检测安全水平。

（4）应用优势

在政府机构的电子政务网络外，使用链路冗余配置与互联网的连接，不仅对政府机构的网络进行保护，而且也增加了链路的安全性。这种部署方案主要是为了保障要求高安全、高可靠的政府机构网络的运行，防止网络或设备的故障而造成损失。同时，在防火墙中主要采用状态检测技术，增大对网络传来数据包的过滤程度，增加传入政府内部网络数据的安全性。

6.4.4 跨国企业防火墙应用

（1）需求分析

随着企业的不断发展，企业的规模也越来越大。越来越多的企业建立分公司，各个分公司之间通过互联网进行通信。然而互联网是一个不安全、不可靠的通信连接，许多恶意的黑客可以通过一些非法的手段来攻击某些网络而获取网络内的重要资源。因此企业总部与分公司之间不能仅仅只要求可以相互访问，也应该保护公司内部网络资源，防止资源泄露而造成不必要的损失。由于各个分公司分布在各个地方，因此在架构网络时，也应该考虑这一因素，从而可以方便连接和访问。

（2）解决方案

为了解决各个分公司网络内部资源的安全，可在公司网络与互联网之间建立防火墙，在此可以使用防火墙的代理技术，让互联网上的其他设备只能看到该代理（防火墙），而不能查看到各公司内部的资源或设备，从而保护公司网络资源安全；由于各分公司建立在不同地区，因此可以采用分布式的部署方式，满足不同位置的各分公司之间进行访问和资源共享。

（3）关键实施方案

根据上述跨国公司的需求与解决办法，跨国公司部署防火墙的拓扑结构如图 6-21 所示。

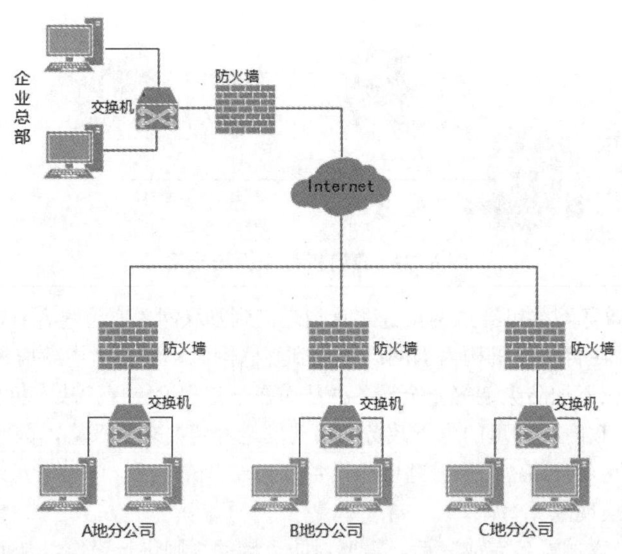

图 6-21　跨国企业的结构图

在互联网与公司之间建立防火墙，并在防火墙设置代理技术，通过在应用层和传输层上的代理，防火墙可以针对不同服务类型进行过滤。如果条件允许，总公司节点应该采用性能高的防火墙，可以采用双机热备模式，对于分公司节点应该采用多功能的防火墙。

（4）应用优势

1）在公司总部防火墙上采用双机热备模式，从而保证总部网络更加可靠。

2）在分公司上采用多功能防火墙，一方面可以保证分公司网络的边界安全，另外也可以通过 VPN 等功能实现远程访问企业内部资源。

3）采用代理防火墙技术，增加防火墙的安全配置性能，进而提升内部网络安全性。

6.5　实践：个人防火墙的实现与应用

防火墙技术在上至大型企业和服务提供商，下到桌面级别都得到了广泛应用。桌面防火墙，也称个人防火墙，是设计用来保护单一系统的，在日常生活中起着重要作用。

本案例主要介绍在不同操作系统上如何实现个人防火墙，以保护单机系统的安全。

6.5.1　Windows 系统防火墙的实现

（1）简介

Windows 防火墙为基于状态检测的防火墙，即只有在 Windows 防火墙确认这个数据包是由主机的某个程序请求的，或者是已经指定为允许通过的流量，才会允许通过。如果收到的数据包是没有经过主机运行的程序发起的，而是直接接收到的（这类连接被称为“未经主动请求的传入连接”），Windows 防火墙会向用户进行询问。Windows 防火墙可以避免那些依赖未允许的流量来攻击计算机的恶意用户和程序。

（2）部署实施

1）启动或禁用 Windows 防火墙。

在安装好 Windows 系统之后，Windows 防火墙默认是启用状态。在 Windows 7 中按顺序依次点击【开始】【控制面板】【系统和安全】【Windows 防火墙】，就打开 Windows 系统中自带的防火墙界面，如图 6-22 所示。

图 6-22　Windows 防火墙界面

默认情况下，Windows 7 系统的防火墙自带三个配置文件，分别适用于“专用网络”“公用网络”以及“域网络”（只有加入域的计算机才会出现与域有关的内容）。但是在同一时间只能使用一种配置文件，具体使用哪种配置文件则取决于所连接网络的类型。

如果打算在 Windows 7 系统上安装第三方防火墙软件，为了避免冲突，或是由于其他一些原因必须禁用网络防火墙。设置的方法是，打开 Windows 防火墙界面，如上图 6-22 所示，点击界面左侧的【打开或关闭 Windows 防火墙】，然后显示【自定义每种类型的网络的设置】界面，如图 6-23 所示，然后根据不同的类型决定 Windows 防火墙行为。

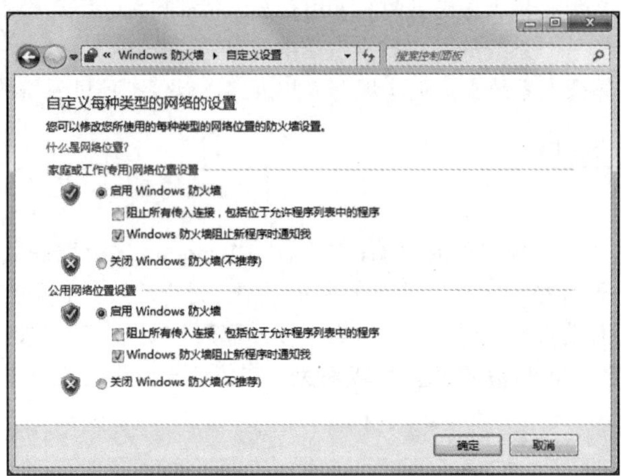

图 6-23　禁用防火墙界面

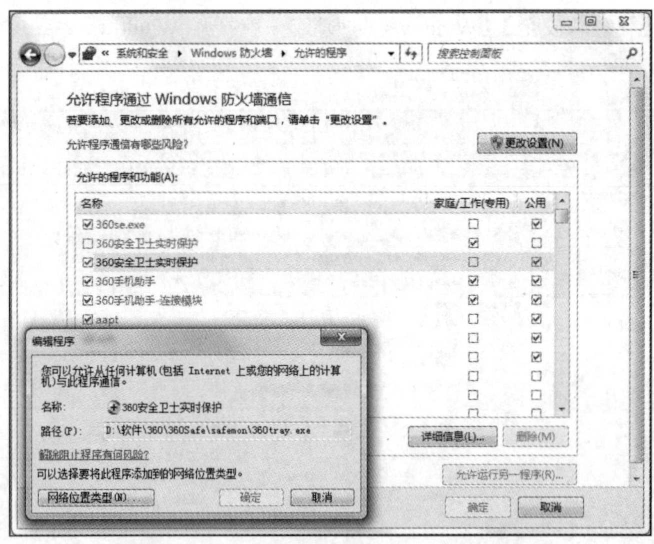

图 6-24　防火墙允许通过的程序和功能

2）管理和添加防火墙允许通过的程序与功能。

点击防火墙界面左侧的【允许程序或功能通过 Windows 防火墙】，可以看到图 6-24 所示的界面。点击【更改设置】，然后对系统内的程序进行设置。

在允许通过防火墙通信的程序，可以被称为 Windows 防火墙的“例外”。更改设置主要有三个方面，分别是启用例外条目、删除例外条目以及创建例外条目。

①启用例外条目。对于显示的所有例外条目，有些在名称前面有勾，有些没有，打勾表示该例外是被启用的，而没有打勾的表明该例外只是被创建，但没有被启用。

②删除例外条目。如果用户确定不再需要某个例外条目，也可以将其选中，然后点击选择【删除】按钮将其删除。

③创建例外条目（如图 6-25 所示）。创建例外条目过程主要遵循以下步骤。

- 在图 6-24 所示的界面上点击【允许运行另一程序】按钮，随后会打开【添加程序】文本框，该文本框列出了系统中已经安装的全部程序。
- 选中目标程序。所选程序的安装路径会显示在程序列表下方的“路径”文本框中。如果需要使用的程序没有列出来，也可以单击【浏览】按钮，使用出现的“浏览”对话框定位程序，在这里选择程序的主文件，通常是.exe 文件。
- 选择要创建例外程序后，需要点击【网络位置类型（N）…】，为创建的例外程序添加应用的网络范围。
- 设置好应用范围之后，点击【添加】按钮，就完成例外程序的添加。

图 6-25　添加通过程序图

3）防火墙的高级设置。

打开防火墙的高级设置（如图 6-26 所示）有以下三种方法。

- 在 Windows 防火墙的界面中点击左侧的【高级设置】，可以打开防火墙的高级配置页面。
- 在运行中输入“secpol.msc”，打开本地安全策略控制台，然后再从左侧的节点中选择【高级安全 Windows 防火墙】节点。
- 在运行中输入“wf.msc”，可快速直接打开防火墙高级配置界面。

在高级安全 Windows 防火墙界面中，可以查看防火墙的以下各项功能内容。

- 在“入站规则”节点下可以看到所有控制传入连接的规则。
- 在“出站规则”节点下可以看到所有控制传出连接的规则，而控制传出连接是“高级安全 Windows

防火墙”和“Windows 防火墙”的最主要区别。

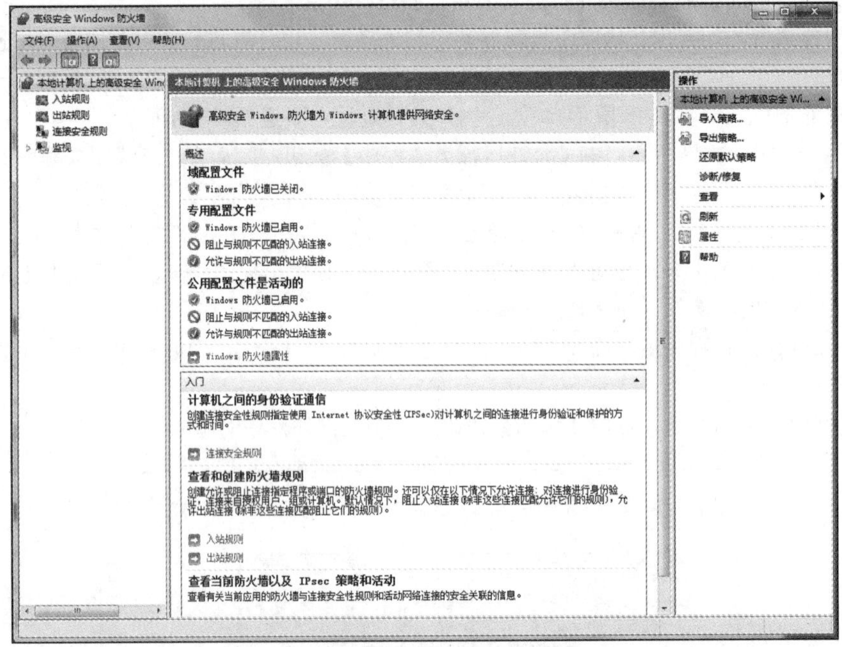

图 6-26 高级安全 Windows 防火墙界面

- 在“连接安全规则”节点下定义计算机如何以及何时使用 IPSec 进行身份验证。
- 在“监视”节点下可以看到“高级安全防火墙”的各种工作状态。

4）添加规则。

添加入站和出站规则的过程是一样的，只是添加入站规则主要用于控制网络上其他计算机主动发起到本机的连接，通过添加入站规则，可以有效地控制外界主机对本机的主动连接情况；而出站规则主要用于控制本机主动发起到网络上其他计算机的连接，通过添加出站规则，可以更有效地控制本机对外界主机的主动连接情况。

本次以创建一个禁止通过某端口出站的规则为例，主要步骤如下所示。

①在图 6-26 中的界面中，首先选中【出站规则】节点，然后右击鼠标，选择【新建规则】，随后打开如图 6-27 所示的【新建出站规则向导】对话框。

②选择规则类型。选择【端口】规则类型，然后点击【下一步】按钮。主要规则类型用途分别如下所示。

- 程序：该选项可以为特定的程序创建出站规则。
- 端口：该选项可以为特定的端口创建出站规则。
- 预定义：该选项可以为一些预置的服务创建出站规则，选择该选项后，可以从下拉列表框中选择该规则适用的服务。
- 自定义：该选项可以完全按照用户的需要创建出最合适的规则。当然，选择该选项后，接下来需要配置的选项也是最多的。

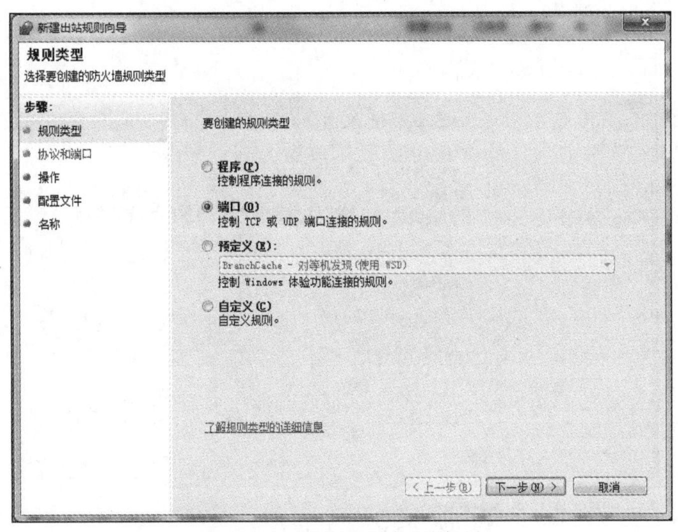

图 6-27　新建出站规则向导

③设置协议和端口。设置规则的传输层协议以及端口。设置端口时，可以选择所有端口也可以指定端口（如图 6-28 所示），当设置完成之后，点击【下一步】按钮。

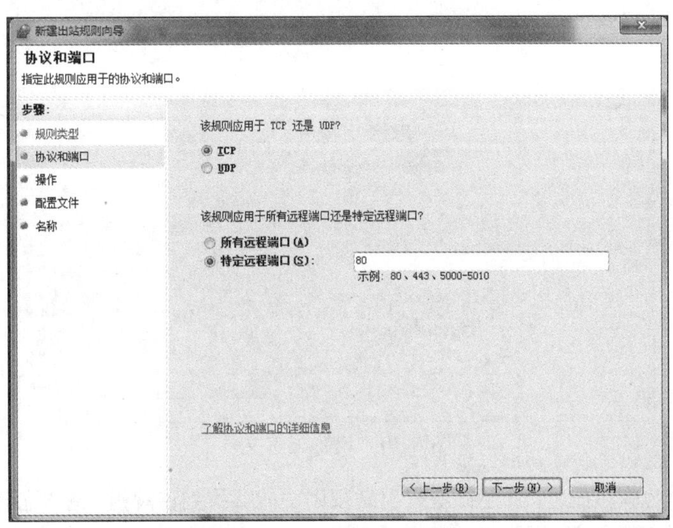

图 6-28　添加协议与端口

④设置操作类型。主要有 3 种操作类型，分别为允许连接、只允许安全连接和阻止连接。允许连接和阻止连接都是直接对上述条件进行直接的判定；而当选择【只允许安全连接】选项后，可点击【自定义】按钮，进一步限制允许连接的类型。在本次添加规则中，选择“阻止连接”，然后点击【下一步】按钮，如图 6-29 所示。

⑤为添加的规则设置配置文件，一般默认是将添加的规则全部添加到所有类型的配置文件中，如图 6-30 所示。

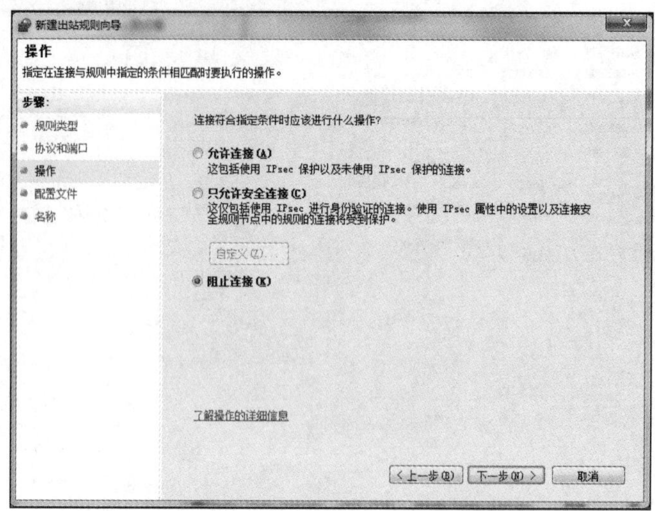

图 6-29　选择操作类型

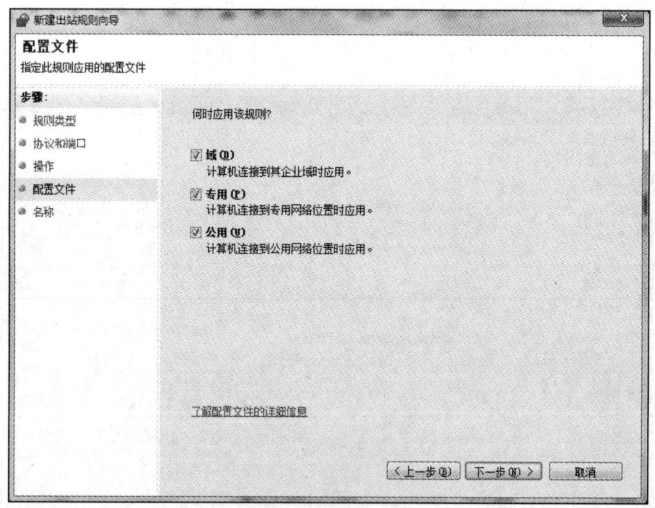

图 6-30　设置配置文件

⑥为该规则添加名称和描述，方便在所有出站规则中能够找到该规则。输入名称之后，点击【完成】，如图 6-31 所示，保存规则设置。

经过上述的步骤，带有条件的规则就添加完成了，可以在相对应的出站规则节点下根据规则名称，找到刚添加的规则，如图 6-32 所示。

（3）应用测试

经过上述添加了一个阻止本地 TCP 协议的 80 端口出站，而 80 端口为 HTTP 的上网端口，因此，在本地的浏览器上，输入其他网站地址，则该请求的数据包将被阻断，从而无法访问网站，如图 6-33 所示。

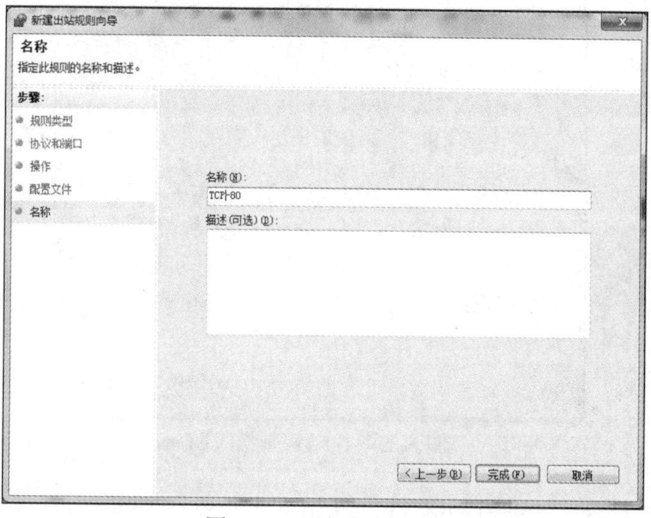

图 6-31　添加规则名称

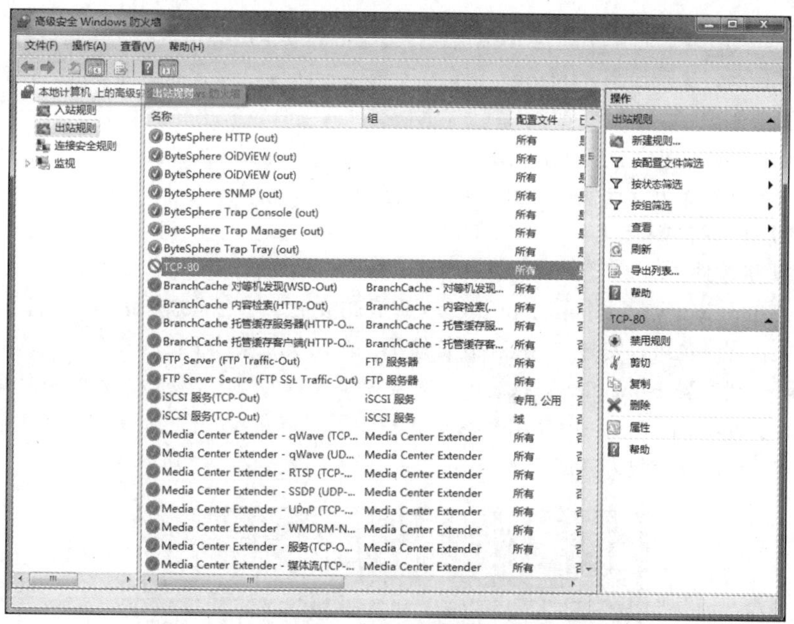

图 6-32　查看添加的规则列表

（4）总结分析

Windows 防火墙也可以控制程序不同地址的访问情况，功能相对强大。但 Windows 防火墙也有很大的不足，即无法直接对程序的网络访问行为进行控制（例如无法禁止某个程序主动访问网络等）。

Windows 防火墙虽然功能没有专业的防火墙强大，但是对于普通用户来说已经足够使用了，并且由于它是嵌入系统内核中的，所以相对第三方防火墙软件，它运行得更加稳定，占用系统资源更少，因此该防火墙是在使用 Windows 系统时必不可少的功能组件。

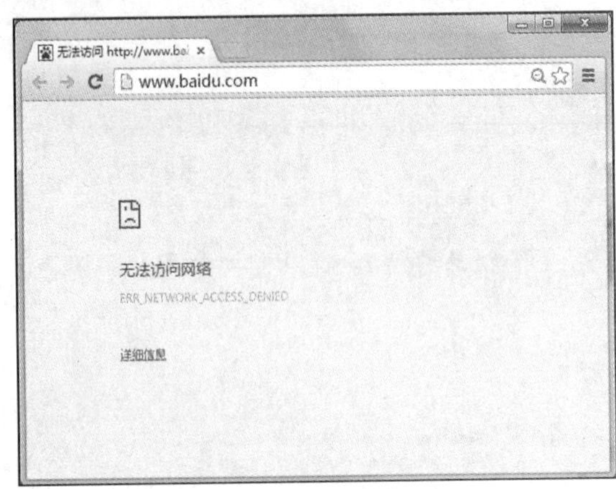

图 6-33　检验规则结果图

6.5.2　Windows 上通过第三方软件实现防火墙

（1）简介

ZoneAlarm 防火墙是 Check Point 公司推出的，集成多种安全服务技术的防火墙软件。把防火墙、反病毒、应用程序控制、家长控制、Internet 锁定、动态安全级别以及域分配等有机结合起来，为计算机提供全方位的安全保护。

ZoneAlarm 防火墙不但可以监视用户计算机是否有危险软件在运行，还可以防止木马程序破坏用户的计算机系统，该软件最大特点就是使用简单、运行稳定、系统资源占用率极少。

（2）部署实施

1）下载防火墙软件。

从官方网站http://www.zonealarm.com下载最新版的安装包。ZoneAlarm 防火墙不仅可以安装在 Windows 系统上，同时也可以安装在 Android 智能手机上，从而保护手机的安全与反病毒侵犯。在本次实训中，将该防火墙安装在 Windows 系统中，来实现个人防火墙。当下载好安装包之后，双击下载的软件，即可开始安装，如图 6-34 所示，在安装的过程中要保持联网，因为此 Setup 程序仅是安装的启动程序，要通过它下载的安装包来完成安装。

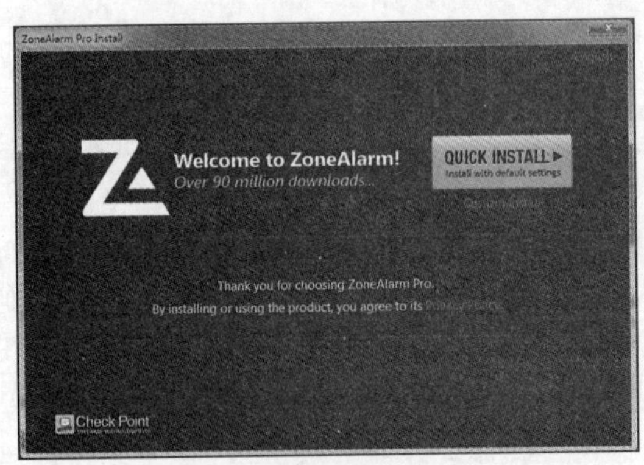

图 6-34　开始安装防火墙

2）安装 ZoneAlarm 防火墙。

点击【QUICK INSTALL】进入快速安装安装界面，选择【Agree】按钮同意并继续安装，就会进入到下载相关安装包的界面，然后该软件会自动默认安装。当安装完成后可输入 Email 地址完成注册，然后点击【Finish】按钮完成安装，如图 6-35 所示。

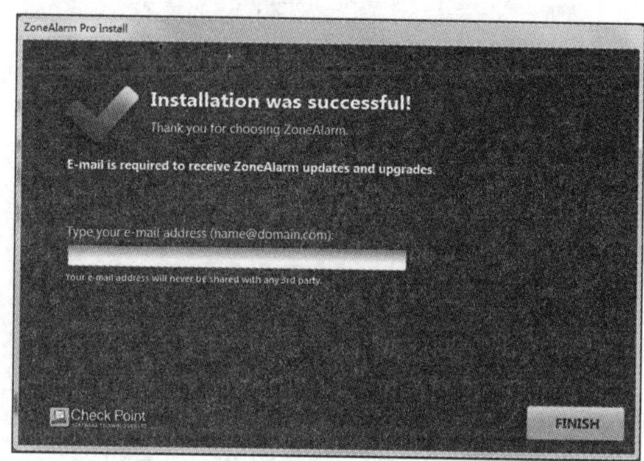

图 6-35　输入 Email 地址完成安装

3）防火墙配置界面。

当安装完成之后，就会出现如图 6-36 所示的防火墙配置界面。该防火墙主要有三个防护模块，分别为：ANTIVIRUS & FIREWALL（杀毒与防火墙）、WEB & PRIVACY（网站与隐私）以及 MOBILITY & DATA（流动性与数据）。

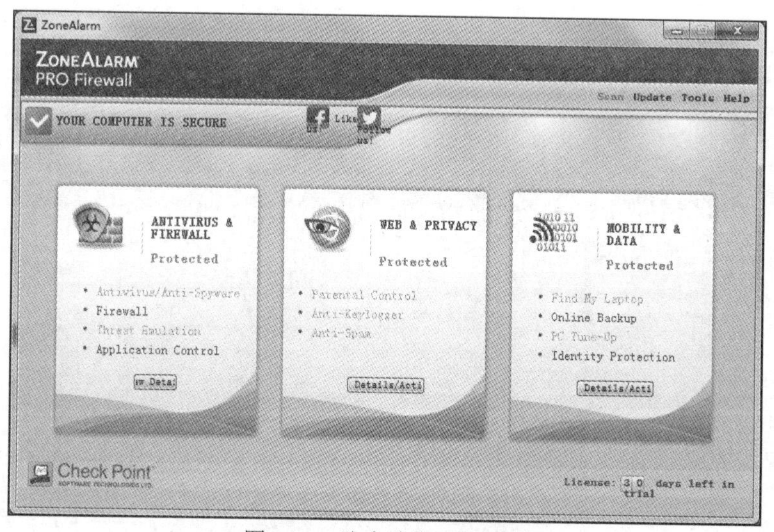

图 6-36　防火墙的配置界面

4）配置防火墙。

点击图 6-36 中的【ANTIVIRUS & FIREWALL】模块，打开如图 6-37 所示的界面，然后点击【Advanced Firewall】或【Application Control】对防火墙进行设置。

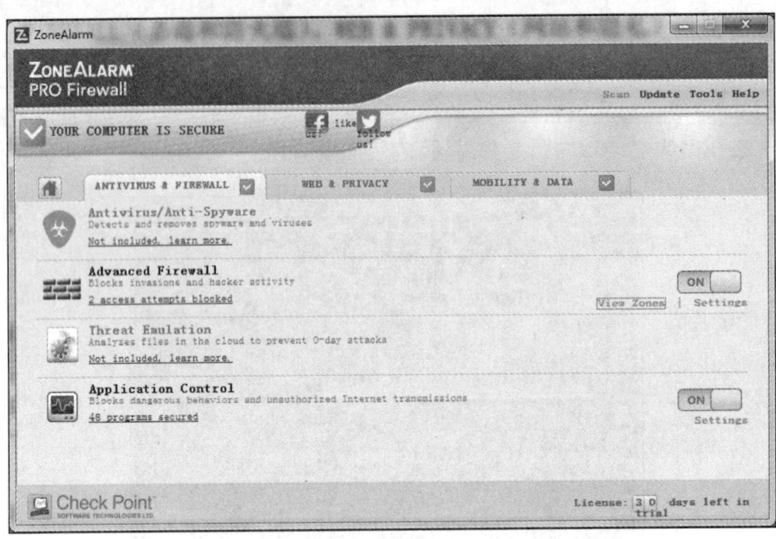

图 6-37　配置防火墙

①防火墙高级设置。

ZoneAlarm 防火墙采用域（Zone）的管理方式，使得用户管理更简单，只需把对象简单地分成三个域：可信对象域（Trusted Zone）、不可信对象域（Blocked Zone）以及不确定安全对象域（Internet Zone）。

点击高级防火墙下的警告事件，可以设置警报事件的程度以及对防火墙的日志进行设置和查看，如图 6-38 所示。

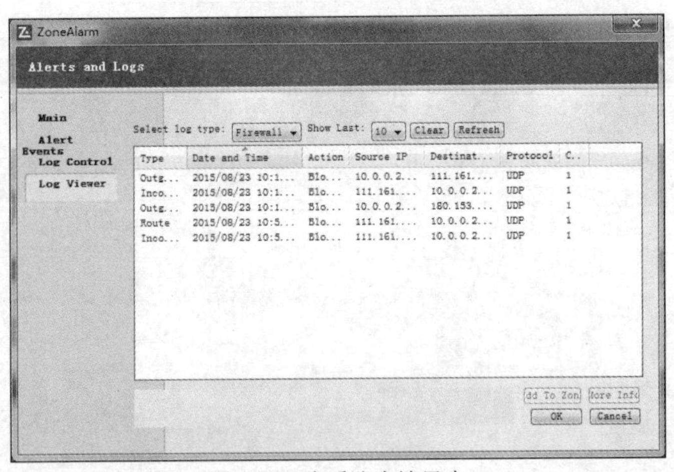

图 6-38　查看防火墙日志

点击高级防火墙的【View Zone】，可以查看已经添加过的可信任对象域、公共域、高级设置、专门规则以及添加的域的显示，如图 6-39 所示。点击【Expert Rules】，如图 6-40 所示，点击【Add】按钮，从而弹出添加规则的文本框，添加源地址、目的地址、协议和规则有效时间，设置规则是允许还是拒绝，如图 6-41 所示，点击【OK】按钮保存规则。

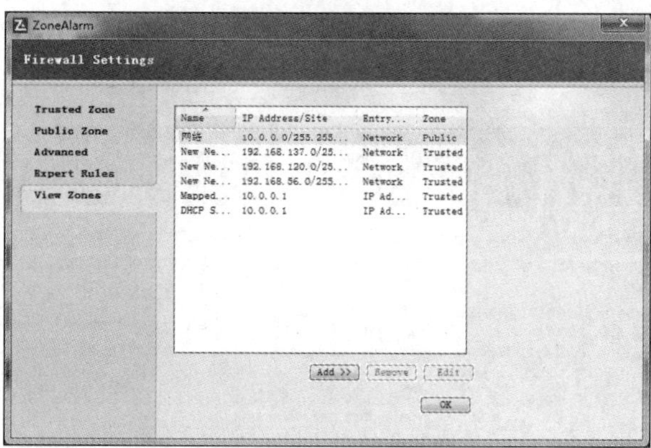

图 6-39　查看防火墙的域

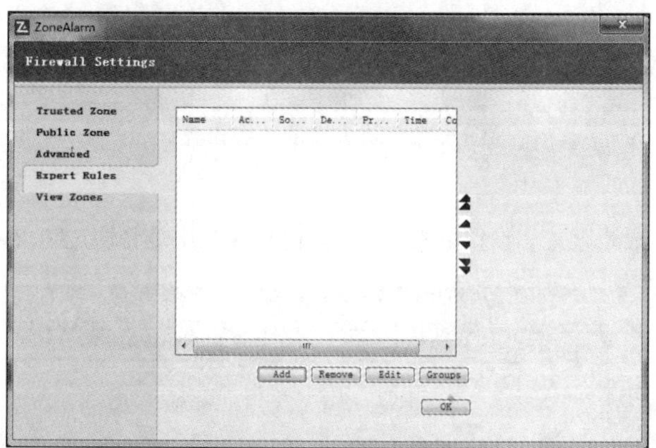

图 6-40　添加相应规则

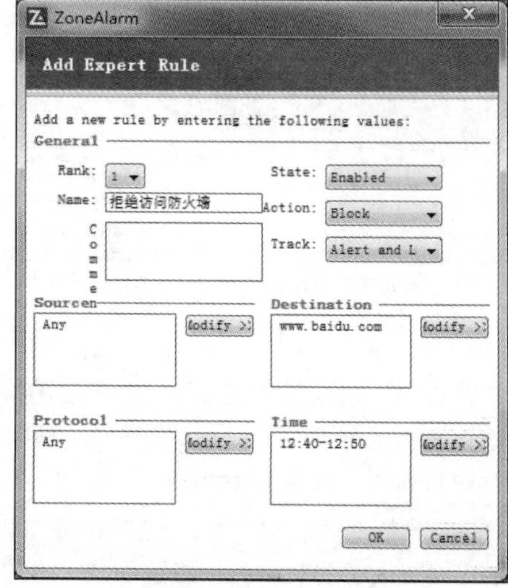

图 6-41　配置防火墙规则

点击高级防火墙的【Setting】，可以对防火墙进行高级设置，如图 6-42 所示，可以拒绝已经允许的规则和可信任对象域中的内容。

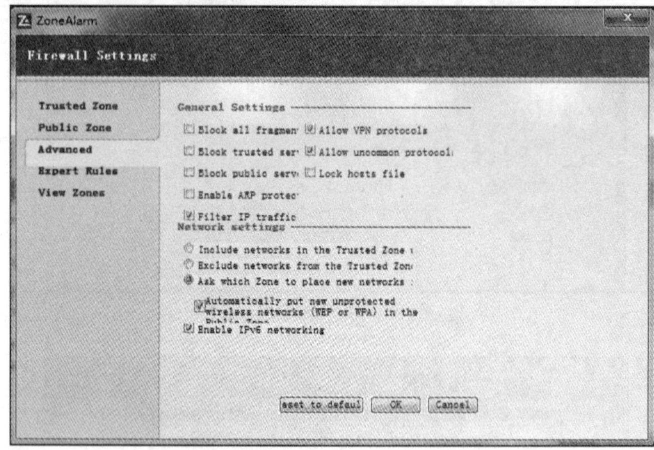

图 6-42　防火墙的高级设置

②防火墙的应用控制。

防火墙的应用控制主要是查看和设置主机中已添加的程序应用是否通过防火墙，如图 6-43 所示。

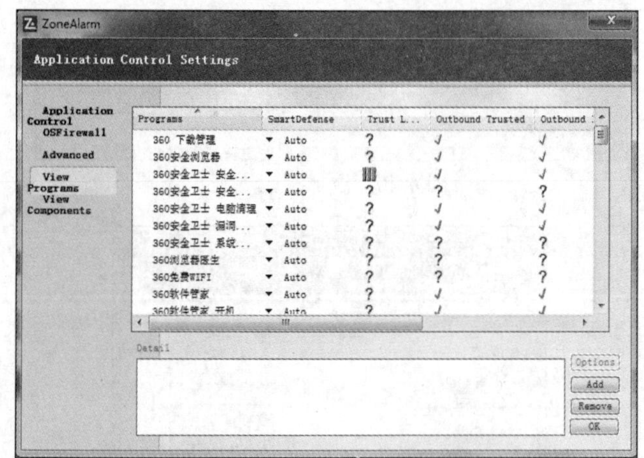

图 6-43　防火墙的应用控制

（3）应用测试

根据上面添加拒绝访问百度的防火墙规则进行测试，同时对添加的规则过期时间进行测试，当在过期时间之内，用本地的浏览器去访问百度的界面，不能访问到百度的界面，如图 6-44 所示；当在过期时间之后，再次访问百度界面，就可以访问，如图 6-45 所示。

（4）总结分析

ZoneAlarm 防火墙通过模块方式将防火墙的功能进行相互划分，同时该防火墙具有 E-mail 保护、身份保护、浏览器保护以及报警和日志等功能。该防火墙的功能十分强大并且丰富，对个人计算机安全性能要求高的用户来说，该防火墙不失为最佳的选择。

图 6-44 规则未过期

图 6-45 规则已过期

6.5.3 通过 IPTables 实现 Linux 防火墙

（1）简介

Linux 系统从 1.1 内核开始，就已经具有包过滤功能，在 Linux 的 2.4 内核中，实现了一个具有包过滤、数据包处理、网络地址转换等防火墙功能框架 netfilter/iptables。

netfilter/iptables 实际是由两个组件 netfilter 和 iptables 组成。netfilter 组件也称为内核空间（Kernel Space），是内核的一部分，由一些数据包过滤表组成，这些表包含内核用来控制数据包过滤处理的规则集。iptables 组件是一种工具，也称为用户空间（User Space），它使插入、修改和删除数据包过滤表中的规则变得容易。

（2）部署实施

本案例在 CentOS 7 的 Linux 操作系统下实现，目的是通过 iptables 实现 Linux 防火墙。主要的部署过程如下所示。

1）安装 iptables 防火墙。

安装 iptables 防火墙的命令如下所示。

```
# yum install -y iptables iptables-services
```

2）查看 iptables 防火墙。

查看 iptables 防火墙的配置文件，主要命令如下所示，配置文件的内容如图 6-46 所示。

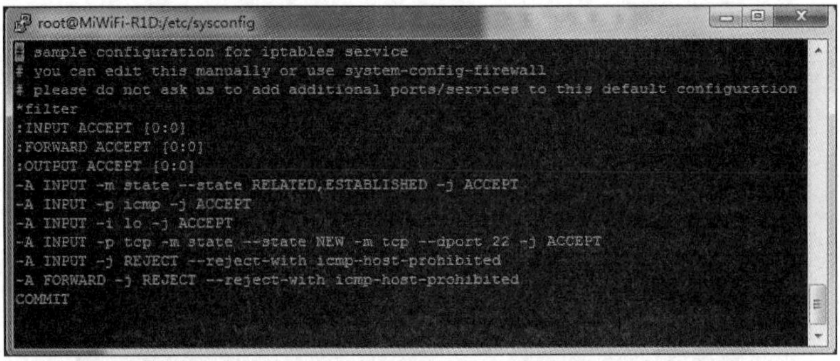

```
root@MiWiFi-R1D:/etc/sysconfig
# sample configuration for iptables service
# you can edit this manually or use system-config-firewall
# please do not ask us to add additional ports/services to this default configuration
*filter
:INPUT ACCEPT [0:0]
:FORWARD ACCEPT [0:0]
:OUTPUT ACCEPT [0:0]
-A INPUT -m state --state RELATED,ESTABLISHED -j ACCEPT
-A INPUT -p icmp -j ACCEPT
-A INPUT -i lo -j ACCEPT
-A INPUT -p tcp -m state --state NEW -m tcp --dport 22 -j ACCEPT
-A INPUT -j REJECT --reject-with icmp-host-prohibited
-A FORWARD -j REJECT --reject-with icmp-host-prohibited
COMMIT
```

图 6-46　iptables 防火墙的配置文件

```
# vi /etc/sysconfig/iptables
```

3）了解 iptables 防火墙的命令格式。

```
# iptables [-t table] <command> [chains] [rule-matcher] [-j target]
  //iptables [指定表] <制定操作命令> [指定链] [制定匹配规则] [制定目标动作]
```

iptables 内置了 filter、nat 和 mangle 三张表，可以使用[-t 表名]来设置对哪张表生效，也可以省略-t 参数，则默认对 filter 表进行操作。

iptables 中常见的 command 选项如表 6-4 所示。

表 6-4　iptables 中常见的 command 选项

参数	功能
-A 或--append	在所选的链尾加入一条或多条规则
-D 或--delete	从所选的链中删除一条或多条匹配的规则
-F 或--flush	清除指定链和表中的全部规则，如未指定链，则所有链都将被消除
-L 或--List	列出指定链中的全部规则，如未指定链，则列出所有链的全部规则
-N 或--new-chain	用命令中指定的名称创建一个新链
-X 或--delete-chain	删除指定的用户自定义链，必须保证链中的规则不在使用才能删除，若未指定链，则删除所有用户自定义链
-P 或--policy	为链设置默认策略，与链中任何规则都不匹配的数据包将被强制使用此策略。用户自定义链没有默认规则，其默认规则是规则链路中的最后一条规则，用-L 命令时它显示在第一行

指定链（chain）的选项如表 6-5 所示。

表 6-5　指定链选项对比表

参数	功能	参数	功能
INPUT	处理输入包的规则链	OUTPUT	处理输出包的规则链
FORWARD	处理转发包的规则链	PREROUTING	对到达且未经路由判断之前的包进行处理的规则链
POSTOUTING	对发出且经过路由判断之后的包进行处理的规则链	用户自定义链	是由 filter 表内置链路来调用的，它是针对调用链获取的数据包进行处理的规则链

制定匹配规则，常用匹配规则如表 6-6 所示。

表 6-6　常用匹配规则参数列表

参数	注释
-s 或--source[!]address[/mask]	指定匹配规则的源主机名称、源 IP 地址或源 IP 地址范围。可以使用！符号表示不与该项匹配
--sport 或--source-port[!]port[:port]	制定匹配规则的源端口或源端口范围，可用端口号，端口范围格式：xxx:yyy
-d 或--destination[!]address[/mask]	制定匹配规则的目的地址或目的地址范围
--drop 或--destination-port[!]port[:port]	制定匹配规则的目的端口或目的端口范围、可用端口号，端口范围格式：xxx:yyy
-p 或--protocol[!]protocol	制定匹配规则的通信协议，如：tcp、udp、icmp 等，如未指定则匹配所有通信协议
-i 或--in-interface[!]interface name[+]	指定匹配规则的对内网络接口名，默认则符合所有接口，可指定暂未工作的接口，待其工作后才起作用，该选项只对于 INPUT、FROWARD 和 PREROUTING 链是合法的
-o 或--out-interface[!]interface name[+]	指定匹配规则的对外网络接口名，默认则符合所有接口，可指定暂未工作的接口，待其工作后才起作用，该选项只对于 INPUT、FROWARD 和 PREROUTING 链是合法的

target 选项用于指定与规则匹配的数据包所要执行的目录动作，要执行的目标动作以-j 参数标识。常用的目标动作选项如表 6-7 所示。

表 6-7　常用目标动作参数列表

表	参数	注释
filter	ACCEPT	允许数据包通过
	DROP	丢弃数据包
nat	SNAT	修改数据包的源地址

续表

表	参数	注释
	MASQUERADE	修改数据包的源地址，只用于动态分配 IP 地址的情况
	DNAT	修改数据包的目标地址
	REDIRECT	将包重定向到进入系统时网络接口的 IP 地址，目标端口改为制定端口
mangle	TTL	用来设置生存周期 TTL 字段的值。TTL 每经过一个路由器将减 1，可以设置--ttl-inc 1，这样经过防火墙后 TTL 的值没变，可以避免防火墙被 traceroute 发现
	TOS	用来设置 IP 表头中 8 为长度的 TOS 字段的值，此选项只在使用 Mangle Tables 时才有效
	MARK	对数据包进行标记，供其他规则或数据包处理程序使用，此选项只在 Mangle 表中使用
扩展	REJECT	丢弃数据包的同时返回给发送者一个可配置的错误信息
	LOG	将匹配的数据包信息，传递给 syslog 进行配置
	RETURN	表示跳离这条链路的匹配，如果是用户自定义链，就会返回到原链的下一个规则处继续检查，如果是内置链，则使用该链的默认策略处理数据包

4）配置 iptables 防火墙。

本案例内容主要为配置 iptables 防火墙的访问控制，主要的配置如下所示。

①拒绝来自某个网络地址的访问，主要命令如下所示。

```
# iptables -A INPUT -s XX.XX.XX.XX -j DROP
```

②拒绝来自某个网络地址通过某端口进行的访问，主要命令如下所示。

```
# iptables -A INPUT -s XX.XX.XX.XX -p 协议 --dport 端口 -j DROP
```

③拒绝来自某段网络的访问，主要的命令如下所示。

```
# iptables -A INPUT -s XX.XX.XX.0/24 -j DROP
```

④拒绝对某个网站或地址的访问，主要的命令如下所示。

```
# iptables -A OUTPUT -d XX.XX.XX.XX -j DROP
```

上述中主要是添加拒绝访问规则，不论是访问内部资源还是外部资源，当没有拒绝单一主机或网络访问时，说明了该主机或网络允许访问。

（3）应用测试

根据上面配置的防火墙的规则，在实际中的测试过程及结果如下所示。

当添加拒绝某个网络地址访问的规则后，该网络地址就不能访问该系统的地址，如图 6-47 为添加规则之前的访问情况；图 6-48 为添加拒绝某地址访问规则之后的访问情况。

当添加拒绝某地址通过某端口的访问，如假设拒绝某端口通过 TCP 协议的 22 号端口访问，则不能通过 putty 连接，但可以通过使用其他协议或者其他端口访问，如图 6-49 内容为通过 putty 连接系统情况，而图 6-50 内容为同一台主机通过 Ping 命令访问系统情况。

当系统添加不能访问防火墙外某个地址的规则时，在规则上设置不能访问到百度地址（119.75.218.70），则通过系统的 Ping 命令访问百度地址，出现如图 6-51 所示的内容。

```
C:\Users\Administrator>ping 10.0.0.240

正在 Ping 10.0.0.240 具有 32 字节的数据:
来自 10.0.0.240 的回复: 字节=32 时间=78ms TTL=64
来自 10.0.0.240 的回复: 字节=32 时间=2ms TTL=64
来自 10.0.0.240 的回复: 字节=32 时间=2ms TTL=64
来自 10.0.0.240 的回复: 字节=32 时间=2ms TTL=64

10.0.0.240 的 Ping 统计信息:
    数据包: 已发送 = 4, 已接收 = 4, 丢失 = 0 (0% 丢失),
往返行程的估计时间(以毫秒为单位):
    最短 = 2ms, 最长 = 78ms, 平均 = 21ms
```

图 6-47　添加规则之前的访问结果

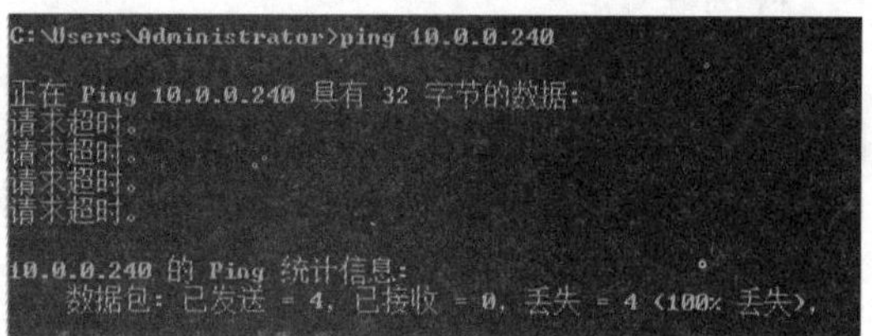

```
C:\Users\Administrator>ping 10.0.0.240

正在 Ping 10.0.0.240 具有 32 字节的数据:
请求超时。
请求超时。
请求超时。
请求超时。

10.0.0.240 的 Ping 统计信息:
    数据包: 已发送 = 4, 已接收 = 0, 丢失 = 4 (100% 丢失),
```

图 6-48　添加规则之后的访问结果

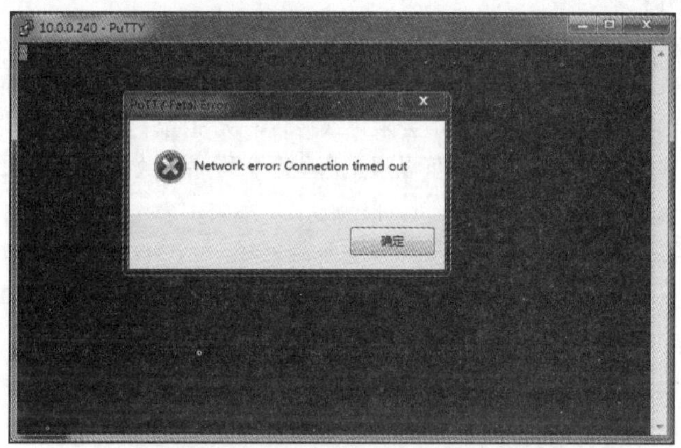

图 6-49　拒绝通过 22 号端口访问情况

```
C:\Users\Administrator>ping 10.0.0.240

正在 Ping 10.0.0.240 具有 32 字节的数据:
来自 10.0.0.240 的回复: 字节=32 时间=74ms TTL=64
来自 10.0.0.240 的回复: 字节=32 时间=2ms TTL=64
来自 10.0.0.240 的回复: 字节=32 时间=2ms TTL=64
来自 10.0.0.240 的回复: 字节=32 时间=2ms TTL=64

10.0.0.240 的 Ping 统计信息:
    数据包: 已发送 = 4, 已接收 = 4, 丢失 = 0 (0% 丢失),
往返行程的估计时间(以毫秒为单位):
    最短 = 2ms, 最长 = 74ms, 平均 = 20ms
```

图 6-50　通过其他协议访问情况

```
[root@MiWiFi-R1D ~]# iptables -I OUTPUT -d 119.75.218.70 -j DROP
[root@MiWiFi-R1D ~]# ping 119.75.218.70
PING 119.75.218.70 (119.75.218.70) 56(84) bytes of data.
ping: sendmsg: 不允许的操作
ping: sendmsg: 不允许的操作
ping: sendmsg: 不允许的操作
ping: sendmsg: 不允许的操作
ping: sendmsg: 不允许的操作
ping: sendmsg: 不允许的操作
ping: sendmsg: 不允许的操作
^C
--- 119.75.218.70 ping statistics ---
7 packets transmitted, 0 received, 100% packet loss, time 6000ms
```

图 6-51　添加规则后访问情况

（4）总结分析

通过对 iptables 防火墙的安装和使用，用户可以构建自己定制的规则，这些规则存储在内核空间的数据包过滤表中。这些规则告诉内核对来自某些源、前往某些目的地或具有某些协议类型的数据包该做些什么，方便系统的检测。同时，该防火墙的配置文件查询方便、规则内容排列整齐，从而使用户更能清楚地查看防火墙的规则。

6.5.4 MAC OS X 上防火墙实现

（1）简介

MAC OS X 系统本身包含防火墙软件，用它可以阻止其他电脑与个人电脑进行不必要的网络通信，从而对主机进行保护。MAC OS X 防火墙与 Windows 防火墙一样，为基于状态检测防火墙，只有在收到防火墙上允许的程序发出的数据时，防火墙才不会阻止或警告，从而允许数据进入主机；反之，系统的防火墙会询问是否允许该程序数据的通过，从而可以阻止那些恶意程序的数据流入到本地，对主机造成破坏。

（2）部署实施

对 MAC 系统上的防火墙进行设置，主要由以下步骤完成。

1）在桌面上，点击桌面上系统的图标，出现选择项后，点击【系统偏好设置...】，弹出如图 6-52 所示的界面。

图 6-52　系统偏好设置图

2）在【系统偏好设置】中选择【安全性与隐私】，如果想要进行设置，需点击左下角的【锁】图标，输入用户名及密码进行解锁，如图 6-53 所示。

3）点击【防火墙】，进入防火墙的设置界面，如图 6-54 所示。本主机已经打开防火墙，如果某种原因需要将防火墙关闭，可点击【关闭防火墙】。

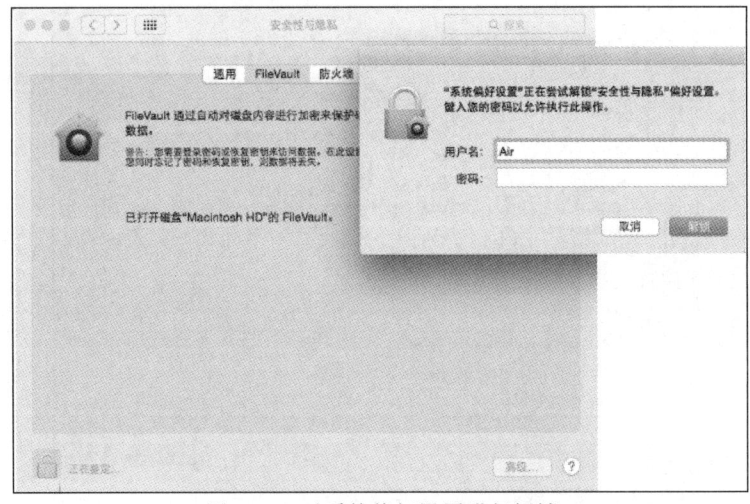

图 6-53　对系统偏好设置进行解锁

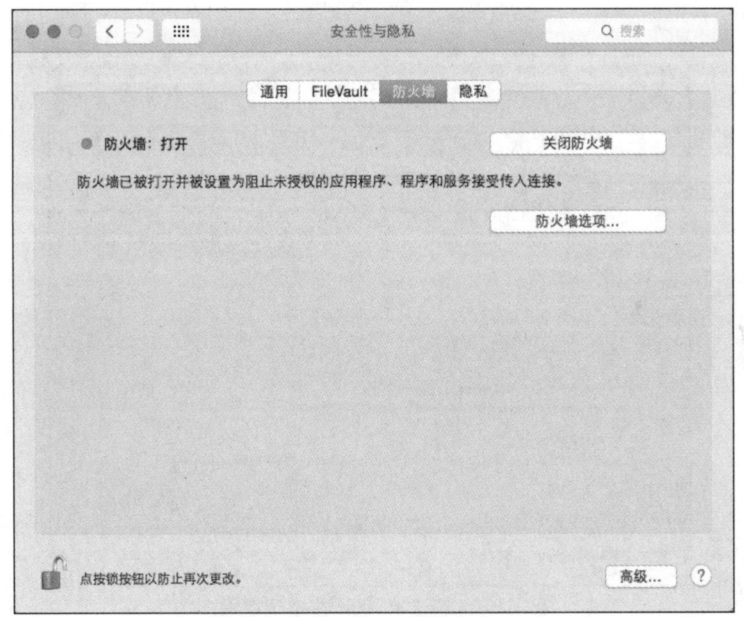

图 6-54　防火墙的设置界面图

4）点击【防火墙选项...】，如图 6-55 所示。在本次选项中可以进行以下几个方面的操作。

- 阻止所有传入连接。该设置是不允许所有传入程序的连接，当打开一些联网程序时，将会被阻止连接。
- 查看允许传入连接的程序。通过查看防火墙允许的程序，来进行测试和验证。当运行这些程序的时候，通过与添加的允许接入程序表进行对比，可以看出这些程序是被允许还是没有被允许。同时，当对已经添加的允许程序连接也可以设置阻止传入连接或删除，如图 6-56 所示。

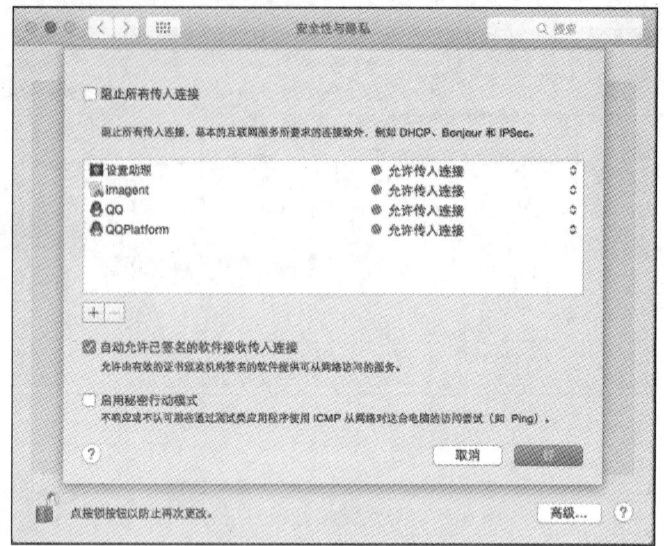

图 6-55　防火墙选项的界面图

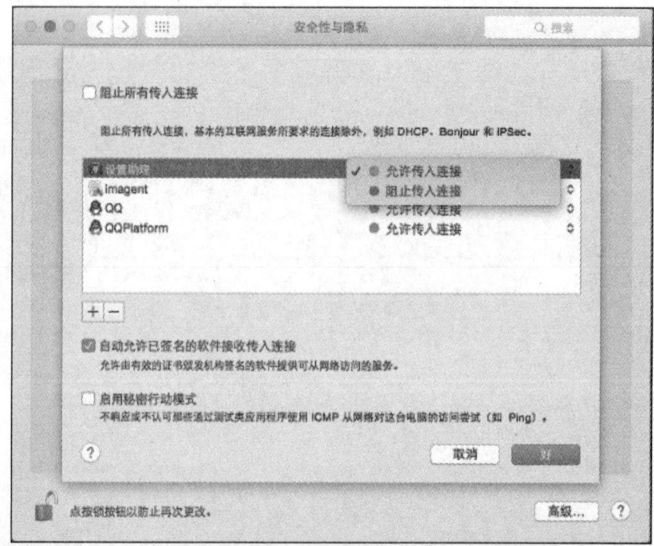

图 6-56　查看和设置添加允许程序

- 添加允许传入连接的程序。点击图 6-56 中的【+】号，可以跳转到该主机上已经安装的程序界面，如图 6-57 所示，然后选择允许连接的程序，点击【添加】按钮，完成对防火墙允许程序的添加。
- 是否允许已签名的软件接受传入连接。当选择该选项后，表明了任何没有签名证书的应用程序都无法访问网络服务。
- 是否启用秘密行动模式。当该模式后，说明在防火墙上对主机进行完全保护，从而使黑客无法找到并攻击本主机电脑。

图 6-57　添加允许传入的程序

当上述设置完成之后，点击【好】按钮，应用添加的配置。

（3）应用测试

根据上述中已经添加过或刚添加的传入连接程序进行测试，当某程序是允许传入连接的（如 QQ 程序），然后在主机上运行该程序，可以直接访问互联网；当某程序没有设置为允许传入连接或者是阻止传入连接的程序，在主机上运行该程序，系统将会提示是否允许连接，当选择允许连接之后，该程序的允许传入连接就会被写入到防火墙里，从而避免以后每次运行都要询问。

（4）总结分析

MAC OS X 防火墙是主机系统自带的防火墙，其不论是关闭还是开启以及在防火墙上的配置都具有简单易操作性。同时，该防火墙内置在操作系统，运行方便稳定且功能强大，因此该防火墙是保护 MAC OS X 系统电脑的重要屏障。

6.6　案例 1：基于 OPNsense 实现企业级防火墙

6.6.1　方案设计

在第三章已经讲述了可通过 OPNsense 实现互联网的接入，本案例中 OPNsense 软件除了承担接入技术之外，还将承担防火墙的功能，从而保证企业的网络安全。企业中许多安全和管理措施都是由防火墙实现的，如限制某些地址不能访问企业的重要资源；限制企业内部人员禁止在什么时间段访问哪些地址；企业内部不同部门之间的相互访问权限等等，都是通过防火墙的不同策略来实现的，因此防火墙的策略对于企业网络来说是至关重要的。

6.6.2　部署实施

（1）设计拓扑图

基于 OPNsense 实现企业级防火墙的拓扑结构如图 6-58 所示。

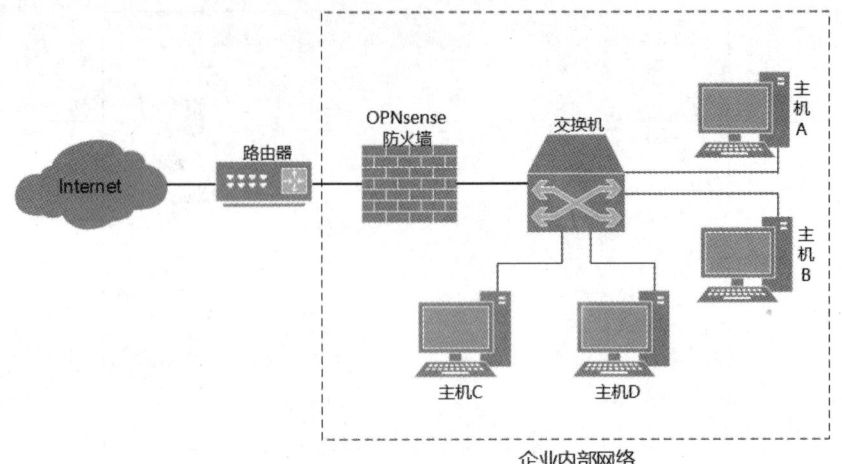

图 6-58　通过 OPNsense 实现企业防火墙

通过部署方案的拓扑结构图，可以看出企业网络的接入是通过路由器实现的，企业网络中的防火墙只是一个透明的防火墙，只起到保护企业内部网络的作用。透明防火墙的首要特点就是对用户是透明的，即用户意识不到防火墙的存在。要想实现透明模式，防火墙必须在没有 IP 地址的情况下工作，不需要对其设置 IP 地址，用户也不知道防火墙的 IP 地址。

（2）配置过程

通过对透明防火墙的策略配置实现了对企业内部网络的保护，主要的步骤如下所示。

1）配置网卡的网桥模式。

首先需要在系统内允许网桥的配置，需要打开 sysctl.conf 配置文件添加内容，主要的命令如下所示。

```
# vi /etc/sysctl.conf
  net.link.ether.bridge.enable=1
  net.link.ether.bridge.config=em0,em1
```

2）创建网桥。

创建一个名为 bridge0 的网桥，其主要命令如下所示。

```
# ifconfig bridge0 create
```

当创建好一个名为 bridge0 的网桥后，需要在 rc.conf 的配置文件中，添加相关配置文件，主要内容如下所示。

```
# vi /etc/rc.conf
  cloned_interfaces="bridge0"
  ifconfig_bridge0="addm em0 addm em1 up"
  ifconfig_bridge0_alias0="inet 10.0.0.100/24"
  ifconfig_em0="up"
  ifconfig_vr0="up"
```

3）重启网卡服务。

当配置上述内容之后，需要重启网卡才能使配置生效，主要的命令如下所示。

```
# /etc/rc.d/netif restart
```

当重启网卡之后，就会出现一个 bridge0 网桥的信息，里面包括了该网桥的两个网卡信息，而这两个网卡就是刚才配置网桥设置网卡信息，如图 6-59 所示。

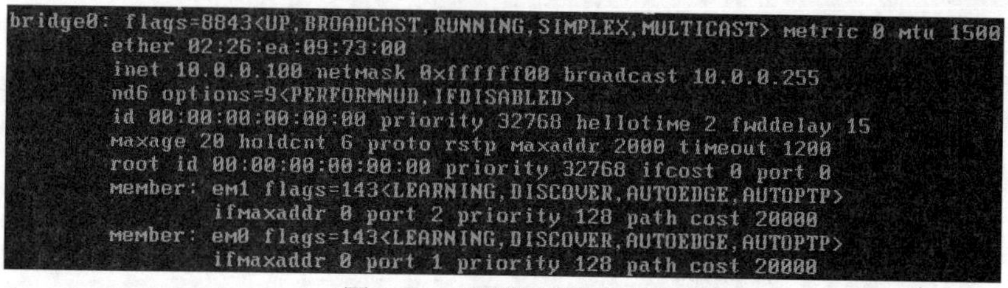

```
bridge0: flags=8843<UP,BROADCAST,RUNNING,SIMPLEX,MULTICAST> metric 0 mtu 1500
        ether 02:26:ea:09:73:00
        inet 10.0.0.100 netmask 0xffffff00 broadcast 10.0.0.255
        nd6 options=9<PERFORMNUD,IFDISABLED>
        id 00:00:00:00:00:00 priority 32768 hellotime 2 fwddelay 15
        maxage 20 holdcnt 6 proto rstp maxaddr 2000 timeout 1200
        root id 00:00:00:00:00:00 priority 32768 ifcost 0 port 0
        member: em1 flags=143<LEARNING,DISCOVER,AUTOEDGE,AUTOPTP>
                ifmaxaddr 0 port 2 priority 128 path cost 20000
        member: em0 flags=143<LEARNING,DISCOVER,AUTOEDGE,AUTOPTP>
                ifmaxaddr 0 port 1 priority 128 path cost 20000
```

图 6-59　配置网桥结果图

4）配置网桥开机自动载入。

配置网桥在系统启动时自动载入，主要命令如下所示。

```
# vi /boot/loader.conf
  bridge_load="YES"
```

5）配置地址。

由于上述防火墙配置是透明的防火墙，因此，在网桥上的两个地址不应该设置 IP 地址，当内部主机连接后，只用在主机上设置地址即可上网。

但如果想在界面上配置对企业网络的访问控制策略，就需要增加一个网卡，并配置网络地址来旁路实现管理。当配置管理地址之后，在企业内部网络中的任何一台主机上的浏览器输入管理地址就可进入防火墙的管理界面进行配置。

6）配置防火墙的相关策略。

配置企业防火墙可根据企业内部的相关规定进行设置，控制企业内部网络的访问情况，保证内部网络的安全，从而实现防火墙在企业中的重要价值。以下为对防火墙的策略进行相关配置。

控制企业内部某个主机或网络地址，不允许访问外部网络中的某个地址或者网络。本次配置是对单个主机不能访问指定网站（如百度，119.75.218.70），主要地址规则配置如图 6-60 所示。

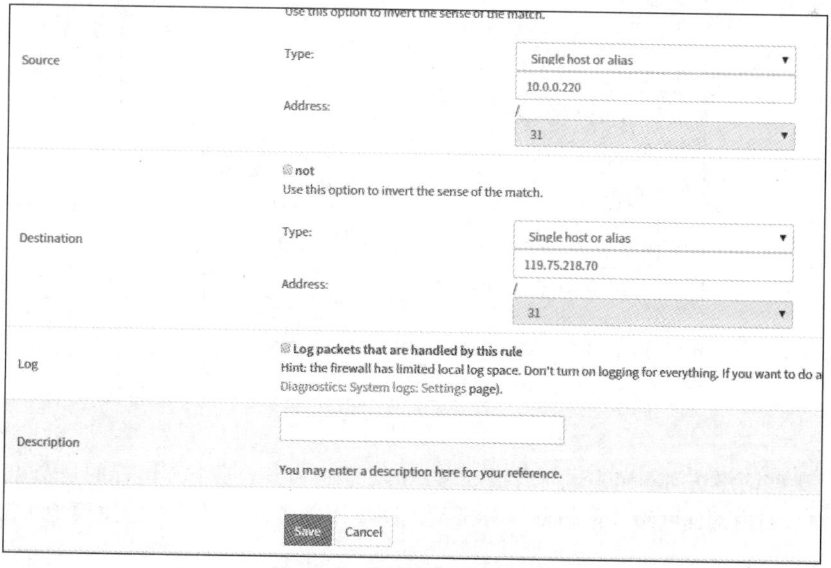

Use this option to invert the sense of the match.
Source　Type: Single host or alias
Address: 10.0.0.220 / 31
Destination　not
Use this option to invert the sense of the match.
Type: Single host or alias
Address: 119.75.218.70 / 31
Log　Log packets that are handled by this rule
Hint: the firewall has limited local log space. Don't turn on logging for everything. If you want to do a
Diagnostics: System logs: Settings page).
Description
You may enter a description here for your reference.
Save　Cancel

图 6-60　配置规则的地址图

6 Chapter

在上述配置中添加策略过期时间，当策略在过期时间内，该策略生效；否则该策略就将“过期”，不会起到任何作用，添加时间表的配置如图 6-61 所示。

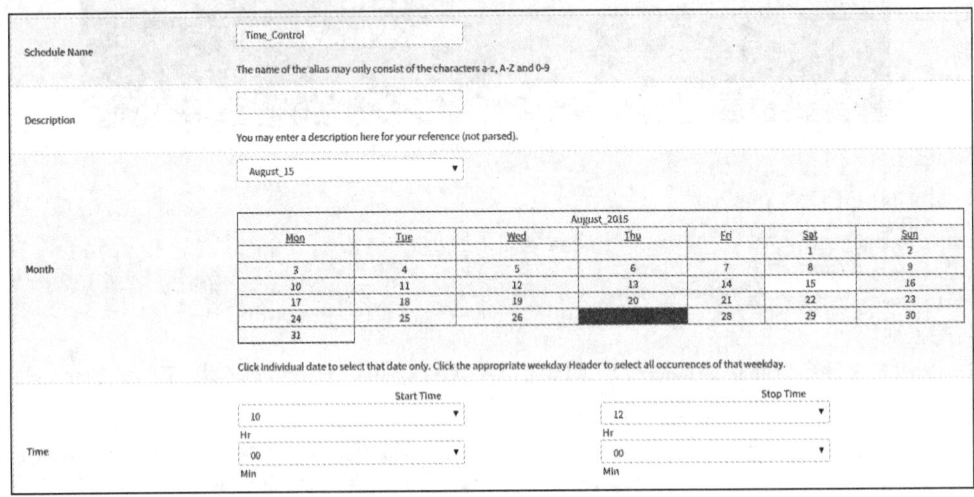

图 6-61　添加时间规则表

当添加规则时，可对该策略进行高级配置。然后可在【Schedule】中选择时间表将上述中的时间表进行添加，如图 6-62 所示，点击【Save】按钮可将该时间表添加到配置规则中。

Advanced features	
Source OS	Advanced - Show advanced option
Diffserv Code Point	Advanced - Show advanced option
Advanced Options	Advanced - Show advanced option
TCP flags	Advanced - Show advanced option
State Type	Advanced - Show advanced option
No XMLRPC Sync	Advanced - Show advanced option
Schedule	Time_Control Leave as 'none' to leave the rule enabled all the time.
Gateway	Advanced - Show advanced option
	Save　Cancel

图 6-62　规则的高级设置

控制外部某些网络访问不允许访问内部资源，例如企业内某台服务器运行的是企业产品的重要信息，必须是本公司内部的网络才能访问，外部其他网络不能访问，其策略的主要地址配置如图 6-63 所示。

经过上述的配置，只有内部网络的主机才可以访问该服务器，其他地址不可以访问。

6.6.3　应用测试

应用测试主要是根据上述对防火墙配置的策略进行测试，看是否生效，因此根据上述的策略进行如下测试。

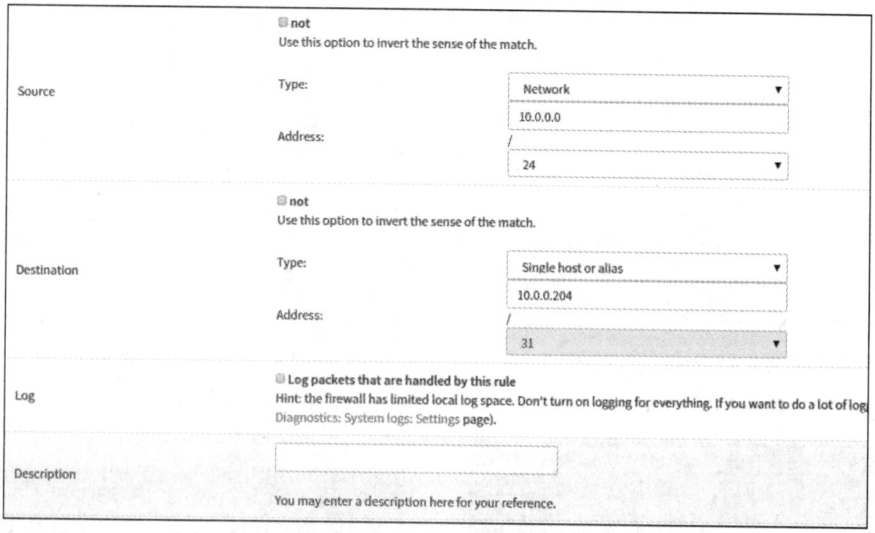

Source
not
Use this option to invert the sense of the match.
Type: Network
Address: 10.0.0.0 / 24

Destination
not
Use this option to invert the sense of the match.
Type: Single host or alias
Address: 10.0.0.204 / 31

Log
Log packets that are handled by this rule
Hint: the firewall has limited local log space. Don't turn on logging for everything. If you want to do a lot of log
Diagnostics: System logs: Settings page).

Description
You may enter a description here for your reference.

图 6-63　添加规则地址图

（1）访问外部测试

对上述配置的内部主机不允许访问百度网站这一策略进行测试，同时还应该在不同的时间进行测试。当测试的时间点在安全策略设置时间表范围内，结果如图 6-64 所示；当时间超过了设定的时间后，再次进行测试，测试结果如图 6-65 所示。

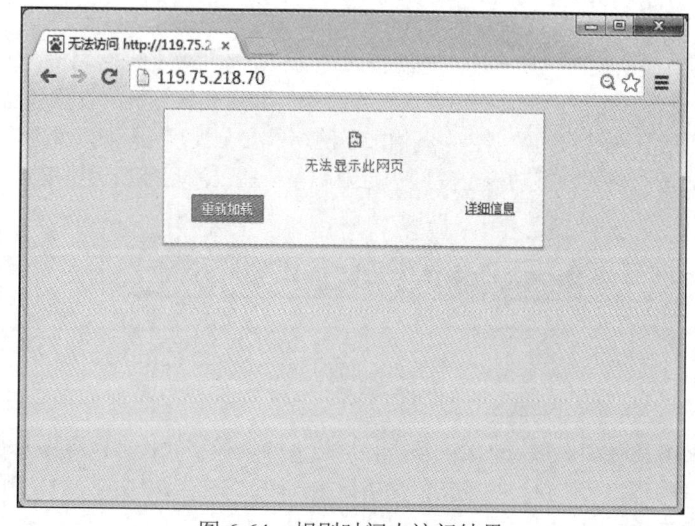

图 6-64　规则时间内访问结果

图 6-65　规则时间范围外访问结果

（2）访问内部测试

对上述配置的不允许外网访问内部的某个地址的策略进行测试。当在企业内部时，某台主机访问该服务器的结果，如图 6-66 所示；当在外部访问该服务器的结果如图 6-67 所示。

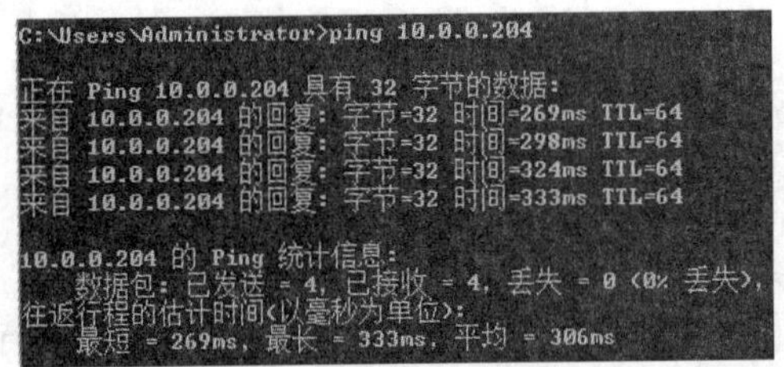

```
C:\Users\Administrator>ping 10.0.0.204

正在 Ping 10.0.0.204 具有 32 字节的数据:
来自 10.0.0.204 的回复: 字节=32 时间=269ms TTL=64
来自 10.0.0.204 的回复: 字节=32 时间=298ms TTL=64
来自 10.0.0.204 的回复: 字节=32 时间=324ms TTL=64
来自 10.0.0.204 的回复: 字节=32 时间=333ms TTL=64

10.0.0.204 的 Ping 统计信息:
    数据包: 已发送 = 4，已接收 = 4，丢失 = 0 (0% 丢失)，
往返行程的估计时间(以毫秒为单位):
    最短 = 269ms，最长 = 333ms，平均 = 306ms
```

图 6-66　内部网络访问结果图

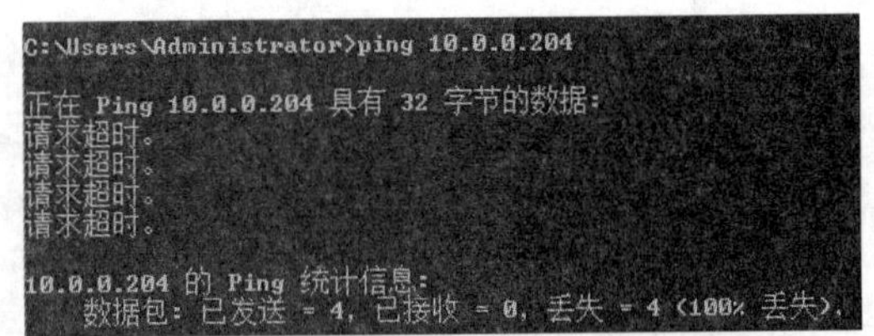

```
C:\Users\Administrator>ping 10.0.0.204

正在 Ping 10.0.0.204 具有 32 字节的数据:
请求超时。
请求超时。
请求超时。
请求超时。

10.0.0.204 的 Ping 统计信息:
    数据包: 已发送 = 4，已接收 = 0，丢失 = 4 (100% 丢失)，
```

图 6-67　外部网络访问结果图

6.6.4　总结分析

通过使用 OPNsense 实现透明防火墙，透明模式的防火墙就好像是一台网桥（非透明的防火墙好像一台路由器），网络设备（包括主机、路由器、工作站等）和所有计算机的设置（包括IP 地址和网关）无须改变，同时解析所有通过它的数据包，既增加了网络的安全性，又降低了用户管理的复杂程度。同时，将防火墙设置成透明模式，其功能也受到一定限制，某些过滤功能在透明模式下无法实现。

6.7　案例 2：基于 CheckPoint 实现企业级防火墙

6.7.1　方案设计

CheckPoint 防火墙是由 CheckPoint 公司研发，该防火墙是最早的状态检测防火墙，拥有状态检测技术专利，支持 300 多种预定义协议，并且支持深层检测，因此该防火墙功能强大，用在企业中可增强内部网络的安全性和稳定性。

6.7.2 部署实施

（1）设计拓扑图

CheckPoint 防火墙在企业中的拓扑结构如图 6-68 所示。

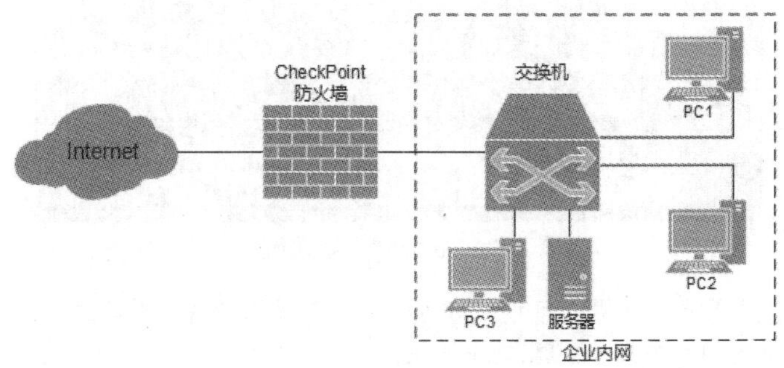

图 6-68　企业网络中防火墙的结构图

（2）安装 CheckPoint 防火墙系统

安装 CheckPoint 防火墙系统主要经过以下步骤。

1）下载防火墙的相关镜像。

可以从官网（http://www.checkpoint.com）上下载镜像，本案例使用的版本为 CheckPoint 的 R77.20_T124这个版本。

2）安装防火墙系统。

将下载好的镜像文件制作成启动设备，然后打开主机加载镜像，进入到系统的安装界面，如图 6-69 所示。选择【Install Gaia on this system】开始安装。系统会加载该镜像和主机上的相关配置，当加载完成之后，会让选择是否继续安装（如图 6-70 所示），点击【OK】按钮后继续。

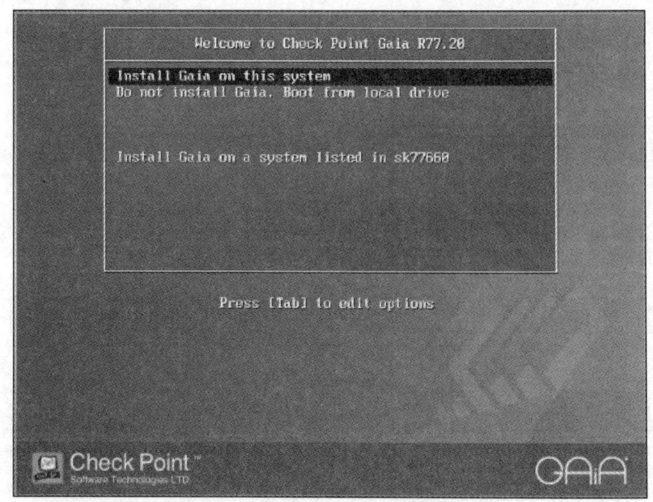

图 6-69　开始安装系统界面图

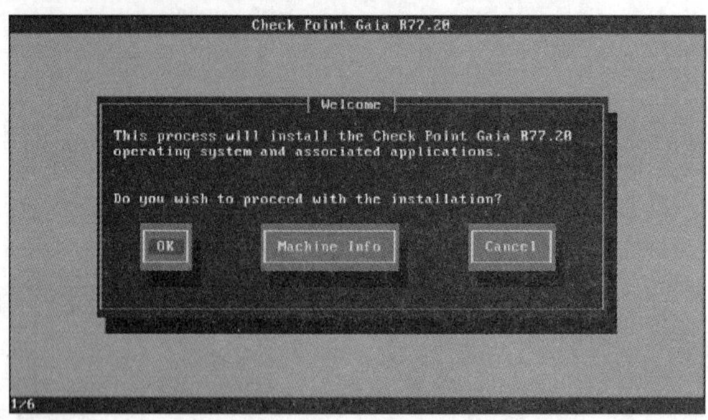

图 6-70　安装防火墙系统图

配置防火墙系统硬件设备，主要包括设置键盘类型，以及系统各文件的大小。

配置防火墙的超级管理员密码，如图 6-71 所示，点击【OK】按钮保存配置。

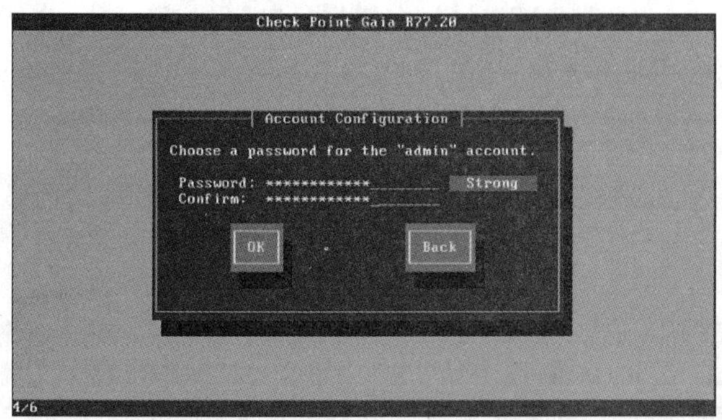

图 6-71　设置超级管理员密码图

为该防火墙配置网络地址，系统会默认一个地址（如图 6-72 所示），然后根据自己需求进行自行配置，配置完成后，点击【OK】按钮保存配置。

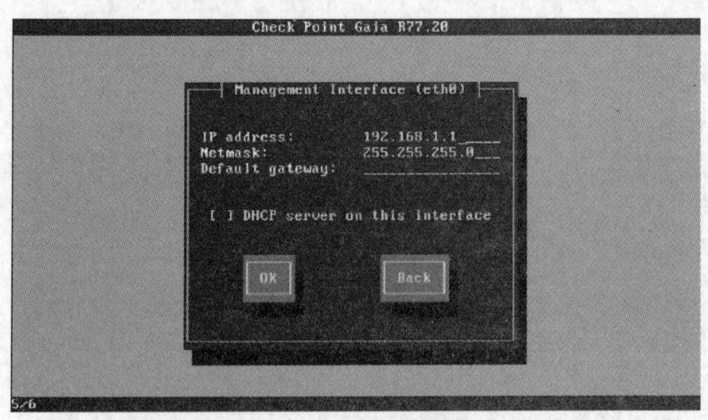

图 6-72　配置地址图

当经过上述的配置之后，系统将上述的配置写入系统中完成配置。

（3）初始化防火墙系统

系统安装完成后，通过 Web 界面完成防火墙的初始化配置。主要经过以下几个步骤。

1）安装系统完成后，通过浏览器访问“https://防火墙 IP 地址”。首次访问时，在 Web 界面上显示第一次配置向导，如图 6-73 所示，点击【Next】按钮继续完成初始化配置。

2）选择安装部署类型。如图 6-74 所示，选择第一项继续对 Gaia R77.20 该版本进行安装配置，点击【Next】按钮继续配置。

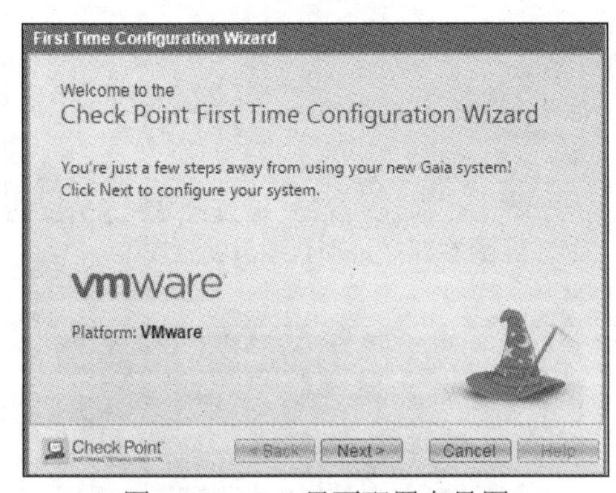

图 6-73　Web 界面配置向导图

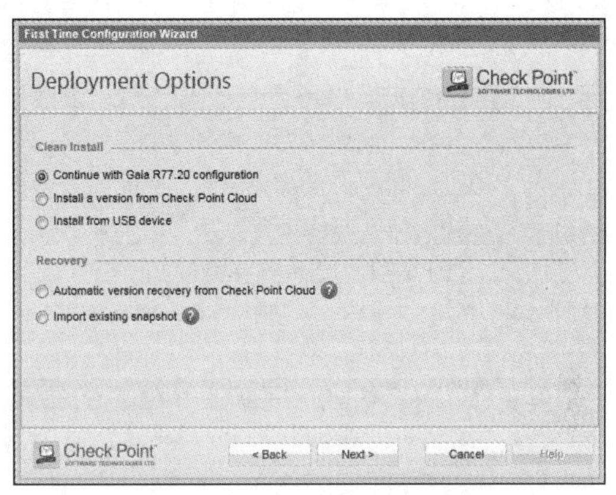

图 6-74　选择安装的版本类型

3）选择部署类型后，需要设置管理连接，主要是对防火墙管理地址配置，如图 6-75 所示。

4）填写设备信息，主要配置设备的名称以及相关 DNS 服务器，如图 6-76 所示。

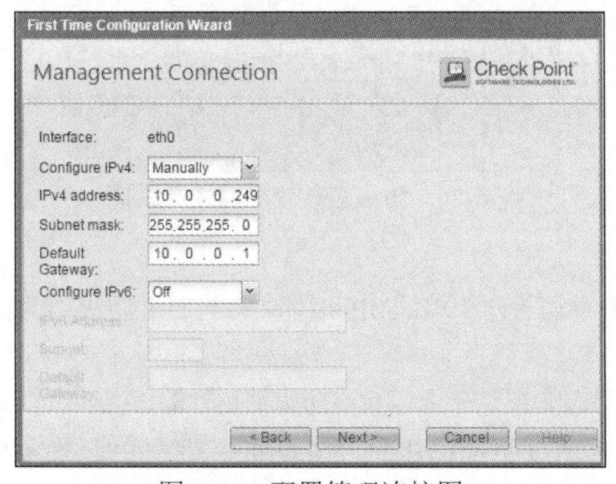

图 6-75　配置管理连接图

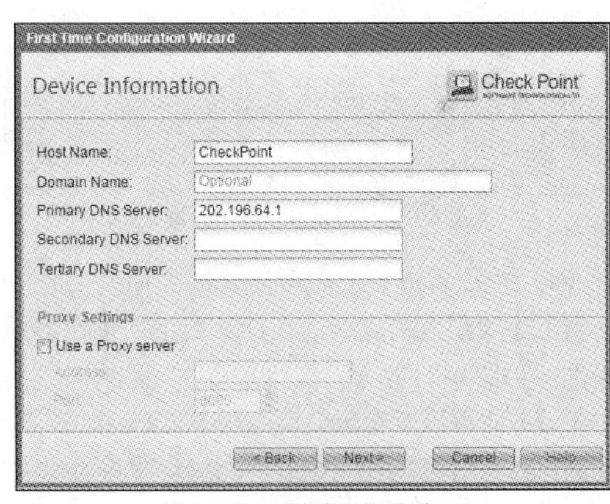

图 6-76　配置设备信息图

5）配置防火墙的系统时间，以及选择安装安全网关与安全管理，如图 6-77 所示。

6）配置管理员的账户及密码，如图 6-78 所示，以及配置防火墙客户端的地址，默认情况下设置为所有 IP 地址。

7）经过上述的界面配置，完成防火墙初始化配置，如图 6-79 所示，当点击【Finish】按钮后开始对上述的配置进行安装，当安装完成之后，将会重启系统。当重启后再次在浏览器中输入防火墙的管理地址，就打开如图 6-80 所示的界面，输入用户名及密码登录到管理界面。

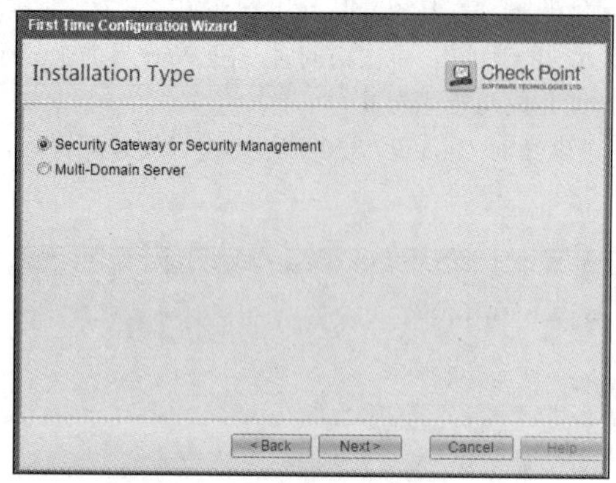

图 6-77　选择安装类型

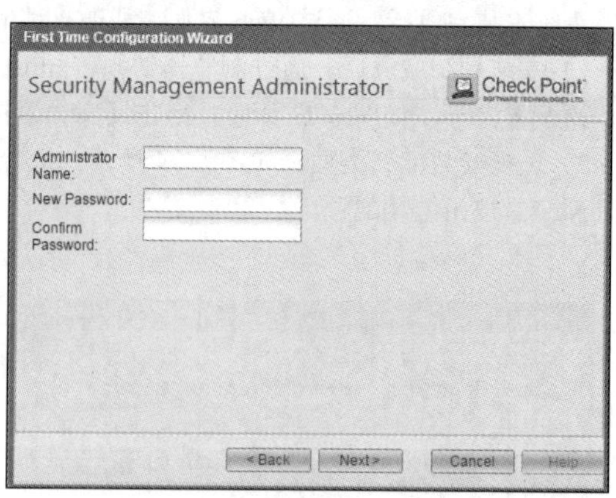

图 6-78　添加管理员配置图

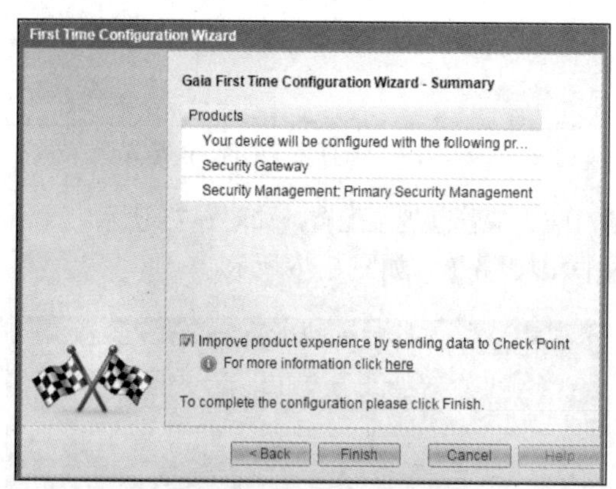

图 6-79　完成安装的配置图

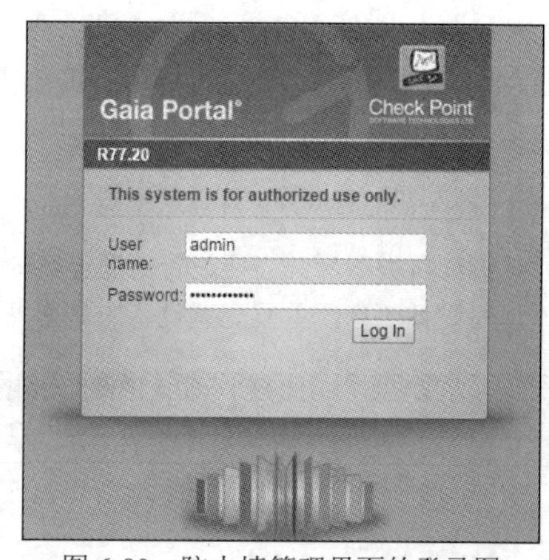

图 6-80　防火墙管理界面的登录图

（4）通过 Web 界面查看防火墙的相关信息

当上述的配置完成后，在计算机上的浏览器地址栏中输入防火墙的 IP 地址，即可打开防火墙的管理界面，如图 6-81 所示。

在该界面可以查看防火墙的相关信息，如在【Overview】概述中可以查看防火墙运行的情况，可查看不同的监控点信息。在该 Web 界面管理中也可以设置网络管理（Network Management）、系统管理（System Management）、高级路由（Advanced Routing）、用户管理（User Management）、高可用性（High Availability）、维护设置（Maintenance）以及对防火墙的升级（Upgrades）等进行设置和查看。

同时，在 Web 管理界面上也可下载运行在 Windows 上的管理客户端软件“Smart Console”。该软件是一套管理工具，里面包括了多个防火墙的不同配置软件，如图 6-82 所示。

其中第一个软件“SmartDashboard R77.20”是一个仪表板的页面，相当于一个“导航”的界面，可以在该软件页面上对其他软件进行跳转，点击该软件后出现如图 6-83 所示内容，然后输入用户名、密码以及服务器地址，点击【Login】登录。

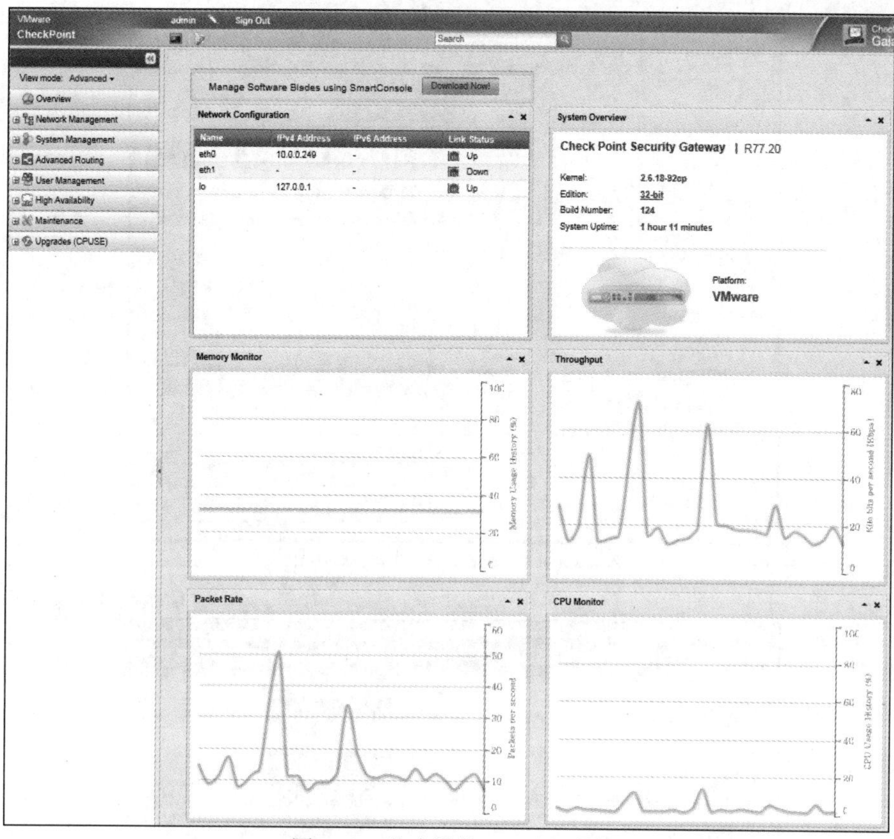

图 6-81　防火墙的 Web 界面图

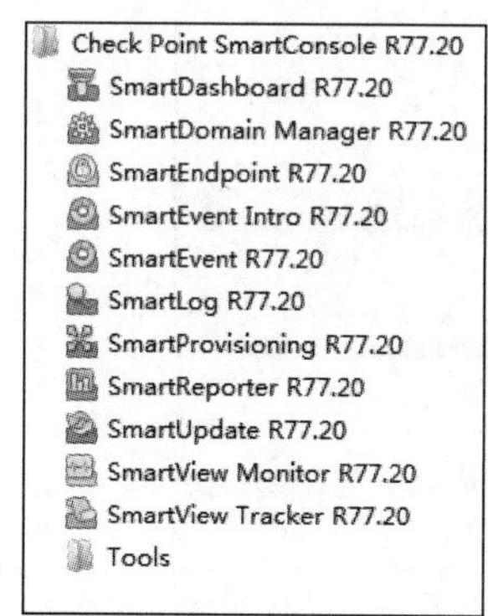

图 6-82　管理软件列表图

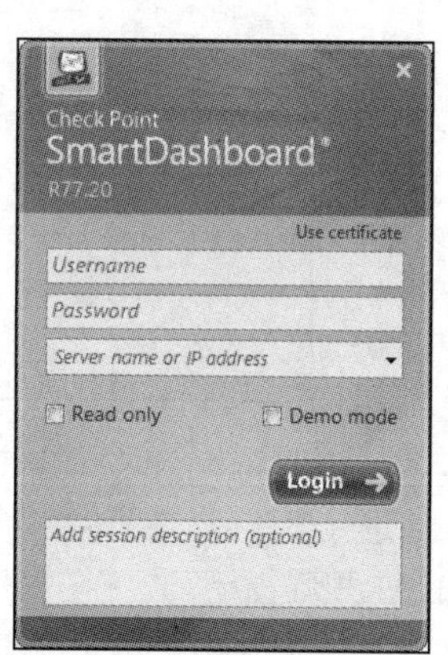

图 6-83　连接防火墙配置图

（5）对防火墙进行相关配置

在使用该软件连接上防火墙后，其界面有两种形式，分别是只读模式（read only mode）和写模式（write mode），这两个模式功能有很大不同，如图 6-84 和图 6-85 所示。

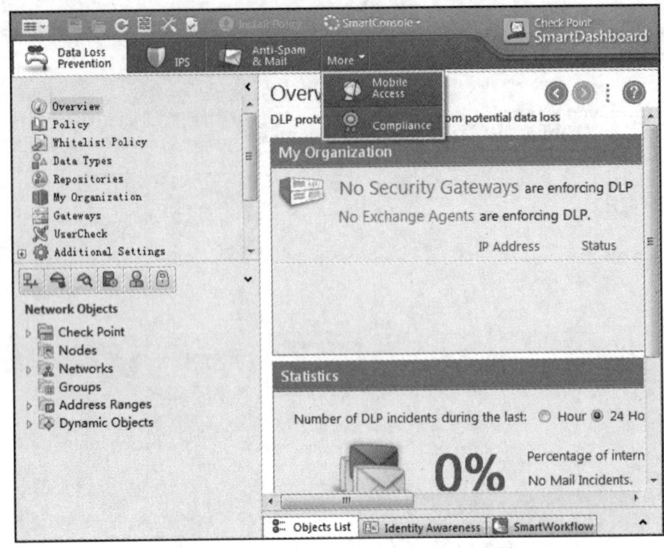

图 6-84　只读模式下的管理配置图

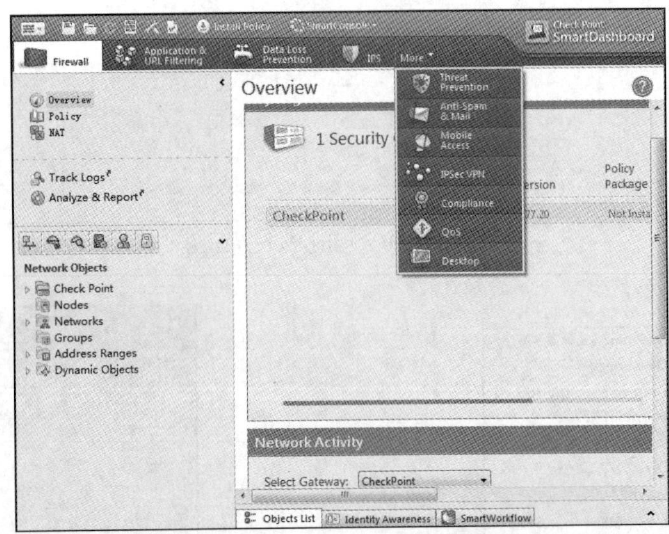

图 6-85　写模式下的管理配置图

当对防火墙进行配置时，需转换为写模式，然后对防火墙配置，主要配置内容如下所述。

1）配置 NAT 规则。

配置防火墙 NAT 规则时，由于 CheckPoint 防火墙在网络中是双向的，因此在设置 NAT 规则时，应该设置两个方向上的规则，如图 6-86 所示。在该图上面有一行按钮，分别为在选中行下添加、在选中行上添加、在整体规则下添加、在整体规则上添加、删除单个规则、折叠所有规则、展开所有规则以及查找规则等。

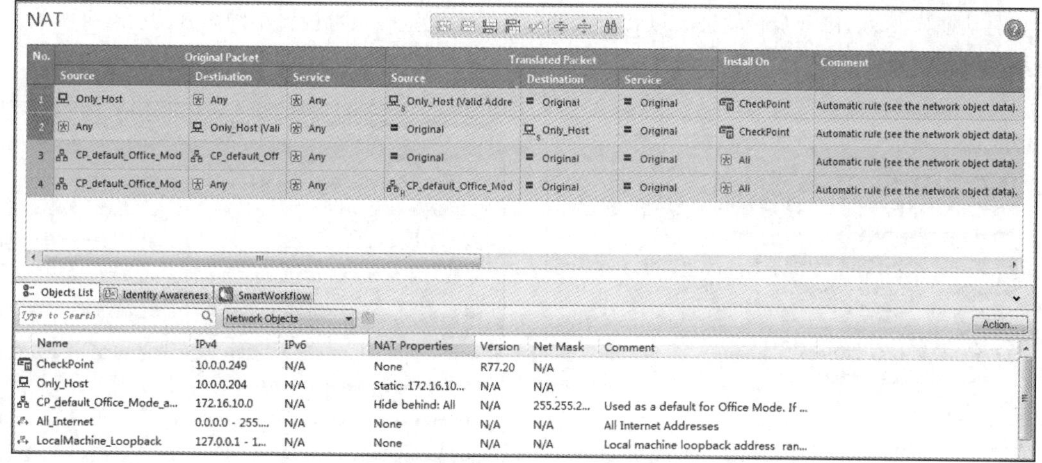

图 6-86　NAT 规则添加图

在添加 NAT 规则时，也可参照规则列表下的对象列表，查看这些对象的详细情况并进行配置，增加了配置准确性。也可在添加对象时，直接给该对象添加规则，如图 6-87 和图 6-88 所示。

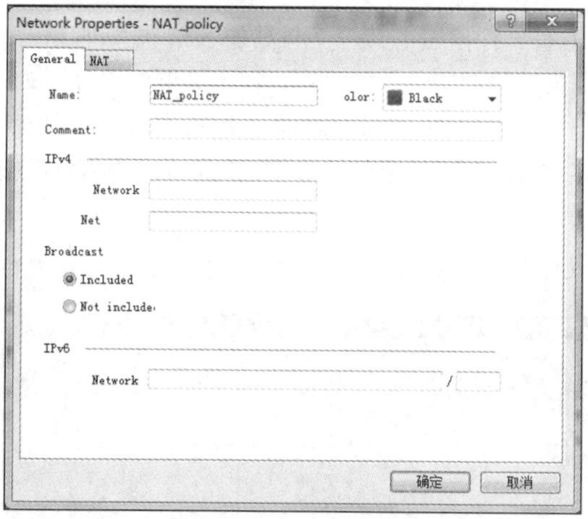

图 6-87　添加对象图

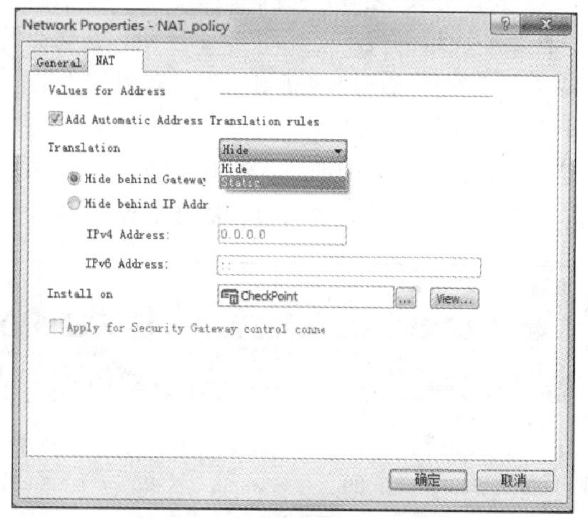

图 6-88　为对象添加 NAT 规则

2）设置接入认证。

当防火墙设置 NAT 规则之后，企业内部可以通过连接到防火墙进行网络访问。但网络中一些主机并不允许与被保护的资源通信。若想与被保护资源建立连接，就需要使防火墙认为源主机资源是可信的，并允许该主机的消息通过，因此需要在防火墙系统上进行认证，使源主机资源成为可信任资源。

在实现接入认证时，主要有两种类型，分别是防火墙的接入认证以及移动设备的接入认证，具体内容如下所示。如图 6-89 所示为防火墙的认证规则，如图 6-90 所示为防火墙的移动接入认证。

在防火墙的认证中，主要设置认证防火墙的尝试次数，当超过一定的次数后，就将认证失败，同时还有对用户认证证书以及暴力破解密码的保护设置等。

在移动接入认证配置时，设置认证的方法主要包括定义用户记录、用户名及密码、RADIUS（远程用户拨号认证）、SecurID（身份验证）以及个人证书等，在配置中也可设置不同因素的动态身份验证与设置移动设备的认证证书。

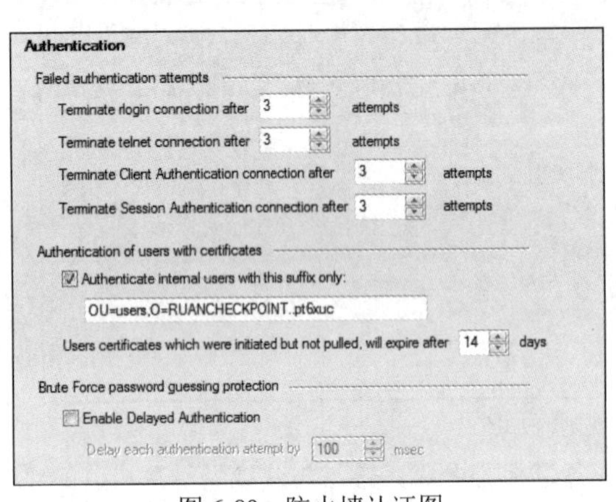

图 6-89　防火墙认证图

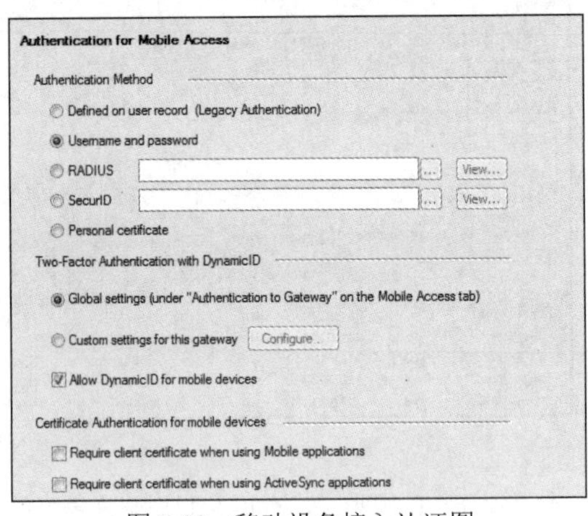

图 6-90　移动设备接入认证图

3）配置防火墙的访问控制策略。

配置防火墙的策略，如图 6-91 所示。在防火墙上方有一行按钮，其含义与添加 NAT 规则时相同。在防火墙上配置访问控制规则一般只有两种类型，分别为出站规则与入站规则，在本案例中也分别对这两种类型的规则进行添加。同时，在添加访问控制策略时也可添加 VPN 的类型、服务类型、规则添加的位置（如网关、目的地址、源地址等）以及添加规则的时间等。如果在添加规则时，如系统给的对象列表不能够满足需要，也可自行添加对象，如图 6-92 所示。

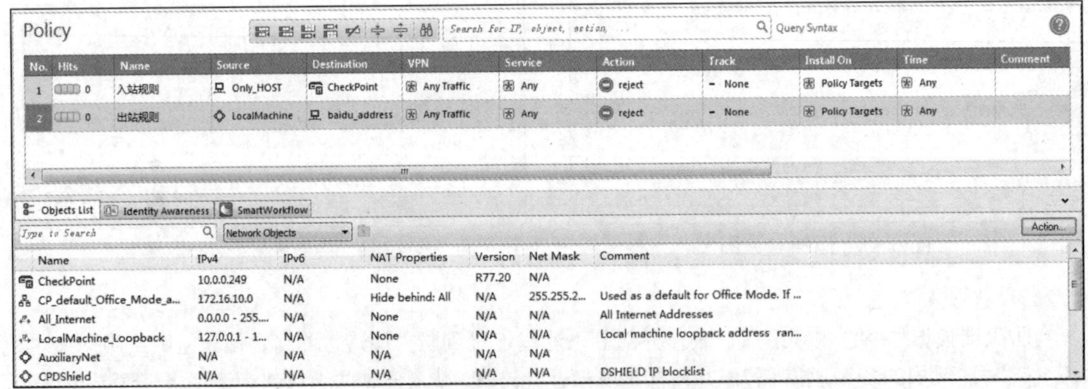

图 6-91　添加访问控制策略图

4）分析防火墙日志。

在网络中防火墙是与外部网络与内部网络连接的节点，不论是外部访问内部还是内部访问外部，发出每一个报文都需经过防火墙，因此防火墙会把这些流量信息以日志的形式产生，同时当管理员对防火墙进行相关操作时，防火墙也会将操作内容形成日志记录。当防火墙发生故障或者遭受攻击时，可通过查看日志，找出问题所在，从而解决问题。如图 6-93 所示为防火墙内某个日志的信息，通过该信息可看出防火墙在某个时间通过 TCP 80 端口发生的丢掉数据包现象，说明了防火墙与访问地址之间的网络发生故障。

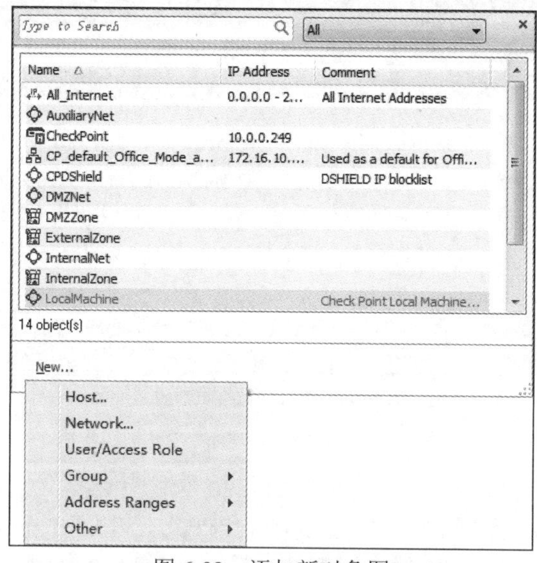

图 6-92　添加新对象图

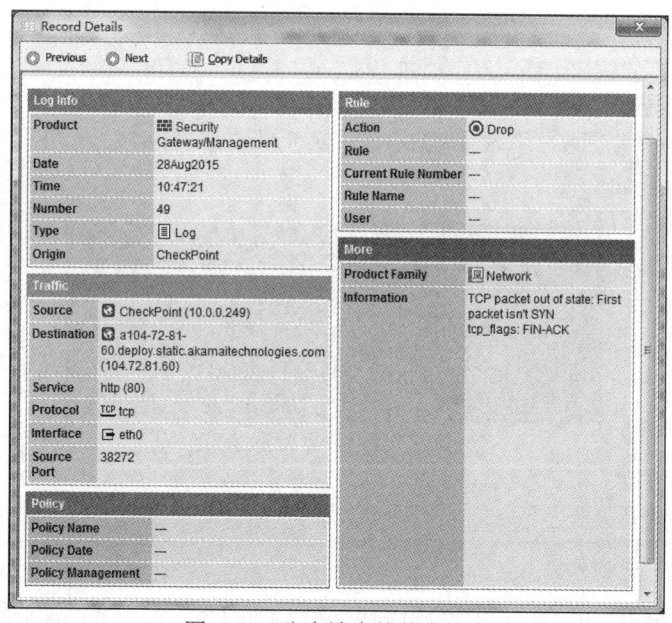

图 6-93　防火墙内的某个日志

5）查看防火墙的事件。

如图 6-94 所示，可以查看防火墙的详细时间以及事件的时间表，同时也可将事件形成报表或文档，进行查看和存储，为管理防火墙提供了重要的基础。

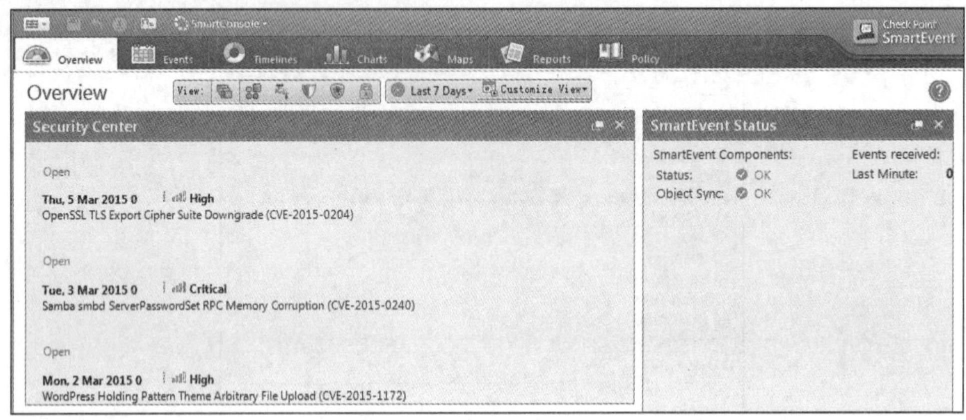

图 6-94　查看防火墙事件图

6.7.3　应用测试

在上述的配置过程中，配置 NAT 主要是为了使内部网络可以上网；设置接入认证是为了增加防火墙自身的安全性；配置防火墙的策略是为了保障内部资源不被其他外部网络访问，从而保护内部网络；记录防火墙的日志是为查看和维护网络稳定提供重要依据。

因此对于上述 NAT 配置，可以通过内部网络能否上网来判断该配置是否起效。如果内部主机可以上网则说明配置成功，否则说明该配置不正确。对于防火墙的访问控制策略，可以根据不同的规则进行测试，当测试入站规则时，不允许外部某个主机地址访问该防火墙，则用该主机访问防火墙，结果如图 6-95 所示；当测试出站规则时，不允许内部地址访问百度网站（119.75.218.70），则内部主机访问该地址的结果如图 6-96 所示。

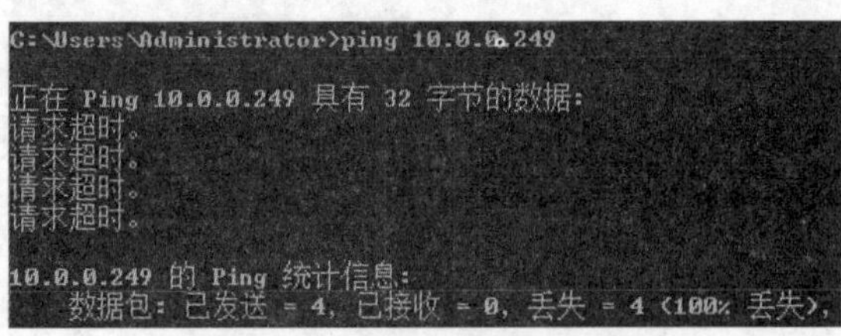

图 6-95　入站规则测试结果图

6.7.4　总结分析

CheckPoint 防火墙是一个集防病毒、入侵检测和防火墙安全设备于一体的 UTM 防火墙，它主要提供一项或多项安全功能，同时将多种安全特性集成于一个设备中，形成标准的统一威胁管理平台。CheckPoint 防火墙通过一个个“叶片”（功能模块）来实现统一安全管理。具体应用时，功能模块不一定要全部同时开启，可以根据用户不同需求以及不同网络规模来开启功能模块。

CheckPoint 防火墙基于图形化管理，用户可以轻易进行网络对象的移动，同时支持真正的统一管理，一张 Policy 策略表可管理所有安全网关设备，极大地降低了管理成本。企业大规模网络中可以通过 CheckPoint 防火墙来保障和实现企业网络的安全与管理。

图 6-96　出站规则测试结果图

7

通过 VPN 实现远程安全接入

由于管理或安全等多种原因，一个企业局域网中的许多服务（例如办公系统、在线视频、FTP 等）通常只面向局域网内部提供访问，外网用户是无法正常访问的。但是，这就给企业分支机构异地访问企业网内部资源或者企业出差在外的工作人员通过外网远程访问企业网内部资源带来不小的麻烦。解决这一问题的好方法，就是通过 VPN 实现远程安全接入。

本章主要介绍 VPN 的基本概念、相关协议技术及各种应用模式，并通过实践与案例介绍如何构建 VPN 专用网络及 VPN 客户端的配置方法。

7.1 认识 VPN

7.1.1 VPN 有什么用

VPN（Virtual Private Network，虚拟专用网络），通常定义为通过公用网络（如 Internet）建立一个临时、安全的连接，可以认为是一条在公用网络上传输的安全、稳定的隧道。使用这条隧道可以对数据进行加密，以达到安全使用 Internet 的目的。VPN 技术最早是路由器的重要技术之一，而目前交换机、防火墙等设备也都支持 VPN 功能。总之，VPN 的核心就是利用公共网络资源为用户建立虚拟的专用网络。

虚拟专用网并不是真的专用网络，但却能够实现专用网络的功能。虚拟专用网指的是依靠 ISP（Internet Service Provider，Internet 服务提供商）和其他 NSP（Network Service Provider，网络服务提供商）提供的公用网络建立专用的数据通信的网络技术。在虚拟网中，任意两个节点之间的连接并不是传统专用网所需的端到端的物理链路，而是利用公共网的资源动态组成的，但能够提供与传统专用网同等的安全性，如图 7-1 所示，而在逻辑上的链路如图 7-2 所示。

VPN 是网络互连技术和通信需求迅猛发展的产物，是专用网络的延伸，也是对企业内部网的扩展。VPN 对客户端透明，用户好像使用一条专用线路在客户计算机和企业服务器之间建立点对点连接，进而进行数据传输。虽然 VPN 通信建立在公共互联网络的基础之上，但是用户在使用 VPN 时感觉如同在使用专有网络进行通信，所以得名为虚拟专用网。

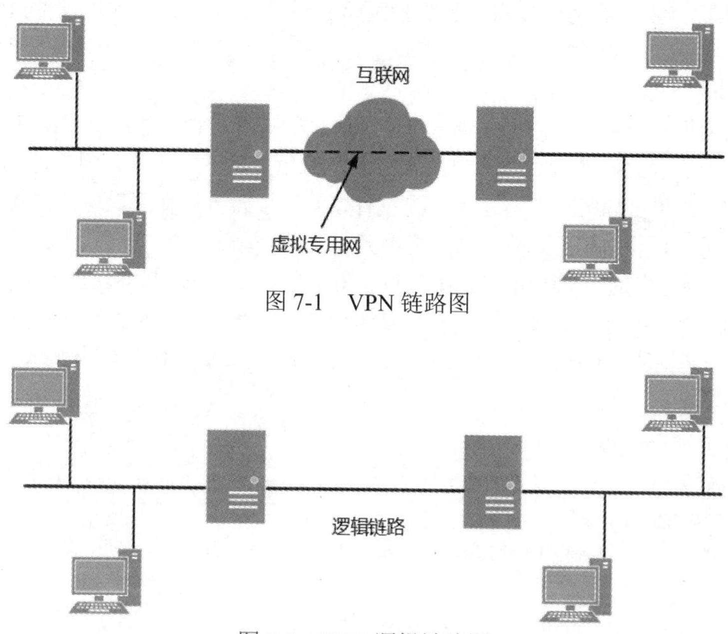

图 7-1　VPN 链路图

图 7-2　VPN 逻辑链路图

7.1.2　VPN 的分类

VPN 既是一种组网技术，又是一种网络安全技术。随着网络技术的发展，VPN 得到了广泛的应用，同时也涌现了许多 VPN 新技术及应用形式。VPN 的分类方法很多，按照不同的角度，VPN 可以有多种分类。

（1）按应用范围划分

根据应用范围不同，VPN 可分为三种类型：远程接入 VPN（Access VPN）、企业内部 VPN（Intranet VPN）和企业扩展 VPN（Extranet VPN）。

1）Access VPN。

Access VPN 主要使出差在外的公司员工、家庭办公人员和远程小办公室可以通过廉价的公共网络（例如拨号、4G 等）接入企业内部服务器，与企业的 Intranet 和 Extranet 建立私有网络连接。Access VPN 有两种类型：一种是用户发起的 VPN 连接，另一种是接入服务器发起的 VPN 连接。Access VPN 可以减少相关的调制解调器和终端服务设备的资金及费用，也简化了网络结构，同时也实现本地拨号接入的功能来取代远距离接入，明显降低远距离通信的费用。

2）Intranet VPN。

目前越来越多的企业需要在全国乃至世界范围内建立各种办事机构、分公司等，各个分公司之间传统的网络连接方式一般是租用专线，显然当分公司增多、业务开展越来越广泛时，网络结构会趋于复杂、费用昂贵。利用 VPN 特性，可以在 Internet 上组建世界范围内的 Intranet VPN，从而保证了网络的互联性，并且利用隧道、加密等技术，保证了信息在整个 Intranet VPN 上安全传输。

Intranet VPN 可通过公用网络进行企业内部的互连，是传统专网和其他企业网的扩展或替代形式。Intranet VPN 可以减少 WAN 带宽的使用，能够使用灵活的拓扑结构，并且通过设备供应商 WAN 的连接冗余，提升网络可靠性和可用性。

3）Extranet VPN。

随着信息时代的到来，各个企业越来越重视各种信息的处理，希望可以提供给客户最快捷方便的信息服务。同时，各个企业之间的合作关系也越来越多，信息交换日益频繁。因此可以利用在 Internet 上组建 Extranet VPN，既可以向客户、合作伙伴提供有效的信息服务，又可以保证自身内部网络的安全。Extranet VPN 主要用于企业与用户、合作伙伴之间建立互联网络。

Extranet VPN 在易于构建和管理的特点上提供了有效的解决方案，其实现技术与 Intranet VPN 相同。为了保证服务质量（QoS），企业外部通信一般不直接使用 Intranet，因为企业间的通信数据通常是敏感的，而 Extranet 的安全性比 Intranet 强。Extranet VPN 的访问权限可以由各个 Extranet 用户通过防火墙等手段来设置和管理。

（2）按 VPN 的网络结构划分

按 VPN 网络结构划分，可分为 3 种类型，分别是基于 VPN 的远程访问、基于 VPN 的网络互连以及基于 VPN 的点对点通信。

1）基于 VPN 的远程访问，即单机连接到网络，又称点到站点、桌面到网络。用于提供远程移动用户对公司内部网络的安全访问。

2）基于 VPN 的网络互连，即网络连接到网络，又称站点到站点、网关（路由器）到网关（路由器）。用于企业总部网络和分支机构网络的内部主机之间的安全通信；还可以用于企业的内部网络与企业合作伙伴网络之间的信息交流，并提供一定程度的安全保护，防止内部信息的非法访问。

3）基于 VPN 的点对点通信，即单机到单机，又称端对端。用于企业内部网络中的两台主机之间的安全通信。

（3）按接入方式划分

在 Internet 上组建 VPN，用户计算机或网络需要建立到 ISP 的连接。VPN 连接方式与用户上网连接方式相似，根据连接方式的不同，可划分为两种类型。

1）专线 VPN，该方式通过固定线路连接到 ISP，如 DDN（Digital Data Network，数字数据网）、帧中继等都是专线连接。

2）拨号接入 VPN，简称 VPDN，使用拨号连接（如模拟电话、ISDN 和 ADSL 等）连接到 ISP，该种方式是典型的按需连接方式，是一种非固定线路的 VPN。

（4）按隧道协议划分

按隧道协议的网络分层，VPN 可划分为第 2 层隧道协议和第 3 层隧道协议。PPTP、L2TP 都属于第二层隧道协议，IPSec 属于第三层隧道协议，MPLS 跨越第 2 层和第 3 层。VPN 的实现往往将第 2 层和第 3 层协议配合使用，如 L2TP/IPSec。可以根据具体的协议来进一步划分 VPN 类型，如 PPTP VPN、L2TP VPN、IPSec VPN 和 MPLS VPN 等。

第 2 层和第 3 层隧道协议的区别主要在于用户数据在网络协议栈的第几层被封装。第 2 层隧道协议可支持多种路由协议，如 IP、IPX 和 AppleTalk，也可以支持多种广域网技术，如帧中继、ATM 或 SDH/SONET，还可以支持任意局域网技术，如以太网、令牌环网和 FDDI 网等。另外，还有第 4 层隧道协议，如 SSL VPN。

（5）按隧道建立方式划分

根据隧道建立方式，可划分为两种类型，分别为自愿隧道和强制隧道。

1）自愿隧道（Voluntary Tunnel）。

指用户计算机或路由器可以通过发送 VPN 请求配置和创建的隧道。这种方式也称为基于用户设备的 VPN。VPN 的技术实现集中在 VPN 客户端，VPN 隧道的起始点和终止点也都位于 VPN 客户端，隧道建立、管理和维护都由用户负责。ISP 只是提供通信线路，不承担建立隧道业务。这种方式的技术实现容易，不过对用户的要求较高。这是目前最普遍使用的 VPN 组网类型。

2）强制隧道（Compulsory Tunnel）。

指由 VPN 服务提供商配置和创建的隧道，这种方式也称为基于网络的 VPN。VPN 的技术实现集中在 ISP，VPN 隧道的起始点和终止点都位于 ISP，隧道的建立、管理和维护都由 ISP 负责。VPN 用户不承担隧道业务，客户端无需安装 VPN 软件。这种方式便于用户使用，增加了灵活性和扩展性，不过技术实现比较复杂，一般由电信运营商提供，或由用户委托电信运营商实现。

7.1.3 VPN 的特点与优势

（1）基本特点

VPN 具有两个基本特征，分别为：专用和虚拟。

专用：对于 VPN 用户，使用 VPN 与使用传统专网没有区别。一方面，VPN 与底层承载网络之间保持资源独立，即一般情况下，VPN 资源不被网络中其他 VPN 或非该 VPN 用户使用；另一方面，VPN 提供足够的安全保证，确保 VPN 内部消息不被外部侵扰。

虚拟：VPN 用户内部的通信是通过一个公共网络进行的，而这个公共网络同时也被其他非 VPN 用户使用。即 VPN 用户获得的是一个逻辑意义上的专网，这个公共网络称为骨干网。

根据 VPN 的专用和虚拟的特征，可以把现有的 IP 网络分解成逻辑上隔离的网络。这种逻辑隔离的网络应用非常广泛，可以用在解决企业内部互连、政府办事部门的互连，也可以用来提供新的业务，如为 IP 电话业务专门开辟一个 VPN，以此解决 IP 网络地址不足、QoS 保证及开展新业务等问题。

在解决企业互连和提供各种新业务方面，VPN 尤其是 MPLS（Multi-protocol Label Switching，多协议标签交换）VPN，越来越受运营商的青睐，成为运营商在 IP 网络提供增值业务的重要手段。

（2）VPN 优势

随着商务活动的日益频繁，各企业开始允许其生意伙伴、供应商访问本企业的局域网，简化信息交流的途径，增加信息交换速度。但是这些合作与联系是动态的，于是发现这样的信息交流不但带来了网络的复杂性，还带来了管理和安全性的问题，因此采用 VPN 技术对企业的发展是至关重要的。一个高效、成功的 VPN 具备以下优势。

1）具备完善的安全保障机制。实现 VPN 的技术和方式很多，所有的 VPN 均保证了通过公用网络平台传输数据的专用性与安全性。在非面向连接的公用 IP 网络上建立一个逻辑的、点到点的连线，称之为建立一个隧道，可以利用加密技术对经过隧道传输的数据进行加密，以保证数据仅被指定的发送者和接收者所了解，从而保证数据的私有性和安全性。

2）具有用户可接受的服务质量保证。不同的用户和业务对服务质量保证的要求差别较大，VPN 可根据需要提供不同等级的服务质量保证。

3）总成本低。利用公共网络进行通信，VPN 可以以更低的成本实现连接远程办事机构、出差人员和业务伙伴，均比专线式的架构节省成本。

4）可扩充性、安全性和灵活性。VPN 的架构具有弹性，当有必要将网络扩充或是变更网络架构时，VPN 可以很轻易地达到目的。VPN 通过软件配置就可以增加、删除 VPN 用户，无需改动硬件设施，在应用上具有很大的灵活性。VPN 架构中采用了多种安全机制，确保资料在公众网络中传输时不被窃取。VPN 能够支持通过 Intranet 和 Extranet 任何类型的数据流，方便增加新的节点，支持多种类型的传输媒介，可以满足同时传输语音、图像和数据等新应用对高质量传输及带宽增加的需求。

5）管理便捷。VPN 简化了网络配置，在配置远程访问服务器时，省去了调制解调器和电话线路等设备。远程访问客户端可灵活选择通信线路，如模拟拨号、ISDN、ADSL 和移动 IP 等任何 ISP 支持接入方式，这使得网络的管理变得较为轻松。

7.1.4 VPN 的安全机制

由于 VPN 是在不安全的 Internet 中进行通信，而通信的内容可能涉及企业的机密数据，因此其安全性就显得非常重要，必须采取一系列的安全机制来保证 VPN 的安全。目前 VPN 主要采用四种技术来保证数据传输的安全性，分别是隧道技术（Tunneling）、加密解密技术（Encryption & Decryption）、密钥管理技术（Key Management）和身份认证技术（Authentication）。

（1）隧道技术

隧道技术是 VPN 基本安全技术，类似于点对点连接技术，它是一种基础设施在互联网络之间传递数据的方式，隧道传递的数据（或负载）可以是不同协议的数据帧或包。通过隧道协议将其他协议的数据帧或包重新封装之后，再通过隧道发送。

隧道协议通常包括 3 个方面，分别为乘客协议、封装协议和传输协议。

乘客协议：被封装的协议，如 PPP（点对点协议）、SLIP（串行线路网际协议）等。

封装协议：隧道建立、维持和断开，如 L2TP、IPSec 等。

传输协议：传输经过封装后数据包的协议，如 IP 和 ATM 等。

目前，在 Internet 上较为常见的隧道协议大致有两类：分别是第 2 层隧道协议和第 3 层隧道协议。

1）第 2 层隧道协议。

第 2 层隧道协议是先把各种网络协议封装到 PPP 中，再把整个数据包装入隧道协议中，这种双层封装方法形成的数据包靠第 2 层协议进行传输，第 2 层隧道协议有 PPTP、L2TP 等，图 7-3 是采用 L2TP 隧道协议进行 VPN 服务的格式图。

图 7-3　L2TP VPN 服务格式图

PPTP 和 L2TP 虽都为第 2 层隧道协议，但是有许多明显的差别，两者的差别如表 7-1 所示。

2）第 3 层隧道协议。

第 3 层隧道协议是把各种网络协议直接装入隧道协议中，形成的数据包依靠第三层协议进行传输，第 3 层隧道协议有 GRE、IPSec 等。

表 7-1　PPTP、L2TP 协议区别对比表

项目	PPTP	L2TP
对公共网络的要求	IP	IP、帧中继、X.25、ATM
可建隧道数量	单一隧道	多条隧道
压缩包头时系统的开销	6 字节	4 字节
隧道验证	不支持	支持

GRE（Generic Routing Encapsulation）即通用路由封装协议，是对某些网络层协议（如 IP 和 IPX）的数据报进行封装，使这些被封装的数据报能够在另一个网络层协议（如 IP）中传输。

IPSec（Internet Protocol Security），是由 Internet Engineering Task Force (IETF) 定义的安全标准框架，用来提供公用和专用网络的端对端加密与验证服务。IPSec 是一套比较完整成体系的 VPN 技术，它规定了一系列的协议标准。

3）第 2 层隧道协议与第 3 层隧道协议的对比。

第 2 层隧道协议与第 3 层隧道协议的对比如表 7-2 所示。

表 7-2　第 2 层隧道协议与第 3 层隧道协议对比表

OSI 七层模型	安全技术	安全协议	协议优点
应用层	应用代理		
表示层			
会话层	会话代理	SOCKS v5	能同低层协议如 IPSec、PPTP、L2TP 一起使用
传输层			
网络层	包过滤	IPSec、GRE	安全、可扩充、可靠
数据链路层		PPTP、L2TP	端到端压缩加密、双向隧道配置
物理层			

从表 7-2 中可以看出，3 层隧道协议比 2 层协议更为安全可靠，并且具有可扩展性，以下是对这三个优点的详细说明。

①安全性：第 2 层隧道技术一般终止在 CPE（Customer Premises Equipment，用户网设备）上，会对用户网的安全及防火墙技术提出严峻的挑战；而第 3 层隧道技术一般终止在 ISP 的边缘路由器上，不会对用户网的安全构成威胁。第 2 层隧道协议只能保证在隧道发生端及终止端进行认证和加密，而隧道在公网上的传输过程中并不能保证完全安全；而第 3 层隧道技术则是在隧道外面再进行封装，保证了隧道在传输过程中的安全。

②可扩展性：第 2 层隧道将整个 PPP 帧封装在报文内，可能产生传输效率问题，其次，PPP 会话会贯穿整个隧道，并终止在用户内网的网关或服务器上。由于用户内网的网关要保存大量的 PPP 对话状态及信息，这会对系统负荷产生较大影响，当然也影响了系统的扩展性。

③可靠性：第 3 层隧道技术不必在远程节点或 CPE 上安装特殊软件，可采用任意厂家的 CPE；第三层隧道技术的网络不需要 IP 地址，也具有安全性；通过第三层隧道技术，服务提供商网络能够隐藏

公司网络和远端节点地址，因此第 3 层隧道技术比第 2 层隧道技术更加可靠，易于执行和使用。

（2）加密解密技术

加、解密技术是 VPN 的一项重要基础技术，这是因为，为了保证数据传输安全，对在公开信道上传输的 VPN 流量必须进行加密，以确保网络上未授权的用户无法读取信息。具体过程是发送者在发送数据之前对数据加密，数据到达接受者时由接受者对数据进行解密。

密码技术可以分为两类：对称加、解密技术和非对称加、解密技术。对称加、解密技术简单易用、处理效率高、易于用硬件实现，缺点是密钥管理较困难。常用的对称加、解密算法有 DES 和 3DES。非对称加、解密技术安全系数更高、可以公开加密密钥、对密钥的更新也很容易、易于管理，缺点是效率低、难以用硬件实现。常用的非对称加、解密算法有 Diffie-Hellman 和 RSA。

通常情况下，用非对称加、解密技术对身份认证和密钥交换，而对称加解密技术则主要用于数据的加、解密。

目前 VPN 设备所使用的加、解密算法主要有以下几种。

1）AES（Advanced Encryption Standard）：高级加密标准。它是下一代的加密算法标准，速度快，安全级别高。

2）DES（Data Encryption Standard）：数据加密标准。它的速度快，适用于加密大量数据的场合。

3）3DES（Triple DES）：它是基于 DES，对 1 块数据用 3 个不同的密钥进行 3 次加密，强度更高。

4）Diffie-Hellman：这种密钥交换技术的目的在于使得两个用户安全地交换一个密钥，以便用于以后的报文加密。Diffie-Hellman 密钥交换算法的有效性依赖于计算离散对数的难度。

5）RSA：RSA 是目前最有影响力的公钥加密算法。RSA 算法是一种非对称密码算法，所谓非对称，就是指该算法需要一对密钥，使用其中一个加密，则需要用另一个才能解密。

6）MD5（Message-Digest Algorithm 5）：信息－摘要算法 5。它是当前公认的强度最高的加密算法。它是在获得一个随机长度信息的基础上产生一个 128 位信息摘要的算法。

（3）密钥管理技术

密钥管理是在一定的安全策略指导下的加密材料的产生、存储、分发、销毁、归档等过程。密钥管理技术的主要任务是如何在公用网上安全地传递密钥而不被窃取。目前主要的密钥交换与管理标准有 IKE（互联网密钥交换）、SKIP（互联网简单密钥管理）和 Oakley（密钥确定协议）。

密钥分发（或密钥交换）是通信双方建立共同的加密材料的过程，要求确保加密材料的完整性、来源真实性和保密性。密钥分发协议或密钥协商协议的目的是使得通信双方在实施了这种协议以后，可以建立一个共同的通信密钥，并且密钥的值不会被任何第三方所窃取（有时也包括权威机构）。

常用的密钥分发（或密钥交换）方式包括密钥的预分发、密钥的在线交换以及基于身份的密钥分发。

1）密钥预分发。

密钥预分发就是在通信建立之前由可信机构通过安全的信道为参与通信的双方建立通信密钥。

2）密钥在线交换。

密钥在线交换就是在保密通信开始之前通过通信信道分发会话密钥。如果使用在线的密钥分发方式，那么每个网络用户就不需要存储与其他用户通信的通信密钥（每个用户和网络权威机构共享一个密钥，它只保管好这个密钥就可以了），会话密钥由权威机构传送给每一对用户。

3）基于身份的密钥分发。

实际上，通信中的会话密钥不一定非得由一方分发给另一方，也不一定非得加密传送。密钥建立过程中双方交换的信息在基于某种假设的基础上是可以公开的。一般的做法是采用密钥认证中心（CKC）来解决这个问题。一个用户 U 要加入安全通信网时，必须向 CKC 提交自己的身份标识 ID（U）（或由 CKC 指定）及自己签名的验证公钥 veru，由 CKC 对该信息签名，于是得到用户 U 的证书 C(U)=(ID(U),veru, sigkcc(ID(U),veru))。用户 U 在与通信对方建立会话密钥时，对传送信息做签名，同时传送 C(U)，于是可以使通信双方确认该信息的完整性和来源的真实性。

（4）身份认证技术

身份认证技术是防止数据的伪造和被篡改，它采用一种称为“摘要”的技术。“摘要”技术主要采用 HASH 函数将一段长的报文通过函数变换，映射为一段短的报文，即摘要。由于 HASH 函数的特性，两个不同的报文具有相同的摘要几乎不可能。因此该特性使得摘要技术在 VPN 中有两个用途：验证数据的完整性和用户认证。

身份认证作为安全系统中的第一道关卡，用户在访问安全系统之前，首先经过身份认证系统识别身份，然后访问监控器，根据用户的身份和授权数据库决定用户是否能够访问某个资源，授权数据库由安全管理员按照需要进行配置。审计系统根据审计设置记录用户的请求和行为，同时入侵检测系统实时或非实时地检测是否有入侵行为。访问控制和审计系统都要依赖于身份认证系统提供的用户的身份信息。由此可见，身份认证在 VPN 网络中的地位极其重要，是最基本的安全服务，其他安全服务都要依赖于它。一旦身份认证系统被攻破，那么 VPN 网络中的所有安全措施将形同虚设。目前黑客攻击的目标往往就是身份认证系统，因此身份认证是 VPN 网络安全的关键。

身份认证技术最常用的有使用者名称与密码、卡片式认证、USB Key 认证、生物特征认证等方式。

7.2　VPN 关键通信技术

7.2.1　L2TP 协议

（1）简介

L2TP 协议（Layer 2 Tunneling Protocol，第 2 层隧道协议）是典型的被动式隧道协议，它结合了 L2F 和 PPTP 的优点，可以让用户从客户端或访问服务器端发起 VPN 连接。L2TP 是把链路层 PPP 帧封装在公共网络设施如 IP、ATM、帧中继中进行隧道传输的封装协议。

L2TP 协议主要有以下几个方面的特性。

1）L2TP 适合单个或少数用户接入企业的情况，其点到网络连接的特性是其承载协议 PPP 所约定的。

2）L2TP 对私有网的数据包进行了封装，因此在 Internet 上传输数据时对数据包的网络地址是透明的，并支持接入用户的内部动态地址分配。

3）L2TP 与 PPP 模块配合，支持本地和远端的 AAA 功能（认证、授权和计费），对用户的接入也可根据需要采用全用户名，用户域名和用户拨入的特殊服务号码来识别是否为 VPN 用户。

（2）工作原理

L2TP 主要由 LAC（L2TP Access Concentrator）和 LNS（L2TP Network Server）构成，其工作原理如图 7-4 所示。

LAC（接入集中器）是交换网络上有 PPP 端系统和 L2TP 处理能力的设备，一般是本地 ISP 的接入设备。LAC 通过 L2TP 隧道及 PPP 会话与其他数据流相互隔离。LAC 不只为特定的某个 VPN 服务，还可以为多个 VPN 服务。

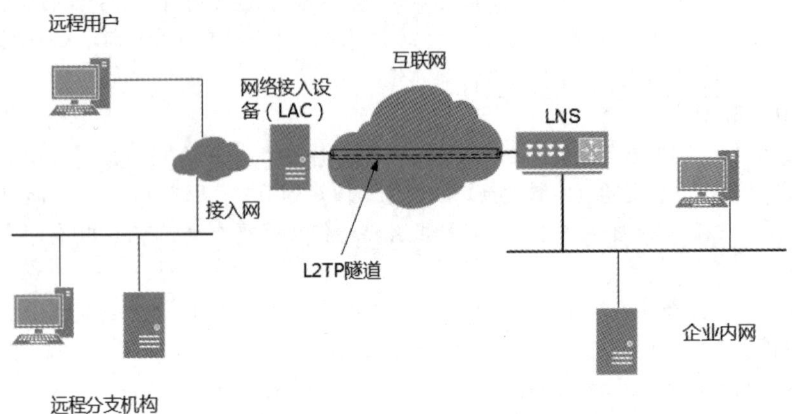

图 7-4 L2TP VPN 工作原理示意图

LAC 在 LNS 和远端系统之间传递数据过程为：把从远端系统收到的数据进行 L2TP 封装并送往 LNS；将从 LNS 收到的数据进行解封装并送往远端系统。

LNS 是接受 PPP 会话的一端，通过 LNS 验证，用户就可以登录到内网上，访问某企业的内部资源。同时，LNS 作为 L2TP 隧道的另一端，是 LAC 的对端设备，是通过 LAC 进行隧道传输的 PPP 会话的逻辑终止端点。

LNS 位于内网与外网的边界，通常是企业网关设备。网关实施网络接入功能及 LNS 功能。必要时，LNS 还兼有网络地址转换（NAT）功能，对企业总部网络内的专用 IP 地址与 IP 网公用 IP 地址进行转换。LNS 可以放在企业总部网络内，也可以是 IP 公共网络的 ISP 提供的网络边缘路由器，此种情况下用户是把 LNS 功能的维护交给 ISP 负责。

（3）技术优势

采用 L2TP 协议的 VPN 服务具有以下方面的优势。

1）安全性。L2TP 本身并不保证连接的安全性，但它可以利用 PPP 提供的认证机制（如 CHAP、PAP），因此它具有 PPP 的所有安全特性。同时可根据特定的网络安全要求，在 L2TP 之上采用通道加密技术、端对端数据加密或应用层数据加密等方案来提高安全性。

2）多协议传输。L2TP 传输 PPP 数据包，PPP 本身可以传输多协议，而不仅仅是 IP。可以在 PPP 数据包内封装多种协议，甚至运载链路等协议。

3）支持 RADIUS 服务器的验证。LAC 端支持将用户名和密码发往服务器进行验证，由服务器负责接收用户的验证请求，完成验证。

4）网络计费的灵活性。可在 LAC 和 LNS 同时计费，即 ISP 处（用于产生账单）及企业网关（用于付费及审计）。L2TP 能够提供数据传输的出入包数、字节数、连接的起始、结束时间等计费数据，可根据这些数据方便地进行网络计费。

5）可靠性。L2TP 协议支持备份 LNS，当一个主 LNS 不可达之后，LAC 可以与备份 LNS 建立连接，从而增加了 VPN 服务的可靠性和容错性。

（4）主要应用场景

L2TP VPN 主要有两种方式可以建立连接：NAS-Initialized 和 Client-Initialized。

1）NAS-Initialized。

NAS 为网络接入服务器，该种建立模式的过程为：由远程拨号用户发起，远程系统通过接入网（如 PSTN/ISDN）拨入 LAC，由 LAC 通过 Internet 向 LNS 发起建立隧道请求。拨号用户地址由 LNS 分配。对远程拨号用户的验证与计费即可由 LAC 内的代理完成，也可在 LNS 内完成。

NAS-Initialized 要求用户必须采用 PPP 的方式接入到 Internet，也可以是 PPPoE 等协议。运营商的接入设备需要开通相应的 VPN 服务，用户需要到运营商处申请该业务。L2TP 隧道两侧分别驻留在 LAC 侧和 LNS 侧，且一个 L2TP 隧道可以承载多个会话。

在 NAS-Initialized 模式中，可以将一个局域网接入交换机，交换机再接入路由器（或者多个用户直接接入同一台路由器），再将该路由器通过 PPP 或 PPPoE 和 LAC 相连，如图 7-5 所示。

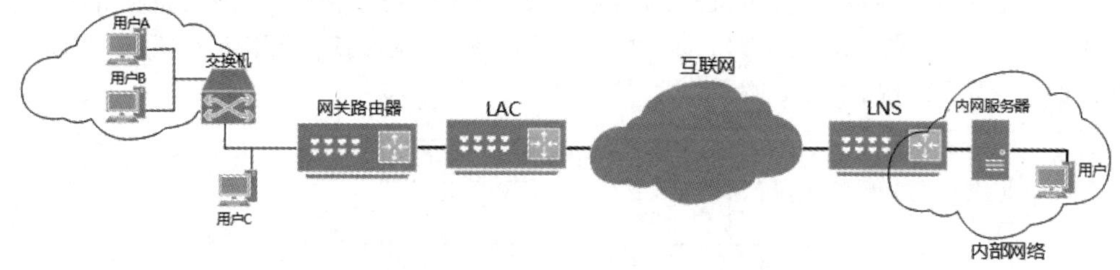

图 7-5　NAS-Initialized 应用模型图

2）Client-Initialized。

直接由 LAC 用户发起。用户需要知道 LNS 的 IP 地址。LAC 用户可直接向 LNS 发起隧道连接请求，无需再经过一个单独的 LAC 设备。在 LNS 设备上收到 LAC 用户的请求之后，根据用户名、密码进行验证，并且给 LAC 用户分配私有 IP 地址。

Client-Initialized 要求用户安装 L2TP 的拨号软件，对用户上网方式和地点，没有限制，不需要 ISP 的介入。L2TP 隧道两端分别驻留在用户侧和 LNS 侧。一个 L2TP 隧道承载一个 L2TP 会话，用户可根据自己对传送信息安全性的需求进行选用，当用户需要高级别的安全性时，用户可以选用 IPSec。

一般情况下，在同一组网中，NAS-Initialized 和 Client-Initialized 模式同时存在。组网中也有只使用 Client-Initialized 模式的情况，但这种组网对 LNS 的建立隧道要求较高，因为在 Client-Initialized 模式中，一个 L2TP 隧道只能承载一个 L2TP 会话。

7.2.2　IPSec 协议

（1）简介

IPSec 是 IP Security 的缩写，从 1995 年开始，IETF 着手制定 IP 安全协议。IPSec 是 IPv6 的一个组成部分，也是 IPv4 的一个可选扩展协议。IPSec 弥补了 IPv4 在协议设计时缺乏安全性考虑的不足。

IPSec 定义了一种标准的、强大的以及包容广泛的机制，它提供了 Internet 第三层 IP 层上的安全措施，它也被用于通过 Internet 传输的 VPN 封装技术中，是目前远程访问 VPN 网络的基础。

（2）工作原理

IPSec 是通过 SPD 安全策略数据库和 IKE、IPSec 通信协议 AH 和 ESP 相互协作来实现数据的安全通信。

SA（安全关联）是构成 IPSec 的基础。SA 是两个通信实体经过协商建立起来的一种通信协定，它们决定了用来保护数据安全的 IPSec 协议、工作模式、加密认证算法及密钥、生存期、抗重播窗口、计数器以及 IPSec 的协议模式和最大传输单元路径等。SA 是单向的，因此外出和进入处理需要不同的 SA。SA 还与协议相关，每一种协议都有一个 SA。

SAD（安全关联数据库）维护了 IPSec 协议用来保障数据安全的 SA 记录。每个 SA 都在 SAD 中有一条记录相对应。由 SPI（安全参数索引）、对等体目标 IP 地址和 IPSec 协议三者唯一确定。

SPD（安全策略数据库）中的每一个元组都是一条策略。策略是指应用于数据包的安全服务以及如何对数据包进行处理，是人机之间的安全接口。它包括策略、定义、表示、管理以及策略与 IPSec 系统各组件间的交互。它说明了对 IP 数据报提供何种保护，并以何种方式实施保护。SPD 中策略项的建立和维护应通过协商，而且对于进入和外出处理都应该有自己的策略库。SPD 提供了便于用户或系统管理员进行维护的管理接口，可允许主机中的应用程序选择 IPSec 安全处理。

IKE（Internet 密钥交换协议）是 IPSec 最重要的部分，在用 IPSec 保护一个 IP 包之前，必须先建立一个 SA。IKE 用于动态建立 SA，它代表 IPSec 对 SA 进行协商，并对 SAD 数据库进行填充、更新管理。

IPSec 的安全体系结构如图 7-6 所示。

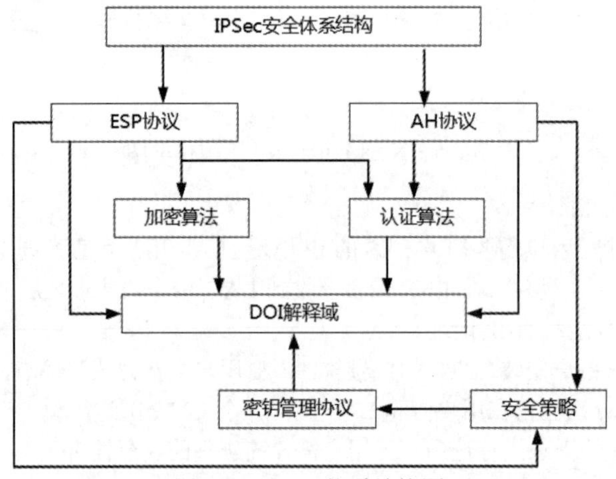

图 7-6　IPSec 体系结构图

IPSec 有两种操作模式：传输模式和隧道模式。不同模式下的功能如表 7-3 所示。

表 7-3　两种模式下的功能对比表

安全协议	传输模式 SA	隧道模式 SA
AH	对 IP 负载和 IP 报头的选中部分、IPv6 的扩展报头认证	对整个内部 IP 包（内部报头和 IP 负载）和外部 IP 报头的选中部分进行认证
ESP	对 IP 负载和跟在 ESP 报头后面的任何 IPv6 扩展报头进行加密	加密整个内部 IP 包
带认证的 ESP	对 IP 负载和跟在 ESP 报头后面的任何 IPv6 扩展报头进行加密。认证 IP 负载但不认证 IP 报头	加密整个内部 IP 包，认证内部 IP 包

IPSec 还为数据的传送提供两种类型的安全服务协议：认证报头（AH）协议和安全封装载荷（ESP）协议。

AH 利用 MAC 散列函数（HMAC w/MD5 和 HMAC w/SHA-1，又称为 Hash 函数）对除传输过程中值可能改变的字段（如 TTL、HOP 等）之外的所有头部信息和载荷计算出一个固定长度的“数字指纹”，并将其用私有密钥加密后连同原始数据包一同发送给接收方，接收方使用对应的公共密钥解密，再利用散列函数计算出原始数据的“数字指纹”，将其与收到的“数字指纹”比较，对收到的 IP 报文进行数据认证和无连接的完整性鉴别。另外，还采用序列号来防止 IP 报文的重复。

ESP 封装标准提供数据的保密性、身份认证、完整性和防止重复的服务。ESP 对数据的加密采用同步加密算法（如 DES 或 NULL 等）来保证各种用户间的互操作性。使用 ESP 进行安全通信之前，通信双方需要先协商好一组将要采用的加密策略，包括使用的算法、密钥以及密钥的有效期等。发送方使用安全策略索引标识加密策略，接收方根据安全策略索引来处理收到的 IP 数据包。

IPSec 可以提供的服务主要有：访问控制、无线连接完整性、数据源认证、拒绝重播包、加密以及受限制的流量保密性。不同的安全协议实现 IPSec 的服务不同，如表 7-4 所示为不同协议之间的对比。

表 7-4　不同安全协议实现 IPSec 服务的对比表

	AH（认证报头）	ESP（仅加密）	ESP（加密和认证）
访问控制	√	√	√
无线连接完整性	√		√
数据源认证	√		√
拒绝重播包	√	√	√
加密		√	√
受限制的流量保密性		√	√

（3）技术优势

采用 IPSec 协议的 VPN 服务具有以下方面的优势。

1）不可否认性。该特点可以证实消息发送方是唯一可能的发送者，发送者不能否认发送过的消息。“不可否认性”是采用公钥技术的一个特征，当使用公钥技术时，发送方用私钥产生一个数字签名，并随着消息一起发送。

2）反重播性。“反重播”确保每一个 IP 包的唯一性，保证信息万一被截取复制后，不能再被重新利用、重新传输到目的地址。该特性可以防止攻击者截取破译信息后，再用相同的信息包盗取非法访问权。

3）数据完整性。防止传输过程中数据被篡改，确保发出数据和接收数据的一致性。IPSec 用 HASH 函数为每个数据包产生一个加密检查和。接收方在打开包前先计算检查和，若因包遭篡改而导致检查和不相符，则数据包就会被丢弃。

4）数据可靠性（加密）。在传输前对数据进行加密，可以保证在传输的过程中，即使数据包遭截取，信息也无法被读取。该特性在 IPSec 中为可选项，与 IPSec 策略的具体设置有关。

5）认证。数据源发送信任消息，由接收方验证信任消息的合法性，只有通过认证的系统才可以建立通信连接。

（4）主要应用场景

IPSec VPN 的应用场景主要分为 3 种情况，分别为：点到点、端到端以及端到点。

1）点到点。

Site-to-Site（又称网关到网关）：如一个企业的不同分支机构在 Internet 的三个不同的地方，各使用一个商务网关相互建立 VPN 隧道，企业内网（若干 PC）之间的数据通过这些网关建立的 IPSec 隧道实现安全互连，如图 7-7 所示。网关与网关之间、IPSec 保护 PC 之间流量只能使用隧道模式。

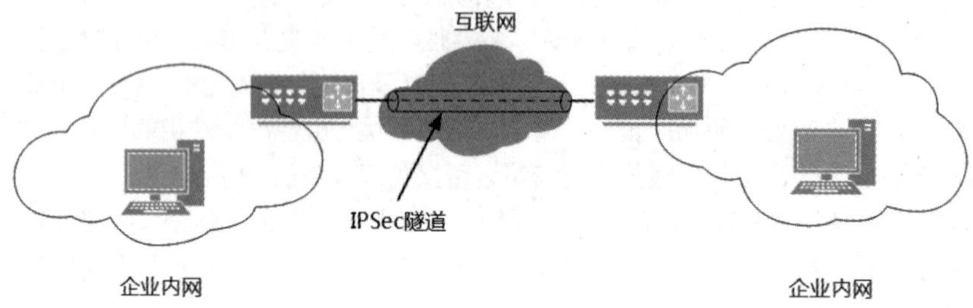

图 7-7　点到点隧道传输图

2）端到端。

End-to-End（又称 PC 到 PC）：两个 PC 之间的通信由网关和异地 PC 之间的 IPSec 进行保护，如图 7-8 所示。PC 与 PC 之间、IPSec 保护 PC 之间的流量可使用传输模式，也可使用隧道模式。

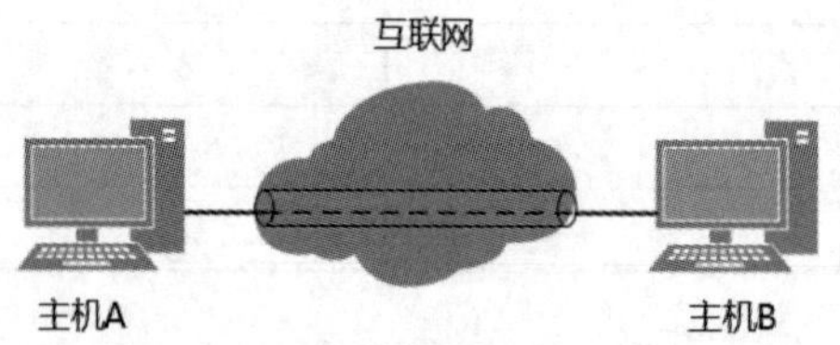

图 7-8　端到端传输图

3）端到点。

End-to-Site（又称 PC 到网关）：两个 PC 之间的通信由网关和异地 PC 之间的 IPSec 进行保护，如图 7-9 所示。PC 与网关之间、IPSec 保护 PC 之间流量只能使用隧道模式。

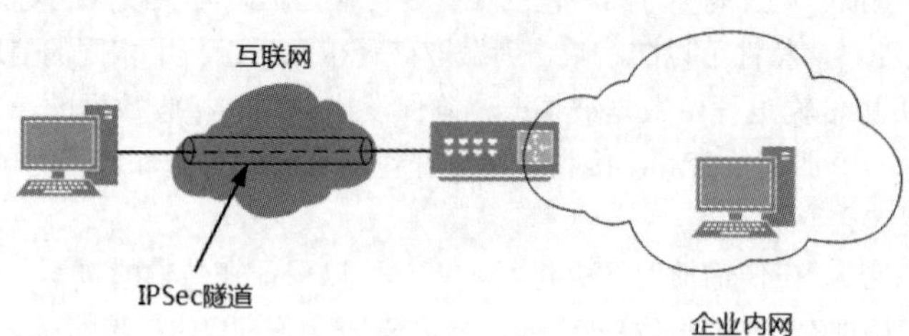

图 7-9　端到点传输图

7.2.3 MPLS 协议

（1）简介

MPLS（Multi-Protocol Label Switching，多标签协议转换）是一种用于快速数据包交换和路由的体系，它为网络数据流提供了目标、路由、转发和交换等能力。此外，它还具有管理各种不同形式通信流的机制。

MPLS VPN 采用 MPLS 技术在骨干的宽带 IP 网络上构建企业 IP 专网，实现跨地域、安全、高速、可靠的数据、语音、图像多业务通信，并结合差别服务、流量工程等相关技术，将公众网可靠的性能、良好的扩展性、丰富的功能与专用网的安全、灵活高效地结合在一起，为用户提供高质量的服务。

（2）工作原理

MPLS VPN 是一种基于 MPLS 技术的 IP-VPN，根据 PE 设备（Provider Edge，边缘设备）是否参与 VPN 路由处理又细分为二层 VPN 和三层 VPN。同时它还提供一种方式，将 IP 地址映射为简单的具有固定长度的标签，用于不同包转发和包交换技术。

在 MPLS 中，数据传输发生在标签交换路径（LSP）上。LSP 是每一个沿着从源端到终端路径上的节点标签序列。目前使用的标签分发协议有 LDP、RSVP 或者建于路由协议之上的一些协议，如 BGP、OSPF 等。因为固定长度标签被插入每一个包或信元的开始处，并且可以用硬件来实现两个连接间的数据包交换，所以使数据快速交换成为可能。

MPLS 协议头部的结构如图 7-10 所示。

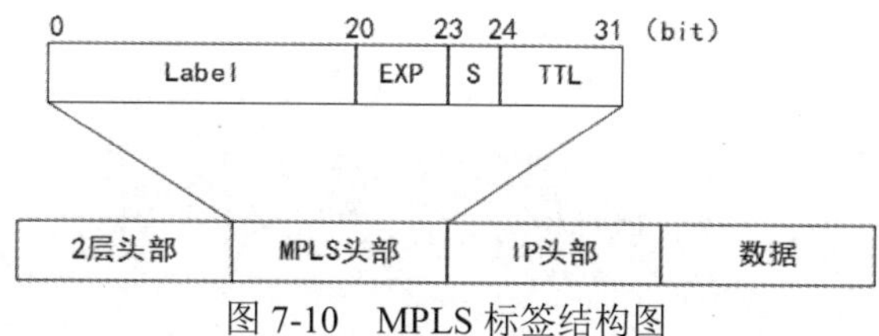

图 7-10 MPLS 标签结构图

Label：Label 值传送标签实际值，当接收到下一个标签数据包时，可以查出栈顶部的标签值，并且让系统知道，数据包将被转发的下一跳，以及在转发之前标签栈上可能执行的操作，如标签进栈顶入口同时将一个标签压出栈，或标签进栈顶入口然后将一个或多个标签推出栈。

EXP：试用，预留以备试用。

S：栈底，标签栈中最后进入的标签位置。

TTL：生存期字段，用来对生存周期值进行编码。

（3）技术优势

采用 MPLS 协议的 VPN 服务具有以下方面的优势。

1）降低了成本。MPLS 简化了 ATM 和 IP 的集成技术，使 L2 和 L3 技术有效地结合起来，降低了成本，保护了用户的前期投资。

2）提高了资源利用率。由于在网内使用标签交换，用户各个点的局域网能使用重复的 IP 地址，提高了 IP 资源利用率。

3）提高了网络速度。由于使用标签交换，缩短了每一跳过程中地址搜索的时间，减少了数据在网络传输中的时间，提高了网络速度。

4）提高了灵活性和可扩展性。MPLS 协议能制定特别的控制策略，满足不同用户的特别需求，实现增值业务。同时在扩展性方面主要包括两个方面：一方面网络中能容纳的 VPN 数目更大；另一方面，在同一 VPN 中的用户非常容易扩充。

5）方便用户、安全性高。MPLS 技术将被更广泛地应用在各个运营商的网络当中，这会对企业用户建立全球的 VPN 带来极大的便利。同时，采用 MPLS 作为通道机制实现透明报文传输，MPLS 的 LSP 具有和帧中继和 ATM VCC（Virtual Channel Connection，虚通道连接）类似的高可靠安全性。

（4）主要应用场景

三层 MPLS VPN 技术主要应用于两种场景，分别是单区域场景应用和跨地区场景应用。

1）单区域场景应用。

单区域应用的 MPLS VPN 的拓扑图如图 7-11 所示。单区域采用 MPLS VPN 技术主要由以下几部分组成。

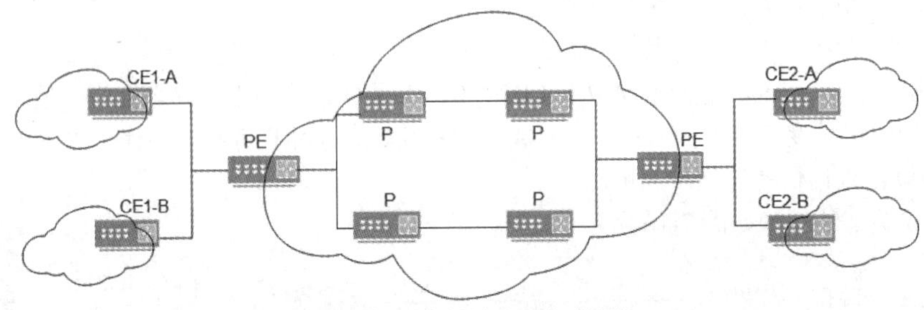

图 7-11　单区域应用拓扑图

①PE 路由器：服务提供商控制的路由器与 CE 路由器互连并交换路由信息。PE 路由器虽然是单台设备，但是却运行多个路由协议实例，以维护与特定用户相关的路由器并负责将它们重分发到全局 IP 路由表中。

②CE 路由器：用户端路由器，连接在 PE 路由器上。CE 路由器无需支持 MPLS，也不属于 MPLS 体系架构，只是负责发送和接收用户的路由信息。

③P 路由器：服务提供商的 MPLS 核心路由器或骨干路由器，无面向用户的接口，不携带 VPN 路由，也不参与 MPLS 路由，它们仅提供 PE 路由器之间的流量传送功能。P 路由器与 PE 路由器相连，负责将 BGP 对等信息传送到远端 PE 路由器，并且提供商的 P 路由器对 CE 路由器是不可见的。

2）跨地区场景应用。

由于现有城域网或地区网有时会自成一个自治域（AS）。通过 BGP 扩展实现的三层 VPN 需要解决跨域的问题。

跨区域地区场景应用的拓扑图如图 7-12 所示，APE 代表 BGP 边界路由器。首先 PE2 把 VPN 路由发给 APE2，然后 APE2 与 APE1 在不同 VRF（把 PE 路由器在逻辑上划分为多台虚拟路由器，即多个路由转发实例 VRF，每一个 VRF 对应一个 VPN）的链路上运行 EBGP（外部边界网关协议），APE2 会把 APE1 看作是自己的一个 CE 设备，这样 VPN 路由就像普通路由一样传递。最后 APE1 把收到的 VPN 路由导入到相应的 VPN 中，然后发给 PE1。在两个 APE 之间要为不同的 VRF 建立独立的物理和逻辑链路。

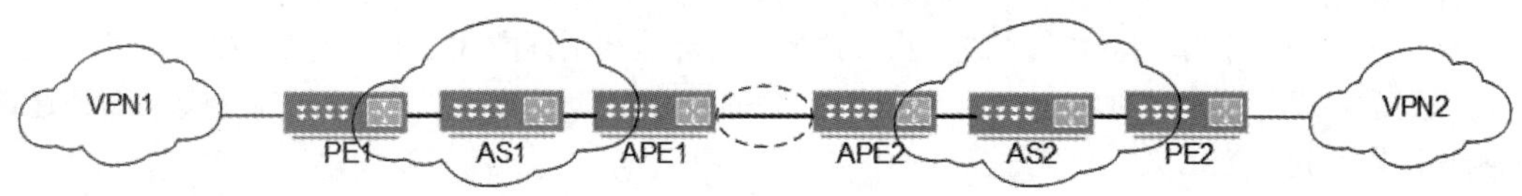

图 7-12　跨区域应用拓扑图

7.2.4　SSL 协议

（1）简介

SSL（Secure Socket Layer，安全套接字层）属于高层安全机制，广泛应用于 Web 浏览器程序和 Web 服务器程序。该协议为 Netscape 所研发，用以保障在 Internet 上数据传输之安全，利用数据加密（Encryption）技术，可确保数据在网络上的传输过程中不会被截取及窃听。在 SSL 中，身份认证是基于证书的。在服务器方向中，客户端的认证是必须的，而 SSL 第 3 版本中客户端向服务器的认证只是可选项，现在逐渐得到广泛的应用。

SSL 在协议栈的位置如图 7-13 所示。

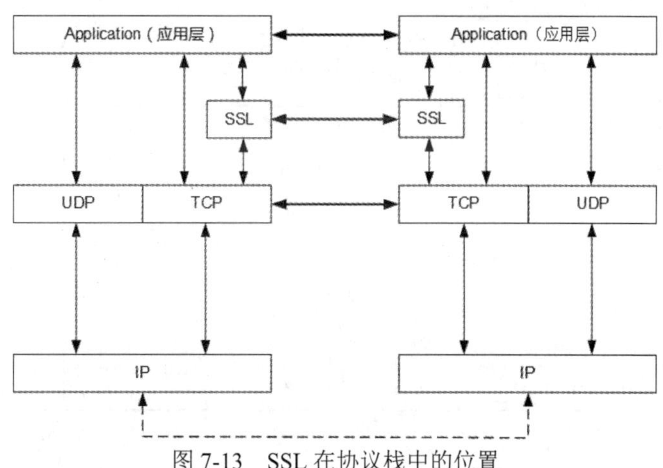

图 7-13　SSL 在协议栈中的位置

（2）工作原理

SSL 协议过程通过 4 个元素来完成，分别是：握手协议、记录协议、修改密文协议和警告协议，如图 7-14 所示。

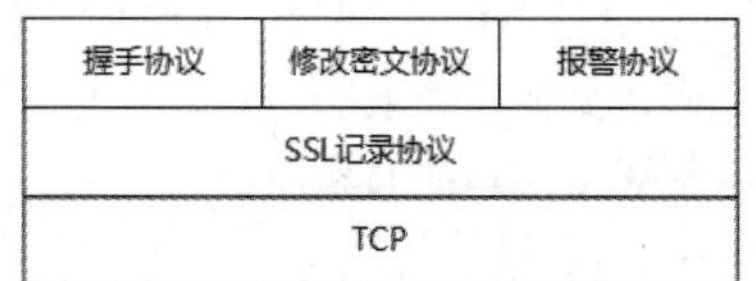

图 7-14　SSL 协议的结构图

1）握手协议。

这个协议负责配置用于客户端和服务器之间会话的加密参数。当一个 SSL 客户端和服务器第一次开始通信时，它们在一个协议版本上达成一致，选择加密算法和认证方式，并使用公钥来生成共享密钥。

使用握手协议主要具有的功能为协商 SSL 协议的版本；协商加密套件；协商密钥参数；验证通讯双方的身份，以及建立 SSL 连接。

SSL 握手协议主要有三种握手过程，分别是有客户端认证的全握手过程、会话恢复过程、无客户端认证的全握手过程。

在有客户端认证情况下的握手过程一般是由五个阶段构成的，分别是：客户端验证服务器；客户端与服务器选择彼此支持的算法；服务器验证客户端（可选）；使用公开密钥算法产生共享的密钥；SSL 连接建立，如图 7-15 所示。

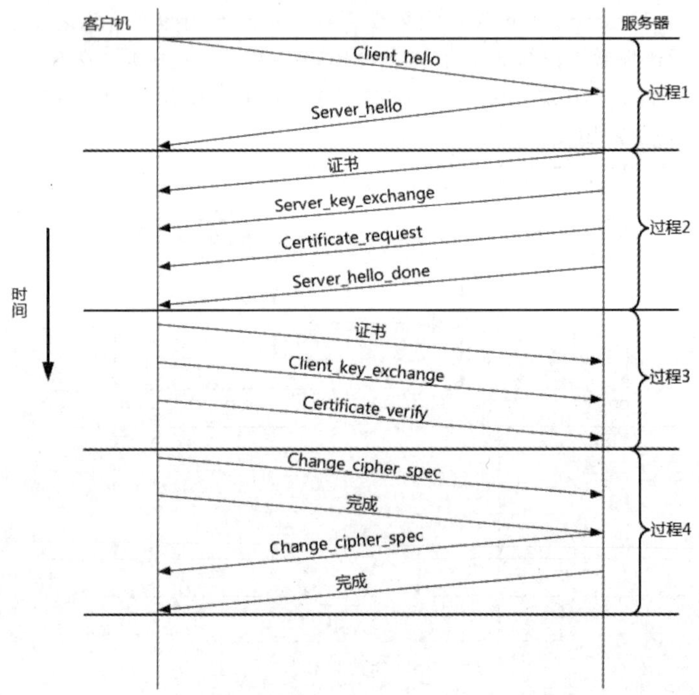

图 7-15　有客户端认证的握手协议过程图

其中四个过程的具体内容分别如下所示。

过程 1：客户端发送 hello 数据包，当服务器收到该数据包时，也发送一个 hello 数据包。这样做的作用是建立安全能力，包括协议版本、会话 ID、密码组、压缩方法和初始随机数字。

过程 2：服务器可以发送证书、密钥交换和请求证书。服务器信号以 hello 消息段结束。

过程 3：客户机可以发送证书、密钥交换和证书验证。

过程 4：更改密码组合并完成握手协议。

SSL 的握手协议中的会话恢复过程如图 7-16 所示。

在该会话恢复过程中的主要步骤内容如下所示。

过程 1：当客户端发送一个 hello 的消息时，里面包含着上次协商的版本、加密套件、压缩算法，客户端随机数及上次 SSL 连接的会话 ID 等信息，当服务器收到该信息后，也会发送一个 hello 的消息给客户端，在该消息中包含了服务器同意的版本、加密套件、压缩算法、会话 ID、服务器端随机数等。

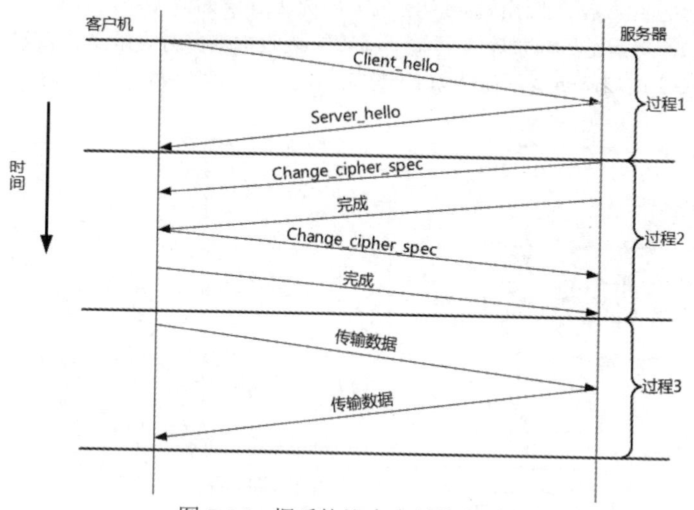

图 7-16　握手协议中会话恢复过程图

过程 2：服务器端和客户机端都发送消息通知对方本端开始启用加密参数，并且自己计算握手过程验证报文。

过程 3：握手协议已经建立，并且可以传输应用层数据。

在无客户端认证情况下的握手过程与有客户端认证的握手过程大致相同，只是在过程 3 中，客户端不会再发送证书，而只是发送改变密钥的消息内容，如图 7-17 所示。

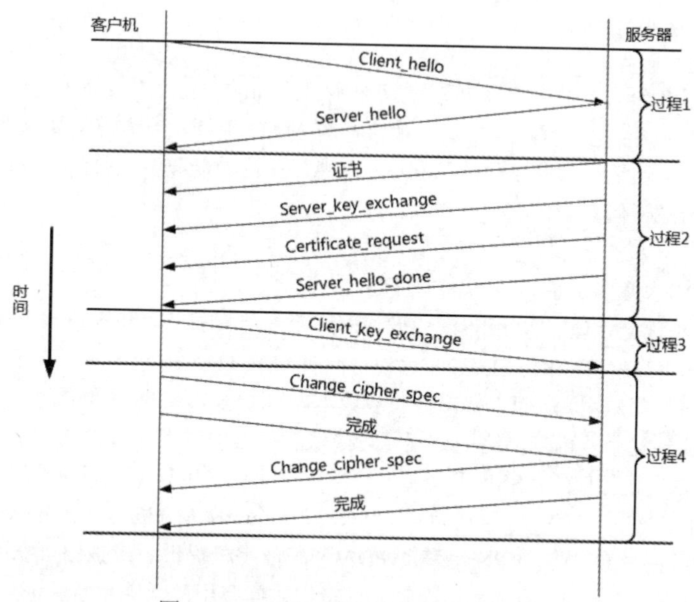

图 7-17　无客户端认证的握手协议过程图

2）记录协议。

这个协议用于交换应用数据。应用数据消息被分割成可管理的数据块，还可以压缩，并产生一个MAC（消息认证代码），然后结果被加密并传输，接收方接收数据并对它解密，校验 MAC，解压并重新组合，把结果提供给应用程序协议，如图 7-18 所示。

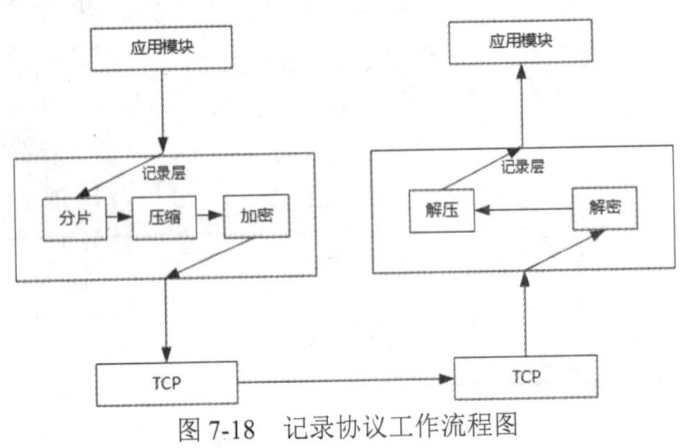

图 7-18　记录协议工作流程图

该协议主要功能为保护传输数据的私密性，对数据进行加密和解密；验证传输数据的完整性，计算报文的摘要；提高传输数据的效率，对报文进行压缩；保证数据传输的可靠和有序。

3）修改密文协议。

该协议是使用 SSL 记录协议服务的 SSL 高层协议的 3 个特定协议之一，也是其中最简单的一个。协议由单个消息组成，该消息只包含了一个值为 1 的单个字节。该消息的唯一作用就是使未决状态拷贝为当前状态，更新用于当前连接的密码组。为了保障 SSL 传输过程的安全性，双方应该每隔一段时间改变加密规范。

4）警告协议。

这个协议用于表示在什么时候发生了错误或两个主机之间的会话在什么时候禁止。警告消息有两种：一种是 Fatal 错误，如传递数据过程中，发现错误的 MAC 地址，双方就需要立即中断会话，同时消除自己缓冲区相应的会话记录；第二种是 Warning 消息，在这种情况下，通信双方通常都只是记录日志，而对通信过程不造成任何影响。

（3）技术优势

采用 SSL 协议的 VPN 服务具有以下方面的优势。

1）降低维护成本和优化管理。采用 SSL VPN，网络管理员只需部署和管理一个安全访问网关，利用此网关，内部和外部用户就可经由 SSL VPN 远程访问所有网络资源，包括基于 Web 的应用、客户机、服务器应用以及基于主机的应用，从而大幅降低建设成本。而且，SSL VPN 不需要预先安装客户端软件，通过浏览器方式即可实现对企业内部网络的访问，可降低软件维护成本和减少技术支持。

2）所有终端设备都可进行使用。SSL 只需要一个网关就可以让用户在不同的操作系统下访问各种网络资源，包括 Windows、Windows Vista、Windows Mobile、Linux 和 Macintosh、iPhone、Android 等。

3）可以实现移动解决方案。SSL VPN 为移动 PDA 和智能手机提供了最强健可靠的安全访问解决方案，用户在办公室、家里或移动 IP 地址间切换时，可持续访问应用，无需重新验证。

4）可以访问所有的应用平台。利用其独特的融合了 SSL 应用层控制能力与第 3 层隧道技术的架构，

SSL VPN 技术让用户可快速、轻松地访问所有应用，包括基于 Web 的应用、客户机、服务器应用、基于服务器的应用和基于主机的应用。

5）快速安装。所有 SSL VPN 解决方案的安装和部署均可在几分钟内完成。将 SSL VPN 的外联口和内联口接上网络，配置好 IP 地址，即可实现提供对全部内网资源的访问，简单易行。

7.2.5 协议对比

L2TP、IPSec、MPLS 及 SSL 不同协议构建 VPN 差别很大，如表 7-5 为这几个协议的对比。

表 7-5　L2TP、IPSec、MPLS 及 SSL 协议对比表

功能	L2TP	IPSec	MPLS	SSL
部署	很少	广泛	广泛	广泛
加密	MPPE	DES、3DES、AES	明文传输	RC4、DES 或 3DES
工作层（OSI 体系）	二层	三层	二层/三层	四层之上
类型	远程接入	站到站、远程接入	路由发送	远程接入
特点	支持多协议传输	需要安装客户端	提高网络速度、资源利用率	可选择有无客户端模式
安全性	低	高	低	高

7.2.6 报文分析

（1）PPTP 协议

按隧道协议的网络分层，PPTP 属于第 2 层隧道协议。在服务器端配置好 PPTP VPN 服务之后，客户端需要请求连接该 VPN，下面为客户端对 PPTP VPN 连接过程的报文分析。

PPTP 客户端请求连接服务器的过程如图 7-19 所示。

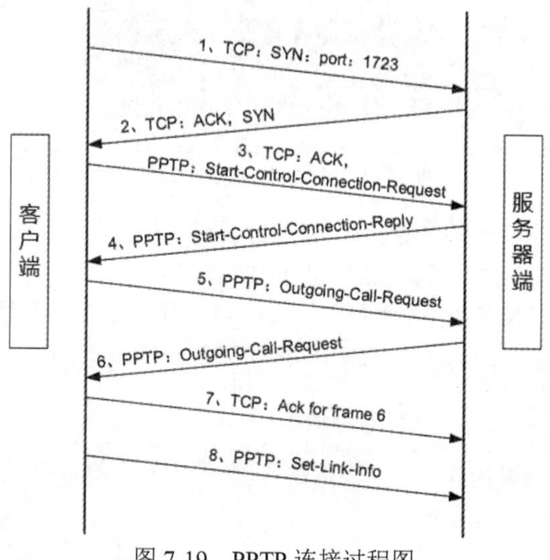

图 7-19　PPTP 连接过程图

1）Start-Control-Connection-Request 报文格式。

开始控制连接请求（Start-Control-Connection-Request）的报文格式如图 7-20 所示，该请求报文详情如图 7-21 所示。

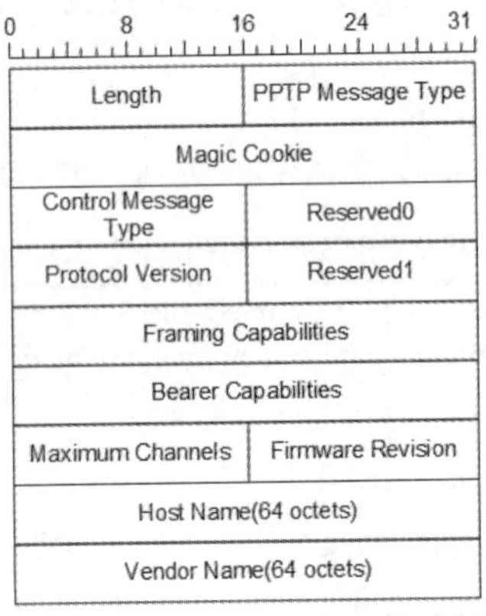

图 7-20　PPTP 请求报文格式图

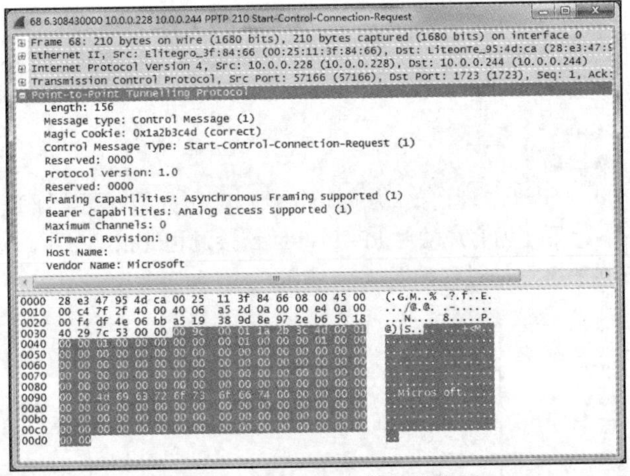

图 7-21　PPTP 请求报文详情图

在该请求报文中，各类字段代表的含义如下所示。

- Length：该 PPTP 信息的总长，包括整个 PPTP 头。
- PPTP Message Type：信息类型。可能值有：1 为控制信息；2 为管理信息。
- Magic Cookie：Magic Cookie 以连续的 0x1A2B3C4D 进行发送，其基本目的是确保接收端与 TCP 数据流间的正确同步运行。
- Control Message Type：值为 1。
- Reserved 0/1：必须设置为 0。
- Protocol Version：PPTP 版本号。
- Framing Capabilities：指出帧类型，该信息发送方可以提供异步帧支持（Asynchronous Framing

Supported）和同步帧支持（Synchronous Framing Supported）。

- Bearer Capabilities：指出承载性能，该信息发送方可以提供模拟访问支持（Analog Access Supported）和数字访问支持（Digital Access Supported）。
- Maximum Channels：该 PPTP 服务器可以支持的个人 PPP 会话总数。
- Firmware Revision：若由 PPTP 服务器出发，则包括发出 PPTP 服务器时的固件修订本编号；若由 PPTP 客户端出发，则包括 PPTP 客户端 PPTP 驱动版本。
- Host Name：包括发行的 PPTP 服务器或 PPTP 客户端的 DNS 名称。
- Vendor Name：包括特定供应商名称，指当请求是由 PPTP 客户端提出时，使用的 PPTP 服务器类型或 PPTP 客户端软件类型。

2） Start-Control-Connection-Reply 报文格式。

开始控制连接应答（Start-Control-Connection-Reply）的报文格式如图 7-22 所示，请求回应报文详细情况如图 7-23 所示。

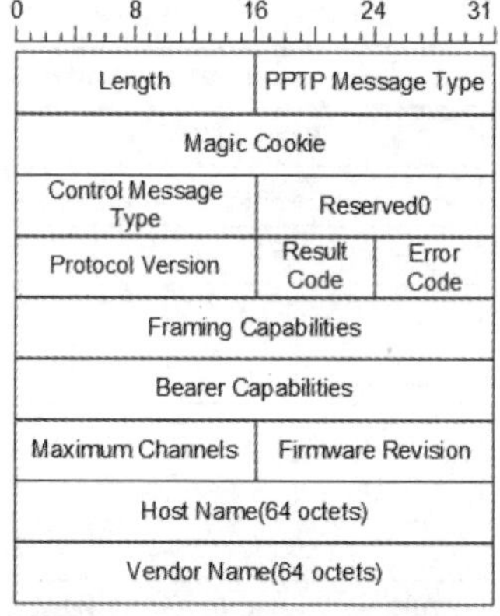

图 7-22　请求回应报文格式图

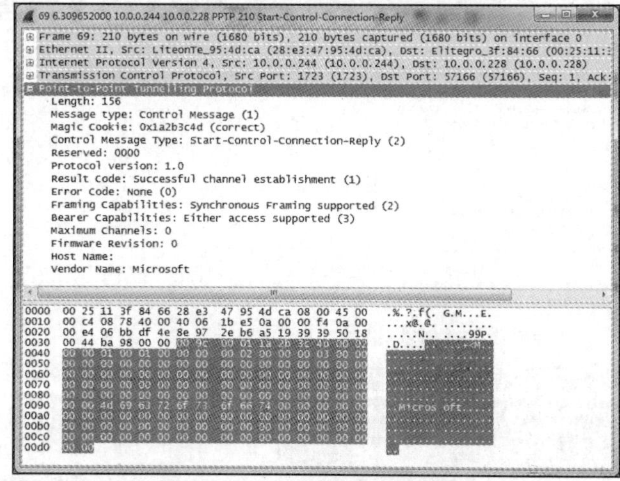

图 7-23　请求回应报文图

大部分字段的含义与请求报文一致，不同的字段含义如下所示。

- Control Message Type：值为 2。
- Result Code：表示建立 channel 是否成功的结果码，值为 1 表示成功；值为 2 表示通用错误，暗示着有问题；值为 3 表示 channel 已经存在；值为 4 表示请求者未授权；值为 5 表示请求的 PPTP 协议版本不支持。
- Error Code：表示错误码，一般值为 0，除非 Result Code 值为 2，不同的错误码表示不同的含义。

3）Outgoing-Call-Request 报文结构。

Outgoing-Call-Request 是由 PPTP 客户机发出，请求创建 PPTP 隧道的报文，该消息包含 GRE 报头中 Call ID，该 ID 可唯一地标识一条隧道，其报文结构如图 7-24 所示及报文详情如图 7-25 所示。

0 – 15	16 – 31
Length	PPTP Message Type
Magic Cookie	
Control Message Type	Reserved0
Call ID	Call Serial Number
Minimum BPS	
Maximum BPS	
Bearer Type	
Framing Type	
Packet Receive Windows Size	Packet Processing Delay
Phone Number Length	Reserved1
Phone Number(64 octets)	
Subaddress(64 octets)	

图 7-24　请求报文结构图

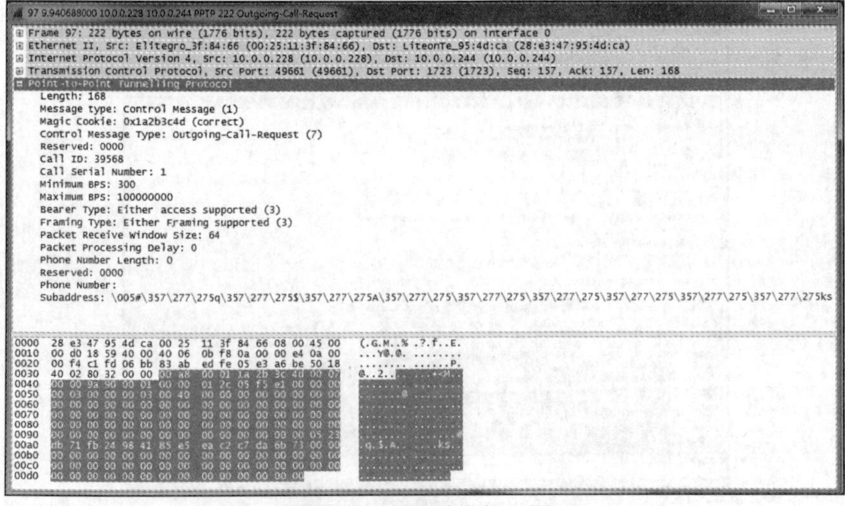

图 7-25　详细请求报文图

与连接控制请求的报文不同字段的含义如下所示。

- Control Message Type：值为 7。
- Call ID：由 PPTP 客户端指定的唯一的会话 ID。
- Call Serial Number：是由 PPTP 客户端指定的唯一标识符，用于在记录会话信息中标识特定会话，与 Call ID 不一样的是，Call Serial Number 对于 PPTP 客户端与 PPTP 服务器来说，是唯一绑定到一个给定的会话的，且是相同的。
- Minimum BPS：对于此次会话可接受的最低传输速度，单位为位/秒。
- Maximum BPS：对于此次会话可接受的最大传输速度，单位为位/秒。
- Bearer Type：指出承载访问支持，该信息发送方可以提供：模拟访问支持（Analog Access Supported）、数字访问支持（Digital Access Supported）和可支持的任何类型。
- Framing Type：指出帧类型，该信息发送方可以提供：异步帧支持（Asynchronous Framing Supported）、同步帧支持（Synchronous Framing Supported）和异步或同步帧支持。
- Packet Receive Window Size：PPTP 客户端为此次会话提供最大接收缓冲大小。
- Packet Processing Delay：表示 PPTP 客户端对数据包处理的延时度量。
- Phone Number Length：拨号号码长度。
- Phone Number：建立会话向外拨号的号码，一般对于 ISDN 或模拟方式拨号来说，此字段域为一个 ASCII 串，一般长度少于 64 个字节。
- Subaddress：额外信息域，一般长度少于 64 个字节。

4）Outgoing-Call-Reply 报文格式。

Outgoing-Call-Reply 是 PPTP 服务器对 Outgoing-Call-Request 回应，其主要报文格式如图 7-26 所示，详细报文内容如图 7-27 所示。

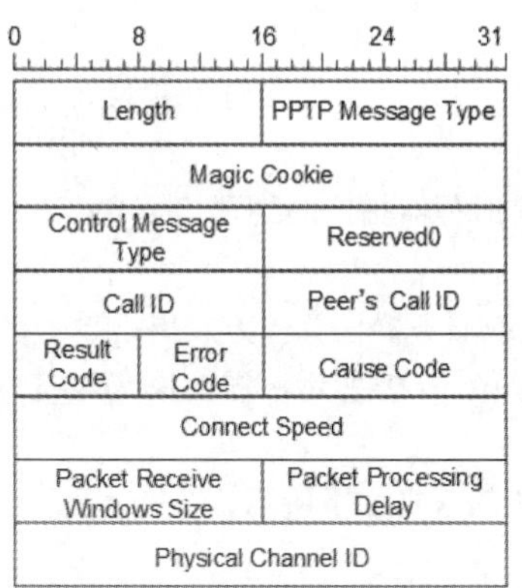

图 7-26　应答报文格式图

与连接控制请求的报文不同字段的含义如下所示。

- Control Message Type：值为 8。
- Call ID：由 PPTP 服务器指定的唯一的会话 ID。主要用于在 PPTP 服务器与 PPTP 客户端建立的会话上，用于复用与解封装隧道包。
- Peer Call ID：设置的值是从接收到的 Outgoing-Call-Request 中 Call ID 值，是由 PPTP 客户端指定

的，用于 GRE 中对于隧道数据解封与复用。

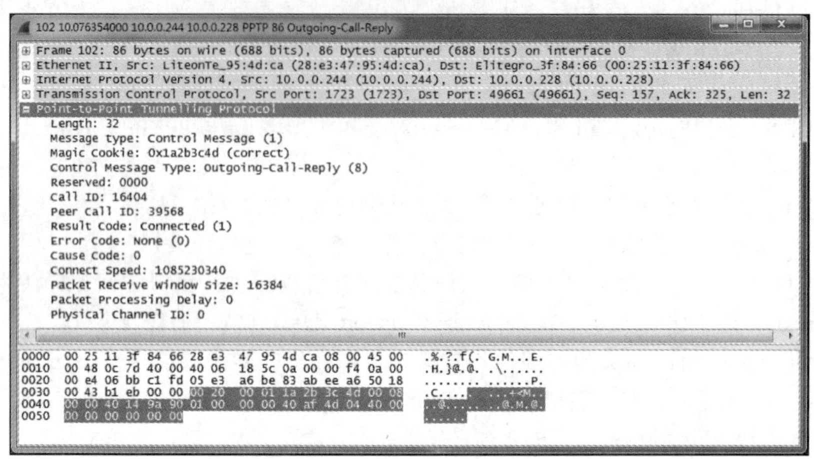

图 7-27　详细应答报文图

- Result Code：表示响应 Outgoing-call-request 握手是否成功，值为 1 表示成功；值为 2 表示通用错误，暗示着有问题；值为 3 表示无载波；值为 4 表示服务器忙，无法及时响应；值为 5 表示无拨号音；值为 6 表示呼号超时；值为 7 表示未授权。
- Error Code：表示错误码，一般值为 0，除非 Result Code 值为 2，不同的错误码表示不同的含义。
- Cause Code：表示进一步错误信息描述。
- Connect Speed：连接使用的实际速率。
- Packet Receive Window Size：PPTP 服务器为此次会话提供最大接收缓冲大小。
- Packet Processing Delay：表示 PPTP 服务器对数据包处理的延时度量。
- Physical Channel ID：由 PPTP 服务器指定的物理信道 ID。

5）Set-Link-Info 报文格式。

Set-Link-Info 是由 PPTP 客户机或服务器任意一方发出，设置 PPP 协商选项，其主要报文格式如图 7-28 所示，详细报文内容如图 7-29 所示。

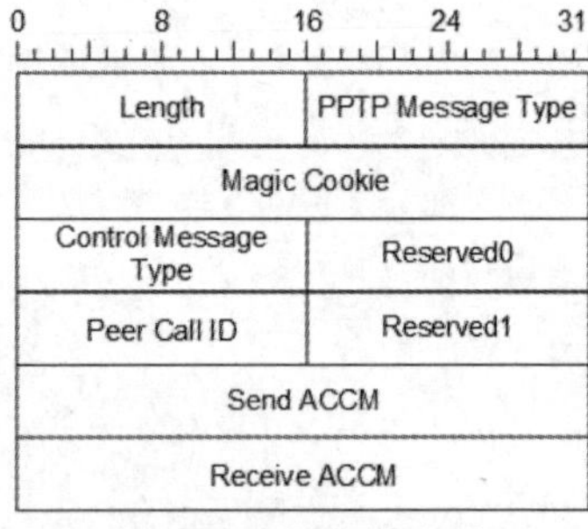

图 7-28　报文格式图

与连接控制请求的报文不同字段的含义如下所示。

- Control Message Type：值为 15。
- Peer Call ID：设置的值是从接收到的 Outgoing-Call-Request 中 Call ID 值，是由 PPTP 客户端指定的，用于 GRE 中对于隧道数据解封与复用。
- Reserved0/1：保留位，必须为 0。
- Send ACCM：发送的 ACCM 值，默认值为 0XFFFFFFFF。
- Receive ACCM：接收的 ACCM 值，默认值为 0XFFFFFFFF。

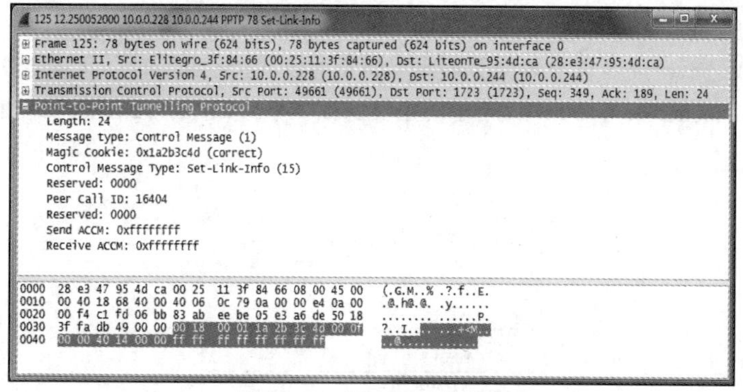

图 7-29　详细报文内容图

6）PPTP 的数据封装。

PPTP 的数据经过各层的封装（如图 7-30 所示）形成报文，然后在网络上进行传输，PPTP 数据的详细信息如图 7-31 所示。

14字节	20字节	12字节	1字节	
Data-link Header	IP Header	GRE Header	PPP Header	PPP加密报文

图 7-30　PPP 封装报文图

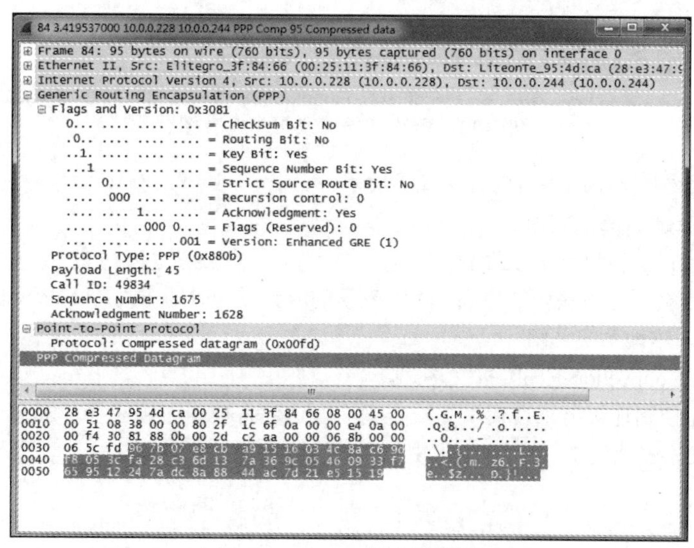

图 7-31　PPTP 详细数据图

一个数据在到达隧道前需要经过三次封装，分别是：PPP 帧封装、GRE 封装和数据链路层封装。

首先初始的 PPP 有效载荷（如 IP 数据报等）经过加密后，形成 PPP 报文，封装成 PPP 帧，然后 PPP 帧在再添加 GRE 报头，经过第二层封装形成 GRE 报文，添加新的 IP 报头，形成新的 IP 数据报；最后再添加数据链路层的报头，进行最终数据链路层封装，形成在网络上传输的报文。

7）Stop-Control-Connection-Request 报文格式。

当数据传输完成之后，或者客户端或服务器端想要关掉 VPN 服务时，就需要发送停止控制连接请求（Stop-Control-Connection-Request），该请求的主要的报文格式如图 7-32 所示，详细报文内容如图 7-33 所示。

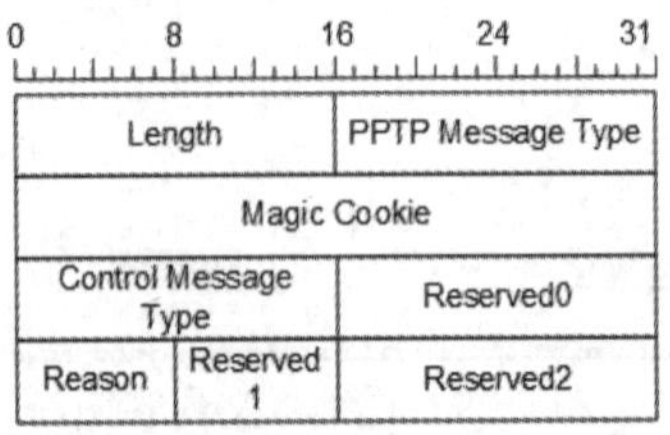

图 7-32　停止连接请求报文格式图

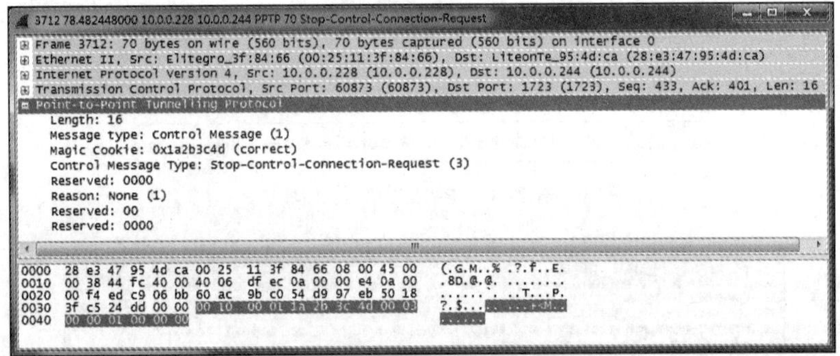

图 7-33　停止连接请求报文内容图

在该报文中与上述报文不同字段的含义如下所示。

- Control Message Type：值为 3。
- Reserved0/1/2：保留位，必须为 0。
- Reason：表示会话连接关闭的原因，为 1 表示响应会话清除请求；为 2 表示不支持对端 PPTP 版本；为 3 表示本地系统关闭。

8）Stop-Control-Connection-Reply 报文格式。

当一方发送停止控制连接请求之后，另一方则会发送停止控制连接应答（Stop-Control-Connection-Reply），该应答报文格式如图 7-34 所示，报文的详细内容如图 7-35 所示。

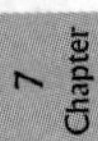

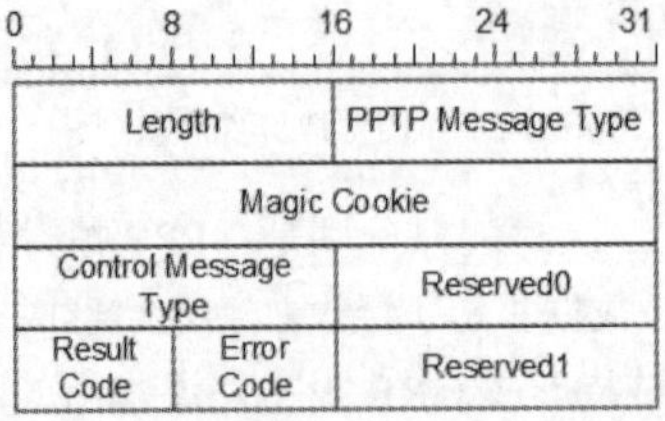

0　8　16　24　31

Length		PPTP Message Type
Magic Cookie		
Control Message Type		Reserved0
Result Code	Error Code	Reserved1

图 7-34　停止连接请求应答报文格式图

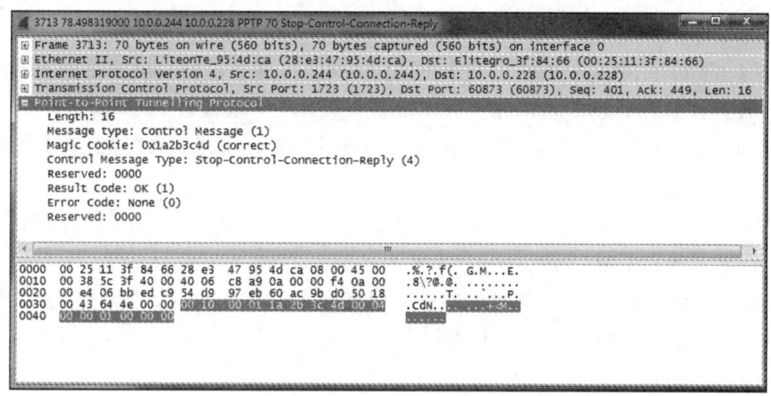

图 7-35　报文详细内容图

在该报文中与上述报文不同字段的含义如下所示。

- Control Message Type：值为 4。
- Reserved0/1/2：保留位，必须为 0。
- Result Code：表示关闭连接结果码，为 1 表示正常关闭成功，为 2 表示发生一般性错误。
- Error Code：表示当结果为 2 时，对应具体的一般性错误，Result Code 为 1 时，必须为 0。

（2）L2TP 协议

按隧道协议的网络分层，L2TP 属于第 2 层隧道协议。在服务器端配置好 PPTP VPN 服务之后，客户端需要请求连接该 VPN，则客户端与 VPN 服务器端的建立控制连接过程如图 7-36 所示，只有建立了控制连接，才可以建立会话连接（如图 7-37 所示），最后才开始传输数据。

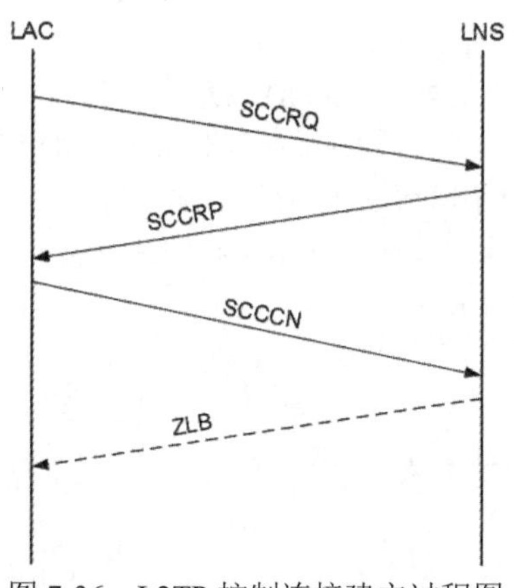

图 7-36　L2TP 控制连接建立过程图

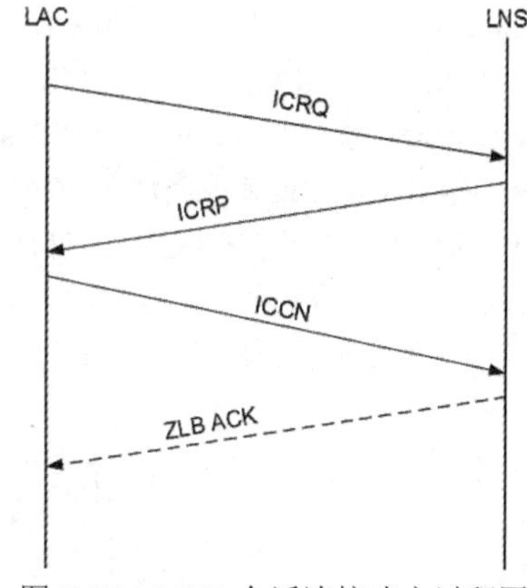

图 7-37　L2TP 会话连接建立过程图

在上述的控制连接与会话连接建立过程中涉及的消息字段主要包括以下内容。

- SCCRQ（Start-Control-Connection-Request）：用来向对端请求建立控制连接。
- SCCRP（Start-Control-Connection-Reply）：用来告诉对端，本端收到了对端的 SCCRQ 消息，允许建立控制连接。
- SCCCN（Start-Control-Connection-Connected）：用来告诉对端，本端收到了对端的 SCCRP 消息，

本端已完成隧道的建立。

- ICRQ（Incoming-Call-Request）：只有 LAC 才会发送该报文；每当检测到用户的呼叫请求，LAC 就发送 ICRQ 消息给 LNS，请求建立会话连接。ICRQ 中携带会话参数。
- ICRP（Incoming-Call-Reply）：只有 LNS 才会发送该报文；收到 LAC 的 ICRQ，LNS 就使用 ICRP 回复，表示允许建立会话连接。
- ICCN（Incoming-Call-Connected）：只有 LAC 才会发送该报文；LAC 收到 LNS 的 ICRP，就使用 ICCN 回复，表示 LAC 已回复用户的呼叫，通知 LNS 建立会话连接。
- ZLB（Zero-Length Body）：如果本端的队列没有要发送的消息时，发送 ZLB 消息给对端。ZLB 只有 L2TP 头，没有负载部分，因此而得名。

1）L2TP 报文头部格式。

L2TP 报文头部格式如图 7-38 所示，报文详细结构如图 7-39 所示。

- Type(T)：标识消息的类型，0 表示是数据消息，1 表示控制消息。
- Length(L)：置 1 时，说明 Length 域的值是存在的，对于控制消息 L 位必须置 1。
- X bit：保留位，所有保留位均置 0。
- Sequence(S)：置 1 时，说明 Ns 和 Nr 是存在的，对于控制消息 S 必须置 1。
- Offset(O)：置 1 时，说明 Offset Size 域是存在的，对于控制消息 O 必须置 0。
- Priority(P)：只用于数据消息，对于控制消息 P 位置 0，当数据消息此位置 1 时，说明该消息在本列队和传输时应得到优先处理。
- Ver：版本，必须是 2，表示 L2TP 数据报头的版本。
- Length：标识整个报文的长度（以字节为单位）。
- Tunnel ID：标识 L2TP 控制链接，L2TP Tunnel 标识符只有本地意义，一个 Tunnel 两端被分配的 Tunnel ID 可能会不同，报头中的 Tunnel 是指接收方的 Tunnel ID，而不是发送方的。本端的 Tunnel ID 在创建 Tunnel 时分配。通过 Tunnel ID AVPs 和对端交换 Tunnel ID 信息。
- Session ID：标识 Tunnel 中的一个 Session，只有本地意义，一个 Session 两端 Session ID 可能不同。
- Ns：标识发送数据或控制消息的序号，从 0 开始，以 1 递增，到 216 再从 0 开始。
- Nr：标识下一个期望接收到的控制消息。Nr 的值设置成上一个接收到的控制消息的 Ns+1。这样是对上一个接收到的控制消息的确认。数据消息忽略 Nr。
- Offset：如果值存在的话，标识有效载荷数据的偏移。

0 8	16 24 31
T L X X S X O P X X X X Ver	Length(opt)
Tunnel ID	Session ID
Ns(opt)	Nr(opt)
Offset(opt)	Offset pad (opt)

图 7-38　L2TP 头部报文格式图

2）AVP 报文格式。

在 L2TP VPN 协议中的一些参数是通过 AVP（Attribute Value Pair，属性值对）数据来传输的，如果用户对这些数据的安全性要求较高，可以将 AVP 数据配置为隐藏传输。隐藏 AVP 数据功能必须在隧道两端都使用隧道验证的情况下才起作用，默认情况下，隧道采用明文方式传输 AVP 数据。在 L2TP VPN 中 AVP 的格式如图 7-40 所示。

```
⊟ Layer 2 Tunneling Protocol
  ⊟ Packet Type: Control Message Tunnel Id=0 Session Id=0
      1... .... .... .... = Type: Control Message (1)
      .1.. .... .... .... = Length Bit: Length field is present
      .... 1... .... .... = Sequence Bit: Ns and Nr fields are present
      .... ..0. .... .... = Offset bit: Offset size field is not present
      .... ...0 .... .... = Priority: No priority
      .... .... .... 0010 = Version: 2
    Length: 108
    Tunnel ID: 0
    Session ID: 0
    Ns: 0
    Nr: 0
```

图 7-39　L2TP 头部报文图

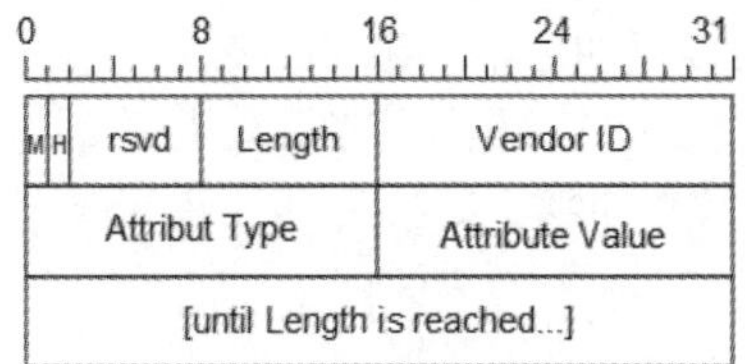

图 7-40　AVP 报文格式图

- 开始的 6bit 是一个位掩码，用来描述 AVP 的普通属性，RFC2661 定义了前 2 位，其余被保留。
- M：命令位，用来控制收到不认识的 AVP 时必须执行的动作。如果在一个关联特殊的会话消息中 M 位被置为不认识的 AVP，这个会话一定会被终止。如果在一个关联全部通道的消息中 M 位被置为不认识的 AVP，整个通道包括通道内的会话一定会被终止。如果 M 为没有被设置，这个不认识的 AVP 会被忽略掉。
- H：隐藏位，用来识别一个 AVP 的属性域里的隐藏数据。
- Length：AVP 的数据长度。
- Vendor ID：供应商 ID 号，一般厂商为 0000。
- Attribute Type（Value）：AVP 的类型（值）。
- 如果长度小于 Length，那么就会把这些 bit 保留，保留位一定要置 0，收到一个保留位为 1 的 AVP，会把收到的 AVP 当做不认识。

3）AVP 的类型。

在 L2TP 协议中主要有以下几方面的 AVP 类型。

- Control Message AVP：标识控制信息。在该数据中，AVP 的类型为 0（Control Message），消息类型为 1（Start_Control_Request）。
- Protocol Version AVP：标识协议版本，AVP 的类型为 2（Protocol Version）。
- Framing Capabilities AVP：标识数据帧能力。在该数据中倒数第二个 bit 置 1，标识支持帧异步；倒数第一个 bit 置 1，标识支持帧同步。
- Bearer Capabilities AVP：标识网络承载能力。在该数据中倒数第二个 bit 置 1，标识支持模拟信号；倒数第一个 bit 置 1，标识支持数字信号，当这两个 bit 上的数字为 0 时，说明不支持相应的信号。

- Firmware Revision AVP：标识硬件修订信息。
- Host Name AVP：标识发送端主机名称。
- Vendor Name AVP：标识供应商的名称。
- Assigned Tunnel ID AVP：本端（发送端）分配的 Tunnel ID。
- Receive Window Size AVP：标识接收窗口的大小。如果没有发送这个 AVP，对端必须假设接收窗口是 4，远端在发送指定数量的控制消息后，必须等待对方确认。
- Assigned Session AVP：本端分配的 Session ID。当 LAC 检测到用户呼叫时，向 LNS 发送 ICRQ，请求在已经存在的 Tunnel 中建立 Session 链接，LAC 在本端为需要建立的 Session 分配一个 Session ID，这个 Session ID 只具有本地意义。LNS 接收 ICRQ 后回应 ICRP，在 ICRP 中也包含了 LNS 为这个 Session 分配的一个具有本地意义的 Session ID。通过 ICRQ 和 ICRP，本地就可以获得分配的 Session ID。
- Call Serial Number AVP：标识呼叫连续号建立连接。
- Bearer Type AVP：标识呼叫连接的是模拟信道还是数字信道。
- Framing Type AVP：标识支持帧同步还是帧异步，倒数第二个和倒数第一个位上的数说明支持或者是不清楚。

4）控制消息分类对比。

控制消息分类对比。用于建立、维护、拆除 L2TP 隧道，由通用报头和一系列 AVP 组成，下面为报文中 AVP 的类型值及功能对比，如表 7-6 所示。

表 7-6 AVP 消息类型与功能描述对比表

消息类型	描述	功能
1	开始控制连接请求（SCCRQ）	建立控制信道
2	开始控制连接应答（SCCRP）	建立控制信道
3	开始控制连接已连接（SCCCN）	建立控制信道
4	终止控制连接通知（StopCCN）	拆除控制信道
6	发送 Hello	维持控制信道
7	呼出请求（OCRQ）	建立数据会话（呼出）
8	呼出应答（OCRP）	建立数据会话（呼出）
9	呼出已连接（OCCN）	建立数据会话（呼出）
10	呼入请求（ICRQ）	建立数据会话（呼入）
11	呼入应答（ICRP）	建立数据会话（呼入）
12	呼入已连接（ICCN）	建立数据会话（呼入）
14	呼叫断开通知（CDN）	拆除数据会话
15	WAN 错误通知	呼叫状态
16	设置链路信息（SLI）	呼叫状态

（3）IPSec 协议

IPSec 有两种工作模式，分别是隧道（tunnel）模式和传输（transport）模式。

隧道模式：用户的整个 IP 数据包被用来计算 AH 或 ESP 头，AH 或 ESP 头以及 ESP 加密的用户数据报被封装在一个新的 IP 数据包中，通常隧道模式应用在两个安全网关之间的通信。

传输模式：只是传输层数据被用来计算 AH 或 ESP 头，AH 或 ESP 头及 ESP 加密的用户数据被放置在原 IP 包头后面，通常传输模式应用在两台主机之间的通信，或一台主机和一个安全网关之间的通信。

在两种模式下的数据封装格式如下所示。

1）隧道模式。

在使用 AH 的安全协议下，IPSec 的数据格式如图 7-41 所示，AH 的身份验证报头格式如图 7-42 所示。

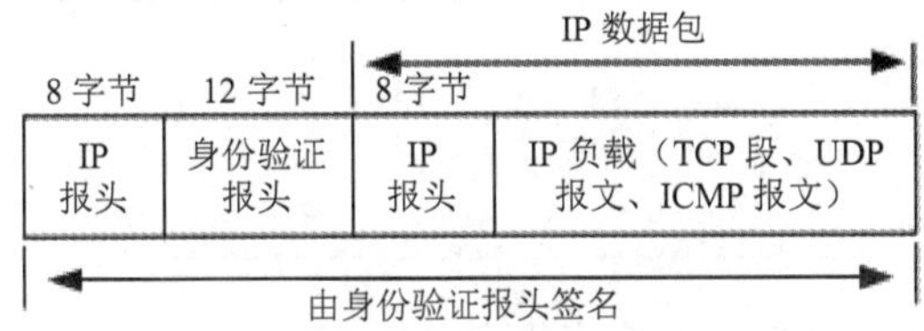

图 7-41　AH 协议下 IPSec 数据格式图

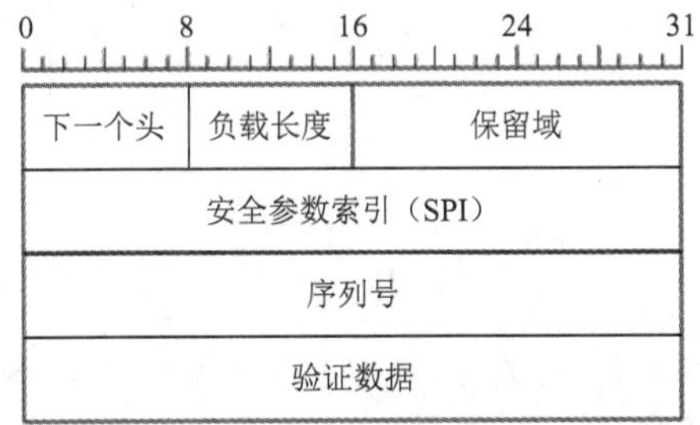

图 7-42　AH 身份验证报文格式图

其中 AH 协议的身份验证报头的相关字节含义如下所示。

- 下一个头（Next Header）：主要指的是下一个报头，指明在 AH 之后为哪种高层协议，如果同时使用了 ESP，则指明 AH 之后是 ESP。
- 负载长度（Payload Length）：主要用于表示认证头 AH 的有效数据部分长度。
- 保留域（Reserved）：该字段目前的用途没有具体定义，预留今后使用。
- 安全参数索引（Security Parameters Index，SPI）：主要用于指明该连接中所使用的一组安全连接（SA）参数。
- 序列号（Sequence Number）：主要是为使用指定的安全参数索引（SPI）的 IP 数据包进行编号，它包含一个单调递增的计数器，做序列号之用。即使接收方没有选择激活一个特定 SA 的反重播服务，它也总是存在。序列号字段在接收方处理，发送方必须传送这个字段，但接收方可以选择是否需要对其处理。发送方与接收方的计数器在一个安全关联 SA 建立时被初始化为 0。使用该 SA 发送的第一个分段的序列号为 1。如果默认的反重播服务被激活，则传送的序列号就决不允许循环。因此，在 SA 上传送地 2^{32} 个分组之前，发送方计数器和接收方计数器必须重新置位，其方式为建立新 SA 和获取新密钥。

- 验证数据(Authentication Data):可变长字节,包括一个完整性校验值 ICV(Integrity Check Value),该字段长度必须为 32 位的整数倍。

在使用 ESP 协议下,IPSec 的数据格式如图 7-43 所示,ESP 报文结构如图 7-44 所示。

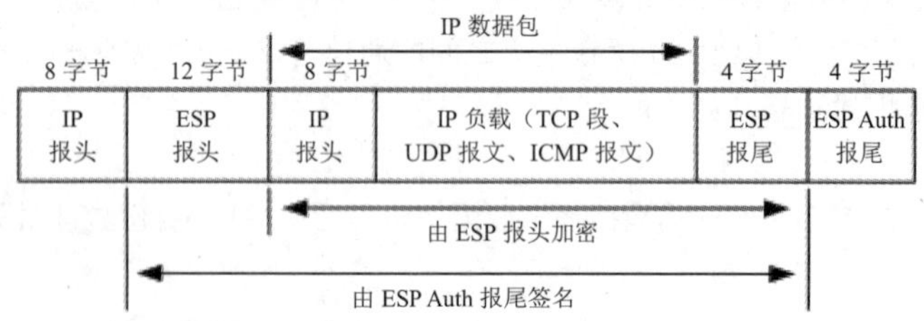

图 7-43　ESP 协议下 IPSec 数据格式图

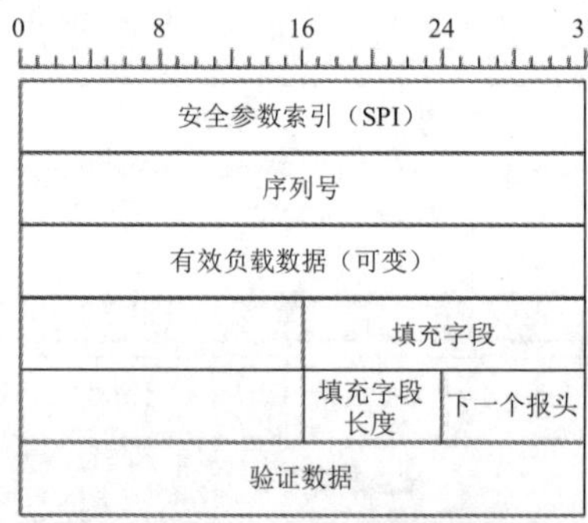

图 7-44　ESP 报文结构图

在该协议报文中的安全参数索引、序列号、有效负载数据长度及 ESP 验证数据报文与 AH 协议中的这些字段含义相同,不同字段的含义如下。

ESP 报尾包含三个部分,分别为填充字段、填充字段长度及下一个报头。

- 填充字段:填充 0～255 个字节用来确保使用填充字节加密的负载可达加密算法所需的字节边界。
- 填充字段长度:表示"填充"字段的长度(以字节为单位)。在使用填充字节的加密负载解密之后,接收方使用该字段来删除填充字节。
- 下一个报头:标识负载中的数据类型,例如 TCP 或 UDP。

在 AH 与 ESP 两种协议同时使用的情况下,IPSec 的数据报格式如图 7-45 所示。

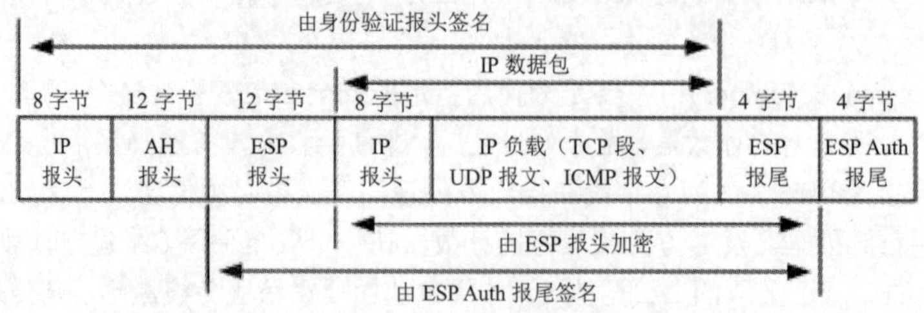

图 7-45　两种协议下的 IPSec 数据格式图

2）传输模式。

由于传输模式中，AH 或 ESP 头及 ESP 加密的用户数据被放置在原 IP 报头后面，所以使用相关协议的数据报文格式如下所示。

在使用 AH 协议的传输模式下，IPSec 的数据格式如图 7-46 所示。

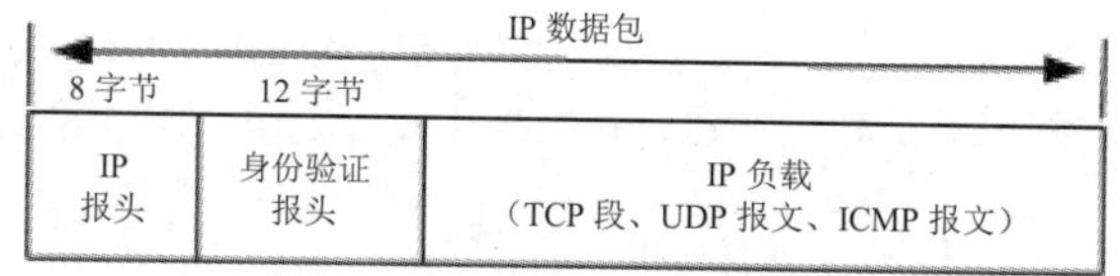

图 7-46　AH 协议下传输模式报文结构图

在使用 ESP 协议的传输模式下，IPSec 的数据格式如图 7-47 所示。

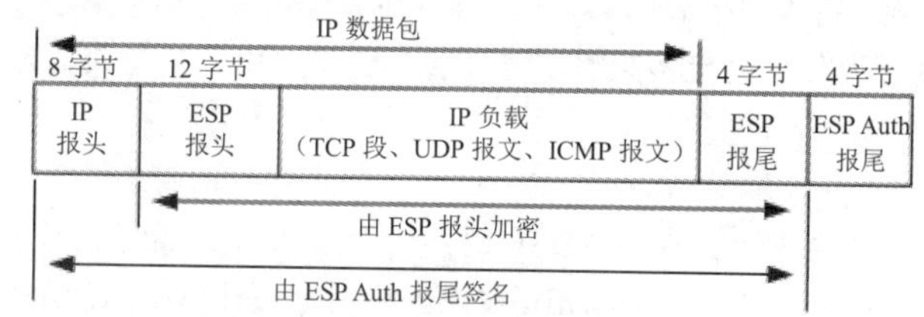

图 7-47　ESP 协议下传输模式报文结构图

在同时使用这两种协议的传输模式下，IPSec 的数据格式如图 7-48 所示。

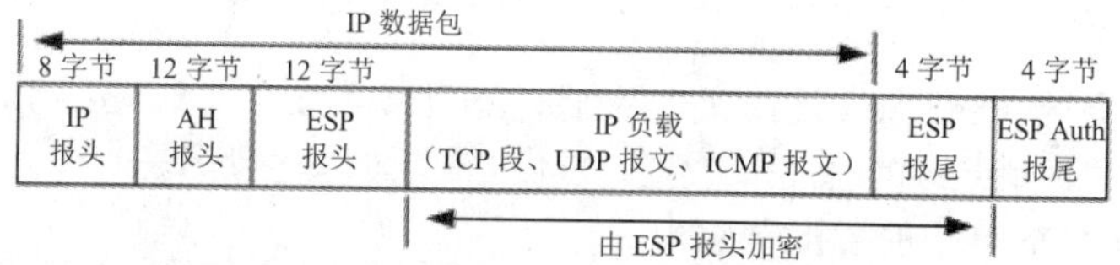

图 7-48　两种协议下的传输模式报文结构图

7.3　VPN 的应用模式与方案

7.3.1　中小企业的 VPN 应用

（1）需求分析

中小企业的总部通常没有固定 IP，使用动态 IP 地址（如 ASDL）接入 Internet。传统的 VPN 设备（如防火墙携带的 VPN 模块）无法实现这种全网动态 IP 情况下的互连，需要提供能够满足以下需求的 VPN 解决方案。

1）需要解决全网动态 IP 接入时的 VPN 互连。

2）针对拨号网络的断线和重拨，VPN 网络的自愈应该自动完成，对用户透明。

同时，国内中小企业数量众多，网络利用率高，随着中小企业信息技术应用水平的提高，相伴而来的各种信息安全问题越来越明显。而中小企业由于自身技术力量薄弱，安全机制普遍不足，在信息化管理方面和网络安全防范方面也相对薄弱，因此，中小企业普遍面临严峻的安全形势。

（2）解决方案

某公司为大型制造企业，总公司在某一地区，在其他地区具有工厂及销售分公司。该公司内不同单位的语音传输采用 VoIP 进行，但时常会受到网络的影响，通话质量时好时坏。为了改善工厂与营业单位的沟通，架设视频会议系统 H 进行生产协调或信息交流，需要稳定的传输能力。各地区销售单位也希望能随时连接到总部的 ERP 系统，了解库存及生产的情况，以能够即时反应市场需求。

为了解决企业的需求，网管人员希望在总公司与工厂及分公司之间，建立 VPN 连接，以达到以下目的。

1）总公司、工厂与分公司间能够通过安全、稳固、成本低廉的 VPN 进行连接。

2）语音传输可通过 VPN 传输，而不受网络影响。

3）总部的网络联机必须支持多个 WAN，以同时满足 VPN 及内部上网宽带需求。

4）各分公司网络必须支持 VPN 备份，以随时确保对总公司 VPN 连接的稳定性。

5）VPN 易设置，网管人员可直接将策略寄送到各分公司，由分公司人员自行设置。

（3）关键实施方案

1）线路规划。

总公司以一条 10M 光纤线路配合两条 ADSL 线路，两条 ADSL 线路选择不同网络运营商，以避免单一运营商故障的风险；而分公司以一条 ADSL 线路配合另一条计时制 ADSL 线路作为互联网的基础，分公司的一条 ADSL 线路作为日常对外连接之用，另一条计时制的 ADSL 作为备份。

2）选择接入路由器设备。

选择可以支持多协议的设备，并且能够配置 VPN 服务。

3）配置 VPN 服务。

总公司与分公司通过 IPSec VPN 连接互通，确保传输数据的安全。多 WAN 口的设计。可以满足不同带宽的需求，也可同时满足 VPN 备份的功能，提供多一层的安全保障。

图 7-49 为该企业 VPN 应用的拓扑结构图。

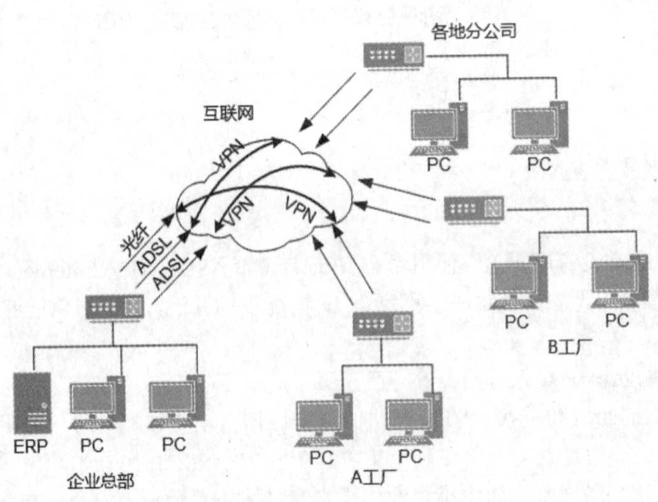

图 7-49　中小企业的 VPN 应用拓扑结构图

（4）应用优势

使用上述的实施方案具有以下几点优势。

1）实现了全网动态 IP 接入时的 VPN 互连，弥补了传统 VPN 设备上的不足。

2）使用 IPSec VPN 服务，在传输前，需要对数据进行加密，可以保证在传输的过程中，即使数据包遭截取，信息也无法被读取，从而保证了数据的可靠性和安全性。

3）使用该方案，从而保证了 VPN 的稳固连接，同时也使成本降低，节约了资源。

7.3.2 跨国企业的 VPN 应用

（1）需求分析

跨国企业的总部和各办事处之间通常在不同国家和地区，而总部和办事处之间的信息交流极为频繁，因此需要用 VPN 技术保证相互之间信息传输的安全性。

一般来说，跨国企业的决策者应考虑 VPN 特有的几个问题：远程访问的资格、可执行的计算能力、外联网连接的责任以及 VPN 资源的监管。另外，还应包括为出差旅行的员工及远程工作站的员工提供访问。

同时对于下属办事处，使用 VPN 技术要考虑到的一个关键问题是这些办事处的物理安全性。物理安全性涵盖了一切因素，从下属办事处的密钥和锁，到设备的物理访问，再到可访问设施的非雇员数量等。如果这一切都万无一失，在总部和下属办事处之间就可以建立一个“开放管道”的 VPN，不需要基于 VPN 的用户认证，但是，如果这些地方有问题，网络设计人员就要考虑到采用更加严格的安全措施。

（2）解决方案

随着企业业务的发展，某跨国企业的总部需要与全国其他城市的分公司进行互连，不同分公司和总部之间能够相互通信，同时必须保证数据传输的安全。如果利用传统解决方式，就需要各地分公司租用专线，其费用比较昂贵，而如果采用建立 VPN 网络的方法，就能够有效满足企业需要。在跨国企业的总部办公区和远程办公区各安装一个 VPN 网关产品，通过 ASDL 等方式接入 Internet，以实现网络互连。

（3）关键实施方案

根据跨国企业的大小，在每一个分支机构的出口都安装一台防火墙/VPN 设备，既能保护网络的安全性，又可以提供 VPN 接入功能。

所有部署在分支机构的防火墙/VPN 设备，首先必须在网络层上可以与中心点（逻辑意义）通信，防火墙可以支持多种 Internet 接入方式，包括窄带拨号方式、PPPoE 动态拨号方式、DHCP 自动获取的地址以及静态地址分配等。

在中心机构，由于其为各分支机构数据的集中控制点，数量流量较大，并且要求性能较高，可采用以下措施提高系统稳定性。

1）采用高性能系统级产品，以满足性能、稳定性需求。

2）为了满足中心机构系统的高可靠性，可建立 HA 冗余节点。由于最多时中心点要连接 1000 多条 VPN，切换时防火墙必须能够提供保持 VPN 连接信息状态的同步，否则重新同时进行 1000VPN SA 的协商会导致长时间的延迟。

由于在每一个分支节点的出口处都安装了一台防火墙/VPN 设备，因此可以根据防火墙的相关性能，而构架不一样的 VPN 服务，如在分支机构处安装 Juniper 防火墙，而该防火墙上带有路由协议，所以在配置 VPN 服务时，也可以选择基于路由的 VPN 服务，从而增大 VPN 的选择范围，最终选择最佳方法，减少资源的不必要开支，同时在该防火墙上还具有安全管理系统，从而使架构 VPN 服务之后的管理，变得更加方便。

图 7-50 为跨国企业的实施方案的拓扑结构图。

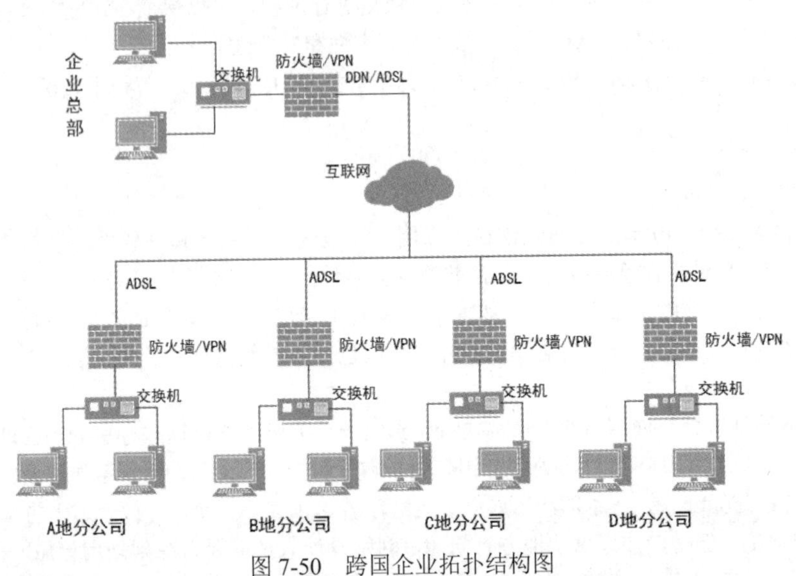

图 7-50　跨国企业拓扑结构图

（4）应用优势

使用该防火墙及 VPN 的设备构建跨国企业的 VPN 具有以下几点优势。

1）VPN Manager 是针对建立大型 VPN 网络快速实施的功能。管理员通过 VPN Manager，可以在系统层面对 VPN 里的所有设备进行统一的自动配置，包括连接、通道和策略。

2）防火墙上带有的安全管理系统上的报表分析功能。通过集中的日志收集、存储、分析、报表，可以提供专业的日志处理功能。

3）安全管理系统为移动 VPN 用户提供安全、方便的集中式管理。

7.3.3　政府机构的 VPN 应用

（1）需求分析

现在我国政府在电子政务建设上已取得了较大的进展，建设规模不断扩大，面临的应用也越来越多，正逐步由初级的办公自动化阶段向整体性的协作办公阶段过渡。大部分政府职能部门，如税务、工商、海关等政府单位都提出了远程信息化的需要。同样，办公信息化也对网络安全性提出了需求。

在政府的组网上，有以下几点要求。

1）政府公务网远程扩展办公，支持移动办公。

2）及时共享任何文档、公文审批、报告等文档资料，直接远程查看。

3）确保网络的安全性，特别是身份认证和数据传输的安全，不能越级访问未经授权的资料。

（2）解决方案

在上述需求背景下，传统的专线方式由于代价太高，不适合在省级以下部门推广，已逐渐远离了市场的主流。而 VPN 由于相对比较经济，安全性也同样有保障，得到了更多的青睐。

在政府部门的 VPN 组网中，主要有 IPSec VPN 和 SSL VPN 两种模式。IPSec VPN 的安全性较好，但是其权限控制和安装配置较为复杂，对那些直接提供服务或是需要和其他部门协同办公的部门来说，往往面对成百上千的服务对象，因而 IPSec VPN 缺乏经济性和实用性。

基于 Web 浏览器的 SSL VPN 技术相对来说在实用性和经济性上优于 IPSec VPN。SSL VPN 基于浏览器的方式确保了用户使用的方便性。用户无须添加新的设备，也无须安装特定的客户端软件，无论何时何地，只要有计算机，随时可以通过浏览器直接访问自己需要的数据。

另外，基于政府部门数据的机密性以及应用的特别性，仅仅靠 SSL VPN 技术也是远远不够的，需要多种 VPN 技术的互相配合，才能完全满足政府机构的需求。

（3）关键实施方案

政府分支机构多，对信息化办公的要求高，事务繁多。采用专线相连的方式成本太高，同时也会出现资源浪费的情况，综合考虑后决定采用 VPN 的方式联网。

1）方案概述。

为了方便各级部门之间的通信，做如下部署，一级机构和二级机构及三级机构均可实现互访，也可以由网络管理员根据职能需要配置访问的逻辑结构。

由于一级机构和一类二级机构的流量较大，因此，在这两处放置路由器时，应该选择处理数据能力较大的路由器，同时做 HA 双机热备份和负载平衡；二类二级机构和三级机构的流量相对较小，设备的选择可适当降低标准。

一级机构与各级机构之间进行数据交互，如果直接通过 Internet 在公网上传输，很容易造成数据的丢失和机密的泄露，在内部服务器前架设相关设备网关就可以很好地解决此问题。

2）网络架构。

省政府：省政府部门采用光纤接入互联网，在省政府部门安装两台高端的路由器网关设备做中心 VPN 服务器，作为一级中心节点，同时做 HA 双机热备份和负载平衡。

地级市政府：在地级市政府部门安装路由器设备作为 VPN 网络二级中心节点，并与省政府进行 VPN 网络互连，系统数据可安全、同步地与省政府和辖区县政府进行数据同步交换。

各分地区县政府：在各分县局域网安装低端路由器设备，接入市局，与市局互连，数据信息可实时安全传输。

移动办公用户：采用 VPN 客户端软件接入总部 VPN 网关，可支持 CDMA/GPRS/3G/4G 等上网接入方式，用户即使在机场火车站、船上，也可随时随地、方便地实现移动办公和网络接入。

两级政府机构的拓扑结构如图 7-51 所示。

（4）应用优势

构建上述类型的政府机构 VPN 具有以下几点优势。

1）安全性。通过上述的方案可以保证在公网上传输的数据的安全性，防止数据的丢失和机密的泄露。

2）效率快。在一级政府机构处设置高端的路由器，从而使处理数据的速度加快，增加效率。

3）节约成本。在不同层次的机构上使用不同类型的路由器，既能满足需求，又能以最低的成本部署。

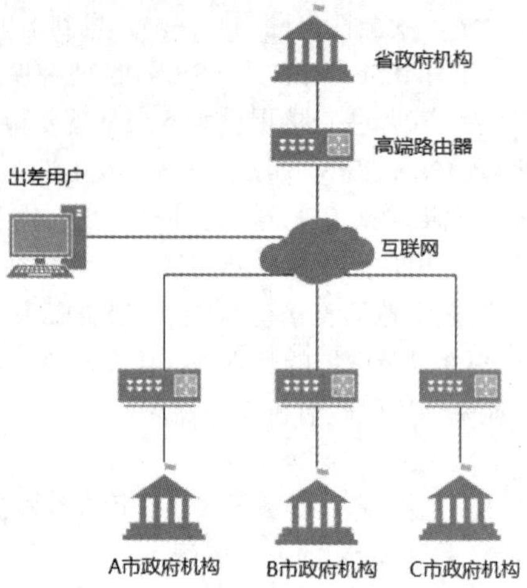

图 7-51　政府机构拓扑结构图

7.3.4　销售企业的 VPN 应用

（1）需求分析

近几年，信息化已经成为世界的主题，在国民经济中举足轻重的销售行业的信息化建设也就被推到了时代的前沿舞台。随着信息化的发展，客户最直接的感受是通过销售渠道所提供的多种服务方式、手段，能够更方便快捷地享受日益丰富的产品和服务。然而信息化在给客户带来快捷的同时，客户的信息和资产安全也有了安全隐患。因此，信息网络安全对现代销售企业来说是重中之重。

目前销售行业存在的网络安全威胁有信息窃取、系统攻击等。因此，销售行业的安全需求包括机密性、完整性、可用性、可审查性和可控性。这就要求销售机构网络能够做到：传输信息的安全、节点身份认证和对非法攻击事件的可追踪性等。

（2）解决方案

为了保证上述的需求，销售行业的异地网络一般都已经采用专线方式（DDN、帧中继）将公司总部和各分公司或销售部门连接起来。每年庞大的专线费用对每个公司来说都是一笔不小的开支。随着信息化程度的提高，通过原有的 DDN 等线路来传输信息，会出现影响业务系统的正常运行或需要加大对线路成本投入的现象。

随着目前 VPN 技术及产品的成熟和广泛应用，采用低成本的 VPN 接入方式传输数据，将会大大降低各销售公司在信息化成本上的投入，同时也能很好地满足移动办公和部分移动性较大的业务与客户的数据传输的需求。

（3）关键实施方案

根据大多数销售企业纵向垂直的经营模式，本方案采用以公司总部为中心的星型网络，如图 7-52 所示为拓扑结构图。公司总部为一级中心；各分公司为二级中心，与总部互连；各代理商、营业点以及移动办公人员则接入各自所属的分公司网络。

（4）应用优势

在上述企业类型下采用 VPN 服务具有以下几点优势。

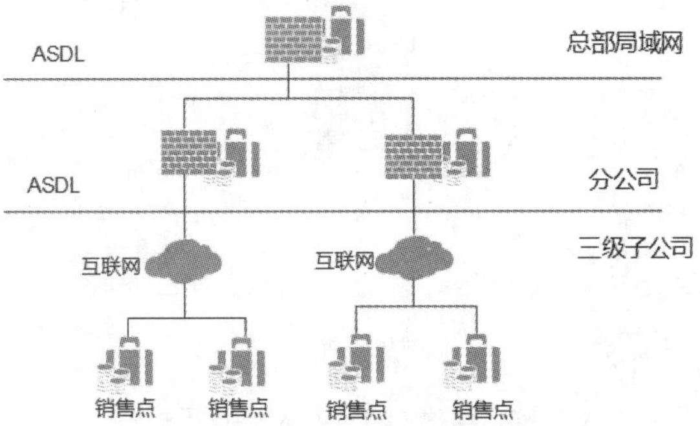

图 7-52　销售企业 VPN 网络拓扑结构图

1）稳定性。

VPN 是基于 Web 方式的动态寻址技术，采用双备份方式，客户可以把寻址放在自己的网站，或者其他信任网站，这样足以保证客户自身寻址的安全性，真正搭建企业属于自己的 VPN 网络，避免因寻址不透明而带来的投资风险。

同时 VPN 通过叠加多条 ADSL 或者其他接入方式，在当前线路出现故障的情况下，VPN 网络能够进行平滑切换，保证连接不停断，以实现扩大 VPN 连接的速度、加强 VPN 的稳定性的目的。

2）速度快。

VPN 对所有传输的数据实行先压缩后传输的方法，从而使网络带宽平均利用率提高至 130%，超越了其他解决方案的速度，甚至专线的速度。

3）安全性。

VPN 隧道加密技术采用 ASE 128bit 加密算法，这样就可以保证企业的数据在 Internet 上可以放心地安全地传输。通过总部分配用户名及密码，来管理代理公司的合法身份。

4）实施简便快捷。

搭建 VPN 只需在现有的局域网计算机安装软件，无需专业的人员就可以实现与公司总部的连接，这就减少了费用和耗时。

7.4　案例 1：在 Linux 上实现 L2TP 协议的 VPN 服务

L2TP 能够支持 MP（Multilink Protocol，多链路协议），把多个物理通道捆绑为单一逻辑信道，具有一定的安全性和可靠性，同时配置简单方便。以 CentOS 系统为例，介绍基于 Linux 实现 L2TP VPN 服务的方法和具体配置。

7.4.1　方案设计

在 Linux 上实现 L2TP VPN 服务需要两个设备：服务器和客户端。服务器采用 CentOS 7 操作系统的主机实现，并且该主机上配置两个网卡（一个连接外网，一个连接内网）；客户端采用 Windows Server 2012 操作系统的主机实现。由于在 Windows 的操作系统中设置 VPN 客户端时，L2TP 和 IPSec 是绑定的，在 L2TP VPN 的服务中增加了 IPSec 加密，因此在本案例中也是基于 IPSec 加密实现 L2TP 的 VPN，设计方案如图 7-53 所示。

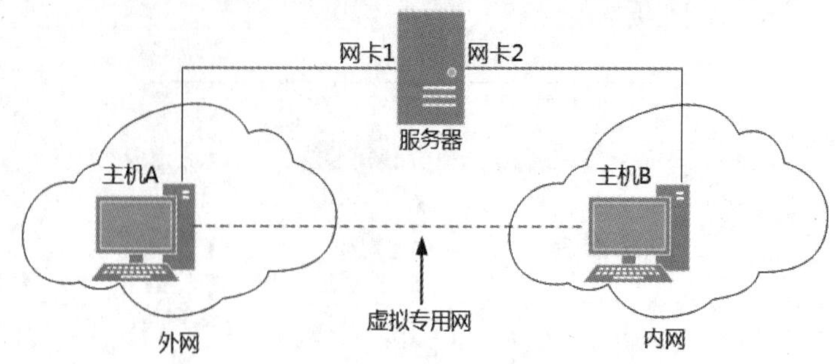

图 7-53 构建 L2TP VPN 服务拓扑图

7.4.2 部署实施

（1）IP 地址规划与配置

IP 地址规划与配置如图表 7-7 所示。

表 7-7 IP 地址规划对比表

设备	网卡	IP 地址	子网掩码	网关	接入位置
服务器	enp0s3	172.16.150.10	255.255.255.0	172.16.150.1	
	enp0s8	192.168.2.1	255.255.255.0		
主机 A	本地网卡	172.16.150.20	255.255.255.0	172.16.150.1	网卡 enp0s3
主机 B	本地网卡	192.168.2.20	255.255.255.0	192.168.2.1	网卡 enp0s8

服务器的 IP 地址配置完成之后，需要重启网络服务，使配置的地址生效，命令如下所示。

```
# service network restart
```

可以查看网卡地址，确认网络地址的配置是否已经生效，主要的命令如下所示。

```
# ip addr
```

在配置 IP 地址的时候，要求外网的 IP 地址能够连接上互联网，从而可以在从互联网上下载相关软件进行安装。

（2）安装相关软件

需要安装相关软件，主要为 L2TP、IPSec 的安装包以及组件，命令如下所示。

```
# yum install –y epel-release openswan xl2tpd ppp lsof
```

（3）配置 IPSec 的加密文件

配置系统中的/etc/ipsec.conf 文件，主要的命令与内容如下所示。

```
# vi /etc/ipsec.conf
config setup
    protostack=netkey
    dumpdir=/var/run/pluto/
    nat_traversal=yes              virtual_private=%v4:10.0.0.0/8, %v4:192.168.0.0/16,%v4:172.16.0.0/12,
%v4:25.0.0.0/8,%v4:100.64.0.0/10,%v6:fd00::/8,%v6:fe80::/10
conn L2TP-PSK-NAT
    rightsubnet=vhost:%priv
    also=L2TP-PSK-noNAT
```

7 Chapter

```
conn L2TP-PSK-noNAT
        authby=secret
        pfs=no
        auto=add
        keyingtries=3
        dpddelay=30
        dpdtimeout=120
        dpdaction=clear
        rekey=no
        ikelifetime=8h
        keylife=1h
        type=transport
        left=172.16.150.10
                //修改地址为服务器的外网 IP 地址
        leftprotoport=17/1701
        right=%any
        rightprotoport=17/%any
```

将上述的内容输入之后，保存退出。

（4）设置 IPSec 的共享密钥

在 L2TP VPN 服务时，可以使用 IPSec 提供的预共享的密钥作为身份认证，命令如下所示。

```
# vi /etc/ipsec.secrets
# include /etc/ipsec.d/*.secrets
    172.16.150.10 %any: PSK "123456"
    //修改地址为服务器外网地址
```

（5）配置路由转发

在 VPN 建立之前，内网可以访问到外网，但外网不能访问到内网，这就需要使用路由转发的功能，命令如下所示。

```
# vi /etc/sysctl.conf
```

在该配置文件中添加以下内容。

```
net.ipv4.ip_forward = 1
net.ipv4.conf.default.accept_redirects = 0
net.ipv4.conf.default.send_redirects = 0
net.ipv4.conf.enp0s3.rp_filter = 0
net.ipv4.conf.enp0s8.rp_filter = 0
net.ipv4.conf.default.rp_filter = 0
```

保存退出。然后使修改之后的 sysctl.conf 配置文件生效，命令如下所示。

```
# sysctl –p
```

验证 ipsec 的状态，命令如下所示，状态结果如图 7-54 所示。

```
# ipsec setup start
# ipsec verify
```

该状态验证的相关内容中没有出现【Failed】就说明该服务的状态良好。

（6）配置 L2TP 服务

配置 L2TP 服务主要是设置监听地址、内网地址以及划分内网的 IP 范围，为以后 VPN 连接配置 IP 地址，主要的命令如下所示。

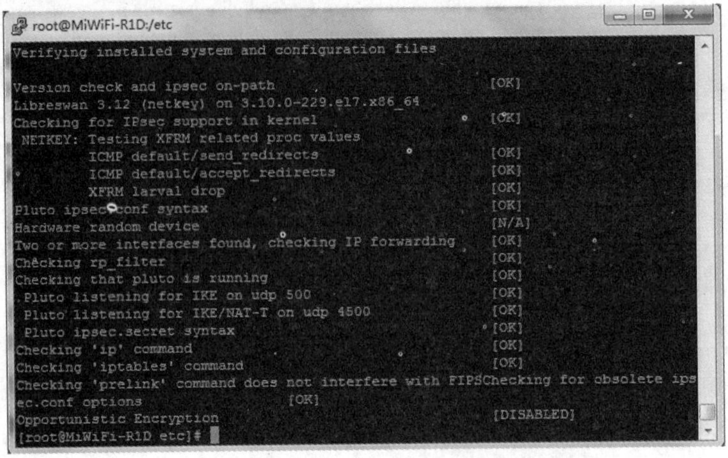

```
root@MiWiFi-R1D:/etc
Verifying installed system and configuration files

Version check and ipsec on-path                          [OK]
Libreswan 3.12 (netkey) on 3.10.0-229.el7.x86_64
Checking for IPsec support in kernel                     [OK]
 NETKEY: Testing XFRM related proc values
         ICMP default/send_redirects                     [OK]
         ICMP default/accept_redirects                   [OK]
         XFRM larval drop                                [OK]
Pluto ipsec.conf syntax                                  [OK]
Hardware random device                                   [N/A]
Two or more interfaces found, checking IP forwarding     [OK]
Checking rp_filter                                       [OK]
Checking that pluto is running                           [OK]
 Pluto listening for IKE on udp 500                      [OK]
 Pluto listening for IKE/NAT-T on udp 4500               [OK]
 Pluto ipsec.secret syntax                               [OK]
Checking 'ip' command                                    [OK]
Checking 'iptables' command                              [OK]
Checking 'prelink' command does not interfere with FIPSChecking for obsolete ips
ec.conf options                   [OK]
Opportunistic Encryption                                 [DISABLED]
[root@MiWiFi-R1D etc]#
```

图 7-54　IPSec 的状态图

```
# vi /etc/xl2tpd/xl2tpd.conf
[global]
  listen-addr = 172.16.150.10
        //该地址为服务器的外网地址
  ipsec saref = yes
[lns default]
  ip range = 192.168.2.10-192.168.2.100
        //设置 IP 地址范围
  local ip = 192.168.2.1
        //该地址为服务器的内网地址
  require chap = yes
  refuse pap = yes
  require authentication = yes
  name = LinuxVPNserver
  ppp debug = yes
  pppoptfile = /etc/ppp/options.xl2tpd
  length bit = yes
```

在该配置文件中，是以分号加以注释的，因此需要将有关的重要配置前面的分号删除，才能加载出这些配置。

（7）配置 L2TP 的相关操作

在 PPP 文件中配置 L2TP 的相关操作，主要的命令如下所示，并在该操作文件中添加如下内容。

```
# vi /etc/ppp/options.xl2tpd
  ipcp-accept-local
  ipcp-accept-remote
  ms-dns  8.8.8.8
  ms-dns  202.196.64.1
  noccp
  auth
  crtscts
  idle 1800
  mtu 1410
  mru 1410
  nodefaultroute
```

```
debug
lock
proxyarp
connect-delay 5000
```

在配置完成之后就需要为 L2TP 服务设置用户名及密码，命令如下所示。

```
# vi /etc/ppp/chap-secrets
# Secrets for authentication using CHAP
# client    server    secret    IP addresses
  demo * 123456 *
```

为该服务添加一个 demo 的用户名，并且密码为 123456。

（8）启动服务

启动相关服务，主要的命令如下所示。

```
# systemctl start xl2tpd
# systemctl enable xl2tpd.service
# systemctl restart ipsec.service
# systemctl enable ipsec.service
```

（9）安装配置防火墙

在 CentOS 7 操作系统中，当安装完成之后，系统会默认安装 firewalld 防火墙。而本案例在 iptables 防火墙下进行的，因此将原来的防火墙禁用掉后安装 iptables 防火墙，命令如下所示。

```
# systemctl stop firewalld
# systemctl disable firewalld
```

安装防火墙命令如下所示。

```
# yum install –y iptables iptables-services
```

当安装完成之后需要设置 iptables 防火墙的端口开放和 NAT 转发命令，从而使内部网络可以访问到外部网络，主要的命令如下所示。

```
# iptables -A INPUT -p udp -m policy --dir in --pol ipsec -m udp --dport 1701 -j ACCEPT
# iptables -A INPUT -p udp -m udp --dport 1701 -j ACCEPT
# iptables -A INPUT -p udp -m udp --dport 500 -j ACCEPT
# iptables -A INPUT -p udp -m udp --dport 4500 -j ACCEPT
# iptables -A INPUT -p esp -j ACCEPT
# iptables -A FORWARD -d 192.168.2.0/24 -j ACCEPT
    //该地址为内部网络地址
# iptables -A FORWARD -s 192.168.2.0/24 -j ACCEPT
    //该地址为内部网络地址
# iptables -t nat -A POSTROUTING -s 172.16.150.0/24 -o enp0s3 -j SNAT --to 192.168.2.1
```

当上述命令输入后，需要保存 iptables，并重新启动防火墙服务，主要命令如下所示。

```
# service iptables save
# service iptables restart
```

经过上述步骤，完成基于 IPSec 加密的 L2TP VPN 服务的配置。

7.4.3 应用测试

VPN 服务的作用就是可以让外网访问到内网。因此主要通过 Ping 工具测试连通性。

1）在建立 VPN 之前，由于外网和内网不是在同一个网段内，因此外网不能访问内网；但由于内网是通过防火墙进行 NAT 转发的，因此内网可以访问到外网地址。

2）当建立 VPN 连接之后，外网通过 VPN 连接内网，实现对内网的访问。

7.4.4 总结分析

在本次实训的配置过程中，将有许多注意事项和错误，这些注意事项和错误的解决办法如下所示。

（1）加密配置

在本次实训过程中添加了共享的密钥作为身份验证，因此需要点击【高级设置】，将设置的密钥输入，如图 7-55 所示。

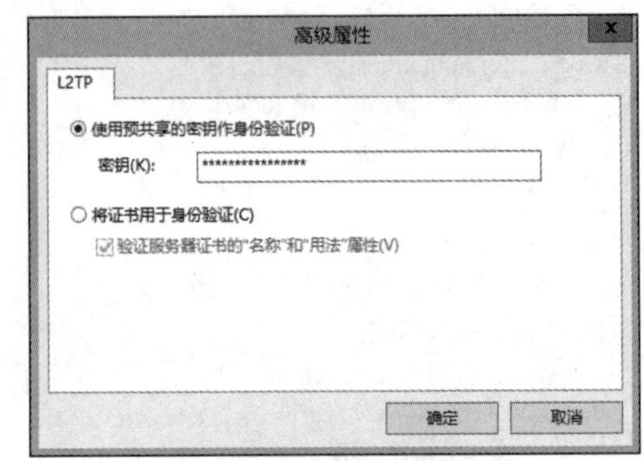

图 7-55　共享密钥配置图

（2）连接错误分析

在建立 VPN 时，当不能建立的时候，就会出现一些错误代码提示，以下就是在建立 VPN 时的错误列举及相应的一些解决办法。

1）错误一：741 错误。

错误 741 为本地计算机不支持所要求数据加密类型。这是因为在配置 VPN 属性时，在【安全】中没有选择相关协议，必须选择第二个协议（质询握手身份验证协议（CHAP）），如图 7-56 所示。

2）错误二：742 错误。

742 错误为远程计算机不支持所要求的数据加密类型。这是因为在选择数据加密时，选择加密的类型过高，应该选择需要加密（如果服务器拒绝将断开连接），如图 7-57 所示。

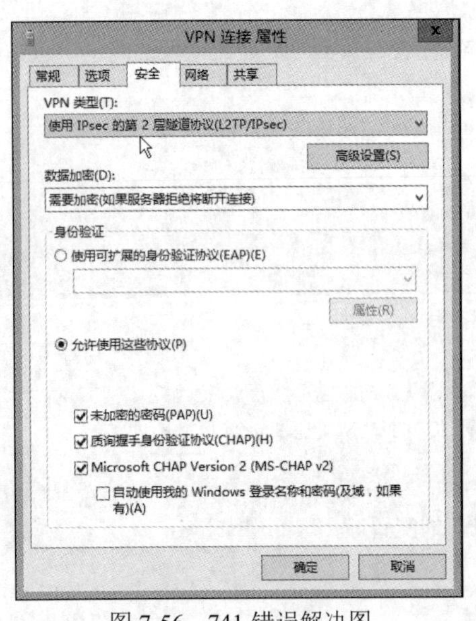

图 7-56　741 错误解决图

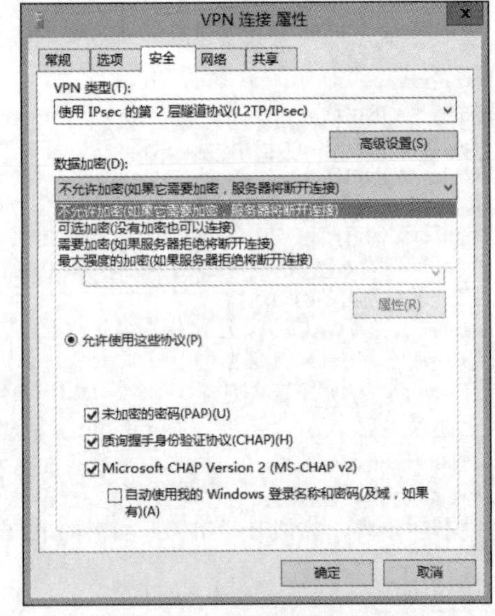

图 7-57　742 错误解决图

3）错误三：768 错误。

768 错误为因为加密数据失败连接尝试失败。解决这个错误需要开启 IPSec Server 服务（服务器端和客户机端都需要开启），并且需要将客户端上 IPSec 协议代理开启，这样重新连接 VPN 就不会出现 768 错误。

4）错误四：809 错误。

809 错误为无法建立计算机与 VPN 服务器之间的网络连接，这是因为远程服务器未响应。出现该错误需要查看服务器端的防火墙（iptables）中的 NAT 是否设置成功，并查看服务器中的路由信息，可考虑重新设置服务器的 NAT 服务。

7.5 案例 2：基于 OPNsense 实现 PPTP 协议的 VPN 服务

PPTP 协议是在 PPP 协议的基础之上开发的一种增强型的安全协议，支持多协议的 VPN 服务，从而可以使远程用户通过拨号或直接连接 Internet 的方式，安全地访问企业网。以下为基于 OPNsense 实现 PPTP VPN 的实施过程。

7.5.1 方案设计

OPNsense 是一个开源易用的，而且易于构建的基于 FreeBSD 的防火墙和路由平台，该系统支持通过 Web 界面的管理方式。在该系统上可以构建 VPN 服务，但在构建 VPN 服务时，需要将 OPNsense 服务器添加两个网卡（一个接外网，一个接内网），拓扑结构如图 7-58 所示。外网中主机 A 为客户端，主要用于连接 VPN 服务；内网中主机 B 为管理客户机，用于管理和配置 OPNsense 系统，主机 C 主要作用是测试整个 VPN 是否构建成功。

7.5.2 部署实施

（1）安装系统并配置 IP 地址

从官网（https://opnsense.org）上下载 OPNsense 的镜像文件，由于该系统体积小且本案例不会产生大量数据，因此将系统安装到 U 盘介质中。

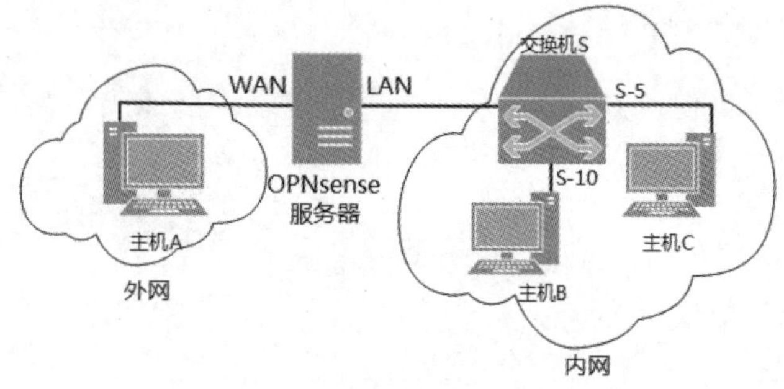

图 7-58　PPTP VPN 拓扑结构图

在选择加载设备时，需要两个网卡，当加载系统完成之后，设置相关设备及网卡的地址，分别如表 7-8 所示。

（2）登录 OPNsense 系统

当配置好 IP 地址之后，主机 B 可以通过浏览器访问该系统 Web 界面（如图 7-59 所示），输入初始用户名 root 及密码 opnsense，点击【Login】登录。

表 7-8　网卡的 IP 地址分配对比表

设备	网卡端口	IP 地址	子网掩码	网关	接入位置
服务器	WAN 端口	192.168.100.11	255.255.255.0	192.168.100.1	
	LAN 端口	172.16.200.1	255.255.255.0		
主机 A	本地网卡	192.168.100.20	255.255.255.0	192.168.100.1	WAN 端口
主机 B	本地网卡	172.16.200.2	255.255.255.0	172.16.200.1	S-5
主机 C	本地网卡	172.16.200.3	255.255.255.0	172.16.200.1	S-10

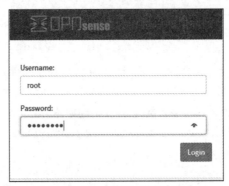

图 7-59　登录界面图

（3）选择 VPN 类型

选择【VPN】中的【PPTP】协议类型，这时就会显示出该 PPTP 协议的配置信息，如图 7-60 所示。

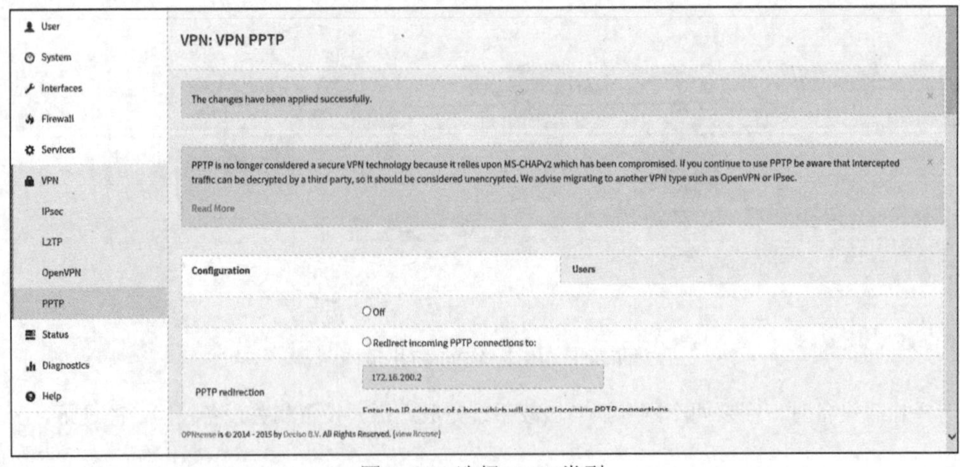

图 7-60　选择 VPN 类型

（4）配置 PPTP VPN 的相关信息

主要有以下几个方面需要配置，如图 7-61 所示。

- PPTP redirection：添加一个主机地址，该主机是接受客户端传来的 PPTP 连接。
- No.PPTP users：选择连接 PPTP VPN 客户端的数目。
- Server address：输入 VPN 的服务地址，该地址不与 OPNsense 系统上的地址相同，否则会提示错误，该地址为外网的某一地址，当连接 PPTP VPN 时，该地址将被作为外网的网关地址使用。
- Remote address range：该地址范围是当客户端连接到该 VPN 时，为客户端分配该地址范围内的地址。在文本框中只需要输入一个开始的地址即可，系统默认的范围是从该地址开始到该网段的最大地址。

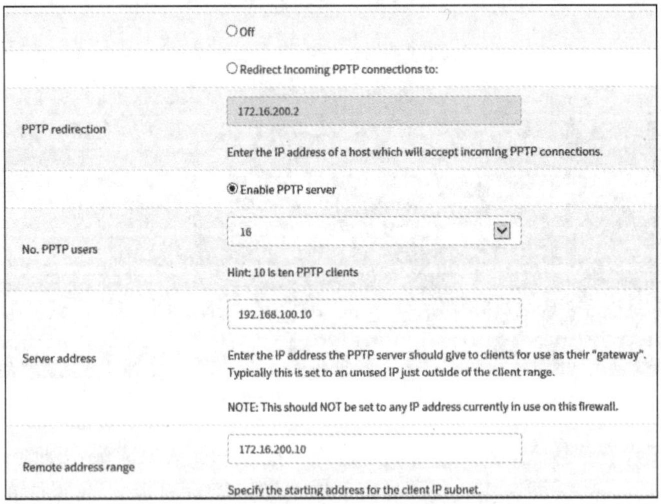

图 7-61　PPTP 配置图

（5）添加用户及密码

配置好 VPN 之后，客户端在连接 VPN 服务器时，需要输入用户名及密码进行身份验证，只有当身份验证成功后，才有可能连接上 PPTP VPN 服务，主要配置如图 7-62 所示。

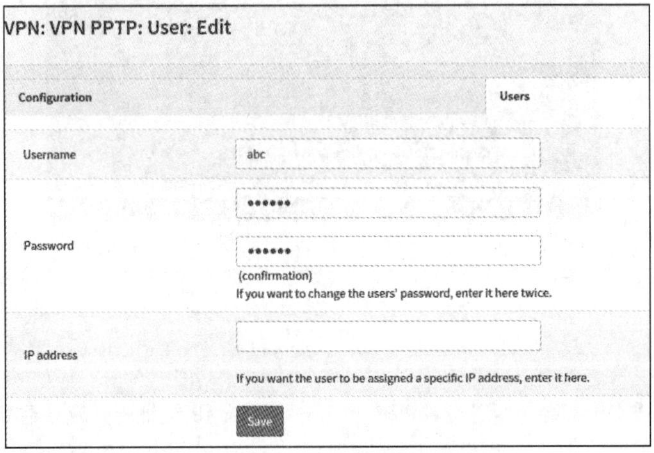

图 7-62　添加用户及密码

（6）添加 PPTP VPN 规则

在配置好 PPTP VPN 之后，需要在防火墙内添加 PPTP VPN 规则，允许 PPTP VPN 的相关数据通过。

当上述配置完成之后，则 PPTP VPN 服务构建完成，即可用客户端对该服务进行连接。

7.5.3 应用测试

应用测试主要通过以下两个方面检验连接是否成功。

1）IP 地址。当连接 PPTP VPN 之后，可以通过查看客户端 IP 地址来检验是否连接成功。当客户端 IP 地址增加一个 PPP 适配器的 IP 地址且地址在分配的地址之内，则说明地址分配成功并连接成功，如图 7-63 所示。

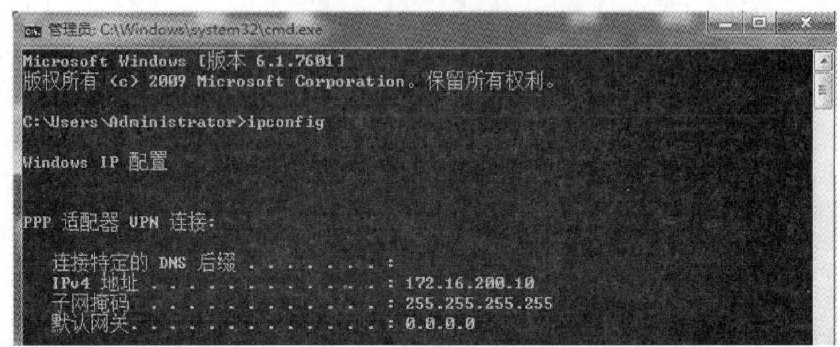

图 7-63　查看 IP 地址

2）Ping 测试。在没有连接 VPN 时，外网客户端只能访问到 WAN 端口地址，而不能访问 LAN 端口地址，当 VPN 连接之后，如果连接成功，外网的客户端可以访问到 LAN 端口的地址（当然也可以访问到 LAN 局域网中设备的地址），如图 7-64 所示。

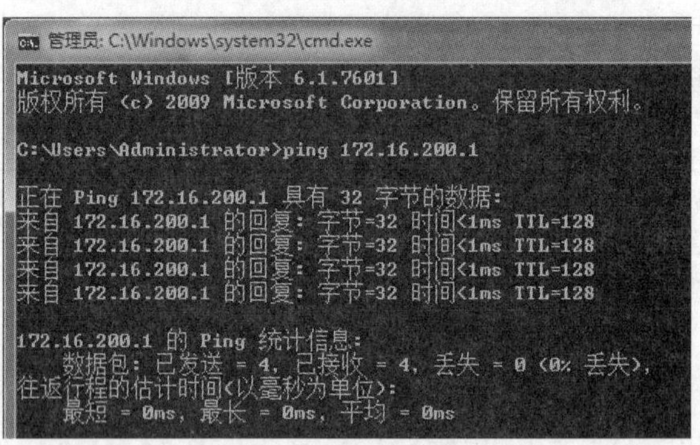

图 7-64　Ping 测试图

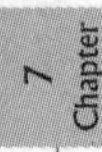

7.5.4 总结分析

在本案例中，应该注意以下几个方面。

1）网卡配置。在对 OPNsense 服务器的两个网卡分别配置 IP 地址时，应该注意不同端口的 IP 地址，由于两个网卡不在一个网络中，因此配置过程中 WAN 与 LAN 两个端口需区分清楚，并且在连线过程中保证连线的正确性，以免出现人为错误造成业务无法访问。

2）防火墙配置。当线路配置正确的情况下，外网仍不能访问 WAN 端口的地址，这时就需要查看外网客户端主机的防火墙是否关闭。

3）PPTP 协议配置。在配置 PPTP 协议过程中需要添加一些地址，应该按软件提示进行配置，有些地址不能与 VPN 服务器重复。

7.6 实践：VPN 客户端的配置

7.6.1 在 Windows 上配置 VPN 客户端

本实训以 Windows Server 2012 为例介绍如何配置 VPN 客户端。不同协议构建的 VPN 服务，其客户端配置有所不同，以下为基于不同协议的 VPN 客户端配置过程。

（1）PPTP

1）打开网络和共享中心。点击【开始】→【控制面板】→【网络和共享中心】，如图 7-65 所示，选择更改网络设置中【设置新的连接或网络】，如图 7-66 所示，在【选择一个连接】选项中，选择【连接到工作区】，点击【下一步】按钮。

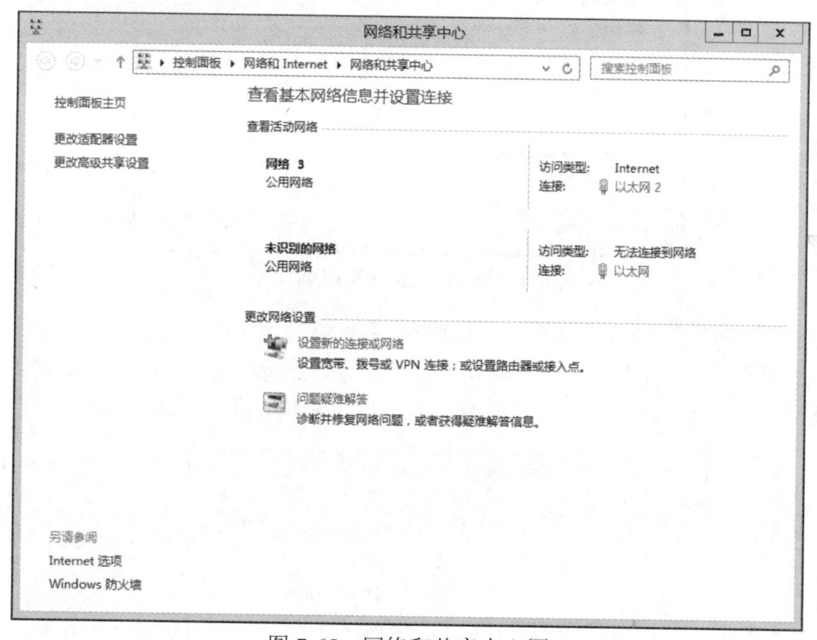

图 7-65　网络和共享中心图

2）在连接到工作区中，选择【使用我的 Internet 连接（VPN）(I)】，如图 7-67 所示，然后在【键入要连接的 Internet 地址】中添加连接 VPN 服务器的地址，如图 7-68 所示，点击【创建】按钮。

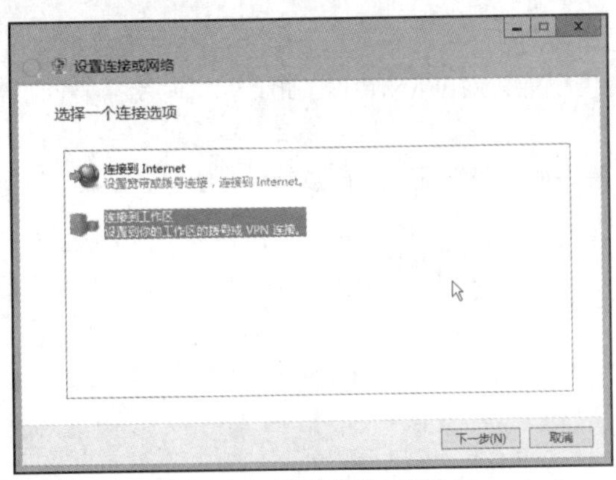

图 7-66　设置新的网络图

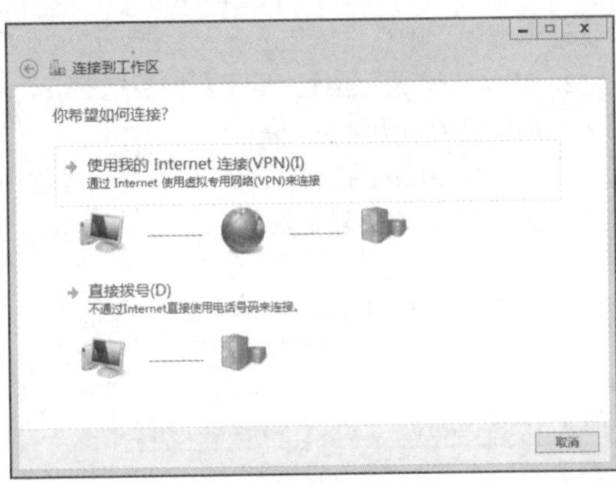

图 7-67　选择连接图

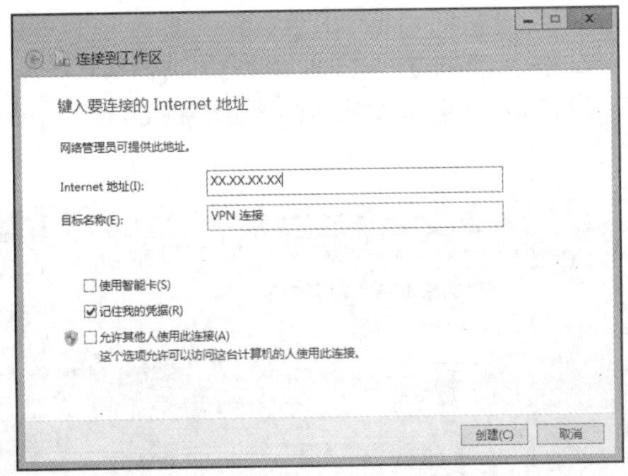

图 7-68　添加 VPN 地址图

3）当创建一个 VPN 连接之后，这时还未连通，如果想要使用 VPN 时，就需要右击刚创建的【VPN 连接】，选择【连接/断开】，如图 7-69 所示。如果想要设置该连接的属性，需要右击该 VPN 连接，点击【属性】，然后在属性中设置 VPN 类型为 PPTP，及其他加密和协议等，如图 7-70 所示。

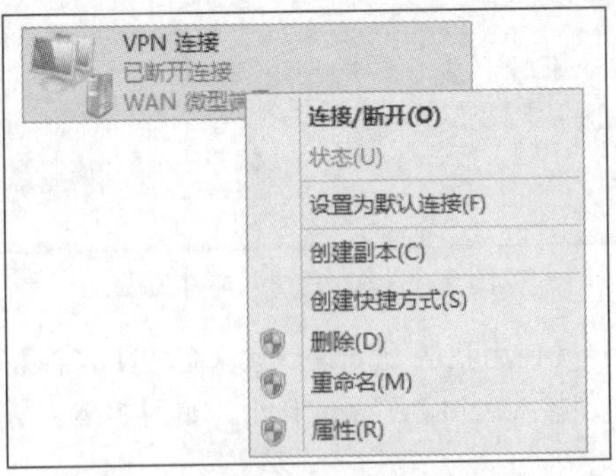

图 7-69　选择配置 VPN 状态图

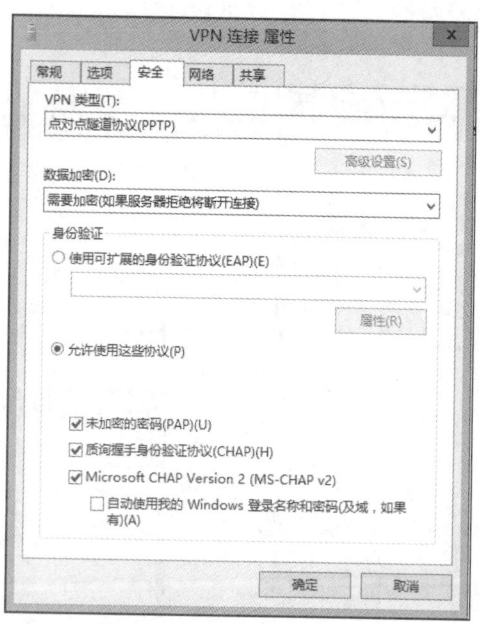

图 7-70　配置 VPN 属性图

4）输入 VPN 服务提供的用户名及密码，如图 7-71 所示。当出现图 7-72 所示的内容时，说明 VPN 已经连接完成。

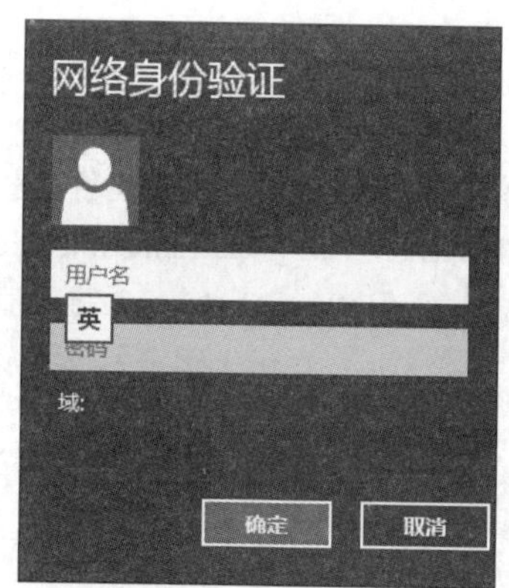

图 7-71　配置 VPN 连接图

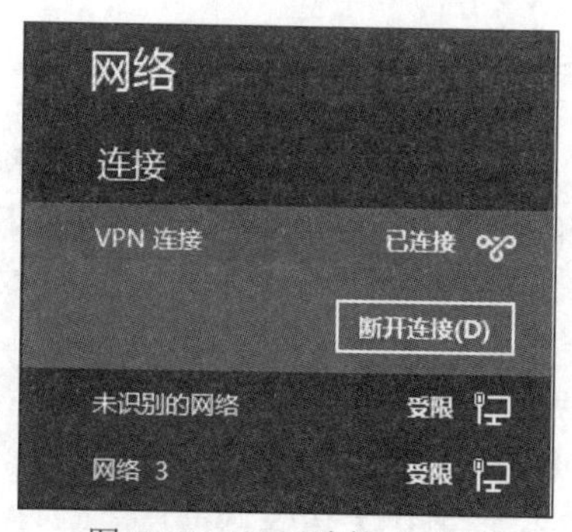

图 7-72　VPN 连接成功图

（2）L2TP

在 Windows 上连接 L2TP VPN 服务与连接 PPTP VPN 服务的过程大致相同，而 Windows 的客户端中 L2TP 协议与 IPSec 加密是绑定在一起的，因此在连接 VPN 时，需要根据所构建 L2TP VPN 时是否有 IPSec 加密而对客户端进行不同的配置。

1）使用 IPSec 加密。

在构建 VPN 连接时，当输入用户名和密码，点击【连接】之后，需要点击【跳过】，首先对该 VPN 配置相关属性，在安全中选择【使用 IPSec 的第 2 层隧道协议（L2TP/IPSec）】，如图 7-73 所示，并且需要点击【高级设置】，输入相关身份认证的密钥，如图 7-74 所示。

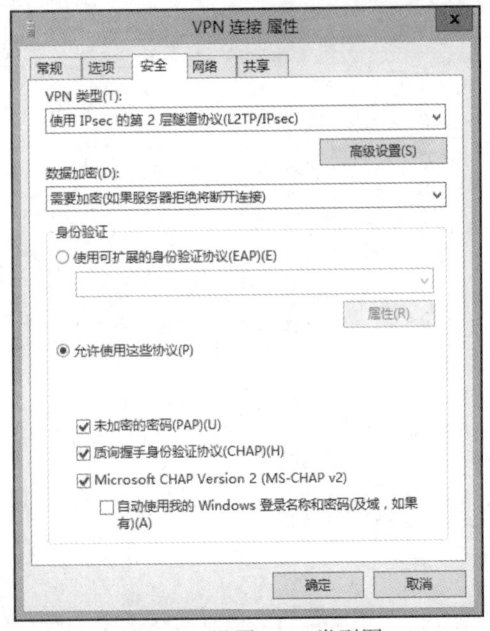

图 7-73　设置 VPN 类型图

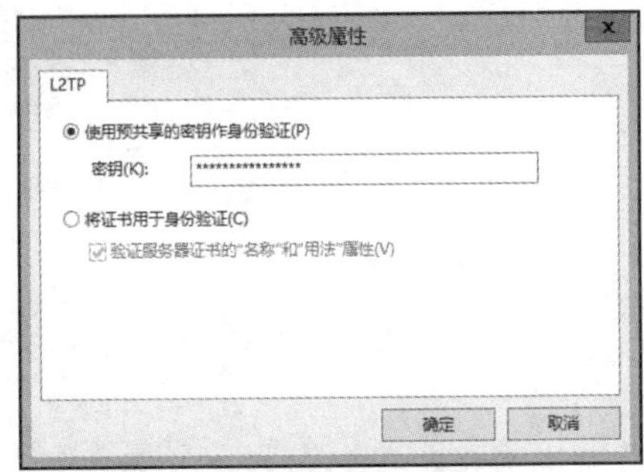

图 7-74　L2TP VPN 高级设置图

2）不使用 IPSec 加密。

在访问不使用 IPSec 加密配置的 L2TP VPN 中，在客户端处首先需要在客户端的操作系统中添加一个注册表，主要的过程如下所示。

点击桌面上的【开始】，在【附件】中点击【运行】，然后输入“regedit32”回车运行，就会显示出该主机的注册表编辑器，然后根据“HKEY_LOCAL_MACHINE\SYSTEM\CurrentControlSet\services\RasMan\Parameters”路径打开，在该目录下点击【编辑】，新建一个“DWORD 值”，并将该值的名称改为“ProhibitIpSec”，双击该注册值，在“数值数据”中将值设置成“1”，点击【确定】按钮，重启计算机使该注册表生效。

然后在 VPN 连接属性中，选择 VPN 类型时，同样选择【使用 IPSec 的第 2 层隧道协议（L2TP/IPSec）】，但是在数据加密中可以选择【可选加密（没有加密也可以连接）】，然后点击【确定】按钮，重新连接 L2TP VPN，这时连接 VPN 则只含有 L2TP 协议。

7.6.2　在 Linux 上配置 VPN 客户端

（1）PPTP

在 CentOS 7 上安装 PPTP VPN 客户端的主要步骤如下所示。

1）安装 PPTP 及 PPTP 设置脚本 pptp-setup，主要命令如下所示。

```
# yum install –y pptp pptp-setup
```

2）创建配置，命令如下所示。

```
# pptpsetup --create lala（隧道名） --server  vpn 服务器 IP  --username  vpn 用户名 --password  vpn 密码  --encrypt  --start
```

在创建配置时，主要的格式如下所示。

```
pptpsetup –create <TUNNEL> –server <SERVER> [--domain <DOMAIN>]
          –username <USERNAME> [--password <PASSWORD>]
          [--encrypt] [--start]
```

其中命令的主要含义为以下内容。

<TUNNEL>：配置文件的名称，可以根据不同连接使用不同的名字，自己指定。

<SERVER>：PPTP VPN 服务的 IP 地址。

<DOMAIN>：所在的域，可以省略，一般不用。

<USERNAME>：VPN 上认证用的用户名，VPN 用户。

<PASSWORD>：VPN 上用户认证用的密码。

[encrypt]：启用加密。

3）检验是否连接成功，命令如下所示。

```
# ip a | grep ppp
```

当出现 ppp0 端口的 IP 地址之后，说明该客户端对 PPTP VPN 服务连接成功。

（2）L2TP

在 CentOS7 上安装 L2TP VPN 的客户端的主要步骤如下所示。

1）安装 xl2tpd 软件，命令如下所示。

```
# yum install –y xl2tpd
```

2）配置 xl2tpd 文件，命令如下所示。

```
# vi /etc/xl2tpd/xl2tpd.conf
```

在该配置文件中，配置以下内容，除以下内容外，其余部分均可注销。

```
[lac testvpn]
      //VPN 名称，自定义
  name = demo
      //L2TP VPN 的用户名
  lns=10.0.0.240
      //VPN 的服务地址
  ppp debug = yes
  pppoptfile = /etc/ppp/peers/demo.l2tpd
      //pppd 拨号时使用的配置文件
```

3）设置拨号配置文件，设置该配置文件必须与上述设置的路径和名称一致，主要命令如下所示。

```
# vi /etc/ppp/peers/abc.l2tpd
  remotename testvpn
      //刚建立的 VPN 名称
  user "demo"
     //VPN 用户名
  password "123456"
     //VPN 用户的密码
  unit 0
  lock
  nodeflate
  nobsdcomp
  noauth
  persist
  nopcomp
  noaccomp
```

```
maxfail 5
debug
```

4）启动 xl2tpd 服务，命令如下所示。

```
# systemctl restart xl2tpd
```

5）开始拨号连接之前，需要确保 l2tp-control 文件存在，命令如下所示。

```
# ll /var/run/xl2tpd/l2tp-control
```

当出现该文件的详细信息时，则说明该文件存在可以拨号。拨号的主要命令如下所示。

```
# echo 'c testvpn' > /var/run/xl2tpd/l2tp-control
```

6）当拨号发送出去后，可以跟踪日志查看 VPN 的连接，主要命令如下所示，然后可以通过日志查看出是否进行连接，如图 7-75 所示，可以从日志中看出已经连接上 L2TP VPN 服务。

```
# tail –f /var/log/messages
```

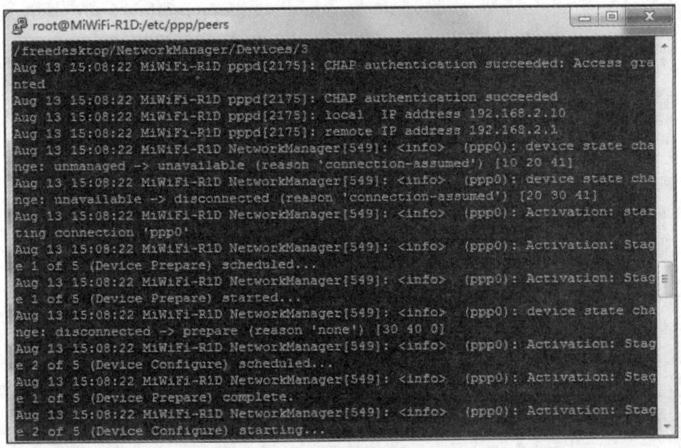

```
root@MiWiFi-R1D:/etc/ppp/peers
/freedesktop/NetworkManager/Devices/3
Aug 13 15:08:22 MiWiFi-R1D pppd[2175]: CHAP authentication succeeded: Access gra
nted
Aug 13 15:08:22 MiWiFi-R1D pppd[2175]: CHAP authentication succeeded
Aug 13 15:08:22 MiWiFi-R1D pppd[2175]: local  IP address 192.168.2.10
Aug 13 15:08:22 MiWiFi-R1D pppd[2175]: remote IP address 192.168.2.1
Aug 13 15:08:22 MiWiFi-R1D NetworkManager[549]: <info>  (ppp0): device state cha
nge: unmanaged -> unavailable (reason 'connection-assumed') [10 20 41]
Aug 13 15:08:22 MiWiFi-R1D NetworkManager[549]: <info>  (ppp0): device state cha
nge: unavailable -> disconnected (reason 'connection-assumed') [20 30 41]
Aug 13 15:08:22 MiWiFi-R1D NetworkManager[549]: <info>  (ppp0): Activation: star
ting connection 'ppp0'
Aug 13 15:08:22 MiWiFi-R1D NetworkManager[549]: <info>  (ppp0): Activation: Stag
e 1 of 5 (Device Prepare) scheduled...
Aug 13 15:08:22 MiWiFi-R1D NetworkManager[549]: <info>  (ppp0): Activation: Stag
e 1 of 5 (Device Prepare) started...
Aug 13 15:08:22 MiWiFi-R1D NetworkManager[549]: <info>  (ppp0): device state cha
nge: disconnected -> prepare (reason 'none') [30 40 0]
Aug 13 15:08:22 MiWiFi-R1D NetworkManager[549]: <info>  (ppp0): Activation: Stag
e 2 of 5 (Device Configure) scheduled...
Aug 13 15:08:22 MiWiFi-R1D NetworkManager[549]: <info>  (ppp0): Activation: Stag
e 1 of 5 (Device Prepare) complete.
Aug 13 15:08:22 MiWiFi-R1D NetworkManager[549]: <info>  (ppp0): Activation: Stag
e 2 of 5 (Device Configure) starting...
```

图 7-75　跟踪日志图

7）当拨号发送之后，也可从网卡信息得知是否连接成功。如果连接成功，就会多出一个 ppp0 的 IP 地址，该地址即为访问内网而分配的地址；如果连接不成功，则不会出现新的网卡地址。连接结果如图 7-76 所示。

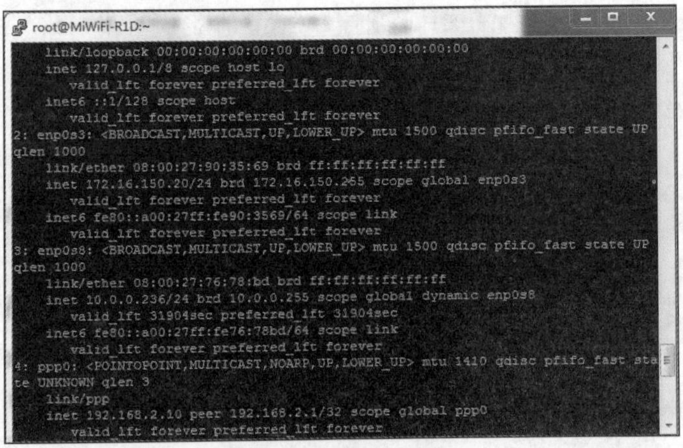

```
root@MiWiFi-R1D:~
    link/loopback 00:00:00:00:00:00 brd 00:00:00:00:00:00
    inet 127.0.0.1/8 scope host lo
       valid_lft forever preferred_lft forever
    inet6 ::1/128 scope host
       valid_lft forever preferred_lft forever
2: enp0s3: <BROADCAST,MULTICAST,UP,LOWER_UP> mtu 1500 qdisc pfifo_fast state UP
qlen 1000
    link/ether 08:00:27:90:35:69 brd ff:ff:ff:ff:ff:ff
    inet 172.16.150.20/24 brd 172.16.150.255 scope global enp0s3
       valid_lft forever preferred_lft forever
    inet6 fe80::a00:27ff:fe90:3569/64 scope link
       valid_lft forever preferred_lft forever
3: enp0s8: <BROADCAST,MULTICAST,UP,LOWER_UP> mtu 1500 qdisc pfifo_fast state UP
qlen 1000
    link/ether 08:00:27:76:78:bd brd ff:ff:ff:ff:ff:ff
    inet 10.0.0.236/24 brd 10.0.0.255 scope global dynamic enp0s8
       valid_lft 31904sec preferred_lft 31904sec
    inet6 fe80::a00:27ff:fe76:78bd/64 scope link
       valid_lft forever preferred_lft forever
4: ppp0: <POINTOPOINT,MULTICAST,NOARP,UP,LOWER_UP> mtu 1410 qdisc pfifo_fast sta
te UNKNOWN qlen 3
    link/ppp
    inet 192.168.2.10 peer 192.168.2.1/32 scope global ppp0
       valid_lft forever preferred_lft forever
```

图 7-76　查看网卡图

7.6.3　在 Android 上配置 VPN 客户端

（1）PPTP

在 Android 手机上配置 PPTP VPN 客户端主要的步骤如下所示。

1）点击打开手机上的【系统设置】，点击打开【其他连接方式】，如图 7-77 所示，选择【VPN】，选择 VPN 类型，如图 7-78 所示。

2）添加 VPN 的名称与服务器地址，如图 7-79 所示，点击【确定】按钮完成添加。

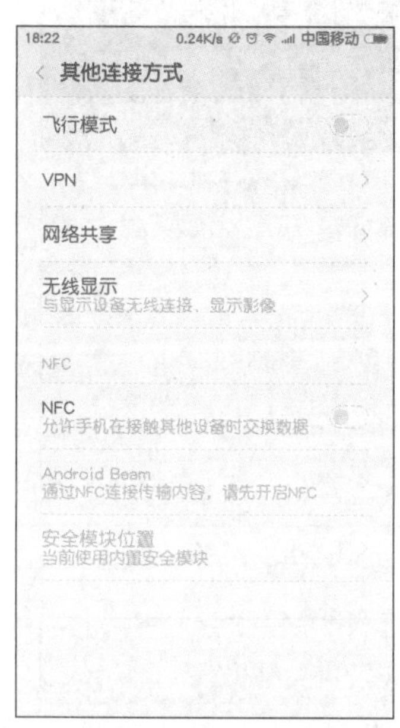

图 7-77　系统设置图

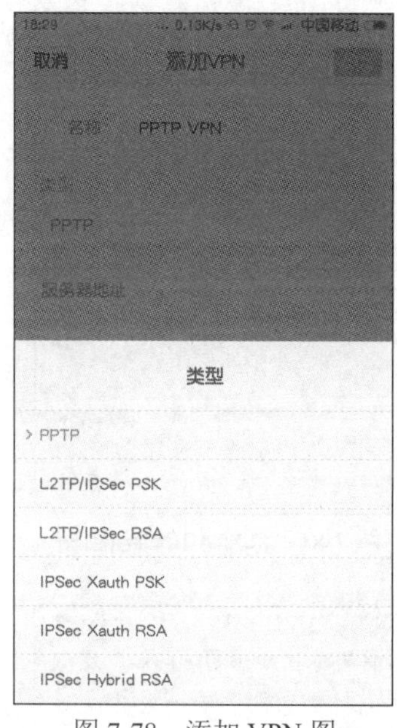

图 7-78　添加 VPN 图

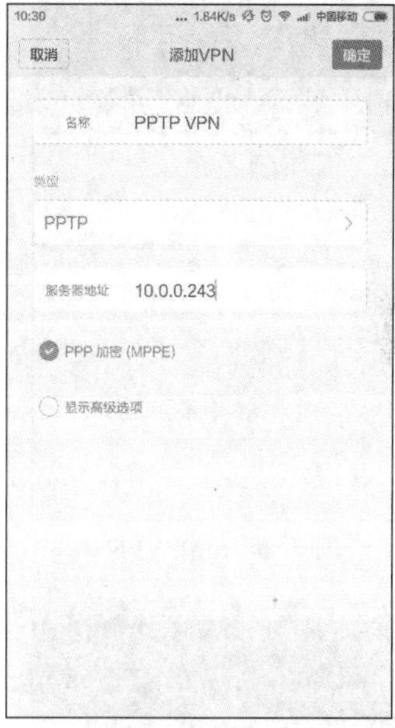

图 7-79　配置 VPN

3）输入 VPN 的用户和密码，用户和密码为构建 VPN 服务时设置的用户和密码，如图 7-80 所示。

（2）L2TP

在 Android 手机上配置 L2TP VPN 客户端的主要步骤如下所示。

1）点击打开手机上的【系统设置】，点击打开【其他连接方式】，选择【VPN】，添加 VPN 配置文件。

2）添加 VPN 的名称、类型与服务器地址,由于在配置 L2TP 协议的 VPN 服务时采用了 IPSec 加密，而且使用 IPSec 共享密钥加密，因此选择【L2TP/IPSec PSK】，并在【预共享密钥】输入设置的密钥，如图 7-81 所示。

3）输入 VPN 的用户和密码，用户和密码为构建 VPN 服务时设置的用户和密码，如图 7-82 所示，点击【连接】，当连接成功之后，点击该连接，就会显示连接的相关信息，如图 7-83 所示。

7.6.4　在 IOS 上配置 VPN 客户端

（1）PPTP

在 IOS 手机上配置 PPTP VPN 客户端主要的步骤如下所示。

1）点击打开手机上的【设置】，点击打开【通用】，如图 7-84 所示，选择【VPN】，点击【添加 VPN

配置…】。

2）填写 VPN 的名称、选择 VPN 类型（PPTP），输入 VPN 的用户和密码与服务器地址，点击【存储】，如图 7-85 所示。

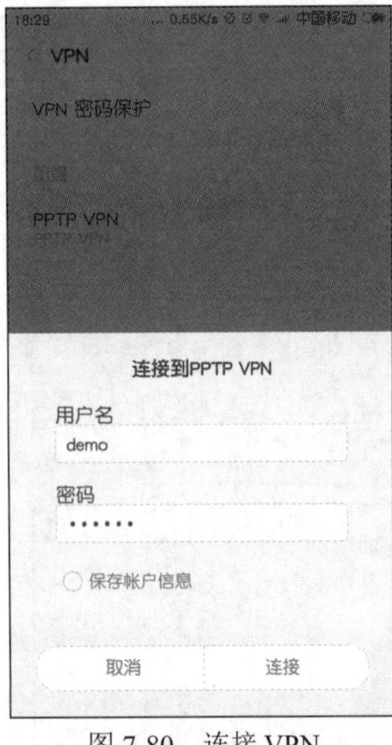

图 7-80　连接 VPN

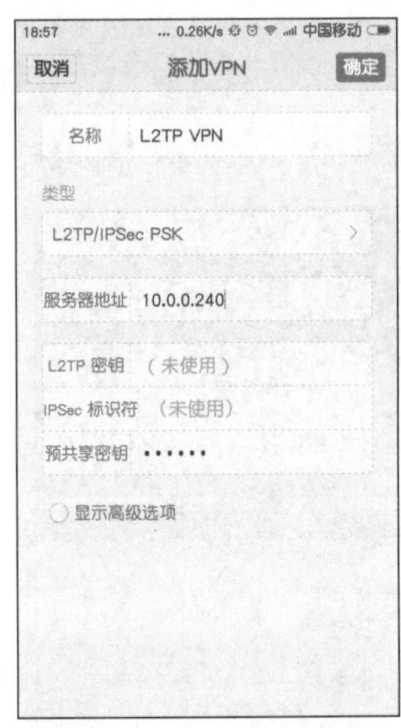

图 7-81　添加 VPN 连接图

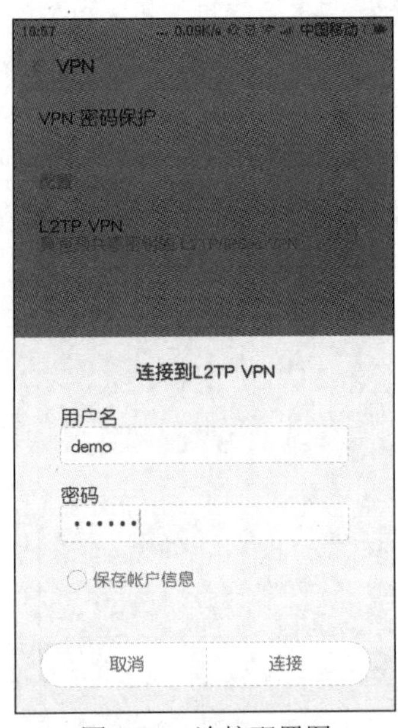

图 7-82　连接配置图

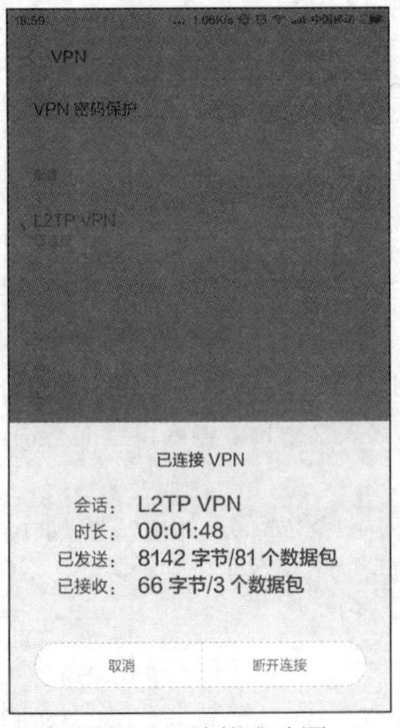

图 7-83　连接成功图

图 7-84　添加 VPN 图

图 7-85　配置 VPN 图

3）点击【已连接】后面滑动按钮，如图 7-86 所示，开始对 PPTP VPN 进行连接。

（2）L2TP

在 IOS 手机上配置 L2TP VPN 客户端主要的步骤如下所示。

1）点击打开手机上的【设置】，点击打开【通用】，选择【VPN】，点击【添加 VPN 配置…】，如上述 PPTP VPN 添加图所示。

2）添加 VPN 的名称，选择 VPN 类型，输入 VPN 的用户和密码与服务器地址，以及密钥，如图 7-87 所示。

3）点击【已连接】后面滑动按钮，开始对 L2TP VPN 进行连接，连接成功后如图 7-88 所示。

图 7-86　VPN 连接图

图 7-87　配置 VPN 图

图 7-88　VPN 连接图

8

通过 SNMP 实现网络运维监控

每一个网络管理和运维人员都希望能够及时准确地掌握网络的运行状况，例如服务器是否宕机、服务器 CPU 的使用率有多大、网络中各种协议的流量情况等等，从而实现网络安全稳定地运行。

早期的计算机网络规模小，结构简单，网络管理活动也相对简单，但随着计算机网络技术的迅速发展，网络规模日益庞大，结构也越来越复杂。简单、粗陋的管理方式已经不再适应现代的计算机网络，网络管理必须向高度集中和高度智能化的方向发展。SNMP（简单网络管理协议），是网络管理人员提高网络管理水平和工作效率必须熟练掌握的知识。

本章将对 SNMP 基础概念、安全机制、代理配置以及基于 SNMP 协议的各种网络监控软件进行介绍，并通过两个案例，让读者掌握构建网络监控服务的实现与应用。

8.1 认识 SNMP

8.1.1 什么是 SNMP

随着网络的快速发展，网络管理已经越来越体现出重要性，因此提高对 SNMP 简单网络管理协议的认识与学习，是网络管理人员提高网络管理能力的必要条件。

（1）SNMP 的定义

SNMP（Simple Network Management Protocol，简单网络管理协议），从狭义上讲，它是一种专门用于网络管理软件和网络设备之间通信的协议；从广义上讲，它是一组为实现网络的自动化管理任务而制定的一系列通用标准，包括管理信息的表示与命名、通信协议等内容。

SNMP 是一种应用层协议，是使用 TCP/IP 协议族对互联网上的设备进行管理的框架，它提供一组基本的操作，用来监控和管理网络。

SNMP 是目前最常用的网络管理协议，几乎所有的网络设备生产厂家都实现了对 SNMP 的支持。SNMP 是一种轮询协议，管理程序提出一个问题（询问），代理给出一个应答。UDP 传输协议负责传递所有的 SNMP 报文，SNMP 被设计成与协议无关，所以它可以在 IP、IPX、AppleTalk、OSI 及其他用到的传输协议上使用。SNMP 包括一系列协议组合规范，如 MIB（管理信息库）、SMI（管理信息的结构与标识）和 SNMP（简单网络管理协议）。这些协议组合规范提供了一种从网络设备上收集网络管理信息的方法，也为设备向网络管理工作站报告问题和错误提供了一些方法。

SNMP 应用分为以下几种类型。

1）监测和操作管理数据的命令产生者。

2）对管理数据提供访问的命令接收者。

3）发出异步消息的通报产生者。

4）处理异步消息的通报接收者。

5）在实体之间转发消息的代管转发者。

SNMP 应用于 SNMP 引擎之间形成应用与服务的关系，即 SNMP 应用是 SNMP 引擎的应用，SNMP 引擎向 SNMP 应用提供服务。

（2）SNMP 的发展

Internet 的前身是美国国防部设计的分组交换网之一的 ARPANET。20 世纪 70 年代，TCP/IP 协议簇被正式定为军方通信标准。随后，这个协议得到了迅猛发展，网络越来越大、越来越复杂，网络中设备以及应用程序也越来越多。网络对于企业和用户来讲，它的作用和依赖性越来越大，因此网络一旦发生故障，将会引起很多问题。这时，对网络管理的需求就越来越迫切。

在网络管理的初期，对于网络的管理停留在使用 ICMP 和 Ping 的基础上，但对于现在复杂的网络情况，这些工具显然不能满足目前网络管理的需要，必须有一种通行的网络管理标准以及相应的管理工具，使管理人员能够有效地管理网络。第一个发展起来的相关协议是简单网关监控协议（Simple Gateway Monitoring Protocol，SGMP），它提供了一种直接监视网关的方法，是一种通用的网络管理工具。SNMP 是在 SGMP 的基础上迅速发展起来的，SNMP 最早是 Internet 工程任务组（Internet Engineering Task Force，IETF）为解决 Internet 上的网络设备管理问题而提出的一个临时方案，第一个正式版本在 1989 年发布，经过二十多年的发展，SNMP 日臻完善，到目前为止，共有三个版本和两个扩展，如图 8-1 所示。

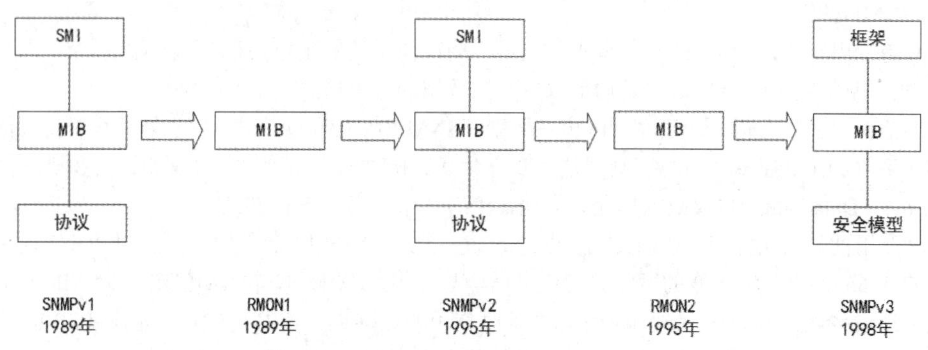

图 8-1　SNMP 的发展过程

1989 年，发布第一版 SNMP 简单网络管理协议，称为 SNMPv1，与此同时，SNMP 协议出现了管理信息结构（SMI）和管理信息库（MIB）。

SNMPv1 简单易于实施，被业界广泛接受并得以实施。但它最致命的一个缺点是安全性差，唯一的安全机制是基于共同体字符串（Community Strings），类似一个普通的字符串密码。

1991 年，发布 SNMP 的第一个补充是 RMON（Remote Network Monitoring，远程网络监视）。RMON 扩充了 SNMP 的功能，包括对 LAN 的管理以及对依附于网络设备的管理，RMON 没有修改和增加 SNMP 的协议和 SMI，只是增加了 SNMP 监视子网的能力，把整个子网当成一个个体来监视，提供了新的 MIB 及相关 MIB 行为。

1992 年 7 月发表了三个增强 SNMP 安全性的文件作为建议标准。增强版与原来的 SNMP 是不兼容的，它需要改变外部消息句柄（整数值，一个 4 字节的数值）及一些消息处理过程，但实际操作中，协议操作及包含 SNMP 消息的协议数据单元（PDU）保持不变，并且没有增加新的 PDU 类型操作，目的是尽量实现向 SNMP 安全版本的平滑过渡。

1993 年，SNMPv1 的升级版被提出来，称为 SNMPv2。

1995 年，SNMPv2 正式发布，v2 版增加了 SNMPv1 的功能，并规定了如何在基于 OSI 的网络中使用 SNMP。发布之后的 SNMPv2，具有以下特点：支持分布式网络管理；扩展了数据类型；可以实现大量数据的同时传输，提高了效率和性能；丰富了故障处理能力；增加了集合处理功能；加强了数据定义语言。同时，SNMPv2 也使用了复杂的加密技术，但并没有实现提高安全性能的预期目标，尤其是在身份验证、授权和访问控制等方面。

1995 年，RMON 扩展为 RMON2。

1996 年发布了一组新的 RFC 文档，在这组新的文档中，SNMPv2 的安全特性被取消了，消息格式也重新采用 SNMPv1 的基于“共同体（Community）”概念的格式。

1998 年，SNMPv3 发布，一系列文档定义了 SNMP 的安全性，并定义了将来改进的总体结构。SNMPv3 可以和 SNMPv2、SNMPv1 一起使用，同时还规定了一套专门的网络安全和访问控制规则，可以说，SNMPv3 是在 SNMPv2 基础之上增加了安全和管理机制。

SNMP 经过不断的发展和完善，目前已经是应用最广泛的一个成熟的网络管理协议。同时，人们对安全性的要求也会越来越高，显然 SNMPv3 的应用推广势在必行，必然会以突出的优势成为新的应用趋势。

（3）SNMP 的组成

SNMP 是应用层协议，通信的参与者不仅仅是不同操作系统的主机，还有各种网络设备，因此 SNMP 定义了一套自己的“抽象语法”，就是通信双方交换数据的标准格式定义。

任何通信协议都具有语义、语法和时序三要素，SNMP 也不例外。语义表示如何解释得到的数据，语法规定了数据的组成格式，而时序则规定了双方交互数据时的先后顺序。协议的语义和语法一般通过 PDU（Protocol Data Unit，协议数据单元）实现，SNMP 中定义了 5 种 PDU。

SNMP 使用抽象语法标记（Abstract Syntax Notation One，ASN.1）定义抽象语法和 PDU。以 SNMPv1 为例，RFC 1155（基于 TCP/IP 的网络管理信息结构与标识，SMI）规定了如何定义 SNMP 使用的抽象语法，通俗地讲也就是 SNMP 代理和工作站通信时使用的数据类型。RFC 1213（基于 TCP/IP 的网络管理信息库，MIB-Ⅱ）依据 SMI 定义了一组标准的数据类型，这些数据类型的取值，表示一些对网络管理活动有意义的网络资源，定义这些数据类型的文本，称为 MIB。

SMI、MIB 和 SNMP 构成了 SNMP 协议簇的基石，堪称组成 SNMP 协议簇的“三驾马车”。

遵循 SMI，可以根据实际需要，定义出更多的数据类型（MIB）。总之，SMI 和 MIB 的作用就是定义 SNMP 应用程序交互数据时使用的数据类型，而 SNMP 则规定了这些数据如何在应用程序之间交互，包括交互数据时使用的 PDU 格式、意义和消息顺序。

SMI、MIB 和 SNMP 三者之间的关系如图 8-2 所示。

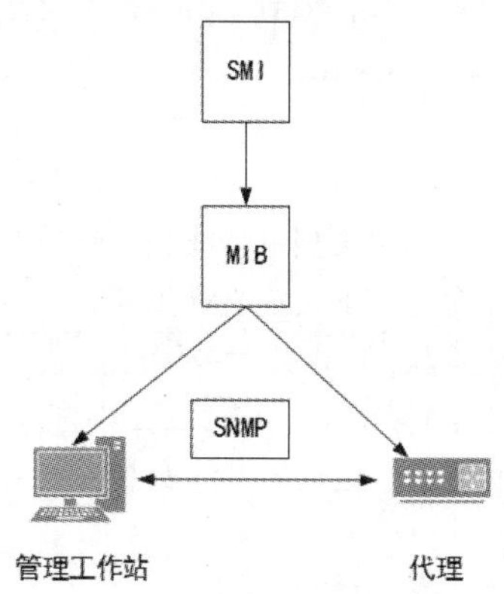

图 8-2　SMI、MIB、SNMP 关系图

需要注意的是，MIB 和 SMI 关系紧密，依据不同的 SMI 版本定义的 MIB，格式也不尽相同。SNMP 与 MIB 之间的关系相对松散，SNMP 只负责应用之间的数据传递方式，功能是保证 SNMP 应用之间正确、有效地传递数据，至于传递的是什么数据，意思是什么，则由应用程序负责解释。

（4）SNMP 的特点

SNMP 基于管理工作站/代理模式，管理工作站运行网络管理程序，执行各种管理任务。被管理设备是路由器、交换机等网络设备，代理运行在被管理设备中，配合网络管理工作站完成各种网络管理功能。

SNMP 采用这种模式有以下几个特点：简化网络管理功能；降低开发、实施费用成本；易于扩展新的管理功能；独立于具体的被管理设备。

同时，SNMP 系统构架由以下内容组成：管理站可访问管理信息的范围、管理信息的表示、对管理信息的操作模式、SNMP 实体之间交互信息的格式和意义、安全机制、管理信息的标识形式和意义。

8.1.2　SMI

（1）管理信息与被管理对象

网络管理活动中，管理信息主要是管理工作站感兴趣的、任何与被管理设备有关的信息。这些信息可以是和网络设备运行状态有关的信息，如设备网络接口的工作状态；被管理设备的系统软、硬件资源，如设备 CPU 利用率、软件版本等。因此，一切对于网络管理有意义的、来自被管理设备的资源、状态信息，都可以是管理信息。

管理信息可以用数值或文字（字符串）表示。整数表示网络接口某一时刻接受的字节总数，或者表示一种设备的运行状态。例如，可以用两个不同的整数值表示网络接口的两种不同工作状态（Up 或 Down）。

因此，选取一种数据类型来完整地表示某种管理信息，至少应具备下列属性：能取整数值或字符串；能被唯一标识；具有传输编码。

（2）SNMP 对被管对象的访问控制规则

1）如果被管理对象在 MIB 中定义的访问权限为 none，则该对象不能进行任何 SNMP 操作。

2）如果被管理对象在 MIB 中定义的访问权限为 read-write 或 write-only，访问环境中的访问模式为 read-write，则该对象可以进行 Set、Get 和 Trap 操作。

3）其他情况，对象只可以进行 Get、Trap 操作。

4）当对 MIB 中对象的访问权限定义为 write-only 时，在进行 Get、Trap 操作后，返回值根据具体代理的实现而不同。

（3）对象、对象类型和对象实例

MIB 中定义被管理对象的过程就是一次类型赋值操作，就是将一个值（对象标示符，但注意，在这里该值已经不属于对象标识符类型，而是属于宏定义产生的类型）赋予一个名字，也就是对象描述符。

被管理对象唯一定义了一种对象类型，可以认为被管理对象与对象类型是一一对应的关系。对象实例，则是对象类型的一个具体实例，这个实例可以被赋予具体的值。如果说被管理对象定义的对象类型是一种数据类型，那么对象实例就是属于该数据类型的变量，被管理对象、对象类型以及对象实例之间的关系，如图 8-3 所示。

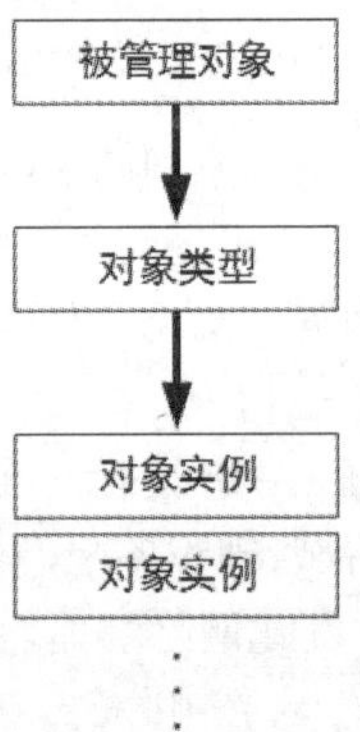

图 8-3 对象、对象类型和对象实例图

对象类型只存在于 MIB 中，它定义一类管理信息，而对象实例存在于代理中，表示属于某种对象类型的某一特定信息。因此，也只有对象实例才表示具体的管理信息，对网络管理才具有实际意义。管理工作站查询、设置操作的对象，只能是 SNMP 的变量。

8.1.3 MIB

（1）管理信息库的概述

管理信息库（Management Information Base，MIB）是TCP/IP网络管理协议标准框架的内容之一，MIB 定义了受管设备必须保存的数据项、允许对每个数据项进行的操作及其含义，即管理系统可访问的被管理设备的控制和状态信息等数据变量都保存在 MIB 中。

MIB 不是一个数据库，里面也不存在可用的数据。它只是一个定义数据类型的文档，以 ASN.1 的模块形式存在。简单地说，MIB 是一个 ASN.1 模块，是一个 ASN.1 数据类型定义或值定义的集合。形式上 MIB 中有类型定义语句，也有一些值定义语句，而实际上，MIB 文档 90%以上的内容是定义被管理对象。因此可以说，MIB 是一个主要用来定义被管理对象的 ASN.1 模块。

用于 TCP/IP 的 MIB 将管理信息划分为许多类，用于数据变量的对象提示符必须包含一个类别的代码。表 8-1 列出了一些常用的类别，这些类别是 MIB 结构树中 MIB 节点的子树。

表 8-1　MIB 类别所包含的相关信息

MIB 类别	包含的相关信息	MIB 类别	包含的相关信息
system	被管理对象（如主机、路由器等设备）系统的总体信息	interface	各个网络接口的相关信息
at	地址转换（如：ARP 映射）的相关信息	icmp	ICMP 协议的实现和运行相关信息
tcp	TCP 协议的实现和运行相关信息	udp	UDP 协议的实现和运行相关信息
egp	外部网关协议实现和运行相关信息	snmp	描述了 SNMP 协议自身的一些信息
transmission	根据网络接口，描述相关的管理信息	ip	IP 协议的实现和运行相关信息
dot1Bridge	网络中网桥的相关管理信息	host	主机自身上运行的相关信息

SNMPv1 和 SNMPv2 是把各个设备的变量收集在一个大的 MIB 中，然后把整个集合收录到一个 RFC 中。发布第二代 MIB（MIB-Ⅱ）后，IETF 采取了不同的策略，允许发布许多单独的 MIB 文档，每个文档定义特定类型设备的数据变量。作为标准过程的一部分，到目前为止，已经定义了一百多个单独的 MIB，这些 MIB 中定义了 10000 多个单独的数据变量。MIB-Ⅱ被广泛实现和应用，为了便于理解，表 8-2 列举了一些 MIB 对象实例及所属类别、含义。

表 8-2　MIB 变量及类别、含义对比表

MIB 对象	类别	含义
sysUpTime	system	系统开启时间
ifNumber	interface	网络接口数
ifMtu	interface	某特定接口的 MTU 值
icmpInEchos	icmp	接受 ICMP 发送请求数目
tcpInSegs	tcp	已收到的 TCP 报文段数目

MIB 变量只给出每个数据项的逻辑定义，不规定具体实现，因此被管理对象（设备）中使用的内部数据结构与 MIB 的定义不同，这是由被管理对象（设备）和管理代理进行的两者间的映射。

（2）管理信息库 MIB 的文件结构类型

SNMPv1 定义的 MIB，结构分四部分，分别为：ASN.1 模块化、引用类型部分、辅助定义部分以及定义被管理对象/Trap 部分，如图 8-4 所示。

MIB 文件结构应该遵循以下内容。

1）固定的 ASN.1 模块格式。每个 MIB 必须有的部分，严格按照 ASN.1 中定义模块的格式定义。

2）引用类型部分。

3）辅助定义部分，文本约定。不是每个 MIB 中都有。

4）辅助定义部分，为 MIB 中被管理对象的对象标识符空间。MIB 中所有被管理对象被分为几个组，每个组使用一个节点标识。MIB 中所有对象组被组织在一个 OID 节点内，为方便叙述，称其为该 MIB 的顶端节点。

5）定义被管理对象。该部分是 MIB 的主要内容。

6）定义 Trap。如果需要，可以在 MIB 中定义 Trap。

（3）对象组织与实例标识

1）对象组织。

MIB 中所有的被管理对象按照所表示的管理信息的不同，被分为不同组。例如，MIB-Ⅱ中所有和系统有关对象分在 system 组中；所有和 IP 有关对象分在 ip 组中，每个对象组分配一个 OID 节点，这个节点属于辅助节点。定义在组中的每个对象，对象标识符均以组节点的对象标识符作为前缀。

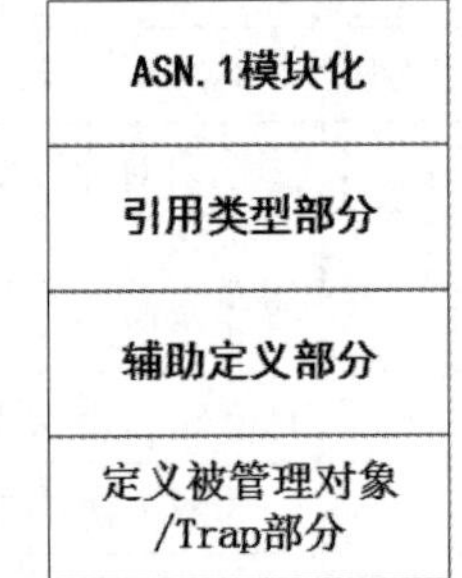

图 8-4　MIB 的组成结构图

对象分组的目的除了方便分配对象标识符以外，另一个目的就是方便代理实施。例如，MIB-Ⅱ中的 ICMP（Internet Control Message Protocol，Internet 控制消息协议）组，所有有关 ICMP 的被管理对象都分配到这个组中。假如当一台网络设备不运行 ICMP 协议时，该组的所有被管理对象都不可以实现。

MIB-Ⅱ定义的节点和组节点在 OID 树中的位置如图 8-5 所示。

2）标识对象实例。

在网络管理中，实际操作的对象是对象实例而不是被管理对象，因此需要确定对象实例的标识符。对象实例的标识符形式如下。

对象实例标识符=被管理对象标识符+可变部分

MIB 中被管理对象的对象标识符要事先确定，一旦 MIB 文件正式发布，对象的标识符就不能改变（对于不再需要的已经定义过的对象，可以将它设置为“过时（obsolete）”状态）。

在被管理对象中，无论是标量对象还是列对象，要确定组成其标识符的整数序列。以 MIB-Ⅱ中的对象 sysUpTime 为例（如图 8-6 所示），将{system 3}中的 system 替换成{1 3 6 1 2 1 1}，因此 sysUpTime 的对象标识符为{1 3 6 1 2 1 1 3}，在 SNMP 中，将其写成“1.3.6.1.2.1.1.3”。

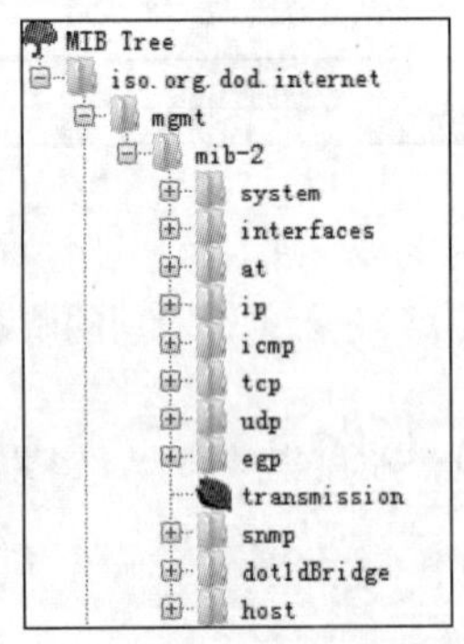

图 8-5　MIB-Ⅱ节点在 OID 树中的位置

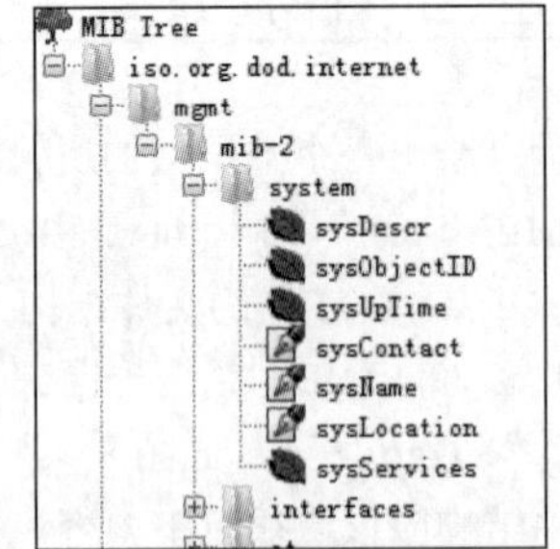

图 8-6　sysUpTime 在 MIB 中的位置

在对象实例中，可变部分有两种情况：标量对象和列对象。对于标量对象，可变部分为“.0”，即在对象的标识符后面添加“.0”，形成一个完整的对象实例标识符。例如，标量对象 ipInReceives 的对象标识符为：1.3.6.1.2.1.4.3，而该对象实例的标识符为 1.3.6.1.2.1.4.3.0。

列对象的情况要复杂一些，主要有以下 6 种情况，分别为以下内容。

①整数类型：表索引对象的语法为整数，则某个对象实例的标识，是该列对象的对象标识符和对象实例所在行的索引对象实例值，用"."连接起来。如对象 hrDeviceTable 的对象标识符为：1.3.6.1.2.1.25.3.2，而该对象下的实例对象 hrDeviceID 的对象实例标识符为：1.3.6.1.2.1.25.3.2.4。

②IP 地址：列对象实例的标识是该列对象的对象标识符，后面依次用"."连接 IP 地址的 4 个部分。

③网络地址：列对象实例的标识是该列对象的对象标识符，后面用"."连接"1"，指明后面的地址为 IP 地址，后面再依次用"."连接 IP 地址的 4 个部分。

④定长的字符串（n 个字符串）：对象实例的标识为该对象的对象标识符，后面依次用"."连接几个字节的值。

⑤变长的字符串：对象实例的标识为是该列对象的对象标识符，后面用"."连接一个整数，该整数指明字节串的字节个数，后面在依次用"."连接每个字节的值。

⑥对象标识符：列对象实例的标识是该列对象的对象标识符，后面用"."连接一个整数，该整数指明对象标识符中子标识符的个数，后面在依次用"."连接每个子标识符。

8.1.4 SNMP 的工作原理

SNMP 是管理工作站与代理之间进行数据交互的通信协议。SNMP 的网络管理模型包括以下关键元素：网管工作站、代理者、管理信息库、网络管理协议。

SNMP 的基本构成有：一组具有分析数据、发现故障等功能的管理程序；一个用于网络管理员监控网络的接口；将网络管理员的要求转变为对远程网络元素的实际监控的能力；一个从所有被管网络实体的 MIB 中抽取信息的数据库。

一般来说，工作站获取代理中的管理信息有两种模式：查询和事件报告。查询操作是由工作站主动发起，代理接到请求后做出响应；事件报告操作则是当事件发生时，代理主动向工作站报告情况。

通信协议为完成不同的功能操作，通常是由不同的 PDU（协议数据单元）来实现。为简单起见，SNMPv1 仅规定了 5 种操作，分别是 Get、GetNext、Set、Response 和 Trap。其中 Get、GetNext 和 Set 三种 PDU 用于工作站发起的主动操作，通常是查询操作，也是工作站读取或设置代理处置对象的值；Response 这种 PDU 形式是用于代理应答上述的三种消息；Trap 这种 PDU 形式则用于代理主动向工作站报告本地发生的网络事件。

1）GetRequest 操作：从代理进程处提取一个或多个参数值（从一个具体变量中取出一个值）。

2）GetNextRequest 操作：从代理进程处提取一个或多个参数的下一个参数值。

3）SetRequest 操作：设置代理进程的一个或多个参数值，即把一个值存入一个具体的变量。

4）GetResponse 操作：返回的一个或多个参数值，这个操作是由代理进程发出的，它也是 Set Request 操作的响应操作。

5）Trap 操作：代理进程主动发出的报文，通知管理进程有某些事情发生，即有一个事件所触发的应答。

GetRequest 操作、GetNextRequest 操作和 Set Request 操作提供基本的存和取操作，是由管理进程向代理进程发出的；GetResponse 操作、Trap 操作是代理进程发给管理进程的。

网络管理协议环境：SNMP 为应用层协议，是 TCP/IP 协议簇的一部分。它通过用户数据报协议（UDP）

来操作。在分立的管理站中，管理者进程对位于管理站中心的 MIB 的访问进行控制，并提供网络管理员接口，管理者进程通过 SNMP 完成网络管理。SNMP 在 UDP、IP 及有关的特殊网络协议之上实现。

共同体和安全控制：SNMP 用共同体来定义一个代理者和一组管理者之间的认证、访问控制和代理的关系。共同体是一个在被管理系统中定义的本地概念。被管理系统为每组可选的认证、访问控制和代理特性建立一个共同体。每个共同体被赋予一个在被管理系统内部唯一的共同体名，该共同体名要提供给共同体内的所有管理站，以便在 Get 和 Set 操作中应用。代理者可以与多个管理站建立多个共同体，同一个管理站可以出现在不同的共同体中。

从 C/S 模式的角度上，在 SNMP 操作中工作站和代理都扮演者双重角色，既是服务器又是交换机。查询的操作过程中，工作站是客户机，代理是服务器，监听 UDP 端口是 161；在事件报告操作的过程中，代理是客户端，工作站是服务器，监听 UDP 端口 162。SNMP 的相关操作过程如图 8-7 所示。

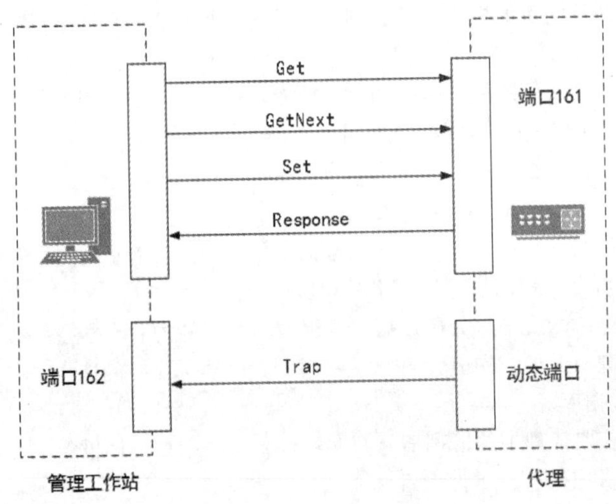

图 8-7　SNMP 的相关工作过程

在 SNMPv2 中主要的改进是增加了两个 PDU 操作，分别为 GetBulkRequest PDU 和 Inform PDU 操作。

1）GetBulkRequest PDU 操作的目的是尽量减少查询大量管理信息时所进行的协议交换次数。GetBulkRequest PDU 允许 SNMPv2 管理者请求得到在给定的条件下尽可能大的应答。

GetBulkRequest 操作利用与 GetNextRequest 相同的选择原则，即总是顺序选择下一个对象。不同的是，利用 GetBulkRequest，可以选择多个后继对象。

GetBulkRequest 操作的基本工作过程如下：GetBulkRequest 在变量绑定字段中放入一个个（N+R）变量名的清单。对于前 N 个变量名，查询方式与 GetNextRequest 相同。即，对清单中的每个变量名，返回它的下一个变量名和它的值，如果没有后继变量，则返回原变量名和一个 endOfMibView 的值。

GetBulkRequest PDU 有两个其他 PDU 所没有的字段：non-repeaters 和 max-repetitions。non-repeaters 字段指出只返回一个后继变量的变量数。max-repetitions 字段指出其他的变量应返回的最大的后继变量数。

为了说明算法，首先定义以下几个变量，以便于讨论。

L = 变量绑定字段中的变量名数量。

N = 只返回一个后继变量的变量名数。

R = 返回多个后继变量的变量名数。

M = 最大返回的后继变量数。

在上述变量之间存在着以下三种关系。

N = MAX [MIN(non-reperters, L),0]。

M = MAX [max-repetitions,0]；

R = L – N；

如果 N 大于 0，则前 N 个变量与 GetNextRequest 一样被应答，只是在报文中只是不会显示出前 N 个变量的应答的值。如果 R 大于 0 并且 M 大于 0，返回绑定的变量的 R 个后继变量之后，继续返回后继变量，直到返回了 M 个后继变量为止。即对于每个变量：获得给定变量的后继变量的值；获得下一个后继变量的值；反复执行上一步，直至获得 M 个对象实例。

2）Inform 操作与 Trap 操作是相同的，也是代理主动向管理发送报文，但是 Inform 操作相当于 Trap 操作的升级操作，因为 Trap 报文发出去之后不会收到响应报文，而 Inform 报文在发送之后能收到响应报文。

8.1.5 SNMP 的报文格式

（1）SNMP 消息的 UDP 报文结构

1）GetRequest、GetNextRequest、SetRequest、GetResponse、SNMPv2-Trap 以及 InformRequest 消息的 UDP 格式，如图 8-8 所示。

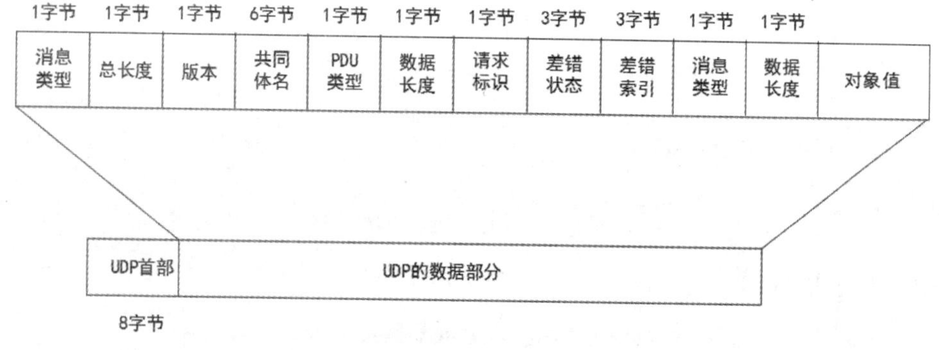

图 8-8 SNMP 消息的 UDP 报文格式图

2）在 SNMPv1 中的 Trap 消息的 UDP 格式如图 8-9 所示。

3）在 SNMPv2 中的 GetBulk 的 PDU 的格式如图 8-10 所示。

（2）用抓包工具抓取 SNMP 的报文结构

1）SNMPv2 协议中 get 请求与应答。

get 请求的命令为如下所示。

```
snmpget   –v2c –c 共同体名 IP 地址 OID 号
snmpwalk –v2c –c 共同体名 IP 地址 OID 号
```

snmpget 和 snmpwalk 两者主要的区别是 snmpwalk 是对 OID 值的遍历（比如某个 OID 值下面有 N 个节点，则依次遍历出这 N 个节点的值。如果对某个叶子节点的 OID 值做 snmpwalk 操作，则取得到数据就不正确，因为它会认为该节点是某些节点的父节点，而对其进行遍历，但实际上该节点已经没有子节点了，那么它会取出与该叶子节点平级的下一个叶子节点的值，而不是当前请求的叶子节点的值），然而，snmpget 是取具体的 OID 的值，适用于 OID 值是一个叶子节点的情况。

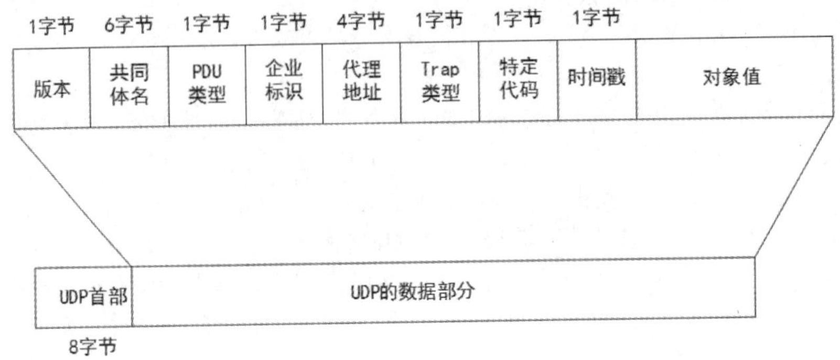

图 8-9　SNMPv1-Trap 的 UDP 报文格式图

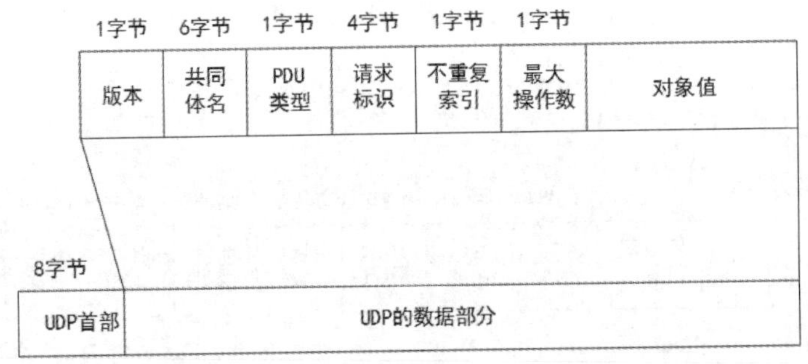

图 8-10　GetBulk PDU 的格式图

SNMP 协议中的 Get 请求与应答报文结构，如图 8-11 和图 8-12 所示。

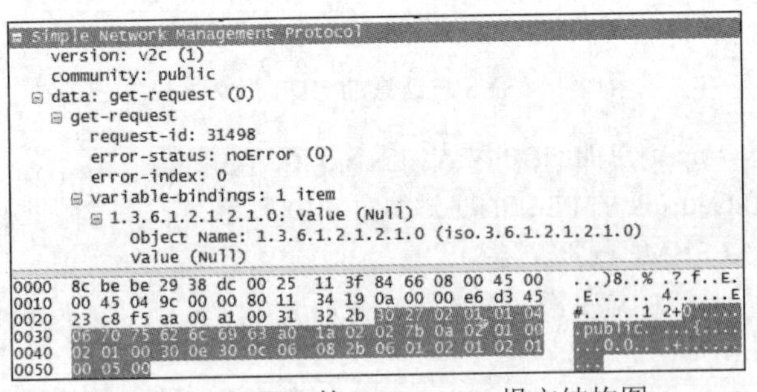

图 8-11　SNMP 的 GetRequest 报文结构图

通过上面两个图，可以看出 SNMP 的 Get 请求和应答消息的数据包的顺序依次是版本、共同体名、数据类型、请求标识、错误状态、可变的捆绑对象、OID 号、实例对象的名称以及对象实例的值。

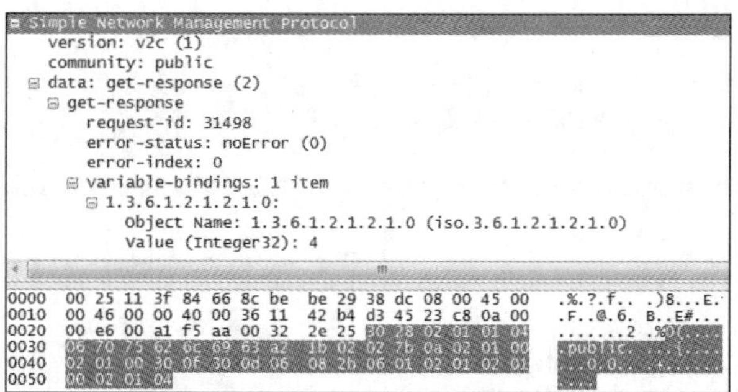

图 8-12　SNMP 的 GetResponse 报文结构图

同时通过分析对应的十六位进制的数，可以知道每个信息所对应的值，例如表 8-3 是对 SNMP 中 GetRequest 报文的字段说明。

表 8-3　GetRequest 报文中的字段说明

报文字段	说明
30	序列类型（Message，消息）的传输标志
27	表示后面数据的字节数，十进制为 39
02 01 01	Message 的第一个组件 version，00 表示 SNMPv1 版本，01 表示 SNMPv2c 版本
04 06 70 75 62 6c 69 63	Message 的第二个组件 community，字符串类型值"public"的 BER 编码
a0	序列结构（get-request PDU）的传输标志号
1a	数据所占字节长度，十进制为 26
02 02 7b 0a	GetRequest PDU 的第一个组件 request-id，7b0a 十进制为 31498 的 BER 编码
02 01 00	GetRequest PDU 的第二个组件 error-status，整数 0 的 BER 编码
02 01 00	GetRequest PDU 的第二个组件 error-index，整数 0 的 BER 编码
30	序列类型（VarBindList）的传输标志
0e	数据占字节长度，十进制为 15
30	序列类型（VarBind）的传输标志
0c	数据所占字节长度，十进制为 12
06 08 2b 06 01 02 01 02 01 00	第一个组件 name，对象实例标识符为 1.3.6.1.2.1.2.1.0
05 00	第二个组件 value，Null 的 BER 编码

如图 8-12 中的 GetResponse 的数据报文结构以及字段值所示，可以得出，当代理收到请求包后，经检查无误，则返回一个正确的 GetResponse 消息应答。请求报文与应答报文除数据传输的字节长度的不同、最后的字段值不同以及消息对应的序列结构不同以外，其他部分结构都相同。

2）SNMPv2 协议中 GetNext 请求与应答。

GetNext 请求命令如下所示。

```
snmpgetnext –v2c –c 共同体名 IP 地址 OID 号
```

GetNext 请求与应答采集的数据报文结构如图 8-13 和图 8-14 所示。

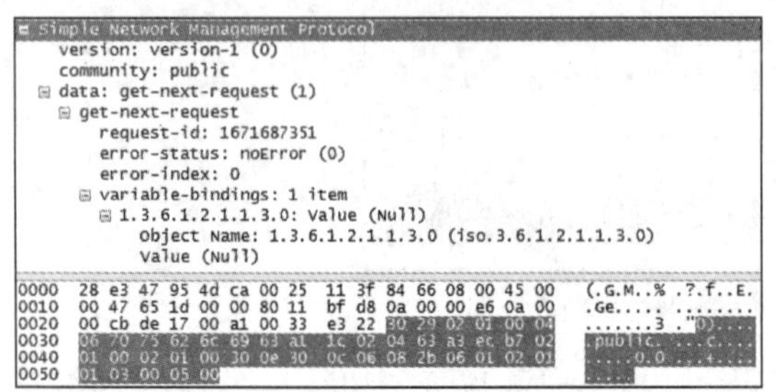

图 8-13 SNMP 的 GetNextRequest 报文结构图

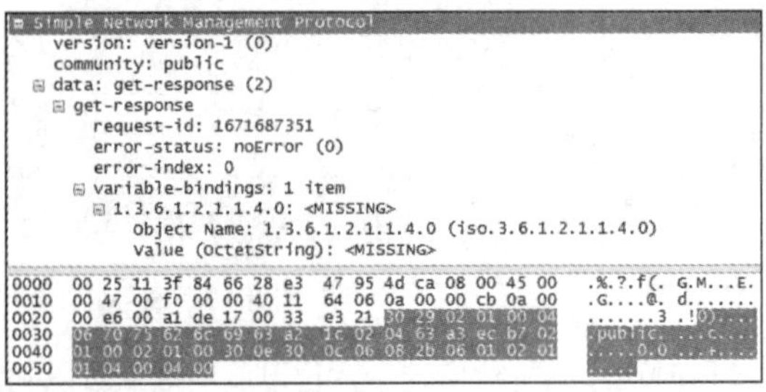

图 8-14 SNMP 的 GetResponse 报文结构图

GetNext 操作是指管理工作站向代理发送一个 GetNextRequest PDU。

GetNext 请求与 Get 请求有两点不同，分别是：Get 请求的请求标识是 a0，而 GetNext 请求标识为 a1；同时，两个请求操作的应答报文也不同，通过对比两个操作的请求与应答的报文中的对象名，可以看出，在 GetNextRequest 中的对象名为 1.3.6.1.2.1.1.3.0，而应答报文中的对象名却为 1.3.6.1.2.1.1.4.0，Get 请求与应答的对象名没有发生改变。因此在 GetNextRequest 的请求操作之后，返回的 SNMP 变量的 OID 是按 MIB-Ⅱ中按字典序排列、对象实例之后的对象实例标识符。

3）SNMPv2 协议中 Set 请求与应答。

Set 请求的命令如下所示。

```
snmpset –v2c –c 共同体名 IP 地址 OID 号 命令类型 命令设置的值
```

Set 请求是为了修改 MIB 库中某个 OID 对应的值，但不同的 OID 采集的值是不同类型的，因此在 Set 请求的时候，应该设置相应值的类型，但设置的 Set 请求命令类型必须和原来采集值的类型一致。set 请求命令类型如表 8-4 所示。

表 8-4 Set 请求命令类型对比表

命令类型	说明	命令类型	说明
i	INTEGER（整数，有符号的 32 位整数，取值范围为：–2147483648～+2147483648）	u	UNSIGNED（无符号的 32 位整数，值的范围为：0～4294967295）
s	STRING（字符串类型，通常限制在 255 个字符内）	x	HEX STRING（十六位整数，一般用于私有的 MIB 中进行设置）
b	BITS（比特串，一个无符号的数据类型）	n	NULLOBJ（将对象设置成空对象，从而不能采集该对象的值）
t	TIMETICKS（表示代表数据的一个无符号整数，2^{32} 取模（4294967296），以百分之一秒为单位）	a	IPADDRESS（表示一个 IP 地址）

Set 请求与应答采集的数据报文结构如图 8-15 和图 8-16 所示。

```
⊟ Simple Network Management Protocol
    version: v2c (1)
    community: public
  ⊟ data: set-request (3)
    ⊟ set-request
        request-id: 25950
        error-status: noError (0)
        error-index: 0
      ⊟ variable-bindings: 1 item
        ⊟ 1.3.6.1.2.1.1.5: 6c696e7578
            Object Name: 1.3.6.1.2.1.1.5 (iso.3.6.1.2.1.1.5)
            Value (OctetString): 6c696e7578

0000  28 e3 47 95 4d ca 00 25  11 3f 84 66 08 00 45 00   (.G.M..% .?.f..E.
0010  00 49 14 fb 00 00 80 11  0f f9 0a 00 00 e6 0a 00   .I...... ........
0020  00 cb db bb 00 a1 00 35  83 80 30 2b 02 01 01 04   .......5 ..0+....
0030  06 70 75 62 6c 69 63 a3  1e 02 02 65 5e 02 01 00   .public. ...e^...
0040  02 01 00 30 12 30 10 06  07 2b 06 01 02 01 01 05   ...0.0.. .+......
0050  04 05 6c 69 6e 75 78                               ..linux
```

图 8-15　SetRequest 的请求报文图

```
⊟ Simple Network Management Protocol
    version: v2c (1)
    community: public
  ⊟ data: get-response (2)
    ⊟ get-response
        request-id: 25950
        error-status: noSuchName (2)
        error-index: 1
      ⊟ variable-bindings: 1 item
        ⊟ 1.3.6.1.2.1.1.5: 6c696e7578
            Object Name: 1.3.6.1.2.1.1.5 (iso.3.6.1.2.1.1.5)
            Value (OctetString): 6c696e7578

0000  00 25 11 3f 84 66 28 e3  47 95 4d ca 08 00 45 00   .%.?.f(. G.M...E.
0010  00 49 08 c0 00 00 40 11  5c 34 0a 00 00 cb 0a 00   .I....@. \4......
0020  00 e6 00 a1 db bb 00 35  82 7f 30 2b 02 01 01 04   .......5 ..0+....
0030  06 70 75 62 6c 69 63 a2  1e 02 02 65 5e 02 01 02   .public. ...e^...
0040  02 01 01 30 12 30 10 06  07 2b 06 01 02 01 01 05   ...0.0.. .+......
0050  04 05 6c 69 6e 75 78                               ..linux
```

图 8-16　Set 的应答报文结构图

4）SNMPv2 协议中 GetBulk 请求与应答。

发送 GetBulk 请求的命令如下所示。

```
snmpbulkget –v2c –c 共同体名 IP 地址 OID 号
```

假定发送的 GetBulkRequest 请求对象实例为 1.3.6.1.2.1.1.3.0（sysUpTime,系统开机时间），由于请求报文中 non-repeaters 的值为 0、max-repetitions 的值为 10（如图 8-17 所示），因此在应答的报文中存在 10 个对象实例的值，这些对象实例都是在上述 1.3.6.1.2.1.1.3.0 这个实例对象之后不重复的 10 个实例对象。

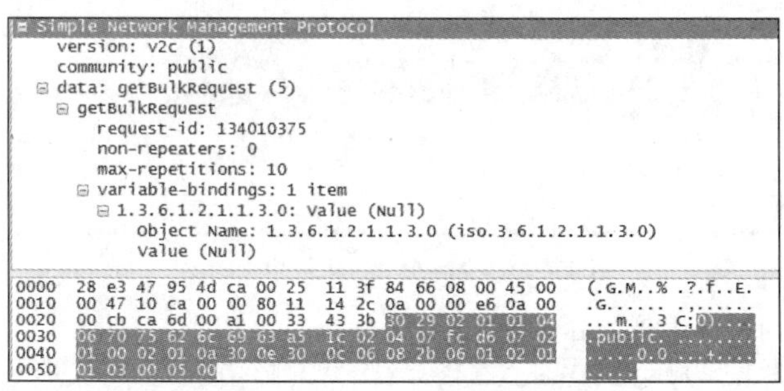

```
⊟ Simple Network Management Protocol
    version: v2c (1)
    community: public
  ⊟ data: getBulkRequest (5)
    ⊟ getBulkRequest
        request-id: 134010375
        non-repeaters: 0
        max-repetitions: 10
      ⊟ variable-bindings: 1 item
        ⊟ 1.3.6.1.2.1.1.3.0: Value (Null)
            Object Name: 1.3.6.1.2.1.1.3.0 (iso.3.6.1.2.1.1.3.0)
            Value (Null)

0000  28 e3 47 95 4d ca 00 25  11 3f 84 66 08 00 45 00   (.G.M..% .?.f..E.
0010  00 47 10 ca 00 00 80 11  14 2c 0a 00 00 e6 0a 00   .G...... .,......
0020  00 cb ca 6d 00 a1 00 33  43 3b 30 29 02 01 01 04   ...m...3 C;0)....
0030  06 70 75 62 6c 69 63 a5  1c 02 04 07 fc d6 07 02   .public. ........
0040  01 00 02 01 0a 30 0e 30  0c 06 08 2b 06 01 02 01   .....0.0 ...+....
0050  01 03 00 05 00                                     .....
```

图 8-17　GetBulk 请求报文结构图

GetBulk 请求与应答采集的数据报文结构如图 8-17 和图 8-18 所示。

5）SNMPv2 协议中 Trap 的报文结构。

如图 8-19 是在 Linux 操作系统下开启 snmptrap 代理服务，并向 Windows 系统的管理主机发送消息的报文结构图。

可以发送 Trap 消息的条件为：代理主机安装并开启了 SNMP 服务，并且确认能够使用 SNMP 的 Trap 服务，并且在防火墙上开启相关端口允许 SNMP 发送消息。

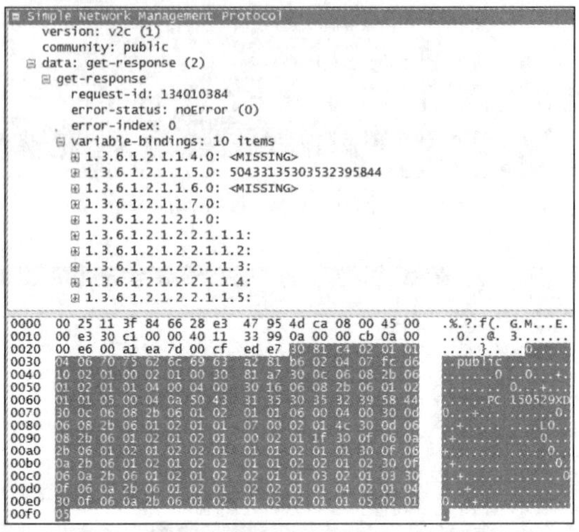

图 8-18 GetBulk 请求应答报文结构图

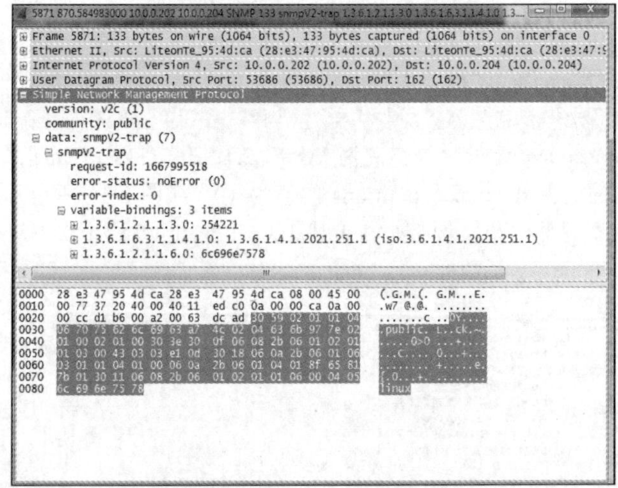

图 8-19 SNMPv2 的 Trap 报文

然后通过下列命令向管理站发送相关信息。

```
snmptrap –v2c –c 共同体名 管理主机 uptime OID 号
```

发送 Trap 消息也可以借助 MIB Browser 工具，上面有发送 Trap 和接受 Trap 的功能，只要将相关端口开启，输入 IP 地址与共同体名，就可以发送和接受到 snmptrap 的数据包。

6）SNMP 中相关操作的 PDU 序列结构在报文中传输标志对比。

如表 8-5 所示（十六位进制表示）。

表 8-5　SNMP 报文中序列结构的传输标志对比表

名称	序列结构传输标志	说明
GetRequest	a0	管理站到代理，查询指定变量的值
GetNextRequest	a1	管理站到代理，查询下一个变量的值
Response	a2	代理到管理站，会送执行结果（正确或差错）
SetRequest	a3	管理站到代理，设置代理进程的一个或多个参数值
SNMPv1-Trap	a4	在 SNMPv1 中的代理到管理站，主动型管理站发送报文
GetBulkRequest	a5	管理站到代理，传递批量信息，从下一个变量的值开始
Inform	a6	管理站到管理站，传递参数处理请求
SNMPv2-Trap	a7	在 SNMPv2 中的代理到管理站，主动向管理站发送报文
Report	a8	SNMPv2 中未定义；SNMPv3 定义为在消息的 PDU 部分不能解密时，发起报告

8.2　SNMP 的安全机制

8.2.1　SNMPv1 的安全机制

SNMPv1 的安全机制很简单，只是验证团体名。属于同一团体的管理站和被管理站才能相互作用，发送给不同团体的报文被忽略。

（1）团体（Community）的概念

SNMPv1 仅仅提供了有限的安全性，即团体概念。SNMP 网络管理是一种分布式应用。这种应用的特点是管理站与被管理站之间的关系可以是一对多的关系，即一个管理站可以管理多个代理，从而管理多个被管理设备。另一方面，管理站和代理之间还可能存在多对一的关系，代理控制自己的管理信息库，也控制多个管理站对管理信息库的访问。另外，委托代理也可能按照预定的访问策略，控制对其他代理设备的访问。RFC1157 为此提供的认证和控制机制就是这种最初级、最基本的团体名验证功能。

团体是一个在代理上定义的局部概念。一个代理可以定义若干个团体，每个团体使用唯一的团体名，而每个 SNMP 团体是一个在 SNMP 代理和多个 SNMP 管理者之间定义的认证、访问控制和转换代理的关系。

在每条 SNMPv1 信息中都包括 community 字段，在该域中填入团体名，团体名起密码的作用。SNMPv1 假设，如果发送者知道这个密码，就认为该信息通过了认证，因此会觉得该信息是可靠的。

代理为每一个团体定义了一个 SNMPv1 团体框架文件，该框架文件包括以下两部分。

MIB 视域：MIB 的一个对象子集，每个团体可以定义不同的 MIB 视域，一个视域中的对象集不必属于 MIB 的单个子树。

SNMP 访问模式：集合（只读、读写）的一个元素，每个团体只定义一个访问模式。

SNMP 团体和 SNMP 团体框架文件的结合就成为 SNMPv1 的访问策略。一个通过了认证的信息必然指定了一个团体，那么它就有自己相应的团体框架文件，且只能对该框架文件中 MIB 视域的指定对象进行规定的操作（只读或读写）。

SNMP 的团体是一个代理和多个管理站之间的认证和访问控制关系。允许访问的团体名是在被管理系统一侧定义的。一般来说，代理系统可以对不同的团体定义不同的访问控制策略，每一个团体被赋予一个唯一的名字。管理站只能以代理认可的团体名行使其访问权。另一方面，由于团体名的有效范围局限于定义它的代理系统中，所以一个管理站可能以不同的名字出现在不同的代理中，即管理站实体可以用不同的名字对不同的代理实施不同的访问权限。反之，如果两个代理定义了同一团体名，这种名字的相似性也不意味着它们属于同一团体。

（2）简单的认证服务

一般来说，认证服务的目的是保证通信是经过授权的。在 SNMP 中，认证服务主要是保证接收的报文来自它所声称的源。RFC1157 提供的只是简单的认证方案：从管理站发送到代理的报文（Get、Set 等）都有一个团体名，就像是口令字一样，通过团体名验证的报文才是有效的。

可以看出，SNMPv1 的安全机制是很不安全的，因为仅仅用团体名验证来控制访问权限是不够的，而且团体名是以明文的形式传输，很容易被第三者所窃听，这也是 SNMPv1 的简单性所在。由于这个缺陷，很多 SNMP 的实现只允许 Get 和 Trap 操作，也就是只具有网络监控功能，通过 Set 操作控制网络设备是被严格限制的。

8.2.2 SNMPv2 的安全机制

考虑了各种安全功能以后，SNMPv2 的 PDU 有了更复杂的结构。SNMPv2 的安全协议如图 8-20 所示。可以看出在原来的 PDU 前面加上了加密与认证信息。

（1）SNMPv2 加密报文的格式

SNMP 加密报文有以下两部分组成，分别为 privDst 和 privData。

1）privDst。

指向目标参加者的对象标志符，即报文的接收者，这一部分是明文。

2）privData（SnmpAuthMsg）。

经过加密的报文，接收者需解密后才可以阅读。被加密的报文为 SnmpAuthMsg，包含下列内容。

- authInfo：认证信息，由消息摘要 authDigest，以及目标方和源方的时间戳 authDstTimestamp 和 authSrcTimestamp 组成。
- authData(SnmpMgmtCom)：即经过认证的管理消息，包含目标参与者 dstParty、源参与者 srcParty、上下文 context，以及协议数据单元 PDU 等四部分，如图 8-21 所示。

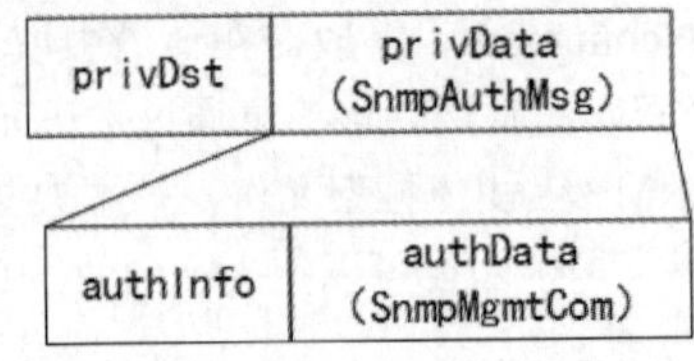

图 8-20　SNMPv2 加密报文总结构

8 Chapter

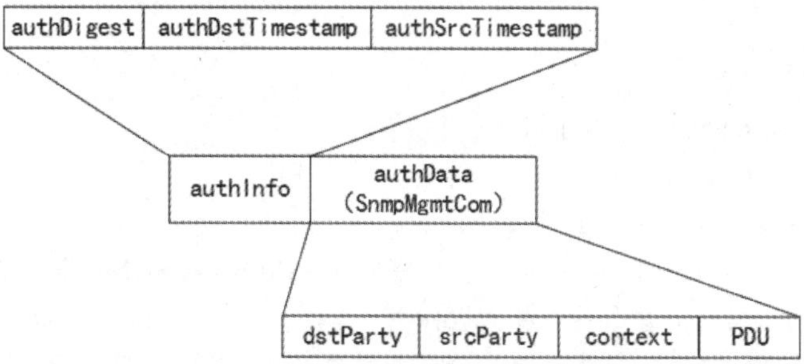

authDigest	authDstTimestamp	authSrcTimestamp

authInfo	authData (SnmpMgmtCom)

dstParty	srcParty	context	PDU

图 8-21 SNMPv2 加密报文详细结构

（2）SNMPv2 加密报文的发送与接收

1）需要加密和认证的 SNMPv2 报文的发送过程。

发送实体首先要构造管理通信消息 SnmpMgmtCom，这需要查找本地数据库，发现合法的参加者和上下文。

如果需要认证协议，则在 SnmpMgmtCom 前面加上认证信息 authInfo，构成认证报文 SnmpAuthMsg，否则 authInfo 置为长度为 0 的字符串。若参加者的认证协议为 v2md5Authprotocol，则由本地实体按照 MD5 算法计算产生 16 个字节的消息摘要，作为认证信息中的 authDigest。

检查目标参加者的私有协议，如果需要加密，则采用指定的加密协议对 SnmpAuthMsg 加密，生成 privData（SnmpAuthMsg）。

最后让 privDst=dstParty，组成完整的 SNMPv2 加密报文，并经过 BER 编码发送出去。

2）SNMPv2 安全报文的接收过程。

目标方实体接收到 SnmpPrivMsg 后首先检查报文格式，如果该检查通过，则查找本地数据库，发现需要的验证信息。

根据本地数据库的记录，可能需要使用私有协议对报文解密，对认证码进行验证，检查源方参加者的访问特权和上下文是否符合要求等，一旦这些检查全部通过，即可执行协议请求的操作了。

（3）SNMPv2 的其他安全措施

SNMPv2 具有支持分布式网络管理，扩展数据类型，可以实现同时传输大量数据，丰富故障处理能力，增加集合处理功能，加强数据定义语言等特点。

此外，SNMPv2 还引入了“上下文（context)”的概念。上下文是一个可被 SNMPv2 实体访问的被管理对象资源的集合，分为本地上下文和远程上下文，本地上下文被标识为一个 MIB 视域，远程上下文被标识为一个转换代理关系。

使用了上下文的访问控制策略由 4 个元素组成，分别为：①目标：SNMP 参加者，它按主体方的请求执行管理操作；②主体：SNMP 参加者，它请求目标方执行管理操作；③资源：管理操作在其上执行的管理信息，它可表示为一个本地 MIB 视域或一个代理关系，这一项被称为一个上下文；④权限：对于一个特定的上下文可允许的操作，这些操作用可允许的协议数据单元定义，由目标代表主体执行。

但是，SNMPv2 并没有完全实现预期的目标，尤其是安全性能没有得到显著提高，如身份验证（用户初始接入时的身份验证、信息完整性的分析、重复操作的预防）、加密、授权和访问控制、适当的远程安全配置和管理能力等都没有实现。1996 年发布的 SNMPv2c 是 SNMPv2 的修改版本，虽然功能增强了，但是安全性能仍没有得到改善，而是继续使用 SNMPv1 的基于明文密钥的身份验证方式。

8.2.3 SNMPv3 的安全机制

（1）USM（User-based Security Model）

网络管理面临的安全威胁有：消息篡改、伪装、消息流修改（延迟、重放、重定向）、泄密、拒绝服务和流量分析，其中前 4 种是 SNMP 需要防范的。

SNMPv3 中的安全子系统采用基于用户的安全模型（USM），为 SNMP 消息的传输提供如下服务：来源认证、完整性鉴别、消息流篡改鉴别和数据保密。

安全性服务包括认证和加密，分为三个安全层次，分别是：既无认证又无保密（NoAuthNoPriv）、有认证但无保密（AuthNoPriv）、有认证又有保密（AuthPriv）。

为了提供更强有力的安全保障，SNMPv3 的体系结构比以前版本更加复杂。使用 USM 模型的 SNMP 消息格式，如图 8-22 所示。

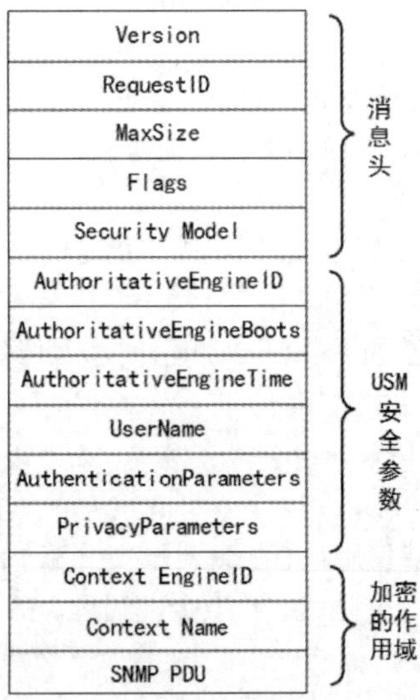

图 8-22　USM 模式的格式图

USM 安全参数的各字段含义如下。

1）Authoritative EngineID：消息交换中权威 SNMP 的 snmpEngineID，用于 SNMP 实体的识别、认证和加密。该取值在 Trap、Response、Report 中是源端的 snmpEngineID，对 Get、GetNext、GetBulk、Set 中是目的端的 snmpEngineID。

2）Authoritative EngineBoots：消息交换中权威 SNMP 的 snmpEngineBoots。表示从初次配置时开始，SNMP 引擎已经初始化或重新初始化的次数。

3）Authoritative EngineTime：消息交换中权威 SNMP 的 snmpEngineTime，用于时间窗判断。

4）UserName：用户名，消息代表其正在交换。NMS 和 Agent 配置的用户名必须保持一致。

5）Authentication Parameters：认证参数，认证运算时所需的密钥。如果没有使用认证则为空。

6）Privacy Parameters：加密参数，加密运算时所用到的参数，如果没有使用加密则为空。

USM 的用户概念就是每一个消息都是代表一个用户在 SNMP 实体之间传输的，消息中携带有该用户的用户名。SNMP 实体使用该用户的属性信息，对收发的消息进行安全处理。通信双方的 SNMP 引擎为每个用户维护如下属性：userName、securityName、authProtocol 和 authKey（用户使用的鉴别协议和密钥)、privProtocol 和 privKey（用户使用的加/解密协议和密钥)。

为了防范消息被重放、延迟和重定向，USM 指定通信双方 SNMP 引擎之一为权威引擎（authoritative snmpEngine)，另一方为非权威引擎。如果 SNMP 消息携带的为期望响应的 PDU（如 Get、Set、InformRequest)，那么接收方是权威的，发送方是非权威的。如果 SNMP 消息携带的为不期望响应的 PDU（如 Trap、Response)，那么发送方是权威的，接收方是非权威的。简单讲，对于管理站和代理之间的通信，管理站是非权威的，代理是权威的。

（2）安全算法介绍

USM 使用消息鉴别码（MAC）对传输的消息进行来源认证和完整性鉴别，防止用户假冒和消息篡改，保证消息来源可靠、数据完整，可用的鉴别协议有：HMAC-MD5-96、HMAC-SHA1-96 或其他。

使用加密方法保证消息在传输中不被泄漏，可用的加密协议有：CBC-DES、CFB-AES 或其他。使用松散时间同步和时间戳防止消息被延迟、重放。

1）MD5 和 SHA-1。

HMAC 是一种使用散列函数加密的消息验证机制，简称为散列消息鉴别码。HMAC 通过捆绑一个可用于加密的散列函数。这种加密机制的强度取决于所用散列函数的特性。目前常用的散列函数有 MD5、SHA-1 等。

MD5 和 SHA-1 都是数据加密算法。算法的思想是接收一段明文，然后以一种不可逆的方式将它转换成一段（通常更小）密文，也可以简单的理解为取一串输入码（称为预映射或信息)，并把它们转化为长度较短、位数固定的输出序列即散列值（也称为信息摘要或信息认证代码）的过程。因为 MD5 和 SHA-1 均由 MD4 导出，彼此很相似。相应的，它们的强度和其他特性也相似，但还有以下几点不同。

对强行攻击的安全性。最显著和最重要的区别是 SHA-1 摘要比 MD5 摘要长 32 位。MD5 将任意长度的“字节串”映射为一个 128bit 的大整数，SHA-1 是映射为 160bit 的大整数。使用强行技术，产生任何一个报文使其摘要等于给定摘要的难度对 MD5 是 2^{128} 数量级的操作，而对 SHA-1 则是 2^{160} 数量级的操作。这样，SHA-1 对强行攻击有更大的强度。但是在相同的硬件上，SHA-1 的运行速度比 MD5 慢。

2）DES 算法。

DES 算法为密码体制中的对称密码体制，又被成为美国数据加密标准，是 1972 年美国 IBM 公司研制的对称密码体制加密算法。明文按 64 位进行分组，密钥长 64 位，密钥事实上是 56 位参与 DES 运算（第 8、16、24、32、40、48、56、64 位是校验位，使得每个密钥都有奇数个 1)，分组后的明文组和 56 位的密钥按位替代或交换的方法形成密文组的加密方法。

3）AES 算法。

AES 是美国国家标准技术研究所 NIST 旨在取代 DES 的 21 世纪的加密标准。AES 的基本要求是，采用对称分组密码体制，密钥长度的最少支持长度为 128 位、192 位、256 位，分组长度为 128 位，算法应易于各种硬件和软件实现。

（3）USM 安全处理过程

在发送或接收消息时，消息处理子系统通过调用 USM 模块进行安全处理。处理分为消息发送和消息接收两种情况，具体处理过程如下。

1）对于生成的流出消息（请求/响应)，调用者向 USM 提供参数：globalData（消息头部)、

securityEngineID（权威引擎）、securityName（用户名）、securityLevel（安全级别）、scopedPDU（有效载荷），若是响应消息，还要提供 securityStateReference（处理原请求时缓存的安全参数），然后 USM 进入下面的过程。

2）若 securityStateReference 有效，从中取出用户信息；否则，根据用户名从用户属性数据库中查找用户信息。若无相关用户信息，返回“未知用户”错误指示。

3）根据安全级别，若需要保密，而用户信息没有提供鉴别或加密协议，返回“不支持的安全级别”错误指示；若消息需要鉴别认证，而用户信息没有提供鉴别协议，则返回“不支持安全级别”错误指示。

4）根据安全级别，若需要加密，依照用户加密协议和密钥对 scopedPDU 域进行加密。若加密失败，返回“加密错误”指示；若成功，将加密参数（用于生成解密初始向量）插入消息头 msgPrivacyParameters 域；若不需加密，将 msgPrivacyParameters 域置空。

5）将权威引擎 ID 和用户名置入消息 msgAuthoritativeEngineID 和 msgUserName 域。

6）根据安全级别，若消息需要鉴别，将引擎启动次数和当前时间值插入消息头部的时间戳域 msgAuthoritativeEngineBoots 和 msgAuthoritativeEngineTime。

7）根据安全级别，若需要鉴别，依照用户鉴别协议和密钥对整个消息生成鉴别码，若成功，鉴别码插入消息的 msgAuthenticationParameters 域；否则，返回“鉴别失败”错误指示；若不需要鉴别，msgAuthenticationParameters 域置空。

8）返回成功指示和安全处理后的消息。

对收到消息的处理过程是上述过程的逆过程，即首先进行消息的鉴别认证，再对时间戳进行时限检查，最后对 scopedPDU 域解密。处理过程中需用到用户的属性信息，并检查参数的正确性，若出现错误，返回出错原因，处理结束。

经过以上三个方面的安全机制保护，使 SNMPv3 这一版本的 SNMP 服务变得更加安全，但是，SNMPv3 这个版本在实际应用上并不能得到很好的应用。这是因为 SNMPv3 的部署十分麻烦，开销大，并且现在人们更相信利用 SNMPv2 的读模式，并不开启写模式，在这种模式下较为安全和简便，容易操作，因此得到很多人的认可。

8.2.4 SNMPv1、SNMPv2 和 SNMPv3 的对比

SNMP 协议的使用经过不断地改进和发展，到目前为止，SNMPv1、SNMPv2 和 SNMPv3 这三个版本已经有很大的不同，因此，三个版本的简单对比如表 8-6 所示。

表 8-6 SNMPv1、SNMPv2 和 SNMPv3 之间对比

	SNMPv1	SNMPv2	SNMPv3
支持的PDU操作类型	GetRequest GetNextRequest Reponse SetRequest Trap	GetRequest GetNextRequest Reponse SetRequest Trap InformRequest GetBulkRequest Report	GetRequest GetNextRequest Reponse SetRequest Trap InformRequest GetBulkRequest Report

续表

	SNMPv1	SNMPv2	SNMPv3
安全性	使用明文传输的团体名进行安全机制管理，安全性低	使用明文传输的团体名进行安全机制管理，安全性低	基于用户的安全模型（认证和加密），基于视图的访问控制模型，安全性很高
复杂性	简单，使用广泛	简单，使用广泛	开销大，比较繁琐

8.3 实践：SNMP 代理配置

8.3.1 在 Windows 上开启 SNMP 代理服务

（1）在 Windows Server 上安装和配置 SNMP 代理服务

1）打开【服务器管理器】→【添加角色或功能】，如图 8-23 所示。

2）在弹出来的添加角色和功能向导对话框中，选择【安装类型】标签，右侧选择【基于角色或基于功能的安装】选项，点击【下一步】按钮，如图 8-24 所示。

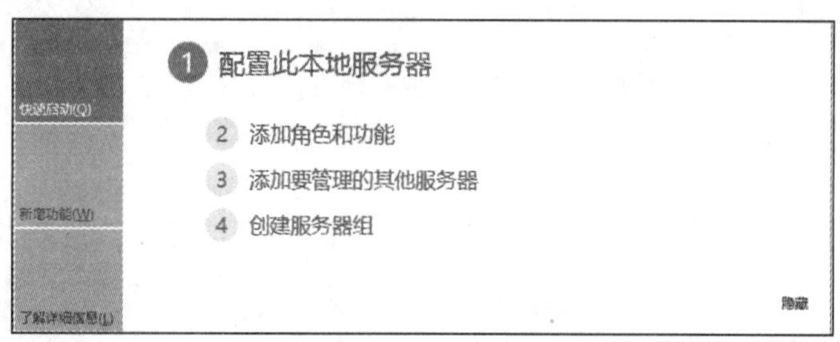

图 8-23　添加角色或功能

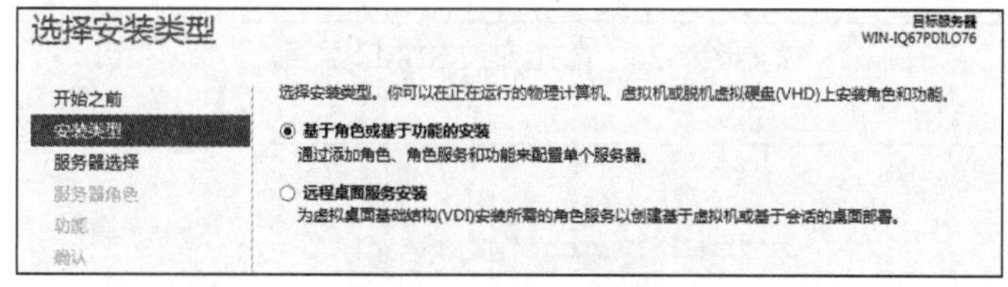

图 8-24　选择安装类型

3）在【服务器选择】标签中，选择从【服务器池中选择服务器】选项，选择服务器，点击【下一步】按钮，如图 8-25 所示。

4）点击【功能】标签，在右侧功能中选中【SNMP 服务】和【SNMP WMI 提供程序】，向下拉动滑动条进行查找，如图 8-26 所示。

5）选择【远程服务器管理工具】然后点击展开，点击【功能管理工具】后，下面将展开一些安装功能工具，选择【SNMP 工具】，点击【下一步】按钮，如图 8-27 所示。

6）在【确认】标签右侧，可以看到需要安装的功能，点击【安装】按钮，如图 8-28 所示。

添加角色和功能向导
选择目标服务器
目标服务器
WIN-IQ67PDILO76
开始之前
安装类型
服务器选择
服务器角色
功能
确认
结果
选择要安装角色和功能的服务器或虚拟硬盘。
从服务器池中选择服务器
选择虚拟硬盘
服务器池
筛选器:
名称
IP 地址
操作系统
WIN-IQ67PDILO76
10.0.0.238
Microsoft Windows Server 2012 Standard Evaluatio
找到 1 个计算机
此页显示了正在运行 Windows Server 2012 的服务器以及那些已经在服务器管理器中使用"添加服务器"命令所添加的服务器。脱机服务器和尚未完成数据收集的新添加的服务器将不会在此页中显示。
< 上一步(P)
下一步(N) >
安装(I)
取消

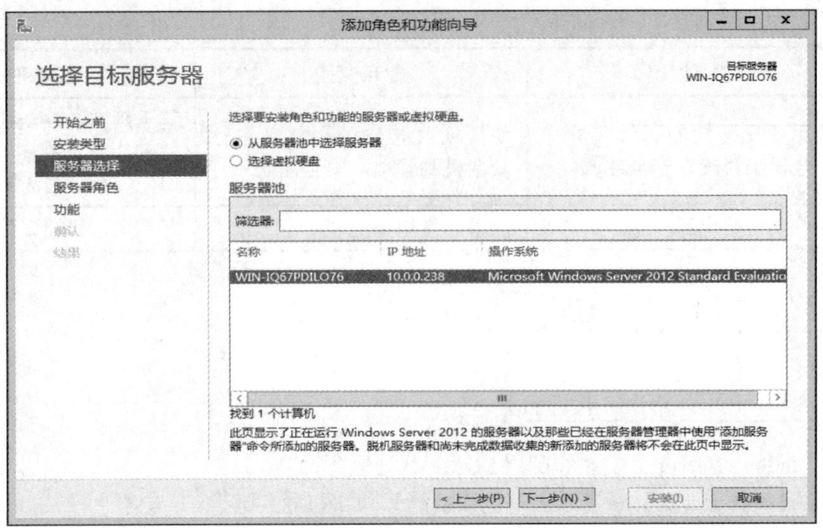

图 8-25　服务器选择

选择功能
目标服务器
WIN-IQ67PDILO76
开始之前
安装类型
服务器选择
服务器角色
功能
确认
结果
选择要安装在所选服务器上的一个或多个功能。
功能
Media Foundation
NFS 客户端
RAS 连接管理器管理工具包(CMAK)
SMTP 服务器
SNMP 服务
SNMP WMI 提供程序
Telnet 服务器
Telnet 客户端
TFTP 客户端
Windows Biometric Framework
描述
SNMP Windows Management Instrumentation (WMI)提供程序使得 WMI 客户端脚本和应用程序能够访问 SNMP 信息。客户端可通过 WMI C++ 接口和脚本对象与使用 SNMP 协议的网络设备通信，并且可以将 SNMP 陷阱作为 WMI 事件接收。

图 8-26　选择安装 SNMP 服务

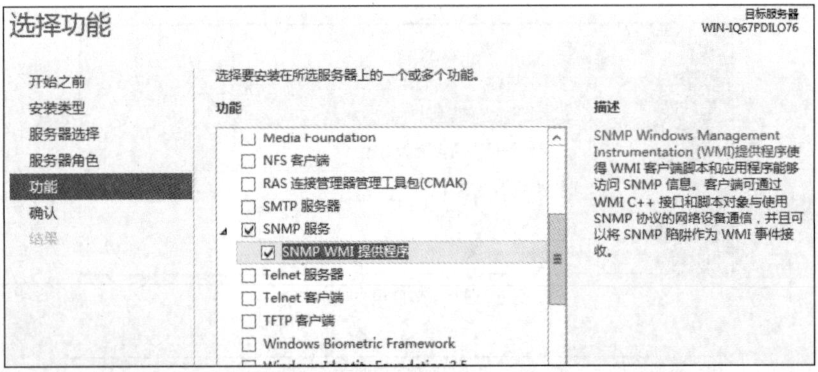

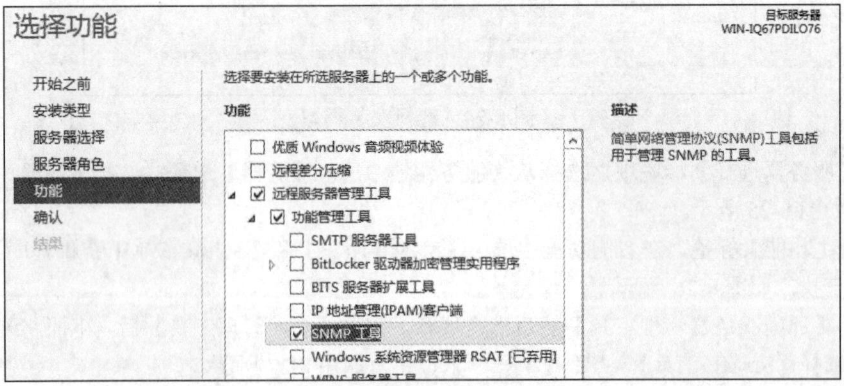

选择功能
目标服务器
WIN-IQ67PDILO76
开始之前
安装类型
服务器选择
服务器角色
功能
确认
结果
选择要安装在所选服务器上的一个或多个功能。
功能
优质 Windows 音频视频体验
远程差分压缩
远程服务器管理工具
功能管理工具
SMTP 服务器工具
BitLocker 驱动器加密管理实用程序
BITS 服务器扩展工具
IP 地址管理(IPAM)客户端
SNMP 工具
Windows 系统资源管理器 RSAT [已弃用]
描述
简单网络管理协议(SNMP)工具包括用于管理 SNMP 的工具。

图 8-27　选择安装的 SNMP 工具

8 Chapter

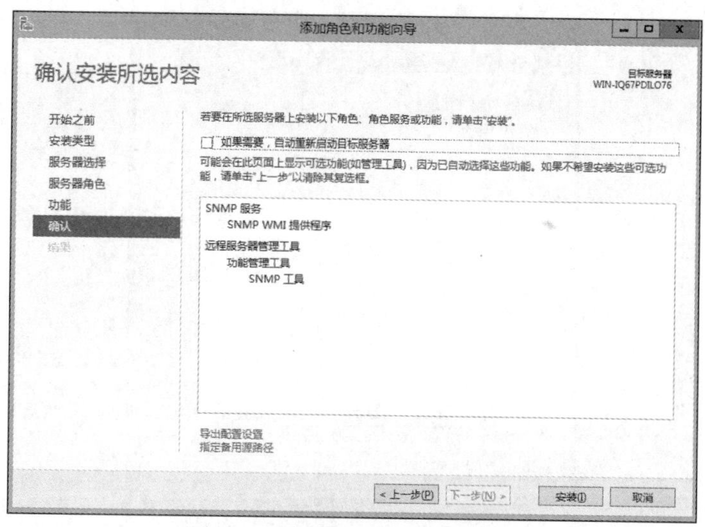

图 8-28　安装 SNMP 服务及工具

7）SNMP 服务功能安装完成后，在【运行】中打开“services.msc”，找到 SNMP 服务，如图 8-29 所示。或者点击桌面左下角【开始】，然后点击【控制面板】，打开【系统和安全】，点击【管理工具】之后，找到【服务】点击打开，然后在服务中找到“SNMP Service”服务，如图 8-30 所示。

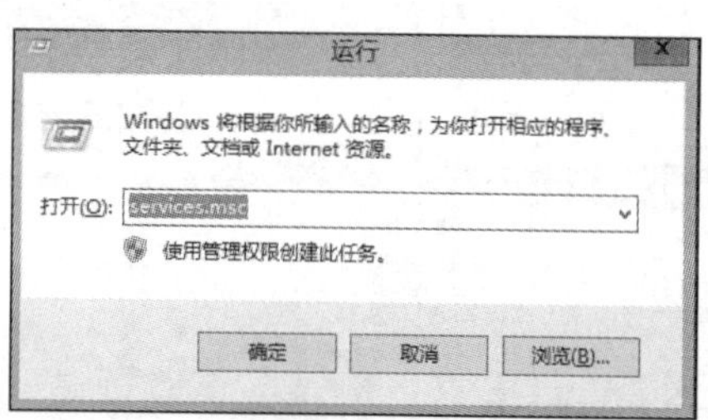

图 8-29　打开主机上服务的程序

图 8-30　找到 SNMP 的服务程序

8）鼠标点击“SNMP Service”打开，就可以看到【代理】【陷阱】【安全】标签了，然后进行相关配置，如图 8-31 所示。

9）选择【应用】→【确定】按钮，完成配置。

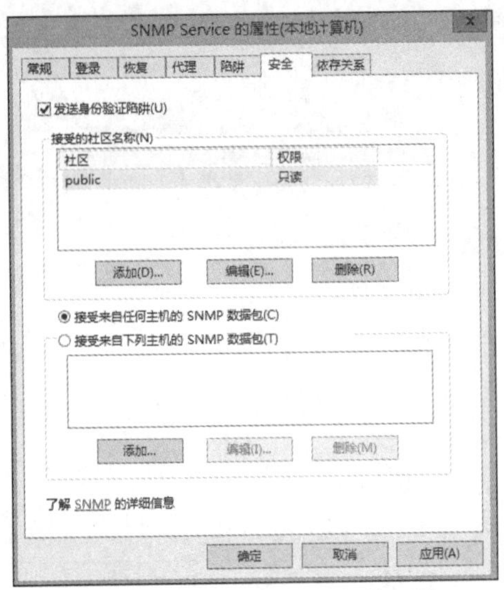

图 8-31　完成 SNMP 服务的配置

10）在【服务】窗体中，选择“SNMP Service”服务，点击【重启动此服务】，对 SNMP 服务进行重新启动，使得配置生效，如图 8-32 所示。

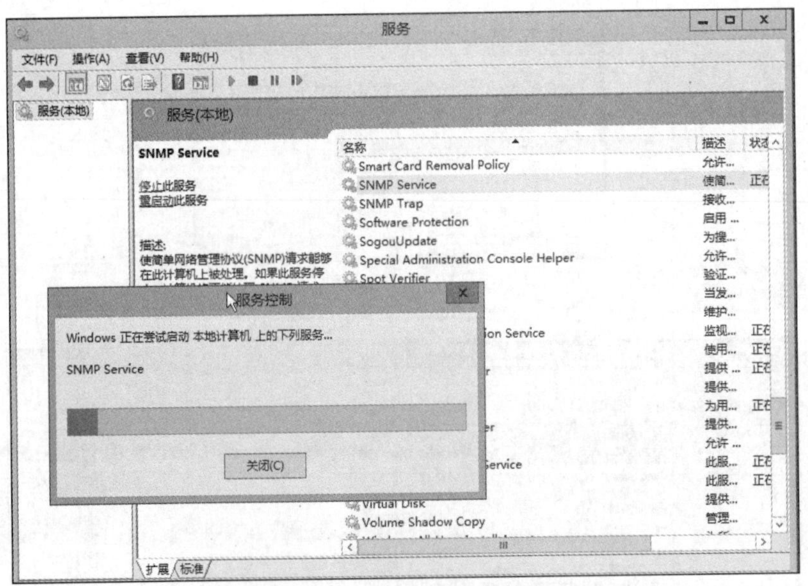

图 8-32　重启 SNMP 的服务

（2）在 Windows 上安装和配置 SNMP 代理服务

1）打开【控制面板】→【程序】→【打开或关闭 Windows 功能】，如图 8-33 所示。

2）选择【简单网络管理协议（SNMP）】后，点击【确定】按钮，进行安装，如图 8-34 所示。

3）打开【控制面板】→【系统和安全】→【管理工具】，双击打开【服务】，如图 8-35 所示。

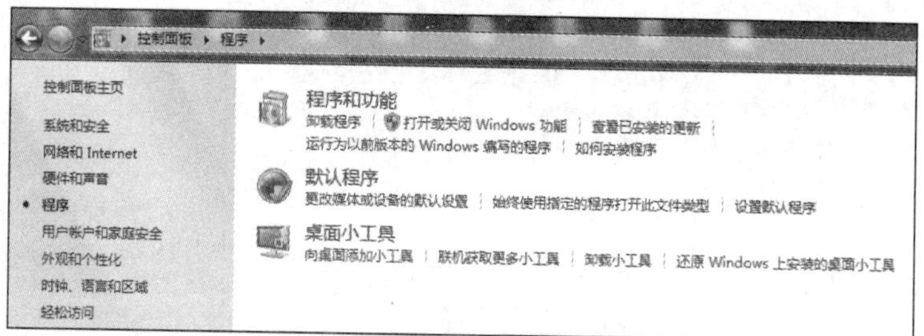

图 8-33　安装 SNMP 的准备

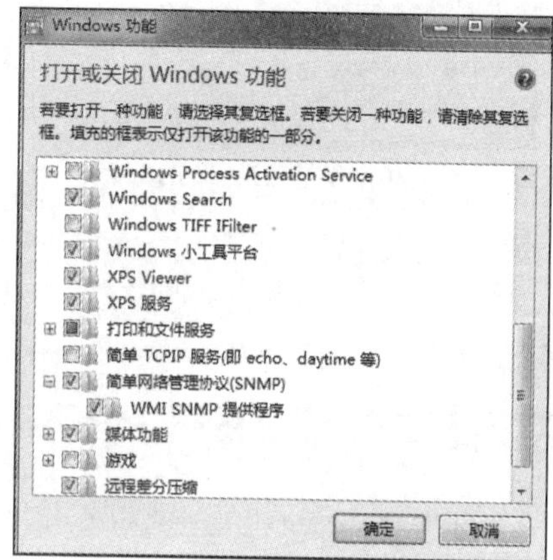

图 8-34　安装 SNMP 的客户端

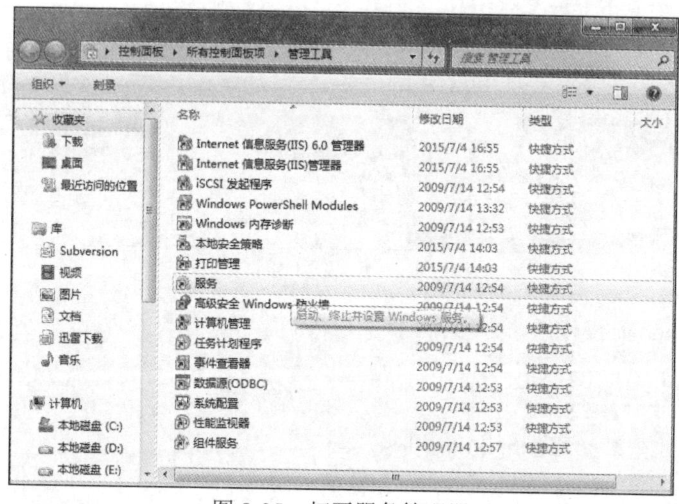

图 8-35　打开服务管理器

4）在【服务】窗口中，双击【SNMP Service】服务，开始对 SNMP 进行配置。

5）在【安全】选项卡中，选择【添加】按钮，添加一个新的共同体“public”，并选择【接受来自任何主机的 SNMP 数据包】，如图 8-36 所示。

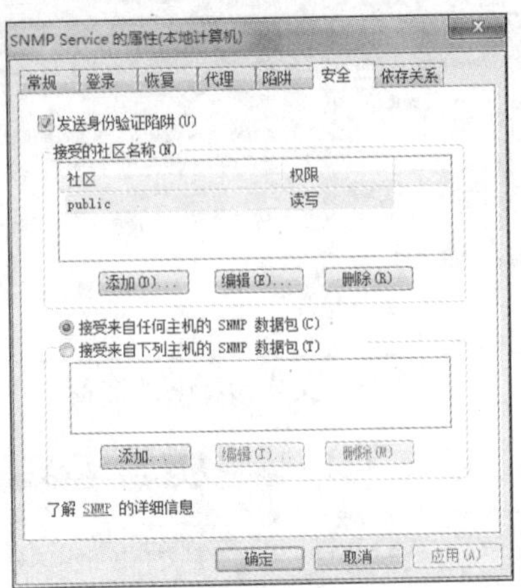

图 8-36　配置 SNMP 的安全

6）选择【应用】→【确定】按钮，完成配置。

7）在【服务】窗体中，选择“SNMP Service”服务，点击【重启动此服务】，对 SNMP 服务进行重新启动，使得配置生效，如图 8-37 所示。

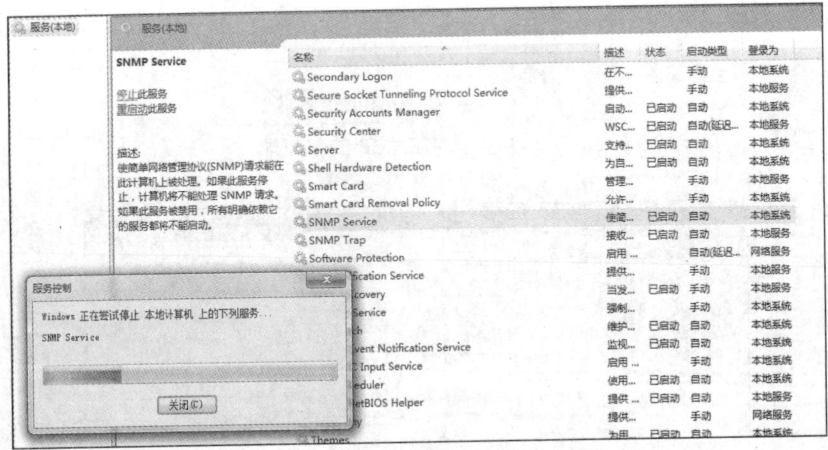

图 8-37　重启动 SNMP Service 服务

8）至此，该 Windows 操作系统的主机开启了 SNMP 服务。

8.3.2　在 Linux 上开启 SNMP 代理服务

（1）在 Ubuntu 上安装和配置 SNMP 服务

1）配置 Ubuntu 的 IP 地址，从而可以为下载安装包提供条件。

```
# nano /etc/network/interfaces
```

2）安装 SNMP 服务的相关组件。

```
# apt-get install snmpd
```

3）配置 SNMP 的相关文件。

```
# vi /etc/snmp/snmpd.conf
```

4）重启 SNMP 服务。

```
# service snmpd restart
```

5）配置 UFW 防火墙，支持 SNMP 通信。

```
# ufw allow udp 161
```

6）至此，Ubuntu 操作系统就开启了 SNMP 代理服务，因此可以通过共同体名称响应来自任何主机的 SNMP 请求。

（2）在 CentOS 上安装和配置 SNMP 服务

1）当 CentOS 的系统安装完成后，首先要配置 IP 地址，从而可以从网上下载相关组件进行安装。

查看 IP 地址的代码如下所示。

```
# ip addr
```

查看安装的系统的网卡，命令如下所示。

```
# cd /etc/sysconfig/network-scripts/
```

配置需要的网卡的 IP 地址，假设网卡为 ifcfg-eno16777736，则配置 IP 的命令如下。

```
# vi /etc/sysconfig/network-scripts/ifcfg-eno16777736
```

重新启动网卡，从而可以连接网络，命令如下所示。

```
# service network restart
```

2）安装 SNMP 服务的相关组件。

```
# yum –y install net-snmp-libs net-snmp net-snmp-utils net-snmp-devel net-snmp-perl
```

3）配置 SNMP 的配置文件,需要配置 SNMP 服务的共同体名为“public”，还可以添加一个以“.1”为开头的可访问信息节点，配置的结果如图 8-38 所示。

```
# vi /etc/snmp/snmpd.conf
```

4）重新启动 SNMP 服务。

```
# systemctl restart snmpd.service
```

5）安装 iptables 防火墙，并且配置防火墙文件，开启防火墙上的 161 端口，并重新启动防火墙、设置开机启动。

```
# yum –y install iptables iptables.services
# vi /etc/sysconfig/iptables
   -A INPUT –p udp state –state NEW –m udp --dport 161 –j ACCEPT
# systemctl restart iptables.service
# systemctl enable iptables.service
```

6）至此，CentOS 操作系统主机就开启了 SNMP 代理服务。

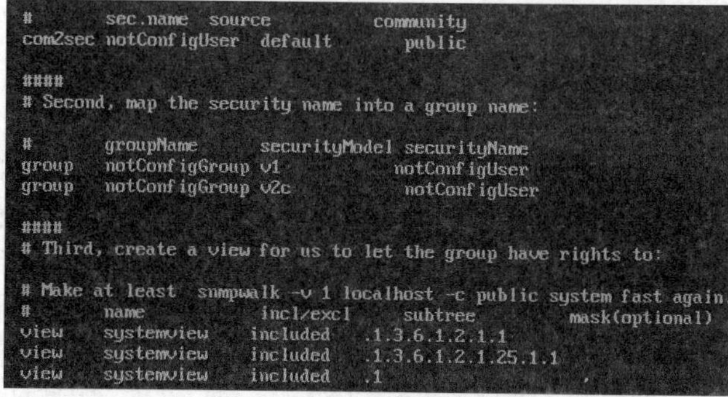

```
#       sec.name  source          community
com2sec notConfigUser  default       public

####
# Second, map the security name into a group name:

#       groupName      securityModel securityName
group   notConfigGroup v1           notConfigUser
group   notConfigGroup v2c           notConfigUser

####
# Third, create a view for us to let the group have rights to:

# Make at least  snmpwalk -v 1 localhost -c public system fast again.
#       name           incl/excl     subtree         mask(optional)
view    systemview    included   .1.3.6.1.2.1.1
view    systemview    included   .1.3.6.1.2.1.25.1.1
view    systemview    included   .1
```

图 8-38　SNMP 配置文件

8.4 基于 SNMP 协议的监控软件

8.4.1 常用的 SNMP 测试工具

（1）Net-SNMP

1）Net-SNMP 简介。

Net-SNMP 是一个免费的、开放源码的 SNMP 实现软件。它包括 agent 和多个管理工具的源代码，支持多种扩展方式。

2）主要功能。

能够从支持 SNMP 的设备上收集信息、接收 SNMP 通知。

3）具体操作。

Net-SNMP 有以下几种操作，主要命令如下。

Get 请求只是为了获取某个 OID 的值，请求命令如下所示。

```
snmpget -版本-c 共同体名 IP 地址 OID 号
```

GetNext 请求是获取 MIB 库中下一个 OID 的值，请求命令如下所示。

```
snmpgetnext -版本-c 共同体名 IP 地址 OID 号
```

GetBulk 请求是在 SNMP 的第二版上增加操作，该操作是采集请求 OID 号后面的若干个 OID 值，因此请求命令如下所示。

```
snmpbulkget -v2c 共同体名 IP 地址 OID 号
```

Set 请求时改变某个 MIB 库中的 OID 值，请求命令如下所示。

```
snmpset -版本 -c 共同体名 IP 地址 OID 号 命令类型 命令值
```

在 Trap 命令中，由于版本的不同，Trap 命令与报文结构也是不同的。

SNMPv1 中 Trap 的命令，如下所示。

```
snmptrap -v1 -c 共同体名 管理地址 企业 OID 代理地址 trap 类型 特定值 uptime OID 类型值
```

SNMPv2 中 Trap 的命令，如下所示。

```
snmptrap -v2c -c 共同体名 管理地址 uptime OID 类型值
```

4）案例应用。

以采集 CentOS 操作系统的系统描述信息为例，介绍具体应用，采集命令如下所示。

```
snmpwalk -v2c -c public 10.0.0.211 .1.3.6.1.2.1.1
```

采集的结果如图 8-39 所示。

（2）Paessler SNMP Tester

1）Paessler SNMP Tester 简介。

Paessler SNMP Tester 是一个基于 Windows 操作系统的图像化 SNMP 测试工具，主要用于测试和调试 SNMP 请求。可以运行简单的 SNMP 请求，并能够将测试的过程记录到日志文件进行分析。

2）主要功能。

Paessler SNMP Tester 测试工具主要有四个功能，分别是可定时信息采集、可查看 SNMP 响应时间、支持文件保存、支持 SNMP 加密采集。

- 可定时采集信息。当配置 SNMP 服务的相关信息后，可以设置一定时间间隔去重复采集数据，如图 8-40 所示，图中所表示的就是每 5 秒采集一下配置的 OID 值。

```
iso.3.6.1.2.1.1.1.0 = STRING: "Linux MiWiFi-R1D 3.10.0-229.el7.x86_64 #1 SMP Fri
 Mar 6 11:36:42 UTC 2015 x86_64"
iso.3.6.1.2.1.1.2.0 = OID: iso.3.6.1.4.1.8072.3.2.10
iso.3.6.1.2.1.1.3.0 = Timeticks: (7000) 0:01:10.00
iso.3.6.1.2.1.1.4.0 = STRING: "Root <root@localhost> (configure /etc/snmp/snmp.l
ocal.conf)"
iso.3.6.1.2.1.1.5.0 = STRING: "MiWiFi-R1D"
iso.3.6.1.2.1.1.6.0 = STRING: "Unknown (edit /etc/snmp/snmpd.conf)"
iso.3.6.1.2.1.1.8.0 = Timeticks: (3) 0:00:00.03
iso.3.6.1.2.1.1.9.1.2.1 = OID: iso.3.6.1.6.3.11.3.1.1
iso.3.6.1.2.1.1.9.1.2.2 = OID: iso.3.6.1.6.3.15.2.1.1
iso.3.6.1.2.1.1.9.1.2.3 = OID: iso.3.6.1.6.3.10.3.1.1
iso.3.6.1.2.1.1.9.1.2.4 = OID: iso.3.6.1.6.3.1
iso.3.6.1.2.1.1.9.1.2.5 = OID: iso.3.6.1.2.1.49
iso.3.6.1.2.1.1.9.1.2.6 = OID: iso.3.6.1.2.1.4
iso.3.6.1.2.1.1.9.1.2.7 = OID: iso.3.6.1.2.1.50
iso.3.6.1.2.1.1.9.1.2.8 = OID: iso.3.6.1.6.3.16.2.2.1
iso.3.6.1.2.1.1.9.1.2.9 = OID: iso.3.6.1.6.3.13.3.1.3
iso.3.6.1.2.1.1.9.1.2.10 = OID: iso.3.6.1.2.1.92
```

图 8-39　CentOS 系统相关信息

- 可查看 SNMP 的响应时间。每次采集数据之后，都会将采集数据的详细信息显示到日志中，如图 8-41 所示。该图可看出本次 SNMP 服务采集数据每步骤的时间，如从主机地址到主机的服务，然后是查找相关 OID 信息，返回查找信息的值，到最终完成，该过程中总用时为 30ms。

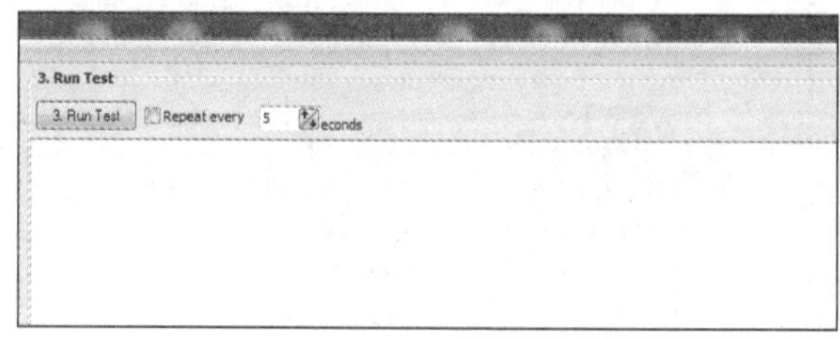

图 8-40　设置采集时间间隔

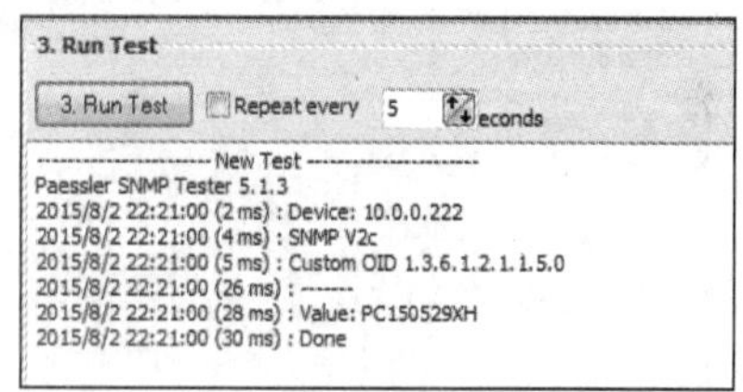

图 8-41　数据详细展示

- 支持文件保存。当采集的数据很重要，但是又想保存原本格式时，就可以将采集的日志文件保存成“.txt”格式的文件，为以后的使用和分析，提供重要作用，如图 8-42 所示。

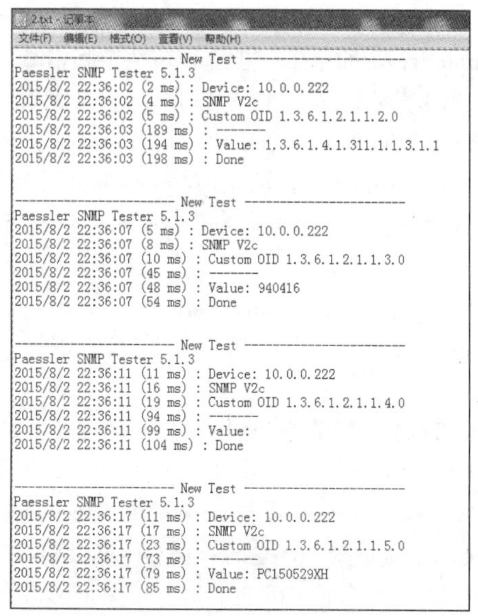

2.txt - 记事本
文件(F)　编辑(E)　格式(O)　查看(V)　帮助(H)

```
----------------------- New Test -----------------------
Paessler SNMP Tester 5.1.3
2015/8/2 22:36:02 (2 ms) : Device: 10.0.0.222
2015/8/2 22:36:02 (4 ms) : SNMP V2c
2015/8/2 22:36:02 (5 ms) : Custom OID 1.3.6.1.2.1.1.2.0
2015/8/2 22:36:03 (189 ms) : -------
2015/8/2 22:36:03 (194 ms) : Value: 1.3.6.1.4.1.311.1.1.3.1.1
2015/8/2 22:36:03 (198 ms) : Done


----------------------- New Test -----------------------
Paessler SNMP Tester 5.1.3
2015/8/2 22:36:07 (5 ms) : Device: 10.0.0.222
2015/8/2 22:36:07 (8 ms) : SNMP V2c
2015/8/2 22:36:07 (10 ms) : Custom OID 1.3.6.1.2.1.1.3.0
2015/8/2 22:36:07 (45 ms) : -------
2015/8/2 22:36:07 (48 ms) : Value: 940416
2015/8/2 22:36:07 (54 ms) : Done


----------------------- New Test -----------------------
Paessler SNMP Tester 5.1.3
2015/8/2 22:36:11 (11 ms) : Device: 10.0.0.222
2015/8/2 22:36:11 (16 ms) : SNMP V2c
2015/8/2 22:36:11 (19 ms) : Custom OID 1.3.6.1.2.1.1.4.0
2015/8/2 22:36:11 (94 ms) : -------
2015/8/2 22:36:11 (99 ms) : Value:
2015/8/2 22:36:11 (104 ms) : Done


----------------------- New Test -----------------------
Paessler SNMP Tester 5.1.3
2015/8/2 22:36:17 (11 ms) : Device: 10.0.0.222
2015/8/2 22:36:17 (17 ms) : SNMP V2c
2015/8/2 22:36:17 (23 ms) : Custom OID 1.3.6.1.2.1.1.5.0
2015/8/2 22:36:17 (73 ms) : -------
2015/8/2 22:36:17 (79 ms) : Value: PC150529XH
2015/8/2 22:36:17 (85 ms) : Done
```

图 8-42　保存的日志文件

- 支持 SNMP 加密采集。支持 SNMPv3 版本服务的配置，在采集过程中，使用加密数据传输，不容易被他人获取信息，使采集的数据更加安全，从而使 SNMP 服务变得更加安全，如图 8-43 所示。

3）具体操作。

使用该软件采集某个设备信息时，需要三个步骤，分别是配置 SNMP 服务的基本操作、选择请求类型、测试结果保存。

配置 SNMP 服务的基本操作，如图 8-44 所示，具体操作如下。

①配置管理的 IP 地址（Local IP）。选择管理地址，一般情况下选择“Any”，代表任何主机。

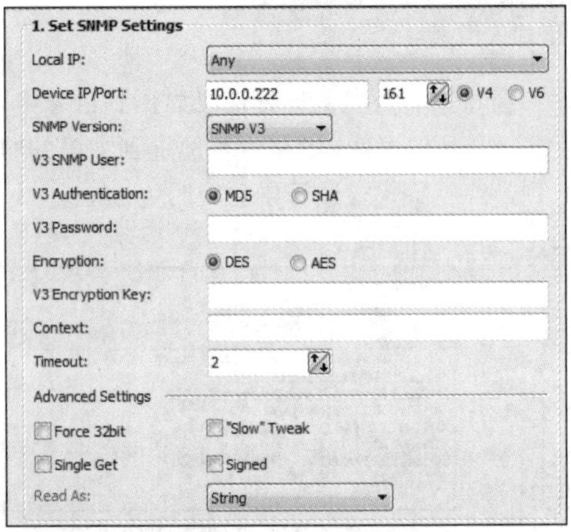

图 8-43　SNMPv3 配置

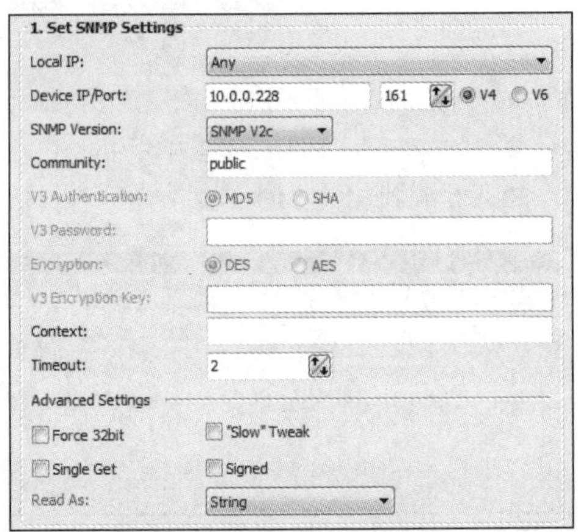

图 8-44　配置 SNMP 服务

②配置代理地址及端口（Device IP/Port）。选择采集数据的 IP 地址，并选择通过哪个端口传输数据，并且可以选择地址的类型（IPv4 或 IPv6）。

选择 SNMP 服务的版本（SNMP Version），分别有三种服务版本，分别是 SNMPv1、SNMPv2 及 SNMPv3。选择共同体名（Community）。如果上一步选择前两个版本时，可直接输入设备上设置 SNMP 服务的共同体名。如果选择 SNMPv3 服务时，如上图 8-43 所示，需要配置 SNMPv3 版的使用者（V3 SNMP User）、设置验证加密（V3 Authentication）及配置密码、设置消息加密格式（Encryption）及密钥。

③配置 SNMP 服务的超时时间（Timeout），默认情况下该时间段为 2s。当 SNMP 的响应时间超过设置的时间段还未采集出数据时，就会返回“Value No response”的消息，说明该主机没有响应本次数据采集操作。

选择请求类型，主要类型有以下几个方面，如图 8-45 所示。

- 设备开机时间（Read Device Uptime）。当选择该对象实例时，开始测试后就会采集到设备的开机时间值。
- 扫描端口信息（Scan Interfaces）。可查看出设备端口的详细信息。
- 自定义 OID（Custom OID）。该内容让使用者自己输入需要采集信息的 OID 号，然后进行测试。
- 采集某一对象下的所有实例信息（Walk）。当一个对象下还有许多子节点时，如果想把这些信息都采集出来，显然 get 请求是做不到的，这时就需要 walk 请求。
- 扫描 OID 库（Scan OIDLIB）。当管理主机上下载了一些 MIB 库的文件，可以通过该操作，扫描出该 OID 库中的对象实例，从而可以采集出该库中的相关信息。

- 扫描脚本文件（Scan Script）。当一些 MIB 库中的相关信息是通过脚本文件进行调用时，可以扫描这些脚本文件进行采集数据。
- 多点采集（Multiget Test）。可以同时采集一个对象下的多个 OID 值。

测试结果保存的主要步骤，如图 8-46 所示。

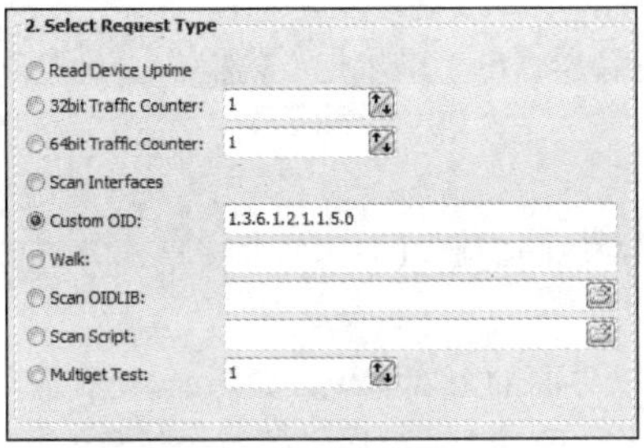

图 8-45　选择请求类型

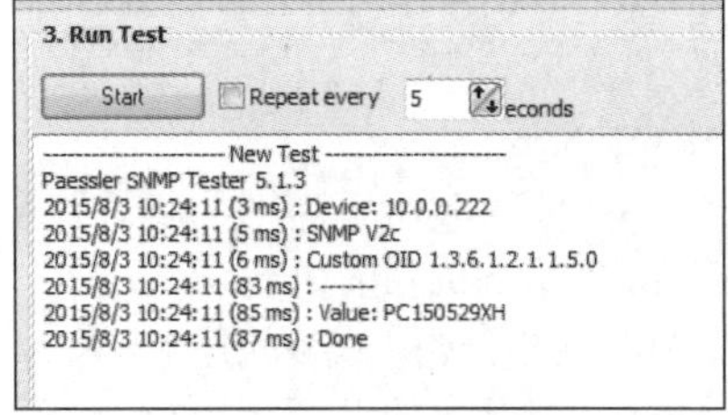

图 8-46　测试结果

当配置 SNMP 服务的基本操作与选择请求类型完成之后，可以点击【Start】开始采集数据，如果重复采集数据时，可自定义选择间隔时间采集数据。当采集数据完成之后可以将这些数据保存到文本文件中，以便日后使用。

4）案例应用。

以采集交换机的接口流量信息为例介绍具体应用，操作步骤为如下。

在【Set SNMP Settings】中添加交换机设备的 IP 地址及共同体名，选择 SNMP 服务的版本。在【Select Request Type】中选择【Scan Interfaces】，然后点击【Start】开始扫描端口信息。

采集交换机上端口信息结果图 8-47 所示。

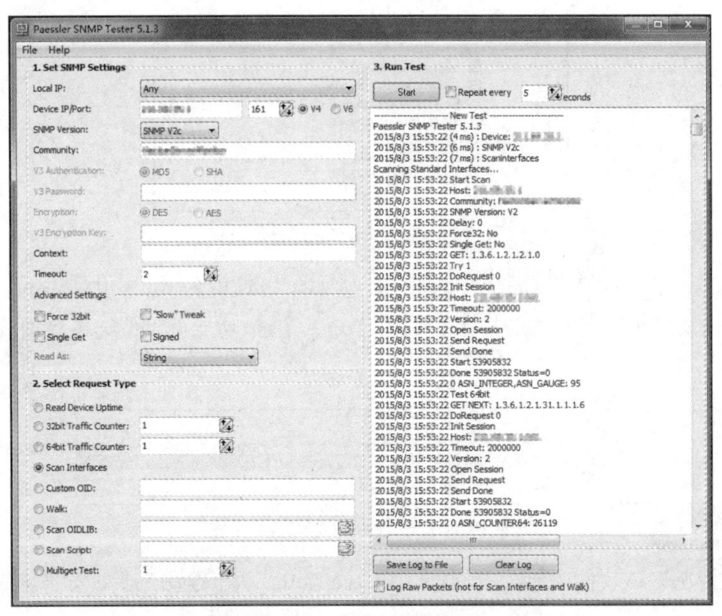

图 8-47　端口信息详情

（3）iReasoning MIB Browser

1）iReasoning MIB Browser 简介。

由 MG-SOFT 公司研发的 iReasoning MIB Browser 是一款功能强大且使用方便的，基于 SNMP 协议的管理软件，它允许通过 SNMP 请求报文，例如“get-request、get-next-request、set-request、trap”去检索代理的状态以及分析代理的数据问题，同时，随着该软件的不断发展，用户不仅可以检索从 SNMP 代理与 SNMP Walk 操作的所有管理信息的值，而且可以使用 SNMP“单步走”的操作去检索对象实例的值。

2）主要功能。

iReasoning MIB Browser 软件可以查看 MIB 树中结构，采集的数据以表格的形式呈现并且可以检测网络连接情况。具体的功能如下。

查看 MIB 树中结构。在该软件中，将 MIB 树中的结构以界面的形式呈现，如图 8-48 所示，可以清楚地查看每一对象所属的组，以及对象下面子节点（对象实例）的情况，可以了解每个对象实例的位置。由于 OID 号就是按照 MIB 树中节点排列而产生的，因此对记忆 OID 号有很大的帮助。

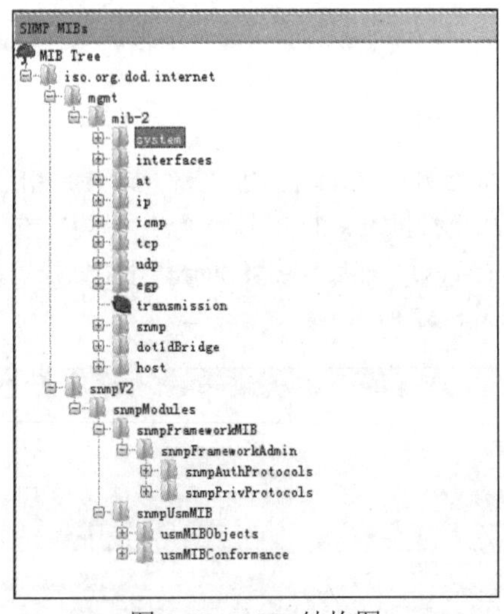

图 8-48　MIB 结构图

采集的数据以表格的形式呈现，如图 8-49 所示。主要包括对象名字或 OID（Name/OID）、值（Value）、值的类型（Type）以及采集数据的地址与端口（IP：Port）。这个功能可以使结果更加清楚地展现给用户，使用户了解数据的含义。

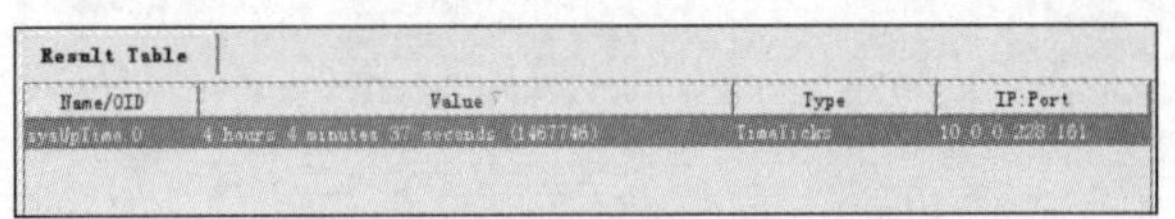

Result Table

Name/OID	Value	Type	IP:Port
sysUpTime.0	4 hours 4 minutes 37 seconds (1467746)	TimeTicks	10.0.0.228:161

图 8-49　采集数据结果以表格展示

检测网络连接情况。该软件中包含了 Ping 和 Trace Route 两个检测工具，如图 8-50 与图 8-51 所示，只有在网络连接情况下，才能够访问到相关设备，才可以采集到数据。

图 8-50　Ping 测试结果

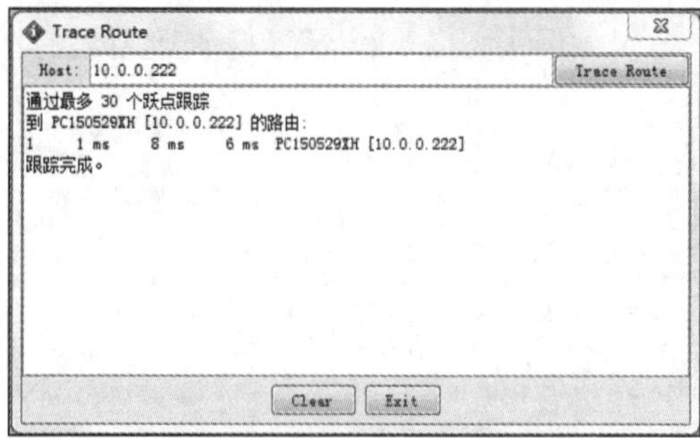

图 8-51　Trace Route 测试结果

3）具体操作。

①Get 请求。

Get 请求（Get、GetNext、GetBulk）操作及 Walk 请求操作过程如下所示。

首先添加 IP 地址，并打开【Advanced】，添加共同体名，如图 8-52 所示。

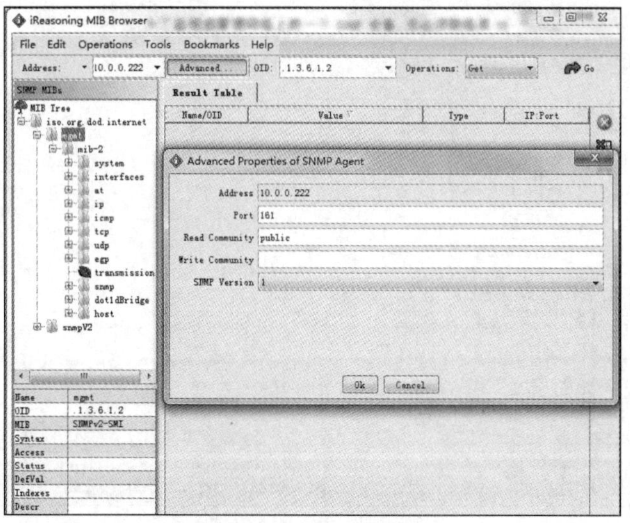

图 8-52　配置 SNMP 服务

然后在【SNMP MIBs】中选择想要采集对象，点击该对象就会在 OID 文本框中显示该对象的 OID 数。在【Operations】中选择使用的操作类型，然后点击【Go】按钮，就能采集到数据，如图 8-53 所示。

②Set 请求。

Set 请求操作与 Get 请求操作的前两步类似，当点击【Operations】后，选择【Set】进行操作，将会弹出文本框，设置 OID 的类型和值，如图 8-54 所示，然后点击【OK】按钮，保存这些设置会提示 Set 设备成功，然后用 Get 请求采集这个 OID 的值时，就会发现，该 OID 值已经发生改变，如图 8-55 所示。

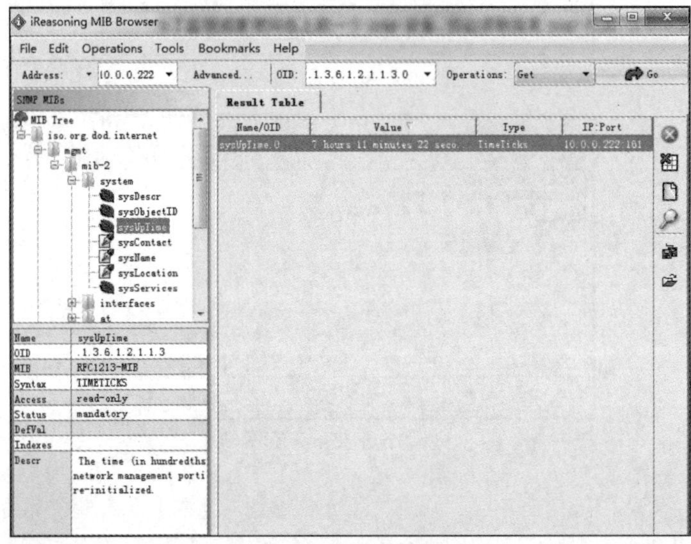

图 8-53 测试结果显示

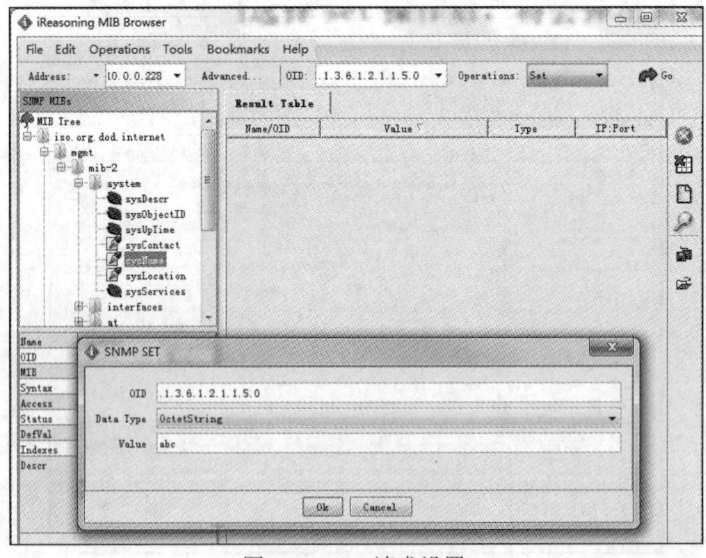

图 8-54 Set 请求设置

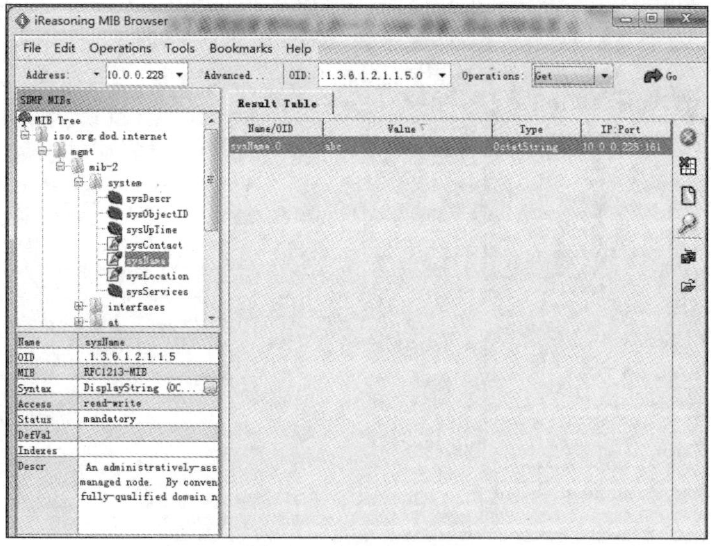

图 8-55　Set 请求结果

③Trap 请求。

Trap 请求的操作过程如下。

在【Tools】中选择 Trap 类型，类型主要有【Trap Receiver】和【Trap Sender】，如图 8-56 所示。

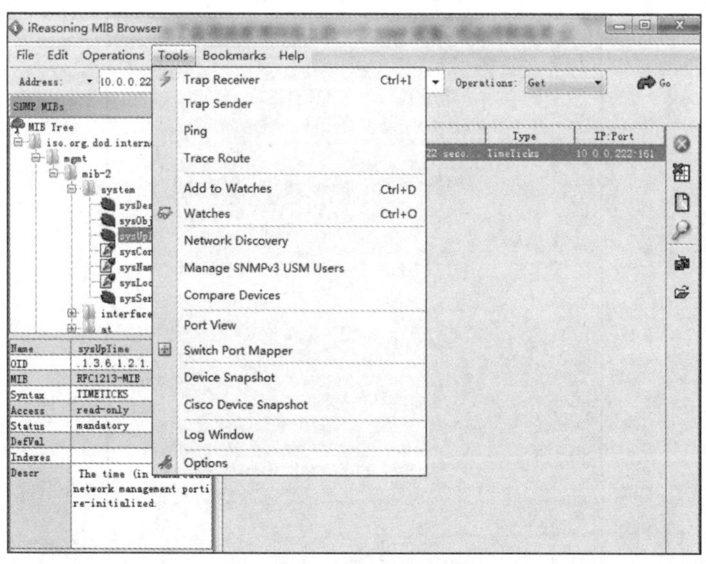

图 8-56　选择 trap 的类型

当选择【Trap Receiver】之后，就会在结果表的位置处增加一个“Trap Receiver”，然后等待主机发送 Trap 消息，如图 8-57 所示。

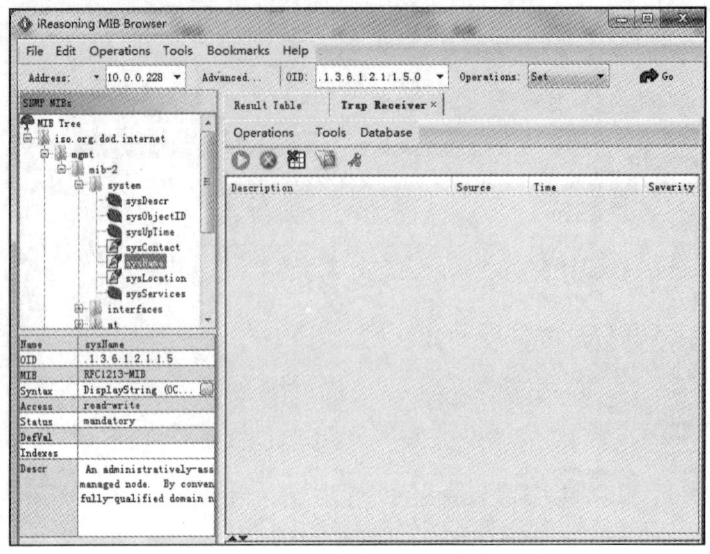

图 8-57　Trap Receiver 结果图

当选择【Trap Sender】时，就会弹出一个添加框，如图 8-58 所示，然后添加相关管理地址、共同体名、Trap 类型及需要发送的 OID 类型和值，然后点击【Send Trap】，就可以发送 Trap 的数据，这时就可以用 wireshark 抓包工具，抓取和查看 Trap 的数据包。

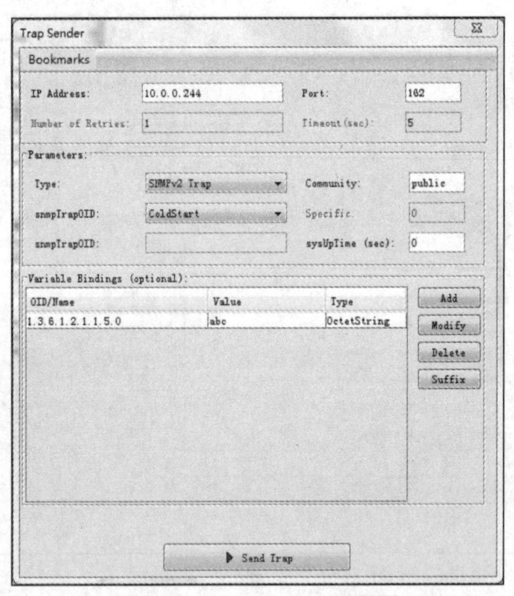

图 8-58　Trap Sender 配置图

4）案例应用。

以持续监控 CentOS 网卡流量并绘制监控趋势图为例，介绍具体应用。具体操作方法为：选择两个采集的对象点，分别是网卡流入流量与网卡流出流量，持续监控该对象，可绘制网络流量趋势，如图 8-59 所示。

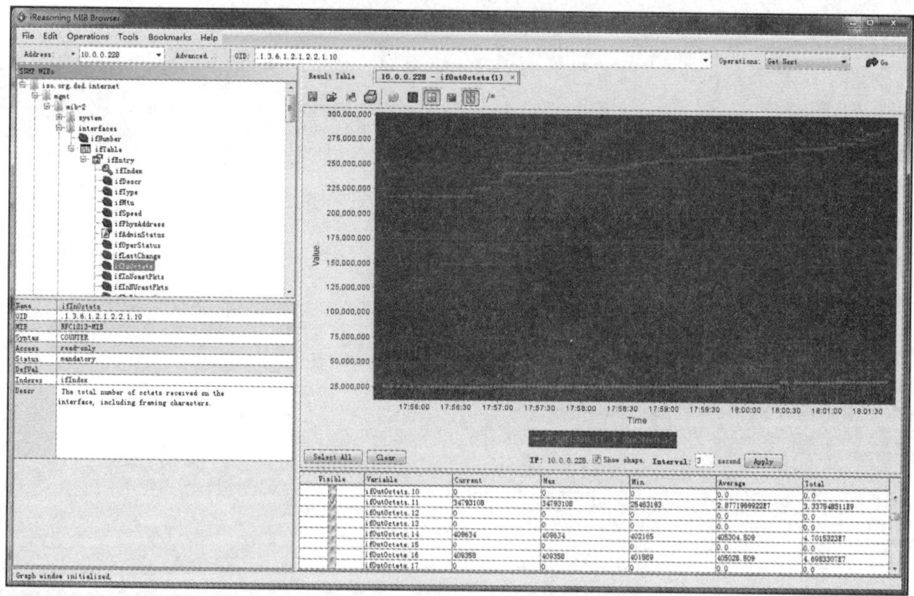

图 8-59　SNMP 采集网卡流量图

（4）OiDViEW

1）OiDViEW 简介。

OiDViEW 是使用 SNMP 协议的综合网络管理软件，可以用来查看网络接口、内存和 CPU 利用率、带宽利用率、缓冲区和接口统计信息等。

2）主要功能。

OiDViEW 可以查看 MIB 树中结构、日志分析，可以对 MIB 库进行管理以及绘制图表并且可以发现局域网中开启 SNMP 服务的设备。

查看 MIB 树中的结构。该软件具有 MIB Browser 功能，可以将 MIB 树中的结构以界面的形式呈现，清楚地查看每一对象所属的组以及对象下子节点的情况。

①日志分析。该软件对每一次的操作都记录在日志内，以便于分析和过程记录。

②MIB 库管理。在 MIB 库中，可以添加一些 MIB 库，也可以删除一些 MIB 库，同时也可以查找 MIB 库中的信息。

③发现局域网中开启 SNMP 服务的设备，通过筛选 SNMP 服务的共同体名、端口等信息，从而可以查看开启服务的设备，如图 8-60 所示。

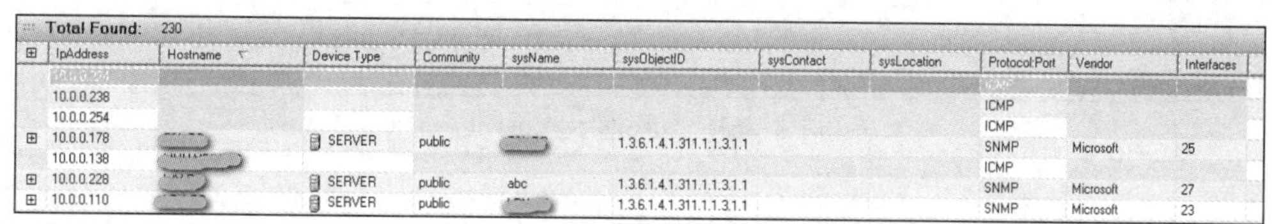

Total Found: 230

IpAddress	Hostname	Device Type	Community	sysName	sysObjectID	sysContact	sysLocation	Protocol:Port	Vendor	Interfaces
10.0.0.238								ICMP		
10.0.0.254								ICMP		
10.0.0.178		SERVER	public		1.3.6.1.4.1.311.1.1.3.1.1			SNMP	Microsoft	25
10.0.0.138								ICMP		
10.0.0.228		SERVER	public	abc	1.3.6.1.4.1.311.1.1.3.1.1			SNMP	Microsoft	27
10.0.0.110		SERVER	public		1.3.6.1.4.1.311.1.1.3.1.1			SNMP	Microsoft	23

图 8-60　搜索局域网中的设备

④绘制图表。该软件可以定时采集某个对象的值，然后绘制成图表，方便用户查看和分析。

3）具体操作。

首先添加一个新的 Session（设备对象），添加 IP 地址、端口、SNMP 协议以及共同体名，具体操作内容如图 8-61 所示。

当创建好一个设备时，该软件会自动下载与该设备相关的 MIB 库，然后根据该设备的 MIB 库来采集数据并绘制相关图表。

4）案例应用。

以采集华为交换机设备接口流量信息为例，介绍具体应用。具体操作方法为：首先添加设备信息，填写设备的 SNMP 配置信息，如图 8-62 所示，开始持续采集交换机接口的流量情况，并完成绘图，如图 8-63 所示。

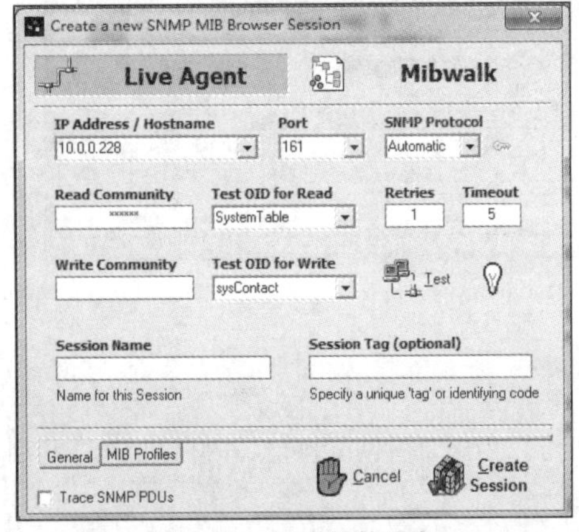

图 8-61　创建新的设备

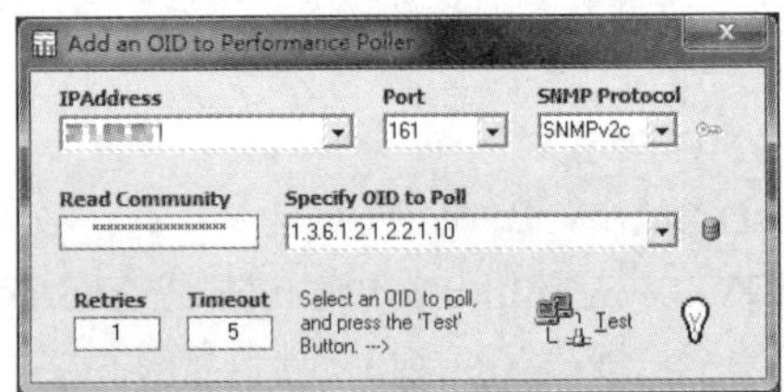

图 8-62　添加设备信息

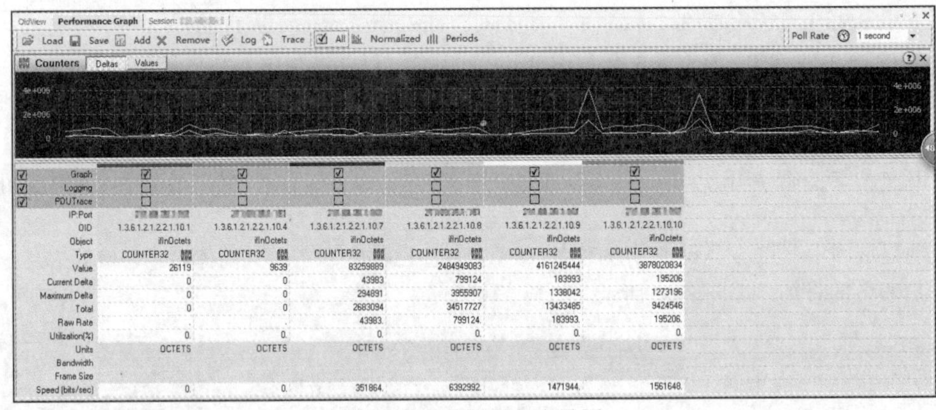

图 8-63　采集网卡流量图

8.4.2　基于 SNMP 的网络监控系统

（1）Cacti

1）Cacti 简介。

Cacti 是一套基于 PHP、MySQL、SNMP 及 RRDtool 开发的网络流量监测图形分析工具。它通过 snmpget 来获取数据，使用 RRDtool 绘画图形，具有非常强大的数据和用户管理功能。

2）Cacti 的组成部分。

Cacti 系统由 4 个部分组成，分别是：Cacti 页面、SNMP 采集工具、RRDtool 绘图引擎以及 MySQL 数据库。

- Cacti 页面（PHP）：管理控制平台，用户在此进行所有的设置。
- SNMP 采集工具：Linux 下使用 Net-SNMP 软件包自带的“snmpget”和“snmpwalk”等程序，Windows 下使用 PHP 的 SNMP 功能进行数据采集。
- RRDTool 绘图引擎：数据存储和绘画图像。
- MySQL 数据库：储存 RRDtool 绘图所需的信息，如模板、rra、主机对应信息等。要注意的是 MySQL 数据库并不保存监控数据，监控数据保存在 RRDtool 的数据库 rra 文件中。

3）Cacti 的优缺点。

Cacti 的主要优点有以下几个。

①基于 RRDtool 使效率提高。Cacti 基于 RRDtool 存储监控数据，在查询指定时间段的监控数据时不用浏览整个数据文件，和 MRTG（Multi Router Traffic Grapher，监控网络链路流量负载软件）的文本 log 相比具有更高的效率。Cacti 的监控曲线图片生成并不像 MRTG 那样和数据采集同步并定时成生，而是通过 RRDtool 提供的图片生成工具使用 PHP 脚本来生成动态 Web 图片。

②监控项目曲线图多样化。RRDtool 的图片生成工具提供了多种参数，可以动态设置更多样式曲线图，也可以将若干监控项目集中显示在一张图片中。例如要同时显示 HTTP、FTP 或 DNS 多种协议的流量时，可以选择从多个 rra 文件中读取数据并进行绘图。而图片中的颜色、曲线样式、图片大小格式、说明文字等都可以定制产生。

③采集到的设备运行状态数据可以重复使用，按照需要处理（例如端口流量叠加），且能生成日、周、月、年或任意时间段的图形。

④基于 Web 配置与监控。操作简单的 Cacti 是一种 Web 方式的软件，监控项目的新建、配置、管理、监控都是基于 Web 方式来操作的，这对于使用者来说非常简单和方便。

Cacti 的缺点主要体现在监控有限，若要添加自定义图表比较麻烦，同时，也没有客户端，以至于不能直接使用户看到管理界面。

Cacti 可以跨平台运行，主要支持平台有 RedHat、Windows、Solaris、CentOS 以及 SUSE，同时具有可扩展性，支持数十种插件，丰富的插件资源，极大提高了 Cacti 的功能。

4）Cacti 的实例应用。

Cacti 的实例应用主要包括以下三个方面，分别是网络配置、主机系统以及 Cacti 常见的监测对象。

- 网络配置。主要是配置监控系统的网络地址，以及配置需要监控的主机的 SNMP 服务等，从而使监控系统能够访问和采集到被监控设备的相关信息，进而进行监控分析。
- 主机系统。主机系统主要是被监控的设备主机的系统，主要监控主机上的网络接口流量（进与出的流量）、CPU 的负载、内存、磁盘的空间、进程数等相关信息。
- Cacti 常见的检测对象有：服务器资源（如 CPU、内存、磁盘、进程、连接数等资源）；服务器类型（如 Web、Mail、FTP、数据库等服务器）；网络接口（如流量、转发速度、丢包率等）；网络设备性能（如配置文件、路由数等）；安全设备性能（如连接数、攻击数）；设备运行状态（如设备的风扇、电源、温度等）；机房运行环境（如电流、电压、温湿度等）。

（2）Zabbix

1）Zabbix 简介。

Zabbix 是基于 Web 界面提供分布式系统监视及网络监视功能的企业级开源解决方案。

Zabbix 能监视各种网络参数，保证服务器系统的安全运营，并提供灵活的通知机制让系统管理员快速定位、解决存在的各种问题。

Zabbix 由两部分构成：Zabbix Server 与可选组件 Zabbix Agent。Zabbix 通过 C/S 模式采集数据，通过 B/S 模式在 Web 端展示和配置。被监控端：主机通过安装 Agent 方式采集数据，网络设备通过 SNMP 方式采集数据；Server 端：通过收集 SNMP 和 Agent 发送的数据，写入 MySQL 数据库，再通过 PHP+Apache 在 Web 前端展示。

Zabbix Server 可以通过 SNMP、Zabbix Agent、Ping、端口监视等方法提供对远程服务器、网络状态的监视、数据收集等功能，可以运行在 Linux、Solaris、HP-UX、AIX、FreeBSD、OpenBSD、OS X 等平台上。

2）Zabbix 运行条件。

安装部署 Zabbix 并且可以实现监控必须满足的三个条件，分别是：Server、Agent 和 SNMP。

- Server：Zabbix Server 需运行在 LAMP（Linux+Apache+MySQL+PHP）环境下。
- Agent：目前已有的 Agent 基本支持常见的 OS，包含 Linux、UNIX、Solaris、Sun、Windows。
- SNMP：支持各类常见的网络设备。

3）Zabbix 的功能。

具备常见的商业监控软件所具备的功能，包括主机的性能监控、网络设备性能监控、数据库性能监控、FTP 等通用协议监控、多种告警方式、详细的报表图表绘制等。同时，也支持自动发现网络设备和服务器、支持分布式监控，能集中展示、管理分布式的监控点。并且，Server 端提供通用接口，可以支持用户根据应用需求进行二次开发以完善各类监控。

4）Zabbix 的优缺点。

Zabbix 的优点为开源，无软件成本投入；Server 对设备性能要求低；支持设备多；支持分布式集中管理；开放式接口，扩展性强；当监控的 item 比较多、服务器队列比较大时可以采用被动模式，被监控客户端主动从 Server 端去下载需要监控的 item 然后采集数据并上传 Server 端，这种方式对服务器的负载较小。

Zabbix 的缺点为全英文，界面不友好；无厂家支持，出现问题解决比较麻烦；需在被监控主机上安装 Agent，所有数据都存在数据库里，产生的数据量很大，大规模应用时的瓶颈主要是数据库存储和查询效率。

（3）Observium

1）Observium 简介。

Observium 是免费的监控系统，可以远程监控服务器。它是由 PHP 编写的基于自动发现 SNMP 的网络监控平台，支持非常广泛的网络硬件和操作系统，如 Cisco、Windows、Linux、UNIX 等。

目前有两种不同的 Observium 版本。Observium 社区版是 GPL 开源许可证下的免费工具，是对于较小部署的最好解决方案，该版本每 6 个月进行一次安全性更新。Observium 专业版采用基于 SVN 的发布机制，并且会得到每日安全性更新，适用于服务提供商或企业级部署。

2）Observium 安装条件。

Observium 是在 Ubuntu 和 Debian 系统上进行开发的，所以推荐在 Ubuntu 或 Debian 上安装 Observium 监控系统。

3）Observium 的特点。

Observium 可自动发现网络中的设备和 Linux 系统的网络监控工具，而且包括了主要的网络硬件和操作系统的广泛支持。Observium 采集到的数据显示在易于导航的用户界面，提供大量统计数据、图表和图形，能够通过自动发现收集设备尽可能多的信息。

（4）Nagios

1）Nagios 简介。

Nagios 是开源的免费网络监视工具，能有效监控 Windows、Linux 和 UNIX 等操作系统的主机、交换机、路由器等网络设备和打印机等仪器。在系统或服务状态异常时发出邮件或短信报警，第一时间通知网站运维人员，在状态恢复后发出正常的邮件或短信通知。

Nagios 可运行在 Linux、UNIX 平台之上，同时提供一个可选的基于浏览器的 Web 界面以方便系统管理人员查看网络状态、各种系统问题以及日志等。

2）Nagios 的监控模式。

Nagios 有两种监控模式，分别是主动模式（Action）和被动模式（Passive）。

主动模式主要是自身插件或结合 NRPE 实现，由 Nagios 在定义的时间去主动监测被监控端的服务器或服务是否正常。被动模式结合 NSCA 实现，由 NSCA 定时监控服务器或服务，再由 NSCA 把结果上报给 Nagios。

被动模式适合大规模服务器（一般在最少 100 台以上）需要监控的情况，可有效减少监控服务器的压力。在服务器数量比较少的情况下用主动模式比较方便，因为主要的配置在添加监控主机时就设置好了，无需在被监控端做过多设置。

3）Nagios 监控的主要功能特点。

Nagios 能够监控网络服务（如 SMTP、POP3、HTTP、NNTP、Ping 等）和主机资源（如进程、磁盘、接口流量等）；Nagios 可通过简单的插件设计轻松扩展监控功能；具有较为准确的服务等监视的并发处理；支持多样的错误通知功能（如通过 E-mail、pager 或其他用户自定义方法）；可指定自定义的事件处理控制器；具有可选的基于浏览器的 Web 界面，以方便系统管理人员查看网络状态、各种系统问题以及日志等；Nagios 也支持手机等多种设备。

8.5 案例 1：使用 Cacti 构架网络监控服务

8.5.1 方案设计

使用 Cacti 构架网络监控服务，主要是通过监控网络上的各个设备的运行情况，从而分析出网络的运行状态。

使用 Cacti 构架网络监控服务需要考虑的有：如何采集数据；如何将采集的数据存储；如何根据数据画出图像；如何分析图像并发送报警。

Cacti 的架构如图 8-64 所示，在构架的过程中，安装 Net-SNMP 软件，作用是采集数据；安装 RRDtool

软件，作用是为了存储采集到的数据以及画图；安装 MySQL 数据库，作用是保存模板，以及查找某条数据；监控分析图像发出警告，是通过 Web 界面和 Cacti 这个软件实现的，通过各软件的相互配合，共同实现了 Cacti 的监控服务。

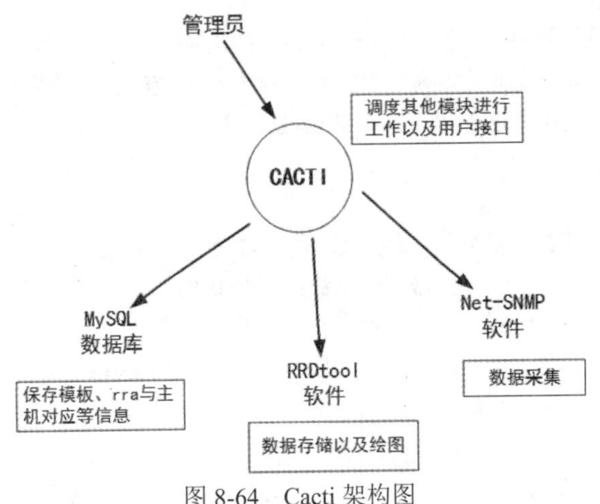

图 8-64　Cacti 架构图

Cacti 监控服务的工作过程如图 8-65 所示，Cacti 监控服务架构完成之后，监控系统会定时采集被监控设备的信息数据，然后对这些数据进行存储，当用户需要查看某台监控设备的某个监控点的信息时，就会通过 MySQL 去查找这些数据，然后将数据绘制成图像，通过 Web 界面呈现给用户。

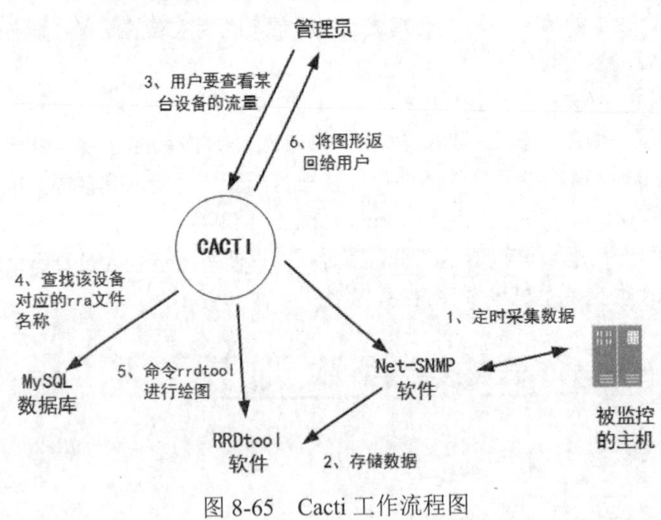

图 8-65　Cacti 工作流程图

8.5.2　安装实施过程

（1）配置网络

Cacti 作为网络监控服务，建议为 Cacti 配置静态固定的 IP 地址作为数据采集服务和监控服务的地址。

（2）配置安装的安全环境

在安装 CentOS 7 操作系统之后，系统默认安装的是 firewall 防火墙。在本次实践中用的防火墙是 iptables，因此需要将原来的 firewall 防火墙删除禁用，并安装和配置 iptables 防火墙，具体命令如下。

```
# systemctl stop firewalld.service
# systemctl disable firewalld.service
# yum -y install iptables iptables-services
# vi /etc/sysconfig/iptables
```

在 iptables 的文件中添加服务的 80 端口和 SNMP 服务的 161 端口，在 iptables 的文件中添加如下内容。

```
-A INPUT -p tcp -m state --state NEW -m tcp --dport 80 -j ACCEPT
-A INPUT -p udp -m state --state NEW -m udp --dport 161 -j ACCEPT
```

添加之后，保存退出。然后将防火墙重启，并设置防火墙开机启动，命令如下所示。

```
# systemctl restart iptables.service
# systemctl enable iptables.service
```

（3）配置 Cacti 需要的软件环境

使用命令在线安装以下所需要的软件包，命令如下所示。

```
# yum -y install httpd php php-mysql php-snmp php-gd net-snmp net-snmp-utils rrdtool pango rsyslog-mysql
```

系统能够从指定的服务器上自动下载相关包并进行安装，当出现 complete！时说明安装已经完成了。

安装 MySQL 以及 MySQL 的服务，命令如下所示。

```
# yum install wget
# wget http://dev.mysql.com/get/mysql-community-release-el7-5.noarch.rpm
# rpm -ivh mysql-community-release-el7-5.noarch.rpm
# yum install mysql-community-server
# systemctl restart mysqld.service
```

（4）创建数据库并进行配置

在 MySQL 中创建一个名为 cacti 的数据库，并设置该数据库使用的用户名及密码，命令如下所示。

```
# mysql -u root
mysql > create database cacti;
mysql > GRANT ALL ON cacti.* TO root@localhost IDENTIFIED BY 'xxx...';
mysql > exit
```

（5）安装 Cacti 包

下载 Cacti 的数据包有两种方法：一种是可以直接在命令行中通过链接数据包的网址进行下载；另一种是从本地主机进入官网进行下载。数据包下载到本地，然后通过 WinSCP 超级终端将下载好的 Cacti 的压缩包导入到该系统的/var/www/html/这个文件夹下，然后进行解压，主要的命令如下所示。

```
# cd /var/www/html/
# ls
# tar -zxvf cacti-0.8.8f.tar.gz
# mv cacti-0.8.8f cacti
```

（6）导入数据库

使用命令将 Cacti 中的 cacti.sql 的数据表导入到刚新建的 cacti 的数据库中，主要的命令如下所示。

```
# mysql -uroot -p cacti < /var/www/html/cacti/cacti.sql
```

（7）修改 Cacti 的配置文件

进入到 Cacti 目录中，编辑 config.php 配置文件，添加和修改如下内容。

```
$database_type = "mysql";
$database_default = "cacti";
$database_hostname = "localhost";
```

```
$database_username = "root";
$database_password = "xxx...";
$database_port = "3306";
$database_ssl = false;
date_default_timezone_set('Asia/shanghai');
$url_path = "/cacti/";
```

（8）设置权限

将 cacti 文件下面的 rra 和 log 目录设置写入权限，命令如下所示。

```
# chmod -R 777 rra/
# chmod -R 777 log/
```

（9）设置定时任务

在/etc/crontab 中添加定时任务进行数据采集，命令如下所示。定时任务的目的是每五分钟轮询一次，也就是每五分钟采集一次数据。

```
# vi /etc/crontab
//增加下述内容
*/5 * * * * root /usr/lib/php /var/www/html/cacti/poller.php
```

（10）重新启动服务

经过上述的安装步骤之后，安装工作已经基本完成，现在设置服务的重启与开机启动，主要的命令如下。

```
# systemctl restart httpd.service
# systemctl enable httpd
# systemctl restart snmpd.service
# systemctl enable snmpd.service
# systemctl restart mysqld.service
# systemctl enable mysqld.service
```

（11）安装界面，配置登录用户和密码。

如图 8-66 所示，当上述的服务都重启与设置开机启动之后，就可以在浏览器中输入安装的 Cacti 系统的地址，通常为【http://IP 地址/cacti】，回车之后就会出现软件安装界面向导。然后根据提示进行安装，如果在安装的过程中能够找到相应的文件，就会显示对应的文件夹，如图 8-67 所示，这样就安装完成界面的安装过程。

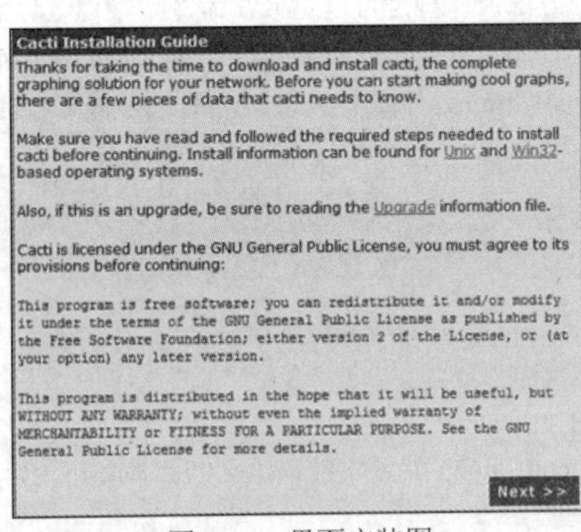

Cacti Installation Guide

Thanks for taking the time to download and install cacti, the complete graphing solution for your network. Before you can start making cool graphs, there are a few pieces of data that cacti needs to know.

Make sure you have read and followed the required steps needed to install cacti before continuing. Install information can be found for Unix and Win32-based operating systems.

Also, if this is an upgrade, be sure to reading the Upgrade information file.

Cacti is licensed under the GNU General Public License, you must agree to its provisions before continuing:

This program is free software; you can redistribute it and/or modify it under the terms of the GNU General Public License as published by the Free Software Foundation; either version 2 of the License, or (at your option) any later version.

This program is distributed in the hope that it will be useful, but WITHOUT ANY WARRANTY; without even the implied warranty of MERCHANTABILITY or FITNESS FOR A PARTICULAR PURPOSE. See the GNU General Public License for more details.

Next >>

图 8-66　界面安装图

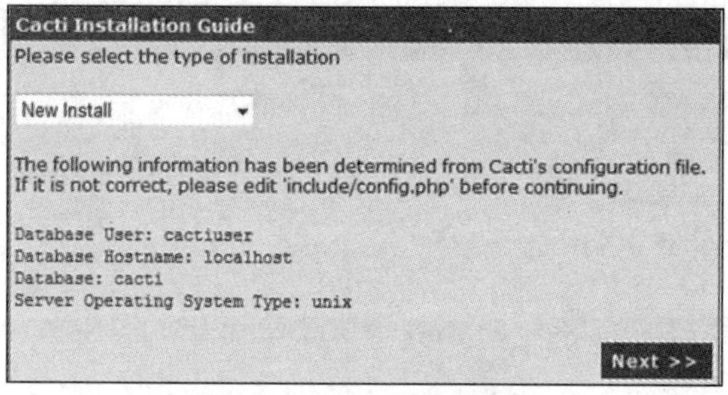

图 8-67　界面安装过程图

软件安装过程完成之后，就出现登录框。Cacti 安装后的初始权限信息为：用户名和口令均为 admin，如图 8-68 所示。首次登录后，系统会立即要求修改 admin 用户的密码，如图 8-69 所示。

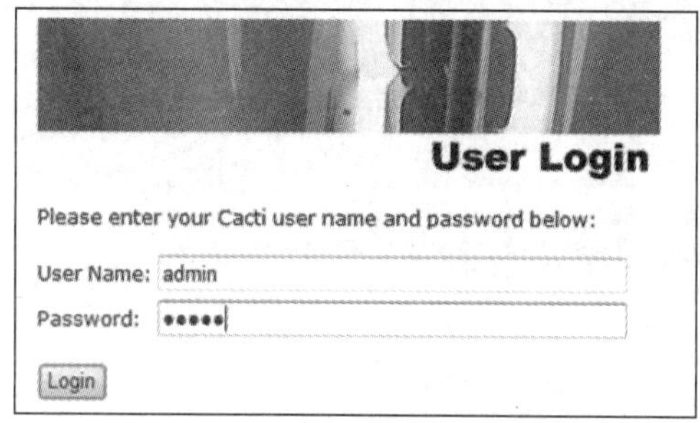

图 8-68　初始密码登录图

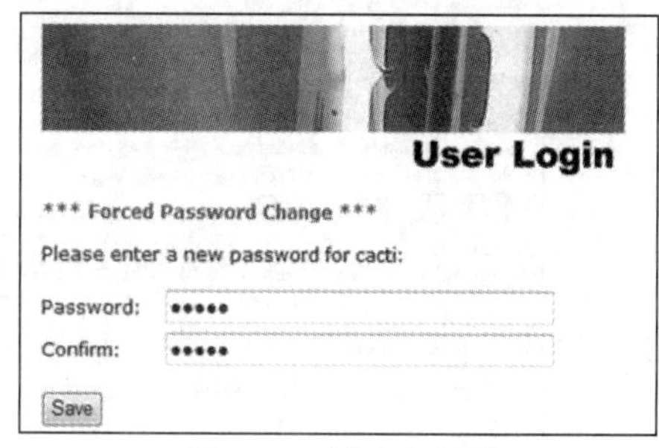

图 8-69　新建密码图

8.5.3　添加对 Linux 系统的监控

具体步骤如下。

1）添加一个 Linux 的主机。点击【Create device】，创建一个新的监控设备，如图 8-70 所示。

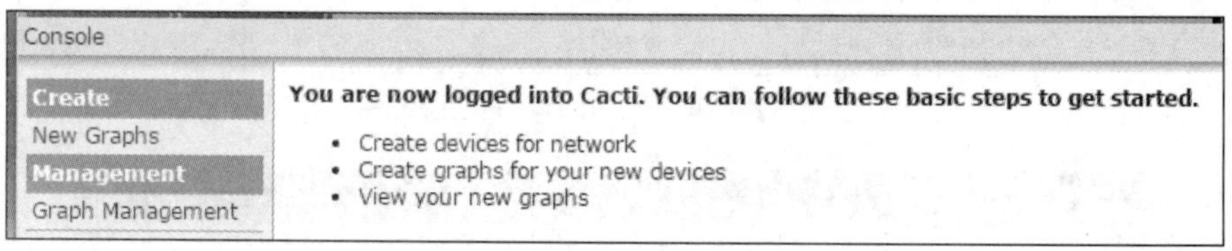

图 8-70　添加设备图

2）点击【Add】按钮，开始添加主机的描述、主机的名字、主机的模板，还要对 SNMP 的操作进行相关的设置，选择的主机的模板要设置成 Local Linux Machine，如图 8-71 所示，然后点击【Create】按钮，对主机的设置进行创建保存。

3）如果主机的信息正确和监控的设备通信正常，当点击上一步的【Create】按钮之后，就会在页面的最上方出现保存成功的标识，同时也会出现该监控设备的一些相关信息，如图 8-72 所示。

4）为监控的设备添加监控的图表模板和数据模板，然后点击【Save】按钮，如图 8-73 所示。

5）为选过的模板数据进行画图，选择需要显示的监控信息，如图 8-74 所示。

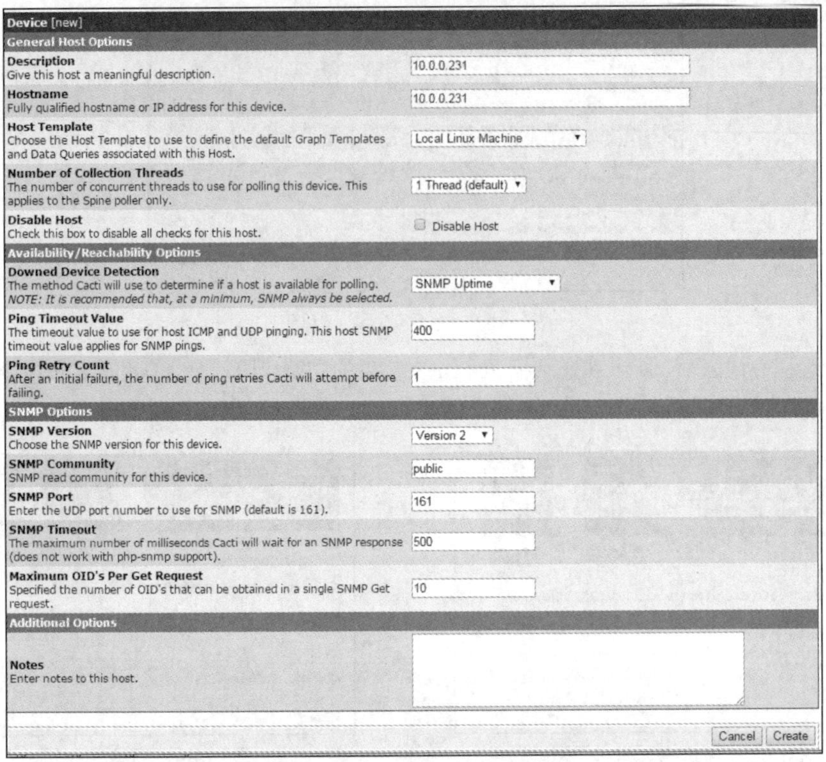

Device [new]

General Host Options	
Description Give this host a meaningful description.	10.0.0.231
Hostname Fully qualified hostname or IP address for this device.	10.0.0.231
Host Template Choose the Host Template to use to define the default Graph Templates and Data Queries associated with this Host.	Local Linux Machine
Number of Collection Threads The number of concurrent threads to use for polling this device. This applies to the Spine poller only.	1 Thread (default)
Disable Host Check this box to disable all checks for this host.	Disable Host
Availability/Reachability Options	
Downed Device Detection The method Cacti will use to determine if a host is available for polling. *NOTE: It is recommended that, at a minimum, SNMP always be selected.*	SNMP Uptime
Ping Timeout Value The timeout value to use for host ICMP and UDP pinging. This host SNMP timeout value applies for SNMP pings.	400
Ping Retry Count After an initial failure, the number of ping retries Cacti will attempt before failing.	1
SNMP Options	
SNMP Version Choose the SNMP version for this device.	Version 2
SNMP Community SNMP read community for this device.	public
SNMP Port Enter the UDP port number to use for SNMP (default is 161).	161
SNMP Timeout The maximum number of milliseconds Cacti will wait for an SNMP response (does not work with php-snmp support).	500
Maximum OID's Per Get Request Specified the number of OID's that can be obtained in a single SNMP Get request.	10
Additional Options	
Notes Enter notes to this host.	

Cancel Create

图 8-71 添加监控设备的配置

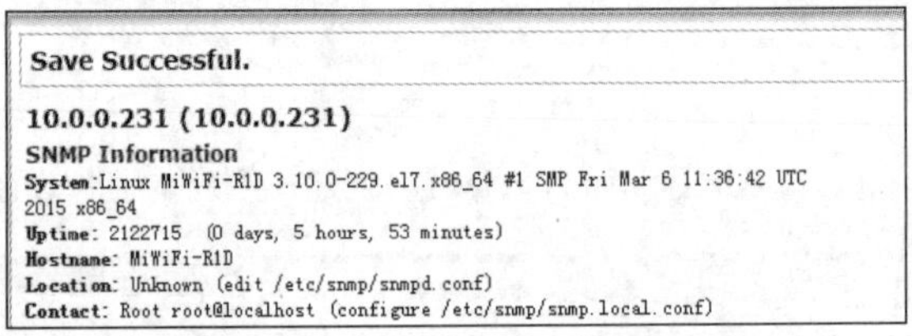

Save Successful.

10.0.0.231 (10.0.0.231)

SNMP Information

System: Linux MiWiFi-R1D 3.10.0-229.el7.x86_64 #1 SMP Fri Mar 6 11:36:42 UTC 2015 x86_64
Uptime: 2122715 (0 days, 5 hours, 53 minutes)
Hostname: MiWiFi-R1D
Location: Unknown (edit /etc/snmp/snmpd.conf)
Contact: Root root@localhost (configure /etc/snmp/snmp.local.conf)

图 8-72 添加成功的设备提示图

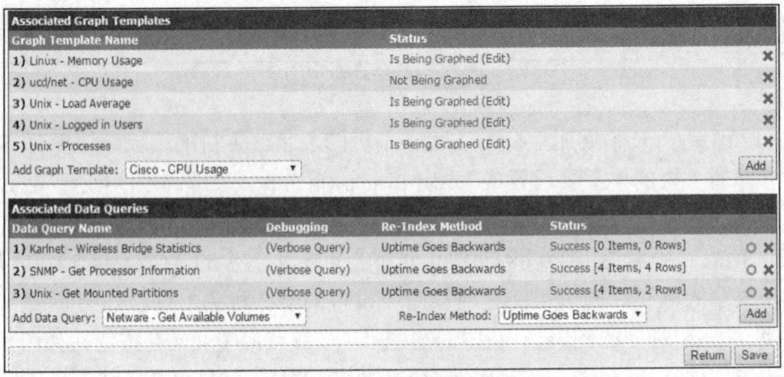

Associated Graph Templates

Graph Template Name	Status
1) Linux - Memory Usage	Is Being Graphed (Edit)
2) ucd/net - CPU Usage	Not Being Graphed
3) Unix - Load Average	Is Being Graphed (Edit)
4) Unix - Logged in Users	Is Being Graphed (Edit)
5) Unix - Processes	Is Being Graphed (Edit)

Add Graph Template: Cisco - CPU Usage Add

Associated Data Queries

Data Query Name	Debugging	Re-Index Method	Status
1) Karlnet - Wireless Bridge Statistics	(Verbose Query)	Uptime Goes Backwards	Success [0 Items, 0 Rows]
2) SNMP - Get Processor Information	(Verbose Query)	Uptime Goes Backwards	Success [4 Items, 4 Rows]
3) Unix - Get Mounted Partitions	(Verbose Query)	Uptime Goes Backwards	Success [4 Items, 2 Rows]

Add Data Query: Netware - Get Available Volumes Re-Index Method: Uptime Goes Backwards Add

Return Save

图 8-73 添加模板图

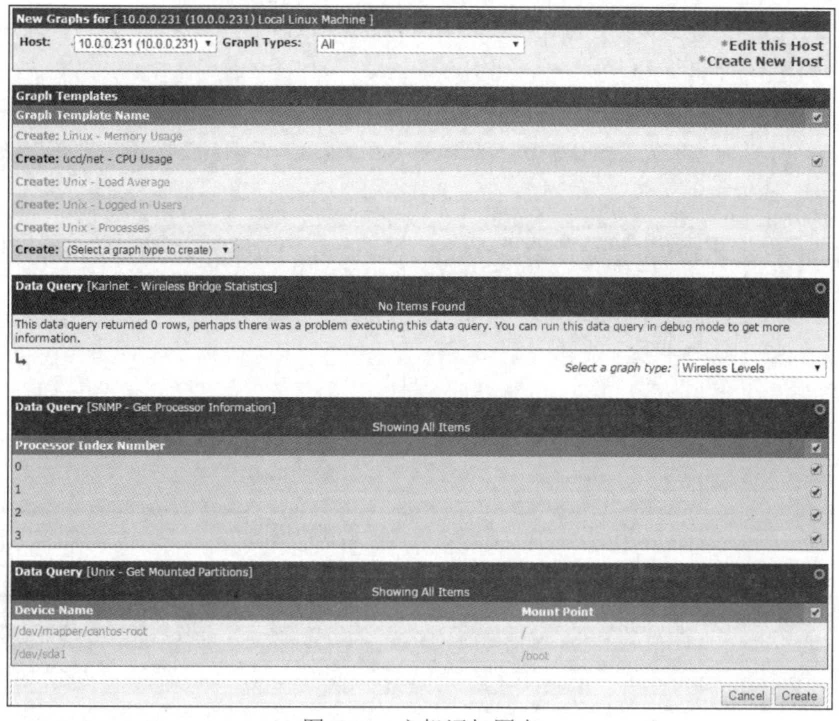

图 8-74　主机添加图表

6）创建一个监控设备树，每一个设备都要添加在相应的树状目录下，这样方便查看和管理。创建了一个名为 Linux 的树节点，如图 8-75 所示。

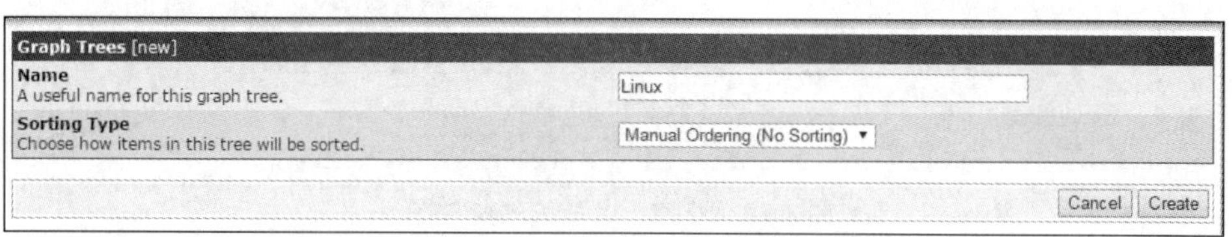

图 8-75　创建 Linux 的图表树

7）为刚才添加 Linux 的监控设备选择图表的树节点，放在 Linux 的节点下，如图 8-76 所示。

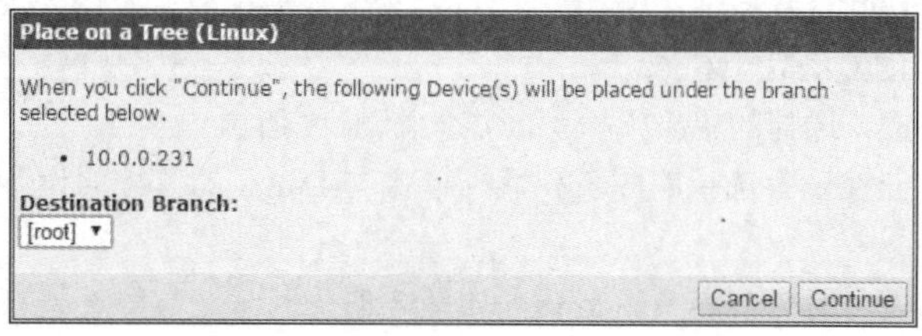

Place on a Tree (Linux)
When you click "Continue", the following Device(s) will be placed under the branch selected below.
• 10.0.0.231
Destination Branch:
[root]
Cancel
Continue

图 8-76　设备添加 Linux 的节点树图

8）经过上述的操作，刚添加的监控设备已经放入到 Linux 的分类下，并开始监控数据，如图 8-77

所示。刚开始由于没有采集到数据，因此在图表下面的数据都为 nan，但经过一段时间之后，就会采集到数据，并形成图像，如图 8-78 所示。

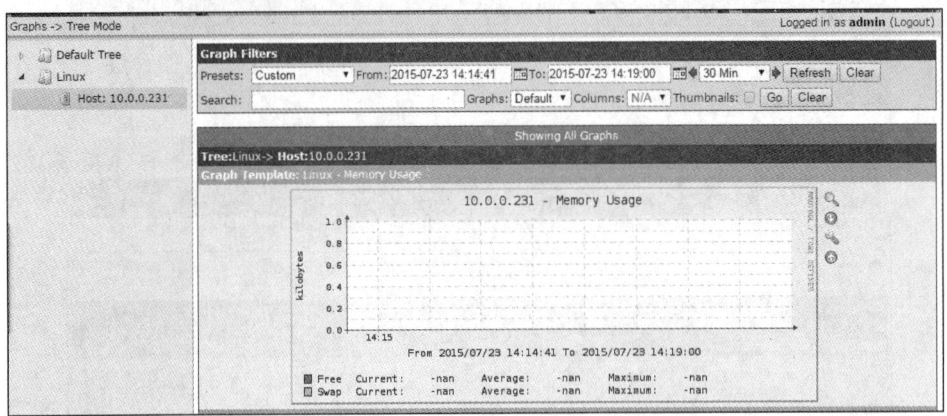

图 8-77　监控设备未采集到数据图

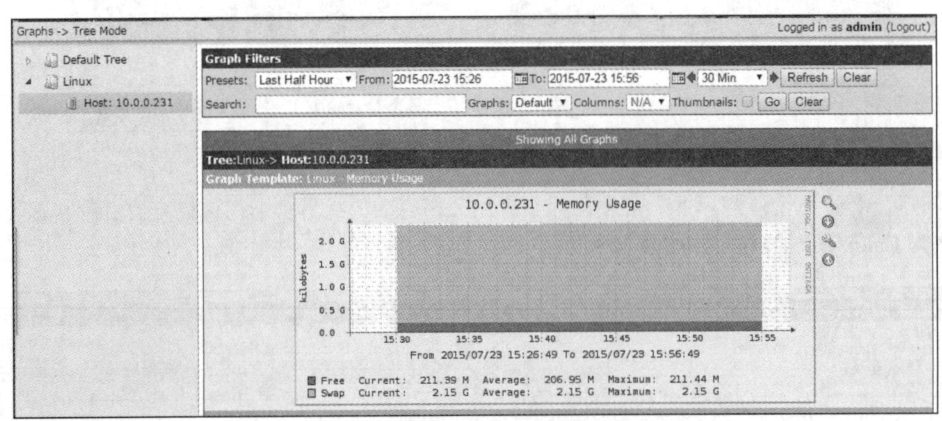

图 8-78　监控设备最终的监控图

8.5.4　添加对 Windows 系统的监控

添加对 Windows 系统的监控，只是在选择主机的模板、数据模板以及图表模板的选择不同，其他与添加对 Linux 系统的监控的方法完全相同。

1）添加 Windows 监控，选择的主机模板不同，如图 8-79 所示。

2）在为 Windows 的监控设备选择的图表和数据模板与 Linux 的监控的设备选择的模板不同，如图 8-80 所示。

3）为 Windows 添加设备的树节点 Windows，如图 8-81 所示。

4）Windows 监控设备监控的结果，如监控的物理和虚拟内存的结果，如图 8-82 所示。

Device [new]

General Host Options

Description Give this host a meaningful description.	10.0.0.228
Hostname Fully qualified hostname or IP address for this device.	10.0.0.228
Host Template Choose the Host Template to use to define the default Graph Templates and Data Queries associated with this Host.	Windows 2000/XP Host
Number of Collection Threads The number of concurrent threads to use for polling this device. This applies to the Spine poller only.	1 Thread (default)
Disable Host Check this box to disable all checks for this host.	Disable Host

Availability/Reachability Options

Downed Device Detection The method Cacti will use to determine if a host is available for polling. *NOTE: It is recommended that, at a minimum, SNMP always be selected.*	SNMP Uptime
Ping Timeout Value The timeout value to use for host ICMP and UDP pinging. This host SNMP timeout value applies for SNMP pings.	400
Ping Retry Count After an initial failure, the number of ping retries Cacti will attempt before failing.	1

SNMP Options

SNMP Version Choose the SNMP version for this device.	Version 2
SNMP Community SNMP read community for this device.	public
SNMP Port Enter the UDP port number to use for SNMP (default is 161).	161
SNMP Timeout The maximum number of milliseconds Cacti will wait for an SNMP response (does not work with php-snmp support).	500
Maximum OID's Per Get Request Specified the number of OID's that can be obtained in a single SNMP Get request.	10

Additional Options

Notes Enter notes to this host.	

Cancel　Create

图 8-79　添加 Windows 的监控设备图

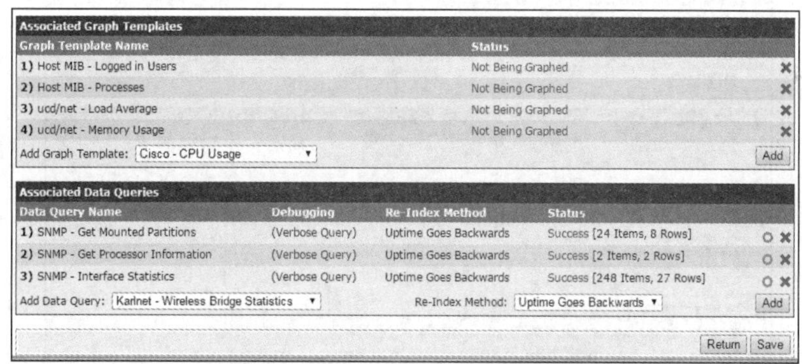

Associated Graph Templates

Graph Template Name	Status	
1) Host MIB - Logged in Users	Not Being Graphed	✖
2) Host MIB - Processes	Not Being Graphed	✖
3) ucd/net - Load Average	Not Being Graphed	✖
4) ucd/net - Memory Usage	Not Being Graphed	✖

Add Graph Template: Cisco - CPU Usage　Add

Associated Data Queries

Data Query Name	Debugging	Re-Index Method	Status	
1) SNMP - Get Mounted Partitions	(Verbose Query)	Uptime Goes Backwards	Success [24 Items, 8 Rows]	O ✖
2) SNMP - Get Processor Information	(Verbose Query)	Uptime Goes Backwards	Success [2 Items, 2 Rows]	O ✖
3) SNMP - Interface Statistics	(Verbose Query)	Uptime Goes Backwards	Success [248 Items, 27 Rows]	O ✖

Add Data Query: Karlnet - Wireless Bridge Statistics　Re-Index Method: Uptime Goes Backwards　Add

Return　Save

图 8-80　Windows 监控设备选择模板图

Place on a Tree (Windows)

When you click "Continue", the following Device(s) will be placed under the branch selected below.

- 10.0.0.228

Destination Branch:

[root]

Cancel　Continue

图 8-81　Windows 监控设备添加根节点

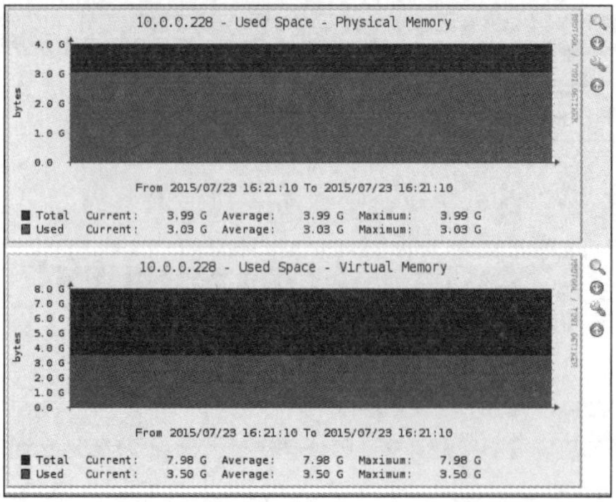

图 8-82　Windows 设备监控点结果

8.5.5　添加对交换机和路由器的监控

添加对交换机和路由器的监控的操作过程大致相同，下面主要介绍添加交换机监控的步骤，如下所示。

1）添加对交换机的监控的条件主要有两个方面：需要对这个交换机配置 IP 地址，从而可以在网络上找到它；需要在交换机上配置 SNMP 服务和相应参数。

2）添加交换机设备，如图 8-83 所示。

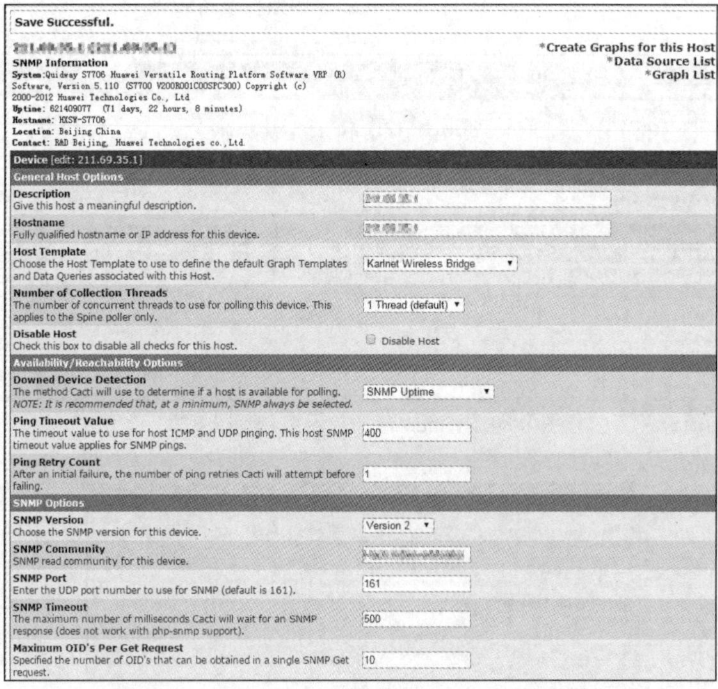

图 8-83　添加交换机设备

3）为交换机添加相应的模板。.

4）为监控的交换机添加监控的项的图表。

5）为交换机和路由器创建一个树节点。

6）将添加的交换机设备放入创建的树节点中。

7）监控交换机中的 Ping 监控项的结果，如图 8-84 所示。

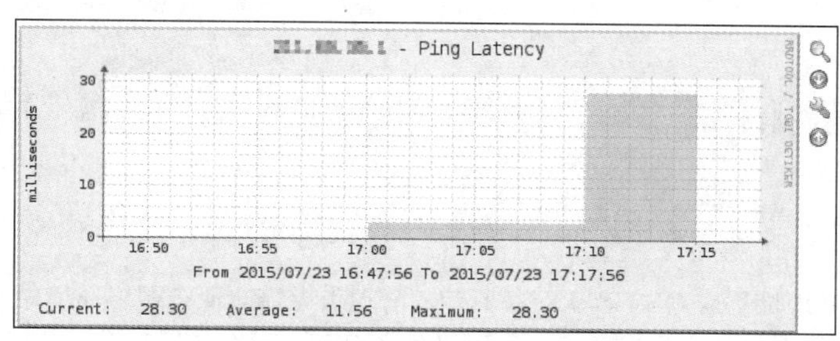

图 8-84　交换机 Ping 的监控情况图

8.6　案例 2：使用 QS-NSM 构建网络流量监控与性能分析服务

8.6.1　QS-NSM 简介

（1）QS-NSM 基本功能

祺石网络流量与服务器状态监控系统（QS-NSM），是为网管人员量身定做，用来持续、实时地监控服务器、网络通信设备、网络安全与管理设备、工作站等设备的运行状态。

QS-NSM 监控平台将监控数据以图形和报表方式展示，通过对这些报表的统计与分析，网管人员能够在远离机房的情况下实时掌握设备的健康状态。故障预警通知系统，可以帮助网管人员及时发现设备故障和预警信息，减少宕机时间、降低业务损失。

（2）QS-NSM 的组成

QS-NSM 共包括 5 个板块：管理系统、Web 监控平台、Wap 监控平台、Wall 监控平台和容错系统。

1）管理系统。

主要通过 Web 化的方式对监控设备进行管理，实现受监控设备的添加、修改、删除、上移、下移、网络接口推送、启用或禁用监控设备等操作；实现系统基本配置、系统安全配置、可监控设备型号管理、受监控设备组管理、用户账号管理、数据备份与恢复、系统日志管理与审计、系统授权信息与升级、测试工具、关闭系统、重启系统、故障预警、运行报告，允许 Web 监控平台定制、Wap 监控平台定制、Wall 监控平台定制等。

2）Web 监控平台。

主要通过图形和报表两种形式展示被监控设备的状态信息，包括总体运行情况，设备故障信息，设备预警信息，分类展示服务器、网络通信设备、网络安全与管理设备、工作站在最近 30 分钟、最近 8 小时、最近 24 小时、最近 1 周、最近 1 月、最近 1 年和自定义时间段内的运行情况，协助网管人员实时掌握设备的健康情况，同时系统还为不同类型的设备做出一些典型应用分析和同类型下的设备对比分析，帮助网管人员更好地分析设备运行情况。

3）Wap 监控平台。

主要通过图形和数据两种形式展示被监控设备的状态信息。

4）Wall 监控平台。

实时统计被监控设备的状态（正常、故障和预警）和自定义推送受监控设备网络接口流量在最近 24 小时的运行情况。

5）容错系统。

用户在允许访问地址范围外，访问管理系统和监控平台时将被重定向到容错系统，此时请联系管理员处理。

8.6.2 实施方案

如果使用公有 IP 地址部署 QS-NSM 产品监控，管理员无需对现有网络环境做变动，仅在系统初始化配置时，根据实际情况更改网络设置即可，如图 8-85 所示；如果使用私有 IP 地址部署 QS-NSM 产品监控，管理员需要在防火墙上做公有 IP 地址到私有 IP 地址的映射，并开启 80（TCP）、443（TCP）、161（UDP）端口，如图 8-86 所示。

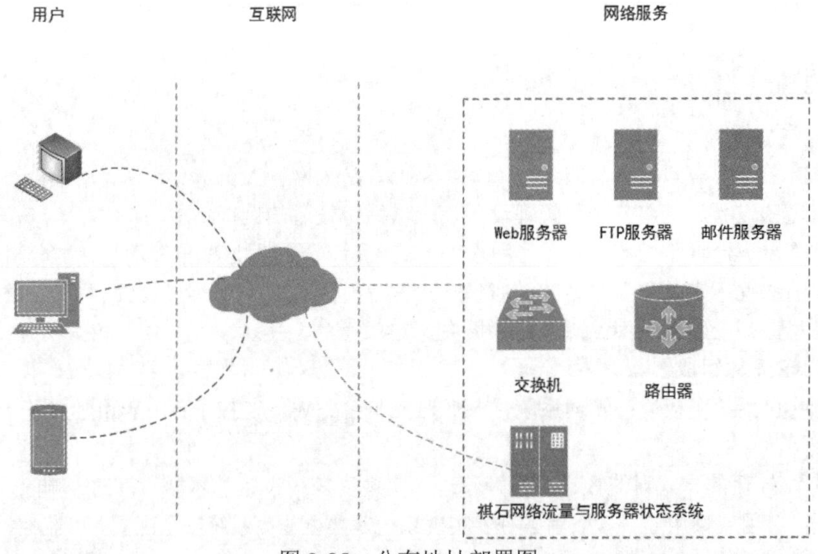

图 8-85　公有地址部署图

8.6.3 安装实施过程

安装实施的具体步骤如下。

1）安装实施前的准备。

从官网（www.yeework.cn）上下载 QS-NSM 的试用版，准备安装所需要的主机或者虚拟机，并且连接上网络，从而可以采集到网络上的其他设备的相关信息，本次实验环境是部署在虚拟机上。

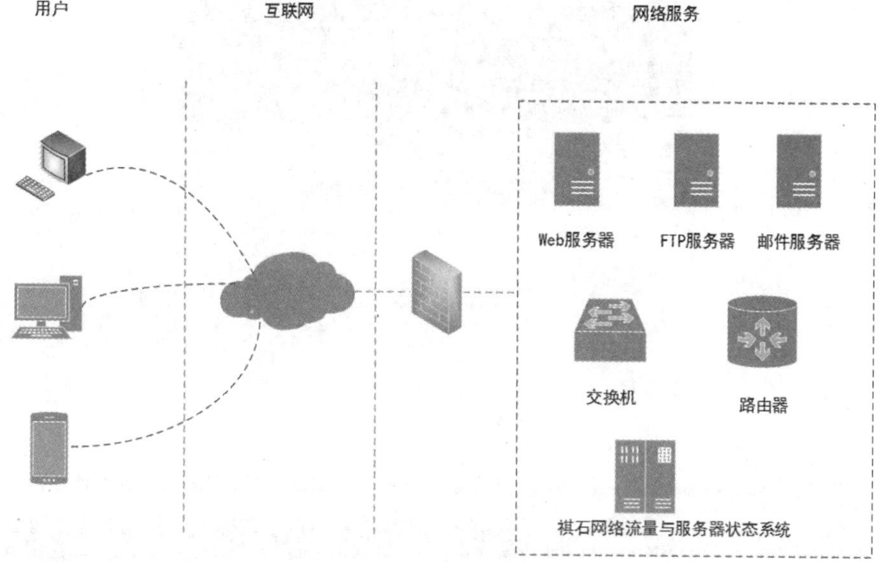

图 8-86　私有地址部署图

2）试用版的安装。

在虚拟机上安装试用版。试用版基于 CentOS 6.5 的平台，且试用版只支持 64 位，因此创建虚拟机的模板时，要选择 CentOS（64bit）的模板进行创建。同时，创建的虚拟机的硬盘大小至少应该为 60G，否则将不能安装成功，如图 8-87 所示。配置好模板环境之后，将试用版的 ISO 镜像文件导入到刚创建好的虚拟机中，打开虚拟机进行安装，如图 8-88 所示。

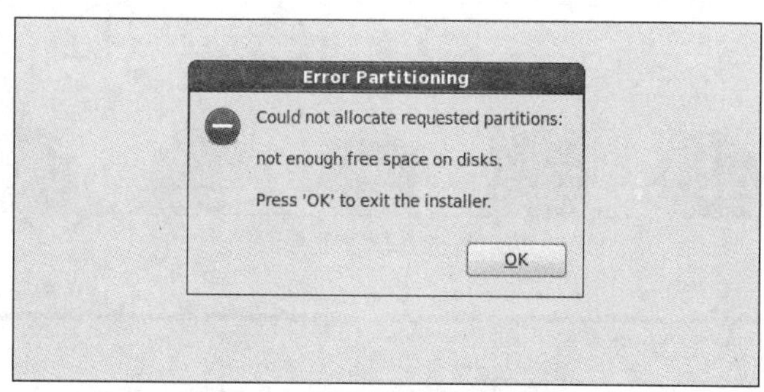

图 8-87　因磁盘不足导致错误图

3）初始化配置。

在安装完成之后，系统默认的 IP 地址为 192.168.1.1。需要将管理主机的 IP 地址改为和试用版地址在同一网络内。

在管理主机上的浏览器上输入【http://192.168.1.1】访问 QS-NSM 的监控平台，如图 8-89 所示。点击【系统管理入口】，如图 8-90 所示。该系统的初始管理员账号为 administrator，口令为 qishinsm，登录系统就会进入到该系统的后台管理界面，如图 8-91 所示。

图 8-88　系统安装过程图

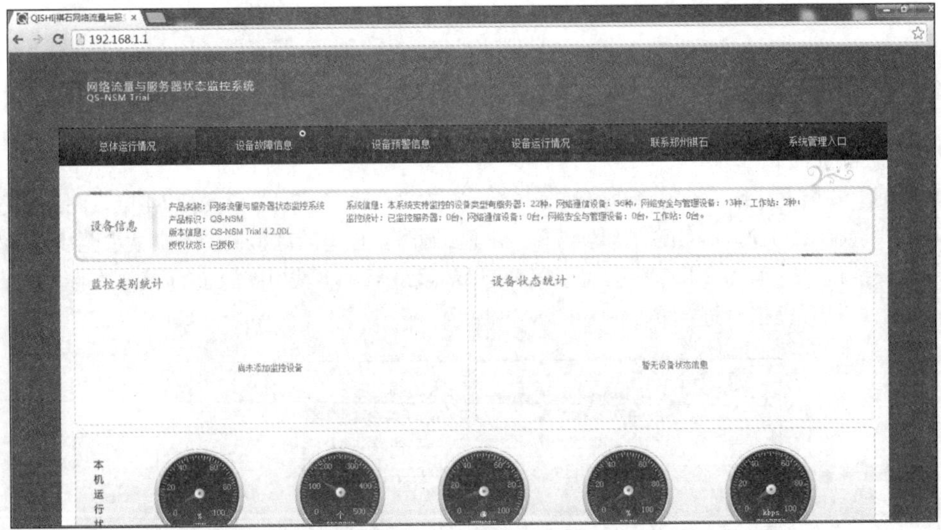

图 8-89　系统管理界面图

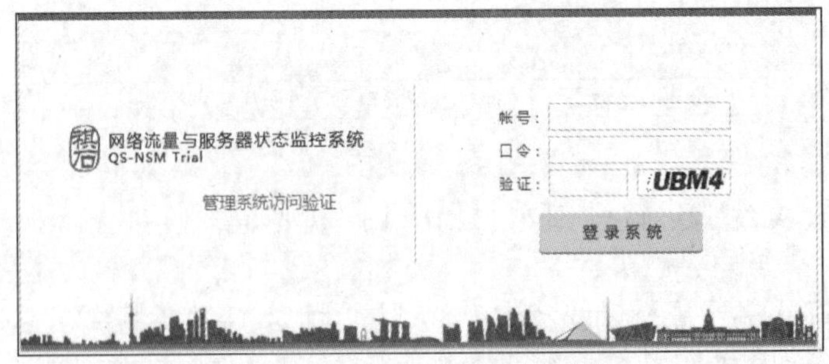

图 8-90　系统后台登录界面图

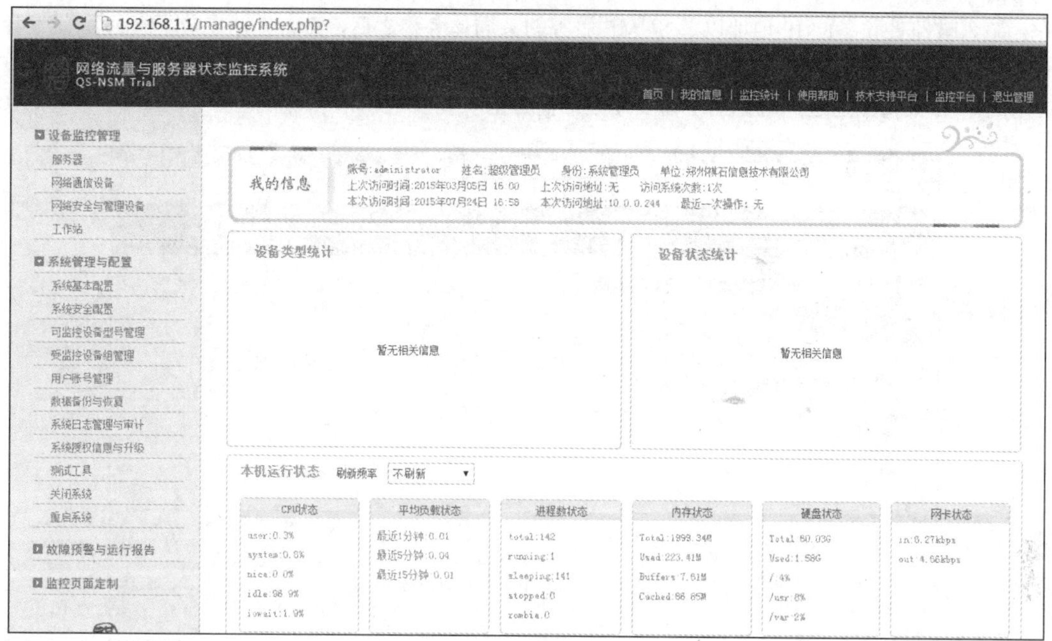

图 8-91　系统后台管理界面图

4）配置系统的地址。

根据系统部署方案，配置 QS-NSM 的地址（如图 8-92 所示）。

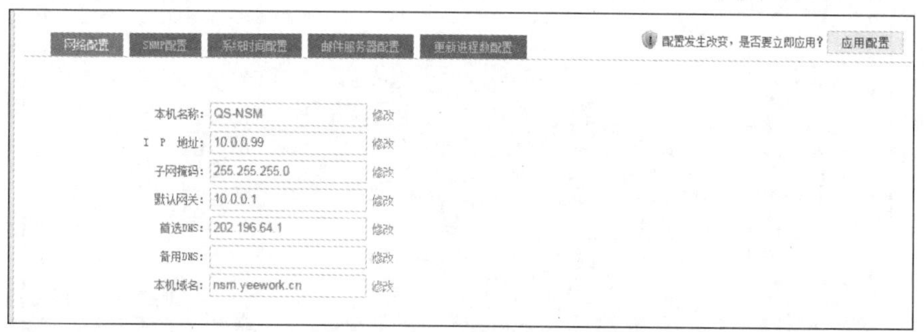

图 8-92　配置系统 IP 地址图

8.6.4　添加对 Linux 系统的监控

添加对 Linux 系统的监控步骤如下。

1）在设备监控管理处选择所监控设备的类型，分别可以为服务器、网络通信设备、网络安全与管理设备以及工作站四种类型，在选择监控设备的时候，需要根据设备的类型来选择，实现模块化管理。

2）对设备进行监控主要有两个基本要点，分别是：被监控的服务器必须有固定 IP 地址，该监控系统可以通过网络访问到受监控的服务器；被监控的服务器上必须开启 SNMP 服务，并完成 SNMP 的安全配置，如共同体名等，从而通过 SNMP 服务可以采集到设备的数据。

当输入被监控设备的 IP 地址以及 SNMP 服务的共同体名称之后，点击进行【立即检测】，这时监控系统就会先进行 Ping 的状态检测和 SNMP 状态检测，如果 SNMP 检测不通过就不能监控该设备，如图 8-93 所示；如果检测通过，就会出现需要监控的监控点，以及配置相关的管理员等，如图 8-94 所示。

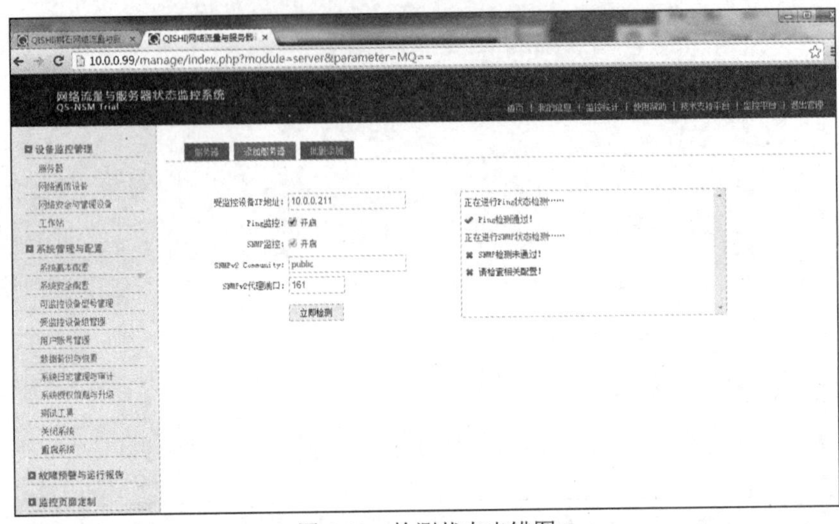

图 8-93　检测状态出错图

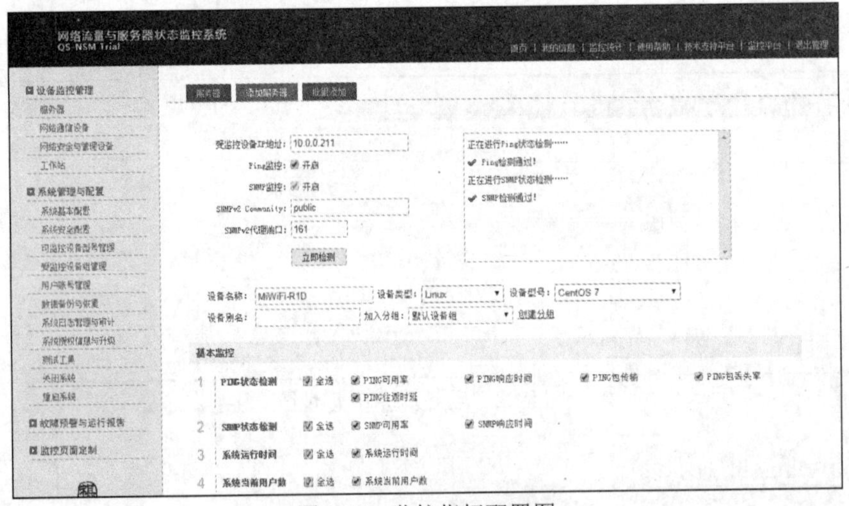

图 8-94　监控指标配置图

3）添加监控指标保存之后，完成监控设备的添加，10 分钟后通过 Web 监控系统查看被监控设备的状态以及相关监控点的信息，如图 8-95 所示。

8.6.5　添加对 Windows 系统的监控

添加对 Windows 系统监控的步骤如下。

图 8-95　监控设备结果图

1）在添加 Windows 系统的服务器时，也要求受监控的系统有固定 IP 地址，以及配置完成 SNMP 的安装和配置。

2）添加 Windows 的服务器，首先进行检测以及选择设备的类型和型号，如果需要放入到另外的分组内，则需要添加或创建分组，如图 8-96 所示。

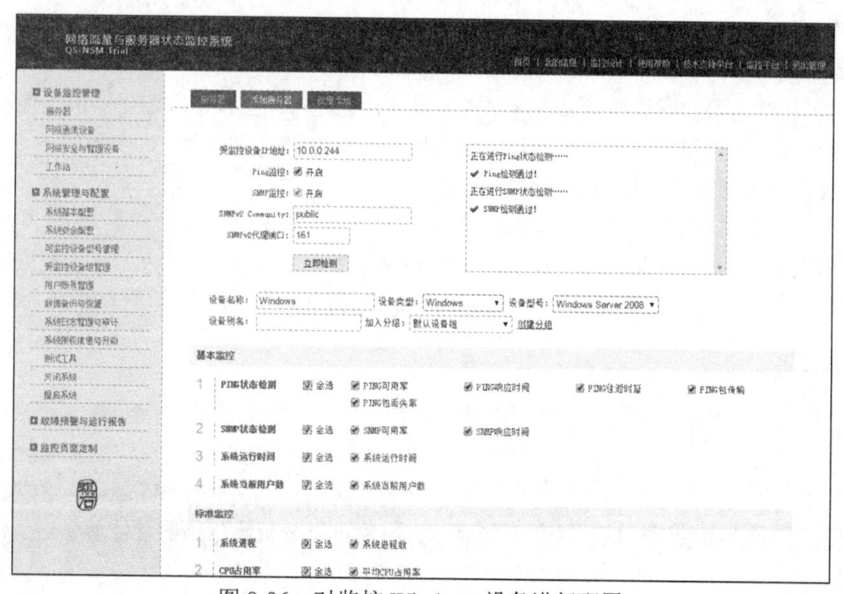

图 8-96　对监控 Windows 设备进行配置

3）选择需要监控的监控点，以及相关管理员等，保存完成监控配置，10 分钟后通过 Web 监控系统查看所监控的服务器的相关信息，如图 8-97 所示。

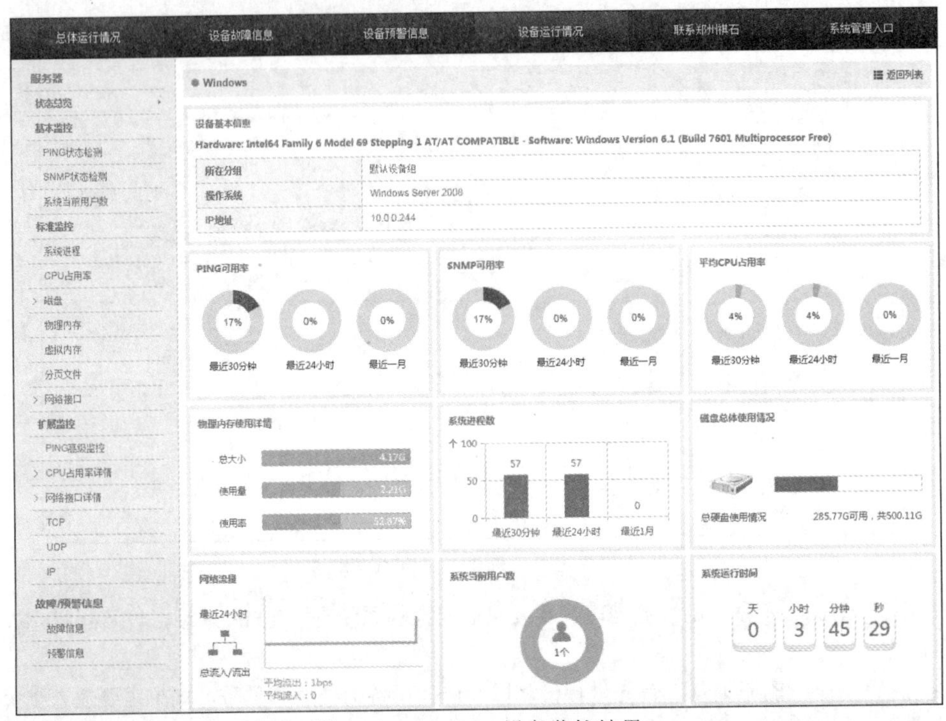

图 8-97　Windows 设备监控结果

8.6.6　添加对交换机和路由器的监控

由于交换机和路由器在网络中都属于网络通信设备，因此添加交换机和路由器的监控步骤相同，都是在【网络通信设备】中进行添加，因此，本节要以添加交换机的监控为主，步骤如下。

1）点击【网络通信设备】，开始添加网络通信设备。

2）添加受监控设备的 IP 地址以及 SNMPv2 的共同体名，选择【立即检测】，选择监控设备的类型和型号，以及选择监控点的信息，保存设置，如图 8-98 所示。

3）等待一段时间后，查看受监控设备的运行情况以及监控点的信息，如图 8-99 所示。

8.6.7　监控点详解

通过对上述三个设备进行监控，以及分析设备中各个指标点之间的数据，如 Ping 的状态检测、网络接口情况、TCP 传输情况、UDP 传输报文情况以及 IP 数据报的传输情况等监控点，从监控点的数据上可以看到被监控主机的相关信息，分析出监控设备的运行状态。下面是对 Windows 监控的监控点数据进行详细分析，分析设备的运行情况，从一些监控点中也可以分析出网络的性能质量。

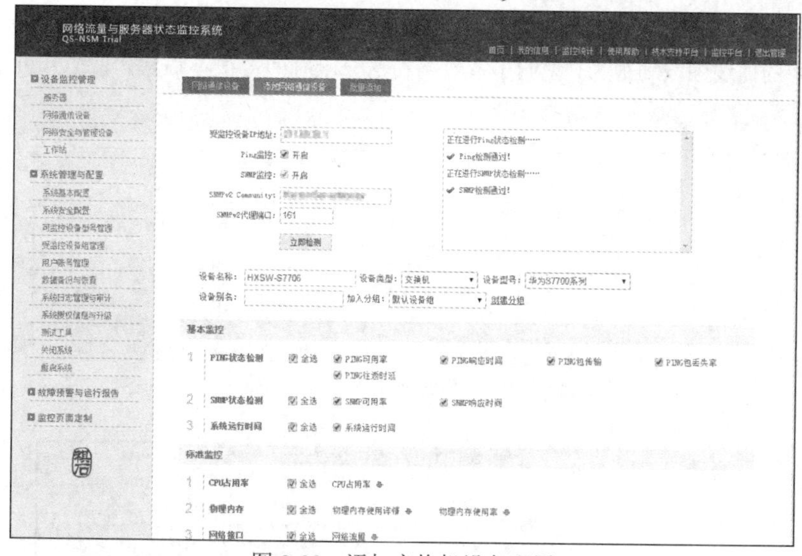

图 8-98　添加交换机设备配置

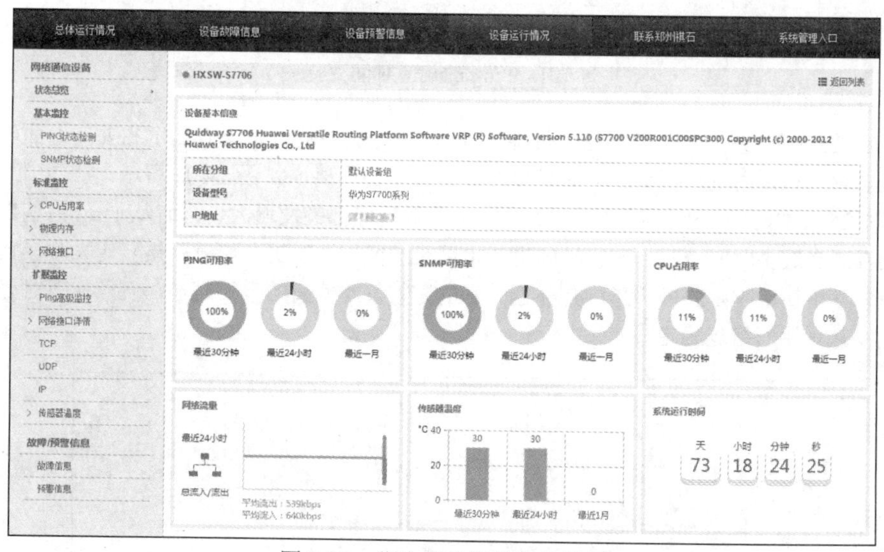

图 8-99　华为交换机的监控结果

（1）Ping 的状态检测

Ping 的状态检测主要包括以下几个方面，分别是：可用率、响应时间、往返时延以及 Ping 的数据包在传输过程中的变化等。

Ping 的可用率指网络的连通性，如图 8-100 所示。该图中的可用率一直为 100%，说明网络一直畅通，监控系统可以随时访问和连接被监控的设备。

Ping 的响应时间是指从本机发送数据开始，到接收到目的主机返回的数据包的时间，时间越小，说明访问的这个主机或设备的速度越快，网络就越畅通。如图 8-101 所示，从该图中可以看到，在监控的这一段时间内，Ping 的响应时间为 0～2ms 之间，响应时间较短，说明了网络畅通，但是，也可以看出响应时间的曲线图波动很大，说明了该网络在这一段时间内很不稳定，造成了 Ping 的响应时间变化很大。

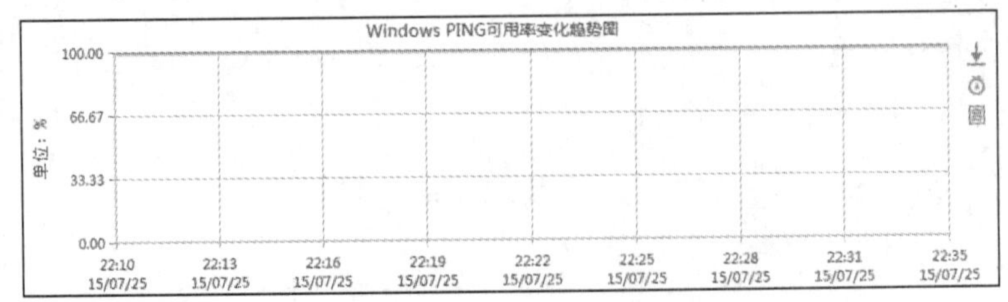

图 8-100　Ping 的可用率变化图

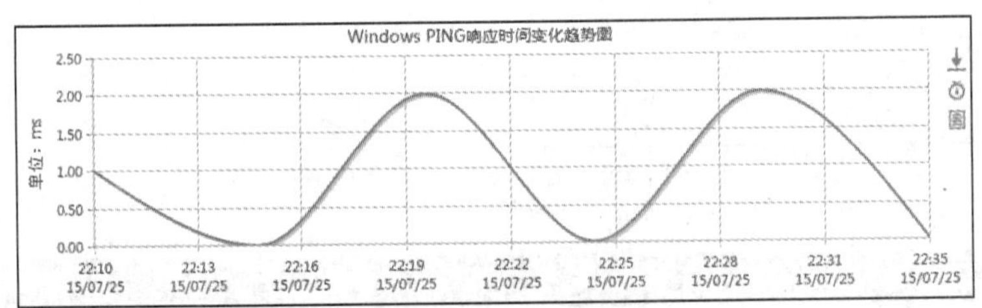

图 8-101　Ping 的响应时间变化图

Ping 的往返时延也是为了检验网络的性能，检测 Ping 的往返时延，有四个主要的方面，分别是最短往返时延、最长往返时延、平均往返时延以及往返时延的偏离，如图 8-102 所示。从图中可以看出在时间为 22 时 25 分的时候，Ping 的往返时延的各个参数的值都突发增大，同时从 Ping 的响应时间的曲线图中，也发现在这个时间点时，响应时间也开始迅速的增加，说明了这时网络一定发生了问题，导致网络的缓慢，其中往返时延的偏离指的是往返时延的方差，此偏离的数值越小，表示往返时延偏离平均值的程度越小，说明网络越稳定。

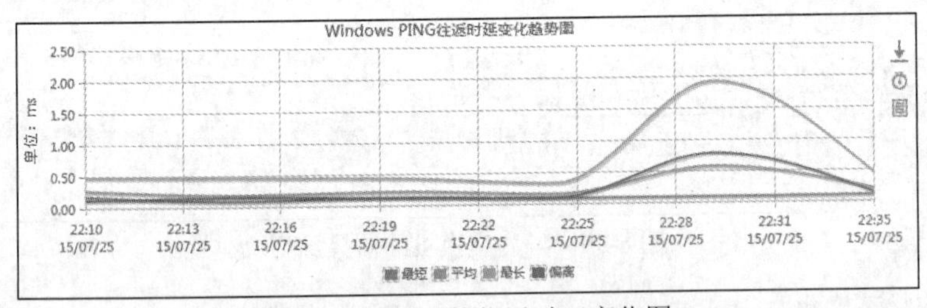

图 8-102　Ping 的往返时延变化图

Ping 的数据包传输变化指的是在 Ping 的过程中，主机向目的主机发送的是 ICMP（Internet 控制报文协议）的数据包，而且每次发送四个数据包，在传输的过程中，由于外界对网络的影响，从而使数据包在传输的过程中可能会发生改变。如图 8-103 所示，在访问被监控设备的时候，Ping 的数据包的个数没有发生丢失现象，说明了网络通信状态良好。

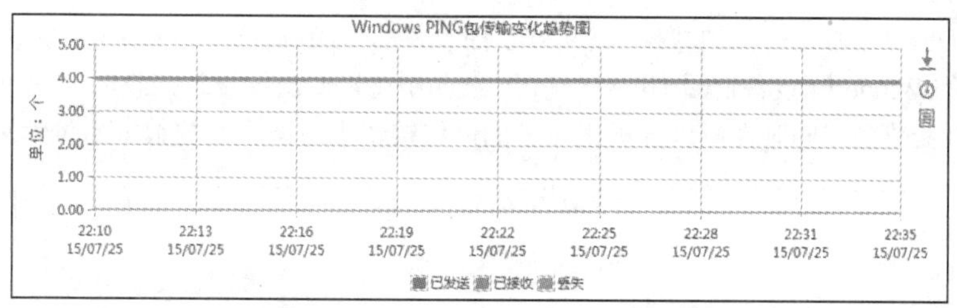

图 8-103　Ping 的数据包传输变化图

（2）网络接口情况

网络接口情况主要指的是网络中的数据流入到被监控设备内，或者是设备内的数据流向网络中的情况，如图 8-104 所示。从图中可以看出本监控的设备上有两个网卡接口，而且从该图中可以看出，在监控的这一段时间内，主机主要是发送数据，而几乎没有接受数据，从图上也可以看出每个网卡接收和发送的速率，比较监控主机上的网卡的使用情况，从而了解设备的运行情况。

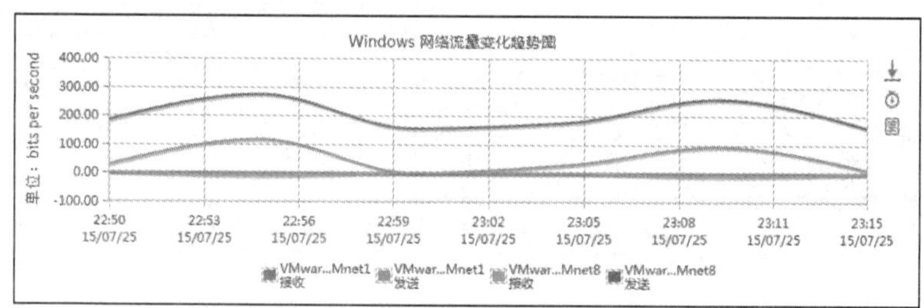

图 8-104　网络流量变化图

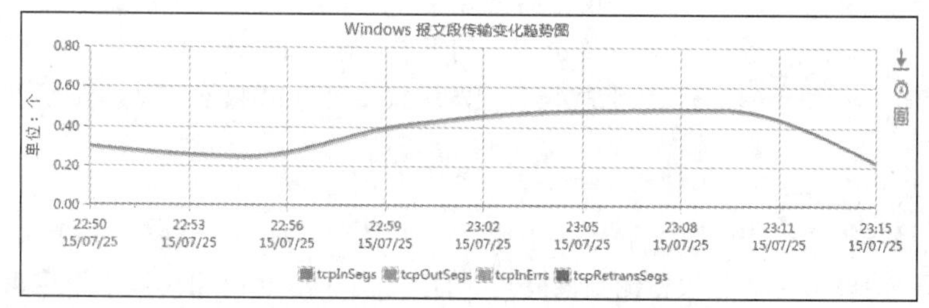

图 8-105　TCP 报文段传输变化图

（3）TCP 传输情况

TCP（传输控制协议）是一种面向字节流的可靠的传输协议，在使用 TCP 传输协议进行传输数据前，需要进行三次握手从而建立连接；当传输结束之后，需要四次握手释放连接，因此要对网络流量的具体情况进行分析监控时，就要能够检测出被监控设备的 TCP 传输协议的传输变化，如图 8-105 所示，从该图可以看出主机的 TCP 的传输状况，从图中可以看出，监控设备在这一段时间内，主要是接受 TCP 的流量，而几乎没有发送有关 TCP 报文的流量情况，也没有发生错误和重传的现象。

（4）UDP 传输报文情况

UDP（用户数据报协议）是一种面向报文的不可靠的传输协议。在日常生活中，有些环境需要即时传送数据，这些环境只是要求速度快而不讲究是否可靠，因此就使用了 UDP 传输协议。在网络流量中也存在许多以 UDP 传输协议传输的数据，因此被监控设备的 UDP 情况，对网络上的流量有很大的影响，图 8-106 为监控的 Windows 设备使用 UDP 的情况。从图中可以看出该设备接收的 UDP 报文的个数比发送出去的 UDP 报文数多，同时也可以分析出设备的网络接口中不同类型的数据的传输情况。

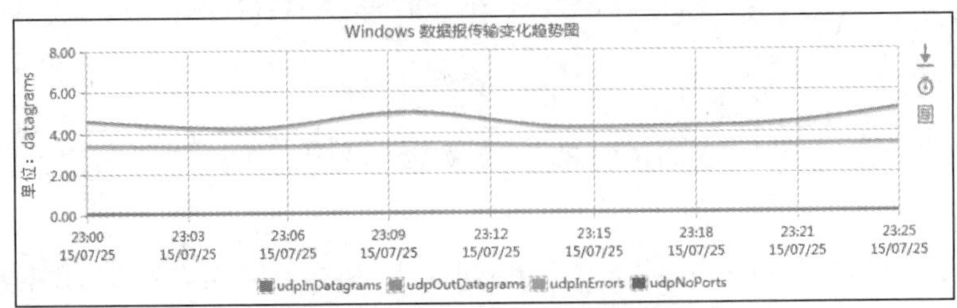

图 8-106　数据报传输变化图

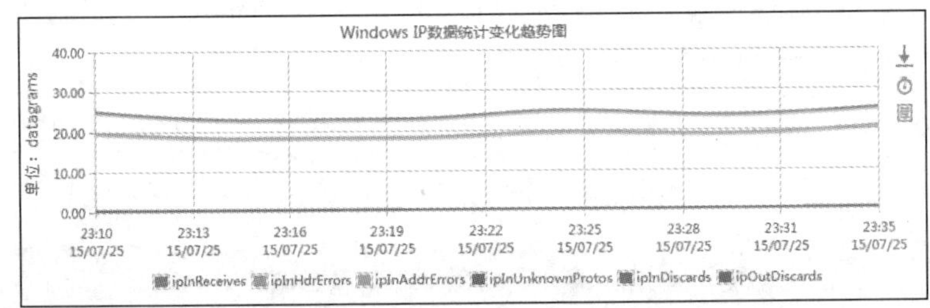

图 8-107　IP 数据报统计变化图

（5）IP 数据报的传输情况

IP 协议是网络层的一种因特网互联协议。把应用层上的数据，经过传输层成报文或者数据报，然后再经过网络层加上首部部分，就变成了 IP 数据报并向下层传输。如图 8-107 所示，为被监控的 Windows 设备的 IP 数据变化，从图中可以看出被监控设备的发送和接受的 IP 数据情况，从而可以分析出该设备的网络流量情况。

（6）SNMP 状态检测

SNMP 的状态检测主要是检测被监控主机上的 SNMP 的服务状态，监控了主机上的 SNMP 服务的可用率情况，如图 8-108 所示，如果检测到该被监控的主机上的 SNMP 可用率不稳定或者是可用率为 0 的话，那么就说明该监控主机的 SNMP 服务出现问题，也将导致采集不到被监控设备的信息，以至于不能监控和分析该设备的运行情况。

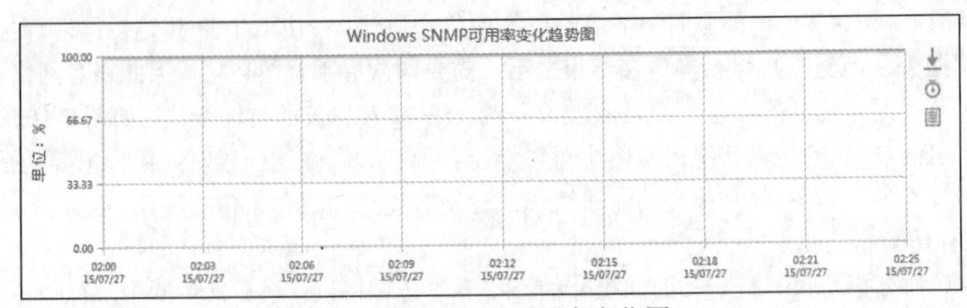

图 8-108　SNMP 可用率变化图

（7）内存

内存主要是在计算机运行时为操作系统和各种程序提供临时储存，在 Windows 的操作系统上主要分为物理内存和虚拟内存。

物理内存指的是通过物理内存条而获得的内存空间，当物理内存使用量很高的时候，系统就会变得很慢，因此物理内存的使用情况体现了主机的目前的运行情况，如图 8-109 所示，从图中可以看出物理内存的使用量大概为 50%，说明了该监控设备的运行状态良好。

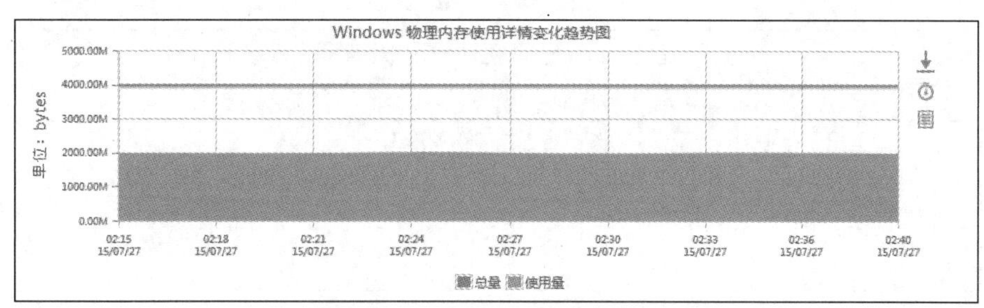

图 8-109　物理内存的使用情况图

虚拟内存就是匀出磁盘中的一部分作为系统的虚拟内存使用，当物理内存达到一定的程度时，系统会自动将暂未操作的程序数据转到虚拟内存中，以缓解物理内存的紧张，一般情况下虚拟内存的大小是物理内存的 1.5～3 倍，但也可设最小值为 1.5～2 倍，最大值为 2～3 倍。如图 8-110 所示，虚拟内存的总容量为物理内存的 2 倍，系统运行的时候，系统会根据物理内存的使用情况自动将一部分数据转移到虚拟内存中，保证物理内存的可用空间，从而使系统变得不卡。

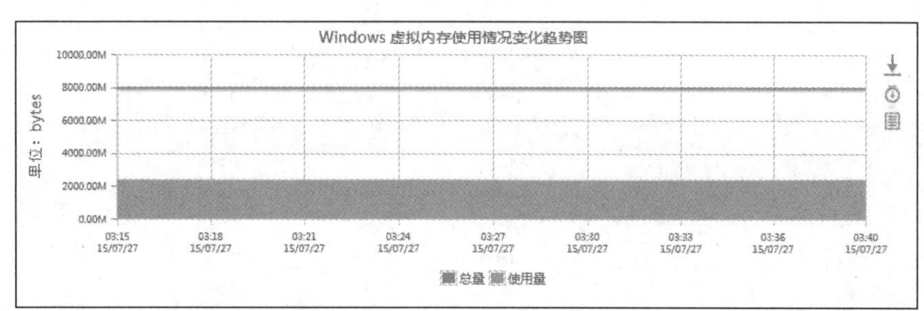

图 8-110　虚拟内存使用情况图

（8）分页文件

在系统内存的存储过程中，数据主要以页文件来进行存储的，而且物理内存和虚拟内存之间的数据转换也是由数据页来实现的。因此，如图 8-111 所示，可以对物理内存和虚拟内存的总量和使用情况进行检测，从而了解系统的总体使用情况。

（9）系统进程

系统的进程是系统在某个时间点运行程序的情况，如图 8-112 所示，从图片中可以查看监控主机的运行程序，从而可以对系统进行监控，免于受某种未知的程序的运行而影响主机的运行状态。因此，一旦主机收到某种程序的攻击，可以通过监控主机的运行程序来分析找出问题所在，以后可以避免运行这些程序，从而维护系统的运行。

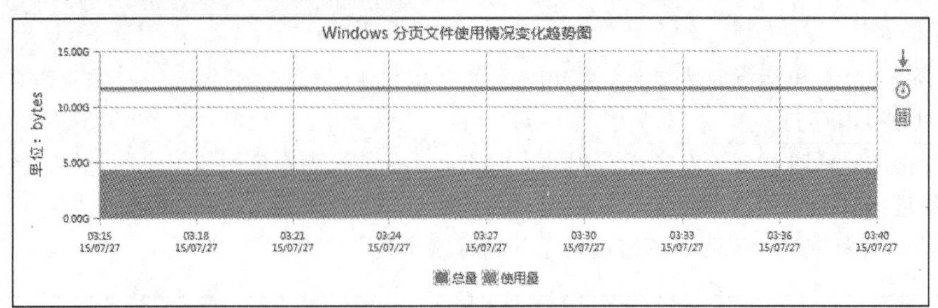

图 8-111　分页文件使用情况图

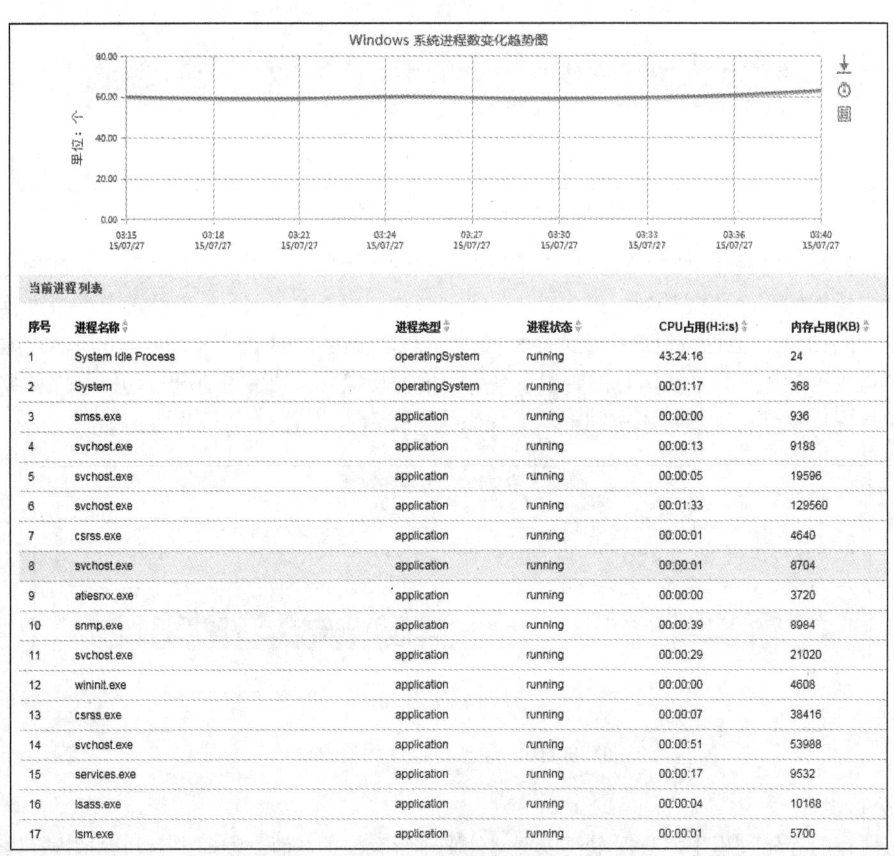

当前进程列表

序号	进程名称	进程类型	进程状态	CPU占用(H:i:s)	内存占用(KB)
1	System Idle Process	operatingSystem	running	43:24:16	24
2	System	operatingSystem	running	00:01:17	368
3	smss.exe	application	running	00:00:00	936
4	svchost.exe	application	running	00:00:13	9188
5	svchost.exe	application	running	00:00:05	19596
6	svchost.exe	application	running	00:01:33	129560
7	csrss.exe	application	running	00:00:01	4640
8	svchost.exe	application	running	00:00:01	8704
9	atiesrxx.exe	application	running	00:00:00	3720
10	snmp.exe	application	running	00:00:39	8984
11	svchost.exe	application	running	00:00:29	21020
12	wininit.exe	application	running	00:00:00	4608
13	csrss.exe	application	running	00:00:07	38416
14	svchost.exe	application	running	00:00:51	53988
15	services.exe	application	running	00:00:17	9532
16	lsass.exe	application	running	00:00:04	10168
17	lsm.exe	application	running	00:00:01	5700

图 8-112　系统进程图

（10）CPU 占用率

CPU 的占用率指的是进程占用 CPU 的时间比例，从而可以检测出 CPU 在某个时间是否在处理运行的进程，如图 8-113 所示。当某个时间段内，CPU 的占用率很少的时候，说明在该段时间内系统几乎没有运行什么程序，处于闲置状态，因此产生的数据量也较少，如果运行的程序需要网络的话，那么该被监控的主机向网络发送的数据也较少，从而网络流量也将减少，因此也可以为分析网络情况提供依据。

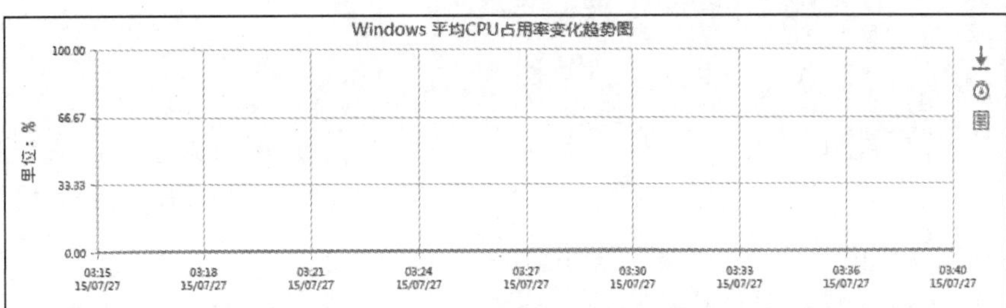

图 8-113　CPU 的占用率情况图

9

学会网络分析

网络的飞速发展给企业和用户带来便利的同时，也对网络管理提出了严峻的挑战。网络规模的不断扩大，使得网络应用环境越来越复杂，网络中数据流量越来越大，如何保障网络的持续、安全、高效运行是网络运行维护人员面对的巨大挑战。在这种情况下，网络运行维护人员必须对网络的流量占用、应用分布、通讯连接、数据包原始内容等所有网络行为以及整个网络的运行情况进行充分的了解和掌握，才能在网络出现性能和安全问题时，能够快速准确地分析问题原因，定位故障点和攻击点并将其排除，从而实现网络价值最大化，保障网络安全可靠运行。

本章主要从网络流数据的采集、分析的原理进行讲解，并通过两个案例让读者掌握网络分析系统的应用。

9.1 认识网络分析

9.1.1 给网络分析下个定义

网络分析（Network Analysis）是关于网络的图论分析、最优化分析以及动力学分析的总称。网络分析可以对网络中所有传输的数据进行检测、分析、诊断，帮助用户排除网络事故，规避安全风险，提高网络性能，增大网络可用性价值。

网络分析是网络管理的关键部分，一般包含以下工作内容：快速查找和排除网络故障；找到网络瓶颈提升网络性能；发现和解决各种网络异常危机、提高安全性；管理资源、统计和记录每个节点的流量与带宽；规范网络，查看各种应用、服务、主机的连接，监视网络活动；分析各种网络协议，管理网络应用质量。

9.1.2 网络分析的意义

网络迅猛发展到今天，网络管理比以往任何时候都更需要网络分析技术作为支撑。网络不断产生新的关键性应用，规模的扩大和结构的复杂化使用户对于网络的管理成本和维护成本都不断提高，同时，病毒、攻击和网络故障等也无时无刻不在威胁着网络的健康发展。有效地保障网络的持续、高效、安全发展的客观需求，使网络分析技术成为网络管理的关键技术。

（1）扩展网络视野

通过对网络数据的全面监控分析，从网络底层数据获取各种网络应用行为造成的网络问题，并快速地定位，从而在安全策略上更好地进行防范，对故障和性能更合理地进行管理。

（2）精细网络管理

网络维护越来越复杂，网络管理向精细化发展是必然趋势，网络分析技术是通过捕获网络底层的数据包并进行解码、分析及诊断，是对精细化管理的有力保障。

（3）透视网络行为

只有通过运用网络分析技术才能全面可视其网络行为、信息交互、数据传输过程，才能为故障的排查、性能的提升，以及网络安全问题的解决提供可靠的数据支撑。

9.1.3 什么是网络分析系统

（1）简介

网络分析系统是一个让网络管理者能够在各种网络问题中对症下药的网络管理方案，它对网络中所有传输的数据进行检测、分析、诊断，帮助用户排除网络事故，规避安全风险，提高网络性能，增大网络可用性价值。

网络分析系统帮助管理者把网络故障和安全风险降到最低，并帮助管理人员逐步有效地实现网络性能的提升。其具体功能如下所述。

1）快速查找和排除网络故障。

2）找到网络瓶颈提升网络性能。

3）发现和解决各种网络异常危机，提高安全性。

4）管理资源，统计和记录每个节点的流量与带宽。

5）规范网络，查看各种应用、服务、主机的连接、监视网络活动。

6）管理网络应用。

（2）工作原理

网络分析系统主要由三个部分组成，分别是数据采集、数据分析和数据呈现。

1）数据采集。

数据采集是整个系统的基础，系统在网络底层进行实时的数据采集，以获得真实、准确的数据来源。采集数据的功能是由交换机或路由器通过 NetFlow、sFlow 或端口镜像等技术来实现的。

2）数据分析。

数据分析是指将采集到的数据集中并统一保存在指定的数据库中，然后交给系统的各种分析模块进行实时诊断和分析，如专家诊断模块、统计模块、数据包解码模块等进行详细分析。

3）数据呈现。

数据呈现是将分析结果以各种形式呈现给用户，如柱形图、折线图、饼状图、报表等。

9.2 流数据采集

9.2.1 通过 NetFlow 实现流数据采集

（1）简介

NetFlow 技术最早于 1996 年由 Cisco 公司的 Darren Kerr 和 Barry Bruins 发明，并于同年 5 月注册为美国专利。NetFlow 技术首先被用于网络设备对数据交换进行加速，并可同步实现对高速转发的 IP 数据流（Flow）进行测量和统计。经过多年的技术演进，NetFlow 原来用于数据交换加速的功能已经逐步由网络设备中的专用 ASIC 芯片实现，而对流经网络设备的 IP 数据流进行测量和统计的功能也已更加成熟，并成为了当今互联网领域公认的最主要的 IP/MPLS 流量分析、统计和计费行业标准。

由于 IP 网络的非面向连接特性，网络中不同类型业务的通信可能是任意一台终端设备向另一台终端设备发送的一组 IP 数据包，这组数据包实际上就构成了运营商网络中某种业务的一个数据流（Flow）。如果管理系统能对全网传送的所有数据流进行区分，准确记录传送时间、传送方向和数据流的大小，就可以对运营商全网所有业务流的流量和流向进行分析和统计。

通过分析网络中不同数据流间的差别，可以判断出任何两个 IP 数据包是否属于同一个数据流。实际操作上，可以通过分析 IP 数据包的 7 个属性来实现，也就是分析数据包的 7 个字段，具体如下。

1）源 IP 地址。

2）目标 IP 地址。

3）源通信端口号。

4）目标通信端口号。

5）第三层协议类型。

6）TOS 字节（DSCP）。

7）网络设备输入（或输出）的逻辑网络端口（ifIndex）。

Cisco 公司的 NetFlow 技术利用分析 IP 数据包的上述 7 个属性，可以快速区分网络中传送的各种不同类型业务的数据流。对区分出的每个数据流，NetFlow 可以进行单独跟踪和准确计量，记录其传送方向和目的地等流向特性，统计其起始和结束时间、服务类型、包含的数据包数量和字节数量等流量信息。对采集到的数据流流量和流向信息，NetFlow 可以定期输出原始记录，也可以对原始记录进行自动汇聚后输出统计结果。

（2）版本

Cisco 的 NetFlow 有众多版本，如 V1、V5、V7、V8、V9。目前最主流的是 NetFlow V5。

1）NetFlow V1。

NetFlow V1 是 NetFlow 技术的第一个实用版本。支持 IOS 11.1、11.2、11.3 和 12.0，但在如今的实际网络环境中已经不适合使用了。

2）NetFlow V5。

NetFlow V5，增加了对数据流 BGP AS 信息的支持，是当前主要的实际应用版本。支持 IOS 11.1CA 和 12.0 及其后续 IOS 版本。

尽管 NetFlow V5 被广泛应用在不同制造商的各种设备上，但是 NetFlow V5 也同样有一些重要限制。

例如，它仅支持 IPv4，不支持 IPv6；导出的数据包使用不可靠的 UDP 协议进行传输。

3）NetFlow V7。

NetFlow V7 是思科 Catalyst 交换机设备支持的一个 NetFlow 版本，需要利用交换机的 MLS 或 CEF 处理引擎。

4）NetFlow V8。

NetFlow V8 增加了网络设备对 NetFlow 统计数据进行自动汇聚的功能（共支持 11 种数据汇聚模式），可以大大降低对数据输出的带宽需求。支持 IOS12.0(3)T、12.0(3)S、12.1 及其后续 IOS 版本。

5）NetFlow V9。

NetFlow V9 是一种全新的灵活和可扩展的 NetFlow 数据输出格式，采用了基于模板（Template）的统计数据输出，方便添加需要输出的数据域和支持多种 NetFlow 新功能，如 Multicast NetFlow、MPLS Aware NetFlow、BGP Next Hop V9、NetFlow for IPv6 等。支持 IOS12.0(24)S 和 12.3T 及其后续 IOS 版本。NetFlow V9 还被 IETF 组织确定为 IPFIX（IP Flow Information Export）标准。

（3）工作原理

1）NetFlow 缓存 Cache。

NetFlow 缓存是存储 IP 流的内存区域，当路由器处理一个 IP 流的第一个数据包时，NetFlow 会在缓存中创建一个新的 IP 流的条目，该条目包含了关于这个流的各种统计信息，如流中包含的数据包数、字节数等，也包含了这个流的属性信息，如源、目的 IP 地址等，这些信息都将用于流导出时报告给采集器 Collector。

当后继的数据包到达，NetFlow 检查到达的数据包属性是否满足缓存中已有流的定义，如果满足，则对缓存中的流条目进行计数，包括更新的数据包数目、字节数等。

NetFlow 流缓存的管理是一个关键部分，NetFlow 缓存会定期地更新，并将过期的流记录（Flow Record）按导出格式输出给采集器，NetFlow 缓存过期的规则包括以下几个方面。

- 如果流记录在一段时间内没有被更新，则此 IP 流过期，并从缓存移出。
- 长时间存在的流（如超过 30 分钟）将被认为过期，并从缓存移出。
- 当缓存满时，使用启发式（heuristics）算法加速缓存中流的过期。
- 对于到达字节流介绍（FIN）或被重置（RST）的 TCP 连接，对应的流记录将过期。

过期的流记录将被组合在一起，封装成流输出包，然后发送给 NetFlow 采集器。对于 NetFlow V5 和 NetFlow V9 的输出格式来讲，一个 NetFlow 输出包含了最多 30 条流记录。

2）NetFlow 数据输出。

NetFlow 数据包通过 UDP 协议发送给采集器，每个 NetFlow 的输出包都包含包头和多个流记录；包头包含了序列号、流记录个数和发送数据包时的系统时间等信息，而流记录则包含了诸如 IP 地址、端口等 IP 流信息。NetFlow V5 的输出包格式如图 9-1 所示。

各字段说明如表 9-1 所示。

NetFlow V9 不同于之前的固定格式的输出版本，NetFlow V9 采用了模板来描述数据的类型信息，而用 Data FlowSet 来包含真正的流数据，这让灵活的输出流信息和以后对流格式的扩展成为了可能。NetFlow V9 的输出包格式如图 9-2 所示。

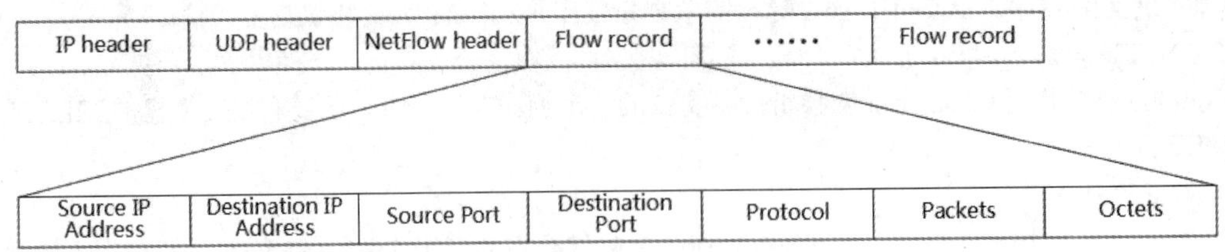

图 9-1　NetFlow 输出格式

表 9-1　NetFlow 数据格式

字段	说明
Source IP Address	数据流源 IP 地址
Destination Address	数据流目 IP 地址
Source Port	数据流源端口号
Destination Port	数据流目的端口号
Protocol	数据流的通信协议：1 表示 ICMP 协议，6 表示 TCP 协议，17 表示 UDP 协议
Packets	数据流内数据包数量
Octets	数据流的大小

Packet Header	Template FlowSet	Data FlowSet	……	Template FlowSet	Data FlowSet

图 9-2　NetFlow 输出格式

3）NetFlow 聚合。

在一个同时交换大量流的核心路由器上，如果其多个接口都激活了 NetFlow，则导出数据量将非常大，为了能显著地减少导出数据量和提高 NetFlow 的伸缩性，作为 Cisco IOS 软件增强特性，NetFlow 聚合用以将导出数据进行聚合。11 种基于路由器的 NetFlow 聚合方案使数据在被导出到数据采集器前先在路由器上进行汇总，使得传输 NetFlow 导出数据的带宽使用量下降，并降低对数据采集设备的性能要求。基于路由器的聚合功能，主要在 NetFlow V8 和 V9 中支持并使用。

NetFlow 聚合通过维护一些额外的 NetFlow 缓存来实现，这些缓存具有不同的字段组合，用以决定哪些常规的流被聚合在一起，这些额外的缓存称为聚合缓存（Aggregation Cache）。一个从主缓存中过期的流，将被加入到各个激活的聚合缓存中。在每个活动的聚合缓存中运行的老化程序和在主缓存中运行的老化程序是一致的。NetFlow 聚合缓存的工作流程，具体如图 9-3 所示。

每个不同的聚合方案可以配置其缓存的大小、缓存老化程序的超时参数、导出目标的 IP 地址和导出目标的 UDP 端口。一个在主缓存中过期的流，此流中的信息将被提取出来用以更新相应的聚合缓存中的流。每个聚合缓存拥有不同的字段组合，用以决定哪些数据将被组合在一起，默认的聚合缓存大小为 4M。

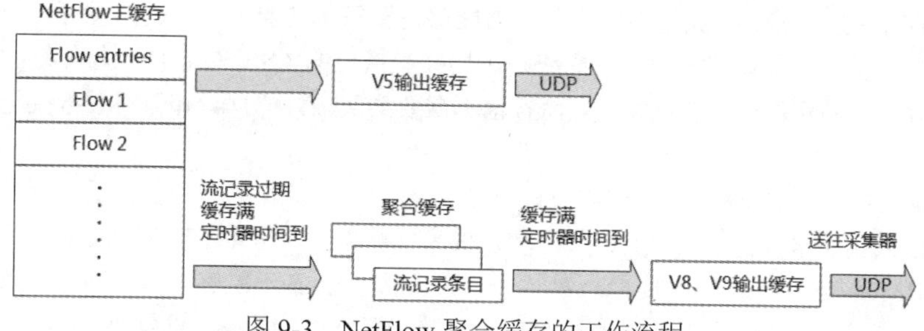

图 9-3 NetFlow 聚合缓存的工作流程

（4）使用 NetFlow 的影响

1）带宽占用。

采用 NetFlow 方案不要求处理从某个接口接收到的每个数据包，用来对被监控路由器进行流量分析的数据来自采集到的 NetFlow 数据，从路由器送出的非采样 NetFlow 数据不到流经该路由器数据量的 1%，使用采样 NetFlow 时流量数据则更为大幅度减少。

根据计算，在采样率为 1000:1 时，对 10Gb/s 流量进行 NetFlow 分析，仅产生 1.3Mb/s 流量。因此，NetFlow 产生的流量对于骨干网的带宽占用比例很少。

2）路由器性能消耗。

利用 NetFlow 技术实现流量监测需要在路由器上开启 NetFlow 协议来配合采集数据，因此会对路由器 CPU 造成一定负担。Cisco 公司和 Juniper 公司等路由器厂家都针对这些问题做了详细的研究。针对不同产品系列、NetFlow 协议版本、是否使用采样方式等，对 CPU 的影响程度也不同。

根据 Cisco 公司的“NetFlow Performance Analysis 白皮书”，在非采样方式下，路由器开启 NetFlow 后，其 CPU 使用状况如下所示。

- 如果有 10000 条同时在线的 Flow，则路由器的 CPU 使用率平均增加 7.14%。
- 如果有 45000 条同时在线的 Flow，则路由器的 CPU 使用率平均增加 19.16%。
- 如果有 65000 条同时在线的 Flow，则路由器的 CPU 使用率平均增加 22.98%。

这些数据是基于不同的产品系列进行测试的平均值。

在使用采样方式下，开启 NetFlow 对路由器的 CPU 影响就会很小。根据 Cisco 公司的资料显示，12000 系列的路由器在非采样方式下需要增加 23.5%的 CPU 使用率来处理 65000 条 Flow，而采用 100:1 的抽样比率时 CPU 使用率仅增加 3%。在不同的抽样比率下，CPU 的负担增加程度也不同。

9.2.2 通过 sFlow 实现流数据采集

（1）简介

sFlow 是由 INMoney、HP 和 FoundryNetworks 于 2001 年联合开发的一种网络监测技术，是基于标准的网络导出协议（RFC 3176）。它采用数据流随机采样技术，可提供完整的第二层到第四层，甚至全网络范围内的流量信息，能够解决当前网络管理人员面临的很多问题。通过将 sFlow 技术嵌入到网络路由器和交换机 ASIC 芯片中，sFlow 已经成为一项线速运行的“一直在线”技术。与使用镜像端口、探针和旁路监测技术的传统网络监视解决方案相比，sFlow 能够大大降低实施费用，采用 sFlow 使得面向每一个端口的全网络检测成为可能。

sFlow 使拥有高速千兆和万兆端口的现代网络能够得到精确的监视，经过扩展可以在一个采集点上管理数万个端口。因为 sFlow 代理嵌入在网络路由器和交换机的 ASIC 中，所以与传统的网络监控解决方案相比，这种方法的实施成本要低得多。而且也不需要购买额外的探针和旁路设备就能全面监视整个网络。

与数据包采样技术（如 RMON）不同，sFlow 是一种导出格式，它增加了关于被监视数据包的更多信息，并使用嵌入到网络设备中的 sFlow 代理转发被采样数据包，因此在功能和性能上都超越了当前使用的 RMON、RMON II 和 NetFlow 技术。sFlow 技术的优势主要在于能够在整个网络中以连续实时的方式完全监视每一个端口，但不需要镜像监视端口，对整个网络性能的影响非常小。

与那些需要镜像端口或网络旁路设备来监视传输流量的解决方案不同，在 sFlow 的解决方案中，并不是每一个数据包都发送到采集器。sFlow 使用两种独立的采样方法来获取数据：针对交换数据流的基于数据包的统计采样方法和针对网络接口统计数据的基于时间的采样方法（类似 RMON 的轮询）。sFlow 还能使用不同的采样率对整个交换机或仅对其中一些端口实施监视，这样保证了在设计管理方案可以根据需求而灵活设计。

与以往的网络监视技术，如 RMON、RMON II 和 NetFlow 相比，sFlow 具有以下优势。

1）更低的全网络监视成本。

2）具有实时分析能力的持续在线技术。

3）嵌入到 ASIC 中。

4）可监控设备或端口配置的全网络视图。

5）用户可自行配置的采样速率。

6）对设备性能基本上没有影响。

7）对网络带宽的影响很小。

8）拥有完整的数据包头信息。

9）拥有完整的第 2～7 层详细信息。

10）支持多种协议（IP、MAC、Appletalk、IPX、BGP 等）。

与传统的流量监视和仅传递数据包信息的 IDS 系统不同，sFlow 除发送传统数据包头和协议信息外，还发送物理传输信息，如交换机/端口接口信息、RMON 统计信息和部分数据包有效载荷来进行监视。这样使得 sFlow 能够具有实现网络安全监控的可能性，进一步使得与安全相关的应用（如全企业 IDS、应用识别和流量监视）成为可能。

（2）工作原理

网络流量监控系统通常由三个部分组成：数据采集模块、数据收集模块和数据分析模块。而 sFlow 网络流量监测系统则只有两个部分组成：sFlow 代理（Agent）和 sFlow 采集器（Collector）。sFlow 代理是内嵌在网络设备（交换机或路由器）上的一个软件模块，而采集器则是连接在网络上的一个（或多个）可对 sFlow 数据进行分析的计算机。sFlow 代理通过 ASIC 芯片嵌入到交换机和路由器中，由于 sFlow 具有独立的采样处理芯片，使得 sFlow 能在占用少量设备资源的前提下完成对高速、复杂网络系统的准确监控。

sFlow 的工作机制如图 9-4 所示。

sFlow 代理（Agent）：从所监控的设备抓取流量统计信息，然后用 sFlow 数据包将统计信息及时地转发给 sFlow 采集器（Collector）进行分析。sFlow 代理（Agent）分布于要监控网络的各关键节点，各代理之间独立进行监控采样，在系统中可以很方便地增加对一条新网络线路的监控节点，也可以便捷地去除某些不需要继续监控的节点，而不会对系统其他采样代理产生影响。增加 sFlow 监控节点时，只需要开启 sFlow 服务并配置好相应的采样参数和接收采样数据的 sFlow 采集器(Collector)即可，暂停 sFlow 监控功能也只需去除相应节点的 sFlow 功能即可。

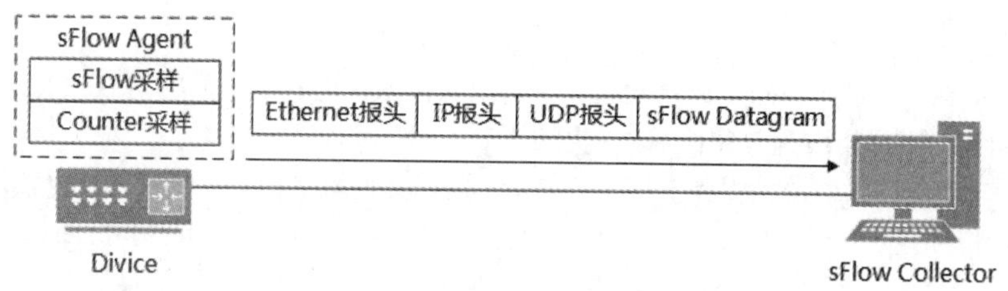

图 9-4　sFlow 工作机制

sFlow 采集器（Collector）：接收 sFlow 代理发来的采样报文信息，根据接收的数据进行分析、计算，提取网络流量信息特征，建立网络常规流量模型，网络管理人员根据此模型定期进行分析，能够检测出异常网络流量，优化网络资源配置，提升网络规划的合理性和运行性能。

（3）sFlow 数据包格式

sFlow 数据包中含有大量的信息，这些信息可以用于网络监视、流量分析和安全分析等。根据 RFC3176 规定，可以为每一个数据包转发最少 256 字节信息，所有 IP、TCP 和 UDP 报头的相关信息，都与数据包有效载荷一起转发到采集器，以进行监视分析。采集的数据包头信息包括 IPv4 报头信息、IPv4-TCP 报头信息和 IPv4-UDP 报头信息。

除了报头信息外，sFlow 代理还能够与每个被采样数据包一起转发数据包发出的端口，下一跳的网关地址、BGP 信息、用户认证信息、接口统计信息（RFC1573、RFC2233 和 RFC2358）和有效载荷信息，sFlow 的输出格式如图 9-5 所示。

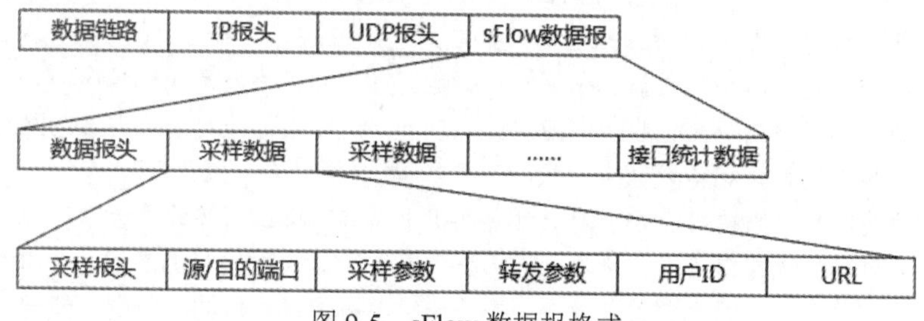

图 9-5　sFlow 数据报格式

sFlow 数据报格式有多个版本，有 V2、V4、V5 版本，最新版本为 V5 版本，但经常使用的是 V2 和 V5 版本。

sFlow 增加了支持数据包报头捕获、附加 IP 信息、基于第二层到第四层的数据包和字节数，故其数据格式相对复杂。sFlow V5 数据报的数据格式如图 9-6 所示，一个 sFlow V5 数据报由一个报头和若干个 flow samples 以及若干个 counter samples 或 flowsample_expanded、countersample_expanded 组成。

Packet Header	Template FlowSet	Data FlowSet	……	Template FlowSet	Data FlowSet

图 9-6　NetFlow 输出格式

9.2.3　NetFlow 与 sFlow 对比分析

NetFlow 和 sFlow 都是一种向采集器发送报告的推送技术，但有所不同的是 NetFlow 是一种基于软件的技术，而 sFlow 则采用内置在硬件中的专用芯片。

NetFlow 更多的是在路由器上得到支持，而 sFlow 则在交换机上得到广泛应用。两者都是开放标准，但在非常大的流量传输环境中，sFlow 采样架构要优于 NetFlows 方式。在路由器和交换机上实现 NetFlow 的处理能力并不是问题，问题在于 NetFlow 产生的数据包数量会非常巨大，采集器的压力会比较大。

NetFlow 与 sFlow 监测技术比较如表 9-2 所示。

表 9-2　网络传输流监测技术比较

检测技术	应用范围	特性	不足
NetFlow	广域网/Internet：目前主要应用在路由器设备中	汇集方式监测传输流，对主机间流量的描述精准性接近 100%；通常基于软件架构	当数据包流量很大时，可能会给采集器带来负担
sFlow	局域网：目前主要应用在交换机设备中	采样方式监测传输流，对采样数据包的字节输出无限制；通常部署在硬件专用芯片上	对网络传输流的描述不如 NetFlow 精准

9.2.4　通过端口镜像实现流数据采集

端口镜像（Port Mirroring）功能是通过在交换机或路由器上将一个或多个源端口的数据流量转发到某一个指定端口来实现对网络的监听，指定端口称之为“镜像端口”或“目的端口”。端口镜像的主要作用是给网络分析器提供可分析的数据。在不严重影响源端口正常吞吐流量的情况下，可以通过镜像端口对网络的流量进行监控分析。在企业网中使用镜像功能，可以很好地对企业内部的网络数据进行监控管理，在网络出故障的时候，可以快速定位故障。

一般来说，源端口和目的端口应处于同一台交换机上，端口镜像监控并不会影响数据流在交换机上的发送或接收，它只是将源端口发送或接收到的数据复制一份副本发往目的端口。端口镜像监控的任意一个目的端口只可以处于一个端口镜像任务中，若一端口已被配置为目的端口则不能再同时被配置为源端口，但是一个被监控的端口可以同时配多个端口镜像任务监控。

端口镜像技术包含以下三种数据流。

1）输入数据流：从源端口接收，数据副本被发送到监控端口的数据流。

2）输出数据流：从源端口发送，数据副本被发送到监控端口的数据流。

3）双向数据流：既包含输入数据流又包含输出数据流。

9.3 网络流量分析

网络流量分析主要是通过网络流量监测实现的。网络流量监测主要是连续地采集网络中的数据包，通过对数据包进行分析，帮助网络管理员深入地了解网络的运行状况，发现网络中存在的问题，从而保证网络的服务质量。

通过对网络流量的分析，网络管理员可以详细地了解网络的运行情况。网络中的各种应用在运行的时候，每一个数据访问，每一个数据传输都要通过网络进行，通过分析网络数据包，可以清晰地了解应用程序的运行规律，从而帮助网络管理员更好地管理网络中的各种应用。同时网络中每一个用户的网络行为都会影响到网络中的其他用户甚至整个网络的运行，每个用户的网络行为都会产生相应的网络流量，通过对这些流量进行分析，可以清晰地检测到每个用户的具体网络行为，从而更好地对网络用户行为进行管理。

通过对网络流量的分析，网络管理员可以及时地发现网络出现的问题。任何网络异常，如网络用户的计算机感染了蠕虫病毒、中了后门程序等，都会产生异常的数据包，通过对数据包的长期分析就能及时发现网络用户的异常行为，从而提高解决问题的效率。

9.3.1 网络流量监测的意义

网络流量监测是网络管理中最基础的部分，是网络管理人员的主要任务。网络流量测量的目的是提高服务质量、提高资源利用率，在用户报告问题之前开始诊断或解决问题，提高网络的可靠性和可用性，提供网络规划参考以及安全和计费等。通过检测网络的状态判断网络的运行情况，网络状态一般是通过网络流量、性能或配置参数的不同来确定，这些参数统称为网络参数。

（1）网络流量与网络体系结构

从网络体系结构来说，网络流量是一切研究的基础。所有对网络应用和网络本身行为特点的研究都可以通过对网络流量的研究来获得。网络行为特征往往可以通过其承载的流量的动态特性来反映，所以有针对性地检测网络流量的各种参数，就能从中分析和研究网络的运行特征。通过分析和研究网络流量特征，有可能提供一条有效的探索网络内部运行机制的途径。由于网络流量在网络体系结构中的地位，越来越多的研究者转向网络流量的研究，流量理论也越来越受到重视，网络领域的研究热点中就包含了网络流量的测量与分析。

（2）网络流量与网络性能

网络流量能直接反映网络性能的好坏。在网络中，如果网络所接受的流量超过它实际的运载能力，就会引起网络性能下降。吞吐量是网络性能的重要标志，一个理想的网络应该接受所有提供的流量，直到它的最大吞吐量限。然而在实际网络中，如果对网络流量控制得不好或发生网络拥塞，将会导致网络的吞吐量下降，网络性能降低。网络流量监测主要对网络数据进行连续的采集以监测网络的流量，获得网络流量数据后对其进行统计和计算，从而得到网络及其主要成分的性能指标，定期形成性能报表，并维护网络流量数据库或日志，以存储网络及其主要成分的性能的历史数据，网络管理员根据当前和历史的数据可对其主要成分的性能进行性能管理，通过数据分析获得性能的变化趋势，分析制约网络性能的瓶颈问题。此外，在网络性能异常的情况下，网络流量监测系统还可以向网络管理者进行警告，促使故障及时得到处理。

（3）网络流量与网络安全

随着网络的应用领域和应用规模的快速增长，通过网络传播计算机病毒的种类越来越多，传播速度更快，感染面积更广，全球的信息安全受到了严重的威胁。安全问题已成为制约网络发展特别是商业应用的主要问题，并直接威胁着国家和社会安全。

网络蠕虫病毒，其传播速度快、传播面积广、破坏性强，大量占用路由器和交换机的带宽，导致网络阻塞甚至瘫痪。网络蠕虫病毒主要利用操作系统的漏洞进行主动传播，并且可以在局域网或者广域网内以多种方式传播，一般来说都有很多变种，从而使杀毒软件难以有效地主动防范。迄今为止，用户无法通过升级杀毒软件的版本，完全阻止病毒的传播。

这种网络蠕虫病毒的攻击方式，除了造成大量网络流量外，也会消耗大量系统资源。其实，适当的网络管理与防火墙管理软件，可以在网络蠕虫病毒进行入侵时所涌入的异常网络流量或异于平时的系统资源的使用量时，通过预先设定的监测阈值，在整个系统刚出现异常时，即可通知系统管理人员或自动采取有效的动作，阻止病毒的有效传播。不仅如此，流量监控系统可以监视整个网络的资源使用状态，与防火墙、入侵检测与网络管理设备等整合在一起，可以形成一道严密的防护网，可以主动防御各种网络蠕虫病毒的恶意入侵或是人为因素所引起的异常情况。

另外，各种攻击手段层出不穷，计算机网络的保密性、完整性、可用性受到了严峻考验。针对目前危害甚大的拒绝服务和分布式拒绝服务攻击，可以通过连接会话数的跟踪、源目的地址的分析、流量的分析，及时发现网络中的异常流量和异常连接，侦测和定位网络潜在的安全问题和攻击行为，保障网络安全。

9.3.2 异常流量的分析和处理

本节以 NetFlow 为例对异常流量进行分析。

NFC（Cisco NetFlow Collector）可以制定多种 NetFlow 数据采集格式，下例为 NFC 2.0 采集的一种流数据实例，本节的分析都基于这种格式讲解。

```
61.*.*.68|61.*.*.195|64917|Others|9|13|4528|135|6|4|192|1
```

数据中各字段的定义如下所示。

```
源地址|目的地址|源自治域|目的自治域|流入接口号|流出接口号|源端口|目的端口|协议类型|包数量|字节数|流量数
```

要对互联网异常流量进行分析，首先要深入了解其产生原理及特征，以下重点从 NetFlow 数据角度，对异常流量的种类、流向、产生后果、数据包类型、地址、端口等多个方面进行分析。

（1）异常流量的种类

目前，对互联网造成重大影响的异常流量主要有以下几种。

1）拒绝服务攻击（DoS）。

DoS 攻击使用非正常的数据流量攻击网络设备或其接入的服务器，致使网络设备或服务器的性能下降，或占用网络带宽，影响其他相关用户流量的正常通信，最终可能导致网络服务的不可用。例如 DoS 可以利用 TCP 协议的缺陷，通过 SYN 打开半开的 TCP 连接，占用系统资源，使合法用户被排斥而不能建立正常的 TCP 连接。

以下为一个典型的 DoS SYN 攻击的 NetFlow 数据实例，该案例中多个伪造的源 IP 同时向一个目的 IP 发起 TCP SYN 攻击。

```
117.*.68.45|211.*.*.49|Others|64851|3|2|10000|10000|6|1|40|1
104.*.93.81|211.*.*.49|Others|64851|3|2|5557|5928|6|1|40|1
```

```
58.*.255.108|211.*.*.49|Others|64851|3|2|3330|10000|6|1|40|1
```

由于 Internet 协议本身的缺陷，IP 包中的源地址是可以伪造的，现在的 DoS 工具很多可以伪装源地址，这也是不易追踪到攻击源主机的主要原因。

2）分布式拒绝服务攻击（DDoS）。

DDoS 把 DoS 又发展了一步，将这种攻击行为自动化，分布式拒绝服务攻击可以协调多台计算机上的进程发起攻击，在这种情况下，就会有一股拒绝服务洪流冲击网络，可能使被攻击目标因过载而崩溃。

以下为一个典型的 DDoS 攻击的 NetFlow 数据实例，该实例中多个 IP 同时向一个 IP 发起 UDP 攻击。

```
61.*.*.67|69.*.*.100|64821|as9|2|9|49064|5230|17|6571|9856500|1
211.*.*.163|69.*.*.100|64751|as9|3|9|18423|22731|17|906|1359000|1
61.*.*.145|69.*.*.100|64731|Others|2|0|52452|22157|17|3|4500|1
```

3）网络蠕虫病毒流量。

网络蠕虫病毒的传播也会对网络产生影响。例如 Red Code、SQL Slammer、冲击波、振荡波等病毒的相继爆发，不但对用户主机造成影响，而且对网络的正常运行也构成了的危害，因为这些病毒具有扫描网络，主动传播病毒的能力，会大量占用网络带宽或网络设备系统资源。

以下为振荡波病毒的 NetFlow 数据实例，该案例中一个 IP 同时向随机生成的多个 IP 发起 445 端口的 TCP 连接请求，其效果相当于对网络发起 DoS 攻击。

```
61.*.*.*|168.*.*.200|Others|Others|3|0|1186|445|6|1|48|1
61.*.*.*|32.*.*.207|Others|Others|3|0|10000|445|6|1|48|1
61.*.*.*|24.*.*.23|Others|Others|3|0|10000|445|6|1|48|1
```

4）其他异常流量。

其他能够影响网络正常运行的流量都归为异常流量的范畴，例如一些网络扫描工具产生的大量 TCP 连接请求，很容易使一个性能不高的网络设备瘫痪。

以下为一个 IP 对 167.*.210.*网段，针对 UDP 137 端口扫描的 NetFlow 数据实例。

```
211.*.*.54|167.*.210.95|65211|as3|2|10|1028|137|17|1|78|1
211.*.*.54|167.*.210.100|65211|as3|2|10|1028|137|17|1|78|1
211.*.*.54|167.*.210.103|65211|as3|2|10|1028|137|17|1|78|1
```

（2）异常流量流向分析

从异常流量流向来看，常见的异常流量可分为三种情况。

1）网外对本网内的攻击。

2）本网内对网外的攻击。

3）本网内对本网内的攻击。

针对不同的异常流量流向，需要采用不同的防护及处理策略，所以判断异常流量流向是进一步防护的前提，以下为这三种情况的 NetFlow 数据实例。

```
124.*.148.110|211.*.*.49|Others|64851|3|2|10000|10000|6|1|40|1
//网外对本网内攻击的 NetFlow 数据
211.*.*.54|167.*.210.252|65211|as3|2|10|1028|137|17|1|78|1
//本网内对网外的攻击的 NetFlow 数据
211.*.*.187|211.*.*.69|Others|localas|71|6|1721|445|6|3|144|1
//本网内对本网内攻击的 NetFlow 数据
```

其中 211 开头的地址为本网地址。

（3）异常流量产生的后果

异常流量对网络的影响主要体现在两个方面：

1）占用带宽资源使网络拥塞，造成网络丢包、时延增大，严重时可导致网络不可用。

2）占用网络设备系统资源（CPU、内存等），使网络设备不能提供正常的服务。

（4）异常流量的数据包类型

1）TCP SYN flood（40 字节）。

```
11.*.64.3|2.*.38.180|64821|as10|5|4|1013|18|6|1|40|1
```

从 NetFlow 的采集数据可以看出，此异常流量的典型特征是数据包协议类型为 6（TCP），数据流大小为 40 字节（通常为 TCP 的 SYN 连接请求）。

2）ICMP flood。

```
2.*.33.1|1.*.97.22|as12|64811|5|2|0|0|1|146173|218359704|1
```

从 NetFlow 的采集数据可以看出，此异常流量的典型特征是数据包协议类型为 1（ICMP），单个数据流字节数达 218M 字节。

3）UDP flood。

```
*.*.206.73|160.*.71.129|64621|Others|6|34|1812|1812|17|224|336000|1
*.*.17.196|25.*.156.119|64621|Others|6|34|1029|137|17|1|78|1
```

从 NetFlow 的采集数据可以看出，此异常流量的典型特征是数据包协议类型为 17（UDP），数据流有大有小。

其他类型的异常流量也会在网络中经常见到，从理论上来讲，任何正常的数据包形式如果被大量滥用，都会产生异常流量，如以下的 DNS 正常访问请求数据包（协议类型 53）如果大量发生，就会产生对 DNS 服务器的 DoS 攻击。

```
211.*.*.146|211.*.*.129|Others|Others|71|8|3227|53|53|1|59|1
```

（5）异常流量的源、目的地址

1）源地址。

源地址为真实 IP 地址，数据如下所示。

```
211.*.*.153|*.10.72.226|as2|as8|5|4|3844|10000|17|2|3000|2
211.*.*.153|*.10.72.226|as2|as8|5|4|3845|10000|17|1|1500|1
211.*.*.153|*.10.72.226|as2|as8|5|4|3846|10000|17|1|1500|1
```

源地址为伪造地址，这种情况源地址通常随机生成，如下例数据所示，源地址都是伪造的网络地址。

```
63.245.0.0|209.*.*.38|as5|as4|3|7|1983|23|23|1|40|1
12.51.0.0 |209.*.*.38 |as6|as4|3|7|1159|2046|6|1|40|1
212.62.0.0|209.*.*.38| as7|as4|3|7|1140|3575|6|1|40|1
```

2）目的地址。

目的地址为固定的真实地址，这种情况下目的地址通常是被异常流量攻击的对象，如下例数据示。

```
211.*.*.153|*.10.72.226|as2|as8|5|4|3844|10000|17|2|3000|2
211.*.*.153|*.10.72.226|as2|as8|5|4|3845|10000|17|1|1500|1
211.*.*.153|*.10.72.226|as2|as8|5|4|3846|10000|17|1|1500|1
```

目的地址随机生成，如下例数据所示。

```
211.*.*.187|169.*.190.17|Others|localas|71|6|1663|445|6|3|144|1
211.*.*.187|103.*.205.148|Others|localas|71|6|3647|445|6|3|144|1
211.*.*.187|138.*.80.79|Others|localas|71|6|1570|445|6|3|144|1
```

目的地址有规律变化，如下例数据所示，目的地址在顺序增加。

```
211.*.*.219|192.*.254.18|Others|Others|15|9|10000|6789|17|1|36|1
211.*.*.219|192.*.254.19|Others|Others|15|9|10000|6789|17|2|72|2
211.*.*.219|192.*.254.20|Others|Others|15|9|10000|6789|17|3|108|3
```

（6）异常流量的源、目的端口分析

异常流量的源端口通常会随机生成，如下例数据所示。

```
211.*.*.187|169.172.190.17|Others|localas|71|6|1663|445|6|3|144|1
211.*.*.187|103.210.205.148|Others|localas|71|6|3647|445|6|3|144|1
211.*.*.187|138.241.80.79|Others|localas|71|6|1570|445|6|3|144|1
```

多数异常流量的目的端口固定在一个或几个端口，可以利用这一点，对异常流量进行过滤或限制，如下例数据所示，目的端口为 UDP 6789。

```
211.*.*.219|192.*.254.18|Others|Others|15|9|10000|6789|17|1|36|1
211.*.*.219|192.*.254.19|Others|Others|15|9|10000|6789|17|2|72|2
211.*.*.219|192.*.254.20|Others|Others|15|9|10000|6789|17|3|108|3
```

（7）利用 NetFlow 工具处理防范网络异常流量

从某种程度上来讲，互联网异常流量永远不会消失而且从技术上目前没有根本的解决办法，但对网管人员来说，可以利用许多技术手段分析异常流量，减小异常流量发生时带来的影响和损失。以下是处理网络异常流量时可以采用的一些方法及工具。

1）判断异常流量的流向。

因为目前多数网络设备只提供物理端口入流量的 NetFlow 数据，所以采集异常流量 NetFlow 数据之前，首先要判断异常流量的流向，进而选择合适的物理端口去采集数据。

流量监控管理软件是判断异常流量流向的有效工具，通过流量大小变化的监控，可以发现异常流量，特别是大流量异常流量的流向，从而进一步查找异常流量的源、目的地址。

如果能够将流量监测部署到全网，这样在类似异常流量发生时，就能迅速找到异常流量的源或目标接入设备端口，便于快速定位异常流量流向。

有些异常流量发生时并不体现为大流量的产生，这种情况下，也可以综合异常流量发生时的其他现象判断其流向，如设备端口的包转发速率、网络时延、丢包率、网络设备的 CPU 利用率变化等因素。

2）采集 NetFlow 数据。

判断异常流量的流向后，就可以选择合适的网络设备端口，实施 NeFlow 配置，采集该端口入流量的 NetFlow 数据。

以下是在 Cisco C3600 系列的路由器 FastEthernet 0/0 端口上打开 NetFlow 的配置实例。

```
router#configure terminal
router(config)#interface FastEthernet 0/1
router(config-if)#ip route-cache flow
router(config-if)#exit
router(config)#ip flow-export destination 192.168.1.1 9995
  //输送到采集器
router(config)#ip flow-export source FastEthernet 0/0
router(config)#ip flow-export version 5
router(config)#ip flow-cache timeout active 1
router(config)#ip flow-cache timeout inactive 15
  //设置超时时间
router(config)#snmp-server ifindex persist
router(config)#end
router#write
router#show ip flow export
  //查看 NetFlow 输出
router#show ip cache flow
```

```
//查看 NetFlow 缓存
```

通过该配置把流入到 FastEthernet0/0 的 NetFlow 数据送到 NetFlow 采集器 192.168.1.1。

3）处理异常流量的方法。

①切断连接。

在能够确定异常流量源地址且该源地址设备可控的情况下，切断异常流量源设备的物理连接是最直接的解决办法。

②过滤。

采用 ACL（Access Control List）过滤能够灵活实现针对源目的 IP 地址、协议类型、端口号等各种形式的过滤，但同时也存在消耗网络设备系统资源的副作用，下例为利用 ACL 过滤 UDP1434 端口的实例。

```
access-list 101 deny udp any any eq 1434
access-list 101 permit ip any any
```

此过滤针对蠕虫王病毒（SQL Slammer），但同时也过滤了针对 SQL Server 的正常访问，如果要保证对 SQL Server 的正常访问，还可以根据病毒流数据包的大小特征实施更细化的过滤策略。

③静态空路由过滤。

能确定异常流量目标地址的情况下，可以用静态路由把异常流量的目标地址指向空（Null），这种过滤几乎不消耗路由器系统资源，但同时也过滤了对目标地址的正常访问，配置实例如下所示。

```
ip route 205.*.*.2 255.255.255.255 Null 0
```

对于多路由器的网络，还需增加相关动态路由配置，保证过滤在全网生效。

④异常流量限定。

利用路由器 CAR 功能，可以将异常流量限定在一定的范围，这种过滤也存在消耗路由器系统资源的副作用，以下为利用 CAR 限制 UDP1434 端口流量的配置实例。

```
Router# (config) access-list 150 deny udp any any eq 1434
Router# (config) access-list 150 permit ip any any
Router# (config) interface FastEthernet 0/0
Router# (config-if) rate-limit input access-group rate-limit 150 8000 1500 20000
conform-action drop exceed-action drop
```

此配置限定 UDP1434 端口的流量为 8Kb/s。

处理分析网络异常流量还存在许多其他方法，如可以利用 IDS、协议分析仪、网络设备 Log、Debug、IP accounting 等功能查找异常流量来源，但这些方法的应用因各种原因受到限制，如效率低、对网络设备的性能影响、数据不易采集等。

利用 NetFlow 分析网络异常流量也存在一些限制条件，如需要网络设备对 NetFlow 的支持。需要分析 NetFlow 数据的工具软件，需要网络管理员准确区分正常流量数据和异常流量数据等。

但是比较其他方法，利用 NetFlow 分析网络异常流量因其方便、快捷、高效的特点，为越来越多的网络管理员所接受，成为互联网安全管理的重要手段，特别是在大规模的网络管理工作中，更能体现其独特优势。

9.4 网络用户行为分析

网络用户行为分析是在网络流量监测分析的基础上实现的。通过测量分析网络流量可以掌握网络用户行为的基本特征，进而发现网络用户行为的变化规律，构造出描述网络用户行为的模型，并验证模型的稳定性与有效性。

9.4.1 什么是网络用户行为分析

网络用户行为分析是运用多学科知识研究和分析网络用户构成、特点及其在网络应用过程中行为活动所表现出来的规律，简单地说，就是研究用户上网行为中隐含的特征和规律。网络用户行为分析的基础是网络中的真实数据，这些真实数据可以客观反映用户的上网行为。网络用户行为分析的目的是以分析发现的网络用户行为特征和规律为依据，控制并预测网络用户行为，从而为政治、经济和文化服务。

9.4.2 网络用户行为分析的意义

通过网络用户行为分析，发现用户行为规律，对运营商、互联网企业和用户三者都具有重要意义。

对运营商来说，首先，网络用户行为分析可以发现用户对网络资源的使用特征，帮助运营商进行有效网络规划，使得网络资源在最大限度满足用户需求的同时，提高网络资源利用率，降低运营成本；其次，网络用户行为分析可以帮助运营商了解用户对电信服务的兴趣所在，从而为运营商制定差异化服务提供依据，而差异化服务是运营商提高用户满意度、降低用户流失率、提升用户价值、增强市场竞争力的有效手段；再次，网络用户行为分析可以帮助运营商监管网络不良信息和恶意行为，为网络用户营造一个绿色健康的上网环境。

对互联网企业来说，网络用户行为分析帮助发现用户对企业网站的浏览模式和喜好，从而为网站优化、Web 站点辅助设计、用户个性化服务制定，以及广告的定向投放提供策略支持。

对用户本身来说。由于运营商和网站根据网络用户行为对其服务进行了优化，用户可以更加快捷方便地使用网络，享受更加人性化和更好的用户体验服务。

9.4.3 网络用户行为分析的内容

网络用户行为分析通常包含以下几个方面。

（1）用户会话行为分析

用户会话行为分析注重采用统计方法研究用户会话指标的分布特征，这些指标包括以下四个指标。

- 单会话指标，包括：会话的时长、上下行流量、间隔时间等。
- 会话总体指标，包括：用户会话次数、用户产生的上下行流量、用户在线时长等。
- 用户总体指标，包括：用户总数、用户产生的总上下行流量、用户总在线时长等。

研究方法主要有以下四种。

- 研究指标在时间上的分布，包括：指标在不同时间粒度上的分布（如：小时、日、周、月）；指标在不同时间分布上的对比。
- 研究指标在空间上的分布，包括：指标在一个地区上的分布；指标在不同地区分布上的对比。
- 研究指标之间相关性：以某一指标为自变量，另一指标为因变量，研究因变量与自变量之间的对应关系，从而确定指标之间的相互影响。
- 对比分类用户间的会话指标分布，用户分类的标识很多，如：接入类型、接入时间、接入地点、性别、年龄、收入情况等。通过对比不同类别用户会话指标分布，可发现会话指标存在的分布差异，根据这些差异可以研究不同类别用户不同的上网行为和上网需求，从而为制定用户差异文化服务提供有效策略支持。

用户会话分析展示了用户最基本的上网特征，其分析结果有助于对用户上网行为的进一步研究。

（2）用户上网喜好分析

网络用户行为具有多样性特性，在上网过程中，不同用户可能体现出不同上网喜好。分析用户上网喜好，研究用户兴趣所在，可为电信增值业务的定向营销提供帮助。

用户上网时间喜好分析，包括：用户上网时间喜好分析、用户业务喜好分析、用户网页喜好分析。用户上网时间喜好分析一般以用户在各个时间段上网时间作为衡量用户时段喜好的标识，目的在于发现用户在各个时段的上网喜好特征；用户业务喜好分析一般以用户在一定时期内对各类业务访问次数或产生的流量，作为衡量用户对业务的喜好标准，旨在研究用户对各类业务使用的兴趣情况，发现用户喜爱使用的业务类型；用户网页喜好分析一般以用户在一定时期内对网页的访问次数或访问时间，作为衡量用户对网页的喜好标准，旨在根据用户喜爱访问的网页内容，认知用户关注的信息。

用户上网喜好分析中，需要重点做好的工作如下所述。

- 用户上网喜好分析首先需要对分析的内容进行分类，例如将一天划分成若干小时；将业务划分为若干类别（E-mail、IM、P2P 下载、P2P 视频、Web 视频、游戏等）；将网站划分为若干类别（搜索引擎、视频网站、新闻、体育、娱乐、财经等），由于不同的分类方法会导致不同的分析结果，因此必须根据实际分析需求首先提出一种行之有效的内容分类方法。
- 用户数据一般是海量的，分析海量数据意味着付出较高的时间和空间代价，因此根据用户数据特征对数据压缩是提高分析效率的途径之一。目前有一些数据压缩方法，如主成分分析（Principle Component Analysis）、多维尺度分析（Multidimensional Scaling Analysis）、关联规则分析（Association Rules）等，这些数据压缩方法在对数据进行压缩的过程中都产生了信息损失，如何使信息损失控制在可接受的范围内，是数据压缩需要处理好的一个问题。
- 由于用户数量众多，对每个用户单独分析其喜好比较困难，故需要对用户上网喜好进行分群，找出主要的用户上网喜好模式。无监督的分群一般采用聚类算法，该算法将上网喜好相似的用户分在一起，而将上网喜好不相似的用户分开，从而得到主要的用户上网喜好。由于聚类算法种类较多且应用场景不同，对同一组数据应用不同聚类算法可能得到不同的聚类结果，故需要根据实际分析目标，选取合适的聚类算法以发现有效的模式。

（3）Web 访问行为分析

随着 Web 技术的广泛应用，Web 已成为人们学习、工作、娱乐所使用的基本工具。每天都有数以十亿的人与 Web 进行交互，由此产生的海量数据蕴含丰富的知识，这些知识可以客观地反映人们的 Web 访问行为规律。

从 Web 数据中发现知识的方法称为 Web 挖掘（Web Mining），Web 发掘又分为三类：Web 内容挖掘（Web Content Mining）、Web 结构挖掘（Web Structure Mining）和 Web 使用挖掘（Web Usage Mining）。Web 内容挖掘通过对 Web 内嵌的文本或多媒体数据进行语义分析，获取该 Web 的主题，主要用途是研究页面之间的相关性并实现页面的分类；Web 结构挖掘通过反向 Web 页面中的超链，获取页面和页面、页面和网站之间的整体结构；Web 使用挖掘通过研究网络用户对 Web 的访问记录，发现用户的 Web 访问模式，进而研究用户的 Web 访问规律。

Web 访问行为分析属于 Web 使用挖掘，同时又是网络用户行为分析的一个重要分支，它通过研究用户对 Web 的访问行为，发现用户 Web 浏览模式和兴趣模式，进而为用户未来的访问行为作出预测。

9.5 案例1：使用科来网络分析系统进行用户行为分析

9.5.1 科来网络分析系统简介

科来网络分析系统是一个集数据包采集、解码、协议分析、统计、图表、报表等多种功能为一体的综合网络分析平台。它可以帮助网络管理员进行网络监测、定位网络故障、排查网络内部的安全隐患。

科来网络分析系统采用完全自主设计开发的网络分析引擎，提供海量数据采集和高性能实时诊断分析，全方位地展现企业内网全景信息，有效地帮助网络管理者精确定位网络故障，预先防范网络安全隐患，多方位进行性能监控和优化，全面提高企业网络使用价值。

科来网络分析系统通过多种方式采集网络数据包实时进行故障诊断，或通过回放数据包存档文件实现对网络历史问题的回溯分析。通过应用分析方案实现精准分析，能更有效地帮助用户解决网络中发现的问题，实现精确定位和高效分析。系统采用全新 UI 界面设计，力求以最简洁、最直观的方式将统计和诊断的网络信息呈现给用户。其强大的专家诊断、概要统计、协议分层统计以及节点统计等视图提供了详细的网络故障、性能以及安全分析数据，能够帮助网络管理员快速发现并解决问题；其报警及自定义协议功能可以让管理人员实时了解网络运行状态及网络的详细应用情况；其节点浏览器导航、专家诊断导航、图表及报表导航视图、丰富的图表及报表内容，让用户随时监控和掌握网络数据。

科来网络分析系统能够支持大流量的网络环境，其高性能、高可靠性的数据采集和分析能为网络管理人员提供高效、完整的网络分析解决方案。科来网络分析系统可以帮助企业网络完成以下几类工作。

1）网络流量分析。

2）网络通讯监视。

3）网络错误和故障诊断。

4）网络安全分析。

5）网络性能检测。

6）网络协议分析。

科来网络分析系统从网络底层开始，可以从本质上检测到网络中的各种问题，并协调和支持其他各种网络管理工具的使用，最大化地完善网络管理。

9.5.2 系统架构与工作原理

科来网络分析系统的设计思想严格遵循以太网工作模式。系统将网络中的每一部分都抽象为一种对象，如 IP 地址、物理地址、协议、数据包，将这些对象有机地结合起来，就构成了系统中用到的术语“工程”，而工程文件中不断变化的对象，则表示网络中相应数据通信的实时变化。

科来网络分析系统基于以太网嗅探技术，以旁路接入的方式工作。系统首先将安装科来网络分析系统的机器上的网卡置为混杂模式，使其通过嗅探技术捕获网络中传输的所有数据包，然后将这些数据包传递到系统内部进行分析，再将分析结果实时显示在系统界面中，并自动诊断出网络中存在的故障。

（1）系统架构

要对网络进行分析，首先需要对流经网络的数据包进行采集，数据采集工作在链路层进行，通过此操作能够获得网络中底层的以太网数据包。科来网络分析系统通过对网络底层数据包的实时采集、检测及分析，最后直观地输出分析结果。系统的总体架构如图 9-7 所示。

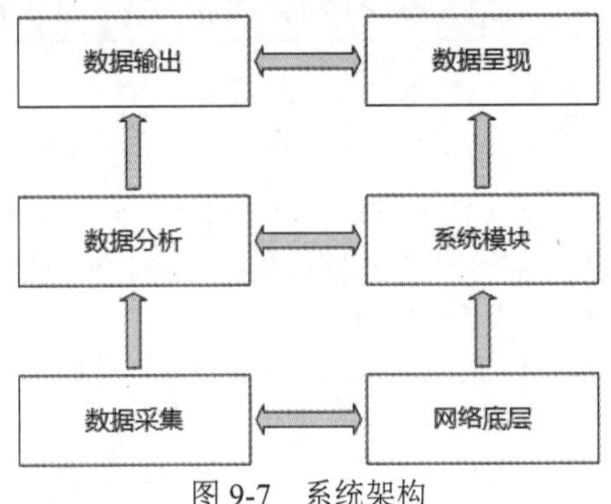

图 9-7　系统架构

1）首先，系统在网络底层进行实时的数据采集，以获得真实、准确的数据来源。

2）采集到数据来源后，交给系统各分析模块进行实时诊断和分析，如专家诊断模块、统计模块、数据包解码模块等进行详细的分析；

3）最后将分析结果输出，通过各种方式直观的呈现给用户。

（2）工作流程

1）数据采集。

科来网络分析系统可以通过三种方式完成数据的采集工作。分别是系统在 Windows 平台安装 Colasoft NDIS Protocol Driver，通过安装的协议驱动采集从网卡传送过来的数据包；系统在 Windows 平台安装 Colasoft NDIS intermediate Driver，通过安装的中间层驱动采集从网卡传送过来的数据包；系统在 Windows 平台安装 Colasoft TDI Driver，通过此驱动系统可采集不经过网卡的本地环回数据包；系统默认采用 Colasoft NDIS Protocol Driver 和 Colasoft TDI Driver。

数据包采集的关键是效率，科来网络分析系统在内核层就对数据包进行过滤，并将不匹配过滤条件的数据包丢弃，以避免内核层到用户层的数据传送造成的资源浪费，以提高数据采集的效率。默认情况下科来网络分析系统的数据采集流程如图 9-8 所示。

2）数据分析。

科来网络分析系统采集到符合过滤条件的数据包后，立即将这些数据包传送到系统内部进行分析。数据分析包括对数据包的统计、检测、解码、TCP 数据流重组、协议分析等。科来网络分析系统的数据分析流程如图 9-9 所示。

3）数据输出。

如图 9-9 所示，系统将采集到的数据包经过详细、深入的分析后，将分析结果以多种方式输出，即通过系统主视图区、对话框界面等呈现各类数据信息，输出方式包括图表、报表、数据分组/分类等多种方式，而输出内容包括数据包解码、端点、协议、IP 流、TCP 流、会话、日志等详细的各类数据。

9.5.3　安装与部署

科来网络分析系统作为便携式的网络分析系统，其原理仍然是采用嗅探方式工作，通过旁路方式接入到网络中进行数据采集。可以进行内网以及内网与外网的数据检测分析，能够跨网段、跨 VLAN 进行数据监测。系统只安装在一台管理机器上即可，不用安装到局域网的每台机器。管理人员可以根据需要，来决定安装位置。安装位置不同，捕获到的网络通讯数据也不同。为了更全面地监测网络数据，建议最好部署到中心交换设备上，这样可以采集和分析更多的数据信息。

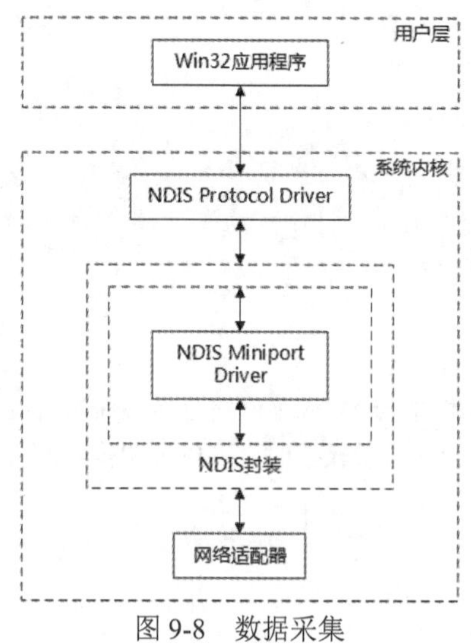

图 9-8　数据采集

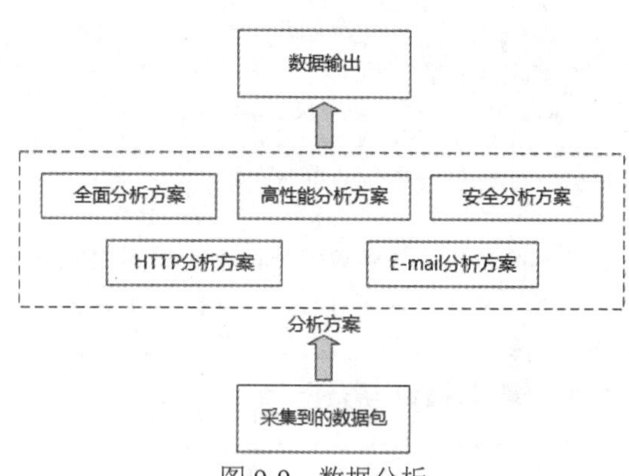

图 9-9　数据分析

（1）部署方案

本案例的具体部署结构，如图 9-10 所示。

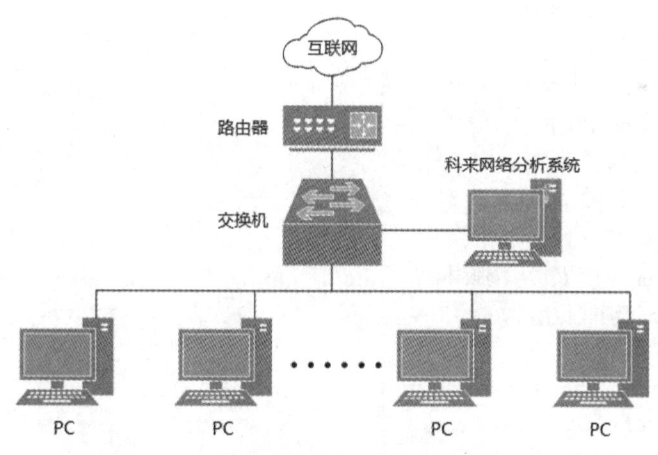

图 9-10　部署结构

如果交换机提供端口镜像功能，则允许管理人员自行设置一个监控管理端口来监听网络中传输的数据。监视到的数据可以通过科来网络分析系统来查看，通过对数据的分析就可以实时了解到当前网络的运行情况。本案例采用端口镜像的方式作为数据源。

本案例使用交换机为 Cisco 2950 交换机，支持端口镜像功能。配置 Port 0/24 为上联端口，Port 0/23 是 Port 0/24 的镜像端口，科来网络分析系统直接连接镜像端口 Port 0/23 进行数据采集，即可以捕获网络中所有的通信数据。

Cisco2950 配置端口镜像的具体操作命令如下所示。

```
Switch# configure terminal
Switch(config)# interface FastEthernet 0/23
Switch(config-if)# port monitor FastEthernet 0/24
  //配置镜像端口
Switch(config-if)# end
Switch# write
  //保存配置
Switch#show port monitor
  //查看配置结果
Monitor Port        Port Being Monitored
-----------------   --------------------
FastEthernet0/23 FastEthernet0/24
```

（2）系统要求

科来网络分析系统建议安装在 Windows XP/2003/Vista/7 操作平台上。科来网络分析系统官方提供了最低和推荐两种硬件配置建议，如果网络比较大，需要分析的网络流量较多时，可以采用推荐配置或更优配置来部署系统。

最低配置要求如下所示。

1）CPU：P4 2.8GHz。

2）内存：2GB。

3）浏览器：Internet Explorer 6.0。

推荐配置要求如下所示。

1）CPU：Intel CoreDuo 2.4GHz 或更高。

2）内存：4GB 或更高。

3）浏览器：Internet Explorer 6.0 或更高。

可支持的操作系统如下所示。

1）Windows XP 及 64 位版本。

2）Windows Server 2003 及 64 位版本。

3）Windows Server 2008 及 64 位版本。

4）Windows Server 2012 及 64 位版本。

5）Windows Vista 及 64 位版本。

6）Windows 7 及 64 位版本。

7）Windows 8/8.1 及 64 位版本。

（3）系统安装

本案例以科来网络分析系统 8.0 技术交流版为例进行讲解。

在安装科来网络分析系统时，必须以 Administrator 权限或 Administrators 组权限进行安装。点击安装程序，根据安装向导提示进行安装（如图 9-11 和图 9-12 所示）。

Step 1 阅读使用许可协议，选择【接受该协议】，然后点击【下一步】按钮继续。

Step 2 指定程序的安装路径，点击【下一步】按钮继续。

Step 3 安装程序将在开始菜单中创建快捷方式，点击【下一步】按钮继续。

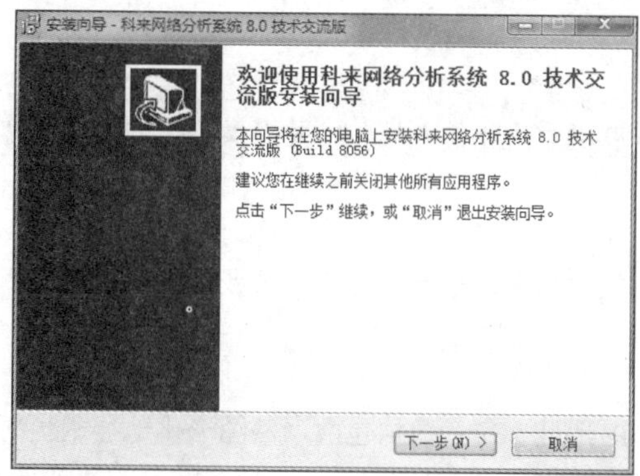

图 9-11　开始安装

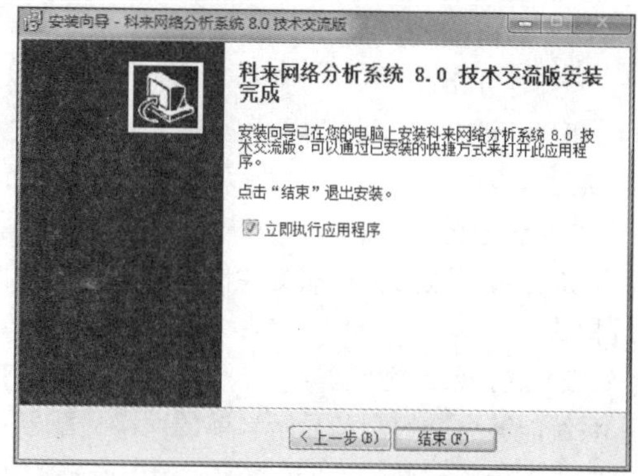

图 9-12　结束安装

Step 4 选择是否创建桌面图标和快速启动图标，点击【下一步】按钮继续。

Step 5 安装向导已经创建好安装配置，检查安装配置是否正确。确定无误，点击【安装】按钮，程序将自动完成安装。

Step 6 程序安装后，将显示 Readme.txt 文档，以及提示是否启动科来网络分析系统。

9.5.4　系统功能

打开科来网络分析系统进入分析模式、网络档案盒分析方案概念。打开系统，主界面如图 9-13 所示。

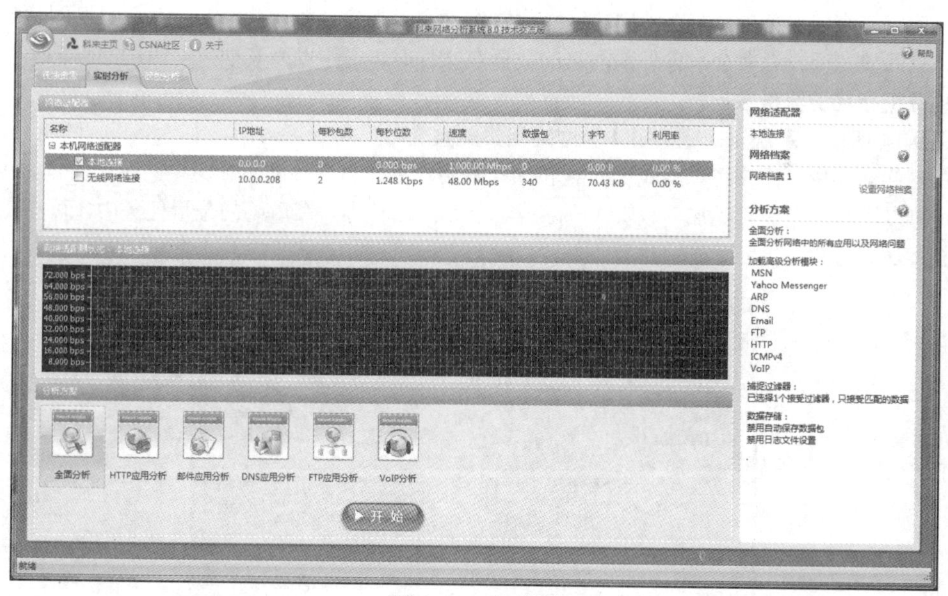

图 9-13　主界面

在系统的分析引导界面中，提供了分析模式选择、网络适配器选择、网络档案选择、分析方案选择以及分析方案设置等分析前的常规设置。用户可以根据实际的分析任务选择，新建或编辑相应的网络档案和分析方案。

（1）分析模式

1）实时分析。

实时分析以网络适配器作为数据采集来源，实时捕获网络通讯的数据包，并提供实时分析、实时诊断、实时报警等。

2）回放分析。

回放分析以数据包存储文件作为第二分析数据源，提供历史问题回溯分析，并支持原速和快速两种回放模式。

（2）选择网络适配器

系统能够自动检测和显示当前的网络适配器及其 IP 地址、每秒数据包数，并图形化地显示当前网络适配器的流量趋势，可以根据实际情况选择用于采集数据的网络适配器。系统支持多网卡的数据采集，可以同时选择多块网卡进行数据源的采集。

（3）过滤器

过滤器可以按照需求来捕获数据，如果需要捕获和分析特定的数据信息，可设置过滤器以排除不需要的数据。合理设置过滤器不仅能够提高分析效率，而且能提高系统的分析性能。

开始数据捕获前，双击分析方案或单击分析方案右键菜单，可进行数据捕捉过滤器设置。

（4）网络档案

科来网络分析系统提出了网络档案概念。网络档案用于保存某个特定网络的分析配置信息，包括该网络的带宽、内部网络节点的分组配置、对应的名字表以及针对该网络的警报设置。

如果使用科来网络分析系统在不同的网络位置进行实时抓包分析，就可以为每个网络创建对应的网络档案。当回放一个或者多个来自外部网络的数据包文件时，也可以为其创建专门的网络档案，更有效更准确地分析相应的流量数据。

如图 9-14 所示，系统默认提供了 4 个网络档案配置文件，用户可选择其中一个开始网络分析任务。在实际的网络环境中，用户可以自定义配置和保存网络档案，以保存网络环境中的各项关键数据信息。此外，还可以单击右键进行添加、编辑、删除或者复制网络档案，在后续的分析任务中，可直接调用新的网络档案进行分析。

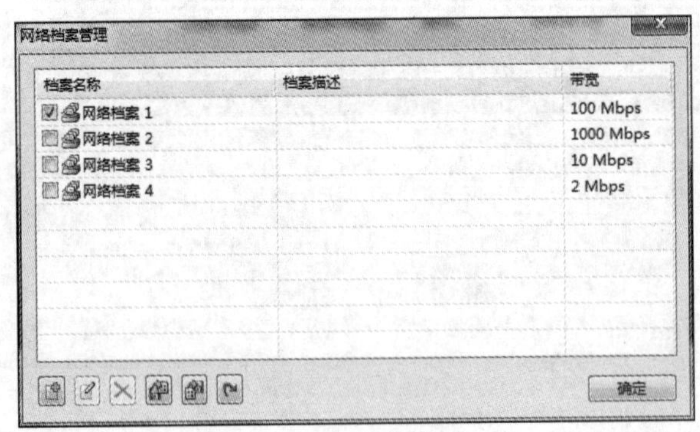

图 9-14　网络档案

（5）分析方案

分析方案用于保存某个特定分析需求的配置信息，包括分析引擎的参数配置、加载的高级分析模块以及每个高级分析模块的详细参数设置。科来网络分析系统针对典型的分析使用场景内建了若干的分析方案供用户选择，每个分析方案对应一个特定的分析需求。

分析方案由若干分析设置集合而成，包括网络对象数据统计设置、分析模块设置、诊断设置、日志设置、图表设置等。可根据实际分析任务，选择合适的分析方案。这样，不仅能够提升系统分析性能，而且有助于提高分析效率。

科来网络分析系统提供了全新的分析方案功能。一个分析方案可由多个分析模块组成，系统提供自定义分析方案，可以根据实际分析需求新建分析方案，也可编辑和修改系统初始的分析方案，可自定义添加或删除不同的分析模块，以达到最佳的分析结果。不同的分析方案提供不同的视图表现和数据组合。

在图9-15中，单击右键，将会弹出【编辑】【新建】【副本】以及【删除】菜单选项，可根据实际需求对分析方案进行自定义操作。

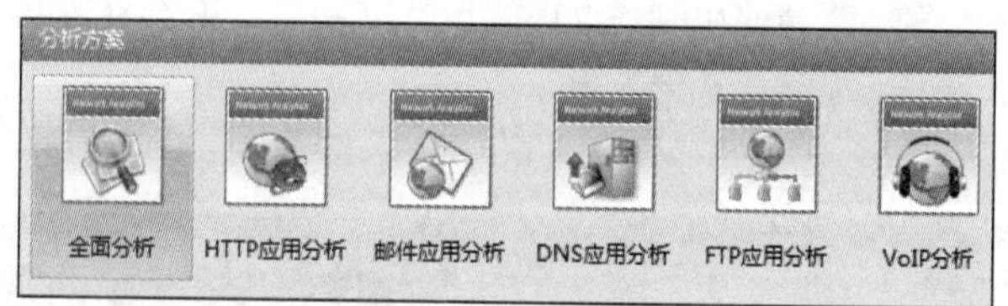

图9-15 网络分析

1）全面分析。

全面分析方案针对网络全局、单个网络对象、网络应用等进行全面、细致的分析和统计，包括通信流量、会话、协议、常规的通信参数等所有数据。

2）安全分析。

安全分析方案主要是进行疑似蠕虫病毒分析、TCP端口扫描分析、疑似ARP攻击分析、可疑会话分析、疑似发起DoS攻击分析和疑似受到DoS攻击分析。

3）HTTP应用分析。

HTTP应用分析方案主要分析HTTP应用的流、客户端与服务器的流量、诊断HTTP网络应用的故障与性能。

4）邮件应用分析。

邮件应用分析方案主要针对基于SMTP及POP3协议的E-mail应用流量统计与故障诊断分析。

5）DNS应用分析。

DNS应用分析方案主要分析DNS网络应用、诊断DNS网络应用故障、性能并对DNS做日志记录的保存。

6）FTP应用分析。

FTP高级分析分案主要针对FTP网络应用进行流量统计、日志记录与故障诊断。

7）VoIP应用分析。

VoIP分析方案主要针对网络应用中的VoIP呼叫进行流量统计、日志记录和故障诊断。

（6）分析工程

分析工程是分析任务的载体，它包括数据源、网络环境、过滤器、分析方案和分析结果，其中分析方案是整个分析工程的重点。用户是通过启动分析工程来实施一个分析方案。

分析工程可以被理解为一次分析任务。捕获数据之前，用户需要创建一个新工程。系统在启动时默认创建一个新工程，用户也可以在标题栏中单击【新建工程】（快捷键：Ctrl＋N）进行手动创建新工程。

分析网络必须要对网络中的数据包进行捕获，然后才能分析整个网络，才能了解当前的网络状况。通常，在引导界面中设置好分析参数后，就可以单击【Start】按钮开始捕获数据包。

1）主界面。

当开始捕捉数据后，系统主界面如图 9-16 所示。

在产品主界面中，主要由 6 个部分构成：标题栏、功能区、节点浏览器、主视图区、警报浏览器以及分析状态栏。

标题栏：提供系统菜单命令、显示分析工程及应用的分析方案。

功能区：包括分析、系统、工具以及视图 4 种类型。

主视图区：包括图表、概要统计、协议、物理端点、IP 端点、IP 会话等共 16 个视图区。

警报浏览器：自定义创建、删除、管理警报。

分析状态栏：分析状态栏实时显示数据捕获状态及触发的警报数量等信息。

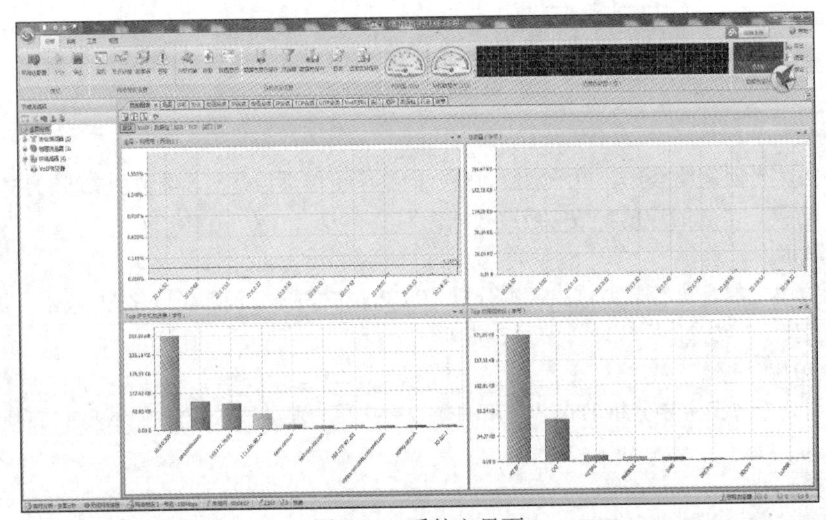

图 9-16　系统主界面

2）功能区。

功能区分为 4 个标签选项：分析、系统、工具和视图。在分析标签下，包括了系统常用的设置，包括数据包捕捉、网络档案设置、分析方案设置、仪表盘以及数据包缓存状态显示等 5 大部分；在系统标签页面下，包括系统配置、资源、产品；在工具页面中，包括系统集成的小工具以及自定义添加工具设置；在视图页面中，包括物理地址格式设置、IP 地址格式设置以及相关视图页面的显示或隐藏设置。

3）节点浏览器。

节点浏览器主要提供节点定位及数据筛选，帮助用户快速选择需要查看的节点，如协议、物理地址/组、IP 地址/组、VoIP 地址等，通过节点浏览器定位节点，系统可快速过滤该节点的通信数据，方便对故障源的定位及分析。

4）主视图区。

主视图区是系统分析结果的输出区域，所有分析、诊断和统计的数据都会在主视图区的各个视图中呈现。主视图区在窗口右边，依照不同的分析方案，输出的数据结果有所不同。主视图区主要包括图表、概要统计视图、协议、物理端点、IP 端点、物理会话、IP 会话、TCP 会话、UDP 会话、VoIP 会话、端口、矩阵视图、数据包解码等 16 个视图。点击相应的视图标签，则可以查看相应的网络分析数据。

5）警报浏览器。

警报视图区中，可以创建各种类型的警报，包括设置警报类型（安全/性能/故障）、警报触发条件、警报触发值、警报解除条件以及触发警报时 TOP 10 物理地址、IP 地址或协议。一旦有警报触发，则在该视图区进行实时提醒和显示，管理员可直观看到当前触发的警报信息。

6）分析状态栏。

状态栏在主界面的最下边，主要用于辨识当前使用的分析模式以及分析方案，单击此处的本地连接，能够查看和更改当前用于捕捉数据的网络适配器。

9.5.5 统计分析

统计分析是对网络进行实时监控、实时分析，并将统计结果自动展现在各个视图中，用户可以对统计分析结果进行复制、导出、打印、生成日志和生成报表等操作。

科来网络分析系统的统计分析功能非常强大，主要表现在：网络计数器多达上百种，增加了网络错误的监测，增加了数据包大小分布的统计，增加了利用率的分析，增加了协议树的拓展分析，增加了图形化统计。统计分析包括概要统计、端点统计、协议统计、会话统计、端口统计、矩阵统计、图表统计和报表统计共八种类型。

（1）概要统计

概要统计提供的近百个统计计数器为用户提供非常详尽的统计信息，快照功能允许用户对特定时段的数据变化进行比较。概要统计不仅是全局的，每个网络协议和网络端点都有概要统计，用户可以开启多个窗口，比较不同协议或端点之间的概要统计。

（2）端点统计

端点统计是网络分析的重要组成部分，科来网络分析系统将端点分为物理端点和 IP 端点，以独立的视图分别展现物理地址和 IP 地址的通信信息。通过网络端点统计分析功能，用户可以快速定位通信量最大的 IP 端点和物理端点。系统还支持基于网络协议的端点流量统计排名，比如用户可以知道使用 HTTP 协议流量最大的前 5 个 IP 端点。

（3）协议统计

协议统计遵循 OSI 七层协议分析，根据实际的网络协议封装顺序，层次化展现给用户，每个协议有自己的色彩。除了全局的协议统计，还可提供每个网络端点下的协议统计数据。

（4）会话统计

会话统计提供物理地址、IP 地址、TCP 连接、UDP 会话来统计网络中的会话信息，并在下方的子窗口中显示当前选定会话的数据包等信息。通过查看每条会话，可以统计其源地址、目标地址、该会话收发的数据包及这些数据包的大小等信息。通过这些信息可以确定出当前网络中某个会话的通讯情况。

（5）端口统计

端口统计可对网络中的 TCP 端口和 UDP 端口进行详细统计，用户可以查看各端口的数据包、字节数和常见应用等信息。

（6）矩阵统计

矩阵统计可对网络中通讯的节点和会话进行详细统计，用户可以通过不同的统计类型来查看矩阵视图，此外，用户还能自定义统计和显示选项。

（7）图表统计

图表统计为用户提供灵活的图表自定义功能，用户可自定义创建各种类型的图表，除了全局图表，也支持每个协议和网络端点的图表数据采集显示。

（8）报表统计

报表统计可自动生成多种类型的报表，包括概要统计、诊断统计、TOP N 统计等，用户可以通过报表选项，确定显示和统计的报表项，生成报表后，用户还可以将生成的报表以 html、htm 以及 pdf 格式保存到磁盘中。

9.5.6 网络分析

（1）数据采集

Step 1 选择分析方案。打开科来网络分析系统，在如图 9-13 所示界面中，选择分析方案为“全面分析”方案。

Step 2 设置数据保存。为了能够使采集数据保存下来，还需要设置数据的保存方式为自动保存（手动保存只能够保存缓存区的数据，并不能够保存全部的数据）。右击【全面分析】打开【编辑】选项，然后在数据包保存栏中，设置数据自动保存，如图 9-17 所示。然后点击【确定】按钮完成设置。

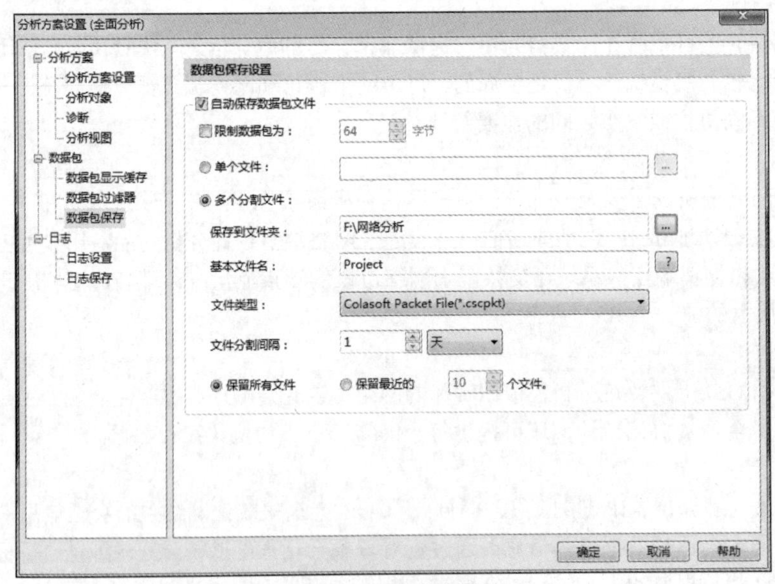

图 9-17 设置数据保存

Step 3 选择网络适配器，然后点击【开始】按钮，开始抓取数据包。

（2）数据分析

1）默认图表。

采集完数据后，在图表区中，展示的默认图表如图 9-18 所示。

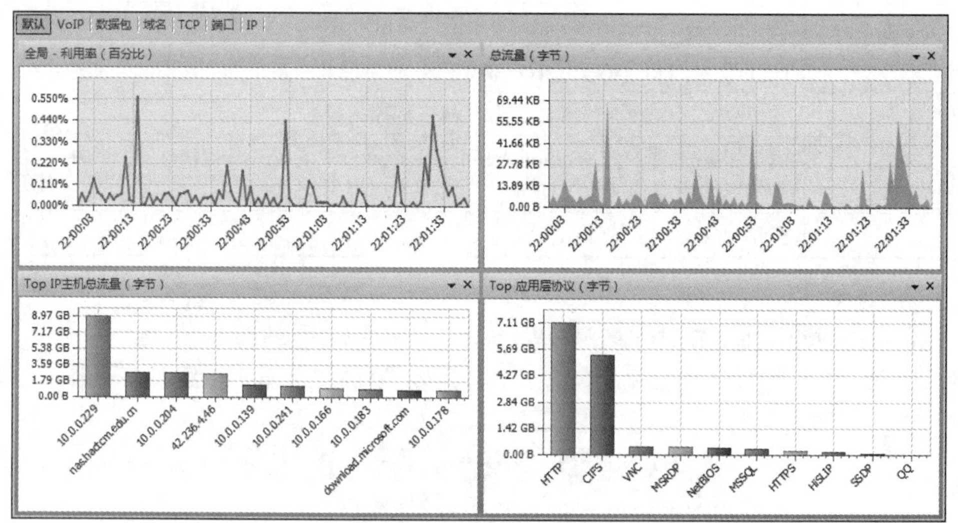

图 9-18　默认图表

默认图表中又分为四张图表，分别为网络流量实时的利用率、实时流量、各主机流量的 Top10 情况排名和应用层协议使用流量情况的 Top10 排名。

从左上角的网络利用率图表可以看出，22:00 时局域网内的网络利用率很低，网络利用率最高时也只有 0.55%。

从右上角的网络实时流量图表可以看出，22:00 时局域网内产生的流量很少。

左下角为各主机流量使用情况的 Top10 排名，统计的总流量包括了流入和流出的流量，以及局域网内部和外部主机产生的流量。从图中可以看到，IP 地址为 10.0.0.229 的主机使用流量明显高于其他主机，流量数值高达 8.97GB，其他主机的产生流量均不超过 3GB。

右下角为应用层协议使用流量情况的 Top10 排名，从图中可以看出，局域网内所产生流量主要为 HTTP 协议和 CIFS 协议，其他协议的流量均占少数。HTTP 协议（HyperText Transfer Protocol，超文本传输协议）是用于从 WWW 服务器传输超文本到本地浏览器的传输协议。CIFS（Common Internet File System，通用 Internet 文件系统）主要网络中的文件共享服务。

由此可以判定该局域网内的网络活动以访问网站资源和文件共享为主。其余的应用层协议以及说明如表 9-3 所示。

表 9-3　应用层协议

协议	说明
VNC	VNC 为虚拟网络计算机的缩写，用于远程访问控制
MSRDP	MSRDP 主要用于用于远程访问

续表

协议	说明
NetBIOS	在局域网内部使用 NetBIOS 协议可以方便地实现消息通信及资源的共享
MSSQL	微软的 SQL Sever 数据库服务器使用通讯协议
HTTPS	HTTPS 是 HTTP 的安全版，用于安全的 HTTP 数据传输
HiSLIP	高速以太网仪器控制协议，用于网络测控系统
SSDP	简单服务发现协议（Simple Service Discovery Protocol，SSDP）是一种应用层协议，是构成通用即插即用（UPnP）技术的核心协议之一
QQ	腾讯 QQ 所使用的通讯协议

2）数据包图表。

由于 VoIP 图表暂无数据，所以跳过，直接分析数据包图表。如图 9-19 所示，数据包图表主要由三个部分组成，第一部分为实时的广播数据包统计，第二部分为实时的不同大小数据包的统计以及所有数据包大小的分布情况。

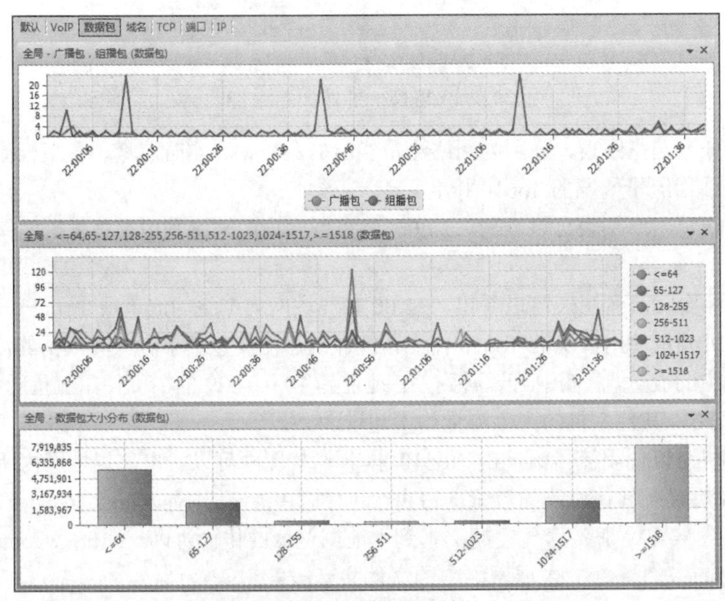

图 9-19　数据包图标

从数据包大小分布情况的图表可以看到，数据包大小大于等于 1518 的流量最多。IP 数据包最大传输单元为 1500 字节，加上数据链路层的字节数，每个数据包最大为 1518 字节。超过 1518 字节的数据包都会被分片传输。因此，该局域网内的产生的数据包可能以文件的传输为主，导致被分片的数据包较多。

3）域名图表。

图 9-20 是各域名访问流量的 Top 排名。

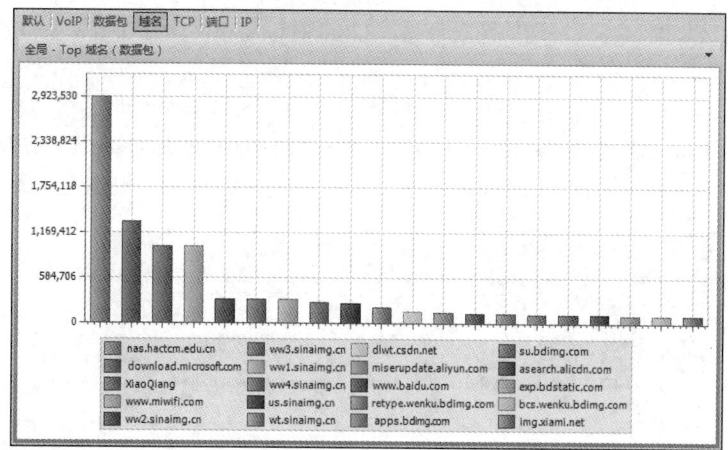

图 9-20　域名图表

从图中可以看到，访问域名 nas.hactcm.edu.com 所产生的流量最多，约为 2.9GB，其次是 download.microsoft.com，产生的流量约为 1.3GB。通过域名的访问情况，可以清楚地了解到局域网内的主机访问各网站的情况。其中 nas.hactcm.edu.com 为一个文件服务器的域名，因此说明该局域网内产生的流量仍然以文件共享为主，而其他的 Web 访问流量均占少数。

4）TCP 图表。

TCP 会话的实时连接情况如图 9-21 所示。

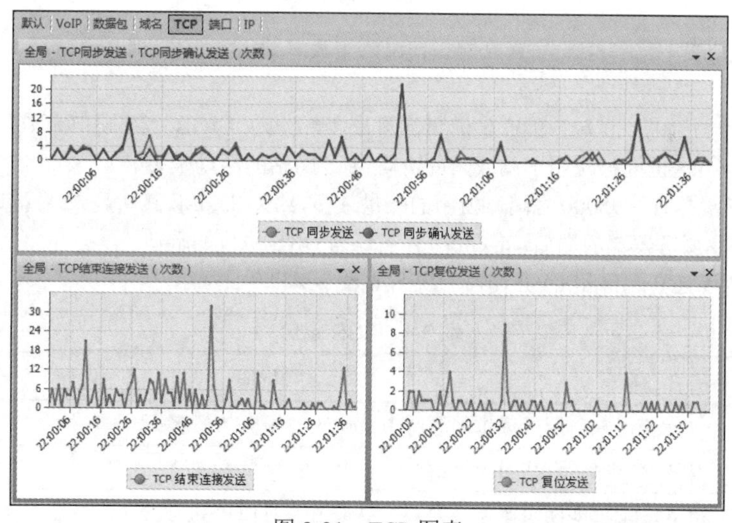

图 9-21　TCP 图表

TCP 会话图表由三个部分组成，第一部分为实时的 TCP 同步发送与确认发送数，第二部分为 TCP 结束连接的发送数，第三部分为实时的 TCP 复位发送数。

TCP 同步：多个 TCP 流同时进入 TCP 慢启动的过程被称为全局同步（Global Synchronization）或 TCP 同步。当 TCP 同步发生时，连接的带宽不能充分利用，从而造成了带宽的浪费。

由 TCP 同步发送和同步确认发送的图表可见，22:00 时该局域网内存在着带宽浪费的情况，但是浪费的情况不是很严重。

5）端口图表。

如图 9-22 所示端口图表也同样包含了三个部分，第一部分为 TCP 与 UDP 端口使用流量的 Top10 排名，第二部分为 TCP 端口使用流量的 Top10 排名，第三部分为 UDP 端口流量使用情况的 Top10 排名。

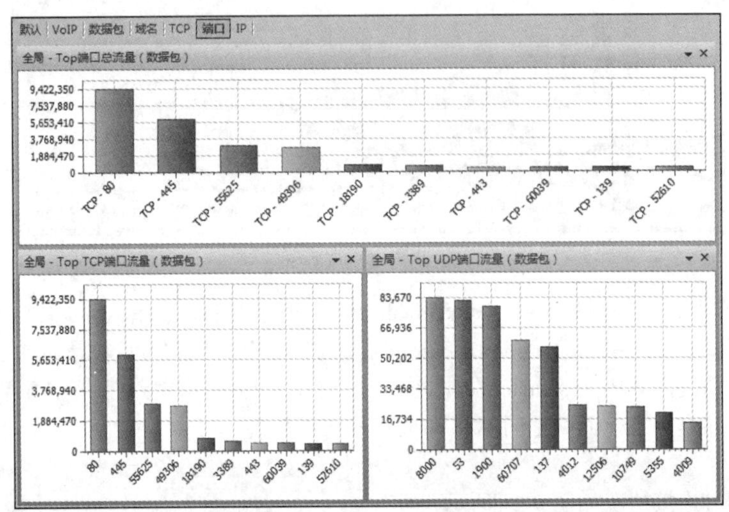

图 9-22 端口图表

在端口总流量图表中，端口都为 TCP 端口，说明绝大多数流量都由 TCP 会话产生，而 UDP 会话产生的流量较少。

TCP 端口流量排行中，80 端口的产生流量流量最多，约为 9.4GB。80 端口为 HTTP 协议的端口，主要用于 Web 访问，这也同样说明了局域网内访问 Web 网站的活动较多。

在 UDP 端口流量排行中，8000 号端口使用的流量最多，约为 83.6M，其次是 53 号端口。其中 UDP8000 号端口为 OICQ 协议服务器端的端口，UDP53 号端口为 DNS 协议的端口。

图表中其他常用 TCP 端口和 UDP 端口的说明如表 9-4 和 9-5 所示。

表 9-4 TCP 端口

端口号	说明
445	445 号端口用于提供局域网中文件或打印机共享服务
3389	3389 端口是 Windows Server 远程桌面的服务端口
443	443 端口即网页浏览端口，主要是用于 HTTPS 服务
139	NetBIOS 服务端口，提供 Windows 文件和打印机共享以及 UNIX 中的 Samba 服务

6）IP 图表。

如图 9-23 所示，IP 图表分为三个部分，第一部分为 IP 组总流量的统计，第二部分为局域网内各主机的流量使用情况的 Top10 排名，第三部分为远程主机流量使用情况的 Top10 排名。

表 9-5　UDP 端口

端口号	说明
137	137 端口的主要作用是在局域网中提供计算机的名字或 IP 地址查询服务，一般安装了 NetBIOS 协议后，该端口会自动处于开放状态
4012	腾讯 QQ 的客户端端口
4009	腾讯 QQ 的客户端端口

从 IP 组总流量图表中可以看到，局域网内所产生的流量最多为本地子网内相互访问所产生的流量，约为 18.8GB，其次是访问 Internet 所产生的流量，约为 15.0GB。

从本地 IP 主机总流量图表中可以看到，IP 地址为 10.0.0.229 使用的流量最多，约为 10.1GB。

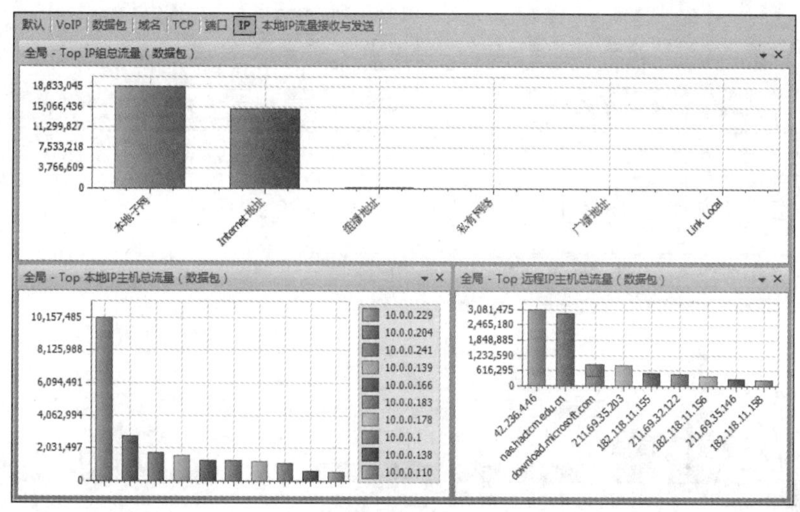

图 9-23　IP 图表

远程 IP 主机即局域网内，访问外网主机或服务器时，外网主机或服务器所产生的流量，从图表中可以看到，IP 地址为 42.236.4.46 的主机产生了流量最多，约为 30.8GB，其次是主机 nas.hactcm.edu.cn，约为 29.2GB。

7）自定义图表。

除上述系统默认的图表外，科来网络系统还提供了自定义图表分析的功能。

图 9-24　新建布局

如图 9-24 所示，点击左上角的“加号”就能新建布局（如图 9-25 所示），然后点击【添加图表】，选择需要分析的内容，如“Top 本地 IP 主机接收流量”“Top 本地 IP 主机发送流量”（如图 9-26 所示），最后点击【确定】按钮，完成添加图表。

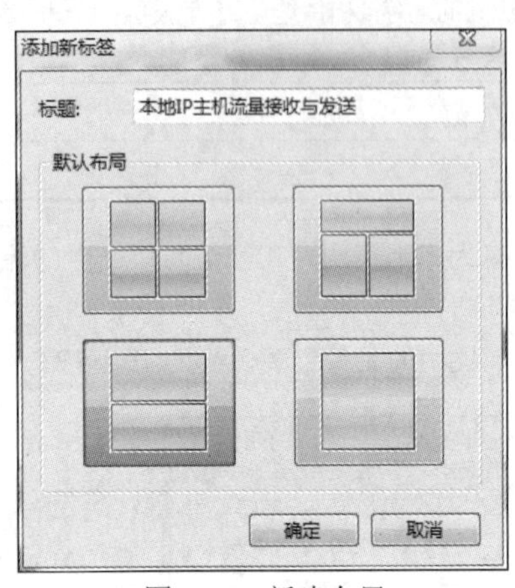

图 9-25 新建布局

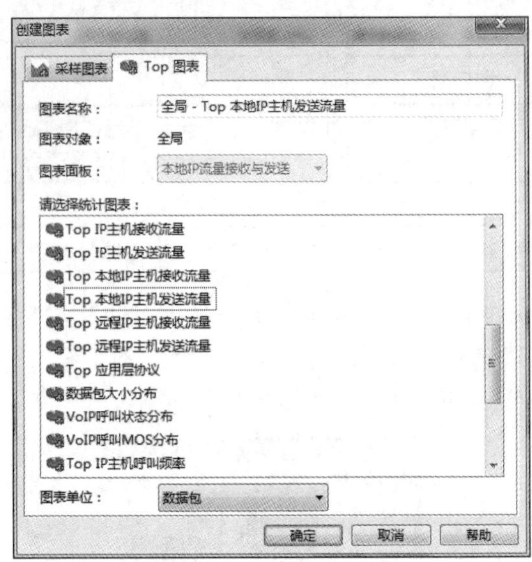

图 9-26 添加图表

添加完图表后，系统就能自动生成相应的 Top 排名，如图 9-27 所示。

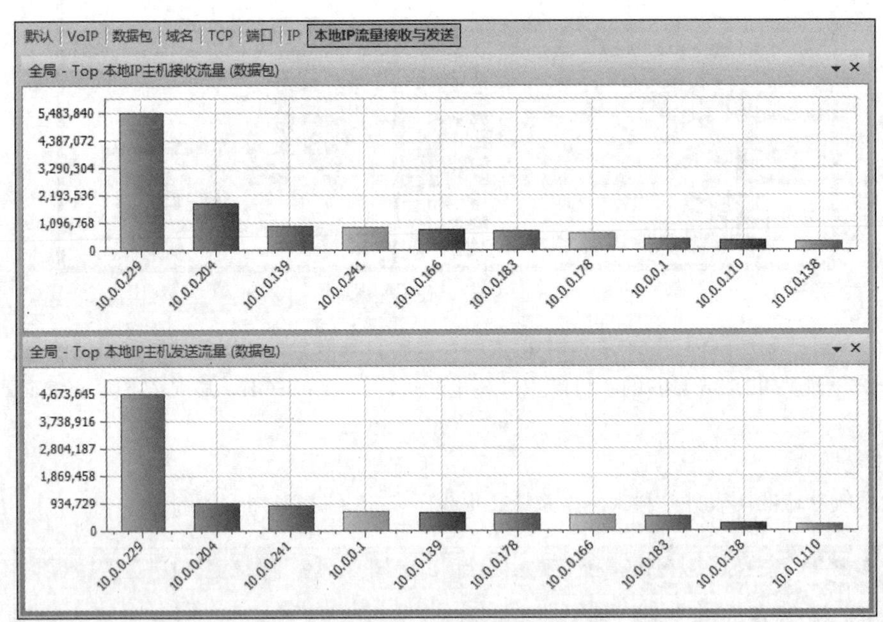

图 9-27 自定义图表

从图表中可以看出，局域网内各主机的接收与发送的流量排行情况。接收流量是本地主机接收外部数据时所产生的流量，发送流量是本地主机向外发送数据而产生的流量。其中 IP 地址为 10.0.0.229 的主机接收与发送的流量最多，接收流量约为 5.4GB，发送流量约为 4.6GB。

9.6 案例 2：使用 OSSIM 实现云数据中心网络分析

9.6.1 OSSIM 简介

OSSIM（Open Source Security Information Management，开源安全信息管理系统）是一个非常流行和完整的开源安全架构体系。OSSIM 通过将开源产品进行集成，从而提供一种能够实现安全监控功能的基础平台。其目的是提供一种集中式、有组织的、能够更好地进行监测和显示的框架式系统。

OSSIM 明确定位为一个集成解决方案，其目标并不是要开发一个新的功能，而是利用丰富的、强大的各种程序（包括 Snort、rrd、Nmap、Nessus、Ntop 等开源系统安全软件），在一个保留原有功能和作用的开放式架构体系环境下，将开源软件集成起来。OSSIM 项目的核心工作在于负责集成和关联各种产品提供的信息，同时进行相关功能的整合。由于开源项目的优点，OSSIM 集成的工具都已经是久经考验的同时也经过全方位测试的、可靠的工具。

9.6.2 OSSIM 系统架构与工作原理

（1）OSSIM 系统架构

安全集成系统要能够通过实时关联来自不同区域的不同产品的安全事件，发现真正的风险并及时预警，同时要能够准确记录发生的攻击事件。针对目前网络安全威胁不断呈现的新特点，关联还需要后台知识库的支持，包括资产库、漏洞库、威胁库等。此外，为了达到关联的实时性要求，进行关联的安全事件必须是经过规范化整理的具有统一格式的安全数据。最后，为了风险的实时可视，系统还必须要以一种简洁有效的方法计算风险，并实时警报。

基于网络安全现状及网络安全需求分析，并结合安全体系理论模型，OSSIM 信息安全集成管理系统设计由安全插件（Plugins）、代理进程（Agent）、关联引擎（Server）、数据库（Database）、Web 框架（Framework）几个部分组成。

1）安全插件（Plugins）。

安全插件（Plugins）即各类安全产品和设施，如防火墙、IDS 等。OSSIM 中的安全插件如下所示。

- Arpwatch：Arpwatch 用于 MAC 地址异常检测。该工具监听网络上 ARP 记录，维护一张 IP 地址和 MAC 地址的对应关系表，在发生 MAC 地址变化时会将此变化记录到系统日志文件中。
- P0f：P0f 是一个出色的网络操作系统被动识别软件。它不向目标系统发送任何的数据，只是被动地接受来自目标系统的数据进行分析。它的识别数据库非常齐全，更新速度比较快，识别准确性高。
- Snort：Snort 是一个轻量级的 IDS 软件，用来监视网络传输量的网络型入侵检测系统。主要工作是捕捉流经网络的数据包，一旦发现与非法入侵的组合一致，便向管理员发出警告。
- Pads：Pads 是被动式资产检测系统（Passive Asset Detection System），用于服务异常检测。不同于 Namp 等主动型服务探测器，Pads 不会向网络发出任何数据包，只是从监听来的数据判断主机的服务，可作为 IDS 的补充。
- Nessus：Nessus 是一款流行的漏洞扫描程序。被设计为 C/S 模式，服务器端负责进行安全检测，客户端用来配置管理服务器。在服务端还采用了 Plugins 体系，允许用户加入执行特定功能的插件，这些插件可以进行更快速和更复杂的安全检查。

- Spade：Spade 是统计包异常检测引擎（Statistical Packet Anomaly Detection Engine），是 Snort 的一个统计数据包异常检测引擎插件。它作为一个预处理插件存在，对 Snort 捕获到的包做异常检测（Anomaly Detection）。
- Tcptrack：Tcptrack 是一个嗅探器（Sniffer），能够实时跟踪网络的 TCP 连接，记录源地址、目的地址、端口号、连接状态、空闲时间、带宽等信息。
- Ntop：Ntop 是一种网络嗅探器，能够提供的功能有自动从网络中识别有用的信息；将截获的数据包转换成易于识别的格式；对网络环境中的通讯失败进行分析；探测网络环境下的通讯瓶颈；记录网络通讯时间和过程；自动识别客户端正在使用的操作系统等。
- Nagios：Nagios 是一款网络监视工具，可以对服务器进行全面的监控，包括服务（Apache、MySql、ntp、DNS、Disk、Mail 和 sshd 等）的状态，服务器的状态等，支持主动监控和被动监控模式。
- Osiris：Osiris 是一个基于主机的入侵检测系统（HIDS）。基于主机的入侵检测系统（HIDS）通常是安装在被重点检测的主机之上，主要是对该主机的网络实时连接以及系统审计日志进行智能分析和判断。如果主机活动可疑（符合特征或违反统计规律），入侵检测系统就会采取相应措施。

2）代理进程（Agent）。

代理进程（Agent）将运行在多个或单个主机上，负责从各安全设备、安全工具采集相关信息（比如报警日志等），并将采集到的各类信息统一格式，再将这些数据传至 Server。

Agent 的结构如图 9-28 所示。

- 40002/tcp：收听服务器的原始请求。
- Listener：接收来自新的服务器连接请求和行为请求。
- Active：接收服务器输入并且根据请求扫描主机，唤起外资的时间，执行其他行为。
- Engine：管理线程，处理监视器请求。
- Detector-Plugins：读取日志线，时间标准化，规范化，然后进行递送。
- Monitor-Plugins：请求监视器数据，使其标准化，规范化，然后给出回复。
- DB Connect：连接 Monitorization 的远程的 OSSIM 或者 Opennms 数据库。
- Watch-dog：监视进程，作用是检查各 plugin 是否开始运行。如遇意外，它会自动重启故障进程。

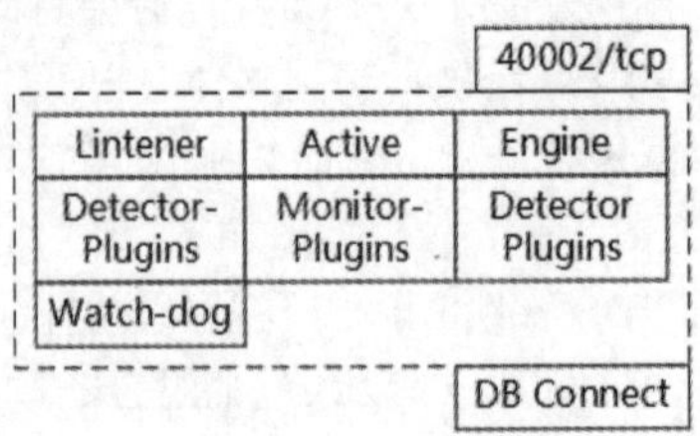

图 9-28 Agent 结构

3）关联引擎。

关联引擎（Server）是 OSSIM 安全集成管理系统的核心部分，它支持分布式运行，负责将 Snort、

Nessus、OpenVAS 等 Agents 传送过来的事件进行关联，并对网络进行风险评估。其工作流程如图 9-29 所示。

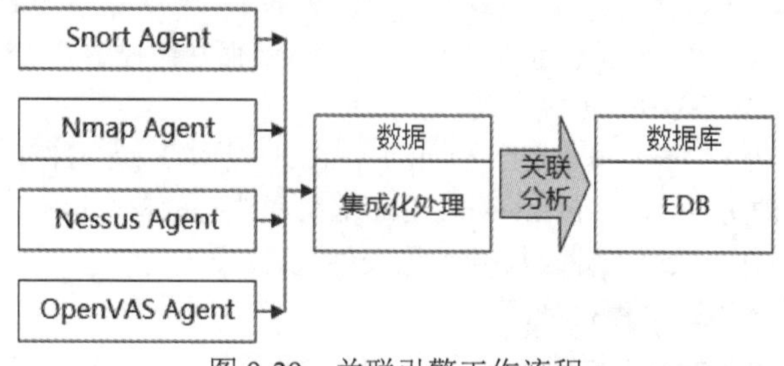

图 9-29　关联引擎工作流程

OSSIM 服务器的核心组件功能包含事件关联、风险评估和确定优先次序和身份认证管理、报警和调度、策略管理。其中关联引擎结构具体如图 9-30 所示。

- 40001/tcp：Server 首先监听 40001/tcp 端口，接收新的 Agent 连接和新的 Framework 请求（Reload 请求，Agent 请求，Agent Plugin related 请求）。
- Connect：当连接到端口为 40002 指定的 Agent 时，连接到端口为 40001 的其他 Server 对采集事件进行分配和传递。
- Listener：接收各个 Agent 的连接数据，其细分为 Forwarding Server 连接和 Framework 连接。
- DB Connect：主要是 OSSIM DB 与 Snort DB 之间的连接。
- Agent Connect：启动 Agent 连接与 Forwarding Server 之间连接。
- Engine：事件的授权、关联、分类和采集。

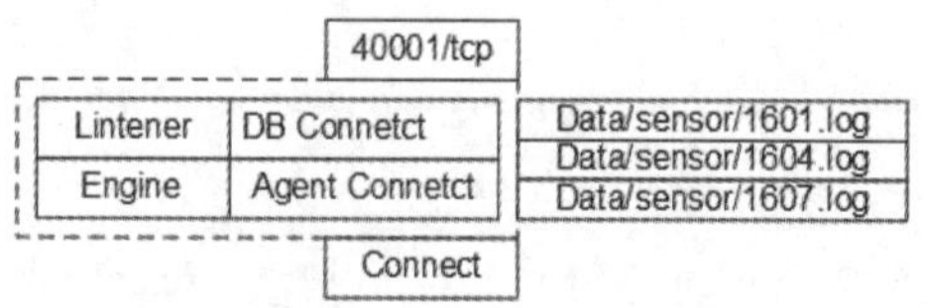

图 9-30　关联引擎结构

4）数据库。

Server 关联后将其结果信息写入数据库。系统用户也可通过 Framework（Web 前端控制台）对数据库进行读写。数据库是整个系统事件分析和策略调整的信息源，从总体上将其划分为事件数据库（EDB）、知识数据库（KDB）、用户数据库（UDB）。

- 事件数据库（EDB）：存储的是所有底层探测器和监视器所捕捉到的所有的事件。
- 知识数据库（KDB）：将系统的状态进行参数化的定义，这些参数将为系统的安全管理提供详细的数据说明和定义。
- 用户数据库（UDB）：存储的是用户的行为和其他与用户相关的事件。

数据库的结构具体如图 9-31 所示。

OSSIM 数据库用来记录与关联相关的信息，对应于设计阶段的 KDB 和 EDB 的关联事件部分；Snort 数据库是底层的事件数据库，记录安全插件的全部工作信息，在 Framework 中使用 ACID/Base 来作为

Snort 数据库的前端控制台，对应于设计阶段的 EDB；此外 ACID 数据库相关表格可包含在 OSSIM 数据库中，用来记录用户行为，对应于设计阶段的 UDB。

5）Web 框架（Framework）。

Web 框架（Framework）控制台提供系统用户通过 Web 页面从而控制系统运行的功能，是整个系统的前端，用来实现用户和系统的 B/S 模式交互。

Framework 可以划分为 Frameworkd（后台）和 Frontend（前端）两个部分；Frontend 即是系统前台的 Web 页面，提供系统的用户终端；Framework 以后台守护进程的形式运行，负责将 Frontend 收到的用户指令和系统的其他组件相关联，并绘制 Web 图表供前端显示。

Frontend 部分的结构具体如图 9-32 所示。

- Connect：连接到 Server，为了启动/停止 Plugins、操作/抑制日志、请求行为、请求 Agent 和 Plugins。
- DB Connect：各种数据库的连接，OSSIM、PhpGacl、Snort 和 Acid。
- Acid/Data：一般时间探测器。
- OSSIM：OSSIM 框架。
- PhpGacl：可伸缩性的 ACLs。

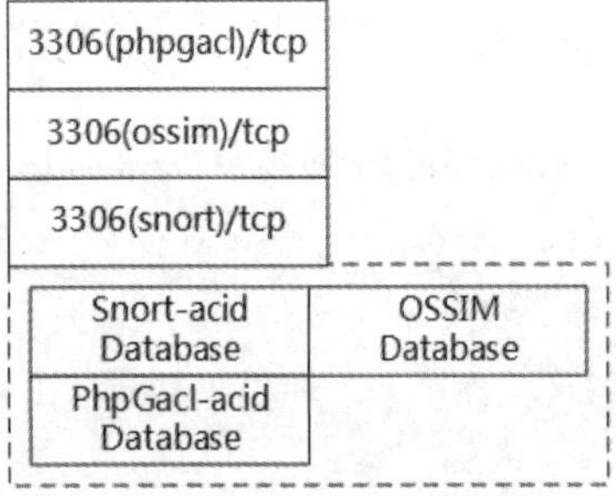

图 9-31　Database 结构图

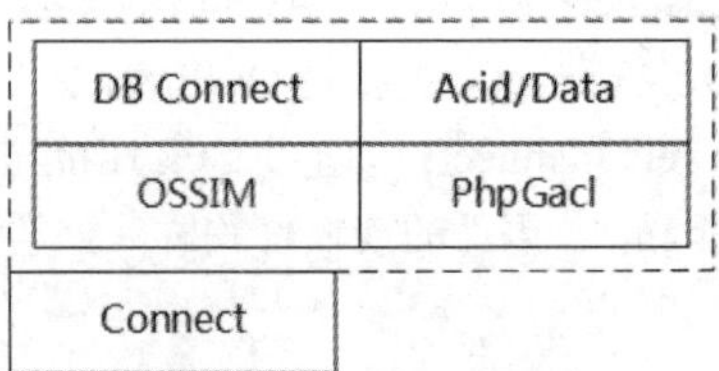

图 9-32　Frontend 结构图

Framework 部分的结构具体如图 9-33 所示。

- 40003/tcp：监听 scan 请求、plugin 请求、backup 请求、restore 请求、graphing 请求。
- Connect：连接到 Snort 和 OSSIM 数据库，连接到 Server 进行指令测试。
- Control Panel：更新日报、周报等尺度标准。
- Nessus Scanning：管理 Nessus Scans。
- Listener：监听 Server 和 Framework 请求。
- DB Connect：连接到 Snort 和 OSSIM 数据库。
- Update Nessus IDS：更新 Nessus Plugin 标识符。
- Backup Database：Backup OSSIM 和 Snort 数据库。
- Test Directive：对开发的服务器测试指令。
- Engine：管理线程。
- Restore Database：Restore OSSIM 和 Snort 数据库。
- Acid Cache：更新 acid alertcache 和 generate static pages。
- Create Sidmap：更新数据库中的 Snort IDS。

- DO Generic Plugin：接口以及其他集中化的外部实体。

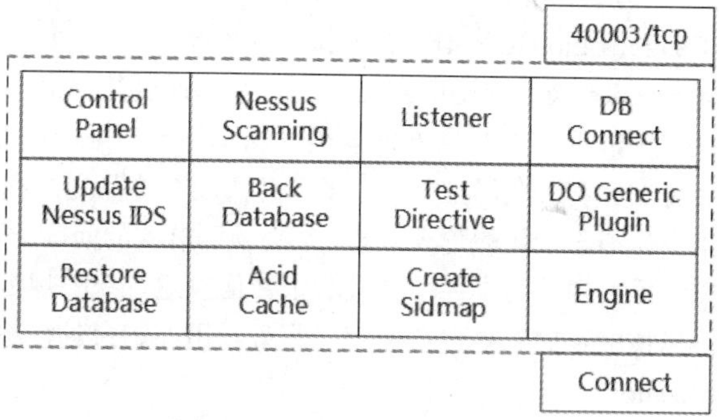

40003/tcp

Control Panel	Nessus Scanning	Listener	DB Connect
Update Nessus IDS	Back Database	Test Directive	DO Generic Plugin
Restore Database	Acid Cache	Create Sidmap	Engine

Connect

图 9-33　Frameworkd 结构图

（2）功能分析

作为安全集成管理，OSSIM 系统在保留各安全工具功能的基础上，真正地实现了关联各安全事件。其功能可划分为 9 个层次，如图 9-34 所示。

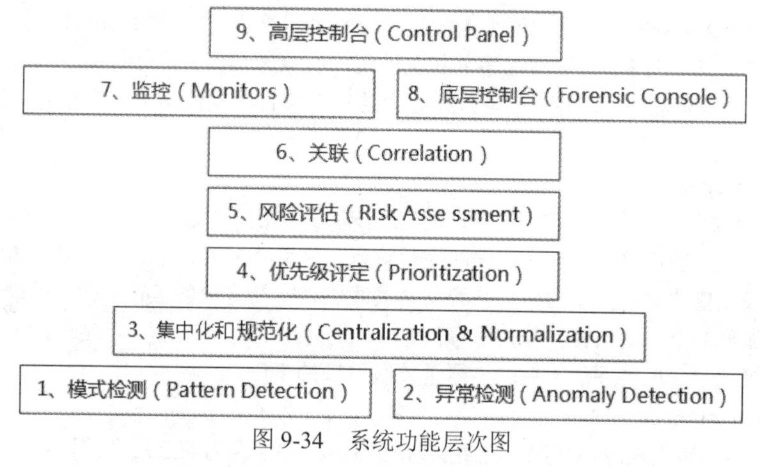

图 9-34　系统功能层次图

1）模式检测（Pattern Detection）。

模式检测（Pattern Detection）指通过将收集到的信息与已知的网络入侵和系统误用模式数据库进行比较，来发现违背安全策略的入侵行为，比如 IDS。在安全集成管理系统中，以安全插件（Plugin）的形式存在。该技术的缺陷是需要不断进行升级以应对不断出现的攻击手法，并且不能检测未知攻击手段。

2）异常检测（Anomaly Detection）。

异常检测（Anomaly Detection）是另一种形式的探测器，它首先给系统创建一个统计描述，包括统计正常使用时的测量属性，如访问次数、操作失败次数和延时等，测量属性的平均值被用来与网络、系统的行为进行比较，当观察值在正常值范围之外时给予报警，如 Ntop 就是基于流量异常的探测器。其在安全集成管理系统中也以安全插件（Plugin）的形式工作。异常检测一个突出的优点是自学能力，用户不用告诉系统哪些是非正常行为，异常检测根据已定义好的行为描述，当检测到的行为违背了这个正常行为的描述时，会自动发出警报，这样可以检测到未知入侵和复杂入侵。该技术的缺点是误报、漏报率高。

3）集中化和规范化（Centralization & Normalization）。

集中化和规范化（Centralization & Normalization）的目标是通过某些协议将安全事件的处理机制进行统一管理，是 Agent 的主要任务。目前几乎所有的安全产品都倾向于采用标准协议进行集中化的管理，这种管理在某种程度上将会更加有利于全局控制。由于各开源安全产品之间存在各种差异，如何在它们的基础上提供一种有效的集中化和正规化的管理方式，是必须要解决的问题。规范化需要一种翻译机制，这种机制能够将来自不同监测器所捕捉的事件信息或者报警信息进行统一规范处理，处理之后形成一种能够被系统接纳的信息。信息集中存放到事件数据库，同时利用控制台进行相关事件的处理和显示。

4）优先级评定（Prioritization）。

优先级评定（Prioritization）即对每一个安全事件进行优先级设置。一个系统的优先级取决于系统的拓扑结构及系统的运行状态，优先级制定是在系统收到报警信息之后一个非常重要的步骤，这个步骤完成的是对这些信息的过滤，同时也把收到的报警信息进行排队，优先处理对于系统威胁较大的事件。总而言之，一个事件的安全级别完全根据系统的实际情况和安全策略来决定。

5）风险评估（Risk Assessment）。

风险评估（Risk Assessment）是对网络内的资产及整个网络进行实时的风险评估。系统中一个事件重要与否主要取决于三个因素，分别为与事件相关的资产安全评估值、事件对网络系统所能造成的威胁程度、事件能够发生的可能性。风险评估通过综合上述三个事件要素给出每个安全时间段风险评估值并让相应组件完成处理。

6）关联（Correlation）。

关联（Correlation）引擎技术是整个信息安全集成管理系统的核心。由于网络事件的复杂性，多数情况下一个探测器收到的信息并非一个事件的完整输入，只是其中的一个组成部分，如何将这些部分的信息进行组合形成完整的系统需要的信息来源就是关联引擎所要完成的工作。由于关联功能的实现，提供了基于多个探测器的全局的报警和监控信息，所以一定意义上就可以将安全集成系统看成是一个新的探测器了。优先级评定、风险评估、关联均属于关联引擎的工作。

7）监控（Monitors）。

监控（Monitors）即监视网络状况，提供实时的图表。除了作为安全插件的监视器外，还有基于关联的实时风险监视器（基于 CALM 算法）。

8）控制台（Forensic Console & Control Panel）。

控制台（Forensic Console & Control Panel）提供用户一个系统收集到的所有事件信息的访问接口。控制台也是一个基于事件数据库的搜索引擎，能够让管理人员以更集中的方式，针对整个系统的安全状态分析每一个安全事件。同时，控制台的存在也提供了关于一个安全事件最为详细的相关信息，为事件的处理提供依据和来源。

整个系统的功能架构如图 9-35 所示。

（3）工作流程

OSSIM 系统的工作流程相对复杂，具体如图 9-36 所示。其具体工作流程及每个流程的主要工作任务如下所述。

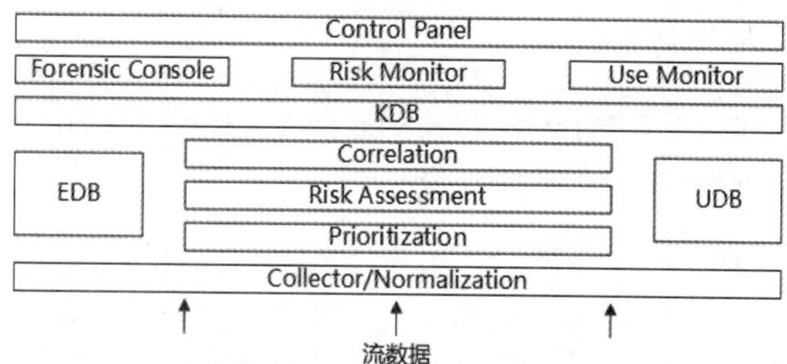

图 9-35 系统功能架构图

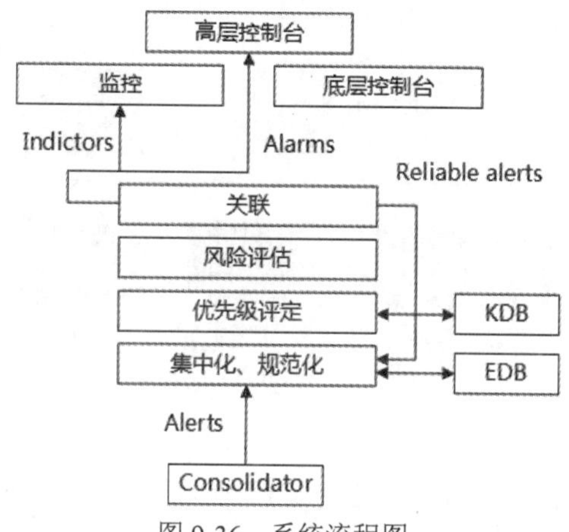

图 9-36 系统流程图

Step 1 作为整个系统的安全插件（Plugins）的探测器（pattern detectors & anomaly detectors）执行各自的任务，当发现问题时给予警报。

Step 2 各探测器的报警信息将被采集集中。

Step 3 将各个报警记录解析并存入事件数据库（EDB）。

Step 4 根据设置的策略（policy）给每个事件赋予一个优先级（priority）。

Step 5 对事件进行风险评估，给每个警报计算出一个风险系数。

Step 6 将设置了优先级的各事件发送至关联引擎，关联引擎将对事件进行关联。

Step 7 对一个或多个事件进行了关联分析后，关联引擎生成新的报警记录，将其也赋予优先级，并进行风险评估，存入数据库。

Step 8 CALM 监视器将根据每个事件产生实时的风险图。

Step 9 在 Control Panel 中给出最近的关联报警记录，在 Forensic Console 中提供全部的事件记录。

9.6.3 OSSIM 安装与部署

（1）准备工作

1）确定监控范围。

部署 OSSIM 首先要确定监控范围，需要监控多少个网段，多少个服务器，这些都需要考虑。本次实验的监控范围为211.69.32.0/20。

2）确定监控对象。

虽然 OSSIM 能够监控成百上千台设备，以及各种网络服务器等，但实际上为了确保运行效率符合相应的要求，不能够无节制地开启各种服务。

3）部署方案。

本案例在云计算虚拟化的环境下进行部署，监控所有的虚拟化主机。具体的部署方案如图 9-37 所示。OSSIM 服务器的 IP 地址为 211.69.36.200，ESXi-1、ESXi-2、ESXi-3、ESXi-4 所对应的 IP 地址分别 211.69.36.11、211.69.36.12、211.69.36.13、211.69.36.14，并将网卡开启混杂模式，用于 OSSIM 监控。

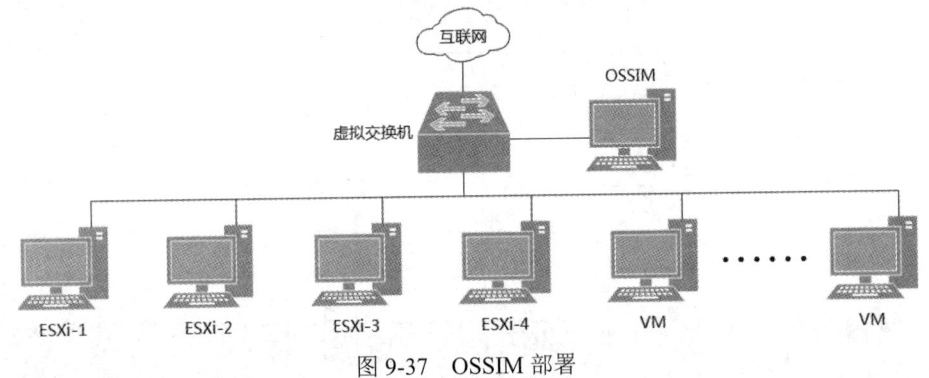

图 9-37　OSSIM 部署

（2）服务器选择

OSSIM 是基于 Debian Linux 系统的，在选择服务器时，一定要确保设备能够支持 Debian Linux 系统。OSSIM 系统对多处理器有比较好的支持，系统会占用很多内存，建议至少选择 8GB 以上的内存。

（3）安装 OSSIM 系统

本节以 OSSIM 5.0.4 版本为例，安装 OSSIM 系统的具体步骤如下。

Step 1　将OSSIM系统从光驱启动，进入OSSIM安装向导，选择【InstallAlienVault OSSIM 5.0.4（64Bit）】开始安装 OSSIM 系统，如图 9-38 所示。

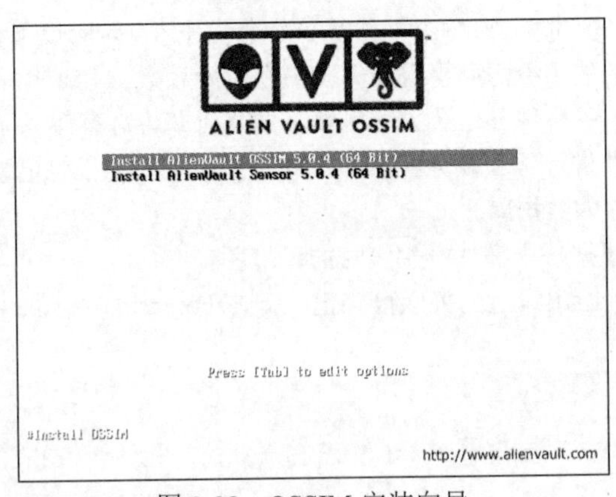

图 9-38　OSSIM 安装向导

Step 2　根据安装向导，配置语言、时区、键盘、IP 地址、子网掩码，网关，如图 9-39 所示。

图 9-39　系统配置

Step 3　设置 root 密码，然后系统会自动进行分区，并安装配置各种组件，最后重启完成安装，如图 9-40 所示。

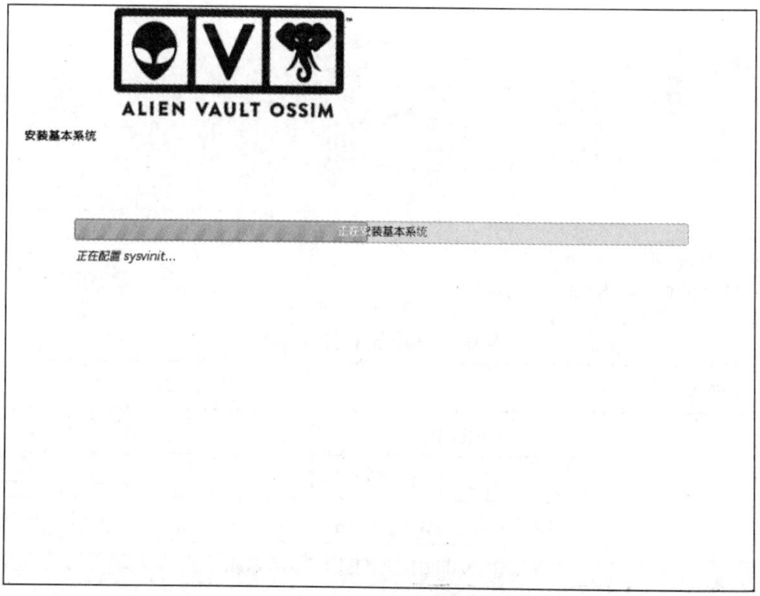

图 9-40　完成安装

9.6.4 熟悉 OSSIM 系统

OSSIM 系统安装完毕后，通过浏览器访问 OSSIM 系统的 IP 地址或域名，进入前台的控制页面，输入用户名和密码便可以登录系统了。首次访问系统时，会进行初始化配置。

如果密码忘记了，可以使用 root 身份进入系统的命令控制台，输入命令重置 Web 登录密码。系统就会生成一个随机密码，但是登录后系统还会要求再次修改密码。

重置 Web 登录密码的具体命令如下：

```
# ossim-reset-password admin
```

（1）主界面

登录系统后，系统首页如图 9-41 所示。

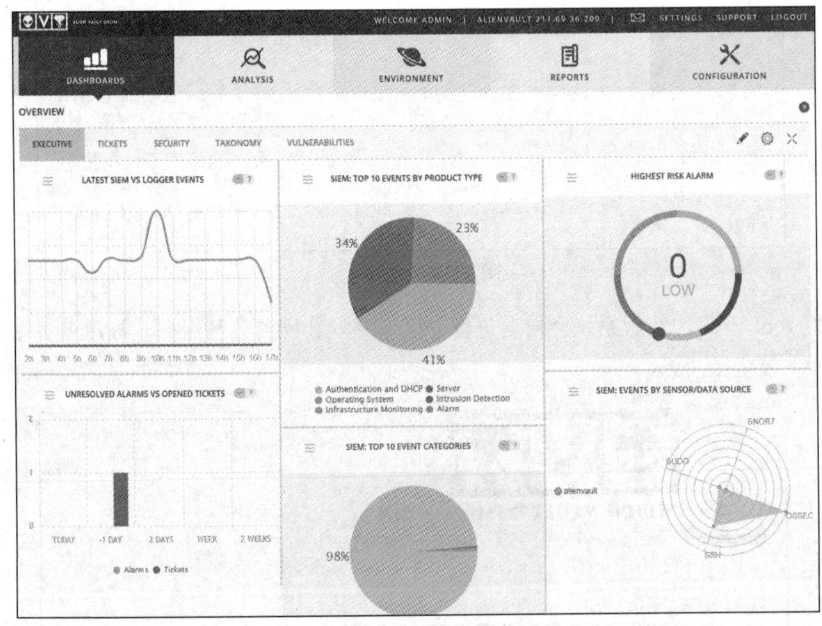

图 9-41 主界面

系统的一级、二级菜单结构如表 9-6 所示。

表 9-6 OSSIM 菜单结构

一级菜单	二级菜单
Dashboards	OVERVIEW
	DEPLOYMENT STATUS
	RISK MAPS
	OPEN THREAT EXCHANGE
ANALYSIS	ALARMS
	SECURITY EVENTS（SIEM）

续表

一级菜单	二级菜单
	RAM LOGS
	TICKETS
ENVIRONMENT	ASSETS&GROUPS
	VULNERABILITIES
	NETFLOW
	TRAFFIC CAPTURE
	AVAILABILITY
	DETECTION
REPORTS	OVERVIEW
CONFIGURATION	ADMINSTRATION
	DEPLOYMENT
	THREAT INTELLIGENCE
	OPEN THREAT EXCHANGE

（2）Dashboards

- OVERVIEW：整个系统的状态总览，以图形化数据呈现出来。包括安全信息、事件管理、各主机流量使用情况，系统运行情况等。
- DEPlOYMENT STATUS：资产管理、网络管理等详情。
- RISK MAPS：风险地图。

（3）ANALYSIS

- OPEN THREAT EXCHANGE：各种警报信息，以及危险事件的数量。
- ALARMS：对网络的安全情况进行可视化分析。
- SECURITY EVENTS：对各事件进行风险评估分析。
- RAM LOGS：各类数据的原始日志信息。
- TICKETS：有针对性的对事件信息进行查处，并分析。

（4）ENVIRONMENT

- ASSETS&GROUPS：对资产管理的监控进行配置。
- VULNERABILITIES：对整个系统进行漏洞扫描。
- NetFlow：对流量的使用情况进行监控，包括源、目的地址，TCP、UDP、ICMP 等进行监控。分别以图形和报表的形式呈现。.
- TRAFFIC CAPTURE：对数据包进行抓包分析。
- AVAILABILITY：通过 Nagios 对各个主机的状态进行监控，并提供报警功能。
- DETECTION：对入侵检测系统进行监控分析。

（5）REPORTS

OVERVIEW：对所有的监控信息、事件分析信息、警报信息、日志信息等以 PDF 格式生成，或者以电子邮件的方式发送给管理员。

（6）CONFIGURATION

对管理员信息进行管理，对系统的网络信息、传感器、关联引擎等进行详细配置。

9.6.5 NetFlow 配置

OSSIM 安装完后默认开启 NetFlow，只需要设置需监控网段即可。具体步骤如下所示。

Step 1 打开【CONFIGURATION】下的【DEPLOYMENT】二级菜单，在【AlienVault Center】栏目下可以看到 OSSIM 服务器的状态信息，如图 9-42 所示。

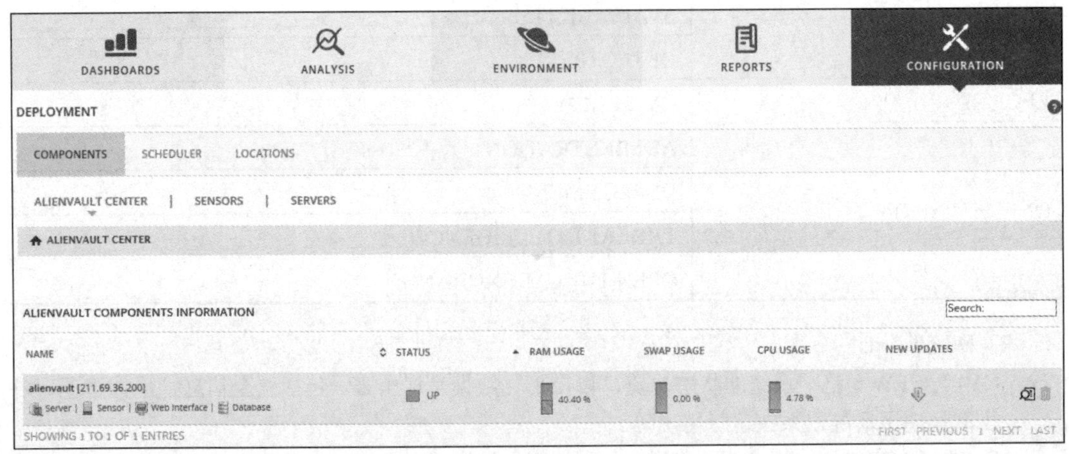

图 9-42 OSSIM 服务器服务器状态

Step 2 在服务器状态处点击，打开服务器配置栏目，如图 9-43 所示。

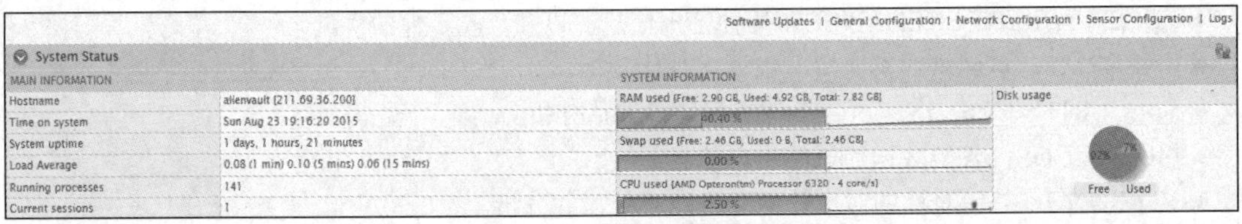

图 9-43 打开配置栏目

Step 3 依次点击【Sensor Configuration】【Detection】选项，打开监控范围的配置栏目，系统默认开启了 10.0.0.0/8、172.16.0.0/12、192.168.0.0/16 三个监控范围。根据上述的部署情况，需要添加 211.69.36.0/20 的监控范围，如图 9-44 所示，点击【APPLY CHANGES】，保存配置即可。

9.6.6 网络分析

打开【ENVIRONMENT】菜单下的【NetFlow】菜单，就可以看到流量监控的详情（如图 9-45 所示），监控项包括源目的地址、源目的端口，以及 TCP、UDP、ICMP 协议等。OSSIM 系统以 TopN（OSSIM 系统可以支持的有 Top10、Top20、Top50、Top100、Top200、Top500）的方式和图形化数据呈现出来，让管理员清楚了解到内网主机的活动情况，根据时间轴还可以了解到网络主机的活动时间分布情况。

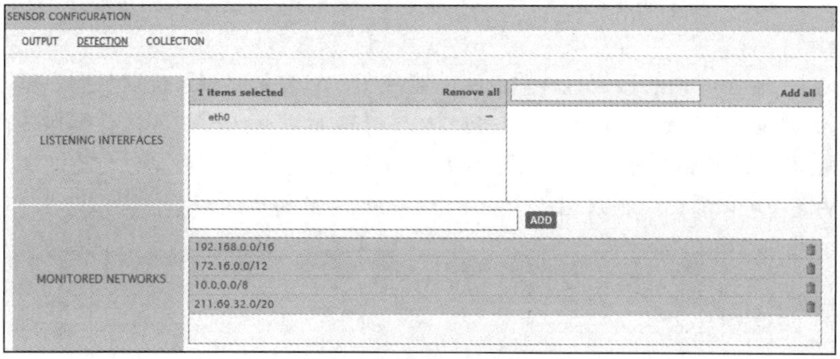

SENSOR CONFIGURATION
OUTPUT　DETECTION　COLLECTION
LISTENING INTERFACES　1 items selected　Remove all　Add all
eth0
MONITORED NETWORKS　ADD
192.168.0.0/16
172.16.0.0/12
10.0.0.0/8
211.69.32.0/20

图 9-44　配置监控范围

（1）状态总览

采集的数据状态总览如图 9-45 所示。

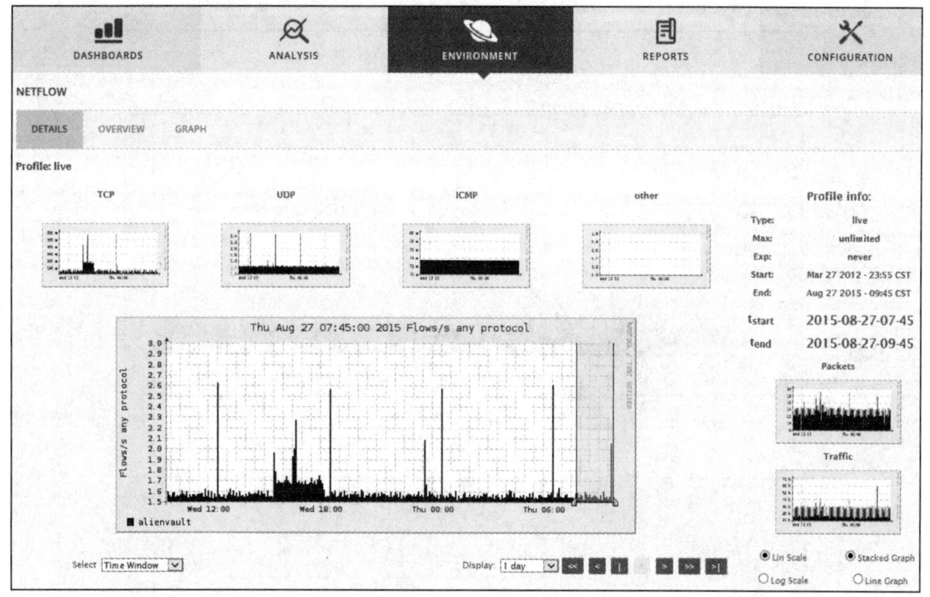

图 9-45　状态总览

初始状态下，可以看到 24 小时内的 NetFlow 流数量、数据包、流量的情况以及传输层协议的流量情况。OSSIM 系统最多可以支持过去一年的流量监测数据统计。

1）Flow。

图 9-45 中为 NetFlow 流数据的输出速率情况（包括了所有通信协议的数据），单位是 Flows/s。可看到在 18:00 之前的一段时间内的数据流平均值明显高于其他时间段，说明在这段时间内，是访问高峰期。从图中还可以看到数据流值会偶尔突然增大，但是由于整体的流数据并不是很多，所以可以判定并不是攻击行为，也可能是由于网络不稳定等因素造成的。

OSSIM 系统最多可以支持过去一年的流量监测情况。图 9-46 是过去一个星期的 NetFlow 流的监测情况。从图中可以看到，除了偶尔的突然升高，总体上 NetFlow 流的数据流传输速率约为 1.5 个/s。

2）Packets。

图 9-47 是过去 24 小时内的数据包传输速率的监控图，单位是 Packets/s。从图中可以看到，在过去的 24 小时内，数据包的传输速率稳定在 13～15 个/s 左右。尽管有一段时间内数据包传输速率突然增长到 35 个/s，但是很快又恢复了正常状况。图 9-48 是过去一个星期内的数据包传输速率的监控图，单位是 Packets/s。从图中可以看出，在过去一个星期内，数据包的传输速率总体上稳定在 13～15 个/s。

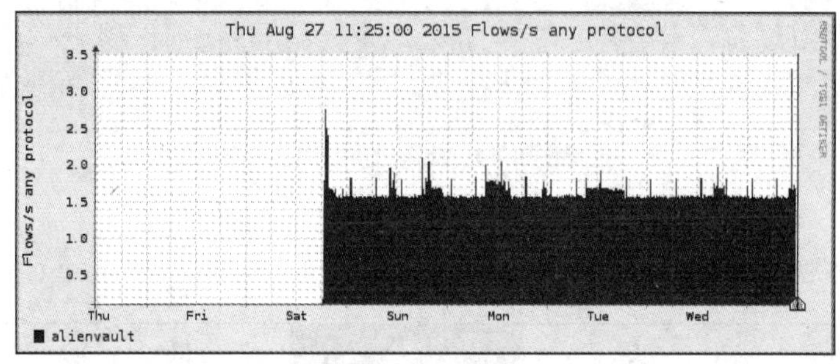

图 9-46　Flows

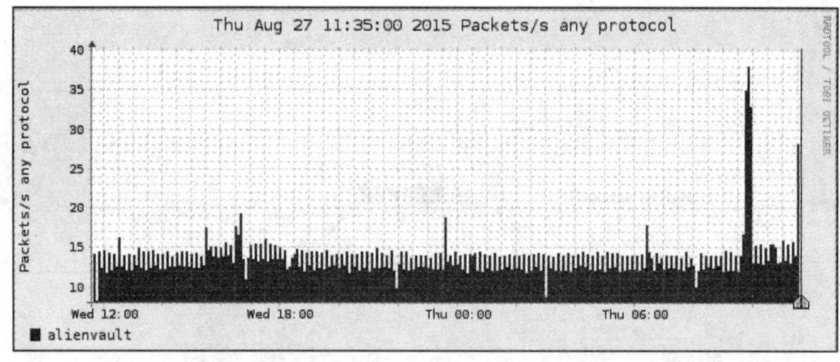

图 9-47　Packets

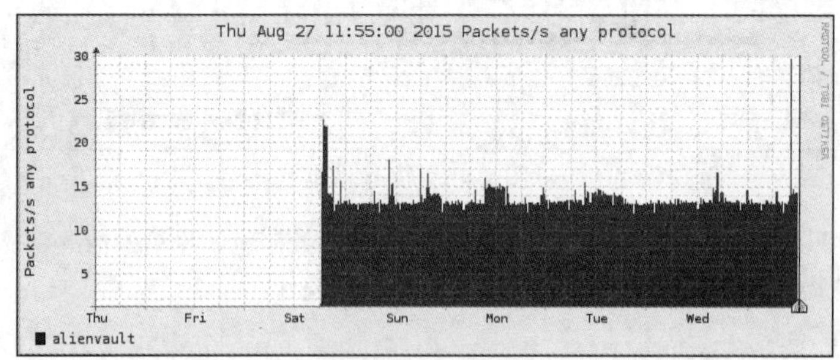

图 9-48　Packets

3）Traffic。

图 9-49 是过去 24 小时内总体流量的使用情况，单位是 Bits/s。从图中可以看到，在过去 24 小时内，

虚拟主机流量的速率为 15KBits/s 到 30KBits/s，最大值约为 90KBits/s。

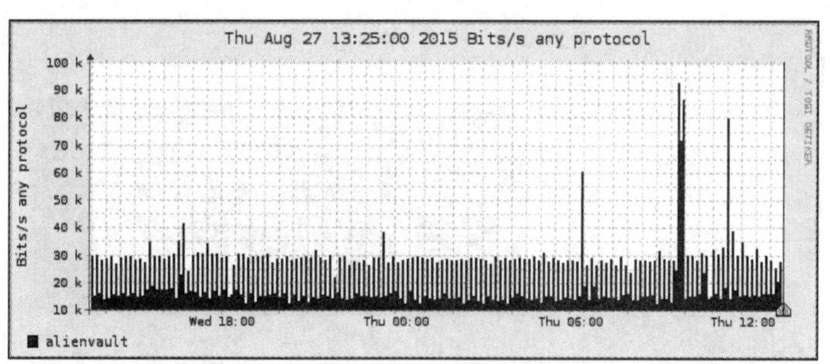

图 9-49　Traffic

图 9-50 是过去一个星期的总体流量使用情况，单位是 Bits/s。从图中可以看出，在过去一个星期内，虚拟主机流量的速率平均为 20KBits/s。整体上趋于稳定。

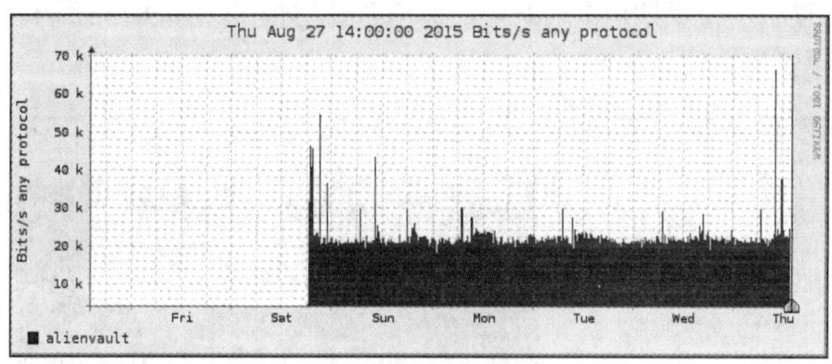

图 9-50　Traffic

4）TCP。

在图 9-45 所示的界面中，点击【TCP】图标就能看到 TCP 会话流量的使用情况，包括数据流、数据包和流量的传输速率。过去一个星期内 TCP 会话的流量使用情况如图 9-51 所示。

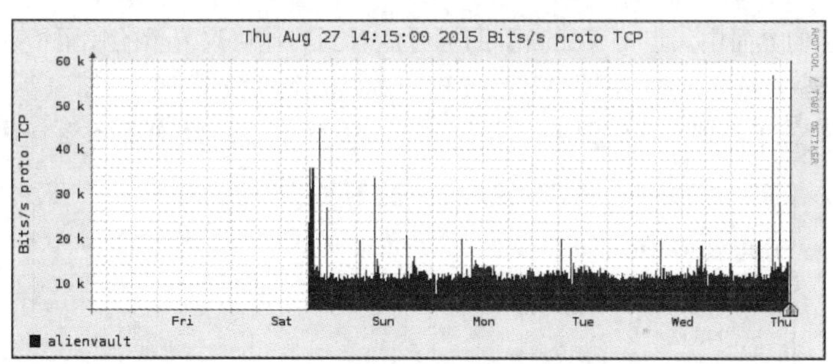

图 9-51　TCP

从图中可以看到 TCP 会话的流量速率平均值约为 10KBits/s。

5）UDP。

在图 9-45 所示的界面中，点击【UDP】图标就能看到 UDP 会话流量的使用情况，包括数据流、数据包和流量的传输速率。过去一个星期内 UDP 会话的流量使用情况如图 9-52 所示。从图中可以看到

UDP 会话的流量速率平均值约为 8.5KBits/s。

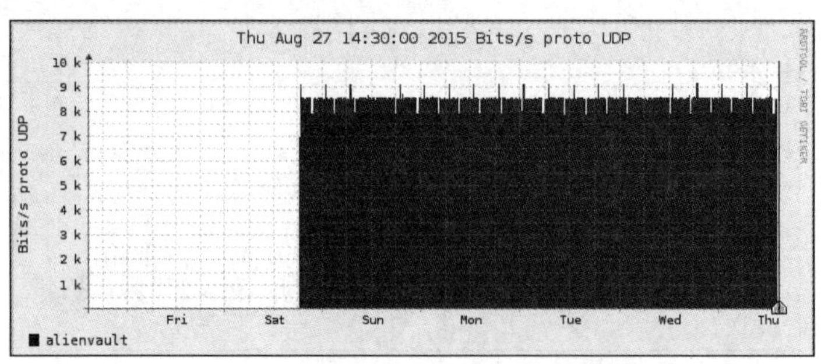

图 9-52　UDP

6）ICMP。

在图 9-45 所示的界面中，点击【ICMP】图标就能看到 ICMP 协议流量的情况，包括数据流、数据包和流量的传输速率。过去一个星期内 ICMP 协议的流量使用情况如图 9-53 所示。从图中可以看到 ICMP 协议流量的速率一直很稳定，约为 900Bits/s。

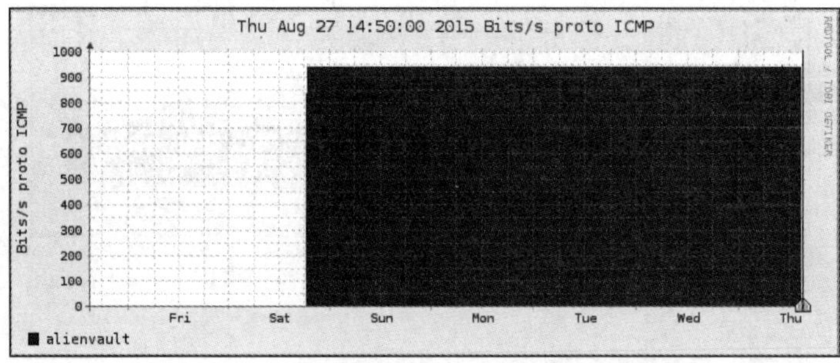

图 9-53　ICMP

7）other。

在图 9-45 所示的界面中，点击【other】图标就能看到其他协议流量的使用情况，包括数据流、数据包和流量的传输速率。过去一个星期内其他传输层协议的流量使用情况如图 9-54 所示。从图中可以看到只有在星期六产生了其他协议的流量，速率约为 1.8Bits/s，其他时候都没有任何流量产生。

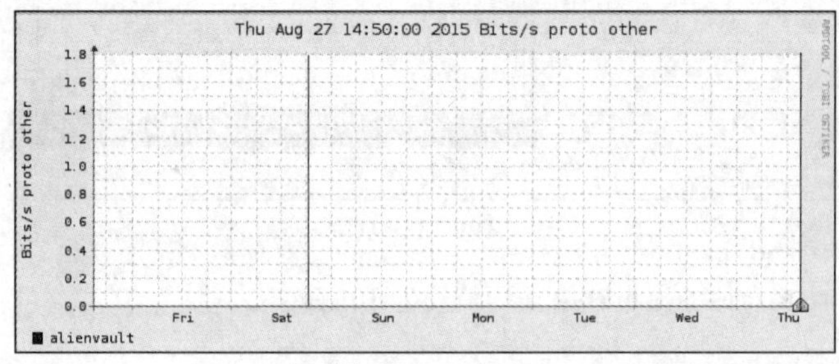

图 9-54　other

从上述各图中可以看到，TCP 流量和 UDP 流量所占部分较多，其他通信协议仅占少部分流量。

（2）数据表

在流量图的下方还可以看到各协议流量使用情况的平均速率和数值总和的报表，包括数据流的流速和总数，数据包的传输速率和总数，流量传输速率和使用总和。

过去一个星期内的各协议流量的传输速率的具体数值如图 9-55 所示。

STATISTICS TIMESLOT AUG 22 2015 - 18:10 - AUG 27 2015 - 14:50															
CHANNEL	FLOWS					PACKETS					TRAFFIC				
	all:	tcp:	udp:	icmp:	other:	all:	tcp:	udp:	icmp:	other:	all:	tcp:	udp:	icmp:	other:
alienvault	1.6 /s	0.1 /s	1.5 /s	0.1 /s	0 /s	13.7 /s	5.1 /s	8.1 /s	0.5 /s	0 /s	22.6 kb/s	13.1 kb/s	8.5 kb/s	937.6 b/s	0 b/s
	all:	tcp:	udp:	icmp:	other:	all:	tcp:	udp:	icmp:	other:	all:	tcp:	udp:	icmp:	other:
TOTAL	1.6 /s	0.1 /s	1.5 /s	0.1 /s	0 /s	13.7 /s	5.1 /s	8.1 /s	0.5 /s	0 /s	22.6 kb/s	13.1 kb/s	8.5 kb/s	937.6 b/s	0 b/s

图 9-55　数据表

过去一个星期内的各协议流量使用总和的具体数值如图 9-56 所示。

STATISTICS TIMESLOT AUG 22 2015 - 18:10 - AUG 27 2015 - 14:50															
CHANNEL	FLOWS					PACKETS					TRAFFIC				
	all:	tcp:	udp:	icmp:	other:	all:	tcp:	udp:	icmp:	other:	all:	tcp:	udp:	icmp:	other:
alienvault	1.6 /s	0.1 /s	1.5 /s	0.1 /s	0 /s	13.7 /s	5.1 /s	8.1 /s	0.5 /s	0 /s	22.6 kb/s	13.1 kb/s	8.5 kb/s	937.6 b/s	0 b/s
	all:	tcp:	udp:	icmp:	other:	all:	tcp:	udp:	icmp:	other:	all:	tcp:	udp:	icmp:	other:
TOTAL	1.6 /s	0.1 /s	1.5 /s	0.1 /s	0 /s	13.7 /s	5.1 /s	8.1 /s	0.5 /s	0 /s	22.6 kb/s	13.1 kb/s	8.5 kb/s	937.6 b/s	0 b/s

图 9-56　数据表

（3）TopN

如图 9-57 所示，OSSIM 还可以将数据以 TopN 的形式生成数据表，包括流量前 10（系统默认）的源地址、目的地址、源端口、目的端口和通信协议信息。

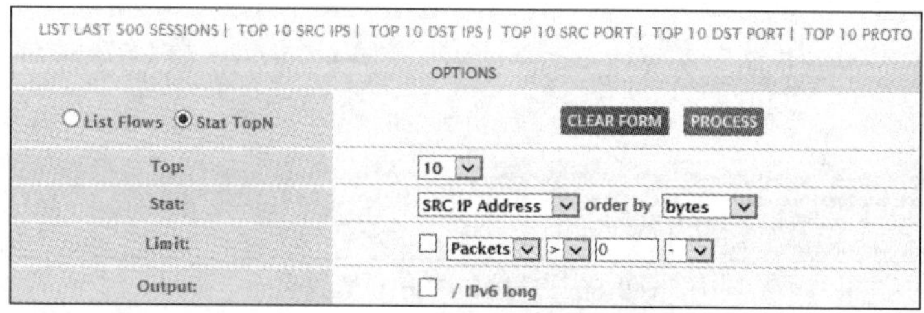

图 9-57　Top10 数据输出选择

流量使用前 10 的源地址的详细情况如图 9-58 所示。

DATE FLOW SEEN	DURATION	PROTO	IP ADDR	FLOWS(%)	PACKETS(%)	BYTES(%)	PPS	BPS	BPP
2015-08-22 18:06:40..253	420428.459	any	Host-211-69-36-14	343341(49.8)	2.4M(41.7)	682.4M(57.6)	5	12985	284
2015-08-22 18:06:40..252	420401.784	any	Host-211-69-36-13	4157(0.6)	1.3M(21.9)	205.8M(17.4)	3	3917	162
2015-08-22 18:08:41..143	420282.415	any	alienvault	20763(3.0)	138540(2.4)	52.8M(4.5)	0	1005	381
2015-08-22 18:06:40..274	420309.307	any	211.69.35.15	5741(0.8)	200010(3.5)	52.7M(4.4)	0	1002	263
2015-08-22 18:10:09..439	420020.285	any	211.69.32.140	81190(11.8)	455098(7.9)	47.1M(4.0)	1	897	103
2015-08-22 18:12:04..219	420041.438	any	211.69.35.7	81162(11.8)	453899(7.9)	47.0M(4.0)	1	895	103
2015-08-22 18:10:31..608	419946.396	any	211.69.35.23	78631(11.4)	248948(4.3)	21.9M(1.8)	0	416	87
2015-08-22 18:08:41..143	420282.417	any	122.206.163.182	13731(2.0)	147600(2.6)	21.1M(1.8)	0	402	143
2015-08-22 18:10:54..101	419986.309	any	211.69.35.6	19613(2.8)	211504(3.7)	18.2M(1.5)	0	346	86
2015-08-22 18:12:12..409	420000.906	any	211.69.35.143	26609(3.9)	168355(2.9)	14.5M(1.2)	0	275	86

SUMMARY total flows: 689529 TOTAL BYTES 1.2 G TOTAL PACKETS 5.8 M AVG BPS 22556 AVG PPS 13 AVG BPP 206

TIME WINDOW 2015-08-22 18:06:40 - 2015-08-27 14:53:48

TOTAL FLOWS PROCESSED 689529 BLOCKS SKIPPED 0 BYTES READ 35804736

SYS 0.068s flows/second: 10139685.0 WALL 0.062s flows/second: 11037585.4

图 9-58　源 IP 地址 Top10 数据表

流量使用前 10 的目的地址的详细情况如图 9-59 所示；流量使用前 10 的源端口的详细情况如图 9-60 所示。流量使用前 10 的目的端口的详细情况如图 9-61 所示；流量使用前 10 的通信协议的详细情况如图 9-62 所示。

DATE FLOW SEEN GMT+8:00	DURATION	PROTO	DST IP	FLOWS(%)	PACKETS(%)	BYTES(%)	PPS	BPS	BPP
2015-08-22 18:06:40..274	420428.438	any	211.69.35.15	47755(6.9)	411389(7.1)	420.6M(35.5)	0	8002	1022
2015-08-22 18:06:40..252	420401.784	any	Host-211-69-36-14	305523(44.3)	3.0M(52.8)	410.3M(34.6)	7	7808	135
2015-08-22 18:10:31..608	419946.395	any	211.69.35.23	75825(11.0)	240537(4.2)	69.6M(5.9)	0	1325	289
2015-08-22 18:06:40..253	420401.783	any	Host-211-69-36-13	2779(0.4)	425180(7.4)	53.8M(4.5)	1	1024	126
2015-08-22 18:10:09..438	420020.286	any	211.69.32.140	81190(11.8)	455098(7.9)	49.8M(4.2)	1	948	109
2015-08-22 18:12:04..219	420041.438	any	211.69.35.7	81162(11.8)	453899(7.9)	49.7M(4.2)	1	946	109
2015-08-22 18:08:41..143	420282.415	any	122.206.163.182	13729(2.0)	110441(1.9)	43.2M(3.6)	0	822	391
2015-08-22 18:08:41..143	420282.417	any	alienvault	19676(2.9)	176895(3.1)	39.7M(3.4)	0	756	224
2015-08-22 18:10:54..101	419986.309	any	211.69.35.6	19611(2.8)	211502(3.7)	20.4M(1.7)	0	388	96
2015-08-22 18:12:12..409	420000.906	any	211.69.35.143	26609(3.9)	168355(2.9)	15.5M(1.3)	0	295	92

SUMMARY total flows: 689529 TOTAL BYTES 1.2 G TOTAL PACKETS 5.8 M AVG BPS 22556 AVG PPS 13 AVG BPP 206

TIME WINDOW 2015-08-22 18:06:40 - 2015-08-27 14:53:48

TOTAL FLOWS PROCESSED 689529 BLOCKS SKIPPED 0 BYTES READ 35894736

SYS 0.064s flows/second: 10773217.3 WALL 0.056s flows/second: 12255025.3

图 9-59　目的 IP 地址 Top10 数据表

DATE FLOW SEEN GMT+8:00	DURATION	PROTO	SRC PORT	FLOWS(%)	PACKETS(%)	BYTES(%)	PPS	BPS	BPP
2015-08-22 18:14:37..180	419725.625	any	5989	2323(0.3)	287758(5.0)	343.0M(28.9)	0	6537	1191
2015-08-22 18:06:40..252	420289.636	any	8182	2756(0.4)	1.3M(21.9)	205.7M(17.4)	3	3915	163
2015-08-22 18:10:09..876	420155.781	any	161	278793(40.4)	1.5M(25.5)	183.6M(15.5)	3	3495	125
2015-08-22 18:06:40..274	420403.284	any	443	17342(2.5)	197504(3.4)	125.8M(10.6)	0	2393	636
2015-08-22 18:06:40..253	420289.533	any	56016	1391(0.2)	423826(7.4)	53.7M(4.5)	1	1021	126
2015-08-22 18:08:56..831	420265.205	any	0	30855(4.5)	199001(3.5)	49.3M(4.2)	0	937	247
2015-08-22 18:09:21..121	420047.940	any	80	1582(0.2)	16243(0.3)	14.9M(1.3)	0	283	916
2015-08-22 18:09:20..952	420048.358	any	53	4146(0.6)	6892(0.1)	1.9M(0.2)	0	35	271
2015-08-22 19:27:09..061	398130.422	any	46038	49(0.0)	1527(0.0)	446905(0.0)	0	8	292
2015-08-22 22:14:44..464	301593.326	any	60315	35(0.0)	1489(0.0)	444565(0.0)	0	11	298

SUMMARY total flows: 689529 TOTAL BYTES 1.2 G TOTAL PACKETS 5.8 M AVG BPS 22556 AVG PPS 13 AVG BPP 206

TIME WINDOW 2015-08-22 18:06:40 - 2015-08-27 14:53:48

TOTAL FLOWS PROCESSED 689529 BLOCKS SKIPPED 0 BYTES READ 35894736

SYS 0.088s flows/second: 7835200.7 WALL 0.083s flows/second: 8272693.5

图 9-60　源端口 Top10 数据表

DATE FLOW SEEN GMT+8:00	DURATION	PROTO	DST PORT	FLOWS(%)	PACKETS(%)	BYTES(%)	PPS	BPS	BPP
2015-08-22 18:06:40..253	420289.533	any	8182	2756(0.4)	843210(14.7)	184.5M(15.6)	2	3512	218
2015-08-22 18:10:09..876	420155.781	any	161	278793(40.4)	1.5M(25.4)	126.7M(10.7)	3	2411	86
2015-08-22 18:06:40..252	420289.636	any	56016	1391(0.2)	842211(14.6)	74.8M(6.3)	2	1424	88
2015-08-22 18:06:40..274	420403.286	any	443	17344(2.5)	236760(4.1)	48.9M(4.1)	0	930	206
2015-08-22 18:14:37..180	419725.665	any	5989	2323(0.3)	116835(2.0)	26.0M(2.2)	0	494	222
2015-08-22 18:08:56..831	420265.205	any	2048	15414(2.2)	99479(1.7)	24.6M(2.1)	0	468	247
2015-08-22 18:08:56..831	420265.205	any	0	15413(2.2)	99477(1.7)	24.6M(2.1)	0	468	247
2015-08-22 18:08:56..804	420291.908	any	902	42018(6.1)	42023(0.7)	3.9M(0.3)	0	75	93
2015-08-22 22:14:44..464	301593.326	any	60315	34(0.0)	1742(0.0)	1.9M(0.2)	0	50	1101
2015-08-22 19:27:09..061	398130.422	any	46038	49(0.0)	1601(0.0)	1.7M(0.1)	0	34	1057

SUMMARY total flows: 689529 TOTAL BYTES 1.2 G TOTAL PACKETS 5.8 M AVG BPS 22556 AVG PPS 13 AVG BPP 206

TIME WINDOW 2015-08-22 18:06:40 - 2015-08-27 14:53:48

TOTAL FLOWS PROCESSED 689529 BLOCKS SKIPPED 0 BYTES READ 35894736

SYS 0.080s flows/second. 8618681.6 WALL 0.077s flows/second: 8903811.9

图 9-61　目的端口 Top10 数据表

DATE FLOW SEEN GMT+8:00	DURATION	PROTO	PROTO ID	FLOWS(%)	PACKETS(%)	BYTES(%)	PPS	BPS	BPP
2015-08-22 18:06:40..252	420403.308	TCP	6	49161(7.1)	2.1M(37.3)	688.7M(58.1)	5	13105	320
2015-08-22 18:06:41..141	420427.571	UDP	17	609513(88.4)	3.4M(59.2)	447.5M(37.7)	8	8514	131
2015-08-22 18:08:56..831	420265.205	ICMP	1	30855(4.5)	199001(3.5)	49.3M(4.2)	0	937	247

SUMMARY total flows: 689529 TOTAL BYTES 1.2 G TOTAL PACKETS 5.8 M AVG BPS 22556 AVG PPS 13 AVG BPP 206

TIME WINDOW 2015-08-22 18:06:40 - 2015-08-27 14:53:48

TOTAL FLOWS PROCESSED 689529 BLOCKS SKIPPED 0 BYTES READ 35894736

SYS 0.064s flows/second: 10773385.6 WALL 0.056s flows/second: 12171738.7

图 9-62　通信协议 Top10 数据表

上述图中，各字段的说明如表 9-7 所示。

表 9-7　字段说明

字段	说明
DATE FLOW SEEN	起始时间
DURATION	持续时间
PROTO	通信协议
IP ADDR	源 IP 地址
DST IP	目的 IP 地址
SRC PORT	源端口
DST PORT	目的端口
PROTO ID	通信协议 ID，即 NetFlow 报文中所标识的通信协议 ID
FLOWS（%）	产生的 NetFlow 数据流数，以及所占总数据流的百分比
PACKETS（%）	传输的数据包数，以及所占总数据包的百分比
BYTES（%）	传输的字节数，以及所占总字节数的百分比
PPS	每秒发送的分组数据包数
BPS	每秒发送的字节数

参考图书文献

[1] 科尔曼．CWNA 官方学习指南（第 3 版）：认证无线网络管理员 PW0-105．北京：清华大学出版社，2014．

[2] 刘晓辉，白晓明，刘险峰．网络管理工具完全技术宝典．北京：中国铁道出版社，2015．

[3] 《网络运维与管理》杂志社．网络运维与管理（2014 超值精华本）．北京：电子工业出版社，2014．

[4] 闫书磊．局域网组建于维护（第 3 版）．北京：人民邮电出版社，2012．

[5] 吴秀梅．防火墙技术及应用教程．北京：清华大学出版社，2010．

[6] 陈波，于冷．防火墙技术与应用．北京：机械工业出版社，2013．

[7] 王占京等．VPN 网络技术与业务应用．北京：国防工业出版社，2012．

[8] 马春光，郭方方．防火墙、入侵检测与 VPN．北京：邮电大学出版社，2008．

[9] 张栋，张瑞生．网管宝典：网络服务、搭建配置与管理大全（Linux 版）（第 2 版）．北京：电子工业出版社，2012．

[10] 张栋，刘晓辉．网管宝典：网络服务、搭建配置与管理大全（Windows 版）（第 2 版）．北京：电子工业出版社，2012．

[11] （美）Cricket Liu，Paul Albitz．O'Reilly：DNS 与 BIND（第 5 版）．北京：人民邮电出版社，2014．

[12] 姚仁捷．Zabbix 监控系统深度实践．北京：电子工业出版社，2014．

参考论文文献

[1] 王志．基于 NetFlow 的流量统计分析系统设计与实现．北京邮电大学硕士论文，2007．

[2] 蒋琰．基于 NetFlow 的网络数据流量分析与异常检测系统的研究与实现．同济大学硕士论文，2006．

[3] 赵鑫．基于 NetFlow 的网络流量异常检测技术研究．河北大学硕士论文，2014．

[4] 范亚国．基于 sFlow 的网络链路流量采集与分析．武汉理工大学硕士论文，2008．

[5] 柯玉涛．基于 sFlow 的网络监控系统的设计与实现．南京大学硕士论文，2012．

[6] 郭军．基于 OSSIM 技术的信息安全集成管理系统分析与设计．合肥工业大学硕士论文，2009．

[7] 旷庆圆．安全信息与事件滚利关键技术研究．北京邮电大学硕士论文，2015．